地下污水处理厂设计技术及典型实例

中国市政工程西南设计研究总院有限公司　编著

赵忠富　主编

中国建筑工业出版社

《地下污水处理厂设计技术及典型实例》
编委会名单

总 策 划：肖玉芳

编委会主任：李 磊

顾　　问：罗万申　张学兵　聂福胜　赵远清　冯 伟　薛书达　韦建中

审　　定：顾鲍超

主　　编：赵忠富

副 主 编：王雪原　周艳莉　刘 波　王 胤　苏 锋

主　　审：付忠志　常 虎　李 浩　马林伟　尹克明　顾 琪　刘刚宁

主 要 编 委：王南威　李志刚　宋庆彦　孙 政　马 刚　王水华　朱 敏
　　　　　　卢 伟　谭 伟　白华清　李 宁　李 亮　李晓敏　刘武平
　　　　　　张 勇

主 要 编 写：刘皓林　任春梅　夏 峰　朱浩延　廖竟萌　陈 艾　张 芳
　　　　　　杨华仙　王 涛　曾中平　曾正仁　黄 冋　杨 巍　李舒扬
　　　　　　何 勇　杨明峰　田伟峰　陆佳芸　苏 伟　赵晓龙　吴嘉利
　　　　　　景 琪　康瑞鹏　高士杰　罗义涌　赵 柯　周 怿　林 涛
　　　　　　朱启然　郭 灏　张志勇　董 洋　邱 寒　毕东河　丁 扬
　　　　　　赵彦若　李顺意　傅驿凯　江雨竹　聂 楠　杨志勇　李腊梅
　　　　　　王 鑫　舒栾春　包善发　罗小雪

前　言

在快速城市化的背景下，地下污水处理厂作为城市基础设施的重要组成部分，以其节约土地资源、降低噪声污染、解决邻避效应和对生态友好等独特优势在我国得到了大量应用，日益成为解决城市发展过程中出现的地面污水处理厂和周边用地之间矛盾的关键途径。截至2023年，我国已经建成的地下（含半地下）污水处理厂超过500座，设计总规模超过4500万 m^3/d，在这个领域取得了令世界瞩目的成绩。《地下污水处理厂设计技术及典型实例》一书，正是在这样的时代需求与技术革新的交汇点上应运而生。

因地下污水处理厂集约程度高、内部空间复杂、工程投资高、环境与安全要求高，合理的设计对于地下污水处理厂建设项目的经济性、可靠性和可实施性至关重要。2007年，中国市政工程西南设计研究总院有限公司率先在国内设计了第一座大型地下污水处理厂——深圳布吉污水处理厂，截至现在，本公司累计设计完成了国内外50余座采用不同处理工艺、不同地面综合利用形式、各具特色的地下污水处理厂。本书通过对这些代表性的项目设计经验和技术的总结，旨在为行业内外的专家学者、工程师、规划师以及对地下污水处理技术感兴趣的读者提供一部系统性、实用性兼备的专业参考书籍。

本书分为上篇设计技术、下篇典型实例两个篇章。上篇内容涵盖了地下污水处理厂建设形式、空间和竖向设计、常用处理工艺技术、建筑设计、关键结构和基坑支护设计、通风与除臭设计、防淹设计、消防设计技术、智慧水务、绿色低碳常用技术、新技术展望等方面，深入剖析了各类技术要点，力求全方位、多层次地展现地下污水处理厂设计技术；下篇收录了中国市政工程西南设计研究总院有限公司完成的18个典型地下污水处理厂案例，让理论与实践紧密结合，以期为读者带来直观、具体的指导与启发。在编写过程中，我们力求语言通俗易懂、图表详实生动，注重反映最新的研究成果与发展趋势，使本书不仅是一部实用的设计指南，也是探索未来城市污水处理发展方向的重要参考资料。

衷心感谢相关地下污水处理厂建设业主、运行单位的配合和帮助，感谢所有参与本书编写、校审及支持工作的同仁们，是大家的智慧与努力，使得这本书得以面世。我们诚挚地希望本书能让每一位读者都能从中获益，并在未来的工作与研究中发挥出积极作用。

　　随着行业的快速发展和地下污水处理厂建设标准的不断完善，同时鉴于编写人员学识水平和编著时间的限制，书中难免存在疏漏和不足之处，殷切希望同行和读者提出意见和建议，以便再版时进行整理和改进。

编写组

2025 年 3 月 30 日

目　录

上篇

地下污水处理厂设计技术

第5章　建筑设计

第6章　关键结构和基坑支护设计

第7章　通风与除臭设计

第8章　防淹设计

第9章　消防设计技术

第 10 章　智慧水务

第 11 章　绿色低碳常用技术

第 12 章　新技术展望

下篇

地下污水处理厂典型实例

第 13 章　深圳布吉污水处理厂设计

第 14 章　马来西亚 PANTAI 污水处理厂设计

第 15 章　深圳市洪湖水质净化厂设计

第 16 章　北京通州碧水再生水厂设计

第 17 章　珠海市北区水质净化厂二期设计

第18章　合肥市清溪净水厂设计

第19章　合肥市胡大郢污水处理厂设计

第20章　武汉市谌家矶再生水厂设计

第21章　成都天府国际机场配套污水处理厂设计

第 22 章　贵阳市南明区贵钢再生水厂设计

第 23 章　天府新区第一污水处理厂设计

第 24 章　天府新区华阳净水厂设计

第 25 章　泸州市城东污水处理厂二期工程设计

第 26 章　成都生物城污水处理厂设计

第 27 章　云南昆明普照水质净化厂设计

第 28 章　成都公兴（中电子）再生水厂一期设计

第 29 章　成都空港新城 6 号、9 号、15 号再生水厂设计

第 30 章　新津红岩污水处理厂设计

参考文献

上 篇
地下污水处理厂设计技术

第1章 绪言

1.1 城市污水处理发展

在中国，污水处理的历史从 20 世纪 20 年代开始，于 1923 年建成了中国第一座城市污水处理厂——上海北区污水处理厂，设计规模 0.35 万 m^3/d。直到 1949 年，中国仅在上海建设了 3 座污水处理厂，总规模 3.45 万 m^3/d，污水处理工艺采用活性污泥法。

1949 年到 1978 年，中国城镇污水处理仍然没有得到较大发展，全国建有污水处理厂 37 座，总规模 64 万 m^3/d，污水处理工艺采用一级处理或二级处理，一级处理流程为进水泵房、沉砂池、初次沉淀池，二级处理工艺采用活性污泥法，工艺流程一般为进水泵房、沉砂池、初次沉淀池、曝气池、二次沉淀池。

20 世纪七八十年代，随着工业的不断发展，城镇污水处理逐渐引起我国政府的高度重视，在天津纪庄子和北京高碑店建立了试验污水处理厂。1984 年 4 月 28 日，国内第一个活性污泥工艺大型污水处理厂天津市纪庄子污水处理厂竣工投产，设计规模 26 万 m^3/d。在此成功经验的带领下，北京、上海、广东、广西、辽宁、陕西、山西、福建、江苏、河北、浙江、湖北、湖南等省市分别建设了不同规模的污水处理厂，使我国的污水处理厂增加到 70 多座，处理规模超过 100 万 m^3/d，污水工艺主要采用活性污泥法，排放标准执行《污水综合排放标准》GB 8978—88。

20 世纪九十年代，我国进入了污水处理发展较快的时期。在此期间，国家通过引进国外资金加速建设了一批污水处理厂，并吸收消化了国外新技术，出现了大量拥有脱氮除磷功能的活性污泥工艺，AB 法、AO、AAO、SBR、氧化沟、UNITANK 等污水工艺在工程中均得到应用。截至 1999 年底，城镇污水处理规模达到 2700 万 m^3/d，排放标准执行《污水综合排放标准》GB 8978—1996。

进入 21 世纪以来，我国污水处理进入了高速发展期，污水处理的地域不断扩大，处理标准不断提高，污水处理的工艺也不断完善。到 2022 年全国污水处理率达到约 98.11%，县城的污水处理率增长到 95.05%，污水处理能力为 2.16 亿 m^3/d。为贯彻《中华人民共和国环境保护法》，2002 年 12 月 24 日国家发布了《城镇污水处理厂污染物排放标准》GB 18918—2002，对城镇污水处理厂出水污染物限值进行了规定，排放标准按一级、二级和三级标准执行；2006 年，原国家环保总局发布了《关于发布〈城镇污水处理厂污染物排放标准〉（GB 18918—2002）修改单的公告》，对一级 A 和一级 B 标准的执行对象进行了修改；2013年以后各地根据当地的经济状况和环境容量情况，编制了相应的地方水污染物排放标准，提高后的排放标准高于一级A标准，有的主要指标甚至达到地表水Ⅳ类标准或Ⅲ类标准。为了满足高标准出水要求，各种具有强化脱氮除磷的活性污泥法工艺、生物膜法工艺、MBR、曝气生物滤池、高效沉淀池、反硝化滤池、高级氧化工艺、活性焦过滤、气浮工艺等得到了广泛推广和应用。

1.2　城镇污水处理变迁与创新

我国城市污水处理起步较晚，但发展较快。经历了30余年的发展，特别是经过2005年至2020年的高速发展，截至2022年，我国已建成了覆盖城市—县城—乡镇的城镇污水处理厂6000余座，处理规模超过2亿m³/d，成为全世界污水处理量最大的国家，2010年以前的污水处理厂基本按照地面式建设。

在此期间也是我国快速城镇化的重要时期，从2001年到2020年仅20年的时间，我国城镇化率从约30%提升到了约60%，但城市建设速度远远超过了城市规划发展预期，污水处理厂建设与城市建设同步，导致大量早期建设的污水处理厂或规划预留的污水处理厂用地被城市人口密集区所包围，加剧了地面污水处理厂和周边民众环境需求之间的矛盾，对周边土地价值和市容环境造成了负面影响。美国及欧洲一些国家用了近70年完成了城镇化率从约30%到约60%的发展，但污水处理厂一般布置在城镇外围地区，与城镇规划用地的矛盾问题不突出。因此我国污水处理行业部分污水处理厂与城市发展的矛盾具有鲜明的中国特色，需要根据实际情况用创新的方法来解决出现的矛盾问题。

为了解决城市中污水处理厂易地搬迁带来的巨额管网建设费用，地面污水处理厂邻避效应，以及提升污水处理厂周围土地开发价值、充分利用污水处理厂有限的土地资源，促进污水处理行业高质量发展，我污水处理行业创新地用地下污水处理厂形式将污水处理厂集约布置，采用地下箱体形式建在地下，配套设置设备操作层和交通通道，并对地下污水处理厂的地上空间进行综合开发利用，配套建设景观公园、公用设施或者其他设施，实现了污水处理厂与周边环境的融合，提高了污水处理厂用地的价值，满足了新时代对城市中污水处理厂生态、环境、功能提升的需求。

1.3　地下污水处理厂发展历程及前景

1.3.1　地下污水处理厂发展历程

地下污水处理厂最早出现在气候寒冷的北欧地区，距今已有80多年的历史，开始一段时间该设施只在欧洲一些国家建设，后来陆续在亚洲一些国家建设，近年来在中国得到较大应用，目前全世界已经有6000多座地下污水处理厂在为城市居民服务。

国外地下污水处理厂早期主要集中在欧洲国家和经济发达的亚洲国家，建设的数量也不是很多，发展速度也比较慢。1932 年芬兰利用地下封闭空间维持污水温度，建造了世界上第一座地下污水处理厂，受限于当时的技术和经济条件，地下污水处理厂的建设发展一直非常缓慢。1942 年瑞典的斯德哥尔摩政府根据其多岩石的地质条件，建设了首座岩石地下污水处理厂，1957 年建设了 Kappala 地下污水处理厂。欧洲各国基于各种原因在 1987 年至 2009 年之间建设了 7 座地下污水处理厂。考虑到山地多、平原少、紧靠峡湾等用地条件，芬兰建设了赫尔辛基 Viikinmaki、图尔库 Kakolanmaki 地下污水处理厂，挪威建设了奥斯陆 Bekkelaget、Veas 地下污水处理厂，瑞典于 1994 年建设了 Bromma 地下污水处理厂。考虑到拟建污水处理厂位于市中心、用地紧张、周边环境要求高的因素，荷兰于 1987 年建设了鹿特丹 Dokhaven 地下污水处理厂，法国于 1987 年建设了马赛 Geolide 地下污水处理厂。在亚洲，由于用地紧张、周边环境要求高等原因，1999 年日本建设了神奈川县叶山町地下污水处理厂，2002 年至 2009 年韩国建设了大邱智山、龙仁、仁川地下污水处理厂，2015 年马来西亚建设了吉隆坡 Pantai 地下污水处理厂。这些国外地下污水处理厂共计 14 座，设计规模共计 253.97 万 m^3/d，最大的污水处理厂设计规模 34 万 m^3/d，采用的污水处理工艺主要为活性污泥法，用 MBR 工艺的污水处理厂只有 1 座。

2010 年以后国外地下污水处理厂的建设数量很少，相反近十多年来，我国的地下污水处理厂得到了长足发展，在地下污水处理厂建设的数量、规模、污水处理厂工艺类型、分布的地域、地面综合利用方式等方面都大大领先于国外。我国于 2010 年 9 月建成了国内第一座 MBR 工艺地下污水处理厂，2011 年建成了国内第一座大型 HYBAS 工艺地下污水处理厂，后来随着国家对生态环境保护要求、污水处理厂周围环境的要求以及污水处理厂用地的综合利用需求的提高，全国各地地下污水处理厂的建设开始提速。截至 2022 年，我国已经建成的地下污水处理厂 500 余座，设计总规模超过 4500 万 m^3/d，单座地下污水处理厂的设计规模最大达到 60 万 m^3/d，污水处理采用了 AAO ＋ MBR、AAO ＋矩形二沉池＋高效沉淀池＋反硝化滤池、多段 AO ＋ MBR、AAO ＋矩形二沉池＋反硝化滤池＋氧化、MSBR ＋气浮＋滤布滤池、AAO ＋ MBR ＋高级氧化、HYBAS ＋矩形二沉池＋纤维滤池等多种处理工艺。我国各地地下污水处理厂的建设最初集中在北上广深等经济发达地区，目前应用地域已延伸到其他二线、三线城市及中西部地区。污水处理厂的地面利用形式也已从单纯的景观绿化发展到上部建设公园、交通枢纽站、综合楼、体育馆、写字楼、停车场等综合设施，大大提高了污水处理厂的土地价值利用率和生态环保功能。

1.3.2　地下污水处理厂发展前景

随着我国城镇化进程的推进，污水处理已成为各大城市面临的重大挑战，一些地区采用地面污水处理厂已无法满足现代化城市的高质量发展需求，因地制宜选择地下污水处理厂建设形式在环境保护、节约土地资源、降低噪声污染、解决邻避效应和对生态友好等方面显示出巨大优势。

1. 环境保护需求

随着全球环境问题的日益严重，环境保护已经成为各国的共同目标。地下污水处理厂采用封闭式设计，有效减少了传统地面污水处理厂对周边环境的影响，同时地下污水处理厂产生的废气和污泥可以得到妥善处理，降低了二次污染的风险，这些特点使得地下污水处理厂成为一些地区满足现代环境保护需求的理想选择。

2. 节约土地资源

在城市用地日益紧张的背景下，地下污水处理厂的土地节约优势愈发凸显。与传统的地面污水处理厂相比，地下污水处理厂的地上部分可以用于绿化、建设公共设施，提高了土地利用效率，同时地下污水处理厂的深埋设计，充分利用了地下空间，大大减少了地面建筑物对土地的占用。

3. 降低噪声污染

地下污水处理厂采用封闭式设计，有效隔绝了噪声的传播途径。相对地面污水处理厂，地下污水处理厂的噪声污染大大降低，从而大大改善了周围居民的生活环境质量。

4. 解决了邻避效应

地下污水处理厂采用封闭式设计，同时顶部进行绿化，使其与周边自然环境融为一体，解决了污水处理厂对周围居民的视觉污染，基本将污水处理厂给居民的心理负面影响消除，基本解决了邻避效应。

5. 对生态友好

地下污水处理厂上部可以绿化与周边自然环境相融合，改善城市的生态环境，这种与自然和谐共生的理念正是现代化城市所追求的生态友好性。

地下污水处理厂的突出优势使其在我国展现出巨大的发展前景，随着污水处理技术的进步和环境保护意识的日益增强，地下污水处理厂将在我国得到更大范围的应用，具有广阔的发展前景。

第2章 地下污水处理厂建设形式

2.1 地下污水处理厂建设形式种类

随着城市发展和污水处理工艺技术的进步，污水处理厂的建设形式从早期的常规地上演化到地下。地下污水处理厂也称下沉式污水处理厂。污水处理构筑物位于地面以下，设备操作区封闭，地面层可进行土地综合利用。

地下污水处理厂从上至下分为两层：顶部景观层、地下箱体层。

埋设在地下，由相互交联的现浇或预制钢筋混凝土梁、板、柱等合围而成，用于污水和污泥处理、设备和管道安置、人员巡视检修及货物吊装运输的合建式腔体称为地下箱体。

根据地下箱体顶板与规划地面标高的高差，可将地下污水处理厂分为全地下和半地下两类。

1. 全地下污水处理厂

全地下污水处理厂是地下箱体顶板的平均标高低于规划地面标高或两者标高差小于操作层平均净高 1/2 的地下污水处理厂。操作层是指地下箱体内利用构筑物池顶、构筑物间顶部连接板和内部隔间地坪共同构建的，供管理人员巡视管理和操作的空间。

全地下污水处理厂将整个污水处理厂的地下箱体全部埋入地下，池体上部完全覆盖土层，景观层进行土地综合利用，如建设公园、体育场、停车场等。其主要形式如图 2-1 所示。

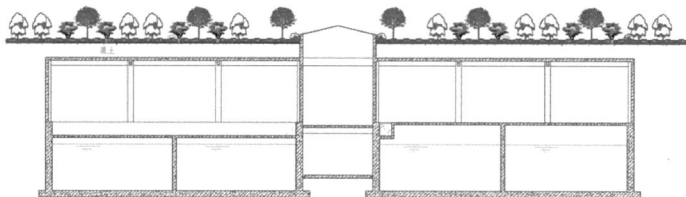

图 2-1 全地下污水处理厂形式示意图

2. 半地下污水处理厂

半地下污水处理厂是地下箱体顶板平均标高大于规划地面标高的地下污水处理厂。

半地下即是将污水处理构筑物完全埋入地面以下，员工巡视及设备、景观层位于地面，低于地面的箱体上部完全覆盖土层种植绿色植物或建厂房。

半地下污水处理厂厂房的下部结构位于室外地面以下，相应的上部结构为室内式或半敞露式的厂房。配合周边环境不同的需求，半地下污水处理厂通常采用三种形式，如图2-2、图2-3、图2-4所示。

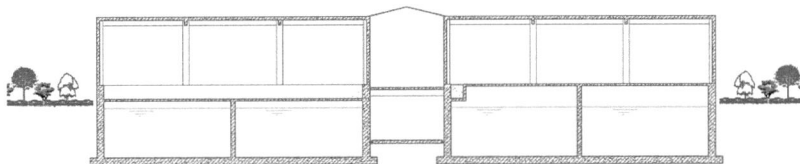

图2-2　半地下污水处理厂形式（一）

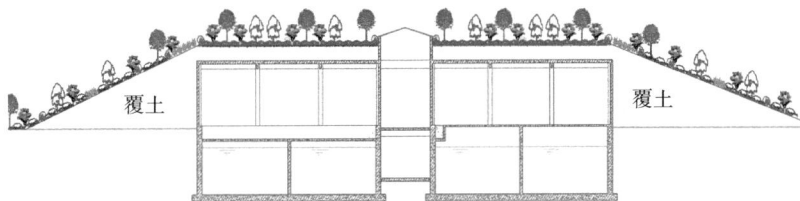

图2-3　半地下污水处理厂形式（二）

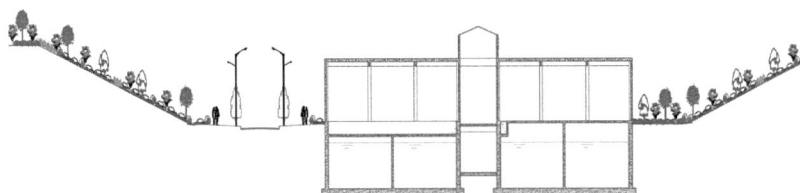

图2-4　半地下污水处理厂形式（三）

　　根据半地下污水处理厂建设外形或建造位置的不同，可分为局部下沉式污水处理厂、洞穴式污水处理厂、隧洞式污水处理厂等。局部下沉式污水处理厂的整体埋深与全地下污水处理厂差不多，但在地下箱体周边设置下沉式廊道，使操作层与廊道一起形成开放空间，景观层与周边地面齐平。目前这种形式的污水处理厂案例较少。洞穴式及隧洞式污水处理厂是将部分或整体构筑物设置在开挖或已有的山体或隧洞内，有效利用山体岩洞的内部空间，在不影响山体功能的同时，达到污水处理的目的。目前国内外有福建厦门海沧污水处理厂、香港特别行政区赤柱污水处理厂、拟迁建的香港特别行政区沙田污水处理厂、芬兰赫尔辛基污水处理厂、法国土伦污水处理厂等。以上洞穴式和隧洞式污水处理厂也可归为全地下污水处理厂。

2.2　建设形式选择

　　地面式污水处理厂建设投资较少，施工和运行管理方便，但占用土地较多，对环境的影响较大。由于中心城市的土地资源有限，对景观环境的要求高，建设的资金相对充裕，污水处理厂将逐步从地面式污水处理厂向全地下、半地下污水处理厂发展，并对上部空间进行绿化，建设成供市民休憩的开放式公园或体育场。就具体项目而言，污水处理厂采用地面式、半地下还是全地下的建设形式需要针对不同的要求而定，地面式、半地下与全地下污水处理厂布置综合比较见表 2-1。

表 2-1　地面式、半地下、全地下污水处理厂布置综合比较表

项目	地面式	半地下	全地下
特征	大部分设施置于地面，建设施工主要在地面上进行	大部分设施建于地下。建设施工主要在地下，要求安全对策	设施全部建于地下，设施上面有 2~3m 的覆土，要求较高的安全措施
结构	理论上，土压比水压大，所以四周外壁能设计得比半地下、全地下方案较薄一些，但是水池壁所承担的水压等参数和半地下、全地下相同，所以整个设施和半地下、全地下没有很大变化	理论上，和土接触的构造物，其下部受到土压，所产生的剪切力和弯矩比地面式方案更大一些。然而在实际构造计算中，弯矩能根据配筋量作调整，剪切力采用增加剪切筋和增加端部斜角等方法，能够在不增加壁厚的条件下进行设计，所以壁厚实际上和地面式差不多	理论上，和土接触的构造物，其下部受到土压，所产生的剪切力和弯矩比地面式方案更大一些。然而在实际构造计算中，弯矩能根据配筋量作调整，剪切力采用增加剪切筋和增加端部斜角等方法，能够在不增加壁厚的条件下进行设计，所以壁厚实际上和地面式差不多
二次泵提升	从排放河流的最高水位到上游进行水位计算，一般以不需要二次泵提升作为前提条件而设计设施高度	需要二次泵提升作为前提条件设计设施高度	需要二次泵提升
上部空间利用	设施的上盖板（一次覆盖）有各种各样的开口部位，难以利用。即使在设施的上面做成公园、运动场用的二次覆盖，由于高度高、难以上去，实际上也是难以利用	一次覆盖的利用是困难的，而二次覆盖的高度低，可用作运动场、公园等供居民休息、休闲、运动场所	在地面上有对应各种功能的开口处（例如人员出入、换气等），同半地下方案所述类似，易于在二次覆盖上进行各种利用
除臭设备	地面有较好自然扩散条件，为降低对四周环境的影响，仅需对是主要臭气来源的构筑物和设备密闭加盖，臭气收集并采用除臭设备消除，臭气量小	可采用除臭设备，由于二层加盖，臭气量较小	因为是完全封闭的情况，所以除臭设备是必要的
通风换气	地面布置，对通风换气无特殊要求	采取简单的通风换气措施	地下布置对通风换气的要求高，应设有专用的通风换气间
配管	由于处理设施的空气管、水管等采用地下埋设、空中架设的建设形式，配管容易腐蚀而且维修不便	因为配管设置在地下管廊中，所以维修管理容易	同半地下污水处理厂
管理便利性	管理人员的管理路线处于地面上，在下雨、下雪等恶劣天气时，管理很不方便。开敞水池设施便于目视巡检	管理人员通过地下管廊进行管理，所以不受恶劣天气的影响，构筑物集中布置，容易管理。水池顶部封闭，目视巡检较为不便	同半地下污水处理厂
地基加强	构筑物的埋深较浅，在很多情况下成为基础的支持地基的表层土的强度较弱，所以在较多场合下需要进行地基改良	埋深较深，达到支持层要求的情况较多，在很多情况下不需要进行地基加强	同半地下污水处理厂

续表

项目	地面式	半地下	全地下
耐震性能	因为是地面设施，地震发生时，水平力大，对设施的破坏力也大	地震发生时水平力的强度是随着地下深度的增加而减弱，所以地震时的破坏力要比地面式污水处理厂小	深度是最深的，所以地震时对于设施的破坏力也是最小的
施工	由于是地面作业，施工比较方便。施工相对最安全	由于需要深开挖，需要考虑施工的安全性，工程费用较高	相对于半地下污水处理厂，需要更高的施工费
土地利用效率	低	高	最高

地下污水处理厂不同于常规的地面污水处理厂，具有一些鲜明的特点：一方面有良好的密闭性与稳定的温度环境、有较强的防灾优越性，通常在对用地、出水水质、环境影响等要求较高的地方采用；另一方面，地下污水处理厂对设备的性能、质量要求较高，施工难度一般较大且复杂，对采光、通风、除臭、消防、防洪（涝）、防潮等要求也较高，因此地下污水处理厂往往一次性投资较高，但使用寿命长。

就具体项目而言，地下污水处理厂采用全地下或采用半地下形式需要针对不同的要求而定，全地下与半地下污水处理厂优缺点综合比较见表2-2：

表2-2 全地下与半地下污水处理厂优缺点综合比较表

项目	全地下	半地下
优势	（1）上部土地再利用用途较多，使用价值高； （2）景观效果好； （3）对周边环境（噪声、臭气及交通）影响小	（1）土建工程量较小，施工难度较小，总投资较小； （2）运行成本较低； （3）对周边环境（噪声、臭气）影响小； （4）维护、检修条件较好； （5）对操作、管理人员健康影响较小
劣势	（1）土建工程量较大，施工难度较大，导致总投资较大； （2）运行成本高； （3）维护、检修条件较差； （4）对操作、管理人员健康影响较大	（1）上部土地再利用用途较少，使用价值不及全地下污水处理厂高； （2）景观效果不如全地下污水处理厂

地下污水处理厂的各种形式各有特点，整体都具有单体布置紧凑、节约土地资源、噪声小、环境污染少等优点。至于如何选用，应结合资金条件、政府需求、技术能力、周边环境等多方面因素综合考虑再作决定。

因此，地下污水处理厂具体采用全地下或半地下建设形式，需要综合考虑两种建设形式优缺点、技术、经济、用地和景观要求、周边环境、土地资源价值等因素后再确定。

第3章 空间和竖向设计

3.1 概述

地下污水处理厂综合体是指全部或部分位于地下空间，以地下污水处理厂为核心，与市政公共绿地、地面道路、综合管廊、商业中心、地下停车场、公交车站、生活垃圾转运站等一个或多个功能空间进行结合，并与周边环境有机融合形成的综合体，可以保证城市土地资源的集约化和功能的多元化，实现城市、自然与人类的和谐统一。

地下污水处理厂的空间模式主要与周边衔接、功能构成、空间组织三个构成要素相关。在地下污水处理厂空间的构建过程中，为了促进地下污水处理厂综合体的高效运行，首先需要考虑的是与周边环境衔接和融合；其次是根据周边的功能需求明确地下污水处理厂综合体的建设目的及功能构成；最后是根据相关的政策法规和地下污水处理厂综合体的功能构成确定其空间组织形式、构建基本框架。地下污水处理厂综合体与周边的衔接包括综合体与周边道路交通、绿地景观、地上地下建筑的衔接，以及地面设施与周边环境的衔接。地下污水处理厂综合体的功能构成与我国城市普遍的公共游憩空间欠缺息息相关，所以现有的地下污水处理厂综合体大多在地下污水处理厂顶部设置了公园、广场及游乐设施，随着城市的发展和技术的进步，地下停车场、地下商业、地下公交车站等设施也开始出现，今后为了缓解城市交通堵塞、停车困难、公共空间不足的难题，满足城市高质量发展的需求，会增加更多的公共服务、交通、市政、人防等功能，因此地下污水处理厂综合体的功能可包含绿地功能、科普功能、商业功能、市政功能和交通功能等。

地下污水处理厂综合体的空间组织包括分层体系和功能关系。在分层体系中，地下污水处理厂综合体的地上空间和地下箱体的上部空间与外界环境相通，可引入良好的采光和自然景观，空气质量好，对人员的长期停留有利，因此可以布置绿地空间、商业空间、科普空间或城市综合管廊等。地下污水处理厂综合体的中部空间则可实现使用目的较单一的功能，适合人员的短期停留，可以布置停车场或公交车首末站，实现其交通功能。地下污水处理厂综合体的下部空间则属于对环境污染影响较大、只适合少量人员短时停留的空间，可以布置污水处理厂或垃圾转运站，实现市政功能。地下污水处理厂综合体内的功能关系分为相关关系和中性关系。一般而言，中性关系的功能之间不存在直接的相互作用。而相关关系则包括正相关关系和负相关关系，比如城市绿地对地下污水处理厂的其他功能的影响都是正面的，属于正相关关系。又比如，地下污水处理厂及地下生活垃圾转运站与地下商业空间、交通空间的影响一定是负相关关系。当出现负相关关系时，则需要将其与其他空间分开布置，以减轻对其他功能的影响。

从竖向来看，地下污水处理厂的空间涉及地上空间和地下空间，其中地下空间多作为污水处理设施、停车场、公交车首末站、垃圾转运站及地下商场等，地上空间多作为公园、广场、湿地景观、园林或商业综合体，因此，在功能上可分为游憩服务型、商业服务型和市政交通型。早期的地下污水处理厂多以游憩服务型为主，如布吉污水处理厂，建设封闭的厂前区和开放的上盖公园。随着经济的发展、城市地下空间的不断开发、相关工艺和建设技术的成熟，地下污水处理厂开始和停车场、公交车站、购物中心、办公楼等结合起来，形成商业服务型或市政交通型的综合体，如珠海市北区污水处理厂二期工程地下一层和地下二层为污水处理设施，地面为企业服务中心、体育馆、游泳馆、公共交通设施、园区景观等；贵阳贵钢污水处理厂地下二层和地下三层为污水处理设施，地下一层为社会车辆枢纽站和地铁过街地下通道，地上三层为市政 BRT 车站交通枢纽等。我国的城市地下污水处理厂已经实现了污水处理厂、公交车站、停车场、购物中心、社区公园等不同功能空间的综合建设。

从地下污水处理厂的发展趋势来看，一是在设计中需尽量做到地下空间和地上空间的有机结合，实现地上地下空间一体化。地下空间呈现的污水处理设施不再是一个封闭空间不与市民接触，而是通过人流、物流的不断渗透和交换成为城市生活中不可或缺的部分。二是功能的多元化会进一步加强。随着地下空间建设技术的不断进步，将有越来越多的功能（如火车站、体育中心等）与污水处理设施结合纳入地下污水处理厂综合体内。三是随着人们对美好生活的向往，地下空间的人性化会进一步凸显。经济和社会的发展让地下空间的建造技术日益成熟，地下空间的采光、通风、除臭、降噪的技术也逐渐完善。地下空间通过天窗或光导管引入自然光线；通过室内造景引入植物水体；通过离子新风配合 CFD 流态模拟控制保持空气清新；通过全过程除臭、生物、植物液喷淋等多种除臭模式解决臭气难题，提高地下空间的空气质量，实现地下空间的舒适性和人性化。

地下污水处理厂综合体的竖向设计应结合工艺、周边环境和现状地形等布置情况综合考虑，当需要部分空间高于地面时，需尽量避免出现裸露挡墙，保持立面的美观。地下箱体的顶板高程的确定与地形和周边洪水位有关，其覆土高度与地面空间的使用有关，而操作层层高在满足功能（包括管线的布置）的前提下，还需兼顾美观、经济和人性化，同时还需要满足规划的要求。地下污水处理设施的竖向设计应在结合工艺流程的前提下，减少水头损失，节约能耗。

3.2　地下空间设计

3.2.1　地下空间的功能

地下空间由于布置在地面之下，空间封闭性强，容易发生火灾、洪涝灾害，且与外界联系较弱，增加了人员的疏散难度。因此，地下空间的设计应更注重其安全性、经济性和舒适性。

为节约工程投资，常规的地下污水处理厂综合体的地下空间分为上层空间和下层空间，上层空间一般作为污水处理设备的操作层，下层空间则作为水处理构筑物层。这种空间利用多见于游憩服务型地下污水处理厂综合体，目前这种综合体占国内地下污水处理厂的比例是最多的。

随着技术的发展、经济的提升以及对土地集约化要求的提高，商业服务型或交通服务型的地下污水处理厂综合体也应运而生，一些新的地下污水处理厂综合体将地下空间分为浅层、中层和深层空间，其功能安排是根据安全性和人群的疏散容易程度来确定，浅层空间的主要功能用于商业、科普教育、综合管廊和人行通道等，便于发生紧急情况时人流的疏散；中层空间的主要功能为停车场等，多是人流的短时聚集；深层空间的主要功能是布置污水处理构筑物、设备操作检修层及垃圾转运站等，只有少量的人员流动。为减少地下污水处理设施或垃圾转运站对其他设施的影响，在空间上也与其他功能做到相对独立。各类典型的地下污水处理厂地下空间的层级划分及主要功能如表 3-1 所示。

表 3-1　地下空间层级划分及主要功能

功能类型	地下空间层级	地下空间深度	主要功能
游憩服务型	上层	-8 ~ 0m	污水处理设备操作层（含生产性附属建筑、检修空间）
	下层	-8m 以下	污水处理构筑物、管廊层
商业服务型	浅层	-8 ~ 0m	商业服务、科普教育、人行通道
	中层	-8 ~ 18m	停车场、公交车首末站
	深层	-18m 以下	污水处理构筑物、管廊层及污水处理设备操作层
交通服务型	浅层	-8 ~ 0m	综合管廊、人行通道
	中层	-8 ~ 18m	停车场、公交车首末站
	深层	-18m 以下	污水处理构筑物、管廊层、污水处理设备操作层及垃圾收集层和压缩层

3.2.2　地下空间集约与布置

地下污水处理厂不仅可以实现土地的集约化，还可以集合不同的功能优势形成集市政、商业、科普、交通于一体的多功能综合体。在地下空间的布置中，要特别注意在保证安全、经济的前提下，实现空间的集约化。

地下污水处理厂的总体布置是以地下箱体为中心的，地下箱体内部各功能板块的布置将影响到地下箱体的面积和空间，最终成为控制整个地下污水处理厂综合体面积的核心因素。而地下箱体中最重要的板块就是污水处理构筑物，其次是上部的水处理设备操作层，最后才是商业设施、交通设施等其他设施，但同时这些板块也是相辅相成的。

污水处理构筑物的布置总体按流程紧凑、避免管道迂回的原则执行，同时要根据污水处理厂的进水方向和出水方向并结合地形综合确定。由于各构筑物都处于箱体内，构筑物之间多以渠道连接，一方面节约占地，另一方面也减少了水头损失。预处理构筑物、生化池、二沉池、深度处理构筑物及污泥处理设施布置在地下箱体的最底层。为尽可能节约用地，生化池深度一般都超过7m，可做到8～10m；二沉池一般采用矩形沉淀池而避免采用圆形沉淀池以节约占地；深度水处理设施各构筑物布置集中，接触池多设置在滤池及消毒设施之下。两条生产线中间的廊道，预处理、生化处理及深度处理构筑物之间的廊道要充分利用，生产管、通风管、除臭管、污泥管及电缆桥架的主通道，需合理地安排布置。产生臭气量最大的进水、预处理区和污泥处理区尽可能布置在一个区域，减少臭味对整个地下箱体产生的影响，便于臭气的收集及除臭系统的布置，减少臭气收集管道的长度，节约工程投资及运行费用。

水处理设备操作层位于水处理构筑物层上方，与水处理构筑物相关的鼓风机房、变配电间、脱水机房、进出水仪表间、机修车间、仓库、除臭装置均布置在这里，运行管理方便。为节省工程投资、降低能耗，鼓风机房靠近生化池布置，在用地十分紧张的情况下也可布置在生化池池顶；变配电间需紧靠负荷最大的鼓风机房、进水泵房、脱水机房；除臭装置相对集中布置，布置在生化池池顶或靠近预处理和污泥处理区的位置，便于尾气集中排放。脱水后的泥饼应尽可能利用泵送至箱体外装车外运，避免重型运泥车进入箱体，降低结构设计难度和土建投资、减少对箱体内环境卫生的影响。另外还需充分利用安全输送楼梯作为上下层的通道。

对于商业服务型或交通服务型的地下污水处理厂综合体而言，在水处理构筑物层和水处理设备操作层之上还有交通、商业或科普等多功能层，这些功能层需结合地下污水处理厂下部布局来对功能区进行分区，在满足防火分区的前提下，还需将底部空间对上方多功能层的干扰程度降低到最小。污水处理厂底层空间与外界连接的通道应与其他功能区独立开来，不应出现人流交叉的情况。地下箱体对外交通的设计应充分结合场地特点和周边现状道路情况，保证连接顺畅。

3.2.3　地下空间的设计

1. 市政功能空间设计

城市地下污水处理厂综合体的市政功能空间一般位于地下箱体内的底层，以减少对其余空间的干扰，该空间内主要包括地下污水处理厂和地下生活垃圾收运站等设施，最应注意的是火灾及有毒有害气体引起的安全隐患。

由于缺少专门针对地下污水处理厂的消防设计的国家标准，国内各地的地下污水处理厂的消防防火分区面积有所差异，有严格按照《建筑设计防火规范（2018年版）》GB 50016—2014执行地下戊类厂房的，控制在每个防火分区建筑面积最大不超过2000m²，也有按《地下式城镇污水处理厂工程技术指南》T/CAEPI 23—2019的建议"如需突破GB 50016对防火分区最大允许建筑面积的限制，应进行消防专项论证"，通过专项论证调整每个防火分区建筑面积。由于防火分区的大小影响地下空间水处理设备的后期的维修维护，因此需要针对不同的用途分别确定。建议对于那些经常有人员出入、管线较密集的区域，如鼓风机房、变配电站、脱水车间等辅助生产建筑应严格按照相关防火规范执行，疏散距离不超过 60m；对于人员出入少且很空旷的区域，如生化池、沉淀池、膜池顶部，建议适当扩大防火分区的面积；对于那些水池类、无人去的区域以及发生火灾的概率较小、危害较轻的区域，在计算防火分区时可考虑适当去除。

由于地下空间的封闭性，普遍存在臭气外溢、通风不良、夏季高温、噪声较大及缺少自然采光和自然植物等情况，因此急需改善地下空间的空气流通性、光环境和声环境，增加自然植物以提高工作人员的舒适性。游憩服务型的地下污水处理厂综合体的市政功能空间多位于地下一、二层，可采用设置下沉式庭院、侧窗、采光带或光导管解决自然采光的问题，并结合人工照明满足工作人员的照明需求。商业服务型和交通服务型的地下污水处理厂综合体的市政功能空间位于地下较深的空间，主要以人工照明的方式解决采光，部分重要区域也可以辅助光导管的模式进行自然采光。位于地下一、二层的市政功能空间的通风，可借助自然采光设施保证自然通风，不足部分借助轴流风机及送风管道予以弥补，其他在地下空间容易产生臭气泄漏聚集的区域，如预处理区、脱水间或其他低洼的区域应设置必要的强制通风措施。位于地下较深的地下空间则只能通过机械通风和新风系统保证空气的流通。在臭气控制方面，一是在容易产生臭气的设备如粗格栅、细格栅、脱水机外面设置透明的除臭罩阻隔臭气的外溢，既便于设备观察，又利于臭气的收集；二是采用将臭气集中收集后通过风机抽吸经过管道送入臭气处理设备进行生物除臭、活性炭吸附或其他方式的处理后达标统一排放。在噪声控制方面，由于地下空间是一个封闭空间，噪声影响更加凸显，首先在设备选择上应尽可能选择低噪声设备，其次在布置上尽可能地将噪声较大的设备如鼓风机房集中布置在地下空间的角落位置，再次就是在鼓风机外部加装隔声罩，底部设置减震的橡胶垫，墙面设置吸声海绵以最大限度减少噪声的影响。另外，从心理感受上，应结合自然采光系统，如下沉式庭院、侧窗、采光天窗等方式，在地下空间的部分区域，布置绿色植物、假山流水，在地下空间也能看到天空和自然景观，减少人们对封闭空间的不适应性。

水处理构筑物和管廊基本位于地下空间的最底层，在空间设计中要尽量避免出现死区或空气不流通的区域，实在不可避免时，应注意将其封闭不让人员进入，若实在需要人员进入则需要加强通风。市政功能空间的管道包括各种生产管道和辅助管道、电缆桥架等，数量繁杂，在地下空间设置时应预先考虑通道，优先布置在管廊内，并注意管道布置的美观性和检修的方便性。

从经济性角度来看，地下空间高度在满足功能的前提下，尽可能降低，但层高太低又会影响工作人员和参观人员的感观，会显得更加压抑。因此市政功能的空间，特别是水处理设备操作层的空间应结合功能、经济性和感观综合确定，从目前已建的地下污水处理厂来看，其高度一般不低于 5.5m，最好在 6.0 ~ 7.5m。

2. 交通功能空间设计

城市地下污水处理厂综合体的地下空间的交通功能空间主要包括地下停车场和公交车首末站等，一般布置在地下一层或二层，其柱网布置需结合下部的污水处理构筑物及设备操作层的布局进行。

对于地下空间的道路与箱体外的道路连接，为防止外部道路的雨水进入箱体内，在进入箱体前一般要设置驼峰，高于外部路面。对于地下停车场和公交车首末站，主要注意防火安全和交通安全。地下空间的人行交通应与车行交通分开，应包括人行通道、车行通道和停车区域，尽量减少人流和车流的交叉通道，并设置完善的交通标识系统，避免出现交通事故，便于人流安全、快速地到达目的地。汽车的出入通道和上下层的连接通道应有合适的道路宽度、坡度和转弯半径，坡度不应超过8%，道路上应设明显的标识系统，避免出现视觉盲区，造成交通事故。

为了方便车辆进出地下停车场和公交车首末站，应尽量扩大出入口之间的距离，在条件允许的情况下，将入口和出口分开设置。在商业服务型地下污水处理厂综合体内，满足商业需求的货车应停放在专用的货车停车区，并设置单独的出入口。对于车流量更大的社会车辆和公交车停车区域，可采用不同的颜色、图案、灯光和分区标识划分不同的区域。为便于人们快速达到目的区域，应采用鲜艳的颜色和明显的标识予以注明。车行道和人行道要采用不同的材质进行铺装，并通过明确的标志进行区分。

地下交通功能空间与外界接触面较小，缺少自然采光，空间比较单调，且汽车行驶过程中产生的噪声污染和尾气污染较严重，因此地下空间需加强通风，并设置吸声材料减少空气和噪声污染。由于地下交通功能空间多布置在地下一层和地下二层，可采用天窗、下沉式庭院和导光管的方式进行自然采光和通风，并辅助人工照明和机械通风保证采光和通风效果，并在地下交通空间的墙壁、梁柱和顶部设置吸声材料减少噪声的影响。

3. 商业功能空间设计

商业服务型地下污水处理厂综合体的商业空间位于地下箱体的最上层或地面上，与外界空间联系紧密，便于与外界实现物质、信息及人流的交换，也利于空气的流通。其柱网布置既受上部商业空间的限制，又受下部的市政功能空间的影响，由于人流量大，最需要考虑的是防火安全，并通过改善地下空间的环境和人性化措施提升地下商业空间的舒适性。

按《建筑设计防火规范（2018年版）》GB 50016—2014及《城市地下商业空间设计导则》T/CECS 481—2017的规定：地下商业空间主体建筑的耐火等级应为一级，出地面构筑物的耐火等级不低于二级，当设置自动灭火系统和火灾自动报警系统并采用不燃或难燃装修材料时，其每个防火分区的最大允许建筑面积不应大于2000m²。另外从疏散要求来看，在地下商业空间每个防火分区应至少设置两个与外界空间直接连接的安全出入口。当实际建设条件不允许时，若防火分区的面积不大于1000m²时，可利用相邻防火分区的甲级防火门作为安全出口，并另设 1 个直通外界空间的安全出入口。为保证安全，在考虑设置自动喷淋系统的前提下，最远端到安全出口的距离不超过 37.5m。

地下商业空间对光环境、声环境、空气质量、空气温度及湿度都有较高的要求，因此在空间设计中需重点考虑通过引入自然光线、降低噪声影响、加强地下空气的流通来改善地下空间的环境，提高人员进入后的舒适度，增强商业活力。商业空间位于地下污水处理厂综合体的上部，与外界接触面比较大，可以通过设置天窗、天井、中庭、下沉式广场或庭院解决自然采光问题。其中通过天窗引入自然光线，由于对内部使用功能影响最小且可遮风避雨而使用最为广泛，这种天窗的采用通常是借鉴成熟的商业综合体的经验进行空间设计，如成都万达锦华在地下空间顶部就设置了多处玻璃采光天窗。在一些局部自然光线难以到达的区域如地下空间车行道的下行通道也可采用光导管辅助照明，解决自然采光的问题。为解决地下商业空间空气不流通的问题，除了通过天窗、中庭或地下广场加强自然通风外，还需加强机械通风，如通过设置新风系统及除湿器，以提高地下商业空间的空气质量，改变其湿热的环境。对于自然通风系统，尽可能将车辆出入口朝向夏季主导风向，以增加通风效果；新风系统还需结合地下商业空间的规模和人流量等确定其送风量。在噪声控制方面，地下商业空间一般将噪声较大的设备用房布置在地下箱体的边缘地带，远离人流密集的中心区；同时在设备房内侧壁和顶板设置吸声材料以减少噪声的传播；并在商业空间内部布置小规模水景，播放舒缓的音乐，营造一种自然的环境氛围。

对于地下商业空间，通过营造多样化的环境、进行艺术化的设计、引入自然元素，让顾客在这种环境中感觉更加舒适，身心得到放松。在交通流线的空间节点的交汇处，设置顾客交流和休息的空间，并通过水景、雕塑、装饰物、展览或表演营造一个多元化的艺术空间。在狭窄的空间可以通过布置玻璃镜面，减少空间的狭窄感。为减少地下空间与外界的隔离感，自然元素的引入必不可少，如阳光、植物、水体的引入可以进一步拉近人与自然的距离，特别是假山瀑布、音乐喷泉的引入让顾客得到了视觉和听觉的双重享受。

3.3 地上空间利用

3.3.1 地上空间的功能

地下污水处理厂综合体的地上空间主要由地上建筑（包括生产和商业建筑）、绿地、交通设施等组成。由于地上空间是敞开的，其上部的空间应更注重与周边环境的衔接，提高地上空间与周边交通的协调性。

游憩服务型地下污水处理厂综合体地上空间主要由厂前区和公共绿地空间组成，厂前区布置与污水处理厂配套使用的生活用的办公楼、食堂、宿舍、科普中心、停车场等，一般不对公众开放；公共绿地布置公园、运动设施、公共卫生间等。二者之间应有相应的隔断，在交通流线上也需分开，避免相互干扰，以保证污水处理厂运行的独立性和安全性。

商业服务型地下污水处理厂综合体地上空间由厂前区和地上商业空间组成，二者之间可以合建也可分建，无论是合建还是分建，二者在使用中的交通流线都需要分开，避免相互影响。交通服务型地下污水处理厂综合体的地上空间由配套的污水处理厂管理用房和地面交通设施组成，管理用房和交通设施之间也应进行物理隔断，保证互不干扰。

各类典型地下污水处理厂地上空间分区及主要功能如表 3-2 所示。

表 3-2　各类典型地下污水处理厂地上空间分区及主要功能

功能类型	地上空间分区	主要功能
游憩服务型	厂前区	污水处理厂配套的办公楼、食堂、宿舍、科普中心、停车场
	公共绿地空间	公园、湿地、园林、文体娱乐设施、公共卫生间
商业服务型	厂前区	污水处理厂配套的办公楼、食堂、宿舍、停车场
	商业空间	商店、步行街
	公共绿地空间	公园、文体娱乐设施或商业配套的绿地景观
交通服务型	管理用房	污水处理厂配套的管理用房
	交通设施	道路交通、地面停车场
	公共绿地空间	公园、文体娱乐设施或交通配套的绿地景观

3.3.2　地上空间的设计

游憩服务型地下污水处理厂综合体地上空间的厂前区布置的生产配套的办公楼、食堂、宿舍、科普中心及停车场一般位于地上空间的一隅，为减少对周边绿地空间的影响，厂前区地面建筑布置比较集中，占地面积比较小，同时按规划的需要控制层高。在建筑外观的设计上要注意与绿地空间及周边建筑的协调，既要时尚又要生态。在景观打造上，厂前区的布置与绿地空间相协调，绿地景观需融为一体，以保证整体效果。因此，地上空间设计的总体原则是厂前区在满足生产、生活的前提下，功能分区明确，布局合理、紧凑，用更大的空间布置休闲公园、湿地、园林等绿地空间。

商业服务型和交通服务型地下污水处理厂综合体地上空间的厂前区，污水处理厂配套的管理用房需与地面商业和交通设施的建筑进行融合，可独立也可合并，但是在交通流线上要分开，避免相互干扰。

绿地空间作为地下污水处理厂综合体不可或缺的组成部分，为市民提供一个休闲、运动的场所，其空间设计应满足人们不同的游憩行为和心理感受，注重人性化和无障碍设计，还需兼顾安全设计，并设置安全标志。

3.3.3　与周边环境及地下空间的衔接

1. 与周边环境的衔接

游憩服务型地下污水处理厂综合体地上空间与周边环境的衔接，一是应注意地上空间与周边道路的衔接，为周边人群顺利进入此空间提供便利，可以将人流快速安全引入地下污水处理厂综合体上部的公共休闲空间；二是将地上空间与周边的景观、绿地协调起来，扩大游憩型地上空间的服务范围；三是注重游憩型地上空间的设施安全和小型化，让人群的休闲空间尽可能大，提高地上空间的安全性和舒适性。

商业服务型地下污水处理厂综合体地上空间与周边环境的衔接，一是通过下沉式广场、庭院或地下中庭与周边道路、绿地景观衔接；二是采用地下公共空间或电梯等垂直交通设施与周边其他建筑衔接；三是结合周边环境、建筑特色和商业特点与地面设施建设衔接。

交通服务型地下污水处理厂综合体地上空间与周边环境的衔接，一是采用下沉式广场、庭院、地下中庭或地下公共空间的形式，形成特色鲜明的公共空间，便于行人和司机辨别方向，并提供人流和车流集散的缓冲时间；二是统筹地面交通与地下交通的关系，保障行人和车辆的通行安全。

2. 与地下空间的衔接

地下污水处理厂综合体的上部的绿地空间及地面建筑与地下空间，基本是采用垂直交通设施、地下公共空间、下沉广场或庭院进行衔接。垂直交通设施包括台阶、坡道等设施，这种衔接方式可以实现不同功能空间的交通联系，干扰比较小，但联系不够紧密。而地下公共空间、下沉广场或庭院的衔接方式，可以衔接地下污水处理厂综合体与地下其他建筑，可以缓解大量人流的压力，在建立交通联系的前提下减少各个功能空间的干扰，特别是下沉广场或庭院，由于其顶部是开敞的，因此可以打破地下空间的封闭性，在实现交通联系的前提下同时能与外界接触，自然采光和通风设施提高了交汇空间的舒适性。

疏散楼梯间、采光设施、通风及尾气排放塔等连接地上和地下空间的地面设施，会给城市交通、视觉景观和人们的心理感受带来一些影响，也会影响人们对地下污水处理厂综合体的直观印象。设置于地面的疏散楼梯间是地下空间不可或缺的安全设施，其数量及布局与地下空间的功能布局、防火分区和疏散距离有关，应根据地下空间的实际情况布局。为减少对周边环境的影响，尽可能采用隐蔽或美化设计，如采用绿植遮挡楼梯间的出入口，或与其他地面建筑相融合，保持建筑风格、材质、色彩与周边环境相协调，避免楼梯间的布局干扰地面绿地空间的人们的通行和广场活动的举办。采光设施一般布置在绿地和广场内，为地下空间提供自然光线，提高地下空间的舒适性，但可能对上部景观会造成视觉破坏，可以通过将采光设施设置成地面景观或考虑设置绿植遮挡，减少这种影响。通风及尾气排放塔是为了解决地下空间的通风和除臭后的尾气排放而设置的，其中除臭尾气排放塔的高度一般不应低于15m。若有地面建筑也可考虑与地面建筑合建，高度不低于建筑物的高度，以减少对周边环境的影响。若布置在广场和绿地中，可以考虑将其与城市雕塑、钟楼结合打造成地下污水处理厂综合体的标志性构筑物，也可以采用绿植进行遮挡降低人们视觉感官的不利影响。通风塔可与除臭尾气排放塔合建，为减少噪声的影响，应在塔周边考虑降噪措施，也可以通过水景或绿地使其与人流通道保持一定的距离，以减少干扰。

3.4　交通和运行巡检通道设计

3.4.1　人行交通流线组织

游憩服务型地下污水处理厂综合体的交通流线，包括周边人群到综合体地上绿地空间进行游览休闲活动的游憩人行交通流线、污水处理厂工作人员的日常办公和安全疏散的生产人行交通流线以及厂内车行交通流线。为保证地下污水处理厂的管理和安全需要，游憩人行交通流线与生产人行交通和车行交通流线应避免交叉，以减少对污水处理厂生产的影响。在半地下污水处理厂综合体中，由于对外开放的绿地空间位于屋顶，需要通过楼梯或天桥等交通设施与周边道路相连，厂区工作人员则通过地面出入口直接进入厂内。因此，游憩人行流线和地面的生产人行交通流线相互独立，互不干扰。在地下污水处理厂综合体中，游憩人行交通流线和生产人行交通流线的出入口位于不同的区域，可以让不同的人群互不干扰。当出现紧急情况时，位于地下空间的生产人员也可以通过疏散楼梯间疏散，其出口可单向疏散到地面绿地空间。

商业服务型地下污水处理厂综合体的空间构成相对比较复杂，主要包括：地面商业及配套绿地空间、地下商业空间、地下停车场、地下公交车首末站和地下污水处理厂等。人行交通流线主要包括商业人行交通流线和生产人行交通流线，其中商业人行交通流线包括地面人行交通流线、地面进入地下各功能区的人行交通流线和地下商业各功能区的人行交通流线，这几类商业人行流线可以相互交叉、关联，其出入口可以合并，以提高空间使用效率；为保证污水处理厂的运行及管理安全，生产人行交通流线应与商业人行流线分开，应有单独的出入口直接与外界连通。各功能区的垂直连接可以采用楼梯、电梯、扶梯等形式，水平连接可以采用地下通道、坡道等形式。地下空间的疏散采用疏散楼梯间，疏散距离应满足相关规范的规定，并尽可能减少疏散的距离以保证安全。

交通服务型污水处理厂综合体的人行交通流线与商业服务型污水处理厂综合体比较类似，生产人行交通流线需与其他功能区的人行流线独立分开，以保证污水处理厂的运行及管理安全。地下污水处理厂地下空间和对公众开放的交通设施如地下公交车首末站以及地下停车场等均通过楼梯、电梯或扶梯等垂直交通设施与地面空间连接。二者通过不同的出入口进出，互不干扰。人员通过疏散楼梯间进行疏散，楼梯间的布置应尽量均匀，疏散距离在满足相关规范的前提下应尽量短。

3.4.2　车行交通流线组织

游憩服务型地下污水处理厂综合体的车行交通道路主要供污水处理厂的运泥车、运渣车、工作人员及外来人员的车辆使用。而半地下污水处理厂综合体的车辆在地面上行驶，与屋顶的绿地空间的人行交通流线是分开的，可以避免外来人流与车行交通的交叉。地下污水处理厂车行交通流线与人行流线避免交叉，其汽车出口和入口要分开设置，靠近市政道路，且应布置在地面绿地空间的边缘地带，尽量减少对地面绿地空间的影响，避免对人流交通流线造成干扰。由于地下污水处理厂的车流量较小，车辆出入口也可作为生产人行交通流线使用。地下污水处理厂车行交通流线一般布置在地下各构筑物中间，便于设备的运输和检修，转弯半径应满足最长车辆转弯半径的需要，在有条件的情况下形成环形通道，当无条件时在端头应形成回车场，并满足消防的需要。当采用半地下污水处理厂综合体时，由于车行交通流线处于地面上，其车行道可以位于两组污水处理构筑物中间或在构筑物的单侧布置，出入口分别位于两侧。

商业服务型地下污水处理厂综合体的车行交通道路主要供进入商业空间停车场、公交车首末站的外来车辆以及污水处理厂的运泥车、运渣车和工作人员及外来人员的车辆使用。商业空间停车场和公交车首末站由于车流量大，应分开设置；为避免对地下污水处理厂的正常生产造成影响，外来车辆及公交车的车行交通流线也应和污水处理厂生产、生活用的车行交通流线分开设置。生产用的运送污泥和栅渣的运输车辆应采用全封闭结构，避免臭气的散逸。运泥车和运渣车根据污泥及栅渣的产生量合理安排出行时间和频次，尽量避开上部车流高峰期出行，其生产车辆出入口应尽量紧靠道路，远离商业空间车辆出入口，避免交通拥堵，减少对商业空间环境的不利影响。地下污水处理厂内部的交通流线布局以满足生产功能为目的，与游憩服务型地下污水处理厂布置原则一致，只是地下污水处理操作层相对更深，进入地下污水处理厂的坡道转弯半径和坡度在满足规范的前提下，尽可能注意交通流线的便捷性。

交通服务型地下污水处理厂综合体的车行交通流线和商业服务型地下污水处理厂综合体的比较类似。进入交通功能区如地下停车场、公交车首末站的车行交通流线由于车流量大，应分开设置，同时也应和进入市政功能空间如地下污水处理厂和垃圾转运站的车行交通流线分开设置，避免相互干扰。各出入口应根据外部道路的情况设计，以快速接驳，减少交通堵塞的风险。

3.5 科普功能空间设计

国内很多的地下污水处理厂综合体都设置了科普展示中心，其主要功能是通过科普展示，加强普通市民对污水处理及水环境综合整治的认识，改变人们对污水处理设施固有的不良印象，减少邻避效应。通过单独设置科普展示中心或科普展示区并结合参观流线可以充分发挥地下污水处理厂综合体的科普功能。科普展示中心或展示区一般都在参观流线的起始段，要做到既方便人们参观，又可作为学生的环保教育基地。

科普中心或科普展示区通过文字、图片、多媒体、景观及互动环节向人们介绍水处理及水环境的相关知识，具有较强的教育功能。科普中心的展示空间设于室内，可以结合不同的主题，通过不同的空间色彩、灯光、音乐及多媒体展示激发参观者的兴趣，加强参观者与科普空间的互动。室外科普展示区可以通过多媒体显示屏实时显示水处理设施进出水指标或普及水环境综合知识，展板可以展示地下污水处理厂简介、水处理工艺流程及社会经济环境效益等相关内容，多媒体显示屏及展板的尺寸应与空间尺度相协调，突出布局的美观性、协调性。

在参观流线的设计上，应结合污水处理厂的工艺流程设置相应的参观环节，让参观者对污水处理过程有一个直观的了解。为避免污水处理厂工艺环节与科普展示空间的相互干扰，在一些危险或有臭气外溢风险的区域可以通过玻璃窗的形式进行隔离，同时利用人行交通通道在其两侧设置展板或多媒体介绍本段工艺构筑物、设计参数及关键设备，做到一目了然，以提高参观者的观感。

3.6　竖向设计

厂区的竖向设计应结合用地面积、进水管道埋设高程、构筑物埋设深度、处理后尾水排放要求、与周边环境和规划的协调性，力求工艺流程顺畅，尽可能减少水头损失，降低污水提升费用。高程上应尽量减少地下污水处理厂箱体的埋设深度，减少污水处理厂的挖填方量，节约工程投资。

地下污水处理厂综合体覆土后的地面高程应结合周边道路、最高洪水位的情况下综合确定，原则上覆土后的地面高程需结合城市防洪要求高于50年或100年洪水位，不应低于城镇防洪标准且不得低于周边道路，进入地下箱体的所有通道入口均应高于设计防洪标高，其中车行通道入口须设置驼峰，并考虑应急措施，防止雨水倒灌。

地下空间的高度和经济性、舒适性息息相关，其经济性和舒适性的关系是背离的，一般而言，地下空间越高，舒适性越好，但经济性越差，反之经济性较好但舒适性受影响，因此选择合理的空间高度显得十分重要。地下污水处理厂设备操作层的高度主要考虑便于设备吊装、车辆运输及管道的竖向布局，并兼顾经济性和舒适性，一般设计为6.0～7.5m。地下污水处理厂构筑物的深度与污水处理厂占地、工艺流程选择以及流线是否简洁与顺畅有关。当污水处理厂占地较紧张时，其构筑物埋设深度会加大而造成开挖量和工程投资的大幅度增加；当污水处理厂工艺流程简短、顺畅时，水处理构筑物的埋深则可有所降低。当地下空间涉及商业和交通功能的拓展时，其层高应满足相关的商业和交通标准或规范。

当地下箱体上部作为公园和市民休闲广场时，其池顶的覆土深度一般不应小于2m，既可满足种植深根型大型乔木的需要，又可满足局部人工造景、湿地景观及观赏鱼池的建造。当上部空间作为一般绿地时，可酌情减少覆土深度，但覆土深度最低不应小于0.5m。

第4章 地下污水处理厂常用处理工艺技术

4.1 地下污水处理厂处理工艺简介

4.1.1 工艺选取原则

目前国内外应用成熟的污水处理厂处理工艺丰富多样，并在适应各类不同的应用环境和处理需求中迭代升级。针对地下污水处理厂这样的应用场景，除了常规的因地制宜、经济合理等要求外，在选择处理工艺时还需要遵循以下原则：

（1）安全性：地下污水处理厂主体为一近乎密闭状态的混凝土箱体，缺乏自然通风能力和天然的逃生通道。因此保障地下污水处理厂运行过程中的人员安全是污水处理厂设计的首要因素，处理工艺在选择过程中也应充分考虑处理工艺及配套附属设施在运行中存在的安全隐患，如果无法有效、充分地规避安全风险，则应采用其他处理工艺。

（2）节地性：占地面积小是地下污水处理厂最核心的优势之一，也是衡量工程造价的重要指标。地下污水处理厂通常从平面节地、竖向节地、工艺节地三个层面强化节地设计，即选择方正、紧凑的构筑物池形，选择加大竖向深度而减小平面面积，选择高效的处理工艺。以上三个层面也是选择地下污水处理厂处理工艺的重要考量。

（3）韧性：地下污水处理厂的另一个重要特征就是土建箱体的局限性。污水处理厂箱体建成后很难通过扩建方式来提高污水处理规模，而在箱体内预留远期设施用地则会造成初期投资过大和通风照明费用成本高等问题。因此，选择具有较强韧性和抗冲击性的处理工艺，在现有土建结构的限制下提高对进水水量、水质的冲击应对能力，同样是地下污水处理厂工艺选择的重要考量。

基于以上要求，可在诸多污水处理厂处理工艺中选择适宜于地下污水处理厂的工艺，并根据进出水水质、水量以及资源回收要求等进行合理组合，经济性和科学性均高度体现。

4.1.2 处理工段简介

地下污水处理厂处理工艺与传统污水处理厂工艺类似，主要可以分为以下4个工段：

（1）一级处理工段：也称"预处理"，主要去除污水中呈漂浮、悬浮状态的固体污染物质，为后续生物处理提供更好的反应环境。预处理工段以物理处理工艺为主，如筛滤、沉砂、沉淀等。但是在处理工业污水等含有难降解有机物时，需要进行水解酸化以提升污水可生化性，水解酸化过程虽涉及生物处理，但通常仍归类为预处理阶段。

（2）二级处理工段：指污水进行沉淀和生物处理的工艺，主要去除污水中呈胶体和溶解状态的有机污染物质（即 BOD、COD 物质），去除率可达 90% 以上，以及进行生物脱氮除磷使有机污染物达到一级 B 标准。二级处理工段以生物处理为主，如采用活性污泥法、生物膜法等，并包含生物处理后的泥水分离工艺。

（3）三级处理工段：是在一级、二级处理后，进一步处理难降解的有机物、磷和氮等能够导致水体富营养化的可溶性无机物等。主要方法包含有化学法、脱氮除磷法、混凝沉淀法、砂滤法、活性炭吸附法、离子交换法、电渗析法等。三级处理和深度处理并不完全等同，前者是用于二级处理之后的补充处理，后者则是以污水回收、再生利用为目的设置的工艺，但在当前"贯彻环境保护、强化资源利用"的行业背景下，三级处理和深度处理流程基本重合。

（4）污泥处理工段：污泥是污水处理过程中的产物，城市污水处理产生的污泥含有大量有机物，富含养分，又含有大量细菌、寄生虫卵和从工业废水中带来的重金属离子等，需要进行稳定与无害化处理。污泥处理的主要方法有减量处理（如浓缩、脱水等）、稳定处理（如厌氧消化、好氧消化等）、综合利用（如消化气利用、污泥农业利用等）和最终处置（如干燥焚烧、填埋、投海、作建筑材料等）。但地下污水处理厂基于安全性以及节地性的考虑，通常只进行减量化处理。

4.2　污水预处理工艺

4.2.1　粗格栅

粗格栅是安装在污水处理厂进水管后，截留污水中大体积悬浮物和漂浮物（如树叶、杂草、木块、废塑料等）的处理构筑物，主要目的是保护后续提升水泵的正常运行和减小细格栅的运行负荷。

在污水处理厂智能化设计理念下，通常采用机械型格栅，其中较为常用的粗格栅类型包括：钢丝绳牵引格栅、悬挂移动抓斗式格栅、地面轨道行走移动式格栅、高链式格栅和耙齿型回转格栅。

地下污水处理厂由于箱体封闭而对环境要求高，故不断散发臭气的粗格栅必须进行密闭管理，以便于臭气的收集和避免给其他室内空间造成污染。此外地下污水处理厂在竖向空间上有严格限制，通常操作层层高净空 6 ～ 7m，格栅地面设备尺寸过高将导致安装、检修时吊装不便。基于以上两方面的考虑，在地下污水处理厂中通常采用耙齿型回转格栅，并做好设备的封闭、除臭设计和吊装净空尺寸的复核。此外，在设计粗格栅渠顶标高时需充分考虑栅渣输送和暂存所需的高度空间。

地下污水处理厂粗格栅系统通常由耙齿型回转格栅（需配套设置反冲洗设备以及除臭罩）、螺旋输送压榨一体机和皮带输送机构成。

4.2.2　细格栅

细格栅用于进一步去除污水中较小颗粒的悬浮、漂浮物，以利于沉砂池等后续构筑物的正常运行。

目前广泛使用穿孔式网板形式的细格栅，主要包括板式格栅和转鼓格栅。

由于转鼓格栅运行维护的局限性和其密封性较差，在实际应用中逐渐受限，因此在地下污水处理厂设计中，选择板式格栅较为常见，其中又以网孔板回转格栅、阶梯式网孔板格栅、孔板式内进流格栅为主，三者的区别主要在捞渣和进水方式存在不同。在地下污水处理厂设计中，同样需要做好设备的封闭、除臭设计和吊装净空尺寸的复核。

地下污水处理厂细格栅系统通常由板式格栅（需配套设置反冲洗设备以及除臭罩）、螺旋输送机和栅渣清洗压榨一体机构成。

4.2.3　精细格栅

精细格栅是不大于1mm间隙的过水栅板，用来分离诸如头发、细小纤维等细小物质，通常设置于膜处理工艺和曝气生物滤池工艺的预处理阶段。

目前应用广泛的精细格栅类型为孔板式内进流格栅。污水从前端开口处流入，从过滤栅板左右两侧流出，水中的固体物质被过滤栅板的内表面所截留。随着时间推移，栅板上的孔隙渐渐被堵住，栅前栅后液位差增大。当水头损失达到某一设定值时，过滤栅板开始进行转动清洗，将栅渣运至格栅上部并最终送出渠道，100%强制过滤。

地下污水处理厂精细格栅系统通常由孔板式内进流格栅（需配套设置反冲洗设备以及除臭罩）、螺旋输送机和栅渣清洗压榨一体机构成。

4.2.4　沉砂池

沉砂池可去除相对密度2.65以上以及粒径0.2mm以上的砂粒，以减少后续处理构筑物和机械设备的磨损，减少管渠和处理构筑物内的沉积；同时可避免排泥困难的情况发生，防止上述砂粒对生物处理系统和污泥处理系统造成干扰。

目前常用沉砂池工艺包括平流沉砂池、曝气沉砂池和旋流沉砂池。

4.2.5　初沉池

初沉池是对污水中密度大的固体悬浮物进行沉淀分离，以减轻后续生物处理的负荷防止无机悬浮物对生物处理的不利影响。但是，初沉池会不可避免地去除掉部分附着在可沉物质上的BOD，这在进水可生化性不佳的时候会进一步引起碳源的短缺，造成运行维护中外加碳源费用的增加。

初沉池池型通常采用平流沉淀池，水力停留时间为0.5 ~ 2h，其沉淀效果好但占地面积较大，因此在地下污水处理厂设计时需仔细论证初沉池设置的必要性，或者采用速沉池等占地面积小的处理方式替代。设置初沉池后，可配套设置超越管道，以便在进水水质中的SS低于设计值时实现超越初沉池，减小初沉池对碳源的无效消耗。

4.2.6　速沉池

速沉池是在我院经验基础上，结合沉砂池与初沉池的特点设计的可大大缩短停留时间的沉淀池工艺。其具有以下优点：

（1）缩短水力停留时间，减少污水碳源的损失。

（2）占地面积小，节约土建投资。

（3）去除污水中的无机固体（沉砂池功能）和颗粒性有机物，削减进入生物处理系统的 COD 负荷，降低生物处理能耗。

（4）通过速沉池可以去除污水中的无机 SS，提高生物池内 MLVSS 与 MLSS 的比值，增大生物系统内的活性污泥量，起到降低污泥负荷的目的。

速沉池水力停留时间为 15 ~ 20min，较初沉池有明显的缩短，既可以有效地避免水中碳源的无效浪费，又能减小占地和土建造价，对地下污水处理厂有较强的适应性。速沉池剖面示意图如图 4-1 所示。

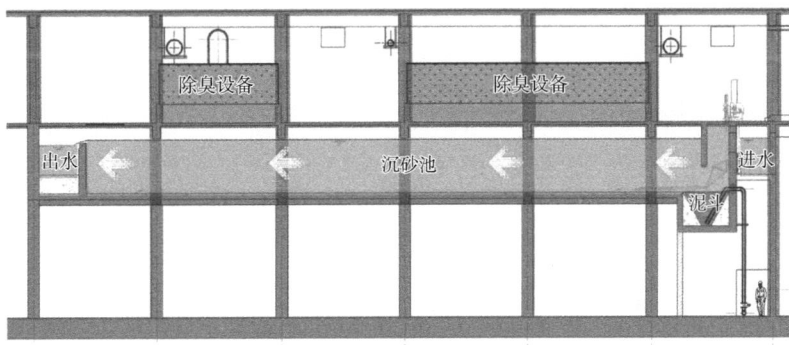

图 4-1　速沉池剖面示意图

4.2.7　水解酸化池

水解酸化池的作用主要是有效应对冲击负荷、均衡水量、均化水质并提升污水的可生化性。通常在进水中混有工业污水等含有难降解 COD 的情况下采用。污水进入水解酸化池内，在池内微生物代谢作用下发生水解酸化反应，将有机废水中的大分子有机物质分解成为小分子有机物质，可有效提高污水中有机物的利用率，降低脱氮过程中对外加碳源的需求。水解酸化池示意图如图 4-2 所示。

水解酸化池具有以下优点：

（1）处理效果稳定，运行维护较简单；

（2）可有效改变水中有机物形态和性质，提高进水可生化性；

（3）固体有机物被降解可减少污泥产量。

而在地下污水处理厂应用中，当进水量不到设计水量时，因水力停留时间变长而引发池内产氢产甲烷的反应发生，在箱体封闭空间中需要特别注意甲烷等易燃气体的收集和处理。

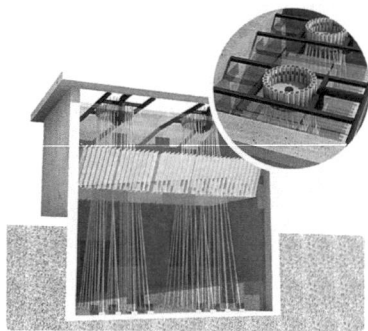

图 4-2　水解酸化池示意图

4.2.8　事故池

事故池通常与调节池并联设置，并互为备用。事故池一般应保持放空状态，保证其在特殊时间段发挥应有的作用。如遭遇停电或管道内短时间混入大量雨水时，管网系统调蓄能力有限，大量进厂污水会对地下箱体的安全造成严重威胁，事故池即可发挥调蓄削峰作用。进水中混杂有超限值或极端污染物时，事故池可作为拦截设施，避免对污水处理厂生物系统造成致命破坏。在出水水质不能达标时，也可以及时关闭厂排口闸阀将出水引入事故池中，为检查并及时得到污水不达标的原因争取一定的时间，避免不达标污水入河造成环保事故。

目前针对城市污水处理厂事故池的有效容积尚无统一标准，可根据项目占地和投入资金的情况综合考虑设计事故池容积。事故池采用在线调节模式且容积较大，池顶操作设备设施较少，可适当减小池顶操作层高，以减小事故池整体埋深、降低工程造价。此外，在事故池使用之后应当及时清洗排空，避免存积污水厌氧发酵产生有毒、易燃气体造成地下箱体环境污染。如无法保障事故池使用后的清洁，则应做好事故池空池状态下的除臭措施设计。

4.3　污水二级处理工艺

4.3.1　多模式 AAO 工艺

多模式 AAO 工艺是将改良 AAO、倒置 AAO 工艺集成为一体，通过改变污水进口、回流液入口，改变池内各段功能，从而达到多种 AAO 运行模式。

该工艺适用于以下场景：

（1）在污水处理厂设计进水中，各污染物间的相互关系和实际进水有较大偏差。

（2）由于现状、规划和发展的不确定性和不可预见性，污水处理厂工程设计污水水量和进水水质与实际投产运行的结果存在一定偏差。

（3）对于污水处理厂在实际运行中的污水水量和进水水质，每日、每年均在一定范围内变化，呈现一定的规律性和周期性。

（4）夏季和冬季温度的不同，会影响污水生物处理过程中活性污泥的泥龄、活性和生长世代时间。

（5）随着社会经济的发展、环保工作的深入和对水环境的更高要求，污水处理厂污染物的排放标准将会不断完善和提高。

多模式 AAO 工艺虽然具有较强的进水水质适应性，但其在运行中仍然是改良 AAO 或倒置 AAO 工艺的处理效果，在工艺韧性、抗冲击性和强化脱氮除磷上略显不足。多模式 AAO 工艺流程示意图如图 4-3 所示。

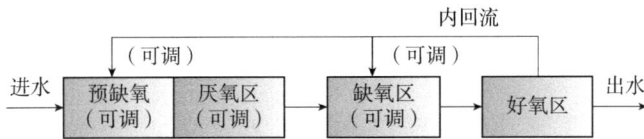

图 4-3　多模式 AAO 工艺流程示意图

4.3.2　多级 AO 工艺

多级 AO 工艺是在传统 AAO 工艺和 Bardenpho 脱氮除磷工艺的基础上发展而来，为了提高 TN 的去除效率，多级 AO 工艺在两级缺氧和好氧间增加混合液回流；第二级缺氧区不再依靠内源代谢提供碳源，而是将原水进行分配，提高缺氧区的反硝化效率，降低缺氧区容积。

多级 AO 工艺按照其运行形式分类，可包含 SBR 型多级 AO 工艺、推流式多级 AO 工艺、多点进水推流式多级 AO 工艺、多次进水 SBR 型多级 AO 工艺。按照多级 AO 的级数划分，可分为 2 级、3 级，甚至更多级数的多级 AO 工艺。相关学者研究表明，3 级推流式多级 AO 工艺出水满足一级 A 排放要求；具有分段进水和混合液回流的 2 级推流式多级 AO 工艺的去除效果稳定且高于一级 A 排放要求。多级 AO 工艺流程示意图如图 4-4 所示。

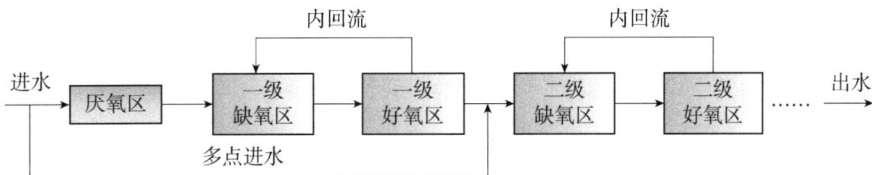

图 4-4　多级 AO 工艺流程示意图

4.3.3　5 段式 Bardenpho 工艺

常规 Bardenpho 工艺为缺氧段 – 好氧段 – 缺氧段 – 好氧段的有序串联，而 5 段式 Bardenpho 工艺是在常规 Bardenpho 工艺的基础上进行改良，在整个工艺前端增加了厌氧段，可同时满足除磷的要求。五段系统由厌氧、缺氧、好氧段分别去除磷、氮、碳。第二个缺氧段是为了提供额外的反硝化作用，利用好氧段所产硝酸盐作为电子受体，利用内源有机碳作为电子供体。最后的好氧段是用以控制后置缺氧区外加碳源后的 COD 浓度，并起到吸收磷和充分吹脱水中剩余氮气的作用。第一个好氧池的混合液回流到缺氧区去。五段法的 SRT 为 10 ~ 20d，比 AAO 工艺长，因而增加了碳氧化能力。5 段式 Bardenpho 工艺流程示意图如图 4-5 所示。

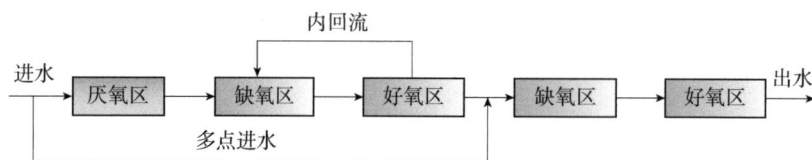

图 4-5　5 段式 Bardenpho 工艺流程示意图

4.3.4　MBBR 工艺（移动床生物膜工艺）

MBBR 工艺是将生物膜工艺与活性污泥工艺有机地融合于同一池中，具有污泥龄长、池容小、占地省、出水水质好和运行稳定的特点。其典型方式是向活性污泥曝气池中投加悬浮型填料作为附着生长微生物的载体。由于填料的加入，使污水处理的机理和效能大为改变。在这种系统中，微生物生存的基础环境由原来的气、液两相转变为气、液、固三相，为微生物创造了更丰富环境，形成了一个更复杂的复合式生态系统。载体表面的生物膜与液相中的悬浮污泥共同发挥作用，各自发挥自己的降解优势。大量吸附生长在生物填料上的生物膜使曝气池中的活性生物量大大增加，在提高系统抗冲击负荷能力的同时，使系统具有脱氮除磷的能力。经过多年发展，MBBR 工艺已具有很多主流类型，如 Linpor MBBR、HYBAS MBBR 等。MBBR 工艺流程示意图（好氧区投加填料形式）如图 4-6 所示。

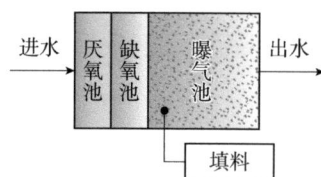

图 4-6　MBBR 工艺流程示意图（好氧区投加填料形式）

4.3.5　AOA 工艺

AOA 工艺是在传统 AAO 工艺的基础上，通过调整空间时序将缺氧区后置，省去内回流，形成厌氧 – 好氧 – 缺氧的生物处理流程。在一个处理系统中同时具有厌氧区、好氧区、缺氧区和二沉池，二沉池污泥经回流泵分别送至厌氧区和缺氧区始端，泥水混合液由厌氧池进入好氧区，然后进入缺氧区，经混合反应后进入二沉池，进行沉淀排水，即完成 AOA 连续流生物脱氮除磷。

厌氧区中，异养菌在厌氧条件下完成有机物的吸附、吸收和贮存，合成胞内聚合物 – 聚羟基脂肪酸，回流污泥中的 NO_x-N 在厌氧区反硝化脱氮，聚磷菌在厌氧条件下充分释磷。

好氧区可将部分未降解完全的有机物再进一步去除。此外，通过控制低 DO 运行以及投加填料形成泥膜共生，一方面可实现短程硝化，将原水中的 NH_4^+-N 转化成 NO_2^--N，另一方面也有利于同步短程硝化反硝化（SND）的发生。

缺氧区设计水力停留时间长于好氧区，一方面保证了充分的反硝化作用时间，反硝化菌利用储存在体内的胞内碳作为电子供体进行内源反硝化，将 NO_3^--N 或 NO_2^--N 转化为 N_2 而去除；另一方面可以通过引入厌氧氨氧化菌，利用原水中的 NH_3-N 作为电子供体将 NO_2^--N 转化为 N_2 而去除。聚糖菌（GAOs）在缺氧条件下可以利用聚羟基脂肪酸进行内源反硝化除磷。AOA 工艺流程示意图如图 4-7 所示。

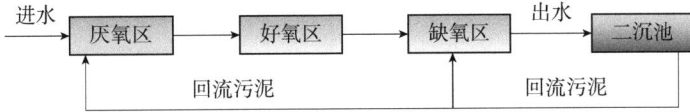

图 4-7　AOA 工艺流程示意图

4.3.6　BAF 工艺（曝气生物滤池工艺）

BAF 工艺是一种将生物氧化、过滤、吸附有机结合的生物膜水处理技术。其结合了快滤池与生物接触氧化的特点，以粒状填料为介质，通过滤料和其表面的生物膜，在曝气的条件下，过滤、吸附絮凝与生物氧化作用净化污水。池体内不同的氧气微环境使得有机物去除、硝化、反硝化、除磷等反应均可在曝气生物滤池中进行，又由于滤层存在梯度环境，形成多样的微生物环境，进而可以处理一些难降解有机物，如酚类污染物。BAF 工艺流程示意图如图 4-8 所示。

4.3.7　MBR 工艺（膜生物反应器工艺）

MBR 工艺是膜分离技术和生物技术的有机结合。它不同于传统活性污泥法，不使用沉淀池进行固液分离，而是使用超、微滤膜分离技术取代传统活性污泥法的沉淀池和常规过滤单元，使水力停留时间（HRT）和泥龄（STR）完全分离，因此具有高效的固液分离性能。同时利用膜的特性，使活性污泥不随出水流失，使前端生化池中形成 8000 ~ 12000mg/L 超高浓度的活性污泥浓度，使污染物分解彻底。MBR 工艺流程示意图如图 4-9 所示。

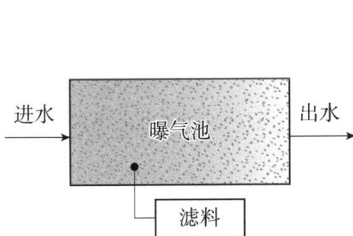

图 4-8　BAF 工艺流程示意图

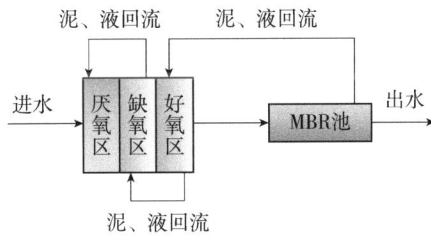

图 4-9　MBR 工艺流程示意图

4.3.8　二沉池工艺

二沉池的形式一般有单层平流式二沉池、双层平流式二沉池、矩形周进周出二沉池、周进周出辐流二沉池。但单层平流二沉池占地面积过大，圆形二沉池空间利用率较低，在用地紧张、布局紧凑的地下污水处理厂中适用性较差。本书仅对应用较多的矩形周进周出二沉池、双层平流二沉池进行对比说明。

1. 矩形周进周出二沉池

矩形周进周出二沉池是在将圆形周进周出二沉池、单管吸泥机、链条刮泥机等久经考验的废水处理技术集于一体，取其各自的工艺优势相结合而成，是一种沉淀效率较高的新池型。沿沉淀池池长方向设置渐变断面的进水渠，进水渠与出水渠同侧平行布置。水流由悬在进出水渠下的挡水裙板引导着向池底流动，水流向沉淀池底部池宽方向流动，当碰到对面的池壁时，再反流到出水渠，清水由出水渠排出。

在矩形周进周出二沉池设计中，生化池出水被引入一个沿沉淀池池长方向而设的渐变断面的进水渠，进水渠与出水渠同侧平行布置。沿池长方向引入进水可以比传统的矩形沉淀池提供多达五倍的面积来分布水流，可大大降低进水流速。同时进水渠的渐变断面设计，保证进水渠各点的水流具有同等的速度，从而防止混合液中的污泥在渠内沉积。液压设计的布水孔管嵌在渠底，引导进水往下流入沉淀池底部。入流水的速度经折流板进一步消散，水流由悬在进出水渠下的挡水裙板引导着向池底流动。水流向沉淀池底部池宽方向，当碰到对面的池壁时，再反流到出水渠，清水由出水渠排出。进水均匀、低速，加上有效地使用沉淀池横向部分的面积，使得污泥高效地沉淀在池底。

与传统沉淀池相比，矩形周进周出二沉池的优势之一，是可以通过链条刮泥机将沉淀的污泥由一根吸泥管的一端推到相距很近的另一根液压吸泥管中。这样沉淀物只需移动约6m，而不是整个池长。这样可以极大地缩短污泥在沉淀池中的停留时间，提高排泥效率。同时，快速去除沉淀污泥可以保证设施更有效地运转，污泥能被很快送回生化系统，有机物得到降解，污泥不会长时间在沉淀池内沉积，避免了污泥在二沉池中的反硝化和厌氧上浮。矩形周进周出二沉池示意图如图4-10所示。

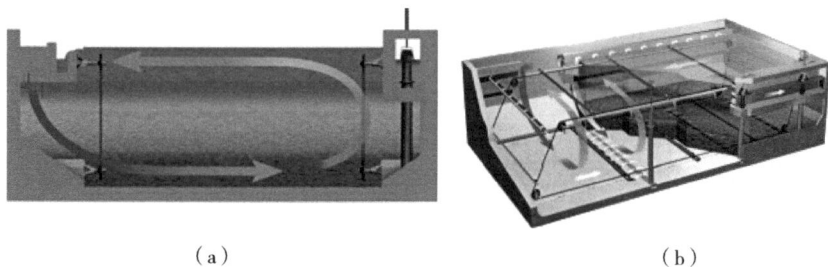

（a） （b）

图4-10 矩形周进周出二沉池示意图

2. 双层平流二沉池

双层平流二沉池是根据浅池理论从平流沉淀池发展起来的一种多层沉淀池，在占地极为紧张的情况下，通过增加一层沉淀池底板，将平流沉淀池分隔形成两座沉淀池，从而提高单位面积的沉淀池的处理效率和去浊效果，沉淀池停留时间也相应降低。双层平流二沉

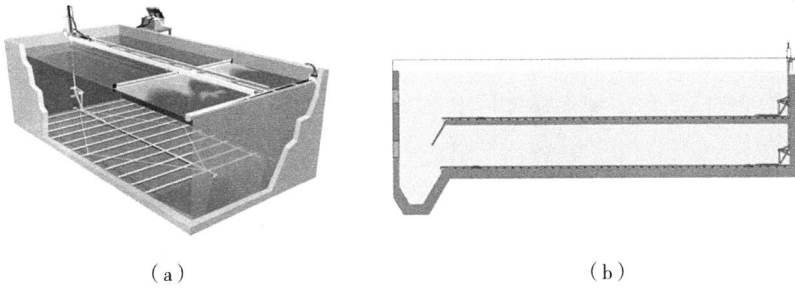

（a）　　　　　　　　　　　　　　　　　（b）

图 4-11　双层平流二沉池示意图

池示意图如图 4-11 所示。

双层平流二沉池占地省，池子深度较深，与前端曝气池（水深约 8.5m）的深度基本一致，对于地下污水处理厂来说，偏深的池子反而更容易衔接。但池子构造复杂、排泥设备昂贵、检修困难，且排泥距离过长，不利于地下污水处理厂的运行控制。

矩形周进周出二沉池应用较广，虽然反映有故障率较高、附属设备（如套筒排泥阀）较多、操作工作量较大的缺点，但由于其排泥距离短、排泥效率高、便于污水处理厂的运行控制以及其池体为单层结构，其设备检修、维护较为便利。因此在目前的地下污水处理厂设计中，矩形周进周出二沉池的应用更加普遍。

4.4　污水深度处理工艺

4.4.1　高密度沉淀池工艺

高密度沉淀池是集机械混合、絮凝、澄清于一体，由三个主要部分组成：一座反应池，一座预沉/浓缩池和一座斜板分离池。这种设施实际上把混合、絮凝、沉淀更好地重新组合，混合、絮凝采用机械方式，并采用斜管（板）装置作为沉淀设施。高密度沉淀池示意图如图 4-12 所示。

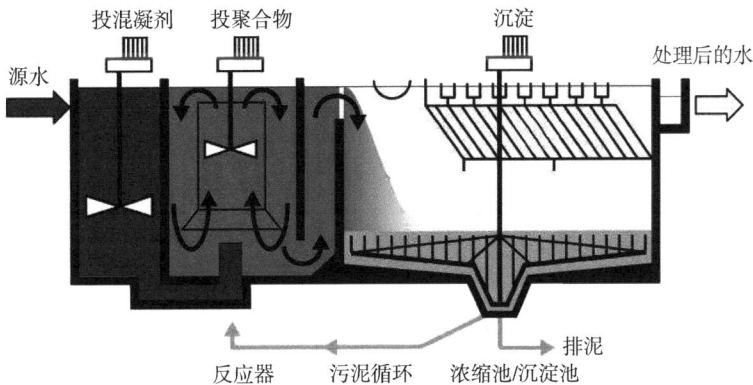

图 4-12　高密度沉淀池示意图

4.4.2　加砂高效沉淀池工艺

加砂高效沉淀池与传统的水处理技术（混凝、絮凝和沉淀）的原理很相似，都使用混凝剂脱稳，高分子絮凝剂聚集悬浮物，斜板（管）沉淀去除悬浮物。工艺的改进是加入了作为形成高密度絮体的"种子"和压载物，絮体从而具有较大的密度而更容易被沉淀去除。污水通过加砂高效沉淀池进行混凝、絮凝和沉淀处理，进一步去除 SS、TP 等污染物。

4.4.3　磁混凝高效沉淀池工艺

磁混凝高效沉淀系统技术是以重介质加载沉淀技术为基础，利用常规的高密度沉淀池，通过在混凝阶段投加高效可回收的磁粉提高絮体的沉降速度，并辅以污泥回流装置来提高混凝反应效果的技术。

由于磁粉的比重较大，通过在絮凝反应过程中和絮体有效地进行结合，使絮体大而密实，可有效提高絮体比重，可以在沉淀池中高速沉降，以此有效提高沉淀池的处理效率。磁混凝高效沉淀池的去除目标同样是 SS、TP 等污染物。

4.4.4　反硝化深床滤池工艺

反硝化深床滤池是集生物脱氮及过滤功能合二为一的处理单元，兼顾 SS 以及 TN 的去除。反硝化深床滤池为降流式填充床后缺氧脱氮滤池，滤池由滤池本体、滤料、反冲洗系统、自控系统等组成。滤池由顶部进水，由渠道布水，采用 2 ~ 4mm 石英砂作为反硝化生物的挂膜介质，生物膜量较大，可达 20 ~ 50g/L。在保证碳源的条件下，出水 TN 浓度可小于 5mg/L。另外滤层深度较深，一般为 1.83 ~ 2.44m，该深度足以避免出现窜流或穿透现象，即使前段处理工艺发生污泥膨胀或异常情况也不会使滤床发生水力穿透。介质有极好的抗阻塞能力。在反冲洗周期区间，每平方米过滤面积能保证截留 ≥ 7.3kg 的固体悬浮物而不阻塞。固体物负荷高的特性大大延长了滤池过滤周期，减少反冲洗次数，并能轻松应对峰值流量或处理厂污泥膨胀等异常情况。由于固体物负荷高、床体深，因此需要高强度的反冲洗。反硝化滤池采用气、水协同进行反冲洗。反冲洗污水一般返回到前段生物处理单元。由于滤床固体物高负荷的截留性能，反冲洗用水不超过处理厂水量的 3% ~ 4%。反硝化滤池示意图如图 4-13 所示。

4.4.5　离子气浮工艺

气浮在深度处理中的作用与混凝沉淀类似，只不过气浮与絮粒进行重力自然沉降

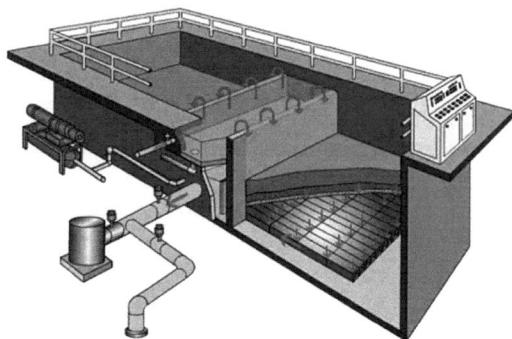

图 4-13　反硝化滤池示意图

的工艺不同，它是依靠微气泡，使其黏附于絮粒上，从而实现絮粒强制性上浮，达到固、液分离的一种工艺。由于气泡的重度远小于水，浮力很大，因此，能够促使絮粒迅速上浮，从而提高固、液分离速度。

为了提高气浮效果，市场上还出现了高速离子气浮，它是利用独特的高效空气溶解系统和离子气泡发生系统，瞬间发生能量转换，裂变出 3 ~ 7μm 带正电荷的气泡云团，改变

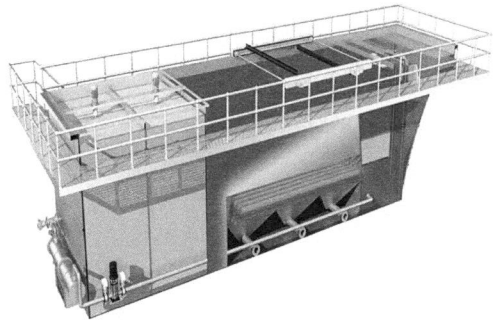

图 4-14　离子气浮池示意图

了水分子表面张力，吸附有色基团及部分亲水性胶体，吸附能力几何级提升。运用"浅池理论"及"零速原理"，静态布水，静态出水，垂直固液分离，停留时间仅需 2 ~ 4min，浮渣瞬时排出，出水悬浮物和浊度低。离子气浮池示意图如图 4-14 所示。

4.4.6　臭氧高级氧化工艺

臭氧是一种强氧化剂，常用来杀菌、消毒、除味、脱色等，可将废水中大分子有机物氧化为易生物降解的小分子化合物。目前，臭氧氧化在污水处理中的主要用途为：杀灭细菌病毒、去除难降解物质、通过改变分子结构来改善混凝效果（溶解态变胶体态）以及对环境荷尔蒙物质的分解等。

臭氧氧化法的主要优点是反应迅速，流程简单，没有二次污染问题。但耗电高，设备投资较大。臭氧高级氧化工艺示意图如图 4-15 所示。

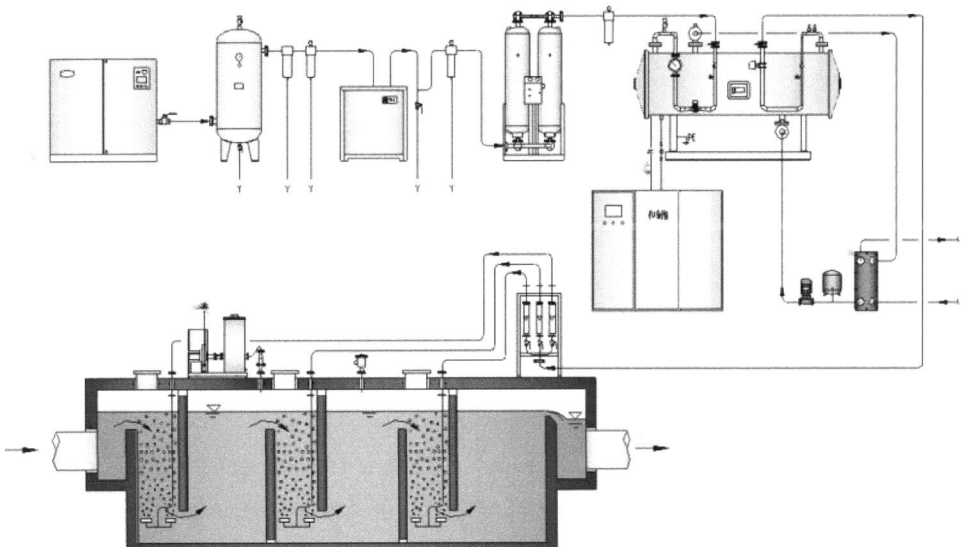

图 4-15　臭氧高级氧化工艺示意图

4.4.7　活性炭吸附工艺

活性炭对有机物的去除主要靠微孔吸附作用，以物理吸附为主（范德华力），但也有化学吸附的作用。通过活性炭的吸附作用，不仅可以去除溶解性有机物，还能够去除色度及某些金属或非金属离子。

活性炭对二级生化处理出水吸附处理的作用因素有两个：①在活性炭内部，发挥吸附作用的主要是微孔，其表面积占总表面积的 95% 以上，微孔能把通过过渡孔进来的小分子污染物和部分溶剂吸附到自身表面上。二级生化处理出水中含有的污染物分子通常只能进入到过渡孔和较大的微孔区（活性炭的孔隙不能容纳和通过超过孔隙直径的污染物分子）。用活性炭做吸附剂去除水中污染物，虽能取得良好的效果，但在污水深度处理时，原水中往往含有未降解的大分子有机物，致使对 COD 的吸附容量由实验条件下的 247mg/g 下降到约 14mg/g，使活性炭很快饱和，活性炭需要频繁再生。较高的污水处理成本，限制了活性炭技术在废水深度处理方面的应用。②在活性炭层内有微生物滋生，在活性炭层内存活有根足虫类的表壳虫、变形虫，此外还有游朴虫和内管虫等。微生物的存在，使得部分有机物被微生物分解，留出活性吸附空间，提高了活性炭吸附层去除溶解性有机物的效果。

4.4.8　活性焦流化床吸附工艺

活性焦实质是一种低比表面积（一般 ≤ 600m²/g）的活性炭，碘吸附值 850mg/g，亚甲基蓝吸附值 120mg/g，具有价格相对便宜、机械强度高、耐磨损等优点。相对于木质活性炭，其中孔比例更高，正是这种孔隙结构比例决定了活性焦吸附性能更优，使活性焦在污水处理领域有广泛的运用空间。活性焦的吸附作用与活性炭类似，在去除溶解性有机物、色度以及某些金属或非金属离子方面效果更明显。

活性焦通常在工艺中以流化状态充分与污水进行接触进而吸附污水中污染物质，而流化状态下活性焦之间互相摩擦碰撞产生一些活性焦粉，随处理出水进入下一阶段处理构筑物。为去除活性焦粉对出水水质的影响，需在活性焦吸附工艺后接一座砂滤池，以滤除活性焦吸附系统产生的活性焦粉。

4.5　污泥处理工艺

污泥常规处理工艺主要有：浓缩、脱水、厌氧消化、好氧发酵、干化等工艺。地下污水处理厂污泥处理目标通常为减量，主要是浓缩、脱水、干化等。

污泥浓缩工艺可分为重力浓缩、气浮浓缩和机械浓缩。重力浓缩需通过长时间浓缩，存在污泥释磷的风险，因此《室外排水设计标准》GB 50014—2021 规定当采用生物除磷工艺进行污水处理时，不宜采用重力浓缩，且重力浓缩往往占地面积大，不适用于布置需紧凑的地下污水处理厂。气浮浓缩利用微气泡进行固液分离，虽然较重力浓缩效率高，磷的释放风险小，但其运行费用太高，臭味很大，并未被广泛应用。机械浓缩主要有离心浓缩、带式浓缩和转鼓浓缩等方式，其中离心浓缩和带式浓缩均可浓缩脱水一体，应用较为广泛。

污泥脱水工艺可分为自然干化和机械脱水。自然干化即采用干化床和干化塘使污泥自然脱水，不适用于地下污水处理厂。机械脱水常见的工艺有离心脱水、压滤脱水、真空脱水等，具有处理量大、脱水效果好等特点。

带式压滤系统具有脱水效率高，能源省，投资省等优点，应用实例众多。脱水后泥饼含水率较高，一般为78%~80%。

叠螺脱水系统结构紧凑，附属设备少，在密闭状况下运行，卫生条件好，能长期自动连续运行，费用低。由于其转速较低，因此噪声较小，电耗较低。其主要缺点是单机处理能力较小。

离心脱水系统结构紧凑，附属设备少，在密闭状况下运行，卫生条件好，能长期自动连续运行，费用低。但噪声较大，电耗较高。

板框压滤系统脱水效果好，泥饼含水率在65%以下；噪声较小；运输量较小，可节省运输费用。

基于地下污水处理厂安全性、节地性和韧性的特性，离心脱水系统更适合地下污水处理厂。

污泥干化工艺可分为直接干化、间接干化和直接-间接联合干化，根据热源可分为电能污泥干化法、太阳能污泥干化法、天然气干化法、热水干化法、蒸汽干化法和炉窑烟气余热污泥干化法。污泥干化技术需要干化热源，处理成本较高，管理较复杂。其中低温干化是在100℃以下的热干化方式，能耗大大降低，有效避免有机物大量挥发，简化了尾气处理系统。目前地下污水处理厂更多采用的是污泥低温干化工艺。

4.5.1　离心脱水系统

污泥离心脱水即利用脱水机高速旋转产生的强大离心力，使污泥快速沉降，从而实现固液分离。污泥离心脱水系统进泥含水率一般为95.0%~99.5%，出泥含水率一般为75%~80%。

污泥离心脱水系统主要包括进泥系统、调理加药系统、离心脱水系统和干泥输送及储存系统。污泥离心脱水系统流程图如图4-16所示。

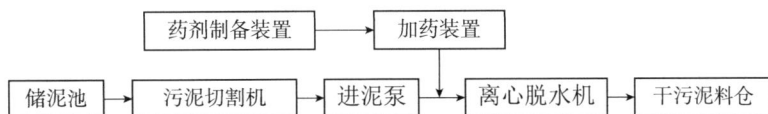

图4-16　污泥离心脱水系统流程图

1. 进泥系统

进泥系统主要由污泥切割机与进泥泵组成。储泥池的污泥先后通过污泥切割机和进泥泵进入离心脱水机。

污泥切割机是离心污泥脱水系统的重要配套设备，能切碎污泥中的纤维缠绕物以保护离心脱水机稳定工作。

输送污泥用的污泥泵，在构造上必须满足不易被堵塞与磨损、不易受腐蚀等基本条件，且能最大限度地保持污泥性质保护絮体不被破坏从而获得最佳的脱水效果。进泥泵宜采用变频调速。螺杆泵和凸轮泵均匀地输送介质并保证不出现湍流、搅动、脉动和剪切现象，在输送污泥上得到了广泛应用。

螺杆泵为容积泵，由螺栓状的转子与螺栓状的定子组成。转子与定子的螺纹互相吻合，在转子转动时，可形成空腔（吸泥）或吻合（压送），达到抽吸与输送的目的。

凸轮转子泵也是一种容积泵，两个转子叶轮平行设置在泵的腔体中，当转子配合旋转时便将污泥吸入、排出实现输送污泥的目的。凸轮转子泵适宜输送含固率6%以下的污泥。

螺杆泵和凸轮转子泵均适宜在地下污水处理厂中使用，应综合考虑检修及设备投资选择进泥泵的类型。

2. 调理加药系统

在脱水前需要对污泥进行调理，应根据后续污泥处理方法选择调理方法。离心脱水常用的调理剂主要为有机调理剂，如混凝剂 PAM。根据污泥中有机物和无机物的占比，当污泥中有机物含量高时，一般选用阳离子有机高分子混凝剂；当污泥中主要含无机物时，一般选用阴离子有机高分子混凝剂。有机高分子混凝剂需事先调配成一定浓度的水溶液。

调理加药系统主要由有机高分子混凝剂制备及稀释系统、加药泵及电磁流量计组成，一般投加在离心脱水机进料口。

3. 离心脱水系统

离心脱水系统可分为"污泥机械浓缩＋离心脱水"系统和一体化离心浓缩脱水系统两种形式。"污泥机械浓缩＋离心脱水"方案所涉及的设备种类较多，经营管理较不方便，而采用离心浓缩脱水一体机方案的设备数量较少，运行维护相对简单。从污泥处理电耗和经营费用比较来看，"污泥机械浓缩＋离心脱水"的方案较与离心浓缩脱水一体机的方案电费低，但综合药剂成本后，经营成本差别不大。

离心脱水机主要由转鼓和带空心转轴的螺旋输送器构成，结构紧凑，附属设备少，可实现浓缩、脱水一体，在密闭状况下运行，卫生条件好，能长期自动连续运行，对絮凝剂和清洗用水的消耗量较少，运维费用较低。但噪声较大，电耗较高。

4. 干泥输送及储存系统

离心脱水出泥含水率75%～80%，黏度大，且存在臭味，需通过泥饼泵输送，主要有螺杆泵、凸轮转子泵等。

较常见的污泥料仓有钢制污泥料仓或钢筋混凝土污泥料仓。

地下污水处理厂存在车辆无法到达管廊层以及料仓普遍较高，操作层层高可能不足的问题，因此需综合考虑能耗、卸料便捷度、箱体构造等选择料仓形式、放置位置及干泥运输方式。

4.5.2　板框脱水系统

板框压滤系统是通过板框较长时间地挤压污泥，让水通过滤布排除，除掉干泥后再循环进泥达到固液分离的目的。板框压滤可使出泥含水率达到55%～65%。

1. 板框压滤系统优缺点

板框压滤系统一般为间歇操作，设备大。其优点是：适用难脱水污泥，脱水效果好，泥饼含水率在55%～65%。随着滤板、滤布技术的发展与改进，板框已能实现连续运转及浓缩脱水一体化；噪声较小；运输量较小，可节省运输费用。

其缺点是：因不断加厚的泥饼产生的过滤比阻大、为达到相应的污泥脱水干度而进行的保压过滤所带来的能耗也较大；主体设备一般设置在楼上且质量较大，楼下设置泥饼输送机，基建设备投资较高；需考虑地下厂污水用地较为紧张的情况；卫生条件较差。

2. 板框压滤系统组成

污泥离心脱水系统主要包括进泥系统、污泥浓缩系统、调理加药系统、板框压滤系统和干泥输送及储存系统。板框压滤系统流程图如图4-17所示。

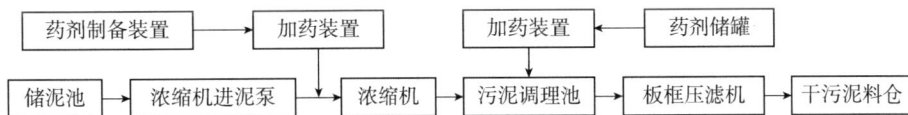

图4-17　板框压滤系统流程图

（1）进泥系统

进泥系统的主要设备为浓缩机进泥泵。进泥泵的选择可参考离心脱水机进泥泵，详见4.5.1。

（2）污泥浓缩系统

污泥浓缩系统可将99.2%～99.5%的泥浓缩至91%～95%。浓缩机的类型主要有叠螺污泥浓缩机、离心浓缩机、带式浓缩机以及转鼓浓缩机等。

（3）调理加药系统

加药点主要在浓缩系统和板框压滤系统中。

浓缩系统投加的药剂与离心脱水系统的一致，主要由有机高分子混凝剂制备及稀释系统、加药泵及电磁流量计组成，一般投加在浓缩机进料口。

板框压滤系统投加的药剂一般为金属盐或高分子药剂，当投加石灰时，出泥含水率可达到55%～60%，当不投加石灰时，出泥含水率可达到65%～70%。

板框压滤系统加药点为污泥调理池，加药系统的组成一般为药剂储罐、输送装置和计量装置。

（4）板框压滤系统

板框压滤系统一般由泥浆输送泵、板框压滤机、皮带输送机、板框清洗水罐及冲洗泵组成。

（5）干泥输送及储存系统

板框压滤出泥含水率为 55% ~ 65%，无法通过管道输送，可通过螺旋输送机、链式刮板输送机输送。

螺旋输送机的结构比较简单，一般由螺旋片、中轴、齿轮箱、电机组成。螺旋输送机按有无中轴分为"有轴螺旋输送机"和"无轴螺旋输送机"。污泥更多采用无轴螺旋输送机输送。无轴螺旋输送机对螺旋片变形的要求更高（通常为 1mm），虽然其单位时间有更高的输送量，但对于维护的要求也较高。此外螺旋输送机的输送倾角不宜大于 30°。

链式刮板输送机主要用于干粉料的输送，且可进行大角度输送。但由于链条传动引导刮板输送机运行，所以如果链条受损将对整个系统造成停机影响。脱水污泥饼由于重量和黏滞性的原因会导致链条经常夹塞，而一旦链条停止，则会影响到整个系统的正常运行。

污泥料仓的选择可参考 4.5.1，但污泥含水率约 60% 的料仓与污泥含水率约 80% 的料仓对于底部破损做法应有所不同。

料仓同样存在地下污水处理厂中存在的车辆无法到达管廊层以及料仓普遍较高，操作层层高可能不足的问题，此外含水率 60% 的干泥无法通过泥饼泵输送，而螺旋输送器输送角度不宜过大，刮板机运行可靠性相对较低，因此需综合考虑能耗、卸料便捷度、箱体构造等选择料仓形式、放置位置及干泥运输方式。

4.5.3　干化系统

热干化是利用热能使污泥中的水分汽化，降低污泥含水率。低温干化系统能将污泥干化至含水率高于 30%。

1. 低温干化系统优缺点

低温干化系统可连续运行，其优点是：设备占地面积小、集约化程度高；系统运行稳定性高、抗泥质波动及适应性强；运输量较小，可节省运输费用；可保留污泥热值，方便污泥的最终处置。

其缺点是：需设置前置污泥脱水系统，低温干化机进泥含水率需控制在 80% 及以下；需解决热源问题；实际运行存在不稳定性，对除臭要求高；电耗量大；水蒸气大。

2. 低温干化系统组成

低温干化系统主要包括进泥系统、污泥脱水系统、调理加药系统、低温干化系统和干泥输送及储存系统。污泥低温干化系统流程图如图 4-18 所示。

```
┌──────────┐      ┌──────────┐
│ 药剂制备装置 │─────→│  加药装置  │
└──────────┘      └──────────┘

┌──────┐   ┌──────────┐   ┌──────┐   ┌──────┐   ┌────────┐   ┌────────┐
│ 储泥池 │─→│ 脱水机进泥泵 │─→│ 脱水机 │─→│ 泥饼泵 │─→│ 低温干化机 │─→│ 干污泥料仓 │
└──────┘   └──────────┘   └──────┘   └──────┘   └────────┘   └────────┘
```

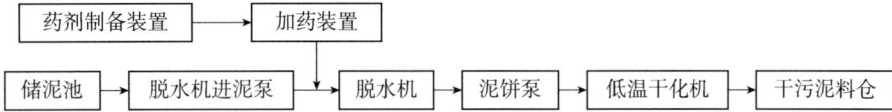

图 4-18　污泥低温干化系统流程图

（1）进泥系统

进泥系统的主要设备为脱水机进泥泵。

（2）污泥脱水系统

污泥脱水系统可将含水率 99.2% ~ 99.5% 的泥脱水至含水率 70% ~ 80%（若采用板框压滤机或高压带式脱水机可达到 70% 左右）。脱水机出泥直接通过泥饼泵输送进低温干化机中干化处理。

（3）调理加药系统

加药点主要在脱水系统。

（4）污泥低温干化系统

根据是否需要脱水以及脱水形式，污泥低温干化系统可分为"脱水＋低温干化"系统、"污泥浓缩＋污泥调质＋低温真空脱水干化一体"系统和"浓缩＋深度脱水＋低温干化"系统。

（5）干泥输送及储存系统

低温干化出泥的含水率约 30%，无法通过管道输送，可通过螺旋输送机、链式刮板输送机输送。

污泥料仓方案同样也存在地下污水处理厂中存在的车辆无法到达管廊层以及料仓普遍较高，操作层层高可能不足的问题，此外含水率 30% ~ 40% 的干泥无法通过泥饼泵输送，而螺旋输送器输送角度不宜过大，刮板机运行可靠性相对较低，因此需综合考虑能耗、卸料便捷度、箱体构造等选择料仓形式、放置位置及干泥运输方式。

第5章 建筑设计

5.1 地下污水处理厂的总体布局设计

5.1.1 地下污水处理厂的总体布局原则

基于地下污水处理厂工艺生产需求与使用功能，按照厂区地形、周边现状、场地主要风向、工艺流程、场地合理布局、节约用地等因素进行设计。

地面层进行综合利用，节约用地，最大化利用土地资源。

采用生态化设计手法弥补传统工业化缺陷，打造生态、休闲、自然的复合型现代化园区。

设计建（构）筑物之间的距离时需考虑消防间距以及满足各建（构）筑物连接管的施工、维护方便的需要。

5.1.2 地下污水处理厂的交通组织

道路的设计考虑消防救援、物流、人流进出的方便程度，道路主次分明。

为方便消防救援，场地设两个出入口与城市道路相接。

为保证地面景观环境的卫生，在厂区下风向、角落设置厂区专用出入口，防止渣土、砂土、污泥污染地面景观环境。

5.1.3 地下污水处理厂的场地竖向设计

进行总图竖向设计时需要因地制宜，结合场地的地形对各单体进行合理地竖向布置，同时还要兼顾周边规划道路、土方、场内道路、排水、挡土墙等的设置情况，以及厂区管线的连接情况。

竖向设计在尽量利用原有地形基础上，满足排水畅通的要求。

5.1.4 地下污水处理厂的建筑竖向布置

地下污水处理厂的对外服务场所、生产管理与生活设施、对工作环境要求较高的部分辅助生产配套设施等，应布置在地面。布置在地面上的建（构）筑物宜集中布置。生产管理用房宜通过直接交通与地下生产车间相连。

火灾危险性类别为甲、乙类或有爆炸危险的厂房、仓库必须布置在地面。火灾危险性类别为丙类的厂房和火灾危险性为丙、丁类的仓库，宜布置在地面。消防控制室宜设置在出地面的生产管理建筑内，不得设置于地下二层及以下楼层内。

出地面构筑物、通风井及消防疏散出入口等宜与地面建筑、景观相结合。

5.1.5　地下污水处理厂的地面层综合利用

将生态综合体与地下污水处理厂相结合，变被动选择与被动满足为主动选择与正向带动，实现地下污水处理厂土地资源与生态环境价值的最大化利用，可有效提高人居环境质量，提升周边土地资源的使用价值，并拓展城市的发展空间。

"地下箱体＋地面生态综合体"实现污水处理厂同城市公共设施融合共建，不仅解决了土地空间问题，还解决了供地模式问题。一个地块"分层供地"，让土地资源得到有效利用，同时实现地块价值提升。污水处理厂地面生态综合体可以具备公共服务、教育、生态、科研等多方面功能。

秉承生态文明理念，将污水处理与生态景观、湿地绿化、休闲娱乐、科普教育、科技研发等有机融合，地上地下统筹规划，改善周边环境质量；利用地面空间与周边社区融合，为居民提供各类便民服务。

良好的地面景观环境辐射周边土地受益，提升城市区域价值。地下、地面土地利用效率提升，大大加强人的参与性、亲和性，进而改善厂外周边环境，盘活周边土地价值。地下污水处理厂可以完全融入城市开发，与城市公园、运动场地、市政公交、社会停车等设施有机结合，彻底改变人们过去对污水处理厂避之不及的固有观念，利于城市区域整体开发，其综合价值远远超过传统污水处理厂本身的治污价值。

5.2　地下污水处理厂的地面建筑造型设计

5.2.1　地下污水处理厂建筑造型现状

受长期的功能性、实用性的设计原则影响，设计人员在进行地下污水处理厂地面建筑设计时一般秉承简单实用、简洁美观的建筑造型原则，设计标准不高，仅满足实际生产需要。对如何提高生产环境质量、创造和谐的工作氛围等问题没有足够的重视。

随着城市现代化的建设，城市规划中逐渐重视工业建筑的设计。近几年现代建筑设计理念逐渐应用到工业建筑设计中，提高工业建筑设计的水平，尽量与城市的建设相协调，体现城市的现代化气息。

5.2.2　地下污水处理厂建筑造型创新设计原则

1. 多元化设计原则

不同的国家和地区有着不同的地域文化差异，逐渐体现在工业建筑设计中。近年来由于投资主体的多元化、建筑场地的地域性文化差异、企业文化及品牌不同、民族性的各异，加之大量具有不同文化背景的境外设计事务所的参与，这些都在一定程度上促成工业建筑逐步走向多元化。在接受全球性的同时承认各民族、地区和地方文化的价值，在平等合作互利竞争的同时，创造出丰富多彩的、跨文化的、有特色的、有个性的污水处理厂建筑。

2. 人性化设计原则

当今社会在不断进步，人在社会中的影响力在逐渐加大，而工业建筑的设计主体也从以生产设备为中心越来越朝着以人为本的方向发展。因此人的因素在建筑中的作用就越来越显得重要。工业建筑中的空间及环境与人相融合，这样就需要在建筑设计的初期把人性化这个潜在优势尽可能地发挥出来，让人们置身于工业建筑的良好环境中产生归属感、生活感和亲切感。

3. 社会职能化设计原则

人类文明组成的工业及工业建筑，同样也承担着文明继承和发扬的责任。现代社会的工业建筑不再仅仅是生产活动的场所，也应作为传播文化的场所。在地下污水处理厂建筑设计中，建筑师应充分发挥地区性及地域性的文化特点，将工业建筑的特点、功能与民族、文化、企业相结合，发掘并塑造独特的企业形象、丰富企业文化的内涵、追求工业建筑与环境的整体协调，体现时代的工业建筑新形象、新趋势，诠释独特的文化底蕴。

4. 开放性设计原则

现在越来越多的地下污水处理厂非常重视自身发展，采取各种手段加大污水处理厂的透明度和对外自我宣传的力度，来提高市民的接受度。把地下污水处理厂出水综合利用、地面景观的工业理念作为参观点，间接地做成了工业旅游项目。为此，建筑设计方面布置了适宜对外开放的参观路线。

5.2.3 地下污水处理厂建筑设计方法

污水处理厂不能只简单地完成单体设计，而应从城市设计的高度，将建筑学的学科特征应用到创造城市空间上，对城市规划进行合理地延伸和补充，并致力于厂区交通与城市交通流线的条理化。建立建筑与城市的生态关系以及提升可持续发展性，必将为城市带来全新的形象。

（1）基于色彩搭配、形状构造、视觉形象、景观配置的考量，完善地下污水处理厂地面建筑建设。在整体建筑造型上，秉承环保节能、宜人美观的原则，确保厂区建（构）筑物的风格与地方生态、周边环境相适宜，与周边建筑样式、地方建筑特色相契合。

（2）借助现代化建筑工艺、生物科技、节能工艺、生态环保技术挖掘建筑特色与地方特色，使厂区建筑在保证使用功能的基础上，展现地方特色，融汇中西建设精髓。

（3）在有限的范围内对建筑与自然的关系以及人类使用者的需求做出回应，通过可持续性设计方法，以全新的方式使工业建筑与环境以积极的形式进行互动。通过建立企业标志建筑，塑造了城市地标性视觉焦点和建筑形象。

5.3　地下污水处理厂的防水技术

5.3.1　地下污水处理厂的防水设计要点

工程防水应进行专项防水设计，基本内容可包含：①工程防水设计工作年限、防水等级和防水做法；②细部节点防水构造设计；③防水材料性能和技术措施；④排水、截水设计及维护措施。

地下污水处理厂地下工程应采用全封闭的防排水设计，全地下或半地下工程的防水设防范围应高出室外地坪，其超出的高度不应小于300mm。

地下工程防水设计工作年限不应低于工程结构设计工作年限。

非侵蚀性介质蓄水类工程内壁防水层设计工作年限不应低于10年。

5.3.2　地下箱体防水等级的确定

1. 地下箱体防水类别

地下污水处理厂地下箱体内布置有变配电设备、加药处理间及处理设备等，地下箱体渗漏对其内部仪器、设备等财产有影响；同时对工程正常使用状态、结构耐久性、结构安全等有影响，所以按其防水功能重要程度，箱体防水类别为甲类。

地下污水处理厂蓄水类工程有市政污水池、侵蚀性介质贮液池等，其工程防水类别为甲类。

2. 地下箱体防水使用环境类别

污水处理厂以"抗浮设防水位标高与地下结构板底标高高差"为判定条件，划分明挖法地下工程防水使用环境类别。

若场地抗浮设防水位标高与地下结构板底标高高差 $H \geq 0m$，该污水处理厂箱体防水使用环境类别为Ⅰ类；若场地抗浮设防水位标高与地下结构板底标高高差 $H<0m$，防水使用环境类别为Ⅱ类。

地下污水处理厂蓄水类工程除Ⅰ类环境外，长期浸水、长期湿润环境以及非干湿交替的环境，防水使用环境类别为Ⅲ类。若为干湿交替环境，定义为Ⅱ类防水使用环境。

3. 地下箱体防水等级

地下污水处理厂地下箱体属于Ⅰ类、Ⅱ类防水使用环境下的甲类工程，工程防水等级为一级。

蓄水类工程若属于Ⅲ类防水使用环境下的甲类工程，工程防水等级为二级。若属于Ⅱ类防水使用环境下的甲类工程，工程防水等级为一级。

5.3.3　地下污水处理厂地下工程防水措施

防水等级为一级的地下工程现浇混凝土结构防水，防水措施不少于3道，其中应设1道防水混凝土。

防水等级为一级的明挖法地下工程防水混凝土的最低抗渗等级为 P8；寒冷地区抗冻设防段防水混凝土抗渗等级不应低于 P10。

处于非侵蚀性介质环境的混凝土结构蓄水类工程，防水混凝土的强度等级不应低于 C25。

防水等级为一级的蓄水类工程，顶板最小厚度为 250mm，底板及侧墙最小厚度为 300mm；防水等级为二级的蓄水类工程，顶板最小厚度为 200mm，底板及侧墙最小厚度为 250mm。

防水等级为一级的蓄水类工程，应至少在内壁设置 1 道防水层。防水等级为二级的蓄水类工程应在内壁设置 1 道防水层。

种植屋面和地下建（构）筑物种植顶板工程的防水等级应为一级，并应至少设置 1 道具有耐根穿刺性能的防水层，其上应设置保护层，保护层应能够防止后续回填和园林绿化施工过程中对防水层可能造成的破坏。

5.4 地下污水处理厂的防腐蚀设计

污水处理工程中的污水是一种成分复杂、条件多变的腐蚀介质，给污水处理厂的安全、美观以及工程质量带来较大影响，因此，污水处理厂必须采取防腐措施，减少污水和腐蚀气体对构筑物、建筑物以及设备的腐蚀。

5.4.1 地下污水处理厂的腐蚀原因

在污废水处理池中，由于污废水中含有大量的腐蚀性介质，如含有废酸、氧化性化学品等，对以混凝土为基础的处理池的腐蚀性较大，在一般情况下，未经防腐蚀处理的混凝土处理池，2 ~ 3 个月就会出现池表面的损坏、强度下降明显的情况。排水系统污水腐蚀的主要特点是：

①水的电解质腐蚀作用；

②腐蚀介质种类和腐蚀性复杂且多变；

③空气中湿度大、氯离子浓度高，从废水中溢出的有害气体浓度高，有害气体对碳钢腐蚀有强烈的加速作用。

5.4.2 地下污水处理厂的主要防腐蚀材料

污水池中含有大量溶解力强、渗透力强的腐蚀性分子，选择不合适的防腐材料会导致使用过程中防腐层的溶解与脱落，要提前了解各个材料的使用特点，选择更为合适的防腐材料，才能延长污水池的使用寿命，减少渗漏与渗透。

1. 玻璃钢衬里

这是最常见的防腐蚀处理方法，它是利用玻璃纤维增强塑料（俗称"玻璃钢"）结构在混凝土基础上形成一层防护，玻璃钢衬里具有整体性、抗渗性好和造价合理的特点，同时选用适当的防腐蚀树脂就能够达到良好的防腐蚀效果。

2. 环氧树脂

化学分子中含有两个以上环氧基团的聚合物，就叫做环氧树脂。环氧树脂在液体环境中时力学性能稳定且良好，且耐受性很强，不仅能防腐甚至还能绝缘，可以广泛应用在建筑防腐领域中。

一般情况下地下污水处理厂会选择环氧树脂，因为环氧树脂具有来源广、成本合理、耐腐蚀性能优良、收缩率低的特点，同时在混凝土基础上的施工中，要求树脂的收缩率不能太大，否则可能会导致在采用环氧树脂工艺时，出现由于树脂的固化收缩造成的内应力而导致"脱壳"的现象，而引起防腐蚀失效。

3. 环氧煤沥青漆

环氧煤沥青漆是将性质稳定的环氧树脂与耐水附着力较强的煤焦油沥青相结合，再加入固化剂，搅拌均匀后就成为防腐性能较高且常用的污水池防腐材料，被应用在管道、污水池、脱硫塔防腐中。

环氧树脂中有极性很强的羟基、醚键，附着力强。环氧树脂固化后主链有化学性稳定的碳－碳单键，醚键受芳环保护故耐蚀性好、机械强度高。煤焦沥青抗水、耐潮、耐化学品，是各种树脂中耐水最好的，且价廉，与环氧树脂相配取长补短，提高附着、耐蚀性能，降低成本。所以，环氧煤沥青漆多用于液相环境，或气液两相交替环境。

（1）鳞片涂料用于气、液两相交替环境

在乙烯基鳞片涂料中，成膜物质乙烯基酯树脂是甲基丙烯酸加环氧树脂的反应物，既有环氧树脂的主链结构，又有带不饱和双键的聚酯结构，所以既有环氧树脂机械强度高、附着力好的特点，又具有不饱和聚酯树脂施工工艺性能好的特点。加之涂料中玻璃鳞片的加入提高了涂膜的抗渗、耐磨性能。因此，此涂料在液相的特殊要求部位中采用是可行的，用在气液两相交替环境中采用也可行。

（2）聚氯乙烯涂料用于气相环境

聚氯乙烯含氟涂料的成膜物质为聚氯乙烯，因为其具有优良的耐腐蚀性和抗渗性，同时该涂料中采用了无机氟磷铁化合物复合材料，对被保护表面起着良好的屏蔽作用，不受外界化学物质的破坏、分散。同时其能在金属表面起磷化钝化作用，并与铁形成离子键结合力，大大提高涂膜附着力。此外氟磷铁复合材料还能增加涂层的物理机械强度，改善其耐候性和耐紫外线性。该涂料对被涂覆金属表面处理的要求不高，人工除锈达 St3 级即可，这对结构件较复杂而又难以进行喷砂处理的表面施工有很多益处，易保证施工质量。

第6章　关键结构和基坑支护设计

与普通地面污水处理厂水处理构筑物多为单层，长度及深度均有限的单体钢筋混凝土结构不同，地下污水处理厂是由多个水处理构筑物组合在一起，并深埋于地下，形成了一个平面尺寸和深度都远超普通水处理构筑物的大型钢筋混凝土地下结构，这就给裂缝控制、抗浮和基坑支护带来了较大的难题，如何解决好这些难题也就成为地下污水处理厂结构设计的关键。

6.1　结构裂缝控制技术

6.1.1　超大尺寸混凝土结构技术现状

受制于规范、材料、技术等因素，早期的大尺寸钢筋混凝土结构更多都是通过设置伸缩缝来解决结构超长而易产生干缩裂缝和温度裂缝的问题。这种方法由于将结构分成若干独立的结构受力单元，每个单元平面尺寸都不大，干缩应力和温度应力较小，能够很好地控制干缩裂缝和温度裂缝的产生。地面式钢筋混凝土水处理构筑物，一般也都按此种方法进行设计。

随着社会经济的不断发展，建筑业也得到迅猛地发展，各种类型的建（构）筑物数量越来越多，体量也越来越大。那些采用传统分缝技术建造的超大尺寸建（构）筑物逐渐暴露出很多的问题，比如伸缩缝漏水、整体性差、影响结构布置、影响功能使用、影响立面效果等。其中，伸缩缝漏水问题尤为普遍和严重，有的甚至直接导致结构无法正常使用。在南方一些丰水地区，因为伸缩缝漏水导致地下室需要不间断抽水才能正常使用的案例较多，严重增加了建筑的运行成本。在市政给排水行业，因伸缩缝漏水导致的污水外溢污染环境和饮用水漏失浪费水资源的情况也并不少见。这些问题的出现，既有伸缩缝材料质量低劣和施工质量失控等原因，又有设计不合理的因素。最为严重的是，伸缩缝一旦漏水，处理的难度非常大，除了凿出止水带重新浇筑外，几乎没有其他可以彻底解决问题的方法。

为了减少设置伸缩缝带来的这一系列问题，工程师们从设计、材料和施工等多方面着手，减小干缩应力和温度应力对混凝土结构的影响，使超大尺寸建（构）筑物的设缝间距越来越大，很多甚至完全取消了伸缩缝的设置。对受温度变化影响较小的地下结构，如地铁站、地下车库、地下综合体、人防地下工程、地下污水处理厂等，很多更是极大地突破传统分缝技术的限制，上百米甚至数百米不设缝的混凝土结构已经随处可见。不设缝或仅在上部荷载差异很大的位置设置沉降缝已经成为超大尺寸结构工程的一种趋势。

比如成都轨道交通 19 号线二期停车场，总长达到 1.2km，仅设置两道伸缩缝，最大设缝间距超过了 500m。这样的设计，结构整体性更好，大大减小地下水的渗入风险，同时节省工程造价和后期维护费用。

6.1.2　地下污水处理厂结构特点

地下污水处理厂一般分为地下两层，负二层为水处理构筑物组合，负一层为操作层。相比于一般地下建（构）筑物，地下污水处理厂的结构有如下特点：

（1）埋深较大，层高较高。负二层因构筑物处理工艺的需要，其层高（水池的深度）较大，常常会达到接近 10m 的高度。负一层考虑设备吊装需要，层高一般也都在 6m 以上。

（2）平面尺寸较大。随着国家对环境保护的要求越来越高，污水处理厂规模越来越大，工艺流线也越来越长，处理构筑物也越来越多。这些构筑物组合起来以后，平面尺寸就变得很大。较小规模的地下污水处理厂，其长度一般都在 100m 以上，规模较大的甚至可以达到数百米。地下污水处理厂宽度，一般都在 80m 以上。

（3）外壁和底板较厚。地下污水处理厂深埋地下，其外壁受到的外部水土压力很大；同时，由于层高较高，外壁竖向计算跨度大，导致其计算内力很大，必须采用较大的壁厚才能满足受力要求。

（4）各层的结构体系差别较大。负二层的水处理构筑物有较多钢筋混凝土隔墙，且布置的规则性较差。一般负一层的外周为钢筋混凝土墙，中部为钢筋混凝土框架结构。

（5）内部温度一般高于环境温度。污水处理过程中，会产生一定的热量，地下污水处理厂内部温度一般会高于环境温度。

（6）裂缝控制要求高。地下污水处理厂既要防止外部地下水渗入影响使用，又要防止内部污水外渗污染环境，这就对结构的裂缝控制提出了更高的要求。

地下污水处理厂的上述特点，既有对结构的裂缝控制有利的方面，也有对结构的裂缝控制不利的方面，在结构设计时应综合考虑这些因素，确保在经济合理的前提下，使结构的裂缝发展在规范允许的范围之内。

6.1.3　地下污水处理厂结构裂缝控制技术

混凝土结构裂缝产生的主要原因有混凝土干缩、结构受荷（如使用荷载、覆土、地基变形）、温度应力和施工质量等。温度应力又可分为壁面温差应力和整体温差应力，对地下污水处理厂来说，结构受荷和壁面温差应力产生的裂缝一般通过结构计算进行控制，与结构是否超长没有太大的关系，不是本书重点关注的问题，本书主要讨论地下污水处理厂超长箱体结构在混凝土收缩和整体温差应力作用下的裂缝控制。

在普通混凝土在硬化过程中，当温度降低时，其体积会缩小，但由于受到地基或结构构件等的约束，使得其不能自由收缩，于是在结构中产生了拉应力，这种拉应力随结构尺寸（约束）加大而增大（但不是无限增大），当拉应力超过混凝土的抗拉能力时，就产生了裂缝。

根据超长混凝土结构裂缝产生机理，结合地下污水处理厂超长箱体结构特点可知，地下污水处理厂结构裂缝控制的关键是建设阶段的裂缝控制，这是因为地下污水处理厂建成以后，结构受外界气温影响较小，在内部污水处理运行的影响下，温度一般高于所处环境温度，基本不会出现结构收缩大于地基收缩的情况，因而不会产生拉应力；同时地下污水处理厂箱体四周处于地下水土向内的巨大压力之下，相当于给结构施加了一定预压应力，也有利于减少裂缝的产生。因此，地下污水处理厂裂缝控制技术的重点，主要在施工阶段的裂缝控制上。

地下污水处理厂施工阶段的裂缝控制，主要就是混凝土干缩裂缝的控制，设计可从以下几个方面采取措施，施工单位则需要加强混凝土浇筑温度、振捣、养护等方面的管控。

1. 采用高性能混凝土

为提高混凝土的抗裂性能，主要从以下两个方面着手：一是减小混凝土的收缩，二是增强混凝土的抗拉能力。通过选用合适的混凝土原料、控制混凝土的配合比和在混凝土中掺入适量微膨胀剂（即采用补偿收缩混凝土），能够有效减少混凝土在硬化过程中的收缩。而在混凝土中加入抗裂纤维则是增强混凝土抗拉能力最有效的办法。

单纯依靠提高混凝土自身的抗裂性能，是无法满足地下污水处理厂结构裂缝控制要求的，还必须与其他措施同时采用，才能有效控制其裂缝的产生。

2. 设置伸缩缝

伸缩缝是在混凝土结构超长时，为减小收缩应力将结构分成多段而设置的缝隙。伸缩缝内除了柔性填料和止水带（仅在有防水要求时设置）外，没有任何结构连接措施，所以不能传力。

通过设置伸缩缝将地下污水处理厂由一个平面尺寸超大的结构变成多个尺寸较小的独立受力单元，是控制地下污水处理厂混凝土结构自身裂缝产生最为有效的方法。但是，从以往的工程经验来看，设置伸缩缝依然不能弥补它对地下污水处理厂带来的风险和危害。这种风险和危害主要表现在：伸缩缝渗漏、结构整体性差、传力途径不明确、影响工艺和结构体系布置等。因此，在地下污水处理厂的设计中，不推荐采用设置伸缩缝的方式控制裂缝。

3. 设置引发缝

引发缝（也称引导缝、诱导缝）是通过局部削弱混凝土构件的抗拉能力，形成薄弱部位，引导结构裂缝在此产生，从而控制构件其他部位裂缝的一种技术措施。引发缝与伸缩缝最大的不同点在于混凝土和钢筋并未全部断开，能够传递一定的轴力、弯矩和剪力，结构整体性更好，对结构传力的影响也相对较小。另外，由于引发缝中的混凝土并未完全断开，自身有一定的抗渗能力，同时缝内止水带的安装和使用条件要好于伸缩缝，因此其渗漏风险也相对较小，即便渗漏其渗漏量也会明显小于伸缩缝。

在地下污水处理厂设计中，设置引发缝是控制裂缝较为常见的一种方法，但其依然存在一定的渗漏风险，对工艺和结构体系的布置也有较大的影响，过多的设置也不合理。因此，地下污水处理厂设置引发缝时，常常与分区浇筑等措施一起采用。

4. 设置连续浇筑膨胀加强带

连续浇筑膨胀加强带（简称膨胀加强带）是在超长结构中按一定间距设置一条宽度2.0 ~ 3.0m 的膨胀混凝土带，以部分抵消其两侧的混凝土干缩，从而达到控制裂缝产生的目的。

对于一般超长建（构）筑物，由于采用的是普通混凝土，干缩现象明显，局部的膨胀加强带对抵消混凝土干缩的作用是明显的。但对于地下污水处理厂，一般都会整体采用微膨胀混凝土（补偿收缩混凝土）以增强抗渗性能，再在其中设置膨胀加强带，则作用有限，故必须与分区浇筑措施相结合才能确保裂缝控制的可靠性。

5. 分区浇筑混凝土

分区浇筑混凝土就是通过后浇带或施工缝将大尺寸的混凝土分成多个区块，相邻区块间隔一定时间浇筑。其主要原理就是让先浇区块的混凝土干缩基本完成，收缩应力基本释放以后，再进行后续区块的浇筑，从而达到控制施工期间裂缝产生的目的。施工完成后，分区浇筑的各区块间是完全连续的，整体性很好，对工艺和结构的布置也几乎没有影响。分区浇筑的具体实施方式主要有以下几种：

（1）设置后浇膨胀加强带

设置后浇膨胀加强带（简称后浇带）就是在大尺寸混凝土结构的浇筑过程中，间隔一定距离预先留设 1.0 ~ 2.0m 宽的条带暂不浇筑，待先浇部分混凝土基本完成干缩后（一般不少于 6 周，当先浇部分也采用补偿收缩混凝土时等待时间可酌情缩短），再进行预留后浇带浇筑的施工方法。后浇带应采用补偿收缩混凝土浇筑，限制膨胀率应 ≥ 0.025%，混凝土强度应比先浇混凝土提高一个等级。设置后浇带是控制施工期间裂缝产生最为有效和可靠的技术措施，在国内的应用较多，技术极为成熟，其最大的缺点是先后浇筑的间隔时间较长，对总工期有一定影响。

设置后浇膨胀加强带的示意图如图 6-1 所示，整个结构通过设置后浇带分成 10 个区块，各区块的混凝土浇筑顺序应根据施工组织计划及现场材料、设备、人工等情况综合确定，后浇带则可根据先期各区块的浇筑时间进行分段封闭浇筑。比如本示例可从左右两端区块开始向中间推进，即先浇筑 A-1、A-6、A-5、A-10，再浇筑 A-2、A-7、A-4、A-9，最后浇筑 A-3、A-8，当时间间隔达到要求后，即可进行相应区块后浇带的封闭浇筑，直至全部浇筑完成。

（2）分仓浇筑

分仓浇筑就是通过设置施工缝，将大尺寸混凝土结构分成若干区块，各区块间隔浇筑的一种施工方法。分仓浇筑相邻区块的浇筑时间间隔一般不少于 7 天，每个区块都应采用补

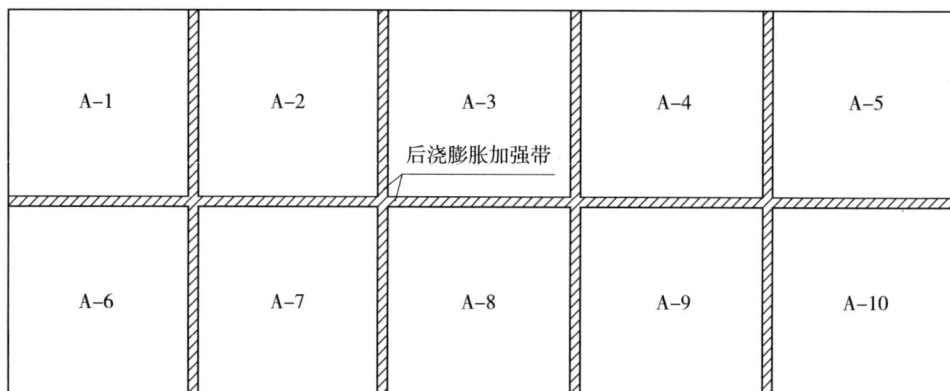

图6-1　设置后浇膨胀加强带示意图

偿收缩混凝土，限制膨胀率一般 $\geq 0.015\%$，处于两个先浇区块之间的区块，混凝土限制膨胀率宜适当加大。

　　分仓浇筑相对设置后浇带来说，施工间隔时间较短，相应的工期也更短一些。但由于结构封闭时的浇筑区块尺寸较大，对裂缝控制的效果要略差于设置后浇带的方法。这种技术在国外的应用较为广泛，引进国内后近年来也得到了较为广泛的应用。

　　分仓浇筑施工示意图如图6-2所示，整个结构通过设置施工缝分成10个区块，各区块混凝土的浇筑顺序应根据施工组织计划及现场材料、设备、人工等情况综合确定。比如本示例可先进行 A-1 ~ A-5 区块的混凝土浇筑，再进行 B-1 ~ B-5 区块的浇筑。

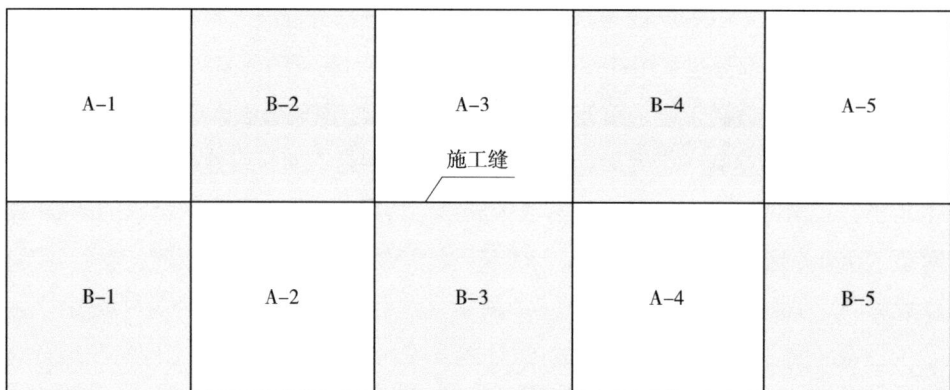

图6-2　分仓浇筑示意图

（3）后浇膨胀加强带与分仓浇筑结合

　　后浇膨胀加强带与分仓浇筑结合就是在设置后浇带的同时采用分仓浇筑的一种施工方法。分仓浇筑相邻区块的浇筑时间间隔一般不少于7天，后浇带的封闭浇筑间隔时间一般不少于42天。每个区块都应采用补偿收缩混凝土，限制膨胀率一般 $\geq 0.015\%$，后浇膨胀加强带的限制膨胀率应 $\geq 0.025\%$。

由于后浇带的设置较少，这种施工方法的工期介于单纯设置后浇带和单纯分仓浇筑之间。由于后浇膨胀加强带的设置，分仓浇筑的各区块仅受两边区块的影响，因此浇筑顺序比较自由。

后浇膨胀加强带与分仓浇筑结合示意图如图6-3所示，整个结构通过设置后浇带和施工缝分成了10个区块，各区块混凝土的浇筑顺序应根据施工组织计划及现场材料、设备、人工等情况综合确定，后浇带则可根据先期各区块的浇筑时间进行分段封闭浇筑。比如本示例可先进行A-1 ~ A-6区块的混凝土浇筑，再进行B-1 ~ B-4区块的浇筑，后浇带的封闭则分段进行。

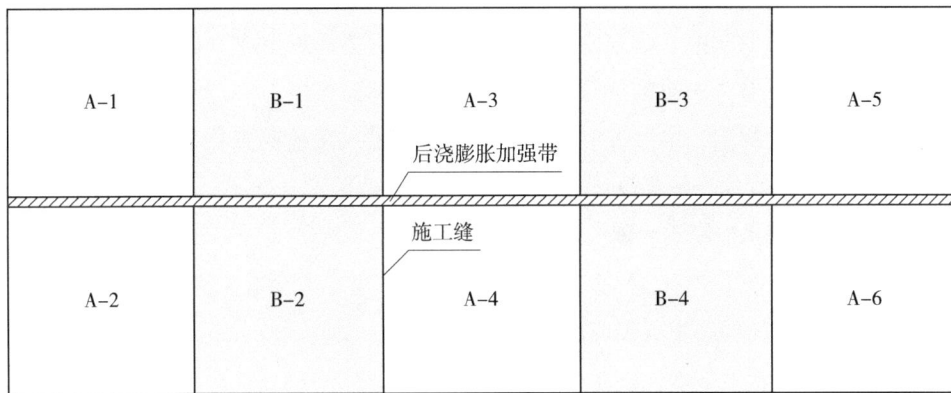

图6-3　后浇膨胀加强带与分仓浇筑结合示意图

总之，控制地下污水处理厂施工阶段干缩裂缝的措施有很多，根据工程的实际情况，灵活运用这些措施，并严格按照要求进行施工，一般都能取得良好的效果。

6.2　抗浮技术

6.2.1　地下结构抗浮设计常见问题

地下工程的抗浮问题是地下空间的开发利用需高度关注的问题，因抗浮不足导致的工程事故屡见不鲜。

当地下结构的埋深低于地下水位时，就会受到地下水向上的浮托力（地下水压力），高差越大浮托力也越大，当结构抵抗这种浮托力的能力不足时，就会导致抗浮失效，产生上浮破坏。结构的抗浮措施很多，常见的有自重抗浮、配重抗浮、锚杆抗浮、抗拔桩抗浮和降低地下水位抗浮等。地下结构的抗浮设计主要有以下几个常见问题：

1. 抗浮设计水位取值不合适

抗浮设计水位取值不合适主要有以下几种情况：

（1）未考虑"盆池"效应

这种情况主要出现在地下水位较低、土层透水性差的场地。地勘报告按相关规范根据实测地下水位推算抗浮水位，本身并没有太大的问题，也是符合规范要求的。但在这种水文、地质条件下，地下结构建好后，一旦地表水通过回填土渗入基坑，就很难排出去，久而久之，就会在基坑内形成较高的积水，这种现象就是"盆池"效应。由"盆池"效应导致的抗浮失效在抗浮工程事故中较为常见。

（2）未考虑地表水系洪水影响

这种情况主要出现在河床透水性较好的河道边上，也比较容易理解。洪水通过河床渗入地下，导致地下水位抬升，如果设计时采用的地下水位未考虑这种情况，或实际发生的洪水位远高于设计考虑的防洪水位，就有可能出现浮力大于设计值，抗浮不足的情况。

（3）抗浮设计水位取值未考虑场地平整的影响

这种问题主要出现在挖、填方场地，勘察报告未直接提供抗浮水位标高，只是建议抗浮水位按场地标高（但并未明确是原状标高还是设计标高）以下一定深度取值的情况，设计对场地进行了较大的挖、填处理但在抗浮水位取值时未跟地勘充分沟通，直接采用设计场地标高以下一定深度作为抗浮设计水位，从而导致其取值不合理。

2. 采取的抗浮技术措施不合理

地下结构的抗浮技术措施虽然很多，但如果措施不当，也会造成抗浮失效或措施过度。抗浮技术措施不合理的问题主要表现在以下几个方面：

（1）盲目采用降低地下水位抗浮

有的工程，为了节省抗浮措施费用，采用抽排方式降低地下水位的方式进行抗浮，但在设计中，却忽略了地下水补给、抽排设备的可靠性、地下水收集系统的淤堵等关键因素，导致运行之后不能达到预期的效果，甚至导致结构上浮。

（2）盲目采取抗拔措施

在结构抗浮不足时，未进行充分的方案比较，直接采用锚杆或抗拔桩进行抗浮，特别是当几种方法所提供的抗浮力相差不大时，应与配重抗浮、结构周边外挑底板覆土抗浮进行方案比选。

（3）地质条件很好时采用抗拔桩抗浮

本问题的产生，其实主要来源于对规范的争议。在《建筑工程抗浮技术标准》JGJ 476—2019实施之前，在地质条件较好，天然地基能够满足结构地基承载力需求的情况下，如果需要采用抗拔措施抗浮，一般优先采用的都是普通抗拔锚杆。但根据《建筑工程抗浮技术标准》JGJ 476—2019，工程抗浮等级为乙级以上时，锚杆的裂缝宽度控制等级均在二级以上，即不允许出现裂缝，这是普通锚杆很难实现的，需要施加预应力。由于预应力锚杆施工较为麻烦，所以很多设计方案决定干脆直接采用抗拔桩。实际上，抗拔锚杆和抗拔桩除了直径大小不同，并无本质区别，规范对抗拔锚杆和抗拔桩采用不同的裂缝控制要求，值得进一步探讨。在一些地区，工程抗浮等级为乙级以上采用普通抗拔锚杆抗浮在业内已经被默许，施工图审查专家也会对这种方案予以通过。

（4）单纯抗浮时采用大直径桩抗浮

当天然地基承载力和抗浮均不满足的情况下，桩径的大小应根据持力层深度、成桩施工方法等综合考虑。但对天然地基承载力能够满足需要，采用抗拔桩而不采用抗拔锚杆抗浮只是为了严格执行《建筑工程抗浮技术标准》JGJ 476—2019 对裂缝控制的要求时，应优先选用小直径桩。这是因为桩的抗拔力与桩径成正比，而混凝土的用量与桩径的平方成正比，采用小直径抗拔桩有利于减少混凝土使用量。

（5）不区分地下水性质，盲目采用封闭地表等抗浮措施

结构基底处于基岩，应以基岩裂隙水水位为主要依据确定抗浮水位。基岩裂隙水如有承压性，抗浮水位就是承压水头。如果仅以采用非透水性填料控制地下室肥槽回填质量，设盲沟、地表封闭防止雨水下渗等工程措施则达不到抗浮目的。

3. 抗浮验算不全面

抗浮稳定验算一般包含整体抗浮稳定验算和局部抗浮稳定验算。不少人对这两种抗浮验算的概念不清，本来需要进行局部抗浮稳定验算的结构，却只进行了整体抗浮稳定验算，这种情况在早期民用建筑地下结构抗浮设计中出现得比较多。当主楼和纯地下室之间不设变形缝时，按一个整体进行抗浮稳定验算，当纯地下室部分超出主楼不多，且刚度较大时也是可行的。但当纯地下室部分超出主楼较多时，如果结构强度不足不能将其剩余浮力（自身浮力扣除自重后的多余浮力）可靠传递到主楼时，就会造成纯地下室部分抗浮失效。

另外还有一个常常被忽略的问题，就是采用抗拔措施抗浮时，没有进行群锚呈整体破坏时的抗拔承载力计算，仅按拉杆的抗拉能力和锚固体与土体的黏接强度计算抗拔构件的抗拔能力。这个问题在抗浮锚杆设计中尤为明显，比如认为只要满足《建筑工程抗浮技术标准》JGJ 476—2019 中"间距不应小于锚固体直径的 8 倍且不小于 1.5m"就能避免群锚破坏，因此不必进行群锚验算，这种观点是对群锚效应的严重误解。

6.2.2　地下污水处理厂抗浮特点

地下污水处理厂的抗浮，与普通民用建筑地下结构的抗浮是有一定区别的，主要有以下几个特点：

1. 埋置较深，浮力较大

地下污水处理厂一般主要为地下两层、局部一层，但由于工艺处理的需要，层高基本都较大，所以结构埋设深度较大，地下水对结构的浮托力也相应比较大。

2. 自重较轻，分布较均

单纯的地下污水处理厂一般上部荷载较小，自重较轻。两层区域的自重较单层区域更大，但每个区域内的自重分布还是比较均匀的，基本都是中间较小，外周较大（主要是由于外周壁板因为挡土和挡水的需要，结构厚度较大，因此也更重）。

3. 尺寸较大,刚度有限

地下污水处理厂的平面尺寸一般都较大,短方向尺寸基本都在 80m 以上。通常情况下虽然底板和楼板均较厚,负二层也分布有较高、较厚的池壁,每片池壁都有较大的抗弯刚度,但往往连续性较差(局部断开、错位或分缝等),从而影响整体抗弯刚度。

6.2.3　地下污水处理厂抗浮关键技术

根据地下污水处理厂的抗浮特点,结合地下结构抗浮设计问题,其抗浮设计的关键技术如下:

1. 确定合适的抗浮设计水位

地下污水处理厂结构的布置和埋深是由其使用功能决定的,在其布置和埋深已经确定的情况下,抗浮设计水位就决定了地下结构浮力的大小,其取值是否合适也就成为抗浮设计最为关键的环节。影响地下水位的因素很多,不仅跟气候、水文、地形、地质等自然条件相关,还与地下水开采、水资源调配等人为因素有关。

虽然在岩土工程勘察报告中一般都会提供抗浮设计水位标高,但设计时应该根据场地实际情况,对地勘建议的抗浮设计水位的合理性进行评估,有疑问时应及时与勘察单位沟通,确保抗浮设计水位的合理性,保证地下污水处理厂抗浮的安全性和经济性。

2. 采取合理的抗浮技术措施

地下污水处理厂的抗浮要求与普通地下结构的抗浮要求并无本质区别,都是保证结构在地下水浮力的作用下保持稳定。但由于地下污水处理厂自身的特点,与普通民用建筑地下结构相比,其抗浮措施还是有一定的特殊性。比如,民用建筑常常会分区域采用不同抗浮措施,主要是因为各区域上部荷载差异较大。地下污水处理厂分区域采用不同抗浮措施的情况一般较少,就算有这种情况,其原因也基本是由于各区域地基承载力的差别,比如地基承载力不足区域采用桩基础兼抗浮锚桩,地基承载力足够区域则采用锚杆抗浮。地下污水处理厂由于埋深大、自重轻,自重加顶部覆土重一般很难满足抗浮稳定要求,基本都需要同时采取其他抗浮措施才能保证抗浮安全。除自重加覆土重抗浮外,地下污水处理厂常用的抗浮措施有以下两种:

(1)采用抗拔措施抗浮

采用抗拔措施抗浮就是通过受拉杆(或桩)将地下结构与土体连接在一起,抵抗地下水对结构浮力的一种抗浮方式。根据直径大小和受力差异,一般可分为抗拔锚杆和抗拔桩。锚杆与桩的抗浮原理是完全相同的,他们最大的区别在于锚杆由于直径较小,一般仅考虑其抗拔能力,即仅用于抗浮,而桩由于直径较大,除了能够抵抗地下水浮力外,还有很强的抗压能力,能更多作为基础抵抗结构上部荷载。

地下污水处理厂由于埋深大、自重轻,除了深厚软土等特殊场地外,一般天然地基都能满足结构对承载力的需求。在这种情况下,采用锚杆抗浮是最为经济合理的。而当存在深厚软土等地基承载力不满足要求的情况时，采用桩基同时解决地基承载力不足和抗浮不足无疑是最好的选择。

关于抗拔锚杆和抗拔桩的具体技术措施，相关规范、文献资料等都有详细的介绍，此处不再赘述。

（2）降低地下水位抗浮

降低地下水位抗浮就是通过设置降排水系统，降低场地的地下水位，减小地下水对结构的浮力，从而保证抗浮稳定的一种方法。降排水方式主要分为两种：水泵抽排和重力流排水。

采用水泵抽排地下水的降水方式，仅适用于场地透水性差、地下水补给速度慢的场地，并且必须设置备用水泵、备用电源、水位监测系统等，确保地下水位被控制在安全线以下。由于地下污水处理厂平面尺寸大、埋置深，采用这种方法抗浮风险太大，不建议地下污水处理厂采用这种方法。

重力流排水方式与地形、地表水水位密切相关，仅适用于场地边上有较低的排水通道，且该排水通道的最高水位低于结构自重加覆土重能够抵抗的抗浮水位，最好是低于结构底板。当地下污水处理厂的建设场地正好满足这些条件时，采用排水降低地下水位的方式是极具优势的，一方面可以降低结构的抗浮措施费用，另一方面还可以大大减小结构受力，节省主体结构造价，起到一箭双雕的效果。比如位于山腰的地下污水处理厂，就可以通过设置排水系统的方法，将渗入基坑的水及时排走，破坏基坑的盆池效应，实现排水抗浮的目标。此抗浮方案应用的前提是结构底板下基岩裂隙水没有承压性。排水系统的设置应安全可靠，在排水的同时不能带走土壤颗粒影响地基承载力。排水系统一般由滤水层、导水层、汇水盲沟（含多孔管）、外排通道等组成，其中外排通道应根据出口距地下污水处理厂的距离、工艺进出水管道布置等综合考虑，并尽可能利用工艺管道沟槽设置地下水外排通道。

3. 采取正确的抗浮验算方法

前面已经说过，地下污水处理厂结构的整体抗弯刚度，相对于它的平面尺寸来说还是有限的。因此，在进行抗浮稳定验算时，如果仅进行整体稳定验算，在地下水位达到抗浮水位时，结构中部的剩余浮力就会无法可靠地传递到自重较大的周边，即便结构不会出现整体上浮破坏，但中部区域上拱或中部区域抗拔构件抗拔力超限的问题就很有可能出现。因此，对于地下污水处理厂，如果采用手算进行抗浮验算，那么进行局部抗浮验算是非常必要的，这样的算法忽略了结构主体与抗浮构件的协同作用，是偏于安全的。

对于地下污水处理厂的抗浮验算，有条件时应将地下水浮力、抗浮构件等一起放入模型，通过有限元软件进行整体分析。当然，采用计算软件验算抗浮，必须充分了解软件的功能，对于软件没有验算的内容，必须人工进行验算，比如群锚效应验算等。

总之，对于地下污水处理厂抗浮设计来说，只要抗浮设计水位合适，抗浮技术措施合理，抗浮验算方法正确，就能保证其是安全、经济的。

6.3 地下污水处理厂基坑工程设计

6.3.1 地下污水处理厂基坑工程的特点

1. 基坑深度较深

地下污水处理厂基坑的深度和平面形状对基坑围护体系的稳定性和变形有较大的影响，随着基坑开挖深度的增加，土体所具有的流变性对作用于围护结构上的土压力、土坡的稳定性和围护结构变形等有很大的影响。同时随着开挖深度的增加，地下水对土压力的影响也较大，特别是承压水对基坑工程的影响很大。

2. 周边环境复杂

考虑到地下空间和投资的限制，在地下污水处理厂的设计中，技术上也尽量选用占地面积小的处理工艺。因此地下污水处理厂基坑工程支护结构体系除受地质条件制约以外，还受到相邻的建筑物、地下构筑物和地下管线等的影响，周边环境的容许变形量、重要性等也会成为地下污水处理厂基坑工程设计和施工的制约因素。

6.3.2 地下污水处理厂常用基坑支护类型

1. 坡率法

基坑开挖前选择并确定安全合理的基坑边坡坡度，使基坑开挖后的土体，在无加固及支撑的条件下，依靠自身的强度，在新的条件下取得稳定的状态，为建造基础或地下室提供安全可靠的作业空间，同时又能确保基坑周边的工程环境不受影响或满足预定的工程环境要求。

（1）特点

1）优点：造价最低，施工速度最快。

2）缺点：土方回填量大，雨季易坍塌。

（2）适用条件

当基坑外具备足够的场地，周边环境宽松，放坡开挖不会对相邻建筑物、管线产生不利影响时。仅用于安全等级为三级的基坑。

2. 水泥土重力式围护墙

水泥土重力式围护墙是以水泥系材料为固化剂，通过搅拌机械采用喷浆施工将固化剂和地基土强行搅拌，形成具有一定厚度的连续搭接的水泥土柱状加固体挡墙。

（1）特点

1）可结合重力式挡墙的水泥土桩形成封闭隔水帷幕，止水性能可靠。

2）使用后遗留的地下障碍物相对比较容易处理。

3）经济性较好，但围护结构占用的空间较大。

4）围护结构位移控制能力较弱，变形较大；计算时作为刚性结构（重力式围护墙）。

5）当墙体厚度较大时，采用水泥土搅拌桩或高压喷射注浆对周边环境影响较大。

（2）适用条件

1）适用于软土地层中开挖深度不超过7.0m、周边环境保护要求不高的基坑工程。

2）周边环境有保护要求时，采用水泥土重力式挡墙围护的基坑深度不宜超过5.0m。

3）当基坑周边距离1～2倍开挖深度范围内存在对沉降和变形敏感的建构筑物时，应慎重选用。

图6-4　深层搅拌水泥土重力式围护墙

4）若土的有机质含量超过3%则不应采用，过黏的土不宜采用。

5）适用于安全等级为二、三级的基坑。

深层搅拌水泥土重力式围护墙如图6-4所示。

3. 土钉墙及复合土钉墙

土钉墙主要由密布于原位土体中的细长杆件（土钉）、黏附于土体表面的钢筋混凝土面层及土钉之间的被加固土体组成，是具有自稳能力的原位挡土墙。土钉墙与各种隔水帷幕、微型桩及预应力锚杆（索）等构件结合起来，又可形成复合土钉墙。复合土钉墙主要有土钉墙＋预应力锚杆（索）、土钉墙＋隔水帷幕和土钉墙＋微型桩三种常用形式。

与土钉墙基本形式相比，土钉墙＋预应力锚杆（索）所形成的复合土钉墙对基坑稳定性和变形控制更加有利。该围护形式适用于对基坑变形要求相对较高的基坑。

土钉墙＋隔水帷幕的围护形式是在基坑周边设置封闭的隔水帷幕，可防止坑内降水对坑外环境产生影响。同时隔水帷幕对坑壁土体具有预加固作用，有利于坑壁的稳定和控制基坑变形。该围护形式适用于地下水位丰富，周边环境对降水敏感的工程，以及土质较差，基坑开挖较浅的工程。

采用微型桩超前支护可减小基坑变形。该围护形式应用于填土、软塑状黏性土等较软弱土层时，需要竖向构件增强整体性、复合体强度，以具备开挖面临时自立的性能。

（1）特点

1）施工设备及工艺简单，对基坑形状适应性强，经济性较好。

2）坑内无支撑体系，可实现敞开式开挖。

3）柔性大，有良好的抗震性和延性，破坏前有变形发展过程。

4）密封性好，完全将土坡表面覆盖，阻止或限制地下水从边坡表面渗出，防止水土流失及雨水、地下水对坑壁的侵蚀。

5）土钉墙靠群体作用保持坑壁稳定，当某条土钉失效时，周边土钉会分担其荷载。

6）施工所需场地小，移动灵活，支护结构基本不单独占用场地内的空间。

7）由于孔径小，与桩等施工工艺相比，穿透卵石、漂石及填石层的能力更强。

8）边开挖边支护便于信息化施工，能够根据现场监测数据及开挖暴露的地质条件及时调整土钉参数。

9）需占用坑外地下空间。

10）土钉施工与土方开挖交叉进行，对现场施工组织要求较高。

（2）适用条件

1）开挖深度小于12m、周边环境保护要求不高的基坑工程。

2）地下水位以上或经人工降水后的人工填土、黏性土和弱胶结砂土的基坑支护。

3）不适用于以下土层

①含水丰富的粉细砂、中细砂及含水丰富且较为松散的中粗砂、砾砂及卵石层等。

②黏聚力很小、过于干燥的砂层及相对密度较小的均匀度较好的砂层。

③有深厚新近填土、淤泥质土、淤泥等软弱土层的地层及膨胀土地层。

④周边环境敏感，对基坑变形要求较为严格的工程，以及不允许支护结构超越红线或邻近地下建构筑物、重要管线，在可实施范围内土钉长度无法满足要求的工程。

4）适用于安全等级为二、三级的基坑。

4. 排桩支护

（1）灌注桩

灌注桩排桩围护墙是采用连续的柱列式排列的灌注桩形成围护结构。工程中常用的灌注桩排桩的形式有分离式、双排式和咬合式。

分离式排桩是灌注桩排桩围护墙中最常用，也是较简单的围护结构形式。灌注桩排桩外侧可结合工程的地下水控制要求设置相应的隔水帷幕。分离式排桩布置示意图如图6-5所示。

双排式灌注桩可以弥补单排悬臂桩的变形大，支护深度有限的缺点，在设置锚杆和内支撑有困难时可考虑采用双排式灌注桩。双排式排桩围护墙布置示意图如图6-6所示。

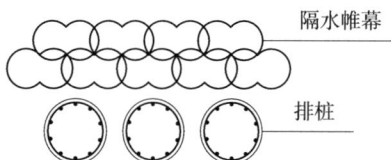

图6-5 分离式排桩布置示意图

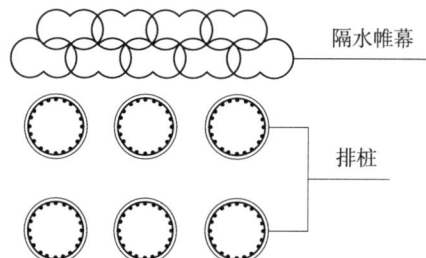

图6-6 双排式排桩围护墙布置示意图

咬合式灌注桩具有兼做止水帷幕的特点，具有较好的经济效益且工期较短，但对施工连续性要求更高。土钉墙＋微型桩咬合式排桩平面示意图如图6-7所示。

①特点

（a）施工工艺简单、工艺成熟、质量易控制。

（b）噪声小、无振动、无挤土效应，对周边环境影响小。

（c）可灵活调整围护桩刚度。

（d）有隔水要求时需另设隔水帷幕。

②适用条件

（a）软土地区一般用于开挖深度不大于20m的深基坑。

（b）地层适用性广，软黏土、粉砂性土、卵砾石层、岩层的基坑均适用。

（c）可用于安全等级一、二、三级的基坑。

（2）型钢水泥土搅拌墙（SMW工法）

型钢水泥土搅拌墙是一种在连续套接的三轴水泥土搅拌桩内插入型钢形成的复合挡土隔水结构。型钢水泥土搅拌墙平面布置如图6-8所示。

图6-7　土钉墙＋微型桩咬合式排桩平面示意图

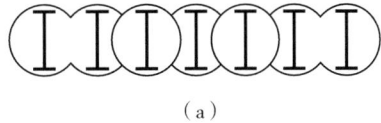

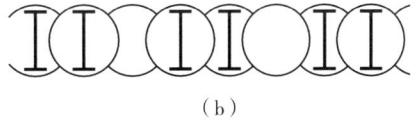

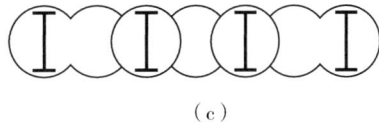

图6-8　型钢水泥土搅拌墙平面布置
（a）型钢密插型；（b）型钢插二跳一；
（c）型钢插一跳一

①特点

（a）受力结构与隔水帷幕在一起，围护体占用空间小。

（b）围护体施工对周围环境影响小。

（c）采用套接一孔施工，实现相邻桩体完全无缝衔接，墙体防渗性能好。

（d）在三轴水泥土搅拌桩施工过程中无需回收处理泥浆。

（e）适用土层范围较广，还可以用于较硬质的地层。

（f）工艺简单、成桩速度快，围护体施工工期短。

（g）在地下室施工完毕后型钢可拔除，实现型钢的重复利用，经济性较好。

（h）仅在基坑开挖阶段用作临时围护体，在主体地下室结构平面位置、埋置深度确定后就可以设计。

（i）由于型钢拔除后在搅拌桩中留下的孔隙需采取注浆等措施进行回填，特别是邻近变形敏感的建（构）筑物时，对回填质量的要求较高。

②适用条件

（a）从黏性土到砂性土，从软弱的淤泥和淤泥质土到较硬、较密实的砂性土，甚至在含有砂卵石的地层中经过适当的处理都能够进行施工。

（b）在软土地区，一般用于开挖深度不大于13.0m的基坑工程。

（c）适用于施工场地狭小，或距离用地红线、建筑物等较近时，采用排桩结合隔水帷幕

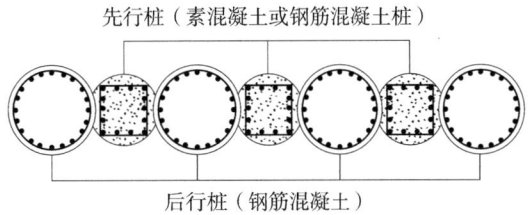

体系无法满足空间要求的基坑工程。

（d）型钢水泥土搅拌墙的刚度相对较小，变形较大，在对周边环境保护要求较高的工程中，例如基坑紧邻运营中的地铁隧道、历史保护建筑、重要地下管线时，应慎重选用。

（e）当基坑周边环境对地下水位变化较为敏感，搅拌桩桩身范围内大部分为砂（粉）性土等透水性较强的土层时，应慎重选用。

（f）一般用于安全等级二、三级的基坑。

5. 地下连续墙

地下连续墙是利用一定设备和机具，在稳定液（泥浆）护壁条件下，钻挖一段深槽，然后吊放钢筋笼入槽，浇筑混凝土，筑成一段混凝土墙，再将每个墙段连接起来，而形成一种连续地下基础构筑物。地下连续墙可分为现浇地下连续墙和预制地下连续墙两大类，目前在工程中应用的现浇地下连续墙的槽段形式主要有壁板式、T 形和 Π 形等，并可通过将各种槽段形式组合，形成格形、圆筒形等结构形式。地下连续墙平面结构形式如图 6-9 所示。

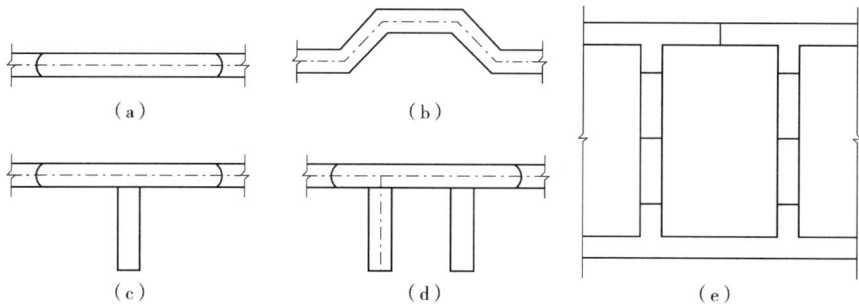

图 6-9　地下连续墙平面结构形式
（a）壁板式；（b）U 形折板；（c）T 形；（d）Π 形；（e）格形

（1）特点

1）施工具有低噪声、低振动等优点，工程施工对环境的影响小。

2）连续墙刚度大、整体性好，基坑开挖过程中安全性高，支护结构变形较小。

3）墙身具有良好的抗渗能力，坑内降水时对坑外的影响较小。

4）可作为地下室结构的外墙，可配合逆作法施工，以缩短工程的工期，降低工程造价。

5）适用于多种地基条件，基本上适用所有地层。

6）占地少，可以充分利用建筑红线以内有限的地面和空间。

7）弃土及废弃泥浆的处理，增加了工程费用，处理不当容易造成环境污染。

8）施工不当易引起槽壁坍塌，造成地面沉降，影响周边环境的安全。

9）造价高，施工机械设备价格昂贵，对施工的技术要求也高。

（2）适用条件

受施工机械的限制，地下连续墙的厚度具有固定的模数，不能像灌注桩一样根据桩径和桩间距灵活调整，因此地下连续墙一般只适用于特定的条件。

1）软土地区深度较大的基坑工程，开挖深度超过 10m。

2）邻近存在保护要求较高的建（构）筑物，对基坑本身的变形和防水要求较高的工程。

3）基坑内空间有限，地下室外墙与红线距离极近，采用其他围护形式无法满足留设施工操作空间要求的工程。围护结构亦作为主体结构的一部分，且对防水、抗渗有较严格要求的工程。

4）采用逆作法施工，地上和地下同步施工时，一般采用地下连续墙作为围护墙。

5）在超深基坑中，例如 30 ～ 50m 的深基坑工程，采用其他围护体无法满足要求时，常采用地下连续墙作为围护体。

6）可用于安全等级一、二、三级的基坑。

地下连续墙支护案例如图 6-10 所示。

6. 内支撑系统

深基坑工程中的支护结构一般有两种形式，分别为围护墙结合内支撑系统的形式和围护墙结合锚杆的形式。作用在围护墙上的水土压力可以由内支撑有效地传递和平衡，也可以由坑外设置的土层锚杆平衡。内支撑可以直接平衡两端围护墙上所受的侧压力，构造简单，受力明确；锚杆设置在围护墙的外侧，为挖土、结构施工创造了空间，有利于提高施工效率。

图 6-10　地下连续墙支护案例

内支撑系统由水平支撑和竖向支撑两部分组成，深基坑开挖中采用内支撑系统的围护方式已得到广泛的应用，特别在软土地区且基坑面积大、开挖深度深的情况下，内支撑系统由于具有无需占用基坑外侧地下空间资源、可提高整个围护体系的整体强度和刚度以及可有效控制基坑变形的特点而得到了大量的应用。

内撑式围护结构由外围护和内支撑组成，可表述为"外护内支"。"外护"为围护构件对外挡住边坡土体、防止地下水渗漏；"内支"为利用内支撑系统为围护构件的稳定提供足够的支撑力。内支撑系统示意图如图 6-11 所示。

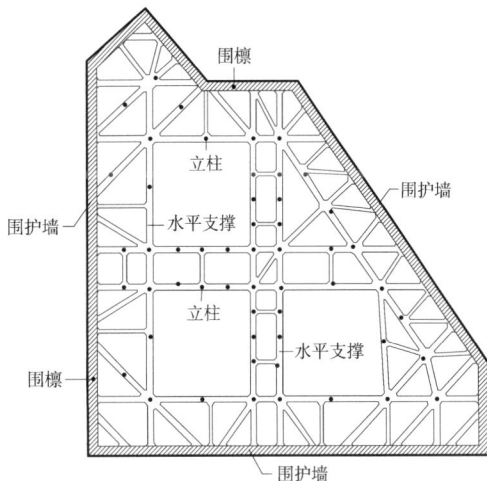

图 6-11　内支撑系统示意图

（1）支撑系统构成

支撑系统包括围檩、水平支撑、钢立柱和立柱桩。

围檩可加强围护墙的整体性，将水平力传递给支撑构件。

水平支撑是平衡围护墙外侧水平作用力的主要构件，要求传力直接、平面刚度好而且分布均匀。

钢立柱及立柱桩的作用是保证水平支撑的纵向稳定，加强支撑体系的空间刚度和承受水平支撑传来的竖向荷载。

（2）支撑材料

1）钢结构支撑

优点：自重轻、安装和拆除方便、施工速度快、可以重复使用、安装后能立即发挥支撑作用。

缺点：钢支撑的节点构造和安装相对比较复杂，如处理不当，有可能引起基坑过大的位移。

2）混凝土支撑

优点：刚度大，整体性好，布置方式灵活，施工质量相对容易得到保证，适用面较广。

缺点：制作和养护时间长，不能立即发挥支撑作用，施工周期相对较长，爆破拆除对周围环境有一定的影响，清理工作量也很大。

（3）支撑结构选型原则

1）宜采用受力明确、连接可靠、施工方便的结构形式。

2）宜采用对称平衡性、整体性强的结构形式。

3）应与主体地下结构的结构形式、施工顺序相协调，以便于主体结构施工。

4）应利于基坑土方开挖和运输。

5）需要时应考虑以内支撑结构作为施工平台。

（4）选型考虑因素

1）基坑平面的形状。

2）基坑平面尺寸。

3）基坑开挖深度。

4）周边环境条件。

5）主体结构的形式。

6）闭水试验工况。

（5）可选内支撑的形式

1）水平对撑或斜撑，包括单杆、桁架、八字撑。

2）正交或斜交的平面杆系支撑。

3）环形杆系或板系支撑。

4）竖向斜撑。

6.3.3　地下污水处理厂基坑支护工程实例

1. 合肥市胡大郢污水处理厂基坑支护工程

（1）工程简介及特点

胡大郢污水处理厂，位于合肥市十五里河上游，宿松路东侧，龙川路与高铁路交会处。地下污水处理厂日处理规模为 10 万 m^3/d。该项目基坑下挖深度达 15.0 ~ 24.0m，是合肥市最大的内支撑深基坑工程项目。基坑设计结合工程地质条件，采用灌注桩、预应力锚索、高压旋喷桩、混凝土支撑等多种措施相结合的支护体系，保障工程施工安全，最大限度节约工程造价。

（2）工程地质及水文条件

1）工程地质条件

依据勘察报告，本工程场地土自上而下分布有：①1 层杂填土层，厚度 2.0 ~ 19.2m；②1 层黏土层，厚度 1.0 ~ 3.8m；③2 层黏土层，厚度 20.7 ~ 33.0m；④1 层强风化泥质砂岩层，厚度 4.5 ~ 10.9m。

2）水文地质条件

依据勘察报告，场地勘探深度范围内的地下水类型主要为上层滞水，分布于①1 层杂填土层中，②1 层强风化泥质砂岩层中埋藏有承压型裂隙水，水量不大。

（3）基坑周边环境情况

基坑位于合肥市高铁路与龙川路路口南边，南侧距离合肥铁路枢纽南环线高铁线约62m，东南角距离动走线约 30m，场地南侧为堆土区，具体周边环境详见图 6-12 胡大郢污水处理厂基坑支护平面图。

（4）基坑支护方案

结合地质条件和周边复杂的环境，该基坑支护方案采用灌注桩、预应力锚索、高压旋喷

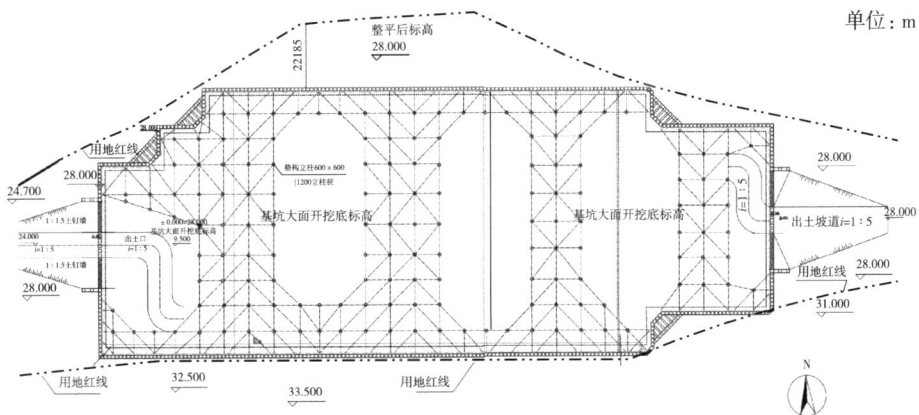

图 6-12　胡大郢污水处理厂基坑支护平面图

桩、混凝土三层支撑等多种措施相结合的总体设计方案。胡大郢污水处理厂基坑支护设计剖面图如图6-13、图6-14、图6-15所示。

1）基坑南北两侧采用灌注桩＋三层水平混凝土支撑支护方案

灌注桩直径1200mm，可采用旋挖钻机成孔，上部填土较厚区域可采用钢套筒护壁或采用泥浆护壁，桩身及冠梁混凝土强度等级均为C30（水平支撑相连冠梁的混凝土强度等级为C35）；灌注桩主筋及加强筋采用HRB400钢筋，主筋混凝土保护层厚度为50mm。灌注桩主筋顶部锚入冠梁35d；灌注桩桩顶设一道1300mm×1000mm、1300mm×800mm冠梁，冠梁一次性浇筑完成。

2）基坑东西两侧出土口位置采用灌注桩＋预应力锚索方案

预应力锚索施工时须采用专业螺旋干钻机，孔径不小于150mm。锚索采用预应力钢绞线（抗拉强度设计值不小于1320MPa），每隔1.5m设置一对中支架；预应力锚索须采用二次加压注P·O 42.5纯水泥浆，第一次为低压灌浆，水灰比0.45～0.50，第二次为高压劈裂注浆，水灰比0.45～0.55，注浆压力2.5～5.0MPa。

3）填土较厚区域的灌注桩之间采用高压旋喷桩保护桩间土

高压旋喷桩直径不小于600mm，灌注桩间旋喷桩搭接200mm，二重管工艺，浆液采用纯水泥浆，水灰比0.9～1.1，设计水泥用量暂定为平均每延米200kg；高压水泥浆液流压力10～20MPa，（靠近桩顶部分压力可适当减小），具体施工工艺参数须根据实际的土质情况通过现场试验确定。

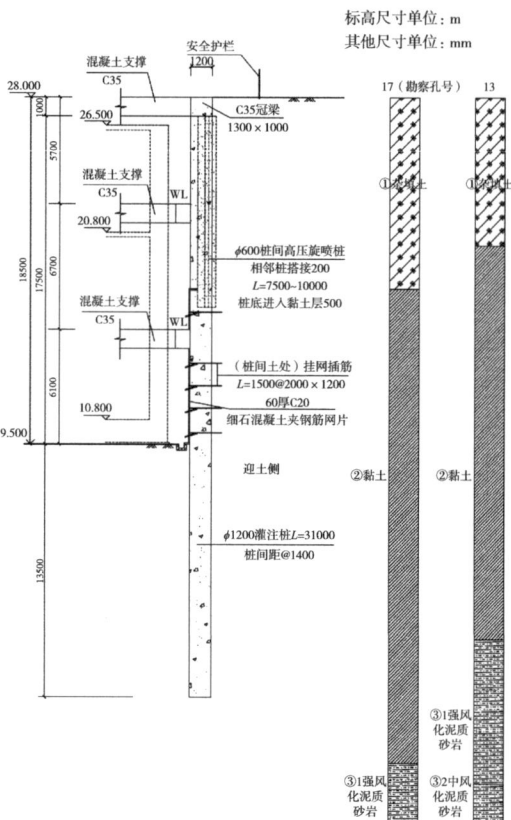

图 6-13　胡大郢污水处理厂基坑支护设计剖面图（一）

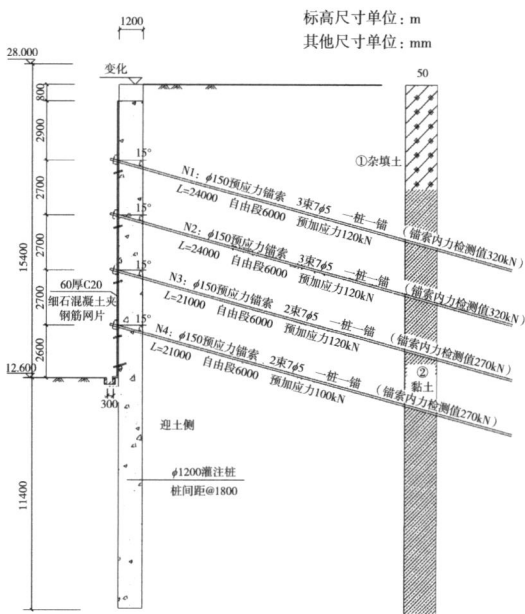

图 6-14　胡大郢污水处理厂基坑支护设计剖面图（二）

2. 长江新城谌家矶再生水厂基坑支护工程

（1）工程简介及特点

长江新城谌家矶再生水厂位于武汉市长江新区，项目占地面积约 6.7 万 m²，采用全地下式双层加盖结构，为双层箱体结构。建成后的谌家矶再生水厂的污水日处理量约为 7.5 万 m³，预计 2035 年污水日处理量约为 15 万 m³。

根据规划，厂址位于沪汉蓉铁路以西、京广铁路以东、轨道 23 号线以南、轨道 21 号线以北的合围区域。该项目基坑工程主要包含再生水厂结构框体基坑、消防及生产车道以及进出水管道基坑工程三部分。再生水厂结构框体基坑长度约 201m，宽度约 158m，平面面积约 32000m²，基坑深度约 3.7 ~ 19.2m；消防及生产车道基坑长度约 125m，基坑深度 0.8 ~ 4.8m，基坑宽度 9.4m；进出水管道基坑长度约 420m，基坑宽度约 4 ~ 5m，开挖深度约 2 ~ 8m。

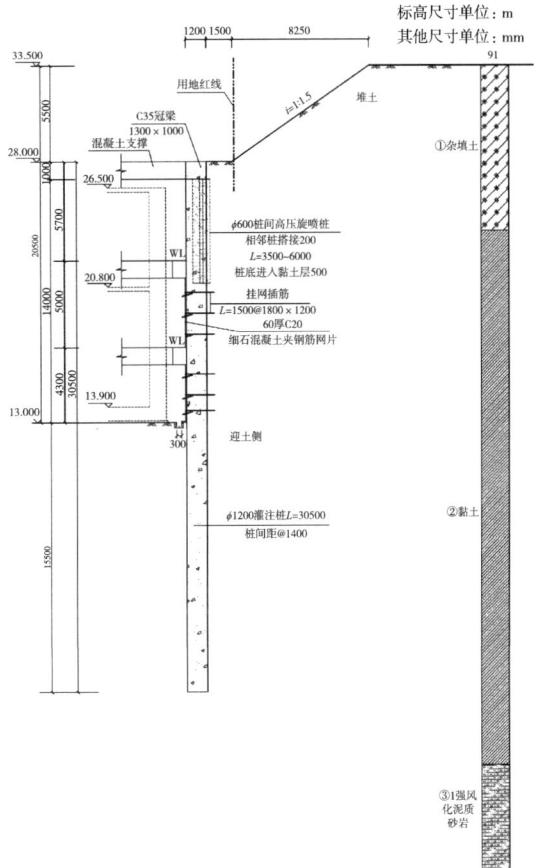

图 6-15　胡大郢污水处理厂基坑支护设计剖面图（三）

（2）工程地质条件及水文条件

1）工程地质条件

在本次勘察揭露深度范围内，建设场地地层自上而下可划分为 5 个单元层：①单元层为人工填土（Q^{ml}）及淤泥（Ql）；②单元层为第四系全新统冲积形成的一般黏性土、淤泥质土及粉质黏土夹粉土（Q_4^{al}）；③单元层为第四系上更新统冲洪积（Q_3^{al+pl}）老黏性土、黏质粉细砂及圆砾；④单元层为白垩系 – 下第三系（K–E）砂岩；⑤单元层为三叠系（T）白云质灰岩。根据各单元层内物理力学性质差异又可分为若干亚层。

再生水厂构筑物底板最大埋深约 16 ~ 18m，根据勘察资料，地下处理综合构筑物和尾水管槽基坑开挖深度范围内的大部分土层工程力学性质普遍较差，自稳性也较差。基坑支护设计岩土参数略。

2）水文地质条件

①地表水

拟建工程场地及周边分布有众多的鱼塘、藕塘，地表水主要来源于地表散水和大气降水，以蒸发为主要排泄方式，同时与其邻侧填土层中的地下水之间存在互补关系。勘察期间测得，鱼塘及藕塘水面标高为 20.36 ～ 21.45m，水深约有 0.4 ～ 2.5m。勘察期间朱家河水位为 16.01 ～ 17.16m，根据资料搜集其最高水位为 27.64m。

②场地地下水类型

按赋存条件，项目场区地下水可分为上层滞水、层间水、孔隙承压水、基岩裂隙水。

③水文地质参数

地质勘察报告对场地第四系全新统砂层的孔隙承压水水文地质参数的建议值为：综合渗透系数 $k = 3.4m/d$，影响半径 $R = 140m$；抽水试验测得场地内承压水水头标高为 18.45m（相当于自然地面以下 5.10m）。

（3）基坑周边环境情况

项目建设场地地势整体较为平坦，地面标高介于 20.0 ～ 23.6m 之间，地貌单元属于长江冲洪积二级阶地。场地内现状主要为待拆迁民房、湖塘及荒地。基坑北侧距离朱家河堤堤脚最近距离 223m，距离规划轨道交通 23 号线控制线 86m；基坑东侧结构框体距离京广铁路路堤坡脚 150 ～ 170m；基坑西侧结构框体距离沪蓉高铁高架桥 80 ～ 110m，平台放坡坡顶距离 47 ～ 82m。基坑距离用地红线距离：北侧 57 ～ 63m，东侧 27 ～ 113m，南侧 17 ～ 30m，西侧 16 ～ 47m。谌家矶再生水厂基坑支护平面图如图 6-16 所示。

（4）基坑支护方案

基坑支护设计的原则：安全、可靠、工艺可行、经济合理，保证兼顾工期、施工及交

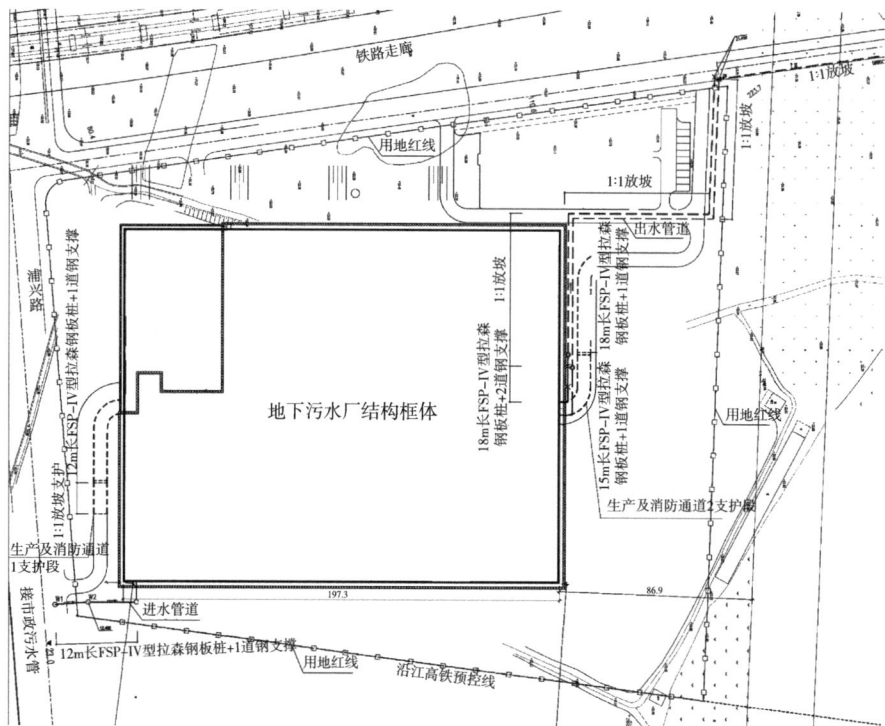

图 6-16　谌家矶再生水厂基坑支护平面图（图中单位：m）

通等方面的因素。工程设计经综合考虑，采用放坡开挖、钢板桩＋钢管撑、型钢水泥土搅拌墙＋钢筋混凝土支撑、钻孔灌注桩＋钢支撑的支护形式以及钢筋混凝土地下连续墙＋钢筋混凝土支撑的支护形式。

地下污水处理厂结构框体地下二层基坑工程支护结构安全等级为一级；结构框体地下一层基坑、生产及消防车道基坑及进水与出水管道基坑工程支护结构安全等级为二级。基坑支护的设计使用时间为18个月。

1）结构框体基坑支护设计

结构框体基坑深度较大，土质软弱，基坑深度3.7～19.2m，设计采用放坡结合桩撑支护。桩顶放坡平台宽度10m，标高18.00m，平台与现状地面高差1～5.5m，采用放坡接顺，坡率1∶3；桩顶边坡采用拉森钢板桩、坡面抛石挤淤固坡，坡面采用10cm厚C20喷射混凝土挂网护面。地下一层处基坑深度3.7m，采用0.85m厚型钢水泥土搅拌墙＋1道钢筋混凝土内支撑支护，支护桩长度15m。内支撑采用钢筋混凝土内支撑，截面尺寸0.8m×0.8m，支撑在冠梁上，冠梁截面尺寸1.2m×0.8m。地下二层处基坑深度12～19.2m，采用钢筋混凝土地下连续墙＋2道钢筋混凝土内支撑支护，地下连续墙厚度1.0m，墙深22～26m。内支撑采用钢筋混凝土内支撑，第一层支撑在冠梁上，第二层支撑支撑在钢筋混凝土围檩上。内支撑截面尺寸1m×1m，连系梁截面尺寸0.8m×0.8m，墙顶冠梁截面尺寸1.4m×1m，围檩截面尺寸1.6m×1m。钢筋混凝土支撑下设型钢格构立柱，钢立柱采用4根∟180mm×180mm×16mm热轧等边角钢和缀板拼接而成，缀板采用450mm×200mm×12mm钢板，缀板间距0.8m。立柱基础采用钻孔灌注桩基础，桩长12～15m，桩径1.0m，立柱原则上布置在支撑节点上，同时避开基础地梁和工程桩。谌家矶再生水厂基坑地下二层框体第一层支撑平面布置图如图6-17所示。

针对局部地段基坑开挖范围分布淤泥质土等软土，工程性质较差，设计采用双轴水泥土搅拌桩进行连续墙槽壁加固和基坑阳角主动区加固，双轴水泥土搅拌桩直径0.65m，桩间距0.45m，咬合0.2m，槽壁加固深度8～14m，基坑阳角主动区加固深度13m。水泥土搅拌桩采用的水泥强度等级为42.5MPa。连续墙槽壁加固水泥掺量310kg/m³；基坑阳角主动区加固，14.30m以下部分水泥掺量310kg/m³，14.30m以上部分水泥掺量180kg/m³。谌家矶再生水厂箱体基坑支护断面图如图6-18所示。

2）生产及消防通道基坑支护设计

生产及消防通道1号基坑长度约47m，基坑深度0.8～3.6m，基坑宽度9.4m，设计采用12m长FSP-V型拉森钢板桩＋1道钢支撑。局部基坑较浅段采用1∶1放坡开挖方式进行支护。生产及消防通道2号基坑长度约78m，基坑深度2.47～4.8m，基坑宽度9.4m，设计采用15～18m长FSP-V型拉森钢板桩＋1道钢支撑。部分区段中淤泥质土较厚，采用双轴水泥土搅拌桩加固。水泥土搅拌桩直径0.65m，间距0.45m，咬合0.2m，加固深度5m，宽度约9.4m。水泥土搅拌桩采用的水泥强度等级为42.5MPa，基坑底以下实桩部分水泥掺量310kg/m³，基坑底以上空桩部分水泥掺量144kg/m³。

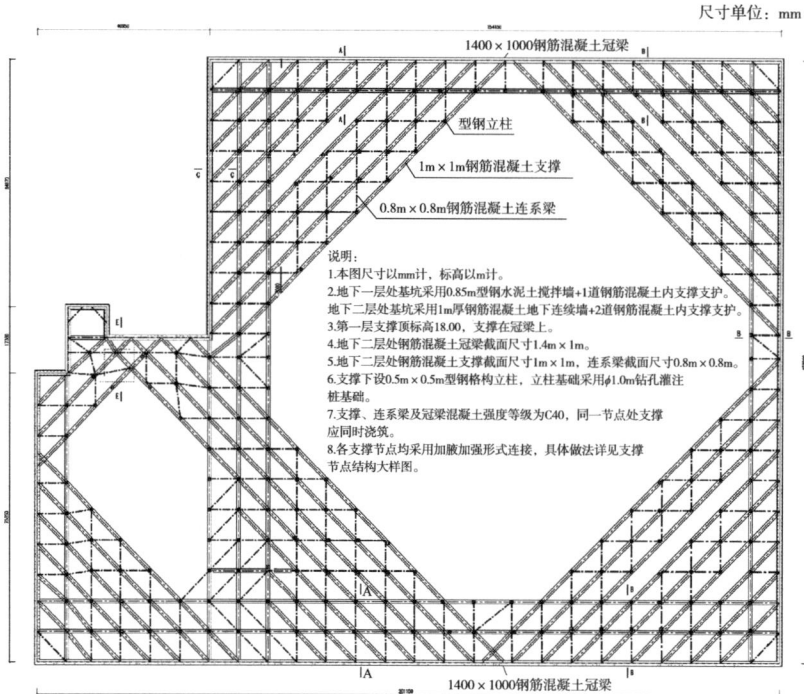

图 6-17 谌家矶再生水厂基坑地下二层框体第一层支撑平面布置图

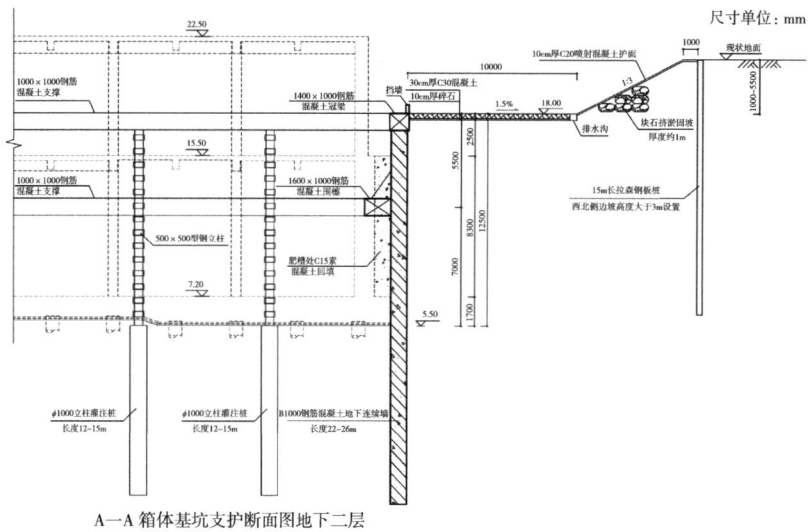

图 6-18 谌家矶再生水厂箱体基坑支护断面图

3）进水与出水管道基坑支护设计

出水管道基坑长度约 420m，基坑宽度约 4～4.6m，开挖深度约 2～8m，其中深度 2～3m 段基坑采用 1∶1 放坡开挖方式，坡面采用喷混凝土挂网护面。其余采用 18m 长拉森钢板桩＋1 道钢支撑支护。南侧进水管道，基坑长度约 45m，宽度 3.1m，开挖深度 5.5m，设计采用 12m 长拉森钢板桩＋1 道钢支撑支护。

第7章　通风与除臭设计

7.1　通风设计

7.1.1　通风设计原则

地下污水处理厂的通风设计方案，应根据地下污水处理工艺特点、臭气产生区域、产生方式和运行管理模式等，贯彻全过程控制理念，结合国家有关安全、节能、环保、卫生等政策、方针，通过技术、经济比较后确定。

在条件许可的情况下，地下污水处理厂应尽量采用自然通风。当自然通风不能满足卫生、环保或生产工艺要求时，应采用机械通风或自然与机械相结合的复合通风。通风系统宜按不同区域单独设置，通风系统不应跨越防火分区；对于恶臭污染物难以完全封闭的地下空间，其通风系统宜结合臭气处理系统统一设置，合理组织气流，并满足排除余热、余湿以及控制臭气浓度的要求。

地下污水处理厂设置集中供暖且设有机械排风时，当采用自然补风不能满足室内卫生条件、生产工艺要求或在技术经济上不合理时，宜设置机械送风系统。设置机械送风系统时，应进行风量平衡及热平衡计算。

7.1.2　通风换气次数设计

地下污水处理厂通风系统的设计以改善室内的工作环境为目的，符合现行国家标准《工业企业设计卫生标准》GBZ 1—2010、《工作场所有害因素职业接触限值 第 1 部分：化学有害因素》GBZ 2.1—2019 及其第 1 号修改单、《工作场所有害因素职业接触限值 第 2 部分：物理因素》GBZ 2.2—2007 等的相关规定。机械通风系统的通风量可采用换气次数法计算，鼓风机房、变电所、配电室等房间可按排除余热计算通风量，各区域换气次数可按表 7-1 的规定取值。

表 7-1　各区域换气次数

序号	服务区域	换气次数（次/h）	备注
1	预处理区	6 ~ 10	宜结合除臭系统设置
2	生物反应池、二次沉淀池等上部空间	2 ~ 3	不含除臭风量
3	加药间	6 ~ 12	当使用的药剂可能突然放散大量有毒气体、有爆炸危险气体时，应根据工艺设计要求设置事故通风系统

续表

序号	服务区域	换气次数（次/h）	备注
4	污泥处理区	> 6	不含除臭风量
5	鼓风机房	—	按排除设备工作时产生的余热量设计
6	变电所、配电室	—	按排除设备工作时产生的余热量设计
7	其他设备间	4 ~ 6	—
8	机修间、库房、工具间	4 ~ 6	—
9	机动车行道	5	—
10	疏散内走道	4 ~ 6	—
11	管廊	3 ~ 4	—

7.1.3 通风设计方案

与民用建筑的地下空间不同的是，地下污水处理厂除了电气设备间、鼓风机房、仪表间、疏散内走道、机动车行道及管廊等少数房间和区域外，大部分区域均有有害气体外溢对内部空气环境质量造成影响的可能，且地下污水处理厂地下空间封闭，只有出地面车道和楼梯间与室外连通，楼梯间一般常闭，因此整个车间封闭，基本与外界大气隔绝。因此通风设计应将地下厂区通风系统和除臭系统有机地结合起来，遵循通风、除臭整体设计的思路。

（1）地下服务于有爆炸危险性房间和区域的通风系统应分别独立设置火灾自动报警系统及对应的防爆通风系统，防爆通风系统应接地，接地电阻不应大于 10Ω。通风量按每小时换气次数不小于 12 次计算确定。

（2）对可能突然放散大量有毒气体、有爆炸危险气体或粉尘的场所，应根据工艺设计要求设置事故通风系统。事故通风系统的设置应按照国家现行标准《工业建筑供暖通风与空气调节设计规范》GB 50019—2015 相应条款执行。设置事故通风系统的场所应设置有毒有害气体监测及报警装置，事故通风装置应与报警装置联锁。事故通风和事故后通风系统的通风机应分别在室内及靠近外门的外墙上设置电气开关。设置有事故通风和事故后通风的场所不具备自然进风条件时，应同时设置补风系统，补风量不应小于排风量的 80%，补风机应与排风机联锁。

（3）当电气设备间设置气体灭火时应设置事故后通风系统。事故后通风系统的换气次数宜不小于每小时 6 次，排风口宜设在防护区的下部并应直通室外。

（4）地下污水处理厂的预处理区、生物处理区、污泥处理区等有害气体污染物产生区域应封闭并保持负压状态。鼓风机房、电气用房、仪表间等区域应保持不小于 10Pa 的微正压状态防止地下厂房内的有害气体及潮湿空气进入腐蚀设备。

（5）在地下仪表间、高低压配电室等设置有 PLC 控制盘的电气设备用房设置空调系统时，应满足人员最小新风量不小于 30m³/h 的要求，并相对于臭气源区域保持不小于 10Pa 的微正压；各类空调器的室外机不应设置在地下空间等通风散热效果不好的区域。

（6）设于地下的鼓风机房，其发热部件如油冷器等宜设置于室外或排风井中，当采用通风方式不能保证鼓风机正常工作所需环境温度条件，或者采用通风方式不经济时，可采用冷风降温的方式消除余热。

（7）地下污水处理厂应设置通风与臭气处理一体化监测与控制系统，并纳入全厂集中监控系统。平时及检修时有操作人员进入的区域，应设置氨、硫化氢、甲烷等有毒有害气体监测和报警装置，并与通风系统联动控制，同时宜采用远程集中控制系统进行监测与控制。当检修的工作地点附近有有害物质放散源，在平时和事故通风系统无法保证操作区域空气质量的情况下，应考虑设置临时通风系统直接向工作地点送风。

（8）应根据国家现行抗震设防等级要求，对通风系统进行抗震设计。

7.1.4　通风系统与防烟排烟系统的协调

地下污水处理厂的地下操作层区域的防烟排烟系统设计，应按照现有国家标准规范执行。合理设计和使用通风系统与排烟系统可以在提高室内空气质量的基础上，节省投资并提高系统运行可靠性，减少日常试运行检查的次数，是较有实用价值的一种系统形式。

（1）通风及防烟排烟风管均应采用不燃材料。

（2）通风系统穿越防火分区处，穿越通风、空气调节机房的房间隔墙和楼板处，穿越重要或火灾危险性大的场所的房间隔墙和楼板处，穿越防火分隔处的变形缝两侧，竖向风管与每层水平风管交接处的水平管段等均应设置公称动作温度为70℃的防火阀。

（3）与通风系统共用的加压送风管、排烟风管、补风风管等，均应满足《建筑防烟排烟系统技术标准》GB 51251—2017中对管道耐火极限的要求。

（4）与防烟排烟系统共用的通风空气调节设备应受消防系统的控制，并应在火灾时能切换到消防控制状态。火灾时排烟风机以及与之相关的加压送风机启动时，其余风机、空调系统均应停止运行。

（5）通风与排烟系统的监测与控制，机房设计和设备选型，管道、阀门、配件、保温材料的设计选择与安装均应满足《工业建筑供暖通风与空气调节设计规范》GB 50019—2015、《消防设施通用规范》GB 55036—2022、《建筑防火通用规范》GB 55037—2022等国家现行标准规范的相关要求。

7.2　除臭设计

7.2.1　废气排放标准

污水处理厂废气排放执行《城镇污水处理厂污染物排放标准》GB 18918—2002中表4厂界（防护带边缘）废气排放最高允许浓度二级标准限值以及《恶臭污染物排放标准》GB 14554—1993中的二级标准。

7.2.2　除臭工艺

除臭工艺从最初采用的水洗法，逐步发展到效果较好的微生物脱臭法。常见的污泥厂的脱臭方法多种多样，主要有物理法、化学法、生物法和组合法等。

其中物理法主要包括离子法、活性炭吸附法、燃烧法等；化学法主要包括化学洗涤法、臭氧氧化法、植物液除臭法；生物法主要包括生物除臭法和土壤除臭法；组合法是各种方法的组合。

1. 离子法

电离技术利用高压静电的特殊脉冲放电方式，形成非平衡态低温等离子体、新生态氢、活性氧和羟基氧等活性基团，这些基团迅速与有机分子碰撞，激活有机分子，并直接将其破坏；或者高能基团激活空气中的氧分子产生二次活性氧，与有机分子发生一系列链式反应，并利用自身反应产生的能量维系氧化反应，而进一步氧化有机物质，生成二氧化碳和水及其他小分子，从而达到除臭的目的。

该方法涉及离子发生装置和净化系统。通过离子发生装置，将空气中的氧分子分解成带有正电或负电的正负氧离子，利用其较强的活性，在与恶臭气体分子接触中，打开恶臭气体分子的化学链，生成水和氧化物。也可借助通风管路系统向散发恶臭气体和臭气的空间送入可控浓度的正负氧离子空气，在极短的时间内与气体污染物分子发生反应，有效地遏制气体污染物的扩散和降低室内气体污染物的浓度。

2. 活性炭吸附法

活性炭吸附法是研究开发较早的一种脱臭方法，它主要用于脱除臭气浓度低的气体，常用的脱臭吸附剂有活性炭、两性离子交换树脂、硅胶和活性白土等。脱臭效率和恶臭气体与吸附剂的亲和力有关，高分子物质比低分子物质容易被吸附，吸附效率亦与处理时的温度、湿度有关，在低温低湿时处理效果更佳。

实际运行中，活性炭将恶臭物质浓缩后再进行脱附，使吸附剂得到再生回用。为了加强活性炭对某种恶臭物质的净化效果，还可以采用某些化学试剂对活性炭进行浸渍。根据被浸渍活性炭颗粒的重量，用10%～25%（重量比）的磷酸或磷酸铵溶液浸渍活性炭颗粒，然后在适当温度下加热烘干，即可用于吸附臭气物质，经过浸渍处理后的活性炭可以吸附氨、烷基胺（如甲胺、乙胺）、吡啶、甲基硫醇、硫化氢、乙醛、苯乙烯、酚以及它们的混合物。

国外对污水收集系统排气采用的活性炭吸附的试验研究表明，硫化氢和总碳氢化合物的去除率达到90%以上，此时，每公斤活性炭处理恶臭气体量为276～735m^3，此后，硫化氢的去除率降低为37%，碳氢化合物的去除率降低为71%。

活性炭吸附法脱臭适用范围广，效率高，但由于吸附剂价格昂贵，一般仅用于低浓度场合，通常与洗涤法、化学氧化法或生物法相结合，作为最终把关设施使用，同时活性炭的再生还存在着许多技术问题。日常维护工作量很大，运行成本相当高。

3. 燃烧法

燃烧法包括直接燃烧法和催化燃烧法。直接燃烧法是将燃料气与臭气充分混合，在高温下实现完全燃烧。从技术方面看，由于恶臭一般是含有99%以上空气的复合成分，因而燃烧法就是在空气中将恶臭成分烧掉的方法。在焚烧过程中，醛类化合物、碳水化合物、有机酸被氧化分解成二氧化碳和水；胺、氨等化合物变成氮气与氮氧化物；硫化物被氧化成水、硫氧化物、硫磺、二氧化碳、一氧化碳等。

对于某些恶臭，部分燃烧可能增加排气的臭味强度，所以，采用热力燃烧法处理恶臭时必须保证完全燃烧。为完全燃烧需要确保恶臭物质与高温燃烧气瞬时充分混合、焚烧温度大于760℃，接触时间不小于0.3 ～ 0.5s。

催化燃烧法则是利用催化剂，使得恶臭与燃料气的混合气体在300 ～ 500℃时发生氧化反应。催化燃烧法利用催化剂表面的强烈活性，不仅使反应温度降低以节省燃料，还大大缩短反应时间，氧化分解时间为0.02 ～ 0.03s，比热力燃烧法快十多倍，因而可使装置小型化。催化燃烧法使用的催化剂主要是以白金为主的贵金属，为了避免催化剂中毒，恶臭气体必须进行严格的预处理。

燃烧法具有主体设备占地少、脱臭效率高的优点，除运行费用高，预处理和辅助设备复杂，管理难度大等缺点外，各自还存在以下问题：

（1）直接燃烧法

使用本法时要保证完全燃烧，恶臭部分氧化时可能会增加臭味。进行直接燃烧必须具备三个条件：

1）恶臭物质与高温燃烧气在瞬间内进行充分混合。

2）保持臭气所必需的燃烧温度（700 ～ 800℃）。

3）保证臭气全部分解所需的停留时间（0.3 ～ 0.5s）。

直接燃烧法适于处理气量不太大、浓度高、温度高的恶臭气体，其处理效果是比较理想的。它的不足在于消耗一定的燃料，在已有焚烧炉的情况下，可考虑作为除臭手段，将部分臭气通过流化风机引入焚烧炉进行焚烧热处置。

（2）催化燃烧法

缺点是只能处理低浓度恶臭气体，催化剂易中毒和老化等。

同时，以上燃烧技术均需要特别注意臭气的爆炸极限，以在除臭工程中经常遇到的硫化氢和氨气为例，它们的爆炸极限分别为：硫化氢61ppm、氨气106ppm，超出爆炸极限的臭气不宜采用该技术。

4. 化学洗涤法

化学洗涤法是利用臭气中的某些物质与药液产生中和反应的特性，如利用呈碱性的苛性钠和次氯酸钠溶液，去除臭气中硫化氢等酸性物质。H_2S与化学介质（$NaOH$、$NaOCl$）反应方程式见式（7-1）、式（7-2）：

$$pH > 7 \quad 4NaOCl + 2NaOH + H_2S = 4NaCl + Na_2SO_4 + 2H_2O \quad\quad (7-1)$$

$$pH < 7 \quad NaOCl + H_2S = S + H_2O + NaCl \quad\quad (7-2)$$

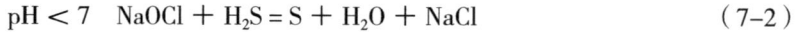

与活性炭吸附法相比较，化学洗涤法必须配备较多的附属设施，如药液贮存装置、药液输送装置、排出装置等，运行管理较为复杂，运行费用较高，与药液不反应的臭气较难去除，效率较低。

当恶臭物质能被水或某种物质的水溶液或有机溶剂溶解时，可用化学洗涤法脱除臭气，利用液体吸收法处理流量大于 $25m^3/min$ 的低嗅觉阈值恶臭物质（如硫醇和胺）的效果尤为明显。该方法适宜于处理中高浓度的臭气，表7-2是恶臭气体处理中常用的吸收剂。

表7-2　处理恶臭气体常用的吸收剂

气体	吸收液	气体	吸收液
NH_3	水或稀硫酸	甲硫醇	氢氧化钠或次氯酸钠混合液
胺类	水或乙醛水溶液	酚	水或碱液
H_2S	氢氧化钠或次氯酸钠混合液	丙烯醛	氢氧化钠或次氯酸钠混合液

针对臭气成分，当化学药剂选用氢氧化钠、次氯酸钠，在化学洗涤塔内发生的主要反应见式（7-3）~式（7-12）：

氢氧化钠参与的反应：

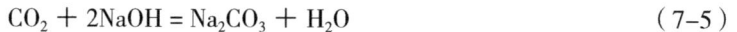

$$H_2S + 2NaOH = Na_2S + 2H_2O \quad\quad (7-3)$$

$$CH_3SH + NaOH = CH_3SNa + H_2O \quad\quad (7-4)$$

$$CO_2 + 2NaOH = Na_2CO_3 + H_2O \quad\quad (7-5)$$

次氯酸钠参与的反应：

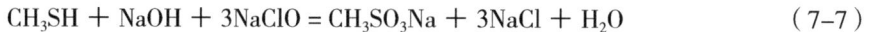

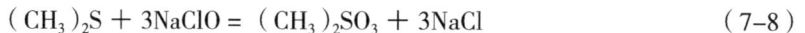

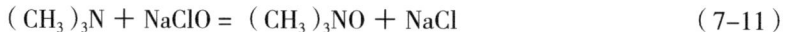

$$H_2S + 2NaOH + 4NaClO = Na_2SO_4 + 4NaCl + 2H_2O \quad\quad (7-6)$$

$$CH_3SH + NaOH + 3NaClO = CH_3SO_3Na + 3NaCl + H_2O \quad\quad (7-7)$$

$$(CH_3)_2S + 3NaClO = (CH_3)_2SO_3 + 3NaCl \quad\quad (7-8)$$

$$(CH_3)_2S_2 + 2NaOH + 5NaClO = 2CH_3SO_3Na + 5NaCl + H_2O \quad\quad (7-9)$$

$$2NH_3 + 3NaClO = N_2 + 3NaCl + 3H_2O \quad\quad (7-10)$$

$$(CH_3)_3N + NaClO = (CH_3)_3NO + NaCl \quad\quad (7-11)$$

$$CH_3CHO + NaClO = CH_3COOH + NaCl \quad\quad (7-12)$$

化学洗涤法通常采用塔式工艺，药液从塔顶喷下，臭气从下往上升。采用化学洗涤法在净化气体时把污染物从气态转入液态，造成二次污染，同时，当恶臭气体组成复杂或存在难溶成分时效率较低。实际应用时化学洗涤法往往作为预处理。

5. 臭氧氧化法

臭氧氧化法是利用臭氧作为强氧化剂，使臭气中的化学成分氧化，达到脱臭的目的。

臭氧氧化法有气相和液相之分，由于臭氧发生的化学反应较慢，一般先通过药液清洗法，去除大部分致臭物质，然后再进行臭氧氧化。

臭氧对臭气物质氧化分解反应式见式（7-13）~ 式（7-15）：

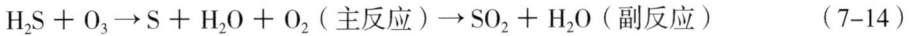

$$R_3H + O_3 \rightarrow R_3NO + O_2 \tag{7-13}$$

$$H_2S + O_3 \rightarrow S + H_2O + O_2（主反应）\rightarrow SO_2 + H_2O（副反应）\tag{7-14}$$

$$CH_3SH + O_3 \rightarrow（CH_3）_2S_2 \rightarrow CH_3SO_3H + O_2 \tag{7-15}$$

臭氧氧化法中较有代表性的是"活性氧技术（AOE）"。其技术原理：利用高压静电的特殊脉冲放电方式（活性氧发射管每秒钟发射上千亿个高能离子），形成非平衡态低温等离子体——高能活性氧（介于氧分子和臭氧之间的一种过渡态氧），其迅速与有机分子碰撞，激活有机分子，并直接将其破坏；或者高能活性氧激活空气中的氧分子产生二次活性氧，与有机分子发生一系列链式反应，并利用自身反应产生的能量维系氧化反应，而进一步氧化有机物质，生成二氧化碳和水及其他小分子，从而达到脱臭的目的。

其工艺流程如图 7-1 所示。

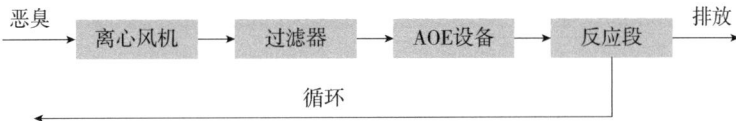

图 7-1　活性氧技术（AOE）工艺流程图

6. 植物液除臭法

在臭气源的周围喷洒化学物质以去除臭味。该除臭法的原理包括"掩盖"和"氧化"两个方面。该技术的核心是利用天然植物液处理。

该技术属于物理法，其原理相当于空气洗涤，通过雾化系统喷射纯天然植物提取液捕捉包裹臭味因子，空气中的臭味因子绝大部分被洗涤，从而达到去除异味的目的。

植物液除臭技术所使用的除臭液是通过一系列植物提取液复配而成的。植物液通过高压喷雾设备经专用喷嘴喷洒成雾状，液滴的表面通过疏水性的作用力让胶囊状的纳米团捕捉臭味因子，不仅能有效地吸附空气中的异味分子，同时还促使被吸附的异味分子的立体构型发生改变。

植物液与臭气分子的反应：植物液的混合液被雾化，在空间扩散液滴的半径在 8 ~ 15μm 之间，在液滴表面形成巨大的表面能，该表面能可以吸附空气中的臭气分子，并使臭气分子中的立体结构发生变化，变得不稳定；同时，吸附在液滴表面的臭气分子也能与空气中氧气发生反应。经过作用，臭气分子将生成无味无毒的分子，如水、无机盐等，从而消除臭气，并且反应的产物不会形成二次污染。因此也可看出，该方法与传统的空气清新剂的遮盖法有着本质区别。

该技术需要的设备少而小，易于就地安装，不需增加管道收集系统和辅助的土建工程。设备在安装和运行过程中不会影响现场其他任何原有设施的正常运转。装置自动化程度高，可间歇运行，方式灵活。实际使用中可根据季节的不同等调整喷雾间隔、喷雾时间或在低臭气时节停用，还可根据臭味源的变化而移动，既满足国家标准要求，又可最大限度地节约使用成本。

由于以上机理，使得天然植物提取液具有广谱性与高效性，可以广泛用于多种场合的空气净化。

7. 生物除臭法

生物除臭法自1840年由德国科学家发明以来，经不断开发、研究，已取得一定的成果。主要包括生物滤池法和土壤法。

生物滤池法即是利用微生物的新陈代谢活动将恶臭物质分解转化为无臭或少臭物质。生物除臭工艺已有半个多世纪的发展历史，技术成熟可靠。就生物脱臭技术的应用情况而言，生物滤池法尤其适用于处理气量较大的场合。在气量较大的场合，其投资费用通常要低于现有其他类型的处理设施，而运行费用低则是该类设备最突出的优点之一。在一些欧洲国家和日本，生物技术是最为常用的恶臭控制技术。截至2023年，大约有950座生物过滤器在欧洲国家运转，该装置在美国较少，约为120座。在德国，用来处理污水处理厂恶臭问题的装置中，生物过滤装置的占比超过50%。

生物除臭具有如下特点：可以通过过滤、曝气、洗涤等人工环境，进行人为的控制与管理，可避免或减少二次污染；与药剂、能源等物化脱臭法相比，不仅可节省资源和能源，处理成本还较低廉；可达到极高的脱臭效率；生物脱臭的微生物通常是在低营养条件下进行的，其剩余污泥很少。

生物降解的主要反应见式（7-16）～式（7-22）：

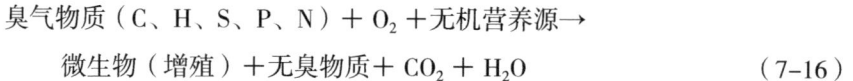

$$臭气物质（C、H、S、P、N）+ O_2 + 无机营养源→$$
$$微生物（增殖）+ 无臭物质 + CO_2 + H_2O \qquad (7-16)$$

硫化氢：

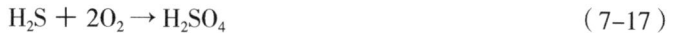

$$H_2S + 2O_2 → H_2SO_4 \qquad (7-17)$$

甲硫醇：

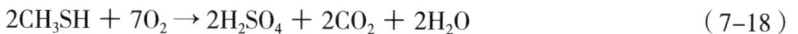

$$2CH_3SH + 7O_2 → 2H_2SO_4 + 2CO_2 + 2H_2O \qquad (7-18)$$

硫化醇：

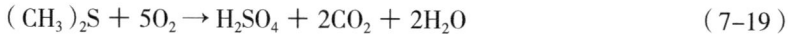

$$(CH_3)_2S + 5O_2 → H_2SO_4 + 2CO_2 + 2H_2O \qquad (7-19)$$

二甲二硫：

$$2(CH_3)_2S_2 + 13O_2 → 4H_2SO_4 + 4CO_2 + 2H_2O \qquad (7-20)$$

氨：

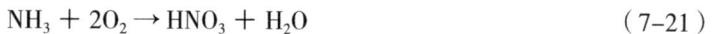

$$NH_3 + 2O_2 → HNO_3 + H_2O \qquad (7-21)$$

三甲胺：

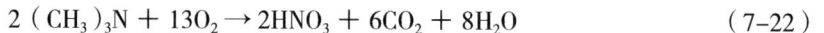

$$2(CH_3)_3N + 13O_2 → 2HNO_3 + 6CO_2 + 8H_2O \qquad (7-22)$$

从以上的反应式可知，臭气成分会分解成二氧化碳，水和硫酸、硝酸等酸性物质，适当的散水能稀释酸性物质，以保持适当的微生物生长的环境。

臭气首先进入到生物除臭反应器底部的分配系统，然后缓慢地通过生物活性填料床，最终以扩散气流的形式从填料床表面离开。

填料放置在耐腐蚀且具有良好通透性能的支撑杆上，池体可采用玻璃纤维增强塑料制作，可以全天候工作，耐腐蚀能力强。

水是微生物赖以生存的自然环境，微生物的转化能力取决于填料中的水分以及在滤池停留时间内废气的相对湿度。该工艺中需要用水量可调节到水分吸收速度与干燥速度平衡的状态。因此，要保证滤池中湿度恒定。

生物脱臭的过程可以概述为：

第一阶段，恶臭成分溶解于水中，并遵循亨利（Henrry）法则。

第二阶段，恶臭成分的水溶液被好氧微生物群吸收在生物体内，而使恶臭成分从水中去除，其速度接近一般化学反应的速度。

第三阶段，微生物体内摄取的恶臭成分，又转化为微生物的能源，变成细胞物质而繁殖。酸、苯酚、甲醛等被分解为 CO_2 和 H_2O。硫系恶臭成分由一般细菌和硫氧化细菌的作用而被氧化为硫酸，成为微生物的供给源。胺类、氨等氮系恶臭成分中，一部分成为微生物体组成的蛋白质，还有一部分成为亚硝酸或硝酸。在这种生物学反应过程中，若出现某种原因而被阻碍时，会使脱臭效率下降。

生物脱臭利用微生物的代谢活动降解恶臭物质，使之氧化为最终产物。在生物脱臭法中，所用细菌最多的是自养硫杆菌属细菌，主要包括排硫硫杆菌、那不勒斯硫杆菌、氧化硫硫杆菌、脱氮硫杆菌、氧化亚铁硫杆菌、新型硫杆菌、中间硫杆菌、代谢不完全硫杆菌等 8 种，大多数为专性好氧菌，适于在中性和弱酸性环境中生长，适应范围较宽。

8. 土壤除臭法

土壤除臭法是利用土壤中微生物分解臭气中的化学成分，达到脱臭目的，属于生物脱臭法的范畴。土壤脱臭法的主要特点是：生物滤体是一个合成土壤或堆层，在滤体层下面铺设分布的多孔管和有一层粗粒的介质层，污染气体通过管子由风机排入多孔管再缓慢地分散入生物滤体层，当污染气体的分子透过生物滤体层时，生物滤体的微生物将这些分子消除。

与前几种方法相比较，土壤除臭法不需要加药等附属设施，运行管理费用较低，但需有宽阔的场地，定时进行场地修整，设置散水装置，以保持较好的运行状态。

9. 组合法

在工程设计中，单一选用上述的一种工艺，尚不能取得满意的效果，往往需要相互组合，更好地达到除臭的目的。如生物法和活性炭吸附法相结合，生物法和化学洗涤法相结合，水清洗、药液清洗法和活性炭吸附法相结合，水清洗、药液清洗法和土壤吸附法相结合等。所以，必须根据当地的实际情况选择合适的工艺流程。

7.2.3 除臭工艺流程

地下污水处理厂宜采用生物除臭工艺，应采用吸气式负压法收集臭气，风机宜采用变频器调节气量。臭气处理装置设在室内时，风机宜放在臭气处理装置后。

1. 除臭系统设计要点

（1）进行地下污水处理厂的污水处理设计时，宜采用臭气散发量少的污水污泥处理技术和设备，并应通过臭气源隔断、防止腐败、设备清洗等措施对臭气源头进行控制。

（2）进行地下污水处理厂总平面布置时，产生臭气的构筑物宜集中布置。对需臭气处理的构筑物和设备，其形式应能满足加盖等臭气处理设施实施后的操作和运行要求。

（3）臭气处理装置的处理工艺应根据处理要求、场地情况、投资和运行费用等因素确定。周边环境要求高时宜采用多种处理工艺的组合形式。

（4）地下污水处理厂的预处理区、生物处理区和污泥处理区应按照国家现行标准《城镇污水处理厂臭气处理技术规程》CJJ/T 243—2016 的有关规定进行除臭设计。

（5）在臭气散发点宜采用局部密闭盖，有振动且气流较大的设备宜采用整体密闭盖，臭气散发点无法密闭时，可采用半密闭盖。半密闭盖宜靠近臭气源布置，并应减少盖的开口面积，盖内吸气方向宜与臭气流动方向一致。

（6）应采用吸气式负压法收集臭气，并选用低噪声、能耗低的高效风机。风机壳体和叶轮材质应选用玻璃钢等耐腐蚀材料。风机应配备隔声罩，且面板应采用防腐材质，隔声罩内应设置散热装置；风机宜采用变频器调节气量。臭气处理装置设在室内时，风机宜放在臭气处理装置后。

（7）臭气处理设施收集的总臭气风量应按《城镇污水处理厂臭气处理技术规程》CJJ/T 243—2016 中的要求进行计算。

2. 除臭设备选择

全套生物除臭系统应包括除臭设备，风机（带隔声罩），水泵，配套喷淋设备（包括管道、管件、阀门）以及系统内相关的全部配套阀门、管道、附件、仪表以及控制系统。除臭成套设备自带自控系统（包括 PLC 控制器、仪表）。

生物除臭设备内安装经微生物处理的有机与无机混合填料，底部设有排水系统。臭气通过湿润、多孔和充满活性微生物的滤层，其中污染物质被活性生物分解成 CO_2 和无害物，风机及循环水泵设于生物除臭设备旁。

7.2.4 除臭系统与通风系统的关系

除臭系统应与机械通风系统相互配合设计，在设计机械通风系统时，应综合考虑送风系统、排风和除臭系统进行设计，应保证恶臭气体不外散，除臭区域呈负压状态，送风量可按排风和除臭总风量的 80% 计算，送风机宜选用防腐风机。

风管应采用难燃玻璃钢、不锈钢等耐腐蚀材料制作。风管的制作与安装应符合现行国家标准《通风与空调工程施工质量验收规范》GB 50243—2016 的有关规定。

风管应设置支架、吊架和紧固件等附件，管道支架的间距应符合现行行业标准《通风管道技术规程》JGJ/T 141—2017 的有关规定。

除臭系统风管应按照现行国家规范《建筑机电工程抗震设计规范》GB 50981—2014 的有关规定设置抗震支架。

除臭系统各环路的压力损失应进行水力平衡计算。各并联环路的压力损失不宜超过 15%。

除臭系统风管应设置不小于 0.005 的坡度，应在最低点设置冷凝水排水口和凝结水排除设施。

吸风口的设置点应能防止设备和构筑物内部气体短流和污水处理过程中的水或泡沫进入。吸气方向应尽可能地与臭气气流方向一致避免或降低吸气口周围紊流、横向气流等对抽吸气流的干扰与影响。各吸风口宜设置带开闭指示的阀门。

除臭系统风管应在穿过防火墙和不燃性楼板等防火分隔物处设置 70℃防火阀。在防火阀两侧各 2m 范围内的风管及其保温材料应采用不燃材料。风管穿过处的缝隙应用防火材料封堵。

集中收集或处理的废气必须有组织地排放和监测，除了应符合现行国家标准《恶臭污染物排放标准》GB 14554—1993 的有关规定，还应符合现行国家标准《城镇污水处理厂污染物排放标准》GB 18918—2012 的有关规定。

臭气通过净化设备处理达标后由排气筒高空排入大气，排放高度应不低于 15m 并应满足环境评估要求。

排气筒的直径应根据出口流速确定，流速宜取 15m/s。

排气筒应设置采样孔和采样平台，并应按照环境影响报告书的要求安装在线监测装置或预留在线监测装置的安装位置。

第8章 防淹设计

8.1 受淹成因

8.1.1 外因

强降雨或连续性降雨超过城镇防洪能力或周边区域市政排水能力，导致邻近水体或周边内涝积水涌入地下污水处理厂受淹。

8.1.2 内因

强降雨或连续性降雨超过地下污水处理厂雨水设施的消纳能力导致内涝受淹。

地下污水处理厂断电导致污水溢出处理设施淹没地下空间，包括进厂污水阻断不及时从粗格栅井及提升泵房处溢出，或末端应急供电不及时从尾水提升泵房处溢出。

设备（如提升泵或格栅）故障或控制失灵（如提升泵或格栅启停），导致污水溢出。

事故池容积过小，导致事故污水溢出。

防渗措施不当，导致地下水浸入受淹。

8.2 选址与场地标高确定

8.2.1 选址考虑因素

（1）不应设置在内涝风险区域。

（2）不应设置在地势低洼区域和蓄滞洪区。

（3）不得设置在规划和实际行洪通道区域。选址时，应扩大现场踏勘范围，确认周边（尤其是上游）内涝时的洪水走向。

（4）不应影响周边区域排涝泄洪，增大周边内涝风险。

（5）有良好的排水条件，可直排水体且防洪标准高。

（6）当处理厂临河建设，河边修建有防洪堤时，周边不宜有接入主河道的支流，避免因防洪堤作用，主河道水位上升顶托支流造成漫溢最终导致地下污水处理厂受淹。

8.2.2 防洪及内涝设计标准

不应低于城镇防洪标准且不应低于50年，对于大型地下污水处理厂不应低于50年且宜比所在区域城镇防洪标准（防洪标准在 100 年以下时）高一级。

地下污水处理厂位于低洼区域或蓄滞洪区时，应比所在区域城镇防洪标准高一级。

厂区内涝设计标准不宜低于 50 年。

8.2.3　场地标高确定

地下污水处理厂场地标高及道路设计标高应不低于所在区域城镇防洪和防涝水位标高，应高于防洪和防涝水位 0.5m。

地下污水处理厂场地标高应高于周边区域（包括市政道路）0.2m 以上；当市政道路标高高于场地标高时，应有防止道路上雨水进入场地的措施，有条件（如一边是高于场地的道路，一边是低于场地的水体时）时应在场地内设置应急行泄通道。

8.3　总体布置

地下箱体车行道出入口、供配电设施应设置在厂区地势高处，不应临近外部水体、厂区雨水主排放管道和截洪沟（渠）旁。

地下箱体宜设置事故水池，必要时，管廊层可兼作应急事故水池。

场地海绵设施的建设应确保防涝安全，必要时，应设置敞开式调蓄池，应布置在场地低洼处。

道路布置应结合防涝需求，并应结合地形、邻近水体和调蓄池布置，设置 1 条或多条应急行泄通道。

地下箱体出入口附近的雨水管渠应单独布置，并应同时满足地下箱体截留雨水的排放需求，沿线不宜接入其他区域雨水。

场地竖向设计应确保出水顺畅，不受洪水顶托，当不能满足要求时，应设置提升泵。

对于地形复杂、高差较大的场地，应设置山坡截洪沟、排水沟等排水措施。

8.4　地面排水设施

8.4.1　雨水管渠设计标准

雨水管渠设计重现期应按《室外排水设计标准》GB 50014—2021 中"中心城区的重要地区"的要求取值，规模 < 5 万 m³/d 的地下污水处理厂和地下箱体处宜不低于 5 年；规模 ≥ 5 万 m³/d 的地下污水处理厂和地下箱体处，宜不低于 10 年。

雨水管渠的设计应同时满足场地内涝设计防治标准。

8.4.2 雨水口

雨水口的形式、数量和布置，应按汇水面积所产生的流量、雨水口的泄水能力和道路形式确定。

雨水口和雨水连接管流量应为雨水管渠设计重现期计算流量的 1.5 ~ 3.0 倍。

雨水口宜采用成品雨水口，并设置采取防止垃圾进入雨水管渠的措施。

8.4.3 调蓄池

调蓄池容积和位置，应结合海绵设施建设、排涝设计及排水口布置确定。

8.4.4 排水口和排水泵

排水口应位于设计洪水位之上，不能满足时，应设置防倒灌设施，并评估内涝防治影响，必要时，应设置排水提升泵。

当地下污水处理厂只有一个集中排水口时，应在排水口前端厂区内设置出水汇流井，并采取措施，避免雨水、处理后的尾水造成对冲、顶托。

当地下污水处理厂可有多个排水口时，雨水排放口和尾水排放口应分别设置。

尾水排放进入出水汇流井或其他出水设施如人工湿地时，应确保自由出流。

对大型地下污水处理厂（规模 ≥ 9 万 m^3/d）或排水条件较差时，排水口和排水泵的设置宜考虑满足超过一定设计内涝防治重现期的需求。

8.5 地面建筑防淹

建筑物的室内地坪标高，应高出室外场地地面标高，且不应小于 0.15m。

地下箱体的消防疏散出入口的地面标高应高出厂区地面高度不小于 0.3m，建筑物（如臭氧发生间、消毒间等）室内下部通风口距室外地面的高差，在满足通风要求时适当提高，通风口外侧也应设置防水挡板插件，高度应能遮盖整个通风口。

与地下箱体相连的通风井口处标高应高出厂区地面标高不小于 0.5m，连接建筑物室内排水沟的排水管出口应设置防倒灌设施。

8.6 地下箱体防淹

8.6.1 车行通道出入口

在出入口应设置挡水驼峰，通道纵坡不大于 8%，驼峰高度不小于 0.5m。在通道的首端、中部和末端均设置截水横沟，首端截水横沟中的水排入厂区雨水管网，对于中部和末端截水横沟应配套设置雨水泵房。

驼峰后截水横沟，宽度不宜小于 0.5m，截水横沟前坡度宜为缓坡，以增大截水能力。

截水横沟上雨水箅子的布置，应使缝隙方向与坡道水流方向垂直，以更有效拦截雨水。

通道两侧挡墙露出地面高度不应低于 1.0m，并应采用钢筋混凝土结构。

出入口还应设置专用挡水板，高度不宜低于 1.0m。

对于大型污水处理厂，在车行道出入口宜考虑设置防水密封门的可行性。

8.6.2　人行通道及出入口

当地面积水通过人行通道进入地下箱体时，水流冲击会导致撤离人员行走困难和失稳，故通道两边应设置扶手栏杆提供助力。

出入口室内地面应高于室外 0.3 ~ 0.5m，并应预留安装专用挡水板的位置。

8.6.3　进水管

在进入地下箱体前的进水管和地下箱体内进水口应设置正向受压速闭闸阀（断电自动关闭，可采用正向受压速闭闸或液控旋塞阀等），宜同时设置调节阀（日常控制进水井内水位）和手动闸阀（速闭闸阀和调节阀失灵时启用），可有效避免进水失控导致地下箱体受淹。

8.6.4　进水井

进水井通常与进水格栅井和提升泵房合建。

进水口应设置速闭闸门，应在 30s 内全关闭，速闭闸启闭机及现场按钮箱应高于最高设计水位 1m。

8.6.5　构筑物

构筑物顶板标高不应低于前续构筑物的最高水位标高，且构筑物应留有安全空间（0.3 ~ 0.5m）。

构筑物采用重力放空至放空泵房时，若受场地限制泵房容积不能满足放空需求时，应在放空总管上设置紧急关闭阀。放空泵房的集水池顶标高应高于所服务处理构筑物的最高水位，并应留有安全空间（0.3 ~ 0.5m）。

配电间和配电设施、地面或门槛应高出本层楼地面，其标高差值不应小于 0.1m，设在地下层时不应小于 0.15m。配电间大门应预留专用防水挡板安装插件，高度不低于 0.5m，或直接采用防水密封门。

中间提升泵房、出水泵房与进水速闭闸应设联锁控制。泵房备用泵不少于 2 台。

操作层标高与各处理构筑物控制水位应留有足够的超高。

中间提升泵房、各级格栅、膜池和滤池进水端，应设置溢流口。

8.6.6　事故池

事故池主要用于承接构筑物漫溢来水和地面清洗来水，其容积应根据事故工况处理时间进行计算确定（处理时间如细格栅堵塞导致漫溢的应急处理反应时间；全厂断电后，速闭闸关闭至中间提升泵房和尾水提升泵房自备电源投入反应时间等）。

事故池容积应根据计算结果留有一定安全容积。

当空间受限时，可将地下箱体管廊层作为应急事故池，管廊内所有电气、控制及照明设施均应采取防淹措施，并应设置排水泵。

事故池也可兼作放空泵房集水池，但其进水管和与泵房集水槽连通管上均应设置应急关闭阀，避免构筑物放空时出现从事故池漫溢的情况。

8.6.7　通风口

地下箱体地面通风口底部距地面高度应不低于 0.5m，并应预留专用挡水板安装插件，高度应能遮盖整个通风口。通风口应设置防雨百叶。

8.6.8　天窗及吊装孔

吊装孔是用于自然采光和设备吊装的上部空间开孔，吊装孔口应高于地面不低于 0.5m，采光孔应高于地面 1.0m。盖板和采光窗应保证密封严密，强度应能抵御强风和强降雨的袭击。

8.6.9　进出管道

在进出地下箱体的各种管道、线缆等的穿墙处应确保止水严密。

8.6.10　雨水排水泵

雨水排水泵主要用于排放车行道降雨来水，水泵出水管应设置止回阀，防止地面水体倒灌。

对于大型地下污水处理厂，可考虑采用应急排水泵处理地面内涝，积水程度按漫过驼峰或挡水板一定高度来考虑。驼峰或挡水板顶部溢流水头按 0.1 ~ 0.3m，流速按 0.5 ~ 1.0m/s 估算。

8.7　电气及控制系统防淹

8.7.1　电源

地下污水处理厂的变配电设备一般位于地下箱体内，可能受到涝水和洪水的影响，雨水淹没供电设备会造成中断供电，为了确保地下污水处理厂排水安全和生产安全，这些变配电设备应采取防止受淹的措施。

用电负荷等级是根据其重要性和中断供电所造成的损失或影响程度来划分的。若突然中断供电，会造成较大经济损失，给污水处理厂生产带来较大影响，故地下污水处理厂的供电电源应按二级负荷设计，进水泵房的安全保障设施以及地下污水处理厂的安全保障用通风、消防设施等重要设备应按一级负荷设计。

二级负荷宜由二回路供电，二回路互为备用或一回路常用一回路备用。

一级用电负荷应由两个电源供电，当一个电源发生故障时，另一个电源不应同时受到损坏；每个电源的容量应满足全部特级、一级用电负荷的供电要求。两个电源包括从城市电网引接的双重电源（双重电源可以是来自不同城市电网的电源，也可以是来自同一城市电网但在运行时电源系统之间的联系很弱的电源，一个电源系统任意一处出现异常运行或发生短路故障时，另一个电源仍能不中断供电），也包括一个城市电网电源和一个自备电源。

根据国家规范《重要电力用户供电电源及自备应急电源配置技术规范》GB/T 29328—2018 规定，地下污水处理厂属于二级重要电力用户，故应配置自备电源，电源容量应满足消防负荷及火灾时不允许中断供电的非消防负荷之和的要求。重要电力用户的自备电源应与供电电源同步建设、同步投运，可设置专用应急母线，提升重要用户的应急能力。

自备电源的配置应根据保安负荷的允许断电时间、容量、停电影响等负荷特性，综合考虑各类自备电源在启动时间、切换方式、容量大小、持续供电时间、电能质量、节能环保、适用场所等方面的技术性能，合理地选择自备电源。自备电源应符合国家有关安全、消防、节能、环保等相关技术标准的要求，应配置闭锁装置，防止向电网反送电。

结合地下污水处理厂重要设备一级负荷情况及消防设施的需求，自备电源的种类为柴油发电机组，切换时间 < 30s，柴油发电机组至少应满足消防设施、事故排水泵、事故截断阀或闸门、为防止出现水淹或有毒气体泄漏及溢流的保安设施（包括进出水速闭阀门、尾水池出水提升泵及中间提升泵等）、应急安全备用照明等；计算机系统中央监控站、可编程逻辑控制器（PLC）控制站等配置自备电源的种类为不间断电源（UPS）；应急照明配置自备电源的种类为蓄电池、不间断电源（UPS）或应急电源（EPS）。

8.7.2　供配电间

地下污水处理厂电气设备用房和智能化设备用房（一般包括：变电所、柴油发电机房、智能化系统机房、设有配电柜和控制柜的动力机房、楼层低压配电间、控制室、电气竖井、智能化竖井、弱电间、电信间等）应符合下列规定：

（1）不应设在卫生间、浴室等经常积水场所的直接下一层，当与其毗邻时，应采取防水措施；

（2）地面或门槛应高出本层楼地面，其标高差值不应小于 0.10m，设在地下层时不应小于 0.15m；

（3）不应有与电气设备运行无关的管道和线路出现；

（4）消防、给水排水、供暖等有水的管道不应设置在电气设备的正上方；

（5）不应有变形缝穿越变电所、柴油发电机房、智能化系统机房。

（6）变电所、柴油发电机房、智能化系统机房的电缆夹层、电缆沟和电缆室应采取防水与排水措施，保证供电安全，必要时应设置排水设施，增设集水坑和排水泵。

地下污水处理厂变电所可以设置在地下层，当设置在地下层时，应设置在地下一层。地下只有一层时，应抬高变电所的地面。变电所设置在地下层时，应根据环境要求采取降低湿度及增加机械通风等措施。

8.7.3　电气及控制设备

（1）应加大地下室集水坑和水泵排水能力及供电可靠性，排水泵按一级或二级负荷供电，由市电和自备应急电源两回路供电，保证排水过程尽量不受市电停电影响；应定期对集水坑排水泵进行维护，保证正常运行，并完善其控制功能。

（2）每个集水坑应设置潜水排水泵两台，一用一备，其控制分为手动及自动控制两种状态，手动控制一般在调试和应急时使用，正常工作时选择开关应处于自动控制状态（1号用2号备或2号用1号备），自动控制是根据集水坑的浮球液位开关进行控制，当水位到达高水位时，启动一台水泵；当水位到达超高水位时，发出报警信号，同时启动所有水泵运行；当水位低于低水位时，水泵停止运行。同时将选择开关自动挡位置信号、排水泵运行信号、排水泵故障信号、超高水位及低水位报警信号及高水位启泵信号分别引至PLC。

（3）地下污水处理厂电气及控制设备应采取严格的防潮防凝露措施。其电气控制箱、仪表箱的防护等级不应低于IP54，消防水泵控制柜设置于消防水泵房内时，其防护等级不应低于IP55，对于有可能受淹的场所，其防护等级不应低于IP67。

（4）设置在敞开的操作层和设施管廊层内落地安装的电气柜应抬高至少200mm，并应满足进出电缆弯曲半径的要求。

（5）进出地下污水处理厂地下箱体的电缆、接地线和排管必须采取有效的防水倒灌措施，保护管管口应采用防水材料封堵。

（6）配电箱不应采用嵌入式安装在建筑物的外墙上。

（7）一级负荷应由双重电源的两个低压回路在末端配电箱处切换供电，另有规定者除外。

8.8　快速恢复措施

当地下污水处理厂发生内涝受淹，尤其是地下箱体被淹的情况后，若想灾后快速恢复首先必须解决供电、排水清淤等问题。

8.8.1　供电

较极端情况下，强降雨会导致市政供电系统故障，必须利用自备电源或移动发电车供电，满足排水清淤、照明等基本需求。

若采用移动式发电车的供电方式，可在地面层及地下箱体操作层易于接入的合适位置设置移动发电装置接口，保证受灾时快速恢复供电。

8.8.2　供水

较极端情况下，强降雨会同样会导致市政供水系统故障，需要依靠送水车送水。

地下箱体应间隔一定距离设置冲洗水栓，同时应设置一旁路进水管至地面水泵接合器，承接送水车供水。

第 9 章　消防设计技术

9.1　综述

　　与传统地上式污水处理厂相比，地下污水处理厂把所有或主要处理设施置于地下箱体内，地上空间可用作城市公园、停车场等公共用地，既节约土地资源，又有效解决了传统地上式污水处理厂面临的"邻避"问题，极大缓解了与城市建设用地之间的矛盾。

　　近年来地下污水处理厂在我国的建设数量越来越多、单体建设规模越来越大。地下污水处理厂降低噪声和异味减小对周围居民生活的影响，便于地上景观布置，同时节省了城市地面空间，但也提升了消防扑救、消防疏散、防火分区划分等防火要求问题的难度。地下污水处理厂和其他工业厂房同样面临着火灾风险，如荷兰鹿特丹 Dokhaven 地下污水处理厂曾因氢氧化钠加药泵过热引发了火灾事故。复杂的土建结构和较大的埋置深度，无疑给消防设计、火灾扑救、人员逃生增加了巨大难度。

　　污水处理厂生产及运行管理等各环节均不同于一般意义上的厂房，国家尚无针对地下污水处理厂建筑消防设计的专属标准或规范。倘若严格执行现行建筑防火规范要求，会带来地下箱体内防火分区划分单元多、处理设施布置不便、地面安全出口多、景观效果差，不利于地下污水处理厂的推广。

　　目前国内尚无针对性的消防设计专项标准，现行标准体系未能充分考虑地下污水处理厂的火灾特征，对地下箱体的设计约束较大。

9.2　相关法规要求

9.2.1　国家标准

　　根据《建筑设计防火规范（2018 年版）》GB 50016—2014，火灾危险性丁、戊类的地下工业厂房每个防火分区最大允许建筑面积为 $1000m^2$；当建筑内设置自动灭火系统时，防火分区最大允许建筑面积可增加 1 倍；每个防火分区必须至少有 1 个直通室外的独立安全出口；对于厂房内任一点至最近安全出口的直线距离，丁类地下工业厂房要求不大于 45m，戊类不大于 60m。

9.2.2　地方标准

河北省住房和城乡建设厅于2019年12月发布的《雄安新区地下空间消防安全技术标准》DB13（J）8330—2019是国内目前对地下排水厂站消防安全作出"明确"规定的技术标准，但关于地下排水厂站防火分区的要求为："操作层设备间的防火分区划分应符合现行国家标准《建筑设计防火规范（2018年版）》GB 50016—2014的规定""操作层设备间每个防火分区的安全出口数量应经计算确定，且不应少于2个""操作层处理区、设施层内任一点至最近安全出口的直线距离不应大于60m"。

浙江省住房和城乡建设厅于2020年6月发布《地埋式城镇污水处理厂建设技术导则（试行）》，对浙江省地下城镇污水处理厂的消防设计要求为："防火分区划分应符合现行国家标准《建筑设计防火规范（2018年版）》GB 50016—2014的规定""全地下式污水处理厂的防火设计应经消防专项评估"且"操作巡视层的单个防火分区的面积应取不大于5000m²，同时最远疏散距离取70m"。

四川省住房和城乡建设厅于2021年12月发布《四川省市政工程消防设计技术审查要点（试行）》，明确地下式城镇污水处理厂消防设计技术审查的防火分区部分可依据《地下式城镇污水处理厂工程技术指南》T/CAEPI 23—2019、《城镇地下式污水处理厂技术规程》T/CECS 729—2020的相关内容；安全出口部分可依据《城镇地下式污水处理厂技术规程》T/CECS 729—2020的相关内容。

9.2.3　协会标准

中国环境保护产业协会发布的《地下式城镇污水处理厂工程技术指南》T/CAEPI 23—2019从2020年1月1日开始实施。指南要求地下式污水处理厂的消防设计应符合《建筑设计防火规范（2018年版）》GB 50016—2014的有关规定。地下厂区结构耐火等级应为一级，宜按戊类厂房标准划分防火分区。如需突破《建筑设计防火规范（2018年版）》GB 50016—2014对防火分区最大允许建筑面积的限制，应进行消防专项论证。

中国建设工程标准化协会发布的《城镇地下式污水处理厂技术规程》T/CECS 729—2020从2021年开始实施。该规程要求，操作层处理区的防火分区面积可按工艺要求确定，但安全出口的设置与《建筑设计防火规范（2018年版）》GB 50016—2014的要求一致。

9.2.4　国外标准

根据《新加坡民防法》（The Civil Defence Act）、新加坡《建筑防火规范（2018年版）》（Code of Practice for Fire Precautions in Buildings 2018）对大型地下空间的要求，位于地下的防火分区面积不得超过4000m²和15000m²，设置最少2个出口楼梯。根据美国消防协会（NFPA）《废水处理和废水收集设施的防火标准（2020年版）》（Standard for Fire Protection in

Wastewater Treatment and Collection Facilities 2020）和《建筑结构和安全规范（2018 年版）》（Building Construction and Safty Code 2018），污水处理厂基本属于轻危险级（相当于中国戊类）工业建筑，无自动喷水灭火系统保护时单个防火分区允许建筑面积不得超过 1860m²，有自动喷水灭火系统保护时单个防火分区允许建筑面积不得超过 6510m²，且地下建筑应设置自动喷水灭火系统。

9.2.5 性能化设计评估

性能化设计评估即"建设工程消防性能化设计评估"，是指根据建设工程使用功能和消防安全要求，运用消防安全工程学原理，采用先进适用的计算分析工具和方法，为建设工程消防设计提供设计参数、方案，或对建设工程消防设计方案进行综合分析评估，完成相关技术文件的工作过程。

《建筑防火通用规范》GB 55037—2022 针对性能化设计评估的要求为：工程建设所采用的技术方法和措施是否符合本规范要求，由相关责任主体判定。其中，创新性的技术方法和措施应进行论证并符合本规范中有关性能的要求。条文说明中描述，当拟采用的新技术在工程建设强制性规范或推荐性标准中没有相关规定时，应当对拟采用的工程技术或措施进行论证，确保建设工程达到工程建设强制性规范规定的性能要求，确保建设工程质量和安全，并应满足国家对建设工程环境保护、卫生健康、经济社会管理、能源资源节约与合理利用等相关基本要求。

9.3 国内目前常用的几种消防做法

近年来，地下污水处理厂在我国水污染防治领域的应用越来越多，北京、深圳、上海、成都、广州、昆明、合肥等城市已有大量应用案例。

目前国内地下污水处理厂操作层的消防设计没有统一的依据，总体而言单个防火分区的允许建筑面积大致可分为"四级三类"："四级"是指最大允许建筑面积有 1000m²、2000m²、5000m² 和其他规格 4 个等级；"三类"是指设计依据有严格执行《建筑设计防火规范（2018 年版）》GB 50016—2014、参照执行《城镇地下式污水处理厂技术规程》T/CECS 729—2020 等相关规范和性能化消防设计、专项评估（论证）3 种途径。

（1）对于设计时间较早、执行防火规范较严格的地下污水处理厂，如中国第一座大型地下污水处理厂深圳布吉污水处理厂，其防火分区建筑面积控制在《建筑设计防火规范（2018 年版）》GB 50016—2014 允许范围内；其他规模较小的地下污水处理厂，防火分区建筑面积按《建筑设计防火规范（2018 年版）》GB 50016—2014 执行，如成都天府国际机场配套污水处理厂、北京门头沟第二再生水厂等。

（2）针对地下污水处理厂的建筑消防特殊性，部分省市出台文件允许地下污水处理厂采用《城镇地下式污水处理厂技术规程》T/CECS 729—2020 内的要求划分防火分区，如四川省住建厅 2021 年 12 月颁布《四川省市政工程消防设计技术审查要点（试行）》，明确地下污水处理厂防火分区设计可执行《地下式城镇污水处理厂工程技术指南》T/CAEPI 23—2019、《城镇地下式污水处理厂技术规程》T/CECS 729—2020，以突破《建筑设计防火规范（2018 年版）》GB 50016—2014 的限制。类似案例有新津红岩污水处理厂改扩建项目等四川省 2022 年后设计建设的地下污水处理厂。

（3）对于规模较大的地下污水处理厂，有条件的会通过建筑消防性能化设计、专项评估（论证）进行针对性的性能化设计，地下箱体的防火分区面积突破《建筑设计防火规范（2018 年版）》GB 50016—2014 的要求，如深圳市洪湖水质净化厂、成都市生物城污水处理厂、泸州市城东污水处理厂二期工程、天府新区华阳净水厂、合肥胡大郢污水处理厂、合肥市清溪净水厂等。无条件的会通过参照相关规范予以解决，如珠海市北区水质净化厂二期、上海泰和污水处理厂等认为地下箱体部分属于"构筑物"范畴，因此其防火分区的划分均未执行《建筑设计防火规范（2018 年版）》GB 50016—2014。

（4）总结表明，目前我国地下污水处理厂的消防设计依据主要可分为"四级三类"。对于规模较大的地下污水处理厂，一般通过性能化消防设计、消防专项评估（论证）等突破现行《建筑设计防火规范（2018 年版）》GB 50016—2014 的要求。

由于各地政策标准执行尺度的把控程度、消防性能化标准认识的不一致等，各地执行情况不统一。建筑消防性能化设计基本采用"一厂一议"的模式，防火分区最大允许建筑面积不固定。《城镇地下式污水处理厂技术规程》T/CECS 729—2020 关于防火分区面积划分的规定较《建筑设计防火规范（2018 年版）》GB 50016—2014 宽松，但缺乏法理依据，同时其为推荐性协会标准，较难得到各地住建系统、消防系统的官方认可。国内尚无针对性的地下污水处理厂消防设计专项标准，现行《建筑设计防火规范（2018 年版）》GB 50016—2014 未能充分考虑污水处理厂的火灾特征，对地下箱体防火分区的设计约束较大。

国外对地下建筑防火分区最大允许建筑面积的要求比国内宽松，具体要求视建筑物危险性等级而定，但总的来看同样缺少针对地下污水处理厂建筑消防设计的专项规范。

9.4　建筑消防设计技术

9.4.1　基本规定

（1）地下污水处理厂火灾危险性一般为戊类。部分采用氯酸钠的厂房、氯酸钾的厂房、过氧化氢的厂房、过氧化钠的厂房、过氧化钾的厂房、次氯酸钙的厂房的火灾危险性为甲类。

活性炭制造及再生厂房、臭氧消毒所使用的生产臭氧的氧气站、氯消毒使用的加氯间（如有液氯瓶）属于乙类厂房。

生产调度中心、高压变配电房、低压变配电房属于丁类厂房。

（2）地下污水处理厂的耐火等级：地下为一级，地面部分不应低于二级。

（3）甲类与乙类生产场所、甲类与乙类中间库房、有粉尘爆炸危险的生产场所不应设置在地下或半地下。

（4）经性能化设计评估通过后，地下污水处理厂的上部地面部分可与公共建筑合建。合建时安全出口和疏散楼梯应分别独立设置，应采用无门、窗、洞口的防火墙和耐火极限不低于 2.00h 的不燃性楼板完全分隔。

9.4.2 平面布置与安全疏散

（1）地下污水处理厂地下空间防火分区的划分应符合下列规定：

设备用房的防火分区应符合现行国家标准《建筑设计防火规范（2018 年版）》GB 50016—2014 中有关戊类地下或半地下厂房的规定；

参照《城镇地下式污水处理厂技术规程》T/CECS 729—2020，操作层处理区的防火分区面积可按工艺要求确定。各类池体等无可燃烧的空间面积可不计入防火分区面积；设备管廊层防火墙分隔间距不应超过 200m。

（2）设置在地下或半地下厂房内的设备用房应采用防火门、防火窗、耐火极限不低于 2.00h 的防火隔墙和耐火极限不低于 1.00h 的楼板与厂房内的其他部位分隔。设备管廊层与其他空间应采用防火门、防火墙分隔。

（3）地下污水处理厂地下空间的安全疏散应符合下列规定：

设备用房的安全疏散应符合现行国家标准《建筑设计防火规范（2018 年版）》GB 50016—2014 中有关戊类地下或半地下厂房的规定。

参照《城镇地下式污水处理厂技术规程》T/CECS 729—2020，操作、检修平台的每个防火分区内任一点至最近安全出口疏散距离不应大于 60m，可利用通向相邻防火分区的甲级防火门作为第二安全出口，每个防火分区至少有 1 个直通室外的安全出口。

各类池体空间可利用通向池体顶部的操作、检修平台的开口作为安全出口。

设备管廊层中每个防火分隔至少有 1 个直通室外的安全出口，可利用通向相邻其他空间的甲级防火门作为第二安全出口。

9.4.3 建筑构造与装修

（1）地下污水处理厂地下空间装修材料的燃烧性能应满足《建筑内部装修设计防火规范》GB 50222—2017 中地下戊类厂房的规定。

（2）疏散楼梯间及其前室，消防电梯前室或合用前室的顶棚、墙面和地面内部装修材料的燃烧性能均应为 A 级。

（3）配电室、通风机房等设备用房的顶棚、墙面和地面内部装修材料的燃烧性能均应为 A 级。

9.4.4　消防救援设施

（1）地下污水处理厂地面应设置消防车道，与地面出入口、消防电梯的距离应满足消防救援作业的要求。

（2）地下污水处理厂地面出入口应设置便于消防救援人员出入的消防救援口，并应符合下列规定：

消防救援口的净高度和净宽度均不应小于1.0m，当利用门时，净宽度不应小于0.8m。

消防救援口应易于从室内和室外打开或破拆，采用玻璃窗时，应选用安全玻璃。

消防救援口应设置可在室内和室外识别的永久性明显标志，该明显标志不得被装饰构架及景观植物遮挡。

若地下污水处理厂地面为公园、广场等城市公共空间，在公共空间入口及道路交叉处应有永久性明显消防救援口指示牌。

（3）若在地下或半地下厂房内的设备用房及池体顶部的操作、检修平台的埋深大于10m且总建筑面积大于3000m²，应设置消防电梯。消防电梯应分别设置在不同防火分区内，且每个防火分区不应少于1台。

9.5　消防给水设计技术

9.5.1　设计原则

地下污水处理厂是近十几年来才开始建造和投入运行的新型市政基础设施，国家尚无与之相对应的专业设计规范及防火规范，《建筑设计防火规范（2018年版）》GB 50016—2014对此也无相对应的条款。经多方考察和了解，全国各地已建和在建地下污水处理厂消防设计要求及参考的防火规范不一致，采用的消防系统也不完全相同，总的来说，普遍采用消火栓系统和气体灭火系统，并配置灭火器，但对于自动喷水灭火系统，有些污水处理厂设置了而有些地下污水处理厂未设。对于防火分区的划分，均存在着个别防火分区面积突破规范要求的情况，其消防方案往往通过相关消防部门或消防规范编制管理组反复讨论、专家论证、现场评审等方式确认。

根据厂区的火灾特点及可燃物性质，整个厂区不同部位采取不同的消防系统，形成安全可靠、经济合理的消防方案。

沿厂区道路设室外消火栓系统；在地下箱体（厂区）和综合楼设置室内消火栓灭火系统；在地下变配电站、配电间设置气体灭火系统；所有建筑物均配备干粉灭火器。

9.5.2　消防给水系统

一般由市政给水管将水分别引入两根消防给水总管，并在厂区内形成环状管网。供厂区室内外消火栓用水使用。

整个厂区沿道路设有室外消火栓，室外消火栓采用地上式消火栓，消火栓间距不大于120m。

根据室内消防水量和就近设置原则，在消防车道旁设置有消火栓及喷淋水泵接合器。水泵接合器处应设置永久性标志铭牌，并应标明供水系统、供水范围和额定压力。

室内消火栓箱设消火栓报警按钮，传输报警信号。

9.5.3 自动灭火系统

1. 自动喷水灭火系统设计

地下污水处理厂内设置自动喷水灭火系统，喷淋给水系统设置独立环状管网。各层及各个防火分区设置水流指示器及安全信号阀。喷头采用68℃标准喷头，有吊顶的地方采用吊顶型喷头；不吊顶的地方采用直立型喷头。

2. 气体消防设计

变配电间等不宜采用水喷淋保护的区域设置气体灭火系统，灭火设计浓度为9%，设计喷放时间 $t \leqslant 10s$。同一防护区内的预制灭火系统装置多于1台时，必须能同时启动，其动作响应时差不得大于2s。

9.5.4 消防用水贮存

设置着火初期消防水箱，水箱设置高度能达到最不利点消火栓最低静水压力不低于0.07MPa的要求。

地下箱体设置消防贮水池：储存火灾延续时间（室外消火栓消防2.0h，自动喷水消防1.0h）内的消防用水。室外消防水池底标高满足消防车取水高度的要求。

9.5.5 消防排水

箱体内消防排水接入箱体排水系统。

9.5.6 灭火器设置

由于厂区建筑物火灾一般以A类、B类火灾为主，灭火器配置的危险等级为中危险级，故灭火器选用手提式磷酸铵盐干粉灭火器。

9.6 消防电气设计技术

9.6.1 概述

地下污水处理厂电气消防系统主要包括消防电源及配电系统、火灾自动报警系统、电气火灾监控系统、消防应急照明和疏散指示系统、配电线路布线系统，上述系统运用于地下污水处理厂的电气防火，本小节主要介绍近年来地下污水处理厂电气消防的设计。

9.6.2　消防电源及配电系统

地下污水处理厂属于工业厂房，消防用电负荷等级按《建筑防火通用规范》GB 55037—2022 确定。

厂区电源进线一般采用两路高压（10kV 级及以上）市电供电，一路作为正常主供电源，一路作为备用电源（也可以采用两路电源同时工作），满足消防用电要求，同时依据《重要电力用户供电电源及自备应急电源配置技术规范》GB/T 29328—2018 的要求设柴油发电机作为自备电源。发电机房可设于地面，对地面景观要求较高的污水处理厂，也可设置在地下箱体内，发电机房一般布置在负一层，同时考虑运输、防火要求及配线便利性，宜毗邻总配电所布置，同时需做好通风排烟和降噪措施。

低压配电系统主接线方案一般采用分组设计和不分组设计两种。当采用柴油发电机作为消防设备的备用电源时，尽量设计独立的供电回路。

除按照三级负荷供电的消防用电设备外，消防控制室、消防水泵房、消防电梯等的供电，应在其配电线路的最末一级配电箱内设置自动切换装置。防烟排烟机房的供电，应在其配电线路的最末一级配电箱内，也可通过所在防火分区的配电箱内设置自动切换装置来实现。防火卷帘、电动排烟窗、消防排水泵、消防应急照明和疏散指示标志灯的供电，应在所在防火分区的配电箱内设置自动切换装置。

火灾自动报警系统，应由主电源和直流备用电源供电。当系统的负荷等级为一级或二级负荷供电时，主电源应由消防双电源配电箱引来，直流备用电源宜采用火灾报警控制器的专用蓄电池组或集中设置的蓄电池组。当直流备用电源为集中设置的蓄电池时，火灾报警控制器应采用单独的供电回路，并应保证在消防系统处于最大负载状态下不影响报警控制器的正常工作。消防联动控制设备的直流电源电压，应采用 24V 安全电压。

电气火灾监控系统的供电电源应与火灾自动报警系统要求相同。

9.6.3　火灾自动报警系统

地下污水处理厂一般设置机械排烟、防烟系统，气体灭火系统等，这些设施需与火灾自动报警系统联锁工作，因此防火分区内均需要设置火灾自动报警系统。系统形式采用集中报警系统，消防控制室通常设在地面综合楼或管理用房的一层。

火灾自动报警系统的设计满足现行《消防设施通用规范》GB 55036—2022 和《火灾自动报警系统设计规范》GB 50116—2013 的规定。针对地下污水处理厂的特点，同时宜满足以下要求：

（1）空间高度小于或等于 12m 的区域选用点型感烟火灾探测器，大于 12m 的区域选用线型光束感烟火灾探测器。

（2）在出入口及逃生通道设置火灾声光警报器。

（3）地下箱体内设置消防应急广播，可与广播系统合用。

（4）电梯轿厢内部应设置专用消防对讲电话和视频监控系统的终端设备。

（5）当水平敷设的火灾自动报警系统传输线路采用穿导管布线时，除报警总线外，不同防火分区的传输线路不应穿在同一根导管内。

（6）应根据消防控制要求设计消防联动控制。

（7）设有消防控制室的建筑物应设置消防电源监控系统。

9.6.4　电气火灾监控系统

地下污水处理厂的电气火灾监控系统应由下列部分或全部设备组成：

（1）电气火灾监控器、接口模块

（2）剩余电流式电气火灾探测器

（3）测温式电气火灾探测器

（4）故障电弧探测器

已设置直接及间接接触电击防护的剩余电流保护电器的配电回路，不应重复设置剩余电流式电气火灾监控器。电气火灾监控系统的剩余电流动作报警值宜为 300mA。测温式火灾探测器的动作报警值宜按所选电缆最高耐温的 70% ~ 80% 设定。电气火灾监控系统的控制器应安装在建筑物的消防控制室内，宜由消防控制室统一管理。

9.6.5　消防应急照明和疏散指示系统

地下污水处理厂空间较为封闭，工作面积较大，火灾时人员疏散较困难，消防作业难度大，应设置消防应急照明和疏散指示系统。

消防应急照明和疏散指示系统一般选用分区集中电源集中控制型系统。应急照明控制器设在消防控制室内集中控制。在每个防火分区的配电间（井）设置应急照明集中电源，并由该处的消防双电源切换箱供电。应急照明集中电源额定输出功率不大于 1kW，连续供电时间应满足人员安全疏散的要求。

消防疏散照明和灯光疏散指示标志是保证人员安全疏散、提高疏散速度的措施之一，设计时应与建筑专业配合，明确疏散路径和疏散方向。消防疏散照明设置在地下箱体的安全出口、疏散楼梯（间）、疏散楼梯间的前室或合用前室、疏散走道等处，其地面最低水平照度应符合《建筑防火通用规范》GB 55037—2022 的要求。灯光疏散指示标志设置在疏散出口、疏散走道等处。对于面积较大、通道复杂的车间，也应按照通过工艺与建筑情况确定的疏散路径设置疏散照明和疏散指示标志。

消防控制室、消防水泵房、自备发电机房、配电室、防烟排烟机房以及发生火灾时仍需正常工作的消防设备房应设置消防备用照明，其作业面的最低照度不应低于正常照明的照度，除防烟排烟机房、消防电梯机房外，以上房间同时还应设置疏散照明和灯光疏散指示标志。强电井、弱电井及配电小间可不设置消防备用照明、疏散照明和疏散指示标志。

9.6.6　消防配电线路布线系统

消防配电线路的选型和敷设应满足在建筑的设计火灾延续时间内为消防设备连续供电的需要。

1. 线缆选择

地下污水处理厂电力电缆数量多，电缆接头处出现故障容易引发火灾，因此应尽可能提高线缆的燃烧性能、阻燃性能，根据工程实际情况选择合适级别的阻燃电缆。

（1）电力电缆

消防控制室、消防泵房、消防电梯及防烟和排烟设备的配电干线采用耐火温度不低于950℃、耐火时间不低于180min（或120min）的矿物绝缘类电缆或耐火母线槽。其他消防设备供电干线可选用耐火温度不低于950℃、耐火时间不低于90min的耐火电缆、矿物绝缘类电缆或耐火母线槽。由消防双电源切换箱至消防设备控制箱（消防设备、应急照明集中电源箱）、消防设备控制箱至消防设备的配电线路，可选用耐火温度不低于750℃、耐火时间不低于90min的耐火线缆。厂内带有消防设备供电的35kV、20kV或10kV的线缆，应采用耐火电缆或矿物绝缘电缆，以满足消防用电设备火灾时运行时间的要求。

火灾自动报警系统的供电线路，应选择燃烧性能不低于B2级的阻燃耐火电线、电缆。

（2）控制电缆

1）火灾自动报警系统的报警总线，应选择燃烧性能不低于B2级的阻燃耐火电线、电缆，在人员密集场所和疏散通道，应选择燃烧性能B1级的阻燃耐火铜芯电线、电缆。

2）消防联动总线及控制线路，应选择耐火温度不低于750℃、耐火时间不低于90min且满足燃烧性能不低于B2级、毒性指标不低于t1级的阻燃耐火铜芯电线、电缆。

3）消防应急广播和消防专用电话等传输线路应选择耐火时间不低于750℃、90min且满足燃烧性能不低于B2级、毒性指标不低于t1级的阻燃耐火铜芯电线、电缆。

2. 线缆敷设

明敷时（包括敷设在吊顶内），应穿金属导管或采用封闭式金属槽盒保护，金属导管或封闭式金属槽盒应采取防火保护措施；当采用阻燃或耐火电缆并敷设在电缆井、沟内时，可不穿金属导管或采用封闭式金属槽盒保护；当采用矿物绝缘类不燃性电缆时，可直接明敷。

暗敷时，应穿管并敷设在不燃性结构内且保护层厚度不应小于30mm。

电气火灾监控系统的导线选择、线路敷设应与火灾自动报警系统要求相同。

9.7 消防防烟排烟设计技术

9.7.1 防烟排烟设计原则

（1）地下污水处理厂的防烟和排烟系统设计，应根据生产工艺要求以及建（构）筑物的用途与功能、使用要求、环境条件及火灾烟气的发展规律等因素，结合现行国家相关消防、安全、节能等方针政策，会同相关专业通过综合技术经济比较确定，做到安全可靠、技术先进、经济合理。

（2）地下污水处理厂的防烟和排烟系统设计应以保障建筑物内人员的生命安全为首要目标。设计应确保防烟排烟设施的可靠性和稳定性。设计应经济合理，尽可能节约建筑成本。设计应便于操作和维护，方便人员操作和维护设备。

（3）设计应满足烟气排出量、排烟口数量和布置、排烟管道的防火性能、防烟排烟系统的控制和设备的运行和维护等要求。应根据建筑物的尺寸、高度、使用功能等确定设计参数。设计应经过模拟实验和理论分析的检验，并经相关部门的审查和验收，确保设计的合理性和可靠性。

9.7.2 防烟系统设计要点

（1）地下污水处理厂的下列部位应采取防烟措施：封闭楼梯间、防烟楼梯间及其前室、消防电梯的前室或合用前室。

（2）应根据建筑高度、使用性质等因素，采用自然通风系统或机械加压送风系统。

（3）地下部分的防烟楼梯间前室及消防电梯前室，当无自然通风条件或自然通风不符合要求时，应采用机械加压送风系统。

（4）封闭楼梯间应采用自然通风系统，不能满足自然通风条件的封闭楼梯间，应设置机械加压送风系统。当地下、半地下建筑（室）的封闭楼梯间不与地上楼梯间共用且地下仅为一层时，可不设置机械加压送风系统，但首层应设置有效面积不小于 $1.2m^2$ 的可开启外窗或直通室外的疏散门。

（5）采用自然通风方式的封闭楼梯间、防烟楼梯间，应在最高部位设置面积不小于 $1.0m^2$ 的可开启外窗或开口；当建筑高度大于 10m 时，尚应在楼梯间的外墙上每 5 层内设置总面积不小于 $2.0m^2$ 的可开启外窗或开口，且布置间隔不大于 3 层。

（6）可开启外窗应方便直接开启，设置在高处不便于直接开启的可开启外窗应在距地面高度为 1.3 ~ 1.5m 的位置设置手动开启装置。

（7）采用机械加压送风系统的防烟楼梯间及其前室应分别设置送风井（管）道、送风口（阀）和送风机，机械加压送风风机宜采用轴流风机或中、低压离心风机。加压送风口、管道设置、送风量等应满足相关规范规定。

9.7.3　排烟系统设计要点

（1）地下污水处理厂的下列场所或部位应采取排烟等烟气控制措施：建筑面积大于 $300m^2$，且经常有人停留或可燃物较多的地上丙类生产场所；丙类厂房内建筑面积大于 $300m^2$，且经常有人停留或可燃物较多的地上房间；建筑面积大于 $100m^2$ 的地下或半地下丙类生产场所；除高温生产工艺的丁类厂房外，其他建筑面积大于 $5000m^2$ 的地上丁类生产场所；建筑面积大于 $1000m^2$ 的地下或半地下丁类生产场所；建筑面积大于 $300m^2$ 的地上丙类库房；公共建筑内建筑面积大于 $100m^2$ 且经常有人停留的房间；公共建筑内建筑面积大于 $300m^2$ 且可燃物较多的房间；中庭；建筑高度大于 32m 的厂房或仓库内长度大于 20m 的疏散走道；其他厂房或仓库内长度大于 40m 的疏散走道；民用建筑内长度大于 20m 的疏散走道。

（2）建筑中下列经常有人停留或可燃物较多且无可开启外窗的房间或区域应设置排烟设施：建筑面积大于 $50m^2$ 的房间；房间的建筑面积不大于 $50m^2$，总建筑面积大于 $200m^2$ 的区域。

（3）建筑排烟系统的设计应根据建筑的使用性质、平面布局等因素，优先采用自然排烟系统。同一个防烟分区应采用同一种排烟方式。

（4）设置排烟系统的场所或部位应采用挡烟垂壁、结构梁及隔墙等划分防烟分区。防烟分区不应跨越防火分区，厂房、仓库的自然排烟窗（口）设置、排烟量计算、排烟风机、排烟管道、补风系统等满足《建筑防烟排烟系统技术标准》GB 51251—2017 的要求。

（5）排烟系统的设计风量不应小于该系统计算风量的 1.2 倍。

9.7.4　防烟排烟系统的控制

（1）机械加压送风系统和机械排烟系统应与火灾自动报警系统联动，其联动控制应符合现行国家标准《火灾自动报警系统设计规范》GB 50116—2013 的有关规定。

（2）加压送风机的启动应符合下列规定：现场手动启动；通过火灾自动报警系统自动启动；消防控制室手动启动；系统中任一常闭加压送风口开启时，加压风机应能自动启动。

（3）当防火分区内火灾确认后，应能在 15s 内联动开启常闭加压送风口和加压送风机，并应符合下列规定：应开启该防火分区楼梯间的全部加压送风机；应开启该防火分区内着火层及其相邻上下层前室及合用前室的常闭送风口，同时开启加压送风机。

（4）排烟风机、补风机的控制方式应符合下列规定：现场手动启动；火灾自动报警系统自动启动；消防控制室手动启动；系统中任一排烟阀或排烟口开启时，排烟风机、补风机自动启动；排烟防火阀在 280℃时应自行关闭，并应联锁关闭排烟风机和补风机。

（5）机械排烟系统中的常闭排烟阀或排烟口应具有火灾自动报警系统自动开启、消防控制室手动开启和现场手动开启功能，其开启信号应与排烟风机联动。当火灾确认后，火灾自动报警系统应在 15s 内联动开启相应防烟分区的全部排烟阀、排烟口、排烟风机和补风设施，并应在 30s 内自动关闭与排烟无关的通风、空调系统。

（6）当火灾确认后，担负两个及以上防烟分区的排烟系统，应仅打开着火防烟分区的排烟阀或排烟口，其他防烟分区的排烟阀或排烟口应呈关闭状态。

（7）活动挡烟垂壁应具有火灾自动报警系统自动启动和现场手动启动功能，当火灾确认后，火灾自动报警系统应在 15s 内联动相应防烟分区的全部活动挡烟垂壁，60s 以内挡烟垂壁应开启到位。

（8）自动排烟窗可采用与火灾自动报警系统联动和温度释放装置联动的控制方式。当采用与火灾自动报警系统自动启动时，自动排烟窗应在 60s 内或小于烟气充满储烟仓的时间内开启完毕。带有温控功能自动排烟窗，其温控释放温度应大于环境温度 30℃ 且小于 100℃。

（9）消防控制设备应显示防烟系统的送风机、阀门等设施启闭状态；排烟系统的排烟风机、补风机、阀门等设施启闭状态。

第10章　智慧水务

10.1　概述

本章对地下污水处理厂近年来在智慧水务相关领域的发展做介绍，主要包含智慧水务设计、智能配电及机器人技术、BIM 设计。

10.2　智慧水务设计

智慧水务是通过采用先进的技术手段，提供一套应用于污水处理厂的智慧运营管控平台、智能工艺控制与工艺在线仿真系统，实现污水处理厂高效且稳定的生产管理。

智慧运营管控平台以行业先进技术为标杆，以地下污水处理厂发展战略为导向，以提升绩效表现和决策管理水平为最终目标，全面发展信息化建设，打造先进的行业信息化平台，全面提升企业的生产管理效率和运营水平。运营管控平台为未来地下污水处理厂的管理和运行提供了统一的运营和管理信息化平台界面。平台集成了自控、安防、资产管理、算法模型等多种应用数据，提供电脑登录和手机登录等多种操作体验，是地下污水处理厂实现"少人或无人值守"的"操作面板"。

智能工艺控制系统是以智能模型算法为主的闭环控制系统，通过程序对自动化控制和智能化控制的有机组合，实现精细化工艺智能运行，为全面的复杂逻辑冗余控制策略、精细化的控制方案提供全方位技术支撑，对污水处理厂主要工艺段（如：曝气、碳源投加、化学除磷等环节）实现智能化控制，减少生产对工艺人员数量与经验上的过多依赖。

工艺在线仿真系统以地下污水处理厂实际生产运行为基础，搭建具有针对性、拟合度良好的地下污水处理厂数学模型，通过配套工作站的数据采集实现与厂内自控系统及在线系统同步，进而动态实时模拟地下污水处理厂的实际运行情况，预测运行参数及出水水质变化；系统能够模拟不同运行策略条件下出水水质、能耗、药耗以及碳排放的情况，为地下污水处理厂运行管理人员的工艺决策提供量化的依据与建议，实现优化生产运行、节约生产成本和减少碳排放的目的。

10.2.1　智慧运营管控平台

智慧运营管控平台对智慧厂站的所有重点设备设施以及工艺段运行过程中的各个环节节

点进行集中监视，真实反映运行情况。通过系统对各个重要运行环节的集中监视，包括视频监视，让各级管理人员能够及时、准确、全面、直观地了解和掌握设备设施的运行状况。根据厂区网络安全策略，对各工艺设备的数据传输及自动控制进行分权映射、分级管控，对不同工艺段的数据监控、视频监控及设备远程控制进行集中页面展示，辅助现场工艺调整。

对各工艺段的监控数据进行阈值管控及工艺逻辑判断，实时触发报警信息，推送至报警中心，根据不同报警等级，进行声光报警。

平台以分布式体系架构构造单一的系统应用。平台由包括 Application Server、Historian、IO Server、InTouch Client 以及 Historian Client 等多个的软件组件构成，构成一个 C/S 与 B/S 架构相融合的整套解决方案。这些软件组件均可以按照硬件的配置以及应用的需要在一个开发环境中实现灵活的部署，基于 Archestr 架构的平台提供一个开放、易用的开发和使用环境。

1. 系统平台架构

系统平台架构如图 10-1 所示，平台由多个软件模块构成。在数据传输及应用上是一个 C/S 架构，并在应用层提供 B/S 的架构，方便特定应用的用户通过浏览器方式对系统的运行状况进行评估。

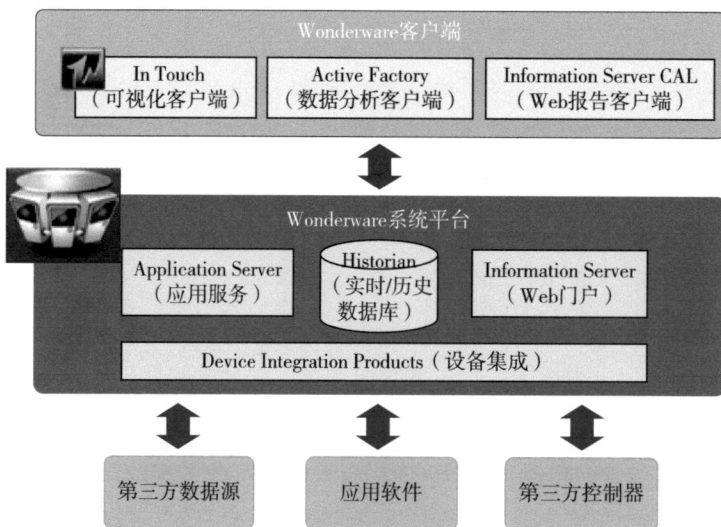

图 10-1　系统平台架构

在服务器端，包含四个部分：

（1）设备集成（Device Integration Products）；

（2）应用服务（Application Server）；

（3）实时 / 历史数据库（Historian）；

（4）Web 门户（Information Server）。

2. 各模块的功能及特点

平台的核心数据处理组件由 Application Server 和 Historian 构成。Application Server 实现

对来自 Device Integration Products 组件的基础数据的逻辑处理，包括数据质量的判断、计算、报警、事件等，历史数据将统一记录到 Historian。

（1）设备集成组件（Device Integration Products）

设备集成部分是一个软件接口的集合，包括与各种 PLC、RTU、DCS 等各种控制器系统的通信接口软件；与第三方数据源连接的接口，如 OPC Server 等；与各种应用软件的数据接口，如 SQL Server 等。

（2）应用服务器（Application Server）

应用服务器以 Archestr 工业软件框架为基础架构，通过组件化的方式，将采集底层数据、实时数据收集处理、报警管理、历史数据管理、应用诊断、应用开发管理等一系列的功能集成到一个分布式平台中。

对于从任何数据源来的实时数据，平台的实时数据处理引擎 Application Server 采用了面向对象的方法进行封装，从而完成工业层面上的实时数据监控及处理服务。对象中封装了数据连接、数据库存储、计算脚本、逻辑关系、报警事件等一系列的功能。这样的工程方法能够显著地提高工程效率，同时大大提高了系统的可重用性、可维护性和可扩展性。

1）系统冗余

Application Server 通过三个手段使系统拥有可靠的数据和服务保障机制：

①可配置冗余的通信链路来保证现场的数据连续稳定地进入实时数据处理平台 Application Server。

②可将实时数据引擎配置为热备冗余模式，来保证实时处理引擎的持续性运作。对于热备冗余模式，除了可以采用传统的冷备方式，还引入了负荷优化机制，可以将负荷分担到每台冗余服务器中，每台服务器中的运行负荷的冗余镜像在另外一台服务器中处于冷备状态，一旦需要，立即切换运行。

③可将实时数据平台配置为存储转发模式，来保证实时数据及信息能持续不断地被历史数据库 Historian 获取，一旦 Application Server 和 Historian 之间恢复连接，在 Application Server 本地存储的数据会自动完整地补充回 Historian 中去。

2）多视角的水厂描述

Application Server 描述实际系统时，采用多视角方式，其中一个称之为"模型视图"，污水处理厂的实际区域可以在这个视图中引入系统，通过工艺及设备工程师能很快地了解电气自动化的实际模型，为多专业间的协调和管理提供了一个很好的交流平台；对于自动化专业人员，应用较多的是"部署视图"，通过部署视图，能自由配置监控方案，并能按照需要，将实际的设备对象实例部署到现场的应用服务器中去，当部署结束后，这些设备对象就立即切入运行状态，执行其数据采集、报警、事件、算法运算、数据存储等功能；除上述两种视图外，它还具有"派生视图"，反映了系统中所有对象之间的继承关系，通过修改母对象的功能属性，能达到自动更新其子对象功能属性的目的，还能让子对象拥有除母对象的功能属性外的更多的功能及属性，这就是继承与派生的意义，也就是面向对象的精髓，它极大地提高了应用的可重用性，使系统的开发与集成促进高效率的工业化生产。

3）集成和集中的安全策略

Application Server 除拥有自定义的安全机制外，还和 Windows 操作系统的安全机制紧密集成，具有 OS User 和 OS Group 两种安全机制，可以分别定制每个操作系统用户或每个操作系统组在平台中的安全权限，为用户提供了灵活的安全机制选择。

不管是哪种安全机制，针对每个用户都能在系统的开发、调试、维护等方面，定义不同的权限，从而全面保障系统安全。

4）灵活的数据连通性

如前所述，IO/DA Server 具备强大的数据连通能力，在 Application Server 中，还拥有更多的 IO/DA Server 管理对象，Redundant DI Object 便是其中的一种，它能轻松地管理两个 IO/DA Server，当某个 IO/DA Server 出现故障，Redundant DI Object 能将通信切换到另外一个 IO/DA Server，从而使数据采集连续稳定。

5）灵活地部署和负载分配

Application Server 实时数据处理服务器的集合，称之为一个 "Galaxy"，它是一个统一的命名空间，在这个统一的命名空间里，客户端对服务器中对象、数据的引用，完全与对象、数据所在的服务器信息无关。将某对象、数据从一个服务器迁移到其他的服务器中，都不会影响客户端对该对象数据的正常使用。基于此特性，可以根据项目需求，灵活部署实际应用，而不会增加客户端的工程修改量，这是真正意义上的灵活部署功能。

基于对象的部署模式，可以诊断当前服务器的运行效率，查看其关键效率数据，再结合实际的服务器资源、数据通信模式，分配合适的对象负载到相应的服务器中，使系统工作处在一个高效率的状态当中。

6）无限的规模可伸缩性

Application Server 具备强大的可伸缩性，从单机系统，到超大规模系统，都能保持很高的运行效率。

（3）历史数据库（Historian）

平台中的大量历史数据存储管理的组件是 Historian。它是专用的实时历史数据库，它具备高速的数据采集和海量数据存储的功能，并直接支持以 SQL 方式对历史数据的查询。

（4）平台性能指标（Platform performance index）

1）高可用性机制

平台提供多种高可用性机制，其中包括：IO Server 冗余、实时数据库服务器分布式体系架构、实时数据库服务器冗余、历史数据存储转发、历史数据库服务器冗余等。

2）系统可维护性

平台所提供的二次开发平台，是一个方便系统集成商以及业主对应用进行配置、开发的开放平台。同时，在运行阶段对系统的修改、维护是非常容易和直观的，并能在系统在线运行时进行局部的修改而不影响系统的整体运行。

平台同时提供一个管理工具，能实现系统的故障诊断、基本运行时系统组件的管理、DA Server 数据接口的管理以及历史数据服务器的管理。这个工具和开发环境一样，也提供了在单一的环境中对整个系统中的服务器和工作站进行管理的功能。系统中所有的服务器和工作站上的系统运行日志都可以在这里查看到，实现系统运行的故障诊断。

3）系统可扩展性

系统采用模块化设计的原则，在产品设计时留有扩展能力，以适应远期扩展。

系统平台能够通过开发并经调试中的优化，满足表 10-1 的性能要求。

表 10-1　系统平台性能要求表

性能	数据
系统可靠性	≥ 99.95%
系统平均故障间隔时间（MTBF）	≥ 50000h
系统平均修复时间（MTTR）	< 0.5h
实时画面响应时间	< 1s
底层至顶层数据传输周期	≤ 2s
现场设备控制和指令响应时间	≤ 2s

对于这样的分布式架构，在一个大的系统中将能展示出优秀的性能。

3. 系统平台开发环境

（1）单一开发环境

开发环境由单个集成应用程序组成，能够管理平台应用程序的开发和测试的所有方面。

（2）多用户开发环境

开发环境同时提供多用户开发功能。

（3）对象模型

开发环境应利用对象模型来设计应用程序，该应用程序对平台系统的物理特性建模，包括地理拓扑、物理设备和计算机位置。系统采用应用对象的概念，这些对象可以表示真实世界的设备，如计算机、PID 回路、电动机、泵、阀门或信息对象（如外部数据库读取器和写入器、XML 读取器和写入器等）。

（4）对象和代码重用

开发环境应该通过使用模板定义应用程序对象来促进代码重用。可以用自定义模板来创建新的应用程序对象模板，并维护对象定义的父子关系。

（5）对象存储库

对象存储库应该提供使用相同存储库来存储和管理图形模板和可视化应用程序的选项。

（6）对象模板

开发环境应该提供一种机制来开发应用程序对象模板。这些对象模板用于创建执行平台任务对象的各个实例。对象模板应该能够在层次（父/子）关系中包含其他对象模板。子模板应继承父模板的属性和特征，但允许以受控的方式覆盖或自定义这些继承的特征。对象可能包含一般对象配置、输入或输出定义、内部属性定义、配置帮助的内部文档、用户定义的属性定义、警报定义、历史定义、安全性和包含的脚本。应用程序对象应能够托管一个或多个相关的图形，以便可视化表示。

（7）导入/导出工具

开发环境应支持将应用程序模型导入和导出为集成商可读的文件格式，如 CSV（逗号分隔的文件格式），以便在诸如 Microsoft Excel 之类的电子表格应用程序中进行编辑。

仅通过填充电子表格中所需对象的实例化或配置所需的适当列，就可以从 CSV 负载实例化模板和应用程序对象。

（8）HMI 开发软件要求

HMI 系统软件功能的工程开发需求包括：彩色图形界面的开发、实时和历史数据库的配置、报警、与现场设备的 I/O 通信以及平台网络上客户机和服务器的应用程序设置。

所有的开发和配置都应该保存在一个或多个提供单一配置点的公共文件或数据库存储中。

开发环境应该具备在公共存储库中托管和管理可视化应用程序的能力。此外，开发工具必须对对象和标记名称有一个通用命名约定。

4. 系统平台运行环境

（1）警报管理

警报管理器服务应支持不少于 200 个同时显示的警报客户端显示。如果发生警报风暴（一秒内检测到数百或数千个警报），警报管理器应报告，客户端应能够在检测到警报后的 10s 内显示多达 1000 个新警报。

（2）通信体系结构

运行环境应该基于分布式的、对等的系统架构。可以将架构从单个自包含节点扩展到 200 多个节点。该体系结构应该包含一个多计算机模型，该模型在运行环境中被视为一个单一的分布式命名空间，并且不需要将数据从一个节点复制到另一个节点。

应用程序对象及其属性应可由对象的层次结构名称或全局唯一的标记名称访问。

1）对象通信

应用程序对象应该能够有使用 DDE、NetDDE、SuiteLink 或 OPC 协议连接到任何 I/O 服务器的能力。I/O 定义为任何输入或输出的变量，包括各个数据采集点和为系统中对象之间交换而生成的任何变量参数。至少应支持的数据类型有布尔型、浮点型、双精度型、字符串、国际化字符串、整数（8、16 和 32 位，有符号和无符号）、时间类型和持续时间类型。

2）通信的可扩展性

供应商应允许第三方通信软件供应商向平台系统提供设备集成服务。

3）多协议通信网关服务器

必须存在一个组件在 DDE、SuiteLink 和 OPC 协议之间进行转换，以支持旧式服务器或第三方服务器。网关应允许在一台计算机上的进程内的 DDE 对话在另一台计算机上被视为 OPC，而无需使用 NetDDE 或 DCOM 作为传输工具。本实用工具将在 Windows NT4、Windows 2000 工作站和其更高版本的操作系统下运行。

（3）运行数据查看器

系统应提供一个工具来查看任何应用程序对象属性的实时状态、质量和值。

（4）平台系统故障转移

平台系统软件在正常平台控制环境中的所有功能具有高可用性。高可用性需求也适用于历史过程数据的记录。在冗余故障转移配置中，应该有一个主系统对象和一个备份系统对象来管理所包含的主系统对象和备份对象。系统应执行活动对象，并使活动对象与备用对象同步。当检测到活动对象执行或与活动对象通信中的任何故障时，备用对象应在系统内开始接管执行和通信。

10.2.2　智能工艺控制系统

采用智能工艺控制系统能够保证污水处理厂化学需氧量、氨氮、总氮、总磷等核心指标稳定达标，实现污水处理厂稳定高效运行和节能降耗的目标。污水处理过程具有多变量、常扰动、大时滞、非线性、强耦合等特点，控制系统以污水处理活性污泥 ASM 模型为核心，基于"平台＋模块"的设计架构，采用"前馈＋反馈"的控制方式，实现污水处理核心环节曝气与加药的智能控制，提高系统闭环程度与运行效率，提升出水稳定性，降低电耗、药剂投加量、人员依赖度与员工工作量。

智能工艺控制系统的硬件包括：系统工作站、系统控制柜；智能工艺控制系统的软件包括：高级控制平台、精确曝气控制模块、智能碳源投加控制系统、智能加药除磷投加控制模块、水泵性能优化系统、机泵振动管理。系统预留模块接口，以便支持后续控制模块功能的拓展，进一步提升智慧化水平。

1. 高级工艺控制平台

高级工艺控制平台（Advanced Process Control Platform）是一套建立在 PLC 系统之上，基于计算机高级语言开发，采用对象化、模块化、平台化的设计理念，能够处理复杂算法和控制逻辑的智能化控制平台。平台以基于模型驱动的控制算法为核心，配套数据清洗算法，综合前馈与反馈不同控制方式的优势，实现了"前馈＋模型＋反馈"的高级工艺控制解决方案。运营人员可根据控制目标按需选取功能运算块（FB）或自定义算法脚本（Script），配置运行参数，实现关键工艺环节的智能化控制，提高控制系统闭环程度与运行效率，在削减污染物排放总量的基础上降低能耗、药耗、人耗，是确保智慧污水处理厂高效、可靠、智能、稳定运行的重要手段。

高级工艺控制平台能够为污水处理厂提供全面的逻辑冗余控制策略、精细化的控制方案，为实现水厂全自动、高可靠、智能化运行提供全方位技术支撑。控制系统网络拓扑图如图 10-2 所示。

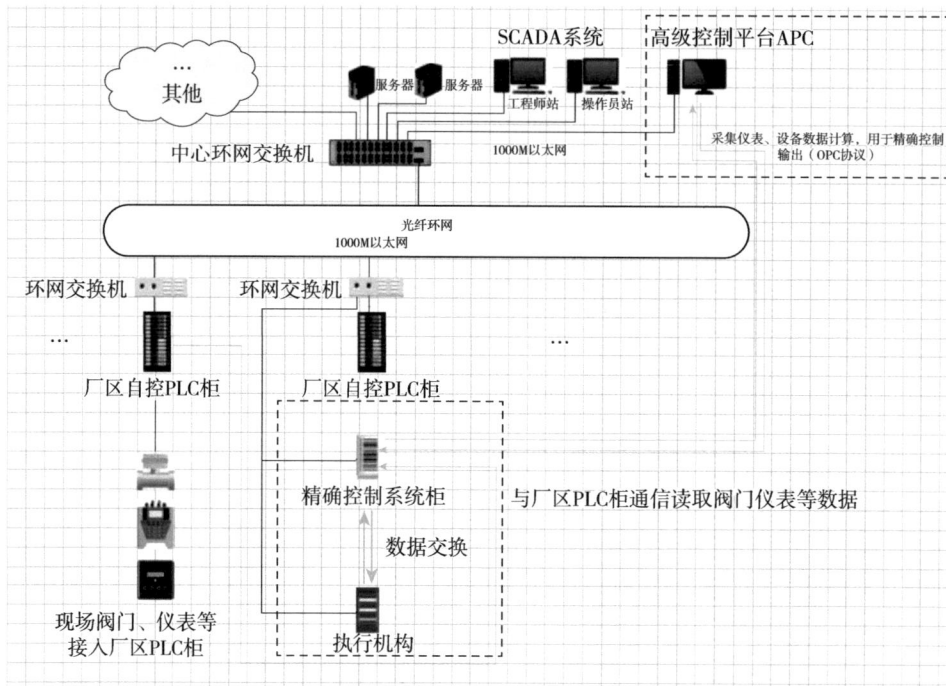

图 10-2　控制系统网络拓扑图

该平台内含复杂控制算法，面向于曝气、加药等具有大时滞、非线性、多变量耦合等复杂特性的控制系统，是实现全厂生化环节闭环控制的基础计算平台，具有以下要求：

（1）控制平台应包含 I/O 数据预处理机制，包括上下限过滤、线性变换、跳点处理和滑动平均处理、补遗处理等，实现对数据的实时诊断，提高数据准确性，规避因输入信号的异常波动或者遗失而带来的控制输出结果计算的不正确的影响。

（2）应采用"平台＋模块"的设计架构，以及图形化的建模方式，并预留接口，具备在未来升级为更高级的生物工艺智能优化控制系统的能力，为生物池提供更多控制模块，例如污泥控制、外回流控制等，为地下污水处理厂智慧化运行的进一步提升奠定良好基础。

（3）应具备变量监控、实时曲线、历史曲线等功能，方便运行人员查看数据、历史回顾。

（4）控制平台最多可采集 10000 点现场 PLC 变量，支持 I/O 数据缓存，每个变量可在内存中连续缓存至少 2h 历史值。

2. 精确曝气控制模块

精确曝气模块首先接收进水流量，水质（COD、氨氮等）前馈信号，以及生化池DO、水温、MLSS、液位等反馈信号，上述信号经由数据处理子模块进行滤波后，代入生物需气量计算模块，通过内置的活性污泥模型计算出各控制区的需气量，并将总气量（或压力）信号发送至风机主控柜，实现风机总输出的调节，系统内置防喘振策略确保风机安全运行。对于各个DO控制区，基于多阀门最优开度算法的气量分配模块可实现多个调节阀的快速精确调节，完成总气量到分区的气量合理分配，最终实现按需精确曝气，精确曝气系统图如图10-3所示。

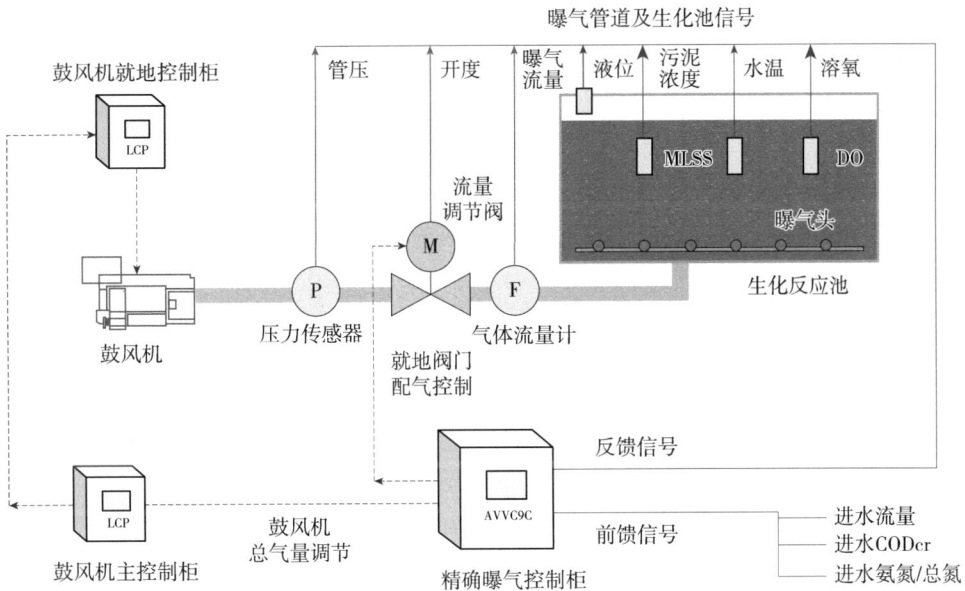

图10-3　精确曝气系统图

实际需气量由现场每个受控曝气单元的溶解氧探测仪、污泥浓度计、液位，以及其他PLC站点采集的进水流量、COD、NH_3-N等信号通过模型进行计算。总曝气量由鼓风机控制模块向鼓风机主控柜发出指令进行调节。

（1）系统性能描述

1）控制方式：为了克服污水系统大扰动、大时滞及非线性等因素对工艺控制的不利影响，系统需要综合考虑前馈数据、反馈数据以及生化模型的影响，采用"前馈+模型+反馈"的多参数控制模式。

2）溶解氧分布控制：系统须能够适应工艺控制的要求，将好氧段分为数个独立的溶解氧控制区，根据进水负荷变化调节曝气流量，满足处理单元所需要的溶解氧分布工艺环境。系统根据供气区域的溶解氧实际值和目标值，结合好氧池的生物量计算出需要风量传输给风量控制模块，风量控制模块根据流量计和压力计的读数调整风机的工况和阀门的开度，控制风机和阀门的供气量。

3）鼓风机控制：鼓风机 MCP 系统正常工作时，系统可通过流量调节或压力调节两种方式给定鼓风机 MCP 作为目标信号，MCP 必须实现对鼓风机组内单台鼓风机的启停、进出口导叶开度的全自动控制。

系统可以给鼓风机 MCP 流量或压力信号，该信号是随时间变化的动态值。

（2）系统对风机 MCP 的要求

精确曝气系统需要跟鼓风机联动。鼓风机功能及自控系统需要达到下列要求：

鼓风机系统应自带 MCP 控制柜，实现每台鼓风机的启或停、导叶开度或频率调节和鼓风机系统的整体调节功能以及与第三方的通信功能。鼓风机启或停、导叶开度或频率调节等功能可开放设置。

1）鼓风机支持流量调节模式或压力调节模式。MCP 接受软件所给定的设定值或反馈值的方式应支持以太网通信或 4–20mA 信号，并支持与精确曝气系统控制柜的通信监测功能。

2）MCP 应自带 HMI，方便现场设置参数及观察鼓风机状态等。

3）MCP 控制柜应能实现压力或流量调节模式。

4）MCP 调节方式应具备本地和远程模式切换功能，在本地模式下应满足就地触摸屏设定，在远程模式下中控室自控系统可远程设定。模式间的切换时，鼓风机应正常运行，不允许造成扰动。

5）采用远程模式时，用户可以设定允许启动的鼓风机的数量以及鼓风机之间的启动顺序（优先级设置或寻优自动选择），同时鼓风机系统应具备高效的级联控制原理，控制鼓风机开启的台数与及时调节参数以连续地提供所需的空气量。

6）在整体鼓风机系统中的调节气量范围内不应出现调节盲区。

（3）鼓风机与调节阀联动控制：精确曝气系统应考虑鼓风机和流量调节阀门的联动，防止总管压力异常导致鼓风机喘振。系统应内置多阀门最优开度控制策略，实现曝气量在不同曝气控制单元间的快速、精确配气。同时，鼓风机和调节阀联动控制时，气量分配模块和鼓风机控制模块组合起来能够有效地完成联机配气中的基本控制和优化目标。

（4）氨氮优化策略：系统软件应支持两种溶解氧控制策略，即溶解氧控制目标设定值为恒定值或动态值。对于 DO 设定值为动态值这种氨氮优化控制策略，其应是基于好氧出水氨氮值的控制目标，动态调节 DO 设定值，计算出降解这些氨氮所需的曝气量，以使出水 COD 和氨氮能够稳定达标。

（5）节能性能：精确曝气系统应该体现其节能的能力并实现预期的节能指标。

（6）系统可靠性：系统需支持工业以太网通信方式，通过网络采集系统所需仪表信号。系统应具有仪表故障、通信故障容错机制和备用控制策略控制机制。

（7）系统控制软件：精确曝气系统应基于一套基于精确数学模型的智能控制系统软件，系统运行过程中涉及信号滤波、失真信号处理、故障状态下控制器自动切换等大量的控制算法。为保证运行性能，应对时间延迟、信号干扰、常见的故障有相应的应对措施。

（8）精确曝气模块性能。

1）承受进水冲击负荷的能力强，使好氧池生化环境稳定，提高出水水质尤其是氨氮指标的稳定性；

2）有助于实现运行中的节能降耗，由动态模型自动计算实际需气量，按需供气，并优化控制鼓风机调节，实现节能运行，较传统方式节约耗电量达 10% 以上；

3）有助于实现好氧段溶解氧的精确控制，满足各类工艺要求，同时控制良好的 DO 会减少回流对厌、缺氧环境的影响，提高生物脱氮除磷效率；

4）实现曝气系统大闭环（鼓风机和阀门自动控制）全自动运行、智能控制，大幅降低人工操作强度。

3. 智能碳源投加控制系统

智能碳源投加控制系统是一个集成的控制系统，可实现污水处理厂脱氮工艺中碳源投加环节的精细化控制。碳源投加控制系统能够针对地下污水处理厂碳源投加过程的大滞后、大扰动、多因子、非线性等特点，结合外加碳源药剂类型，综合考虑流入缺氧区的硝态氮的浓度、出水硝态氮的目标值、进水水质和水量等参数，利用模型实时计算出碳源的投加量，药剂投加量的计算需以 ASM2D 模型为依据。

智能碳源投加控制系统能够结合进水水量、温度、pH 值、硝态氮浓度等相关参数，并根据药剂投加种类，准确计算出每个加药流程的需药量，并将需药量信号发送至加药泵控制柜，利用加药泵控制模块，根据泵的流量 – 频率特性设定泵的运行频率，调节总加药量，来实现各个控制单元加药量的合理分配，从而实现在出水水质达标基础上的降低药剂投加量的目的，智能碳源投加控制系统图如图 10-4 所示。

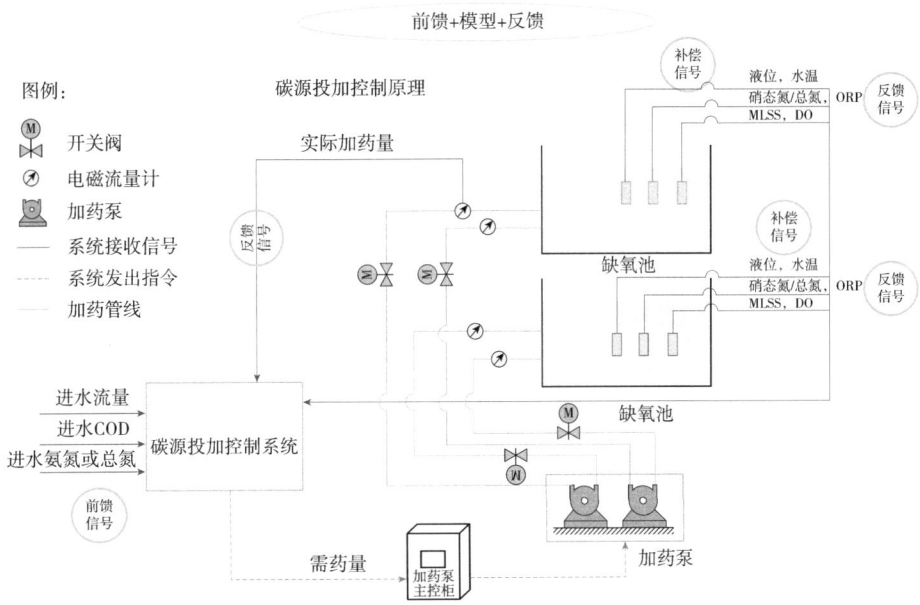

图 10-4　智能碳源投加控制系统图

（1）技术性能要求

碳源投加控制系统软件应为基于精确的数学模型的智能控制系统软件，系统运行过程中涉及信号滤波、失真信号处理、故障状态下控制器自动切换等大量的控制算法；为保证运行性能，应对时间延迟、信号干扰、常见的故障有应对措施，应具有加药环节常用在线仪表的数据处理策略，能够基于在线仪表的测量原理、信号特征等配备有相应的纠错处理策略，保证进入到药剂投加控制系统的信号在一定置信度区间内可以被采用，增强系统的可靠性与鲁棒性。

系统的控制软件应该是为该系统开发的专用软件，而不是基于通用组态软件基础上的再次开发的软件。

控制方式：为了克服污水系统大扰动、大时滞及非线性等因素对工艺控制的不利影响，系统需要综合考虑前馈数据、反馈数据以及反硝化动力学的影响，采用"前馈＋模型＋反馈"的多参数控制模式。

加药分区控制：系统须能够适应工艺控制的要求，将加药点分为数个独立的控制区，通过药剂的调节，满足处理单元所需要的药剂量，允许用户自行定义硝态氮设定值。

加药泵控制：碳源投加控制系统必须实现对药剂投加泵的启停，运行负荷的全自动控制调节，将计算得到的需药量信号发送至加药泵 MCP，来调节加药量。

在出水水质达标的基础上，以处理每立方水的碳源药剂消耗量计，使用碳源投加控制系统后可以使碳源药耗成本至少节省 5%。

（2）碳源投加控制系统特点：

1）承受进水冲击负荷的能力强，减轻调节滞后性，通过控制出水硝酸盐氮的浓度实现TN 稳定达标排放；

2）合理供给加药量，避免过量加药带来的有机负荷冲击（污泥量增加、硝化细菌抑制）或加药不足导致的总氮超标，实现碳源成本降低 10% 以上；

3）实现碳源投加系统大闭环全自动运行、智能控制，降低人工操作强度。

4. 智能加药除磷投加控制系统

智能加药除磷投加控制系统是一个集成的控制系统，可实现污水处理厂加药除磷环节的精细化控制。加药除磷投加控制系统的核心为药剂投加量的计算，而药剂投加量的计算需以 ASM2D 模型为依据。系统结合现场进水仪表的前馈信号、控制单元仪表的反馈信号以及化学除磷动力学过程的建模，计算出将控制单元的磷酸盐或总磷维持在控制目标的需药量，并根据泵的流量 – 频率特性设定泵的运行频率调节加药泵组的流量，通过加药管路上阀门开度的调控，来实现各个建（构）筑物加药量的合理分配，使之输出相应的实际加药量，从而完成对加药量的智能控制。智能加药除磷投加控制系统图如图 10-5 所示。

（1）技术性能要求

智能加药除磷投加控制系统是一个集成的控制系统，由药剂投加系统控制柜、系统

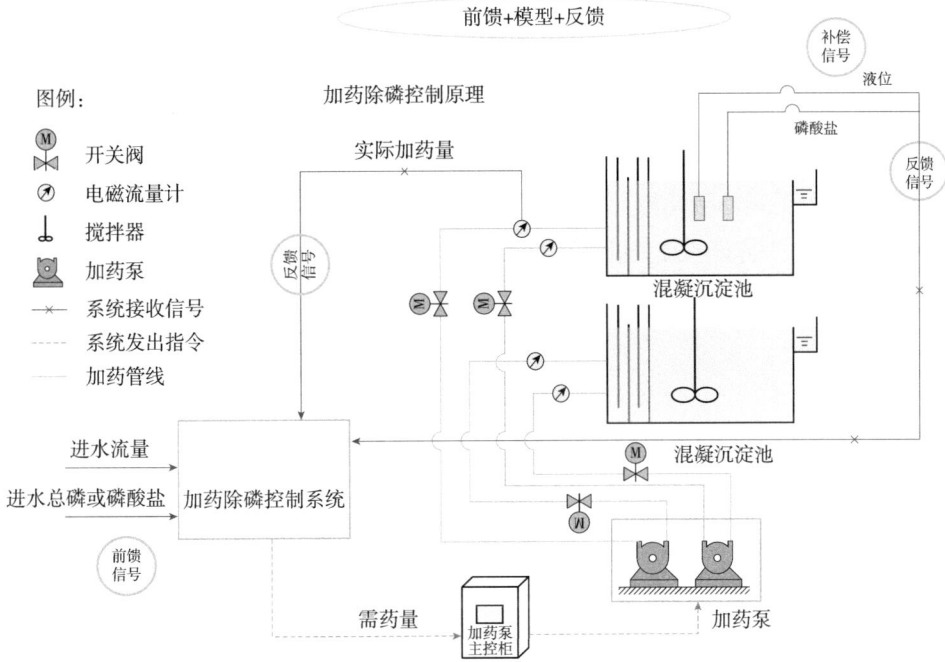

图 10-5　智能加药除磷投加控制系统图

控制软件等组成。系统能对药剂投加泵和各药剂投加点加药量的分配进行自动调节，根据实际水量、水质数据自动分配每个药剂投加点的加药量，实现加药环节的自动化、精细化控制。

药剂投加量在线计算：智能加药除磷投加控制系统采用"前馈＋模型＋反馈"的控制模式，系统采集的进水水量、水质前馈信号，以及从现场每个处理单元采集到的水质反馈信号，数据处理模块对这些采集到的数据进行预处理后，通过药剂投加量计算模块即可计算出每个加药单元的实际需要量，使加药系统随需而变地进行供药。

系统的控制软件应该是为该系统开发的专用软件，而不是基于通用组态软件基础上的再次开发而成。

控制方式：为了克服污水系统大扰动、大时滞及非线性等因素对工艺控制的不利影响，系统需要综合考虑前馈数据、反馈数据以及除磷动力学的影响，采用多参数控制模式。

加药分区控制：系统须能够适应工艺控制的要求，将加药点分为数个独立的控制区，通过药剂的调节，满足处理单元所需要的药剂量。

加药泵控制：智能加药除磷投加控制系统必须实现对药剂投加泵组内药剂投加泵的启停，运行负荷的全自动控制调节，系统将计算得到的需药量信号发送至加药泵控制柜，来调节加药量。

在出水水质达标基础上，以处理每立方水量的药剂消耗量计，使用智能加药除磷投加控制系统后可以使药耗成本至少节省 5%。

（2）化学除磷系统特点

1）承受进水冲击负荷的能力强，降低了人工调整带来的滞后性，实现出水总磷稳定达标排放。

2）合理供给加药量，避免过量加药带来的污泥量增加和对生物除磷、硝化作用的抑制以及加药量不足导致的总磷超标，降低除磷剂剂量10%以上及污泥处置费用。

3）实现智能加药除磷投加控制系统大闭环全自动运行、智能控制，降低人工操作强度。

5. 水泵性能优化系统

（1）功能描述

水泵性能优化系统为污水处理厂人员提供持续监控工厂水泵性能的功能，并将其与设计的预期标准性能进行比较，帮助用户快速地识别有问题的区域，从而降低操作成本。

通过计算水泵的性能，可得到每台水泵的效率，按照水泵的效率对泵组的配置进行合理设定，使效率高的水泵多出力，在满足工艺要求的情况下让水泵运行在最佳效率点，最终达到节能降耗，辅助延长水泵使用寿命的目的。

（2）技术要求

1）降低能耗

通过对水泵信息的全方位监测，分析泵效率，提供泵效率的实时监视图，并提供先进的算法，以最大限度地减少所消耗的电量。

2）泵配置策略

并联泵往往具有不同的特性和独特的性能曲线。

优秀的泵配置策略可以提供理想的泵配置，以满足管网中的流量和压力要求，从而实现最低的总功率成本。

3）泵高级监控

通过利用水泵设计数据和控制系统过程数据，软件可提供信息帮助提高泵的可靠性和效率。该应用程序通过预测单元维护需求和最小化设备负担来降低维护支出。

4）减少泵磨损

当泵不能接近其最佳效率点时，不但会消耗更多的能量，而且会产生不必要的磨损。先进的算法可以使水泵尽可能接近其最佳效率点运行，同时也可以对异常情况进行预警，防止振动和减少泵的磨损。

水泵性能优化系统使多台水泵的优化调度成为可能，可实现水泵的最优组合并使水泵的负载更有效率。

6. 机泵振动管理

（1）实施的目标

通过建立关键设备在线监测体系，实时监控设备振动、温度等参数状态，及时报警，防止重大设备事故的发生；通过状态监测实现事故预警，能及时发现设备运行的不良状况，进行事故预警，实现对设备运行状态的动态管理。

状态监测、故障诊断技术为确定最佳检修时机和制定合理检修方案提供了依据，可有效地指导设备进行合理维修。逐步从计划检修向状态检修转换，实现经济效益最大化。提高设备运转率，减少岗位操作人员的劳动强度，延长了设备的使用寿命，减少工作量。

振动在线监测系统具备强大的数据管理、高速传输和共享功能，为企业今后实现大规模设备远程集中管理和监测奠定了必要的基础。

1）可为用户提供快速的服务。通过检测设备不间断地监测，了解设备运行状态，提前预测可能发生的维护、检修和部件更换情况，及时做好服务准备。

2）降低服务成本并提高服务质量。

3）收集更全面详细的设备运行信息资料，泵组进行监测、分析和诊断，以确定设备运行的状态。通过跟踪分析，找出存在的问题，从而提高产品的性能和质量。

（2）配置方案

每台泵组设置一台采集箱，由采集箱传送信号到集中控制柜，箱内装有一套振动在线监测系统，用于电机、泵的振动、转速监测和保护，每个测量信号都有一路 4-20mA 电流输出及两路报警继电器输出。

10.2.3　工艺在线仿真系统

工艺在线仿真系统是一个用于污水处理厂运行方案决策、工艺优化的仿真工具，通过建模仿真来为污水处理厂的运行管理提供运行效果预测、方案决策支持、工艺优化等服务，从而促进污水处理厂的达标排放和节能降耗，提高运行管理水平。

系统能够根据进水水质、水量数据和模型比较准确地预测出接下来几个小时内生化池内水质的变化情况。也能够通过灵活调整工艺运行参数，形成各种工况的模拟、最优方案比选等，为污水处理厂的运行管理提供有力的决策支持。

系统根据输入的仪表信号（水量、水质等）实时在线值，通过现场 PLC 采集变量，PLC 最大容量 10000 点，支持 I/O 数据缓存，每个变量可在内存中连续缓存至少 2h 历史值，信号采集周期最小为 1000ms。系统能够实时地给出仿真预测结果。在时间维度上，仿真结果应包含当前值和未来值（未来值所涵盖的时间范围不少于 2h）；在空间维度上，仿真结果应能体现各种水质指标在处理流程内的沿程分布。

系统应支持多种计算资源拓展方式，可部署在污水处理厂本地化现场，以内部网络的形式与系统连接，也可以部署在云端，包括公有云、私有云、混合云等。

系统基于 Web 平台化技术，用户不再需要安装任何客户端软件就能实现污水处理厂的仿真模拟分析，可通过 PC 或移动设备的浏览器登录系统。

系统软件配有数据采集预处理模块，支持常见的滤波算法，如上下限过滤、线性变换、跳点处理和滑动平均处理等。

系统支持自定义不同运行参数的配置组合，根据模拟结果进行对照，能够给出最优的运行参数组合（包含但不限于曝气流量、污泥回流量、硝化液内回流量和剩余污泥排放量），作为污水处理厂日常运行方案决策的依据。

系统能够实现在线多个方案同时运行，支持多人同时在线使用，并具有多方案对比的功能，对比结果可以图形化呈现。

系统具有碳足迹相关的配置模块，能对污水处理厂能耗、药耗、化学品消耗、运输等所有环节的碳排放进行定量分析，有利于污水处理厂实时了解本厂碳排放水平。能以图表的形式展示结果，包括碳排放的来源比重、排行、总量等。

系统具有精确曝气模式，通过仿真模型比较不同供气策略对出水水质的影响，为好氧区提供合理的供气方案，同时计算出曝气池内不同区域的 DO 控制浓度，获得一系列特定工况下鼓风机电耗，供用户比较，在出水达标的基础上实现节能降耗目的。

通过模型软件可以直观地查看各种水质指标在生化池内的沿程分布和生化池内任意位置上污染物的时间分布。系统具有设备能耗模型（包括但不限于鼓风机、提升泵、污泥脱水机等耗电设备）和药耗模型，可模拟出污水处理过程中设备的耗电量及投药量，计算处理单位水量所需的电耗、药耗及成本，并以图形的形式输出。

1. 污水处理厂虚拟仪表和在线实时仿真预测

系统软件根据在线仪表采集的进水流量和进水污染物浓度实时模拟包括生化池出水在内的沿程污染物浓度分布，以仿真结果代替实体仪表的监测，填补生化池沿程上的监测盲区，实现虚拟仪表的功能。在此基础上，通过配置或预测未来一定时期内进水条件可能的变化趋势，预测未来的出水变化，从而在可能遇到冲击负荷等不利工况时做好预警和提前防范，并可通过配置未来的运行参数来验证应对预案的效果。

2. 运行方案对比和优化

系统可通过配置不同运行参数来模拟不同的运行方案，并通过相应的仿真结果来选择最合理的运行参数组合，实现方案对比和优化。系统提供的可配置运行参数包括曝气池的溶解氧控制目标值、曝气流量、污泥回流量、硝化液内回流量和剩余污泥排放量。系统支持自由配置进水及运行参数的模式，如回流方式（按比例回流或按规定流量回流）、曝气方式（按规定的曝气量曝气或按 DO 目标控制值曝气）、剩余污泥排放方式（连续或间歇）。

3. 微生物动力学参数评估

系统软件在建立及校准模型的过程中针对污水处理厂进水水质组成进行分析和划分，包括 COD、BOD、总氮、总磷、氨氮、发酵产物以及碱度。模型建立过程中可对污水处理厂活性污泥进行性能分析，包括耗氧速率、硝化速率、反硝化速率以及磷的释放和吸收性能。

4. 污水处理厂运行能耗、药耗仿真

在工艺仿真的基础上，工艺建模与优化系统软件能够提供各大耗能设备门类（如鼓风机、提升泵等）的能耗指标及设备运行信息，包括耗电量、功率、电流等；同时能提供累积处理水量、当量 COD 削减量、污泥产量，从而计算处理每立方水或削减单位污染物的能耗，从全厂层面了解能耗情况。此外，系统支持药耗仿真，能根据进水、药物投配比等参数自动计算出化学药剂的投加量和投加速率，主要涉及污泥浓缩和脱水、化学除磷、消毒等领域。

5. 碳排放计算

基于仿真技术可以对污水处理厂运行过程的碳排放进行模拟预测，在线污水处理仿真平台的碳足迹模拟结果包括全厂电耗碳排放量、全厂污水处理碳排放量、污水尾水排放对环境的碳排放量、化学品消耗碳排放量以及运输过程碳排放量等，既可在时间维度上对碳足迹模拟结果进行可视化展示，又可对不同维度统计结果进行对比、排序。

10.3　智能配电及机器人技术

10.3.1　智能配电系统

随着智能配电网、主动配电网的发展及完善，作为智能电网终端层的智能配电系统也随着制造工艺的提高、信息技术的发展而逐步发展，主要包括从中压（6 ～ 35kV）到低压配电的智能配电系统。系统在物联网、大数据、云计算、移动应用、人工智能等现代信息技术发展基础上，结合传统电气、自控、通信等领域新技术对配电室设备和环境进行监测，组成电气综合监控平台，通过数据采集、数据融合、数据分析、数据共享，为配电系统合理调配及能源数据的科学分析提供智能辅助决策，实现高效维护，有效地保障了供电可靠性和供电品质，整体提高配电系统的管理水平。

1. 智能配电系统总体要求

智能配电系统需要满足先进性、可靠性、安全性、集成性和可扩展性。

先进性：系统应采用先进的技术和方法，保证系统具备较长的生命周期。

可靠性：系统应确保数据获取、数据处理、数据传输等过程准确、可靠。

安全性：系统应确保用户数据安全和用户隐私安全，按照不同用户对安全的需求提供不同的安全等级保护，确保用户的数据和隐私均受到保护。

集成性：系统应能够从其他信息系统获取数据，并且能够为其他信息系统提供数据集成接口。

可扩展性：系统的软、硬件都可动态扩展，系统配置和设计容量具有合理冗余，符合扩展需要。

2. 智能配电系统构成

目前智能配电系统还没有统一的技术标准，现阶段用户端智能配电系统中，中压系统（35kV 及以下）主要采用的是微机综合保护装置及智能电力仪表，0.4kV 低压系统主要采用由智能断路器、智能仪表、智能控制模块等组成的智能配电网络。

智能配电系统结构形式以分层、分布式结构居多，系统结构（图 10-6）一般可分为站控管理层、通信网络层、现场设备层三层。各层之间宜采用技术成熟的硬件接口及标准协议，以保证通信的稳定可靠。

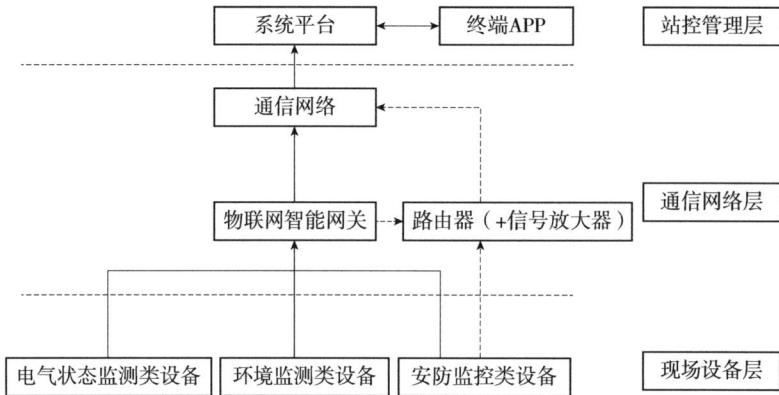

图 10-6　智能配电系统结构示意图

现场设备层通过安装在电气设备终端的采集器、传感器，实现设备状态量、环境状态量和安防信息的采集；通信网络层通过安装在用户侧的物联网智能网关（或工业 DTU）、路由、信号放大器及通信网络，实现采集信号的上传；站控管理层通过通信网络层直接获取现场设备层数据，可引入同步时钟等装置，便于进行配电系统不同层级相关参数及多参数的对比分析，用于事故和潜在风险分析、判断，同时可以为后期加入更多电气相关的监控（如光伏、储能等）打下基础，并可以满足与各类应用层及电网侧的数据交互。

3. 智能配电系统功能

智能配电管理系统平台能够实现的功能主要包括运行监测、预警功能及报警处理、运行统计分析、运行维护管理四大方面。

（1）运行监测

系统应具备运行监测功能，对系统内设备运行状态、运行参数和配电室运行环境情况进行监测，用户可通过客户端实时获取运行状况。

智能配电系统可以监控变压器、电表、智能断路器等配电设备，监测回路电压、电流、功率、电能、开关状态、故障事件等参数，实现遥测、遥控、遥信、遥调等远传功能。

系统应支持配电室主要运行状态、设备信息等参数的实时监测。支持对监测内容进行可视化展示，并提供多样化的展现形式。

（2）预警功能及报警处理

系统应具备预警功能，支持用户对配电系统运行参数情况进行实时监测、追踪，支持对预警历史信息的查询与管理。

系统应具备报警处理功能，支持用户对配电系统故障报警信息实时监测、追踪，支持对报警历史信息的查询与管理。

（3）运行统计分析

系统应具备运行统计分析功能，用户可通过运行统计分析功能对配电系统的运行数据进行查询、对比和分析，主要表现在以下三个方面：

深度的数据挖掘：系统连通大数据分析平台，对数据进行不同维度的建模与数据挖掘，从而帮助用户分析不同数据间的关联，为用户提供能源耦合、降本增效等方面的数据挖掘与分析服务。

配电能耗趋势分析及报表输出：系统数据功能包括能耗、设备健康、环境等数据的历史报表查询与导出以及数据同、环比分析等数据可视化功能。

设备运行模式优化调整，为决策调整提供依据：对系统中的运行数据进行分析，优化设备运行模式、电网结构等，提高运行效率和经济效益。同时通过对数据进行分析，为企业制定维护计划、优化运行策略等决策提供支持。

（4）运行维护管理

系统应具备运行维护管理功能，用户可通过运行维护管理功能对配电系统的运行、维护、管理等方面进行规划、组织、指挥、协调和监督，包括：

运行管理：对智能配电系统的各项设备进行监控、调度和管理，确保其安全、高效地运行。

维护管理：对智能配电系统的设备进行维护和保养，包括预防性维护、修理和更换等。

安全管理：对智能配电系统的安全性进行评估、监测和控制，确保系统安全可靠。

10.3.2　巡检机器人

1. 一般要求

巡检机器人随着人们需要对污水处理厂工艺系统环节及相关场所的运行状况及时了解而逐步被得到运用，本节主要描述生化池巡检机器人的运用。

生化池为污水处理核心工艺构筑物，由于加装生物除臭装置以及地下污水处理厂建设等原因，无法通过传统的人工巡检方式查看到生化池的实际运行情况，可通过在生化池内设置智能巡检机器人系统，实时且不间断地观察反应池曝气情况，采集相关环境工况数据，生成巡检报告，实现对生化池运行情况的实时了解，同时可减少运行人员劳动强度，保障人员人身安全，并为设备维护提供依据。

智能巡检机器人系统主要由巡检机器人本体、导轨、电动门、充电桩、通信装置、就地控制系统、监控后台、救援机器人等组成。

2. 巡检机器人系统功能

（1）采集与补光功能

图像视频采集：巡检机器人应能通过所搭载的摄像头对生化池液面曝气状况进行拍摄。摄像头数量≥2，且在巡检机器人上前后分布，可根据需要进行视角旋转、放大、缩小。同时摄像头不得以支架或者机械臂等形式超出机器人本体，增加整机长度、宽度及高度。

环境数据采集：巡检机器人可对生化池内环境参数进行检测。必须包括但不限于温度、湿度、CH_4、NH_3、H_2S、O_2。

补光照明：巡检机器人配备 LED 补光灯，以便在光线不好时进行光源补充增加可视范围。

（2）运动与定位功能

运动功能：巡检机器人应具备无级调速功能，能够根据需要进行定速或变速巡航。

定位功能：巡检机器人应具备定位功能，巡检时能够实时地将位置信息发送至监控后台，并可根据需要运动至指定位置。

（3）自主充电功能

机器人应具备自主充电功能，电池电量不足时能够自动返回充电站，能够与充电设备配合完成自主充电。

（4）巡检方式设置和切换

机器人巡检方式应包括自主巡检及人工遥控巡检两种功能。自主巡检又包括例行和特巡两种方式。自主巡检与人工遥控巡检能自由无缝切换，且在切换过程中，巡检机器人的运行姿态不发生明显变化。

（5）自检功能

巡检机器人应具备自检功能，至少应包含检测电池温度、电机温度、超高液面等的功能。如发现异常均可在后台提示异常状况，并根据实际情况做出相应的处置。

3. 监控后台功能

（1）总体功能

监控后台应采用 Web 形式，支持本地用户对一台、多台机器人进行控制管理，也可实现跨区域多厂站集中管理。

监控后台至少包括实时监视、机器人状态控制、巡检任务管理、报表统计、告警管理、系统管理六个功能模块。

监控后台人机界面友好、操作方便，信息显示清晰直观。

（2）实时监视功能

监控后台应实时监视现场设备信息，包括机器人本体状态、现场环境、辅助系统设备运行状态等功能。

监控后台应能实时预览巡检画面，支持视频的播放、停止、抓图、录像、全屏显示等功能。应能够显示巡检机器人控制模式、运动轨迹与位置、实时电机转速、巡检里程、电量、环境参数等信息。同时还能够对系统内其他辅助设备的充电状态、电动门启或闭、网络状态等进行监视。

（3）机器人状态控制功能

监控后台应能够对巡检机器人巡检模式进行控制，实现全自主、人工、返航等模式的顺畅切换；还应可以调整机器人巡检速度、巡航距离、巡检方向。

监控后台应实现控制巡检机器人摄像头上、下、左、右转动，支持摄像头变倍调整和自动对焦。

（4）巡检任务管理功能

监控后台应能对全自主模式下巡检的时间、巡航速度、摄像头拍摄角度、任务停靠点进行新建、配置、保存，以方便巡检机器人按照既定规则进行全自主模式下例行巡检或者特巡。同时后台系统应能自动保存该模式下所有录制视频，视频保存方式为循环覆盖，监控后台软件应能根据磁盘容量进行存储，默认覆盖最早期的视频。

（5）报表统计功能

监控后台应能在每一个巡检任务结束后，生成巡检任务报表。巡检任务报表具备设定时间内的巡检任务查询功能，支持巡检时间、巡检设备编号、参数信息的组合筛选。

报表应显示巡检设备、参数名称、监测值、监测时间；提供数据折线图展示功能以及具备巡检报告导出的功能。全自主巡检应提供视频回放功能，全自主特巡模式还应提供全池工况智能识别色块图。根据所拍摄的短视频，利用基于神经网络的智能识别算法自主判断该区域曝气有无异常，是否存在污泥膨胀、泡沫堆积等异常工况，如有用红色标记该区域。

（6）告警管理功能

监控后台应具备告警管理功能，通过设置阈值上下限实现对所采集环境气体数据、机器人电池温度、电机运行温度等参数的异常报警。并在界面中有显著的异常提示。

（7）系统管理功能

监控后台应具备系统管理功能，包括但不限于：用户管理、权限管理、站点管理、巡检机器人管理、日志管理，以实现多账号、分级权限、巡检机器人配置、后台运维和多站点运行集中管理监控等功能。

10.4　BIM 设计

10.4.1　概述

地下污水处理厂 BIM（建筑信息模型）设计是以三维模型为基础，实现工程设计阶段的协同设计与信息化管理。通过 BIM 设计，可以提早在设计阶段发现并解决问题，提高设计质量和效率，同时实现工程数据的重复利用和共享，降低工程成本、提高设计效率。

10.4.2　地下污水处理厂 BIM 模型应用

在协同工作环境中进行地下污水处理厂 BIM 设计，设计成果可以实时共享，各专业能够及时查看上下游专业的最新设计成果，协同性强，有助于将各专业之间的冲突降至最低，从而提高整体设计质量。

10.4.3 地下污水处理厂 BIM 模型应用

1. 结构分析

结构分析主要体现在结构设计阶段，针对不同的设计方案，可采用不同的承载力模型和结构方案，结构力学分析模型和 BIM 建筑物理模型的表达存在较大的差异，进行二者之间的模型交换时需要对构件连接节点进行修正。

2. 性能分析

（1）能耗分析

在传统的能耗模拟分析中，进行能耗分析的人员仅仅只是设计单位或专门进行能耗模拟工作的专业人员，由于该流程开始于施工图设计完成以后，其他人员很少参与到分析过程中。而用 BIM 技术进行能耗模拟分析，在项目的概念设计阶段就应用 BIM 技术进行项目方案的设计，随着 BIM 模型的不断精细化，用软件分析能耗的频率也就越大。在 BIM 技术参与的能耗分析中，参与方不仅包括专业设计人员，还有各相关人员，大家都能实时参与 3D 信息模型的各种物理环境分析，并结合工程需要提出自己的意见。

由于 BIM 软件之间的互通性，每完成一个阶段的方案设计，就可以从建模软件中导出中间文件，直接导入分析软件中进行物理环境的各种模拟；或者在分析软件中建立与 3D 信息模型相同数据信息的模型直接进行后续的可持续分析。

（2）冷热负荷计算

以非机械电气设备干预手段实现建筑能耗降低的被动节能技术，具体指在建筑规划设计中通过对建筑朝向的合理布置、遮阳的设置、建筑围护结构的保温隔热技术、有利于自然通风的建筑开口设计等实现建筑需要的供暖、空调、通风等能耗的降低。使用 BIM 相关软件可以在设计阶段帮助用户进行建筑能耗分析并生成负荷报告，对设计相关要素进行有效改良，降低能耗损失。

3. 工程算量及限额设计

（1）工程算量

在目前工程设计阶段，通过引入基于 BIM 的算量软件，按照不同专业进行工程量的计算，是 BIM 技术的基础应用，主要通过以下几个步骤实现。

1）算量模型建立

首先需要建立建筑、结构和安装等不同专业算量模型，模型可以从设计软件 CAD 导入，也可重新建立算量模型。模型以参数化的构件为基础，包含了构件的物理、空间、几何等信息，这些信息形成工程量计算的基础。

2）设置参数

输入工程的一些主要参数，如混凝土构件的混凝土强度等级、楼层标高以及室内外地面标高等。前者是作为混凝土构件自动套取做法的条件之一，后者是计算挖土方的条件之一。

3）针对构件类别套用工程做法

混凝土、模板、砌体、基础都可以自动套取定额做法，而装饰、门窗等依据构件定义、布置信息及相关设置找到相应的定额或者清单做法，软件可根据定义及布置信息自动计算出相关的附件工程量。

（2）限额设计

在项目投资决策后，设计阶段就成为项目工程造价控制的关键环节之一，它对工程建设项目的工期、造价、质量及建成后能否发挥较好的经济效益都起着决定性的作用。据资料统计，设计影响工程造价的变动幅度达到了35%～75%，设计方案对于工程造价的控制具有关键的影响。因此，提高设计质量、优化相应涉及造价的文件是设计阶段工程造价控制的重点。

通过 BIM 软件建立的 BIM 模型，集成建筑工程各项属性信息，可以大大提高建筑工程信息的集成化程度，为设计阶段工程造价的控制提供很大的便利，主要体现在：快速实时的造价分析、实现项目生命周期数据的共享使用、实现建设项目大数据的积累、加强限额设计。

4. 辅助图纸校核

传统图纸会审的过程主要是在施工方接收业主移交的施工图纸后，各专业人员通过熟悉图纸并发现问题，然后联合监理、设计单位以及项目经理部等相关专业人员进行图纸会审，针对图纸中出现的问题进行商讨修改，最后形成会议纪要，作为施工指导性文件；而采用 BIM 技术进行图纸会审是结合设计模型进行施工模型优化。将不同专业模型整合后，不但能发现本专业的图纸问题，而且能够发现不同专业间的冲突问题，对图纸问题的梳理更加精细化，对设计优化十分有利。

5. 设计优化

在设计领域，BIM 正向设计理念逐渐被接受。以往设计流程中，基于 BIM 技术的设计优化以先设计出图、后依据设计图翻模的方式为主。翻模方式重现了设计成果，基本能解决各专业的设计冲突问题，但是由于建筑设计、施工、竣工、运行及维修等不同阶段，对BIM 技术有不同的要求，设计阶段基于 BIM 技术的设计优化，往往侧重于解决设计问题，并未全面考虑 BIM 技术的全生命周期应用问题。因此通过设计图进行 BIM 模型的设计优化只是 BIM 技术发展初期，为了探索基于 BIM 技术进行建筑设计，而采取的临时措施，并不能达到建筑全生命设计优化的效果。

（1）BIM 正向设计

BIM 正向设计是在三维环境中直接开展设计的行为，包括分析项目需求、比选工程方案、选择结构形式、确定构件尺寸、推演施工方案、输出设计成果等基本过程，以 BIM 模型的形式，让参建各方能够参与到设计过程中，真正实现建筑全生命的设计优化。

（2）机电管线系统设计优化

基于正向设计的机电管线系统设计优化，通过 BIM 三维模型的可视化、信息化特点，能有效提高各专业设计人员协调沟通效率，为设计优化提供有效的参考，从而保证设计成果的质量。同时，能让业主、施工、监理等有关单位的管理人员，参与到设计优化工作中，提升沟通的效率，降低沟通成本，且基于 BIM 的模型的参数化优势，通过 BIM 技术进行的设计优化调整，能快速地体现到 BIM 模型的二维图中，有效提高设计方案变动时调整设计方案的效率和设计出图的效率，实现实时同步协调。

（3）空间碰撞分析优化

"空间碰撞分析优化"与上述的"机电管线系统设计优化"在功能的实现上，其本质是一致的，现阶段通过翻模设计流程来解决，未来需要实现的是基于正向设计的空间碰撞优化。

6. 净高分析

净高分析是指在设计阶段，通过 BIM 模拟建造，形象、直观、准确地表现每个区域的净高，对空间狭小、管线密集或净高要求高的区域（例如：地下室的行车道、走廊、设备运输通道等）进行净高分析，提前发现不满足净高要求功能和美观需求的部位，避免后期设计变更，从而缩短工期、节约成本。

7. 预留孔洞

基于 BIM 技术的正向设计预留孔洞，在设计阶段完成建模及管线优化的过程，将各专业设计师的沟通结果以 BIM 软件来得以展示。这种协调性不仅仅能解决各专业的管线碰撞问题，还能满足类似土建设计中防火分区与其他设计之间的协调性等，这种协调性可实现最大限度地预判，减少后期施工过程的不确定因素，提前将各专业进行整合及优化，直观形象地展示各专业管线与墙体相互交错位置关系，确定管线最终走向，真正地实现"所见即所得"，为预留孔洞的合理性提供了有效保障。

8. BIM 设计出图

设计模型建立完成后，即可通过 BIM 软件进行出图，实现正向设计，可为当下的 BIM 应用节省部分环节、降低劳动力和信息交换成本。

10.4.4　地下污水处理厂 BIM 数字化交付

1. 交付总体要求

（1）应保证 BIM 模型交付准确性

BIM 模型交付准确性是指模型和模型构件的形状和尺寸以及模型构件之间的位置关系准确无误，相关属性信息也应保证具备准确性。设计单位在模型交付前应对模型进行检查，确保模型准确反映真实的工程状态。

（2）交付的 BIM 模型几何信息和非几何信息应有效传递。

（3）交付的 BIM 模型应满足各专业模型等级深度。

（4）交付物中的信息表格内容应与 BIM 模型中的信息一致。

交付物中的各类信息表格，如工程统计表等，应根据 BIM 模型中的信息来生成，并能转化成为通用的文件格式以便后续使用。

（5）交付的 BIM 模型建模坐标应与真实工程坐标一致。一些分区模型、构件模型未采用真实工程坐标时，宜采用原点（0，0，0）作为特征点，并在工程使用周期内不进行变动。

2. 模型检查规则

BIM 模型是工程生命周期中各相关方共享的工程信息资源，也是各相关方在不同阶段制定决策的重要依据。

在模型检查过程中，应考虑如下几方面的检查内容：

（1）模型完整性检查

（2）建模规范性检查

（3）设计指标、规范检查

（4）模型协调性检查

3. 设计各阶段交付要求

（1）方案设计阶段交付

方案设计主要是从工程项目的需求出发，根据项目的设计条件，研究分析满足功能和性能的总体方案，并对项目的总体方案进行初步的评价、优化和确定。

方案设计阶段的 BIM 应用主要是利用 BIM 技术对项目的可行性进行验证，制定下一步深化工作内容和方案细化。

1）BIM 工作内容主要包括建立统一的方案设计 BIM 模型，进行初步的性能分析并进行方案优化，为制作效果图提供模型，也可根据需要快速生成多个方案模型用于比选。

2）BIM 交付物主要包括如下内容：

① BIM 方案设计模型：应提供 BIM 方案模型，也可提供多个 BIM 方案模型用于方案比选，模型的交付内容及深度达到方案阶段设计要求；

②场地分析：利用场地分析软件，建立三维场地模型，在场地规划设计和市政设计的过程中，提供可视化的模拟分析数据，作为评估设计方案选项的依据；

③ BIM 浏览模型：由 BIM 设计模型创建的带有必要工程数据信息的 BIM 浏览模型；

④可视化模型及生成文件：基于 BIM 模型创建的室外效果图、场景漫游、交互式实时漫游虚拟现实系统、对应的展示视频文件等可视化成果；

⑤由 BIM 模型生成的二维视图：由 BIM 模型直接生成的二维视图，应包括总平面图、各层平面图、主要立面图、主要剖面图、透视图等，保持图纸间、图纸与 BIM 模型间的数据关联性，达到二维图纸交付内容要求。

（2）初步设计阶段交付

初步设计阶段是介于方案设计阶段和施工图设计阶段之间的过程，是对方案设计进行细化的阶段。在本阶段，推敲完善 BIM 模型，并配合结构建模进行核查设计。应用 BIM 软件对模型进行一致性检查，生成初步设计二维图纸。

1）BIM 工作内容主要包括建立各专业的初步设计 BIM 模型，基于 BIM 模型进行必要的性能分析，建立 BIM 综合模型进行综合协调，基于 BIM 模型完成对工程设计的优化，通过 BIM 模型生成二维视图。

2）BIM 交付物主要包括如下内容：

①BIM 专业设计模型：可用于分析优化的各专业 BIM 初步设计模型，模型的交付内容及深度须达到初步设计深度；

②BIM 综合协调模型：重点用于进行专业间的综合协调及完成优化分析；

③性能分析：将 BIM 模型用于性能分析并生成分析报告；

④工程量统计表：精确统计各项常用指标，以辅助进行技术指标测算；

⑤由 BIM 模型生成的二维图纸：基于 BIM 模型辅助生成二维图纸。

（3）施工图设计阶段交付

施工图设计是项目设计的重要阶段，是设计和施工的桥梁。本阶段主要通过施工图图纸，表达项目的设计意图和设计结果，并作为项目现场施工制作的依据。

1）BIM 工作的内容主要包括最终完成各专业的 BIM 模型，基于 BIM 模型完成最终的各类性能分析，建立 BIM 综合模型进行综合协调，根据需要通过 BIM 模型生成二维视图。

2）BIM 交付物主要包括如下内容：

①专业设计模型：应提供最终的各专业 BIM 模型，模型的交付内容及深度须达到施工图设计深度；

②BIM 综合协调模型：用于进行专业间的综合协调以及检查是否存在设计错误；

③BIM 浏览模型：与方案设计阶段类似，由 BIM 设计模型创建的带有必要工程数据信息的 BIM 浏览模型；

④性能分析：用于最终性能分析并生成分析报告；

⑤可视化模型及生成文件：基于 BIM 模型创建的室内外效果图、场景漫游、交互式实时漫游虚拟现实系统、对应的展示视频文件等可视化成果；

⑥由 BIM 模型生成的视图：二维视图在经过碰撞检查和设计修改，消除相应错误以后，根据需要通过 BIM 模型生成或更新所需的二维视图，如平立剖图、综合管线图、综合结构留洞图等。对于最终的交付图纸，可将视图导出到二维环境中再进行图面处理，其中局部详图等可不作为 BIM 的交付物，在二维环境中直接绘制。对于部分复杂部位，三维视图比二维视图更为直观有效，可以充分发挥 BIM 的优势。

第 11 章　绿色低碳常用技术

11.1　概述

"十四五"时期，我国生态文明建设进入以降碳为重点战略方向、推动减污降碳协同增效、促进经济社会发展全面绿色转型、实现生态环境质量改善由量变到质变的关键时期。

绿色低碳技术是一种新兴的环境保护技术，它旨在减少碳排放，减少环境污染，并促进可持续发展。它涉及节能技术、再生能源技术、节水技术、污染控制技术等多个方面。

节能技术是绿色低碳技术的重要组成部分，它能够有效减少能源的消耗，减少碳排放，改善环境质量。再生能源技术是另一个重要的组成部分，它旨在利用可再生能源，如太阳能、水力能、风能等，来取代传统的化石燃料，以减少碳排放，促进可持续发展。

近年来，地下污水处理厂在优化通风设计上，采用水平活塞流无管通风技术可有效节能；在通风除臭系统的设计上，地下空间的通风除臭系统与生化鼓风曝气系统有效衔接简化了系统设置的同时，减少了通风除臭的运行能耗；随着我国"双碳"战略的深入实施，引入绿色能源系统，对地下污水处理厂的日常运营、节能、能源安全起到关键性的节能改善作用。未来将会有更多的绿色低碳技术赋能地下污水处理厂。

地下污水处理厂绿色低碳常用的技术包括再生水水源热泵技术、导光管采光系统技术、太阳能光伏发电系统技术。

11.2　再生水水源热泵技术

11.2.1　水源热泵系统概述

（1）水源热泵机组的工作原理就是在夏季将建筑物中的热量转移到水源中，在冬季，则从相对恒定温度的水源中提取能量，利用热泵原理通过空气或水作为载冷剂提升温度后送到建筑物中。

1）制热原理

在制热模式时，高温高压的制冷气体从压缩机出来进入冷凝器，制冷剂向建筑供暖用水中放出热量而冷却成高压液体，并使供暖水水温升高。制冷剂再经过膨胀阀膨胀成低温低压液体，进入蒸发器吸收污水中的热量，蒸发成低压蒸气，并使热源水水温降低。低压制冷剂蒸气又进入压缩机压缩成高温高压气体，如此循环在冷凝器中获得热水。其原理如图 11-1 所示。

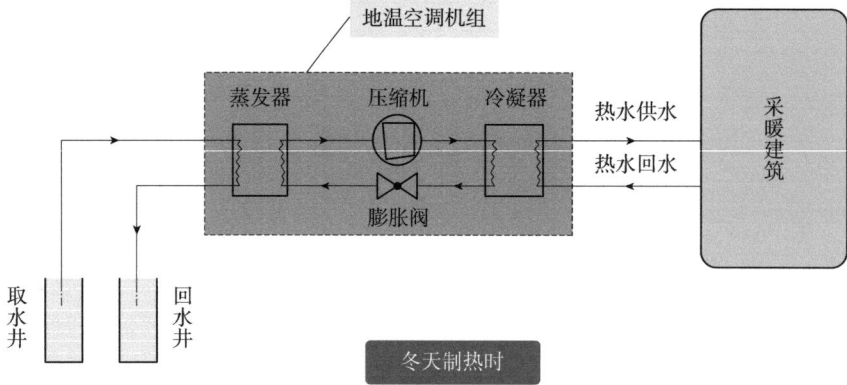

图 11-1　水源热泵制热原理图

2）制冷原理

①在制冷模式时，高温高压的制冷剂气体从压缩机出来进入冷凝器，制冷剂向水中放出热量，形成低温高压液体。制冷剂再经过膨胀阀膨胀成低温低压液体，进入蒸发器吸收建筑制冷用水中的热量，制冷剂蒸发成低压蒸汽又进入压缩机压缩成高温高压气体，如此循环在蒸发器中获得制冷水。其原理如图 11-2 所示。

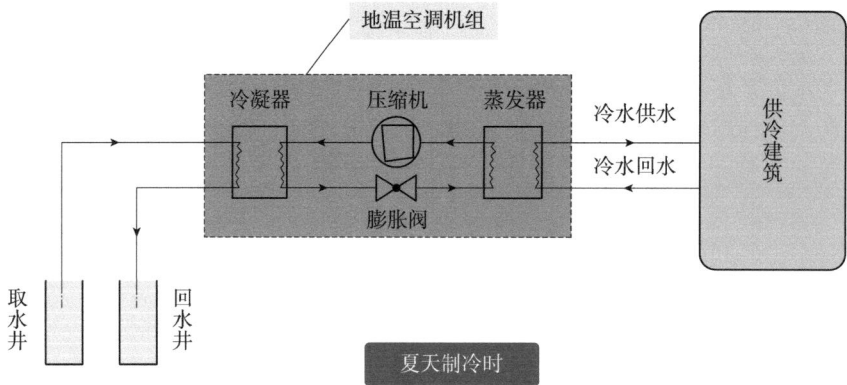

图 11-2　水源热泵制冷原理图

②地下污水处理厂的再生水等资源可供利用时，可采用再生水水源热泵冷热水机组供冷、供热；冷热媒及其参数应结合当地实际情况进行设定。

③地下污水处理厂的再生水用作热泵水源时，水质控制项目及指标限制应符合《城镇污水热泵热能利用水质》CJ/T 337—2010 中的要求。

④再生水热泵系统工程前期规划应与供热规划、节能规划、能源规划、再生水利用规划、给水排水规划等相协调。

⑤再生水热泵系统工程设计方案应符合安全可靠、绿色低碳、高效节能、经济合理、精细智能的要求。

11.2.2　再生水水源热泵系统设计

（1）再生水热泵系统方案设计前，应进行工程场地状况调查，并应对再生水热能资源进行勘察，确定再生水热泵系统实施的可行性与经济性。

（2）再生水热能资源勘查内容包括：再生水厂与能源站的位置关系、再生水资源的利用现状及规划、再生水逐时流量及逐时水温等参数、再生水水质条件、再生水取水管线下游用户需求情况等。

（3）前期应进行的必要性分析包括：取用水合理性分析，分析可供工程项目利用的水量及其可靠性、水质及其稳定性、水温条件、合理取用水量的核定等；对再生水热能资源量进行评价，计算可利用再生水换热功率；取水影响论证及退水影响论证，论证再生水取水与退水的适宜路线与方案以及取水、退水对下游用户的影响等内容；经济性和风险性分析，确保采用再生水热泵系统的可行性。

（4）再生水热泵系统设计应以再生水热能资源勘查结果为依据，且符合《建筑节能与可再生能源利用通用规范》GB 55015—2021 的规定。系统设计可采用多种能源耦合方式，增设辅助冷（热）源、蓄冷（热）装置等调峰热源设施。

（5）再生水水源热泵系统的设计方案，应根据再生水水源条件、建筑用途及功能、冷热负荷构成特点等，通过技术经济比较确定。设计中应优先采用新工艺、新技术、新材料和新设备。

（6）再生水热泵机房位置宜设置在靠近冷热负荷集中的区域或经济合理的供能区域内。

（7）再生水热泵尾水直接排入河道或者天然水体时，尾水排水水质应满足对应河道水质要求，尾水排口宜采用多出流口和穿孔管横向分流出流模式，排水温度应符合相关国家标准的规定。

（8）再生水换热系统可分为直接式再生水换热系统和间接式再生水换热系统。

（9）再生水换热系统形式应根据再生水热能资源勘查结果确定。

（10）再生水换热系统的设计换热量，应按污水源热泵系统的最大吸收热量与释放热量进行计算，并考虑合理的污垢系数。

（11）再生水换热系统设备与材料应根据再生水水质及其腐蚀性选用相应的防腐材料与涂层，减缓设备与材料的腐蚀。

（12）再生水在进入换热器前，宜根据水质实际情况设置自动过滤除污装置或再生水专用过滤器，并能实现全自动连续过滤功能。

（13）根据监测的再生水温度确定系统中各节点的设计温度，冬季为最低温度，夏季为最高温度。

（14）再生水热泵系统取水口应位于退水口的上游，并根据再生水热能资源勘查结果设置污物过滤装置。

（15）与再生水接触的设备、部件及管道均应具有防腐、防生物附着的能力或措施。

（16）对于再生水换热系统的退水水温，供冷工况不应高于 35℃，供热工况则不应低于 4℃。

（17）水源热泵机组的设置方式，应根据供冷或供热建筑的特点和使用功能，以及污水换热系统的形式确定。

（18）热泵机组性能不应低于现行国家标准《热泵和冷水机组能效限定值及能效等级》GB 19577—2024 规定的节能评价值，且应满足再生水热泵系统运行参数要求。

（19）对于水源热泵机组台数的选择，方案应能适应全年供冷与供热负荷的变化。根据冷、热负荷特点及可用再生水水量，经过全年能效、可靠性、经济性比较后，合理选择热泵机组的类型、规格与台数。水源热泵机组的台数不宜少于 2 台。采用大型水源热泵机组，应有容量控制机构；采用小型水源热泵机组，应按其负荷调节性能进行台数配置。

（20）水源热泵机组直接供冷或供热时，冷水供水温度不宜低于 5℃，热水供水温度不宜高于 55℃。有条件时，宜适当增大供回水温差。

（21）热泵机组的设计工作压力应与系统工作压力相适应。

（22）直接式再生水换热系统宜采用满液式或喷淋式热泵机组，机组蒸发器和冷凝器进出水管线宜设置清洗接口，热泵机组宜设置在线清洗装置。

（23）再生水换热器宜采用换热温差小、不易堵塞、易清洗的换热器。

（24）应根据水质特点，确定再生水换热器的材质及换热壁面厚度，技术经济比较合理时，可采用非金属或合金材料的再生水换热器，并应符合《工业循环冷却水处理设计规范》GB/T 50050—2017 的规定。

（25）应充分考虑再生水在换热器内污物附着、结垢、微生物生长等影响实际换热性能的不利情况，合理选择换热器的传热系数。

（26）再生水换热系统换热器结构应尽可能简单，并应留有清洗开口或拆卸端头，便于清洗、更换管件等日常维护工作。循环水泵应根据系统形式、循环介质性质、管材特性以及计算确定的系统水力特性进行选择。

（27）水源热泵机组的引水泵和循环泵宜按一机对一泵设置。多台水源热泵机组的源水或空调水采用共用集管连接时，应采取措施保证源水或空调水系统各并联环路之间的水力平衡，每台水源热泵机组的进口和出口管道上均应装设电控阀，电控阀应与对应机组联锁。

（28）再生水侧和用户侧循环水泵宜采用变频水泵，并应同时满足夏季与冬季工况要求。采用变频控制时，应适应冬夏两季设计工况系统水力特性要求及热泵机组变水量特性要求。

（29）循环水泵的输送能效比应符合《公共建筑节能设计标准》GB 50189—2015 的规定。

（30）用户侧循环水系统较大，技术经济比较合理时，可按建筑各区域使用功能（运行时段）的不同、距离远近或末端机组水侧阻力的不同等因素，分设若干个环路；各环路阻力相差较大时，宜采用二级泵系统。

（31）合理匹配再生水热能资源与负荷需求，宜采用多种能源协同耦合的复合能源应用形式。

（32）再生水热泵系统耦合其他能源系统时，应充分挖掘再生水热能供热潜力，优先以再生水热泵系统供热为主。

（33）综合考虑场地条件、资源条件、经济性、系统能效、碳排放以及供能稳定性等因素，宜选择低碳高效的辅助冷热源和蓄能系统。

11.2.3　再生水水源热泵系统控制

（1）再生水水源热泵系统应加强对再生水换热系统的监测和控制，保证再生水换热系统的退水温度不超限。

（2）再生水水源热泵系统应有水源热泵机组压缩机启停与源水、空调水通断联锁的措施。系统启动时，电动阀、引水泵、循环泵应先于水源热泵机组启动，水源热泵机组在源水和空调水流动得以证实后再启动。系统停机时应与上述顺序相反。

（3）再生水水源热泵机组应设置源水侧温度联锁保护装置，当源水侧进、出水温度超限时，应自动报警和启动辅助冷源或热源。

（4）污水源热泵系统应对以下参数进行监测：

1）水源热泵机组蒸发器进口与出口水温、压力；

2）水源热泵机组冷凝器进口与出口水温、压力；

3）分水器与集水器温度、压力（或压差）；

4）中间换热器进口与出口污水水温、压力；

5）再生水换热池进口与出口污水水温；

6）水源热泵机组、引水泵、循环泵等设备的启停状态；

7）电控阀、调节阀等阀门的阀位；

8）再生水换热系统吸热量和放热量的瞬时值和累计值；

9）空调水系统冷量和热量的瞬时值和累计值。

（5）再生水系统设置污水过滤设备的，应监测过滤设备的进出水压差，当压差超限时应报警。

（6）再生水水源热泵机组宜采用根据空调水系统的瞬时冷量或热量优化控制运行台数的自动运行方式。

（7）引水泵应根据换热器出口再生水水温控制运行台数或变速调节。

（8）传热介质循环泵宜根据热泵机组源水侧进、出口温差控制运行台数。

（9）空调水循环泵宜根据空调水系统压差变化控制变频调速或运行台数。

11.3 导光管采光系统技术

11.3.1 概述

导光管系统是近年来迅速发展的一种绿色照明技术，在为室内提供自然光照明的过程中能很好地隔绝热量，可以降低电气照明和空调制冷能源消耗，减少温室气体排放。

导光管一般由集光器、导光筒和漫射器三部分组成，如图 11-3 所示。集光器利用透射和折射原理采集自然光，并将其导入系统内部，经过导光筒反射强化及高效传输，由漫射器将光线均匀地投射到室内。相较于传统照明灯具，导光管具有自然光的全光谱、无眩光、无频闪的特点，能较好地改善室内照明环境，

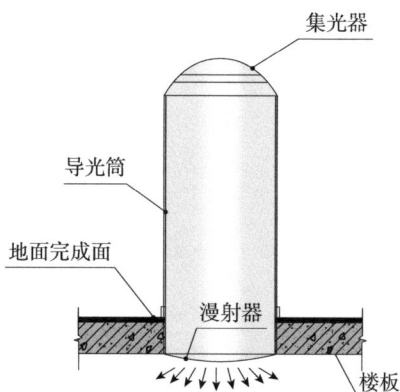

图 11-3 导光管组成

提高视觉舒适度。目前导光管发展出融合多项技术的新产品，如 LED 照明互补型、光伏型、通风型等，应用场景也日益广泛。

11.3.2 导光管采光系统运用

导光管系统的实施需要具备一定的条件，至少要满足以下两条：地面集光器附近地面空旷，附近建筑不影响阳光照射采光口；集光器伸出室外地面，布置不影响室外环境和交通通行。地下污水处理厂恰好满足这些要求，其地面多作为城市绿地或者市政公园使用，该区域没有高大的建筑遮挡，利于采光。

导光管系统一般适宜设置在负一层的车行通道以及预处理区、生化区、深度处理区等厂房，这些区域大型设备和架空管线较少，空间开阔，且照度要求不高，光照充足的情况下基本可以满足要求，阴雨天则需辅以电气照明，满足日间照明的要求。

导光管照明工程的设计阶段，需要建筑、结构、设备、景观等专业的紧密配合。由于光导管照明系统主要设在地下污水处理厂的部分区域，导光管的形状和外观宜尽量与周围室内环境协调一致，尽量选用简洁的圆形漫射器样式，排列均匀且具有一定规律；导光管的直径一般为 250 ~ 900mm，这需要地下污水处理厂顶板配合开洞，既要保证导光管能顺利安装，又不能破坏顶板结构的强度，可采用柱间"十字"或"井字"结合导光管局部小梁加固的设计思路；地下污水处理厂的架空工艺管道、暖通管道及电缆桥架较多，需要协调好各管道位置，尽量减少对导光管漫射器的遮挡。

当然导光管采光系统也存在局限性，只能应用于白天，不能存储和转换，在阴雨天或夜间，需要采用电气照明措施，因此除了安装导光管采光系统外，还需设置电气照明装置，并宜采用智能照明系统，日间根据室外光照情况控制电气照明灯具的开启和关闭。

11.4　太阳能光伏发电系统技术

太阳能是一种清洁、安全和可再生的能源。太阳能光伏发电系统是利用太阳能电池的光伏效应将太阳辐射能直接转换为电能的发电系统。

11.4.1　系统分类

太阳能光伏发电系统分为离网（独立）光伏发电系统、并网光伏发电系统。并网的系统有分布式的，也有集中式大型光伏电站。太阳能光伏发电分为：离网（独立）光伏发电、并网光伏发电、分布式光伏发电。

（1）离网（独立）光伏发电系统为未与公共电网相联接独立供电，主要由太阳能电池组件、控制器、蓄电池组成，其若要为交流负载供电，还需要配置交流逆变器。

（2）并网光伏发电系统就是太阳能组件产生的直流电经过并网逆变器转换成符合市电电网要求的交流电之后直接接入公共电网。并网发电系统有集中式大型并网电站，一般都是国家级电站，主要特点是将所发电能直接输送到电网，由电网统一调配向用户供电。但这种电站投资大、建设周期长、占地面积大，还没有太大发展。而分散式小型并网发电系统，特别是光伏建筑一体化发电系统，由于投资小、建设快、占地面积小、政策支持力度大等优点，是并网发电的主流。

（3）分布式光伏发电系统，又称分散式发电或分布式供能，是指在用户现场或靠近用电现场配置较小的光伏发电供电系统，以满足特定用户的需求，支持现有配电网的运行，或者同时满足这两个方面的要求。

分布式光伏发电系统的基本设备包括光伏电池组件、光伏方阵支架、直流汇流箱、直流配电柜、并网逆变器、交流配电柜等设备，另外还有供电系统监控装置和环境监测装置。其运行模式是在有太阳辐射的条件下，光伏发电系统的太阳能电池组件阵列将太阳能转换为输出的电能，经过直流汇流箱集中送入直流配电柜，由并网逆变器逆变成交流电供给建筑自身负载，多余或不足的电力通过联接电网来调节。

11.4.2　系统组成

太阳能光伏系统由太阳能电池板、充放电控制器、蓄电池组、逆变器、太阳跟踪控制系统等组成。

（1）太阳能电池板是太阳能光伏系统中的核心部分，其作用是将太阳的光能转化为电能，或送往蓄电池中存储起来，或推动负载工作。

在光伏发电系统中，需要将太阳能电池单体进行串联、并联和封装，形成太阳能电池组件。它的功率可以从几瓦到几百瓦，可以单独作为电源使用。太阳能电池阵列则是将太阳能电池组件经过串联、并联后拼装在支架上，它可以输出几百瓦、几千瓦甚至更大的功率，是光伏发电系统的电能产生器。

（2）充放电控制器是能自动防止蓄电池过充电和过放电的设备，其作用是控制整个系统的工作状态，并对蓄电池起到过充电保护、过放电保护的作用。

（3）蓄电池的作用是在有光照时将太阳能电池板所发出的电能储存起来，到需要的时候再释放出来。太阳能蓄电池可采用铅酸电池、镍氢电池、镍镉电池或锂电池，宜根据储能效率、循环寿命、能量密度、功率密度、充放电深度能力、自放电率和环境适应能力等技术条件进行选择。

（4）逆变器是将直流电转换为交流电的设备。太阳能组件的直接输出一般都是12VDC、24VDC、48VDC，为能向220VAC的电器提供电能，需要将太阳能光伏系统所发出的直流电能转换成交流电能，因此需要使用DC-AC逆变器。

（5）太阳跟踪控制系统根据每天日升日落，太阳的光照角度准确控制太阳能电池板的角度，使其能够时刻正对太阳，保证发电效率达到最佳状态，最大限度地提高太阳光能利用率。

11.4.3 系统运用

太阳能光伏系统在地下污水处理厂的运用主要集中在地下污水处理厂地面层的建筑，可以采用光伏建筑一体化（BIPV）系统。光伏与建筑的结合目前主要有如下两种形式：建筑与光伏组件相结合、建筑与光伏系统相结合。

如果地下污水处理厂地面层有可以设置光伏系统的场地，可以结合地面的布置适当设置太阳能光伏发电系统。

在进行太阳能光伏系统设计时，应给出系统装机容量和年发电总量，系统应对太阳能光伏发电系统的发电量、光伏组件背板表面温度、室外温度、太阳总辐射量等参数进行监测和计量。设置的太阳能光伏系统宜根据当地的日照条件设置储能装置。

第12章　新技术展望

12.1　节地工艺技术

相较于传统的地面式污水处理厂而言，地下污水处理厂最为显著的优势便是节省占地面积。相较于地面式污水处理厂，地下污水处理厂可以减小占地面积以及必要的卫生防护距离，有助于提高附近土地的利用效率。调查统计显示，我国当前的地面污水处理厂占地指标通常在 $0.8 \sim 1 m^2 / (m^3 \cdot d)$，而地下污水处理厂的占地指标则仅在 $0.3 \sim 0.5 m^2 / (m^3 \cdot d)$，用地面积节省率达到37%～60%。节地工艺技术主要通过强化传统工艺或采用节地工艺减少生化处理区用地面积，其节地的关键在于提高生化处理单元效率，其核心是增加反应池的生物量，提高反应池的容积负荷。地下污水处理厂在建设初期，基于节省占地、减少土建投资的出发点，污水处理多采用MBR工艺，而随着国家"双碳"战略的实施和技术的发展，涌现出一批新工艺、新技术。

SSgo固液快速分离技术利用高分子滤布和特殊的运行方式实现秒级时间内的固液分离，水力停留时间不到5s，与细格栅、沉砂池等现有污水预处理技术相比，安装快速，土建工程量小，施工周期是传统预处理单元的1/3，占地节省50%以上。

深井曝气工艺是通过深井的静水压力提高氧传质效率，强化水、气、泥之间的传质，通过提高污泥浓度和深井布置达到节地效果，一般深井曝气池的直径是 $0.8 \sim 6.0m$，井深 $50 \sim 150m$。与传统活性污泥法工艺相比，深井曝气工艺的曝气池是普通曝气池用地的1/20或更少，与常规处理工艺相比，可节省工艺用地50%以上，污水处理厂总用地面积可节约15%以上。

好氧颗粒污泥技术因其具有较高的微生物量，具备脱氮除磷能力、良好的沉淀性能以及低碳节能在地下污水处理厂中具有巨大应用潜能。在好氧颗粒污泥工艺中，污水的微生物在不需要载体的情况下，可自发聚集为颗粒状污泥。其在节省占地、提高生物量等方面工程应用优势显著，目前随着好氧颗粒污泥技术的逐渐成熟，国内污水处理厂也在快速推广应用，北京吴家村再生水厂、河南南阳淅川污水处理厂等城镇生活污水处理厂采用好氧颗粒污泥工艺取代了原有活性污泥工艺，而北京垡头污水处理厂作为国内首座采用好氧颗粒污泥工艺建造的大型地下污水处理厂，通过地下建设加好氧颗粒污泥工艺的组合应用，项目生产用地降低70%，占地指标仅为 $0.13 m^2 / (m^3 \cdot d)$，实现了极限节地。未来，好氧颗粒污泥工艺有望在地下污水处理厂建设改造中快速推广应用。

除了采用节地型工艺技术外，地下污水处理厂整体的节地效果还可通过平面优化和竖向强化等设计优化来实现。平面优化上，可将初沉池、二沉池等构筑物采用矩形布置方式，并与生化反应池进行组团布置；还可以将主体构筑物与附属构筑物及设备间合建。竖向强化上，一是可适当加深生物反应池以减少构筑物占地，如采用超高水深设计，将常规生物反应池 6 ~ 7m 的设计水深加深至 7 ~ 10m，水处理功能区占地可节约 10% ~ 20%。二是可通过建（构）筑物之间的合理叠加，进一步减少地下污水处理厂的用地。充分利用地下污水处理厂地下操作层的空间，将部分建（构）筑物与下部水池上下叠置，如鼓风机房、加药间、加氯间、变电所及控制室等辅助设施都可以考虑布置在水池顶上，减少用地并方便运行管理，如云南普照污水处理厂将污泥储泥池设计置于地下车道正上方，一方面大大节省了污泥储泥池占地面积，另一方面也方便了污泥向外运输。

12.2　施工建造技术

随着城镇地下污水处理厂的快速发展，地下空间施工建造技术有了显著提高。尤其是近年来大量代表性地下工程项目克服了微变形、小间距、大断面、大埋深、高精度、长距离、超大规模等技术难题，在数智化技术应用、富水地层冻结技术、地下空间的设计与建造技术、装配式建造技术方面均取得了较大突破，创新了地下污水处理厂的建造技术。

富水地层冻结技术是指通过人工制冷方法将地层内的水冻结成冰以均匀加固地层，该法可在开挖体周围形成整体强度极高的冻土保护体，是确保工程安全的可靠技术，可提高地层整体力学性能。在地铁隧道等工程中大多需要对水平方向进行加固，水平冻结成套技术已经成为该类风险防控最有效的技术。通过采用冻结孔口止逆装置、冻结管取代钻杆技术，可实现钻孔和冻结管安装一次完成。

地下空间设计的数字化技术。基于 BIM 技术、GIS 技术、视频融合技术建立地质信息三维可视化模型。基于交叉剖面的分区拼接交互建模、平面地质图和实际材料图的地质体自动建模、GPU 与模板的多视点动态剖切技术、时间序列的四维动态分析技术、数值模拟的地下水四维模拟计算及动态预演技术等创新技术，完成地质结构模型的构建以及对地下水的数值模拟和模拟结果的直观、高效展示。借助现代数字化技术，实现地下工程合理设计。可为基坑开挖和隧道掘进提供可视化地质信息与风险预警。根据基坑开挖模型，可计算出基坑土方、开挖工程量、土方开挖动画视频，进行 3D 交底。

地下空间施工的数字化技术。运用基于网络的地下工程施工可视化分析管理系统，建立工程施工的三维数字化模型，并采用智能设备，以实现数字化施工。通过三维可视化的 360° 全方位视角进行可视化交底，规避错误施工和返工风险，提高施工效率。如珠三角水资源配置工程项目通过基础设施智慧服务系统进行智能施工安全管控，系统基于多源地质信息建立海底盾构隧道地质模型，并利用地质统计学方法对断层破碎带地层的位置进行预测，实现工程数据管理、数据可视化、智能施工安全管控等功能。

地下污水处理厂预制装配式施工对于缩短建造工期、提高工程质量、减小影响周边环境的效果等具有重要意义。目前我国地下结构的预制装配化进程还处于起步阶段，受限于地下结构的复杂性，现况地下污水处理厂的主体结构采用预制装配式结构存在较大的技术难度，且经济性较差，但内部的操作层平台板、屋面板、构筑物管廊内部导流墙、隔墙等采用预制装配式结构具有较大的发展潜力。

12.3　空间综合利用技术

在地下污水处理厂自身节地的基础上，还可以通过上位规划的引领，通过地上、地下不同的规划用地性质来实现地块的综合开发利用，从而达到节约土地的目的。早期建设的地下污水处理厂，其上部土地释放出来后一般是作为污水处理厂内部的景观绿地。后来随着建设理念的逐渐变化，上部地块开始由厂内景观绿地向开放式公园绿地转变。近年来随着土地的不断升值和技术的发展，地下污水处理厂的土地综合利用方式又更进一步，包括对地上、地下不同规划用地性质和不同产权权属的探索，地下污水处理厂建设与地上商业开发相结合等方式，并已经有具体的工程实例。上海泰和污水处理厂在地块规划用地性质和产权权属方面就做了创新性的尝试，该厂所在地块的地下部分规划为市政设施用地性质，用地属于污水处理厂；而地上部分则规划为公共绿地性质，用地权属属于绿化部门，由绿化部门进行建设。在与地上商业开发结合方面，目前已建和在建的代表性项目包括温州中心片污水处理厂、宁波江北污水处理厂和贵阳贵医污水处理厂等。其中，温州中心片污水处理厂的上部地块建设为体育场馆，包括足球场、室内滑雪场等。宁波江北污水处理厂的上部地块建设为工业园区，包括仓储、工业厂房等。贵阳贵医污水处理厂的上部地块更是建设了高层商业综合体，地下部分还与地下停车库相结合。当然，与多用途商业设施的结合对地下污水处理厂的设计提出更高的要求，需要从消防、安全、环境等方面做更加妥善的考虑，但不能不说这也是地下污水处理厂今后的一个发展方向。

作为重要的市政基础设施，地下污水处理厂应做到环境友好，惠及周边，才能更好融入社区环境。在技术和规划允许的前提下，建议地下污水处理厂的地面开发，优先考虑弥补周边城市功能的缺失，例如运动场、停车场、小型物流基地等，将地块打造成一个充满活力的城市服务综合体。2020年生态环境部等三部门联合印发的《关于推荐生态环境导向的开发模式试点项目的通知》（环办科财函〔2020〕489号）中提到，可推动公益性较强、收益性差的生态环境治理项目与收益较好的关联产业有效融合，统筹推进，一体化实施。该政策为地下污水处理厂的地上空间开发提供了新的指引，为投资受限的项目提供了新的实施路径。《住房和城乡建设部关于加强城市地下市政基础设施建设的指导意见》（建城〔2020〕111号）提出，应将城市作为有机生命体，加强城市地下空间利用和市政基础设施建设的统筹，实现地下设施与地面设施协同建设。各地要根据地下空间实际状况和城市未来发展需要，立足于城市地下市政基础设施高效安全运行和空间集约利用，合理部署各类设施的空间和规模。各级政策的出台，也为地下污水处理厂生态价值转化提供了政策指引。

下 篇
地下污水处理厂典型实例

第 13 章 深圳布吉污水处理厂设计

深圳布吉污水处理厂为中国第一座大型地下污水处理厂，开创了中国大规模建设地下污水处理厂的先河。该项目是将地面公园、周边道路及景观与地下污水处理厂融为一体的游憩服务型地下污水处理厂综合体。

13.1 项目概况

项目设计规模 20 万 m^3/d，$K_z = 1.3$，建筑总面积 $5022m^2$，一次建成。污水处理采用以 HYBAS 生化池＋双层二沉池＋高效纤维滤池为主体的工艺，消毒采用紫外线消毒工艺。污泥处理采用机械浓缩离心脱水工艺。排放水体的水质稳定达到《城镇污水处理厂污染物排放标准》GB 18918—2002 的一级 A 标准。大气污染物排放执行《城镇污水处理厂污染物排放标准》GB 18918—2002 中大气污染物排放一级标准，污泥含水率＜ 80%。

项目厂址位于深圳市龙岗区布吉街道草浦工业区，征地面积 $59500m^2$（合 89.25 亩），净水厂占地面积 $46000m^2$（合 69.00 亩）。其中地下箱体占地面积 $22994m^2$（合 34.49 亩）。项目采用全地下建设方式，上部功能为游憩服务，修建开放式休闲公园。

工程项目总投资 5.9876 亿元。

13.2 项目设计难点及创新要点

1. 本项目设计的难点

本项目的难点在于因当时环境和景观功能要求采用了完全地下的设计方案，超越常规的设计理念，在国内市政污水处理行业属首例。整个厂区的主体构筑物较原地面下沉 16.0 ~ 18.0m，上层覆土 1.5m，结构复杂，施工难度和施工量都较大。

2. 本项目创新要点

（1）采用全地下建设形式，在箱体上建设开放式休憩公园

该项目采用全地下建设形式，厂区地面休闲公园景观整体设计与周边地形（貌）、粤宝路段街心公园、绿化带衔接协调，提供的休闲公园景观面积近 4.35 万 m^2（厂区绿色景观面积近 0.5 万 m^2），具有良好的景观效益，充分体现人与自然和谐融合的设计理念。

（2）采用 HYBAS 工艺

污水处理工艺采用 HYBAS 工艺，把改良 AAO 和 MBBR 工艺相结合，集成一种新工艺，将处理系统分为三段 A 和二段 O，其中一个 O 段可选择性投加载体填料，意在分别创造反硝化、厌氧释磷、好氧吸磷、好氧硝化最适宜的环境，以提高氨氮去除效率。工艺综合 MBBR 工艺和改良 AAO 活性污泥法的优点，出水水质稳定地满足严格的要求。

（3）采用曝气池溶解氧浓度稳定智能系统

为了实现对溶解氧浓度的稳定控制，开发了动态调节曝气量的数学模型；采用曝气池溶解氧浓度稳定智能控制系统，实现最大程度的能耗节约。

（4）采用污水再生水的回用技术

出水水质满足《城镇污水处理厂污染物排放标准》GB 18918—2002 一级 A 排放标准的基础上，补氯后对河道进行景观补水，在较大程度上可替代清洁水源用于对水质要求不高的用水环节，实现了节约用水。

13.3　总体设计

13.3.1　设计规模

布吉污水处理厂设计规模 20 万 m³/d，$K_z = 1.3$。

13.3.2　设计进出水水质

本工程尾水就近排入布吉河草浦二线桥下游，设计进出水水质如表 13-1 所示。

表 13-1　设计进出水水质

污染物名称	BOD$_5$	COD$_{cr}$	SS	T-N	T-P	NH$_3$-N
设计进水水质（mg/L）	160	300	250	35	4.5	30
设计出水水质（mg/L）	10	50	10	15	0.5	5

13.3.3　处理工艺流程

布吉污水处理厂工艺流程框图如图 13-1 所示。

13.3.4　建设形式

深圳布吉污水处理厂工程厂址位于深圳市龙岗区布吉街道草浦工业区，征地拆迁面积 $5.95 \times 10^4 m^2$，扣除进厂总管配套粤宝路段布吉河改造箱涵占用面积以及上游莲花水渠占用面积，布吉污水处理厂净用地面积只有约 $4.60 \times 10^4 m^2$，同时还要考虑维持"应急工程"所需泵房、管线占用面积，在用足现有的土地资源情况下，工程应一次性建设到位不宜再作分期，经过多方案比较后，建设形式采用地下方式。

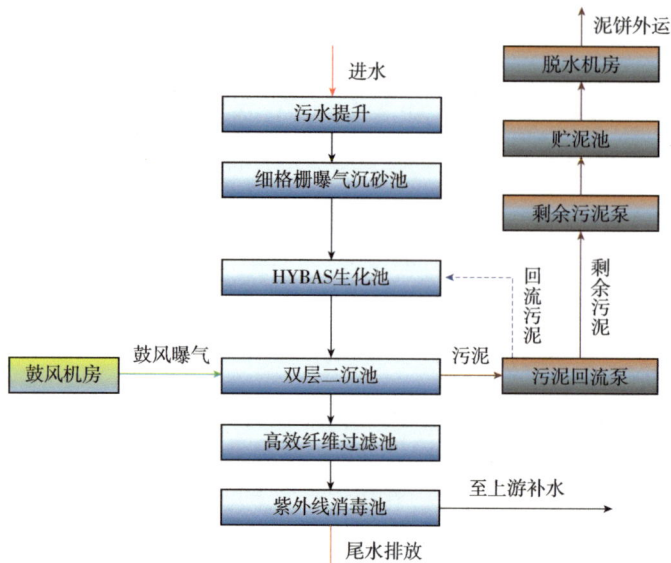

图 13-1 布吉污水处理厂工艺流程框图

13.3.5 总体布局

布吉污水处理厂平面按功能分为厂前区、生产区和污泥处理区，各区之间有道路连接并用绿化带相隔。将厂前区布置在污水处理厂南侧，厂大门按照"规划要求"紧邻粤宝路，侧门设于生产区侧，可用于泥渣车辆进出。厂前区内集中布置综合楼，四周充分绿化。在综合楼楼上可俯视全厂。

将进水泵房、细格栅以及沉砂池等预处理构筑物布置于厂区东北侧，生化池布置在用地北侧，顶部休闲公园景观、绿化与布吉河箱涵整治绿化结合在一起，与预处理构筑物连为一体，二沉池紧邻生化池。

将地面辅助生产建筑物相对集中地布置于厂区上风向；污泥处置区布置于夏季主导风向的下风向，以保证厂前区有较好的环境。布吉污水处理厂实景图如图 13-2 所示。

13.3.6 竖向布置

1. 设计地面高程

布吉污水处理厂厂外规划道路中心高程 20.50 ~ 24.50m，防洪水位 18.00 ~ 19.20m，同时考虑便于雨水排出以及构筑物抗浮设计，厂内地面高程为 21.00 ~ 22.00m。

2. 地下主体构筑物竖向设计

旱季时，进水水面标高按 13.65m 控制，无需设置进水提升泵房。雨季时，雨水部分水用水泵抽入布吉污水水质净化厂应急工程。

地下设计顶层覆土标高 21.00m，局部 22.00m 作为公园地坪设计标高，设备检修层标高 13.50 ~ 14.50m，生化池底标高 4.50m，沉淀池底标高 3.50m。

图 13-2　布吉污水处理厂实景图

13.4　主要工程设计

13.4.1　工艺设计

1. 配水井、进水流量调节阀井、预处理构筑物

（1）配水井

功能：同时接纳布吉截污总干管来水、布吉河来水、莲花水截污干管来水及厂内污水。进水总管上安装 DN1800 进水安全控制自重紧急截止阀。

设计总规模：46 万 m^3/d；土建尺寸：$B \times L \times H = 11.25m \times 4.80m \times 12.30m$。

池底设预沉砂斗，安装两台固定式带搅拌头潜水泵，排砂至预处理构筑物砂水分离器，$Q = 15L/s$，$H = 10.0m$，$N = 3.5kW$。

（2）进水流量调节阀井

设计总规模：46 万 m^3/d。

功能：安装进水流量调节阀及配套进水电磁流量计。两条进水总管上分别安装 DN1800 流量调节阀及电磁流量计。

操作工况：

①处理构筑物正常工作水位 13.65m。

②旱季管道满流情况时接收流量计信号可控制、调节流量，控制进水量 ≤ 46 万 m^3/d，调节流量范围为 20 万 ~ 46 万 m^3/d。非满流情况下无需调节流量但可接收水位信号调节开启度。

③雨季管道满流，外河道水位变化范围为 15.0 ~ 19.2m，接收流量计信号可控制、调节流量，控制进水流量 ≤ 46 万 m^3/d，调节流量范围为 20 万 ~ 46 万 m^3/d。

土建尺寸：$B \times L \times H = 6.80\text{m} \times 10.45\text{m} \times 10.15\text{m}$。

考虑设备安全，配水井、进水流量调节阀井均设于建筑室内。

（3）粗格栅井

功能：去除污水中较粗大的漂浮物（如树叶、杂草、木块、废塑料等），保护水泵的正常工作。

设计参数：$Q = 20$ 万 m^3/d，$K_z = 1.3$，布吉河水质净化应急工程 $Q = 20$ 万 m^3/d，栅条间隙：$e = 10\text{mm}$。

粗格栅井土建设计总规模：46 万 m^3/d，其中 26 万 m^3/d 至布吉污水处理厂转鼓细格栅，另 20 万 m^3/d 至布吉河水质净化应急工程。分别各采用两台 $B = 1800\text{mm}$ 和 $B = 1500\text{mm}$、$N = 2.2\text{kW}$、$a = 75°$ 中格栅安于进水渠道上。栅渣量按 $0.1\text{m}^3/$ 万 m^3 污水计。

土建尺寸：$B \times L \times H = 9.20\text{m} \times 15.00\text{m} \times 2.40\text{m}$，钢筋混凝土结构。

每道格栅前、后设有电动闸阀供检修和切换使用。

（4）布吉河水质净化应急工程污水提升泵房

污水提升泵房与粗格栅井合建。提升 20 万 m^3/d 至布吉水质净化厂应急工程。

选用潜水排污泵 3 台，雨季全开，库房备用 1 台，$Q = 2779\text{m}^3/\text{h}/$ 台，$H = 26.50\text{m}$，$N = 250\text{kW}$。

土建尺寸：$B \times L \times H = 8.20\text{m} \times 7.50\text{m} \times (8.10_{\text{地下}} + 6.20_{\text{地上}})\text{m}$。

（5）细格栅渠、曝气沉砂池

细格栅渠、曝气沉砂池合建。4 台细格栅和 2 座曝气沉砂池可独立运行。

设计规模：20 万 m^3/d，$K_z = 1.3$，细格栅渠 4 条，渠宽 2.20m，渠深 2.52m。

采用转鼓式滤孔精细格栅 4 台，$e = 3\text{mm}$，$N = 2.2\text{kW}$。

土建尺寸：$L \times B \times H = 8.90\text{m} \times 2.20\text{m} \times 2.52\text{m}$，钢筋混凝土结构，4 条渠。

（6）曝气沉砂池

去除污水中粒径 $\geqslant 0.2\text{mm}$ 的砂粒，使无机砂粒与有机物分离开来，便于后续生物处理。

设计规模：20 万 m^3/d，$K_z = 1.3$。

沉砂池水力停留时间 3.08min。

曝气沉砂池一座分两格，土建尺寸：$L \times B \times H = 18.00\text{m} \times 17.00\text{m} \times 8.10\text{m}$。

曝气沉砂池鼓风机房与主体曝气沉砂池合建，选用两台罗茨鼓风机安装于池底，一用一备，$Q = 33.50\text{m}^3/\text{min}$，$P = 0.4\text{bar}$，$N = 37\text{kW}$。

为加盖除臭便利，采用两套链板式刮砂机，$b = 1.0\text{m}$，$L = 19.6\text{m}$，$V = 0.6\text{m}^3/\text{min}$，$N = 0.18\text{kW}$。

采用固定式带搅拌头潜水排砂泵排砂，$Q = 15\text{L/s}$，$H = 7.5\text{m}$，$N = 3.1\text{kW}$。

2. HYBAS 生化池

设计规模：20 万 m^3/d，$K_z = 1.15$，设计温度 14℃。

总回流比：200% 设计 MLSS 3.5g/L。

厌氧区 A2：12466m³，HRT：1.30h。

缺氧区 A1 + A3 段：29087m³，HRT：3.04h。

反硝化速率：1.40g NO_3-N/kg VSS.h。

好氧区：49984m³，HRT：5.22h。

填料：6300m³，HYBAS 部分 DO 5mg/L，AS 好氧部分 DO 2mg/L。

填充率：27%（20768m³，HYBAS 体积部分）。

需气量：62621N m³/h，其中：HYBAS 为 37100N m³/h。

考虑脱氮段 1h，总停留时间：10.6h。

总泥龄：12.80d，总剩余污泥量 42T/d。

生化池为矩形钢筋混凝土结构，平面尺寸：$B \times L = 144m \times 45m/$ 座，缺氧区、厌氧区、好氧区水深为 8.0m。

HYBAS 生化池内设有如下主要设备：

潜水搅拌器 34 台，$N = 13kW$。

微孔管式曝气器长 2940m，$Q = 10m^3/$（h·m），EA>25%。

中孔曝气穿孔管长 3200m，DN80，HYBAS 进出水装置 4 套。

混合液回流泵（变频）9 台，$Q = 0.33m^3/s$，$H = 1.1m$，$N = 11kW$。

布吉污水处理厂负一层生化池厂区实景图如图 13-3 所示。

3. 双层沉淀池

采用双层式的平流式沉淀池，进水和出水均在沿池长方向推流运行。

刮泥采用不锈钢金属链式刮泥机，排泥采用沉淀效果好的泥斗沉淀，液下泥泵排泥。

设计参数：20 万 m³/d，$K_z = 1.30$。

平均流量时表面负荷：0.92m³/m²·h（上层）；0.89m³/m²·h（下层）。

峰值流量时表面负荷：1.19m³/m²·h（上层）；1.16m³/m²·h（下层）。

沉淀池有效水深：$2 \times 3.80m$（上、下层），沉淀池平均总深：10m。

池底设排泥升降斗，采用液下污泥泵排泥，排泥浓度：8 ～ 10g/L，HRT：4h，泥斗沉泥时间为 2h，$R = 100\%$。

矩形钢筋混凝土结构，单座平面尺寸 $B \times L = 60m \times 45m$，分为 3 格。

双层沉淀池内设有如下主要设备：

链板式刮泥机 12 套：$V = 0.4 \sim 0.8m/min$。

出水潜水泵 6 台，4 用 2 备，$Q = 2709.3m^3/h$，$H = 16.5m$，$N = 160kW$。

回流污泥泵 13 台，库房备用 1 台，$Q = 798.6m^3/h$，$H = 6m$，$N = 22kW$。

剩余污泥泵 3 台，库房备用 1 台，$Q = 150.0m^3/h$，$H = 19.0m$，$N = 18.5kW$。

布吉污水处理厂双层沉淀池实景图如图 13-4 所示。

图 13-3　布吉污水处理厂负一层生化池厂区实景图

图 13-4　布吉污水处理厂双层沉淀池实景图

4. 纤维过滤池

纤维滤池按照短纤维滤料滤池设计。

设计参数：20 万 m³/d，$K_z = 1.3$。设计滤速：24m/h（峰值），18.6m/h（均值）。

可利用过滤水头：2.49m。

滤池反冲洗采用气水联合冲洗，反冲洗分三个阶段：

先清水冲洗 2 ～ 3min，水冲强度 6L/s·m²；再气水同时反冲洗 10 ～ 15min，气冲强度：20L/s·m²，水冲强度：6 L/s·m²；最后单独清水冲 3 ～ 5min，水冲强度 6L/s·m²。

反冲洗全过程伴表面扫洗，表洗强度：2.8L/s·m²。

滤池平面尺寸：$L \times B = 38.76m \times 29.58m$，滤池深：4.0m。

纤维过滤池的主要设备：反冲水泵 3 台，2 用 1 备，$Q = 350m³/h$，$H = 10m$，配套电机 $N = 18.5kW$。三叶罗茨鼓风机 3 台，2 用 1 备，$Q = 20.5m³/min$，$P = 0.05MPa$。

5. 紫外线消毒池

其处理总规模为 20 万 m³/d，峰值系数为 1.3。

共设一座消毒池，消毒池平面尺寸为 12.55m×6.08m，为生产管理方便紫外线消毒池分为两格，土建一次完成。

采用低压高强型紫外线灯，$N = 92kVA$。

TSS：10mg/L（最大值），每天取样测试。

污水温度变化范围：0.5 ～ 30℃。

紫外线透光率：大于 70%。

平均颗粒尺寸：小于 30μm。

消毒指标：粪大肠菌群＜ 1000 个 /L（30d 连续取样几何平均值）。

每条消毒渠内设紫外线灯模块组数 1 组，共 2 个模块组，每组 22 个模块，每个模块 8 根灯管，紫外线灯管总数量为 352 根。

6. 鼓风机房、储泥池、污泥浓缩脱水间、污泥料仓

（1）鼓风机房

设计规模为 20 万 m³/d，设 1 座。

采用进口单级高速离心鼓风机，共计3台，2用1备，总供气量：62620m³/h。

单台风量：Q_{max} = 31310m³/h，风压：ΔP = 0.94bar。

风量调节范围：45% ~ 100%。

配套电机功率：N = 950kW，10kV。

为了便于风管布置并降低风管噪声，将鼓风机出风管设在地下室内，地下室层高为5.00m。

鼓风机房平面尺寸为22.00m×12.00m（包括风廊的14.50m），地下部分高度为5.00m，地上部分高度为10.50m，钢筋混凝土框架结构，土建一次完成。

（2）储泥池、污泥浓缩脱水间、污泥料仓

1）储泥池

储泥池是剩余污泥进入浓缩脱水机前的缓冲池。储泥池为全封闭形式，可避免臭气外溢，池内设搅拌器，避免污泥沉积。其主要参数有：

干污泥量：Q = 42000kgDS/d，含水率：99.3%。

贮泥时间：≥ 30min。

土建尺寸：$L \times B \times H$ = 10.00m×3.50m×5.90m，一座分两格，钢筋混凝土结构。

主要设备：潜水搅拌器2台，N = 2.25kW，与系统的剩余污泥泵、浓缩脱水机注泥泵联锁控制。

2）污泥浓缩脱水间

对剩余污泥进行浓缩脱水，得到含水率75% ~ 80%的可外运泥饼。

设计处理干污泥量42t DS/d，进泥含水率99.30%，出泥含固率≥ 20%，脱水后的泥饼经螺杆供料泵送至料仓储存。

污泥脱水间、污泥料仓设抽气管，臭气被抽送至臭气处理装置除臭处理。

絮凝剂采用聚丙烯酰胺，其投加量：3 ~ 4kg/t DS。

主要设备包括：

①一体化离心浓缩脱水机3台，2用1备，Q = 120 ~ 150m³/h/台，配套电机N = 22kW。

②注泥泵3台，2用1备，Q = 120 ~ 150m³/h/台，H = 12m，配套电机N = 7.5kW。

③污泥切割机3台，2用1备，Q = 120 ~ 150m³/h/台，配套电机N = 18.5kW。

④脱水污泥输送螺杆泵3台，2用1备，Q = 5.3m³/h/台，H = 15bar，N = 11kW。

⑤污泥料仓2套，ϕ = 7.0m，H = 5.4m + 6.0m，N =（11 + 7.5）kW，V = 212m³。

⑥配套浓缩脱水机全自动药剂制备系统1套，Q = 7.5 ~ 9.5kg/h，N = 15kW。

土建尺寸：$A \times B \times H$ = 30.0m×12.0m×12.0m，框架结构，1座。

7. 加药、加氯间

设计规模：Q = 20万 m³/d，K_z = 1.3，加药、加氯间合建。

（1）加药间

加药间内设有碱式氯化铝（PAC）投加系统。

（2）加氯间

纤维滤池 ClO_2 投加量：2mg/L。选用 ClO_2 发生器 2 套，$Q = 20kg/h$，1 用 1 备。

厂内中水补氯量：1mg/L。选用 ClO_2 发生器 2 套，$Q = 1kg/h$，1 用 1 备。

13.4.2　建筑设计

1. 项目概况

（1）生化池、二沉池及沉砂池为钢筋混凝土结构，埋于地下，共两层，层高分别为 10m、5m，建筑面积约 21400m^2，地面覆土厚 1.5m，上面为开放式休闲公园。

（2）配水井及调流阀井为钢筋混凝土结构，单层，层高 4.8m，建筑面积 202m^2。

（3）加氯加药间为钢筋混凝土结构，单层，层高 6.8m，建筑面积 276m^2。

（4）脱水间、鼓风机房及变配电站为钢筋混凝土结构，单层或两层，层高 3.7m、4.5m、8.0m、11.7m、13m 等，建筑面积 1670m^2。（脱水间 510m^2、鼓风机房 600m^2、变配电站 560m^2）

（5）综合楼，钢筋混凝土结构，地面三层，地下一层，地下层高 5.5m，地面层高分别为 3m、3.6m、4.7m 不等，建筑面积 3374m^2。综合楼地下是机修间和仓库，地上包含车库、食堂、化验室、自控室、办公室、大小会议室、单身宿舍等。

（6）主门卫为钢筋混凝土结构，单层，层高 3.0m，建筑面积 35m^2。

（7）次门卫为钢筋混凝土结构，单层，层高 3.0m，建筑面积 12m^2。

2. 建筑装修

（1）外墙面：建筑物主要采用白色及灰色氟炭漆外墙涂料。

（2）门、窗：综合楼及门卫房采用铝合金门窗，其余建筑采用塑钢门窗。进出大门采用电动折叠门，对有特别要求的地方采用隔声门、防火门、钢门等。

（3）内装修：根据建筑功能而定，各建筑物内墙、顶棚一般采用混合砂浆抹灰，白色乳胶漆罩面，对有防腐、防爆要求的加氯加药间、有防噪要求的鼓风机房等分别按其要求做饰面。

（4）地面：按建筑功能而定，综合楼一般采用地砖面层，自控室为防静电地板，车库、仓库机修等为混凝土面层，其余生产车间地面多用地砖面层。地下建筑：墙面、柱子及顶棚均采用本色混凝土，要求表面光洁平整。地面亦为混凝土面层。

（5）围墙：不锈钢栏杆通透围墙。

（6）栏杆及油漆：采用不锈钢栏杆；与污水接触的铁件，表面涂刷耐酸型的防腐油漆。

3. 建筑防水防腐

（1）屋面防水

采用Ⅱ级柔性防水屋面，保护层上不另做面层。

（2）主要防水防腐构造及材料

构筑物外壁面与土壤接触部分，刷冷底子油和热沥青各一遍。特殊部分按建筑图要求作防水层。

构筑物各内壁面及顶板下面、底板上面按照《地下工程防水技术规范》GB 50108—2008选用 0.4mm 厚 LV 防腐防水涂层防护。

13.4.3　景观设计

1. 上层覆土厚度

上层覆土的厚度，应根据上层空间的利用形式和用途来确定。

本项目上层覆土的设计厚度为 1.5m，设计荷载 $30kN/m^2$。不仅可以满足所有植株的种植土深度的需要，还可以满足人工湖的筑造需要。另外，该厚度也适合所有运动场所，包括室外儿童用游泳池的筑造。

2. 上部空间利用形式

采用双层加盖的上部空间利用形式，换气空间与脱臭空间分隔，具有脱臭效果好、成本低、管理人员操作环境好、上部空间能大面积与连续有效地利用等优点。

3. 建筑景观设计

厂区环境以及休闲公园景观整体设计与周边地形（貌）既能衔接协调又能与粤宝路段街心公园、绿化带浑然一体，提供的休闲公园、绿色景观面积近 4.35 万 m^2，厂区绿色景观面积近 0.5 万 m^2。

13.4.4　结构设计

布吉污水处理厂地下箱体平面尺寸为 219.5m×98.0m，埋深为 18.0 ~ 21.7m。箱体结构分上下两层，顶板覆土 1.5m。上层为钢筋混凝土地下室框架，下层为钢筋混凝土水池，采用筏板基础。箱体外壁厚度为 1.0 ~ 1.2m，底板厚度为 1.3 ~ 1.5m，顶板厚度为 0.3m，典型柱距为 7.5m×6.0m。

地下箱体结构沿构筑物纵、横向分别设置变形缝。变形缝中设置橡胶止水带，两面（或单面）密封膏嵌缝材料。对于超长的箱体结构，加强池壁水平温度应力筋，掺加复合高性能微膨胀剂，设置后浇带，解决温度应力问题。

变形缝采用不完全收缩缝（引发缝），保证结构的整体性，能有效地传递地下室外侧土压力产生的水平轴向力，地下室外墙两端对称受力，改善了框架的受力状态。

地下箱体采用自身压重与锚杆相结合的方式保持抗浮稳定。

13.4.5　基坑支护设计

本项目基坑深度约 18.00 ~ 21.70m，平面尺寸为 219.5m×98.0m。基坑①上部填土层放坡开挖，挂网喷混凝土护面；下部砂层与黏土层直立开挖，采用钻（冲）孔桩＋预应力锚索

（或钢管支撑）支护；基坑②、④采用放坡土钉墙支护；基坑③采用钻（冲）孔桩＋圆环形钢筋混凝土内支撑支护。采用桩间三重管高压旋喷止水帷幕进行止水。

13.4.6 电气和自控设计

1. 电气设计

布吉污水处理厂电力负荷等级确定为一级，消防用电负荷等级确定为二级。采用两路10kV 电源供电，两路电源同时工作、互为备用。防淹用电设备配置应急电源。每路电源均能满足全负荷的用电需求。

（1）配电系统

1 号变配电站（10/0.4kV）位于地面厂区负荷中心，与鼓风机房和污泥浓缩脱水间合建，为全厂 10kV 配电中心，供电范围包括：鼓风机房、污泥浓缩脱水间、纤维滤池及滤池反冲洗泵房、紫外线消毒渠、加药间以及厂前区综合楼等地上部分建（构）筑物。由于地下双层沉淀池的 160kW 提升泵距离 1 号变配电站较近，同时考虑减轻地下 2 号变配电站的负担，地下双层沉淀池提升泵的供电电源由地面 1 号变配电站供给。

2 号变配电站（10/0.4kV）位于地下，建在生化池池顶，靠近负荷中心——污水提升泵房，污水提升泵房设有 3 台 250kW、380V 的潜污提升泵。2 号变配电站供电范围为地下构筑物，即粗格栅井、预处理构筑物和 A²/O—HYBAS 生化池、双层沉淀池等。

（2）照明

本工程采用双回路供电，自动投切，不间断供电，使地下照明尽可能安全可靠。

在保证照度的前提下优先采用高效节能灯具和使用寿命长、光色好的光源，以降低能源损耗和运行费用。室内照明以高效荧光灯为主，其中会议室、接待室可根据装修特点采用装饰灯具，中央控制室采用低亮度漫射发光天幕，使光线柔和，减轻工作人员疲劳程度。车间内采用单灯混光型灯具，中控室、配电室等重要场所设应急照明灯具。地下构筑物亦采用高效荧光灯照明，设置部分事故应急照明灯具，其照度控制在 2lx 左右。厂区道路照明以庭院灯具为主，灯具形式与建筑物风格和厂区环境相协调。光源采用显色性好的金属卤钨灯或高压钠灯，保证满足照度和显色性的要求。厂前区作为生产管理区，其照明采用装饰性庭院灯具，与建筑风格和绿化环境协调，衬托出舒适、优美的气氛，满足人们对环境的美好愿望。

（3）防雷接地

本工程 380V/220V 侧采用 TN-S 制接地系统，低压馈线距变配电室超过 50m 时设重复接地装置，接地电阻不大于 10Ω，变配电室设置集中接地装置，接地电阻不大于 4Ω。

各建（构）筑物的接地装置与变电所的接地装置借助于厂区电缆沟内的通长扁钢焊接成一体。

本工程按三类建（构）筑物进行防雷设计，一般高度大于 15m 时均设置防雷保护，防雷接地装置的对地电阻不大于 10Ω。

2. 自控、仪表设计

全厂自动化系统分为三级：厂级监控中心、车间级现场控制站、现场设备控制单元。

厂级监控中心：中央控制室。

车间级现场控制站：预处理控制站（PLC1）、生化池与二沉池控制站（PLC2）、鼓风机房脱水间控制站（PLC3）、深度处理控制站（PLC4）。

现场设备监控单元：应急排污泵保护监控单元、预处理生物除臭装置控制单元、二沉池出水泵保护监控单元、生化池生物除臭装置控制单元、鼓风机控制单元 MCP、药剂制备系统控制单元、脱水机控制单元、泥饼系统控制单元、泥区生物除臭装置控制单元、紫外线消毒系统控制单元。1 号、2 号、3 号变配电系统的综合保护单元和智能电量监测单元通过工业现场总线直接接入接地 PLC 控制站。

厂级监控中心、车间级现场控制站通过工业以太网络进行数据通信。

13.4.7　除臭和通风设计

1. 除臭设计

该厂采用预处理区、生化处理区及污泥处理分区单独收集臭气，分区集中处理的全面除臭方式，以及填料式生物除臭系统。除臭系统分区表如表 13-2 所示。

表 13-2　除臭系统分区表

系统分区	除臭风量	数量	除臭技术方式	安装地点
预处理区	$Q = 5900\text{m}^3/\text{h}$	1 套	填料式生物除臭	曝气沉砂池下部机械室内
生化处理区	$Q = 83000\text{m}^3/\text{h}$	8 套	填料式生物除臭	生化池上部
污泥处理区	$Q = 7500\text{m}^3/\text{h}$	1 套	填料式生物除臭	污泥脱水机房楼上

除臭系统由臭气风管收集系统、除臭风机（EF）、生物除臭塔（BDT）、喷淋散水供给系统等构成。

2. 通风设计

通过设置机械通风系统，进行有组织通风。通风分为 3 个系统，服务区域分别为负二层廊道、负一层生化池、沉砂池。

为减少通风机对室外和全地下组团式构筑物的噪声污染，风机尽量选用低噪声型。负一层生化池风机设置消声隔声室，沉砂池风机进出口端均设置阻抗复合式消声器。

13.4.8　消防设计

1. 总图运输

厂区车行道分为两级，7m 宽的双车道及 4m 宽的单车道，另沿厂区与休闲公园之间的绿化隔离带设有一条消防车道与厂区道路形成环行，均为混凝土路面。主要道路转弯半径不小于9m。

为了不使生产性车辆从厂前区出入，在综合楼西面设有一条4m宽的单车道可以使从料仓运污泥的车辆，经东面次要出入口进出。

厂区设2个出入口与厂外道路相连，满足消防车对道路的要求；设4个应急通道满足人员疏散要求。厂区设有室外消火栓。在火灾危险性较大的场所设置安全标志及信号装置，在污水处理厂内各类介质管道应涂刷相应的识别色。

2. 建筑防火

（1）建筑耐火等级：本工程所有建筑物的耐火等级均至少达到 II 级。

（2）火灾危险性类别：戊类。

（3）建筑安全疏散：主要厂房均设两个或两个以上出入口。

根据相关条例，地下戊类厂房单个防火分区面积不超过1000m²。本工程作为国内第一座地下污水处理厂，在防火设计上有特殊性，无法简单套用现行建筑防火规范条文，故将防火与疏散作为专题上报深圳市消防部门，在其指导下完成设计并通过消防审核。本项目地下部分划分了11个防火分区，其中负一层分为10个防火分区，负二层通道为一个防火分区，单个防火分区面积不超过6000m²，分区之间以防火墙隔断，每个防火分区不少于一个安全疏散出口，设置在四角、端部和中部。综合楼防火分区划分为3个，满足现行防火规范要求。

（4）其他消防措施：每层（包括地下建筑）按规定设室内消火栓。变配电间、污水泵房内及放置机械或电器设备处、各交通通道口及疏散楼梯间等处按不同的火灾种类、火灾危险等级，设置相应类型及数量的灭火器。

3. 火灾探测与应急报警设计

全厂的消防报警系统按二级保护对象进行设计。系统由火灾报警主机、感烟探测器、感温探测器、火灾显示盘、报警按钮、警报器、消防电话、消防广播等组成。该系统与其他消防设施一同保证建筑物和地下构筑物内的人身安全。

另外，系统还接入了特种气体探测报警器，可探测 CH_4，CO 等气体的浓度。同时设置了足够的报警信号装置和疏散诱导标志。

4. 电气防火

进行建（构）筑物的设计时，均根据其不同的防雷级别按防雷规范设置相应的避雷装置，防止雷击引起的火灾。在爆炸和火灾危险场所严格按照环境的危险类别或区域配置相应的防爆型电器设备和灯具，避免电气火花引起的火灾。电气系统具备短路、过负荷、接地漏电等完备保护系统，防止电气火灾的发生。

消防用电设备采用专用的供电回路，当建筑内的生产、生活用电被切断时，仍能保证消防用电。

消防控制室、消防水泵房、防烟和排烟风机房的消防用电设备及消防电梯的配电线路最末一级配电箱处设置自动切换装置。

消防配电线路应满足火灾时连续供电的需要。

消防控制室、消防水泵房、自备发电机房、配电室、防烟排烟机房以及发生火灾时仍需正常工作的消防设备房应设置备用照明，其作业面的最低照度不应低于正常照明的照度。

5. 消防给水设计

厂区设计有相应的消防给水管网及室内外消火栓。

厂区给水由市自来水公司提供，来自于粤宝路供水干管，压力大于40m。厂区给水主要用于生活及消防等，构筑物及设备冲洗、绿化利用处理后尾水。给水干管管径为DN150～DN200，分别从粤宝路厂区东、南两端接入呈环网状，利于消防和安全供水。每层按规定设室内消火栓。变配电间、污水泵房内及放置机械或电器设备处、各交通通道口及疏散楼梯间等处按不同的火灾种类、火灾危险等级，设置相应类型及数量的灭火器。

6. 消防防烟排烟设计

非爆炸危险性厂房屋面设风帽进行自然通风。轴流风机采用防爆型。主体地下构筑物管廊、设备检修层专门设有循环机械通风设施。

13.4.9　防洪及防涝设计

污水处理厂受纳水体为布吉河，其防洪标准为百年一遇，水位为17.80～19.00m，污水处理厂厂区设计标高高于此标高，可免受洪水威胁。

13.5　主要经济指标

建设项目总投资59724.49万元，其中第一部分工程费50869.06万元，第二部分其他费用6011.41万元，第三部分基本预备费2844.02万元。

本工程年生产总成本为5475.9503万元，单位处理成本0.91元/$m^3 \cdot d$，单位运行成本0.53元/$m^3 \cdot d$。

13.6　运行效果

13.6.1　实际运行数据

2022～2023年实际进出水水质及处理水量如表13-3、表13-4所示。

表 13-3　2022 年进出水水月均值及处理水量

月份	处理水量（万 m³/d）	COD$_{cr}$（mg/L）		BOD$_5$（mg/L）		SS（mg/L）		TN（mg/L）		NH$_3$-N（mg/L）		TP（mg/L）	
		进水	出水	进水	出水	进水	出水	进水	出水	进水	出水	进水	出水
1	14.20	333	14	134.20	3.40	275	3	38.00	8.26	30.60	0.24	4.73	0.12
2	14.52	284	13	115.90	3.20	241	3	35.40	8.77	28.00	0.26	4.47	0.14
3	15.25	303	13	125.70	2.70	244	2	36.90	8.90	28.00	0.18	4.72	0.10
4	14.15	317	14	125.50	3.30	273	3	37.50	7.99	29.10	0.29	4.78	0.10
5	18.76	246	13	96.00	3.20	250	3	31.50	7.15	22.30	0.21	3.79	0.11
6	20.27	228	10	91.10	2.50	195	3	31.50	7.27	22.80	0.23	3.62	0.14
7	18.30	269	11	106.00	2.60	229	4	33.10	7.80	24.80	0.18	4.07	0.15
8	21.52	248	10	97.60	2.50	223	4	34.10	7.28	23.80	0.18	3.92	0.12
9	17.19	286	11	114.30	2.60	245	4	37.40	8.49	28.70	0.23	4.39	0.14
10	15.78	272	12	105.60	2.80	251	4	36.70	8.78	28.90	0.19	4.29	0.11
11	14.92	258	11	101.90	2.60	217	4	36.00	8.21	29.20	0.19	4.02	0.11
12	13.32	256	12	104.10	2.60	219	4	34.10	8.61	26.00	0.24	3.48	0.08
最高值	21.52	333	14	134.20	3.40	275	4	38.00	8.90	30.60	0.29	4.78	0.15
最低值	13.32	228	10	91.10	2.50	195	2	31.50	7.15	22.30	0.18	3.48	0.08
平均值	16.51	275	12	109.83	2.83	238.5	3.42	35.18	8.12	26.85	0.22	4.19	0.12

表 13-4　2023 年 1～7 月进出水水月均值及处理水量

月份	处理水量（万 m³/d）	COD$_{cr}$（mg/L）		BOD$_5$（mg/L）		SS（mg/L）		TN（mg/L）		NH$_3$-N（mg/L）		TP（mg/L）	
		进水	出水	进水	出水	进水	出水	进水	出水	进水	出水	进水	出水
1	12.19	223	13	86.20	2.90	207	4	38.10	8.12	30.30	0.28	3.92	0.09
2	12.60	281	15	113.00	3.90	190	4	35.70	7.98	26.80	0.29	4.04	0.09
3	12.61	336	14	136.10	3.40	220	4	36.10	7.78	27.50	0.26	4.38	0.08
4	12.91	318	11	131.30	2.90	221	4	33.10	7.64	24.70	0.25	4.12	0.07
5	14.04	230	14	95.60	3.30	159	4	32.60	8.37	23.10	0.21	2.99	0.06
6	16.68	219.02	12.65	115.46	2.84	125.45	4	31.35	8.06	18.53	0.15	2.65	0.06
7	15.76	222.57	13.15	109.87	2.71	140.19	4.03	27.48	7.83	19.01	0.16	2.82	0.08
最高值	16.68	336	15	136.10	3.90	221	4.03	38.10	8.37	30.30	0.29	4.38	0.09
最低值	12.19	219.02	11	86.20	2.71	125.45	4	27.48	7.64	18.53	0.15	2.65	0.06
平均值	13.83	261.37	13.26	112.50	3.14	180.38	4	33.49	7.97	24.28	0.23	3.56	0.08

13.6.2　运行数据分析

1. 处理水量

2021 年，布吉污水处理厂处理水量最高值为 21.64 万 m³/d，最低值为 15.96 万 m³/d，平均值为 17.88 万 m³/d。2022 年，处理水量最高值为 21.52 万 m³/d，最低值为 13.32 万 m³/d，平均值为 16.51 万 m³/d。2023 年 1～7 月，处理水量最高值为 16.68 万 m³/d，最低值为 12.19 万 m³/d，平均值为 13.83 万 m³/d。

2. 水质

2022 年 1 月至 2023 年 9 月全年逐日进出水水质分析统计如表 13-5 所示：

表 13-5　2022 年 1 月至 2023 年 9 月实际进出水水质与设计值对比

污染物项目		COD_{cr}	BOD_5	SS	TN	NH_3-N	TP
单位		mg/L	mg/L	mg/L	mg/L	mg/L	mg/L
进水	设计值	300	160	250	35	30	4.5
	实测最大值	478	283.0	575	51.40	44.40	6.84
	实测最小值	102	43.7	64	11.63	6.71	1.18
	实测平均值	265.67	110.12	207.47	33.69	25.18	3.83
出水	设计值	50	10	10	15	5	0.5
	实测最大值	22.0	5.6	7.00	12.47	0.79	0.23
	实测最小值	4.0	1.0	0.50	0.27	0.02	0.04
	实测平均值	12.41	2.91	3.70	7.99	0.23	0.10

进水水质平均值均略低于设计值，最大值均超过设计值。出水主要污染物指标均优于设计标准。

第14章 马来西亚 PANTAI 污水处理厂设计

马来西亚 PANTAI 污水处理厂是"一带一路"战略中我国在海外建造的第一座、东南亚地区第一座大型地下污水处理厂。该项目中应用的污泥消化、沼气发电、水源热泵制冷、太阳能利用、光导纤维采光等新技术荣获马来西亚绿色建筑奖。该项目是地面景观、周边公园及与地下污水处理厂功能融为一体的游憩服务型地下污水处理厂综合体。

14.1 项目概况

本项目设计规模 32 万 m^3/d，采用改良 AAO ＋矩形周进周出沉淀池为主体的工艺。地面景观与吉隆坡皇宫片区规划休闲体育公园衔接协调，提供的体育休闲公园、绿色景观面积近 10.0 万 m^2。地下构筑物顶层覆土厚约 1.0m，设计荷载 $20kN/m^2$。出水水质、污泥处理、处置、废气大气排放，均达到马来西亚政府颁布的《城市污水处理厂污染物排放标准》，环境效益、社会效益优良。污泥消化后脱水 ≤ 80% 外运填埋。

本项目于 2015 年 10 月建设完成，工程竣工决算投资人民币约 14.98 亿元。

14.2 项目特点及创新技术、新能源技术应用

1. 本项目特点

（1）东南亚地区率先充分利用污水处理厂上部空间建设的地下污水处理厂。

（2）采用先进的生物除磷脱氮工艺：改良 AAO 活性污泥工艺＋矩形周进周出沉淀池。

（3）土建结构控制性单体的结构优化布置、设缝形式创新。

（4）节能、节地、节水、节材。

（5）运行能耗为 0.25kW · h/m^3。

（6）运行总费用为 0.49 元 $/m^3$。

2. 本项目创新要点

本工程的创新性主要是采用污泥消化、沼气发电、水源热泵、太阳能利用、光导纤维采光等新技术。

14.3 总体设计

14.3.1 设计规模

污水处理厂设计规模为 32 万 m^3/d，$K_z = 1.3$，一次建成。

14.3.2 设计进出水水质

本工程部分尾水作为污水处理厂生产回用及地上景观公园用水，剩余部分排放到周边水体。该污水处理厂的进出水水质如表 14-1 所示。

表 14-1 PANTAI 污水处理厂设计进出水水质

项目	COD_{cr}（mg/L）	BOD_5（mg/L）	SS（mg/L）	TP（mg/L）	NH_3-N（mg/L）	TN（mg/L）	pH 值
设计进水	280	250	300	10	30	50	6 ~ 9
设计出水	≤ 50	≤ 20	≤ 50	≤ 0.5	≤ 8	—	6 ~ 9

14.3.3 处理工艺流程

该污水处理厂工艺流程框图如图 14-1 所示。

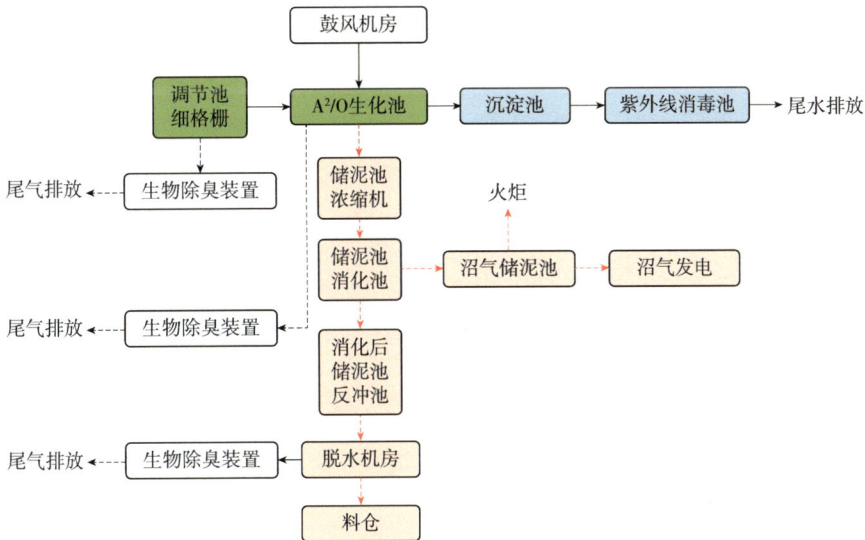

图 14-1 PANTAI 污水处理厂工艺流程框图

14.3.4 建设形式

本工程采用地下污水处理厂建设形式，上部建设休憩公园。厂区环境及休闲公园景观整体设计与周边地形、地貌衔接协调，与周边环境、区域定位浑然一体，充分体现了人与自然和谐共处的设计理念。

14.3.5 总体布局

1. 设计地面高程

污水处理厂厂外规划道路中心高程 24.00 ~ 24.50m，百年一遇防洪水位为 26.00m，同时考虑便于雨水排出以及构筑物抗浮设计，确定的厂内地面高程暂定为 26.50m。

2. 地下主体构筑物竖向设计

考虑到 PANTAI 污水处理厂近期及今后数年相当长一段时间内大部分处理水均来自"合流制"的情况下，进水水面标高控制为 19.15m。

地下设计顶层覆土标高 26.50m，覆土厚 1.00m，作为休闲公园地坪设计标高，设备检修层标高 19.00 ~ 20.00m，净空 4.50 ~ 5.50m。

将厂前区布置在污水处理厂南侧上风向，厂大门紧邻道路，进入方便；侧门设于生产区西侧，用于泥渣车辆进出。用绿化隔离带将周边居民与生产区之间分开，厂前区内集中布置综合楼、太阳能电站、再生水系统等，综合楼楼上可俯视全厂，视野通透且环境优美。

将细格栅、曝气沉砂池、调节池等预处理构筑物布置于西北侧，沉淀池布置在用地南侧，顶部休闲公园景观、绿化结合在一起，与预处理构筑物连为一体，使得工艺流程顺畅；沉淀池紧邻生化池，设一座紫外线消毒接触池，以避免管线的迂回，并减少水头损失。马来西亚 PANTAI 污水处理厂实景图如图 14-2 所示。

图 14-2 马来西亚 PANTAI 污水处理厂实景图

14.4　主要工程设计

14.4.1　工艺设计

1. 进水分配系统

控制地下污水处理厂入水水位，通过分配堰将污水均匀分配到 2 个预处理系统。当污水超过污水处理厂设计容量时，将通过旁路溢流。

设计流量为 65.956 万 m^3/d，停留时间 30s。

2. 细格栅

（1）细格栅的主要功能为减少漂浮物和直径 5mm 以上的颗粒，保证下游生物处理工艺和污泥处理工艺的顺利运行。

（2）格栅设计参数

流量峰值 7.636m^3/s，单个渠道流量 0.955m^3/s。

格栅条最大间距 5mm，渠道宽度 2.4m，深度 2.6m。

3. 沉砂池

（1）沉砂池的主要功能为用离心分离法除去污水中的砂粒或分离颗粒。

（2）沉砂池设计参数

PANTAI 污水处理厂的沉砂池设计参数如表 14-2 所示。

表 14-2　沉砂池设计参数

类别	设计参数	最大污泥容量	单位
流量峰值	458.19	—	m^3/min
最大通过流速	0.20	0.20	m/s
预计砂砾数量	0.03	0.03	$m^3/10^3m^3$
涡流沉砂池池室数	4	—	—
各单元设置容量	25	—	%
	114.55	—	m^3/min

4. 生物反应器 - AAO 生物反应池

生物反应器是污水处理厂的主要组成部分。污水中的有机物在好氧条件下由微生物去除。通过将污泥返回到厌氧和缺氧条件，可以实现营养物的去除。因此，生物反应器包括前厌氧区、厌氧区、缺氧区和好氧区。PANTAI 污水处理厂的生物反应器设计参数如表 14-3 所示。

表 14-3　生物反应器设计参数

类别	设计参数	备注
类型	全地下矩形混凝土池	—
数量	4 条处理线，每条线 2 个池	—

续表

类别	设计参数	备注
说明	设计容量 $Q = 80044\text{m}^3/\text{d}$（1个池） 总留存时间 $T = 10.06\text{h}$ 每池有效容积 $V = 32944\text{m}^3$ 有效深度 $H = 8.35\text{m}$	$\geqslant 10\text{h}$ $\leqslant 8.5\text{ m}$

（1）前厌氧区（缺氧区）

1）功能：回流活性污泥首先回流到预反硝化区（厌氧区的一部分）进行反硝化作用，从而降低了循环活性污泥中的溶解氧和硝酸盐氮，可以确保厌氧区处于厌氧条件下，并提高磷去除系统的能力。

2）前厌氧区设计参数

PANTAI 污水处理厂的前厌氧区设计参数如表 14-4 所示。

表 14-4　前厌氧区设计参数

类别	设计参数	单位
平均流量	13340.63	m^3/h
最小停留时间	0.5	h
长度	5.40	m
宽度	19.00	m
水深	8.35	m
水池个数	8	—
总容量	6853.68	m^3

（2）厌氧区（无氧区）

1）功能：为聚磷菌释放磷提供适宜的条件，以达到较好的除磷率；改善污泥沉降特性，防止丝状菌生长，提高系统稳定性。

2）厌氧区设计参数

PANTAI 污水处理厂的厌氧区设计参数如表 14-5 所示。

表 14-5　厌氧区设计参数

类别	设计参数	单位	备注
平均流量	13340.63	m^3/h	—
最小停留时间	1	h	$\geqslant 1$
长度	11.60	m	—
宽度	19.00	m	—
水深	8.35	m	$\leqslant 8.5$
水池个数	8	—	$\geqslant 4$
总容量	14722.72	m^3	—

（3）缺氧区

1）功能：反硝化细菌利用污水中的有机碳进行反硝化，将 NO_3-N 还原为 N_2，从而去除系统中的氮。

2）缺氧区设计参数

PANTAI污水处理厂的缺氧区设计参数如表14-6所示。

表14-6　缺氧区设计参数

类别	设计参数	单位	备注
平均流量	13340.6	m^3/h	—
最小停留时间	1.5	h	$\geqslant 1$
长度	17.60	m	—
宽度	19.00	m	—
水深	8.35	m	$\leqslant 8.5$
水池个数	8	—	$\geqslant 4$
总容量	22337.92	m^3	—

（4）好氧区

1）功能：生物曝气器中的活性污泥在好氧条件下降解污水中的有机物，达到稳定污水的目的。

2）好氧区设计参数

PANTAI污水处理厂的好氧区设计参数如表14-7所示。

表14-7　好氧区设计参数

类别	设计参数	单位	备注
长度	72.00	m	—
宽度	19.00	m	—
水深	8.25	m	—
水池个数	8	—	—
每个水池容积	11286.00	m^3	—
总容积	90288.00	m^3	—
水力停留时间	6.77	h	—
混合悬浮固体	3500	mg/L	3000～4000
F：M比率	0.180	$kg\ BOD_5/（kg\ MLSS \cdot d）$	—
污泥产率	1.00	$kg\ SS/\ kg\ BOD_5$	0.70～1.20
污泥龄	5.8	d	—
污泥浪费量	5600.00	m^3/d	—
混合物回流比率	100～200	%	100～200
回流污泥在循环比率	100	%	60～100
空气需求	61838.73	m^3/h	—

5. 周进周出沉淀池

（1）功能：使混合液中的微生物以及污泥沉淀，以确保出水悬浮物固体（SS）符合要求。

（2）设计参数

PANTAI 污水处理厂的周进周出沉淀池设计参数如表 14-8 所示。

表 14-8　周进周出沉淀池设计参数

类别	设计参数	标准允许值	单位
水力停留时间	3.5	3.5	h
堰长	1280.0	—	m
堰负荷率	250	250	$m^3/d \cdot m$
固体负荷率	93.14	160	$kg/m^2 \cdot d$
设计处理能力（每池）	833.8	—	m^3/h
溢流面积负荷率	26.61	27	$m^3/m^2 \cdot h$
面积（每池）	752	—	m^2
有效深度	4	≥ 3.9	m
池深	7.1	—	m
有效容积（每池）	3008	—	m^3

6. 污泥处理系统

PANTAI 污水处理厂的污水处理能力为 320175m^3/d；污水处理采用改良的 AAO 工艺。污泥处理的设计基础如下所述：

（1）污泥干重为 44.8tDS/d，其中 50% 是挥发性固体。

（2）最低设计温度为 22℃。

（3）甲烷气体脱硫设备的尺寸基于最大硫化氢含量为 5000ppm 的情况，如果硫化氢含量超过此值，将添加铁盐投加量以降低硫含量。

（4）在消化之前，浓缩污泥含有 5% 的固体物含量。

（5）食物废料处理站空间将留作未来使用。将保留用于将预处理食物废料运送到厌氧消化池的泵送接口以备将来连接。

（6）消化过程产生的沼气所发的电不会与主电网连接。所有产生的电力将用于工厂内部运行。

污泥是从生物处理过程（AAO）中产生的。活性污泥的固体含量为 0.8%。污泥处理过程包括机械浓缩、中温厌氧消化和离心脱水。最终产品将被运往经批准的垃圾填埋场或用作有益的堆肥再次利用。

经过机械浓缩处理后，活性污泥的含水量降低至 95%。经过离心脱水后，水分含量进一步降至 80%。最终产品将被运送到当地政府批准的填埋场或用作农业堆肥。

厌氧消化产生的甲烷气将用于发电。发电过程中产生的废热将用于加热厌氧消化池中的污泥，使温度保持在 35 ～ 37℃的范围内，以获得更好的处理效果。沼气系统将配备沼气闪光装置，以燃烧过剩气体，以防发电设备故障，确保系统安全。污泥处理及处置流程图如图 14-3 所示。

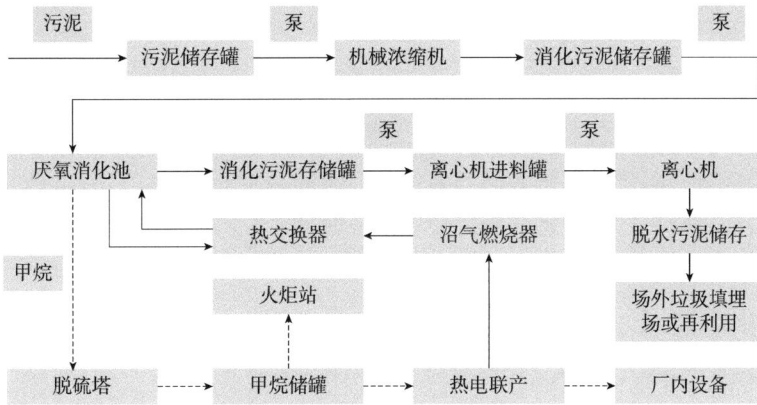

图 14-3　污泥处理及处置流程图

该工艺配置拥有诸多优势，包括高处理效率、占地面积小、有效控制异味、噪声低以及利用沼气为污水处理厂供电，实现能源节约。这种配置给在城市中心建设污水处理厂提供了更好的解决方案，以最大限度减少对周边环境和公共健康的影响。PANTAI 污水处理厂的污泥处理工艺设计参数如表 14-9 所示。

表 14-9　污泥处理工艺设计参数

类别	设计参数
活性污泥负荷量	5600.00m³/d
活性污泥中的有机固体（VSS）含量	50%
有机固体降解效率	40%
消化污泥	896.00m³/d
甲烷产生速率	8064m³/d
电力产生量	9923.76kW·h/d
最低电力产生量	4961.88kW·h/d
消化温度	35 ～ 37℃

（1）剩余污泥储存罐

1）功能

剩余污泥储存罐安装用于储存来自沉淀池的污泥，以提供均匀的进料给污泥浓缩机。储存罐将完全密封，以防止气味排放。内设置搅拌器以防止固体沉淀。

2）设计参数

PANTAI 污水处理厂的剩余污泥储存罐的设计参数如表 14-10 所示。

表 14-10　剩余污泥储存罐的设计参数

类别	设计值
湿污泥体积	5600m³/d
水力停留时间	1h
储存容积	240m³

（2）机械浓缩机

1）功能

安装机械浓缩机以在活性污泥进入消化器之前减少其液体含量，从而减小消化器的尺寸。废活性污泥进料泵将污泥转移到浓缩机，然后浓缩后的污泥将通过消化器进料泵转移到厌氧消化器。液体含量将从 99.2% 降低至 95%。

2）设计参数

PANTAI 污水处理厂的机械浓缩机设计参数如表 14-11 所示。

表 14-11　机械浓缩机设计参数

类别	设计值	标准允许值
设计负荷率	5600.00m³/d	—
进料污泥固体含量	0.8%	—
工作时间	16h/d	16h/d，7d/周
浓缩机数量	3 用 1 备	3 用 1 备
单台处理速率	116.67m³/h	—
浓缩污泥固体	5%	—
聚合物投加量	3 ~ 4kg/t DS	—
PAM 投加量	0.13t/d	—

（3）浓缩污泥储存罐

1）功能

浓缩污泥储存罐用于储存和调节浓缩污泥，使浓缩污泥能够连续稳定地被泵送到厌氧消化池。

2）设计参数

PANTAI 污水处理厂的浓缩污泥罐设计参数如表 14-12 所示。

表 14-12　浓缩污泥储存罐设计参数

类别	设计值	标准允许值
固体含量	5%	—
浓缩污泥数量	896m³/d	—
浓缩污泥滞留时间	1.2d	≥ 1d

（4）污泥厌氧消化系统

1）功能

在37℃的温度下，兼性细菌和厌氧细菌分解污泥中的有机物并产生甲烷。沼气可以用来发电，以节约污水处理厂的能源消耗。经过厌氧消化过程，不但污泥的数量有所减少，而且污泥变得更稳定，便于脱水，且气味更少。

2）设计参数

PANTAI污水处理厂的污泥厌氧消化系统设计参数如表14-13所示。

表14-13　污泥厌氧消化系统设计参数

类别	设计值
废活性污泥	5600.00m³/d
浓缩污泥固体含量	3% ~ 5%
送入厌氧消化池的浓缩污泥	896m³/d
污泥滞留时间（SRT）	20d
总厌氧消化容积	17920m³
消化池数量	4
单个厌氧消化池容积	4480m³
厌氧消化池尺寸（单个）	17m
厌氧消化池水深	20.0m
厌氧消化池高度	26.1m
操作温度	35 ~ 37℃

（5）消化污泥储存罐

1）功能

在厌氧消化后，消化污泥将储存在储存罐中。储存罐中安装有固定的搅拌器以防止沉淀。然后将消化污泥从储存罐泵送到离心脱水系统进行连续操作。

2）设计参数

PANTAI污水处理厂的消化污泥储存罐的设计参数如表14-14所示。

表14-14　消化污泥储存罐设计参数

类别	设计值	标准允许值
设计固体负荷率	716.80m³/d	—
消化污泥固体含量	5%	—
滞留时间	1d	1d

（6）消化污泥缓冲罐

1）功能

消化污泥缓冲罐用作从消化污泥储存池到离心脱水系统的过渡，以实现均匀进料。该罐被完全封闭以防止气味排出。该罐配备了搅拌器以避免污泥沉淀。

2）设计参数

PANTAI 污水处理厂的消化污泥缓冲罐设计参数如表 14-15 所示。

表 14-15　消化污泥缓冲罐设计参数

类别	设计值
消化污泥	716.80m³/d
离心机容量	37.33m³/h
进料罐滞留时间	2h
离心机进料罐容积	75m³

（7）污泥脱水系统

1）功能

采用离心脱水工艺可进一步减少消化污泥的含水量，从而大大减少外运处置的污泥数量。

2）设计参数

PANTAI 污水处理厂的污泥脱水系统设计参数如表 14-16 所示。

表 14-16　污泥脱水系统设计参数

类别	设计值	标准允许值
设计负荷	716.80m³/d	—
消化污泥固体百分比	5%	—
工作时间	12h/d	12 h/d，7d/ 周
离心脱水机容量	112m³/h	—
数量	3用1备	3用1备
单个单位处理能力	30 ~ 40m³/h	—
聚合物投加量	3 ~ 4kg/t DS	—
PAM 投加量	0.14t/d	—

（8）污泥筒仓

1）功能

建造两个储存罐，用于储存脱水污泥，确保离心机系统的持续运行时间可长达 3d。污泥颗粒将通过螺杆泵转移到储存罐中。污泥筒仓中设置有进气口，将罐中的空气抽出并送往除臭系统。

2）设计参数

PANTAI 污水处理厂的污泥筒仓设计参数如表 14-17 所示。

表 14-17　污泥筒仓设计参数

类别	设计值
脱水污泥容量	179.2m³/d
储存时间	3d
储存容积	621.72m³

（9）砾石过滤器

1）功能

厌氧消化罐产生的沼气首先通过砾石过滤器和干燥系统流动。在这一过程中，沼气中的饱和水将被去除，气体中的颗粒也将被清除。在气体管道系统中，管道的坡度应设计为不大于1%，并且在最低点应安装冷凝液收集器。

2）设计参数

PANTAI污水处理厂的砾石过滤器设计参数如表14-18所示。

表 14-18　砾石过滤器设计参数

设备名称	设计参数	数量
砾石过滤器	$L \times W \times H = 1.0m \times 0.8m \times 1.0m$	2
冷凝液收集器	水封高度 750mm	7

（10）沼气脱硫塔

1）功能

通过微生物分解，将甲烷中的 H_2S 从设计浓度 5000ppm 降低到 200ppm。

2）设计参数

PANTAI污水处理厂的沼气脱硫塔设计参数如表14-19所示。

表 14-19　沼气脱硫塔设计参数

类别	设计值
进口沼气流量	400m³/h
出口沼气流量	40m³/h
进口 H_2S 浓度	5000ppm
出口 H_2S 浓度	≤ 200ppm
进口 CH_4	60VOL%
出口 CH_4	56VOL%
进口沼气温度	25 ~ 40℃
压降	9 ~ 13mbar
最大罐体压力	0.05bar

（11）沼气储存器

1）功能

储存沼气并保持压力稳定。

2）设计参数

PANTAI 污水处理厂的沼气储存器设计参数如表 14-20 所示。

表 14-20　沼气储存器设计参数

类别	设计值	单位
沼气产量速率	8064	m^3/d
甲烷百分比	60	%
设计储存时间	7 ~ 8	h
沼气储存容积	2500.00	m^3

（12）沼气过滤器、干燥机和压缩机

1）功能

通过两级过滤，将 0.3μm 以上的杂质去除，以满足发电机的进气要求。气体除湿系统采用制冷装置将饱和水蒸气冷却，使水蒸气凝结。然后通过风扇加热增压过程，使系统出口的相对湿度小于 80%。

2）设计参数

PANTAI 污水处理厂的沼气过滤器、干燥机和压缩机设计参数如表 14-21 所示。

表 14-21　沼气过滤器、干燥机和压缩机设计参数

类别	设计值
过滤器压力损失	< 1.0kPa
进口沼气温度	≤ 37℃
冷却温度	10 ~ 20℃
增压沼气温度	30 ~ 40℃
增压沼气相对湿度	≤ 80%
制冷功率	22kW
冷凝处压力损失	≤ 2kPa

（13）沼气发电机组

1）功能

采用燃气轮机联产技术，利用厌氧消化产生的沼气发电，为污水处理厂提供一部分电力。此过程产生的热量将用于加热厌氧消化罐。

2）设计参数

PANTAI污水处理厂的沼气发电机组设计参数如表14-22所示。

表14-22　沼气发电机组设计参数

类别	设计值	单位
沼气产量速率	8064.00	m^3/d
甲烷百分比	60	%
甲烷热值	35800.00	kJ/m^3
机械能产生的热量	47634048.00	kJ
发电机效率	75	%
产生的电量	9923.76	kW·h/d
发电机功率	413.5	kW
理论发电量	3572600	kW·h/a

（14）沼气燃烧装置

1）功能

如果沼气未被其他设备使用或产生过剩，将通过闪光装置燃烧多余的沼气，以确保安全。

2）设计参数

PANTAI污水处理厂的沼气燃烧装置设计参数如表14-23所示。

表14-23　沼气燃烧装置设计参数

类别	设计值
进气压力	3.0kPa
停留时间	≥ 0.6s
燃烧温度	500 ~ 1100℃
燃烧率	≥ 95%
火炬塔外壁温度	< 60℃

燃烧装置的操作（点火、监控和关闭）是通过远程和本地控制中心进行的。操作数据可以存储并上传至用户的中央控制系统。在发生事故或出现紧急情况时，系统可以自动关闭，并切断气源。

7. 生物滴滤系统

采用生物滴滤系统对收集的臭气进行处理，生物滴滤器设计为强制通风、向上流动的形式。恶臭空气进入塔底，然后通过生物滴滤介质上升。这种高度多孔的介质提供了一个固定的基质，附着大量微生物群落，形成生物膜层。当恶臭空气接触到这层生物膜时，硫化氢被溶解，随后被微生物氧化。介质和生物膜通过不断循环的水保持适当湿润。

14.4.2 结构设计

本工程结构的合理使用寿命为 50 年。地震加速度 0.05g。构筑物不计算地震荷载，主要的水处理构筑物和生产性附属建筑物采取抗震加强构造措施（如梁端箍筋加密，限制框架柱的轴向压力，在水池转角处提高配筋率）。混凝土表面采用涂料防护替代水泥砂浆抹面，避免水泥砂浆抹面容易脱落的问题。大体积地下构筑物采用变形缝和后浇带结合的方式，在保证混凝土浇筑质量的前提下减少变形缝数量，增加结构整体性。

14.4.3 基坑支护设计

基坑边长约 1032m，开挖面积约 58785m²，基坑四周设计地面平均高程约为 24.1m，基坑挖深 4.1 ~ 16.3m。钻孔揭示最浅的岩石层约在现状地面下 9 ~ 15m，预计预制桩不能穿过。所以地下构筑物采用天然基础，抗浮采用抗拔锚杆。其余的地面建（构）筑物采用直径 400 ~ 500mm 的预应力管桩。

由于本工程的基坑面积较大，且地下结构较为复杂，采用支护桩＋内支撑的方案存在施工难度大、施工周期长且费用较高等问题，采用地下连续墙方案费用较支护桩＋内支撑方案更为昂贵。考虑施工可行性、方便性及经济性等，本工程采用桩锚支护，局部段采用桩＋锚索＋放坡支护方案。

14.4.4 电气和自控设计

1. 电气设计

本污水处理厂工程及地面景观工程应采用三路 11kV 电源供电，2 用 1 备，每路电源均应能满足污水处理厂 50% 运行负荷的需求。氧化塘采用二路 11kV 电源供电，1 用 1 备，每路电源均应能满足氧化塘 100% 运行负荷的需求。全地下污水处理厂消防用电负荷等级为二级。

全污水处理厂用电负荷分为工业动力负荷和辅助照明负荷两大类，主要动力负荷为泵类及风机类负荷。对于大容量的主要动力负荷采用轴功率法计算，对于小容量动力负荷、辅助机械设备负荷采用需要系数法计算，照明负荷以及办公用电负荷按单位建筑面积用电指标法计算。

新建污水处理厂及地面景观工程总安装容量为 12726kW，计算负荷有功功率为 7777kW，补偿后计算负荷无功功率为 3743kvar，补偿后计算负荷视在功率为 8631kVA。氧化塘改造工程总安装容量为 715kW，计算负荷为 645kW，补偿后无功功率为 243kvar，补偿后视在功率为 689kVA。

在保证照度的前提下，室内照明优先采用高效节能灯具和使用寿命长、光色好的光源，以降低能源损耗和运行费用。室内照明以高效荧光灯为主，其中会议室、接待室可根据装修特点采用装饰灯具，车间内采用单灯混光型灯具，中控室、配电室、监控消防室等重要场所设应急照明灯具。在柴油发电机房、储油间、沼气过滤及加压系统间设置防爆灯具。地下空间采用防尘、防潮、防爆高效荧光灯照明，设置部分事故应急照明灯具，其照度控制在2lx左右。在疏散走道及转角处设置疏散指示标志灯，走道上的疏散标志灯间距约为20m。

厂区道路照明以庭院灯具为主，灯具形式与建筑物风格与厂区环境相协调。光源采用显色性好的金属卤钨灯或高压钠灯，保证照度和显色性要求。厂前区作为生产管理区，其照明采用装饰性庭院灯具，与建筑风格和绿化环境相协调，衬托出舒适、优美的气氛，满足人们对环境的美好愿望。

2. 自控设计

全流程节能降耗自动化控制系统方案采用了具有全厂集成自动化概念的生产过程自动化系统。对全厂进行分散控制和集中管理，大大提高了系统的可靠性和稳定性。各现场控制单元还可独立运行，并通过通信总线与中央控制室连接，组成全厂集中管理系统。采用开放式的网络结构，使厂内办公管理系统可方便地接入本系统，并且为远期发展提供了先进的设备和技术保证。

全厂自动化系统分为三级：厂级监控中心、车间级现场控制站、现场设备控制单元。

厂级监控中心：中央控制室。

车间级现场控制站：预处理控制站（PLC1）、生化池二沉池控制站（PLC2）、鼓风机房脱水间控制站（PLC3）、污泥处理控制站（PLC4）。

14.4.5　除臭和通风设计

1. 除臭设计

PANTAI污水处理厂中的臭气主要源自预处理区、生化处理区和污泥处理区，三个区域有相对独立的除臭系统，每个系统对臭气单独收集处理。

生物滤池法和化学脱臭法是较常用的两种处理工艺。两方案除臭效果相当，但化学脱臭法有二次污染源需解决，日常运行费用大，生物滤池法的占地面积虽然较大，但是结合PANTAI污水处理厂推荐地下方案的特点，生物滤池可以布置于地下负一层工作层，因此，本工程采用生物滤池法作为本工程除臭工艺。

2. 通风设计

全地下组团式构筑物设置机械通风系统，进行有组织地通风。通风分为4个系统，设计通风量如表14-24所示：

表14-24　设计通风量

序号	系统编号	服务区域	风量（m³/h）	电量（kW）
1	J-1	负二层廊道	20600	4
2	J-2	负二层廊道	20600	4
3	P-1	负一层生化池	31368	7.5
4	P-2	负一层生化池	31368	7.5

序号	系统编号	服务区域	风量（m³/h）	电量（kW）
5	P-3	负一层生化池	20600	4
6	P-4	负一层生化池	20600	4
7	P-5	负一层生化池	20600	4
8	P-6	负一层沉砂池	7113	2.2

14.4.6　建筑及消防设计

PANTAI 污水处理厂用地面积 10.48 公顷，将占地较少的建筑物放在地面，而将生产主体构筑物布置于地下，上面覆土做休憩公园。

厂内分为地面建筑和地下建（构）筑两部分，地面建筑包括综合楼、门卫房、鼓风机房、污泥脱水间、加药间、变配电间等。地下建（构）筑包括生化池、二沉池和沉砂池。

全厂实施自动化管理，生产构筑物无需人员值班，主要在办公楼中央控制室值班监控。

厂内所有建（构）筑物严格按照相关规定设计，设有全厂室外消火栓系统、火灾报警系统、消防控制系统以及手提式泡沫灭火系统。

厂区车行道分为两级，8.0m 宽的双车道及 5.5m 宽的单车道，另沿厂区与休闲公园之间的绿化隔离带设有一条消防车道与厂区道路形成环行，均为混凝土路面。主要道路转弯半径不小于 9m。

除地面车道外，分别在厂区及休闲公园内设有前往地下污水处理厂主体构筑物的地下通道。厂内道路呈环形布置，保证消防通道畅通，厂内主干道宽 8.0m，次干道宽 5.5m，地下构筑物道路净空高度大于 4.0m，地下主体构筑物设两个出入口与厂外道路相连，满足消防车对道路的要求。

地下污水处理厂的火灾危险性等级为戊类，局部配电间及控制室为丁类。

建筑耐火等级：本工程所有地下建（构）筑物的耐火等级不低于一级。

建筑安全疏散：主要厂房均设两个或两个以上的出入口。

地下主体构筑物：对地下主体构筑物的防火问题，是本工程最主要也是最重要的一个课题。本工程是全地下的污水处理厂，埋入地下的生化池、二沉池、沉砂池等池体的性质属于构筑物，埋入地下后，它们的四周形成围护墙，上部加了顶盖，形成了具有建筑属性的三维空间。

污水处理厂地下部分分为 6 个防火分区、6 个应急楼梯通往地面（除 2 车道出入口外），以满足地下人员的疏散要求。

建（构）筑物的设计均根据其不同的防雷级别按防雷规范设置相应的避雷装置，防止雷击引起的火灾。在爆炸和火灾危险场所严格按照环境的危险类别或区域配置相应的防爆型电器设备和灯具，避免电气火花引起的火灾。电气系统具备短路、过负荷、接地漏电等完备保护系统，防止电气火灾的发生。

其他消防措施：每层按规定设室内消火栓。变配电间内、污水泵房内、放置机械或电器设备处、各交通通道口及疏散楼梯间等处按不同的火灾种类、火灾危险等级，设置相应类型及数量的灭火器。

厂区设有室外消火栓，建立完善的消防给水系统和消防设施。

14.5　主要经济指标

工程竣工决算投资人民币约 14.98 亿元。每立方米污水处理的运行能耗为 0.25kW·h，每立方米污水处理的运行总费用为 0.49 人民币。

14.6　设计总结

本工程将建设"世界一流的绿色工程"的理念贯穿于工程设计、采购、建造、运行的全过程。应用最优污水处理技术和方案、选用环保建材、采用高效节能设备、降低能源损耗作为设计的基本原则，实现了节能、节地、节水、节材、减碳的绿色低碳目标，是具有一定超前设计理念的地下污水处理厂。

大型水池的伸缩缝处理一直是一个技术难点问题，以往污水处理厂多数采用间隔20m左右设一条完全缝作为变形、沉降缝，由此引起结构受力模式的改变，尤其对管渠特别多的生物反应池造成细部处理上的麻烦。本工程中推荐采用引发缝、后浇带、加强带与完全缝相结合的处理方法，必要时辅以外加剂，并在构造上采取防渗、防裂措施，加长设缝距离，减少了完全缝设置。

为了解决地下空间照明面积大、控灯要求高、灯具易损坏等状况，设计采用了光导纤维引地面光源入地下自然采光，与景观结合采用自然采光等。还采用环境耐受能力强的工控机，开发智能照明控制系统，各照明控制箱和按键面板采用总线连接方式，实现手动或自动控制灯具点亮组态、多方位异地控灯、中控室集中控灯、定制控灯等功能。当火灾发生时，可自动强制亮灯。灯控系统为安全文明生产、节约电耗提供了极大的便利。

PANTAI 污水处理厂的设计过程中采用了先进的绿色节能技术，使得该污水处理厂在充分满足出水水质要求的情况下，能够更好地解决污水处理厂的环境与资源再生利用问题。其中，污泥沼气发电、太阳能、再生水和水源热泵的应用为实现一个"低能耗、低污染、低排放"的世界一流的污水处理厂提供了条件。

第15章 深圳市洪湖水质净化厂设计

洪湖水质净化厂是国内首个地下 5G 智慧水质净化厂，实现了全自动化生产、运营和监控下的"无人值守、少人巡检"。该项目是将地面公园、周边湖泊与地下污水处理厂功能融为一体的游憩服务型地下污水处理厂综合体。

15.1 项目概况

洪湖水质净化厂远期总规模为 10 万 m^3/d，$K_z = 1.3$，土建工程一次建成，一期按 5 万 m^3/d 安装设备。污水处理采用以速沉池 + AAO + MBR 为主体的工艺，消毒采用紫外线消毒工艺。污泥统一运输至滨河污水处理厂进行干化处置。排放水体为洪湖公园荷花塘和布吉河，出水水质稳定达到《地表水环境质量标准》GB 3838—2002 准Ⅳ类标准（TN ≤ 15mg/L）。

项目厂址位于深圳市罗湖区洪湖公园北端，泥岗东路南侧，布吉河东侧。项目占地面积约 3.24 万 m^2，总建筑面积 3.2 万 m^2。其中地下箱体占地面积 17200m^2（合 25.80 亩）。

工程决算投资 6.25 亿元。

15.2 项目设计难点及创新要点

1. 本项目设计的难点

洪湖水质净化厂的技术难点主要有以下三点：一是项目所在地位于滞洪区，要求地下污水处理厂不仅要做好防洪、防淹措施，还应能够起到削减洪峰的作用；二是项目所在地洪湖公园位于市区，距居民区较近（不足 100m），环境要求更高；三是项目红线为不规则多边形，对建（构）筑物的布置有较大的挑战和要求。

2. 本项目创新要点

（1）采用全地下建设形式，在箱体上建设市民休憩的景观公园

采用"全地下"双层框架结构，下层为生产厂区，上层地面为公园，依湖而建，展现出"水清岸绿、鱼翔浅底"的优美景观。项目以创新、协调、绿色、开放、共享的发展理念，打造"一厂、一园、一馆、一廊"。让风井变风景、让邻避变邻喜，还荷塘于公园，予生态以民众，成为一个有主题、有文化、有体验的城市公共空间和美景公园。

（2）工艺集约

采用 MBR 工艺，各构筑物集约布置，水头损失小，实现了节地、节电、节碳的目的。

（3）多效除臭

通过"全封闭、双层覆盖、密闭加压、全流程微生物除臭"方式收集、处理臭气，进一步提高除臭保障能力，确保排放标准值满足国家《城镇污水处理厂污染物排放标准》GB 18918—2002 的一级标准。

（4）"5G"实现无人或少人值守

本项目是国内第一座 5G 信号覆盖的生态智慧型地下水质净化厂，可实现人、机、物全面连接，各生产要素间高效协同，通过智慧水厂建设，实现无人或少人值守的全自动化生产、运营和监控。

（5）去工业化设计

利用有限的地面高度，将露出地面的通道、风井打造成荷花塔，避工业为造型，将泄洪区打造为浅滩，打造出一个由广场、亭台、步道浅滩、排放口组成的拥有"迷你"瀑布、绿植等的公园。厂内设置科普展厅及展示廊道，实现上、下联动，是一个集去工业化、有主题、有文化、有体验、群众喜闻乐见于一体的综合性城市公共空间。

15.3　总体设计

15.3.1　设计规模

土建设计规模按 $Q = 10$ 万 m^3/d 一次建成，设备分两期安装，总变化系数 $K_z = 1.3$。

15.3.2　设计进、出水水质

本工程部分尾水用于污水处理厂生产及作为地上景观公园用水，剩余部分作为布吉河生态补水。设计进、出水水质如表 15-1 所示。

表 15-1　设计进、出水水质

项目	COD$_{cr}$（mg/L）	BOD$_5$（mg/L）	SS（mg/L）	TP（mg/L）	NH$_3$-N（mg/L）	TN（mg/L）	pH 值
设计进水	500	284	364	6.5	39	49	6 ~ 9
设计出水	≤ 30	≤ 6	≤ 10	≤ 0.3	≤ 1.5	≤ 15	6 ~ 9

15.3.3　处理工艺流程

深圳市洪湖水质净化厂主要工艺流程图如图 15-1 所示：

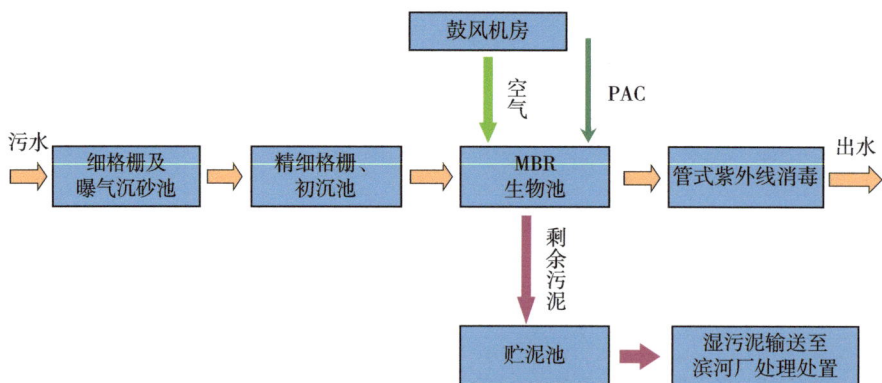

图 15-1 深圳市洪湖水质净化厂主要工艺流程图

15.3.4 建设形式

本厂址位于深圳市罗湖区洪湖公园北端，泥岗东路南侧，布吉河东侧。厂址西侧约 80m 为果蔬配送中心，东侧约 150m 为居民区。遵循"循环经济，提高土地利用效率"的理念，本项目需综合考虑洪湖水质净化厂的位置、对周边环境的影响及规划要求等多方面因素。因此，本工程采用全地下建设模式。

15.3.5 总体布局

项目主要由两部分构成：地下净水厂（地下箱体）及地下管理用房。地下箱体尺寸为 101.1m×195.5m×16.3m。整个水质净化厂分为两层，负 1 层为操作层，负 2 层为水池及管廊层。构筑物及设备间集约化、组团化布置，整个生产区组团化布置后整体沉入地下，地面布置成绿化景观。为契合公园及周边环境，将配套管理用房布置于地下。

洪湖水质净化厂工程厂区总占地面积 3.24 公顷，一期建成，洪湖水质净化厂地面实景效果图如图 15-2 所示。

15.3.6 竖向布置

从流程上看，泥岗东路来水可以以重力进入洪湖水质净化厂，宝安北泵站来水则需提升后进入洪湖水质净化厂。污水来水依次经过细格栅、沉砂池、精细格栅、MBR 生化池、紫外线消毒渠，最终达标排放。

为保证污泥处理的运行可靠，防止污泥管道堵塞，厂内污泥的回流与排放均采用污泥泵压力输送，泵的位置尽可能靠近排泥点，并采用自灌式泵。

洪湖水质净化厂厂区高程设计应结合滞洪区水位标高、景观环境设计确定。滞洪区百年一遇校核洪水位标高 11.88m（黄海高程，下同），根据现状厂址高程及防洪要求，拟建厂区的设计地面高程在 9.60m 左右，双层覆盖屋面覆土厚度按 1.0m 考虑，地下一层考虑保证 4.5m 以上的操作空间，地下层地面标高 2.30～2.60m。水质净化厂进水水面标高拟定在

图 15-2　洪湖水质净化厂地面实景效果图

3.60m，生物池最深处内底标高 −6.70m，尾水提升后排入布吉河，布吉河滞洪区百年一遇洪水位标高 11.88m。办公区标高 12.80m，位于校核洪水位以上。

15.4　主要工程设计

15.4.1　工艺设计

1. 细格栅、曝气沉砂池、速沉池及精细格栅

为截除污水中的较小漂浮物和悬浮物，避免缠绕或损坏 MBR 膜丝，在沉砂池前设细格栅，在沉砂池后设精细格栅。

沉砂池主要是可以去除污水中颗粒较大的砂粒和无机物，以防它们在后续的处理构筑物中沉积和堵塞管道，可减少机械磨损。考虑到除油功能，本工程设计推荐采用曝气沉砂池。

细格栅、曝气沉砂池的主要设计参数为：

（1）细格栅

1）构筑物

主要功能：去除污水中较大漂浮物，并拦截直径大于 5mm 的固体物，以保证生物处理及污泥处理系统正常运行；

结构类型：钢筋混凝土结构（与曝气沉砂池合建）；

设计数量：3 格；

设计规模：10 万 m^3/d，变化系数 1.30。

2）主要设备

①细格栅除污机

形式：内进流板式细格栅。

数量：远期 3 台，一期安装 2 台（1 用 1 备）。

安装方式：平行于沟渠方向安装，安装角度 90°。

设备性能参数（单台）：进水渠宽：900mm；出水渠宽：1500mm；设计渠深：2050mm；过滤孔板孔径：5mm；单机最大过水量：752L/s；滤板驱动电机功率：1.1kW。

②压榨机

数量：1 套；

单台压榨机处理能力：$Q \geq 35m^3/h$（水量计）；

电机功率：2.2kW；

电压：380V；

出渣含固量：$\geq 30\%$。

③恒压冲洗水系统

内进流板式细格栅共需配套 1 套恒压供水系统，单套最大冲洗水量 $21m^3/h$，水压 3.45 ~ 4.14bar，根据水质、水压状况，按需配置增压泵和过滤器。

（2）曝气沉砂池

1）构筑物

主要功能：去除污水中比重大于 2.65，粒径 $\geq 0.2mm$ 的砂粒，使无机砂粒与有机物分离开来，便于后续生物处理；

结构类型：钢筋混凝土结构（与细格栅合建）；

设计数量：分 2 格，一期使用 1 格；

设计规模：10 万 m^3/d，变化系数 1.30；

停留时间：在最大流量条件下，水力停留时间约为 4min；

日平均流量条件下，水力停留时间约为 5.2min；

设计参数：单格净宽 4.90m，有效水深 3.00m。

2）主要设备

①罗茨风机

3 台，2 用 1 备，单机风量 $600m^3/h$，风压 4.0m，功率 15kW。

②链板式刮砂机

2 台，$B = 1.0m$，$N = 1.5kW$。

风机类型：罗茨风机；

设计数量：一期 3 台，2 用 1 备；

单机参数：$Q = 600m^3/h$，风压 0.4bar，$P = 15kW$。

（3）速沉池

功能：去除进水中砂粒、悬浮物等，保证后续处理构筑物的正常运行，避免砂粒沉积在后续构筑物中，同时，可减少砂粒对设备的磨损，延长设备使用寿命。

设计参数：

处理水量：100000m³/d；

峰值系数：1.3；

峰值表面负荷：3.8m³/（m²·h）；

停留时间：1h；

有效水深：3.80m；

数量：1座分6格。

洪湖水质净化厂速沉池设计图如图15-3所示。

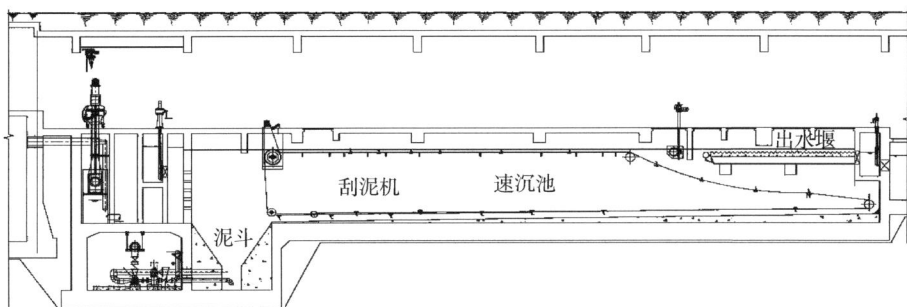

图15-3　洪湖水质净化厂速沉池设计图

（4）精细格栅

1）构筑物

主要功能：保护膜系统，用以去除污水中的纤维状、毛发类物质，以防膜丝被缠绕而造成损坏或膜污染；

结构类型：钢筋混凝土结构；

设计数量：1座分4格；

设计规模：10万m³/d，变化系数1.30。

2）主要设备

①精细格栅除污机

形式：内进流板式精细格栅；

数量：远期4台，一期安装3台（2用1备）；

安装方式：平行于沟渠方向安装，安装角度为90°；

设备性能参数（单台）：过滤孔板孔径：1mm，单机最大过水量：376L/s，滤板驱动电机功率：1.5kW。

②压榨机

数量：1套；

单台压榨机处理能力：$Q \geqslant 35m³/h$（以水量计）；

电机功率：2.2kW；

出渣含固量：≥ 30%。

③恒压冲洗水系统

内进流板式精细格栅共需配套 2 套恒压供水系统，单套最大冲洗水量 30m³/h，水压 3.45 ~ 4.14bar，根据水质、水压状况，按需配置增压泵和过滤器。

2. MBR 生化系统生化区

MBR 生化池采用 AAO 工艺，厌氧、缺氧段内装有潜水搅拌器，好氧段内装板条式微孔曝气器供氧，水力有效总容积 26799m³（一期）。

共设 2 座生化池，每座包括：厌氧区、缺氧区、好氧区和膜区四部分。

每座生化池土建尺寸如下：

厌氧区：47.0m × 8.5m × 7.00m。

缺氧区：47.0m × 86.1m × 7.00m。

好氧区：47.0m × 53.4m × 7.00m。

膜区：28.6m × 19.4m × 9.05m。

主要设计参数及计算结果如下：

1）设计水温：最低温度为 15℃，最高温度为 30℃。

2）泥龄：15d。

3）膜池污泥浓度：10000mg/L；好氧池污泥浓度：8000mg/L；缺氧池污泥浓度：8000mg/L；厌氧池污泥浓度：4000mg/L。

4）膜区至缺氧区的污泥回流比为 400%；缺氧区回到厌氧区的混合液回流比为 100%。

5）污泥负荷：0.091kgBOD₅/kgMLSS·d。

6）总有效水力停留时间为 12.88h，其中厌氧区为 1.39h，缺氧区为 2.57h，好氧区为 8.42h。膜区有效水力停留时间为 0.5h。

7）一期生化区最大供气量 15860m³/h，风压 100kPa，气水比 7.6 ：1。

8）一期膜区最大供气量 28090m³/h，风压 40kPa，气水比 13.48 ：1。

本工程中 MBR 膜片设计采用 PVDF 材质中空纤维帘式膜，孔径 ≤ 0.2μm，共设 200 个膜组件，每 10 个膜组件构成一个独立的膜池工作组，共 20 个工作组，设计膜通量为 18 ~ 20L/m²·h。出水满足国家相应的标准污染物排放标准。

膜组件设计有在线化学清洗功能，分维护性在线化学清洗（周期为 1 ~ 2 次 / 周）和恢复性在线化学清洗（周期为 2 次 / 年）。

3. MBR 膜分离区与设备间

膜组件浸没在膜池的混合液中，在产水泵产生的负压条件下，生化处理过的清水透过膜汇集到集水管，全部污泥和绝大部分游离细菌被膜截留，实现泥水分离。被截留的活性污泥经过混合液回流泵回流到厌氧和缺氧生化区，剩余污泥由泵抽到污泥脱水系统。

MBR 膜区由 4 组独立控制的产水单元组成，水力流程上又分为两套独立系统运行，便于一组检修时，另一套正常工作。膜材料为 PVDF。

4. 消毒

消毒设备拟采用管式紫外线水消毒器，消毒设备安装于 MBR 设备间。

消毒剂量：$24 \sim 30\text{mJ/cm}^2$。

处理能力：一期时 $Q = 5$ 万 m^3/d，$N = 45\text{kW}$。

数量：2 套。

再生水以及尾水补氯采用次氯酸钠消毒，次氯酸钠的有效氯投加量取 2.5mg/L。

次氯酸钠溶解浓度按 10% 考虑，商品投加总量按 25mg/L 计。

15.4.2　建筑设计

1. 建筑安全等级

本工程为地下二层戊类建筑。

2. 建（构）筑物外装修

地上外露部分主要装修采用与四周绿化环境相协调的天然外观类饰面材料，结合园林景观进行综合设置，出风塔（构筑物）、楼梯间及屋面采用面砖贴面，外形为圆形钢结构造型，与周边景观环境协调。

3. 建（构）筑物内装修

上下坡道、运输通道：进出坡道水泥路面采用本色金刚砂耐磨地坪（加防滑材料）；天花板采用抹灰、刮腻子、涂白漆的施工方法；两侧墙面为白色光面高档瓷砖。

负 1 楼中间廊道：天花板采用抹灰吊顶，吊顶和灯具结合形成三条灯带；两侧无防火卷帘门隔墙开 3m 高落地玻璃窗，形成一条观看污水处理的橱窗走道；地面用白色大理石板；路两侧和墙用 10cm 黑色地脚线，路两侧分别敷设 30cm 黄色防滑线。

负 2 楼中间廊道：天花板抹平、涂白漆；两侧墙面抹灰、刮腻子、涂白漆，利于管道支撑架的安装；地面用本色金刚砂耐磨地坪，墙角用 10cm 黑色地脚线。

负 1 楼每个防火分区（各生产构筑物的操作层）：地面用本色金刚砂耐磨地坪；墙角用 10cm 黑色地脚线（设备安装完成后实施），水池边上用蓝色小块面砖，栏杆反坎贴蓝砖。

楼梯（人员通道，安全通道）：采用大理石高档瓷砖。

门窗：采用防腐塑钢门窗；内门采用塑钢门；进出设备大门、隔音门及防火门采用彩钢门。

内墙：在鼓风机房等有噪声污染的房间内，墙面采用复合铝合金穿孔板，门窗采用中空玻璃隔声窗等进行隔声处理；加药间等需要防腐的房间采用耐酸砖地面、墙裙进行防腐构造处理；建（构）筑物墙面、顶棚等采用水泥砂浆、水溶性无机内墙涂料等浅白色材料进行饰面。

地面：疏散通道等主要交通通廊地面采用绿色反光漆面层，除有利于室内反光外，还有良好的标识性，有利于疏散，同时易于清洁。

栏杆：室内均采用不锈钢防腐栏杆。

4. 地下建筑防水构造

（1）外围护结构及屋面防水等级

种植屋面：一级；

外围护结构：除配电间为一级外，其余为二级。

（2）主要防水构造及材料

外围护结构及其底板除采用防水混凝土自防水外，另附加采用防水卷材及防水涂料进行综合设置；

种植屋面采用防水卷材及防穿刺防水层，满足国家相关规范要求；

屋面诱导缝由防水、防渗混凝土，中埋式止水带，外贴式止水带构成。

15.4.3 景观设计

洪湖水质净化厂片区是城市绿化生态区，城市组团绿化带的一部分。

针对深圳的气候特点，厂区景观设计采用绿色作为主要基调，适当设计搭配具有民族特色的亭、廊、池塘以及园林拼花硬地等建筑小品。绿化植物采用乔木、灌木和草地相结合，使高大的乔木、低矮的灌木及平坦的绿地相结合，形成四季不同、层次清晰、色彩多样的景观。

在厂前区的综合办公楼的四周设置了宽阔的中心广场、花池、水面、雕塑及长廊，配合种植的高大有花乔木、花架、绿地、彩色铺装等，从色彩、质感、材料的对比，形成清新宜人的空间，营造出回归自然的氛围。

建筑单体设计在满足功能的前提下，采用彩色外墙涂料美化露出地面的构筑物，在池壁的下部设置花池，池壁上点缀花坛、爬藤植物等，营造出全新的景观。

15.4.4 结构设计

洪湖水质净化厂地下箱体平面尺寸为 $101.1m \times 195.5m$，埋深 $8.0 \sim 16.0m$。箱体结构分上下两层，顶板覆土 $0.5 \sim 1.3m$。上层为钢筋混凝土地下室框架，下层为钢筋混凝土水池，采用筏板基础。箱体外壁厚度为 $1.0m$，底板厚度为 $0.8 \sim 1.1m$，顶板厚度 $0.3m$，典型柱距为 $8.1m \times 8.1m$。

由于本工程有场地使用要求，其地面需修建体育休闲公园，主要污水处理构筑物全布置于地下，为大型钢筋混凝土地下结构，平面尺寸超过规范规定的不设置变形缝的长度，设计采用变形缝和膨胀加强带结合的方式，在满足规范要求的同时，又保持了结构的整体性。

地下箱体采用自身压重与锚杆相结合的方式满足抗浮要求。

15.4.5　基坑支护设计

本项目基坑深度约 8 ~ 16m，平面尺寸东西向约 196m，南北向约 102m。基坑开挖采用咬合桩＋预应力锚索体系进行处理。

15.4.6　电气和自控设计

1. 电气设计

根据《城镇排水系统电气与自动化工程技术标准》CJJ/T 120—2018 的规定，本工程用电负荷按二级负荷进行设计。二级负荷应按两回线路供电设计，采用 10kV 电源电压供电，两回路 10kV 电源由供电部门引来，两回路 10kV 电源同时使用，互为备用，若其中一回路失电，另一回路应负担 100% 工作负荷。

本工程新建变配电站两座，分别为 1 号变配电站和 2 号变配电站。1 号变配电站 10kV 电源由外电引来，为膜池、膜车间、贮泥池、污泥泵房及综合楼供电。2 号变配电站 10kV 电源由 1 号变配电站引来，为粗格栅、进水井、细格栅、曝气沉砂池、初沉池、精细格栅、预处理除臭装置、生化池鼓风机房、生化池除臭装置、加药间及机修间供电。

变配电站的位置选取充分考虑主要负荷位置，同时应便于设备的操作、巡视、检修及搬运，便于大量电缆的进出线。

照明设计以高效节能、发光效率高、功率因数高、显色性好、光色适宜、电磁干扰小、寿命长为原则。地面建筑物室内照明采用高效三基色荧光灯。地下空间照明采用耐受环境能力强的三防灯具（防潮、防腐、防尘），光源为低色温 LED 灯。中控室、变配电室等重要场所以及地下空间每一防火分区、疏散通道设应急照明灯具。

本工程根据污水处理厂的需要设置应急照明及疏散指示。应急照明的设置部位，主要是在为直接影响人员安全疏散的地方和火灾时需要继续工作的场所。在消防控制室、地下变配电室、换气通风机械室设置的应急照明能保证正常工作照明的照度。管廊、水处理操作层、楼梯间应设置应急照明，该应急照明的主要功能是供人员安全疏散。最低地面水平照度不低于 10 lx。沿疏散走道依照《建筑设计防火规范（2018 年版）》GB 50016—2014 的要求，设置疏散指示标志。安全出口和疏散门的正上方设置"安全出口"指示标志。

2. 自动化系统、仪表设计

全厂自动化系统及仪表的设计以安全、经济、先进、可靠、实用为原则，在进行充分的技术经济比较的基础上，选择具有行业内先进水平的软、硬件产品，使系统在结构上具有一定的开放性和可扩展性，并充分考虑为二期预留接口。

全厂自动化系统及仪表的设计包括以下几个部分：

①生产过程自动化系统；

②在线检测仪表；

③ CCTV 闭路电视监视系统；

④消防报警系统；

⑤管理计算机网络系统；

⑥自动化系统及仪表的保护、接地。

15.4.7　智慧水务设计

洪湖水质净化厂是国内首个下沉式 5G 智慧水质净化厂，实现了全自动化生产、运营和监控下的"无人值守、少人巡检"。

智能工艺控制系统是基于 CREApro 控制平台，用于水质净化厂工艺动态优化及运行控制的智能系统，包括水厂进水、预处理、生化处理过程中的各个环节，污泥排放等工艺单元，其系统示意图如图 15-4 所示。其内嵌有精准曝气控制模块，内回流计算模块，污泥龄控制模块，并预留外加碳源计算、除磷加药计算、智能数据管理、能源优化利用等模块。

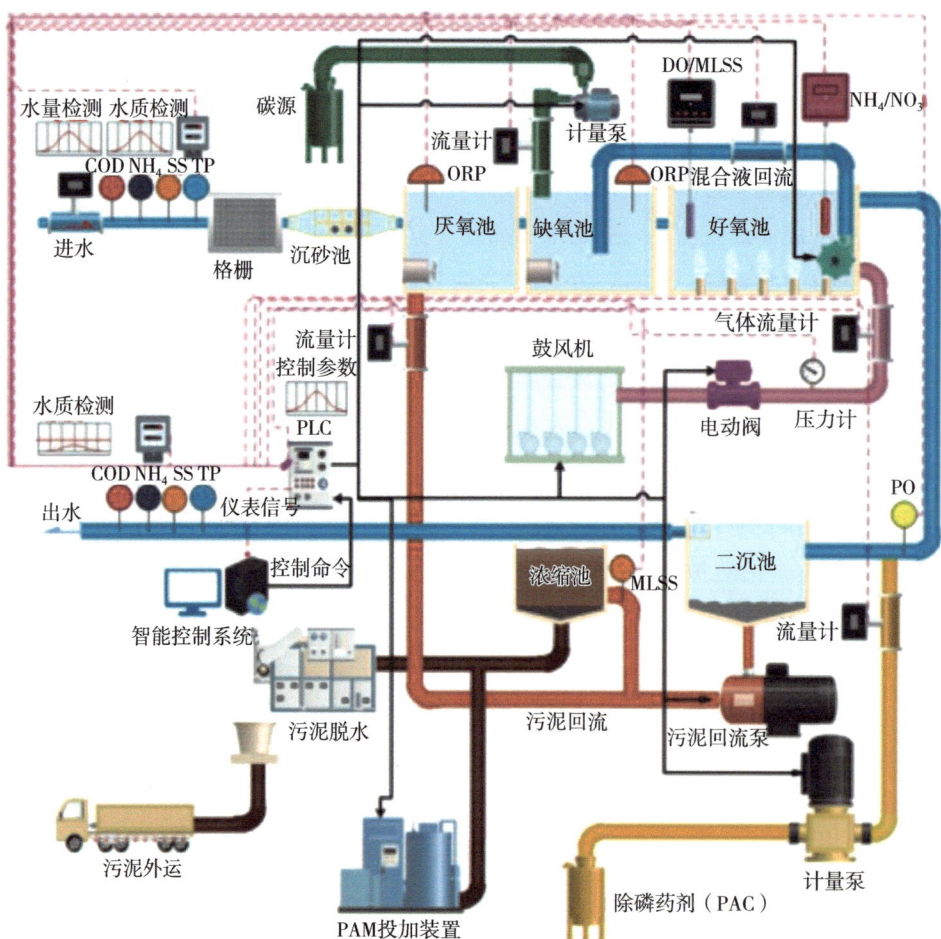

图 15-4　洪湖水质净化厂智能工艺控制系统示意图

15.4.8　除臭和通风设计

1. 除臭设计

本工程需除臭的构筑物包括细格栅、曝气沉砂池、精细格栅、生化池、污泥脱水机房、贮泥池及污泥料仓，对上述臭气源采用加盖密封、负压抽吸、分区集中除臭的方案。

为了去除这些有害恶臭气体和消除由此而带来的安全隐患，本工程设计考虑采用地下构筑物空间强制性机械通风换气系统和全流程除臭系统。

各建（构）筑物的气体经收集系统单独收集后送到生物除臭装置集中处理。

2. 全流程除臭设计

本厂设计的生物强化除臭系统由两大部分组成，包括除臭微生物强化系统（包括悬浮式生物除臭填料释放罐和生物能量菌剂）和除臭污泥回流系统。

（1）微生物强化系统

微生物强化系统包括：生物强化培养箱、生物强化填料、生物强化箱安装辅助设备。

根据计算，系统共需使用 15 个生物强化培养罐体，每个培养罐内含 2 种生物强化填料，悬浮安装于生化池中，每个罐直径 1650mm，高度 1800mm，材质为 304 不锈钢，上部和底部设有多孔板，材质为 304 不锈钢，上下可与混合污水、污泥接触；生物强化培养箱为我公司根据工艺需要和现场安装条件专门设计的除臭装置，设备兼备复合微生物酶缓释和微生物催化培养功能，布置于生化池内，利用生化池内自有的曝气系统的曝气作用，培养、驯化、促进污水处理活性污泥中的芽孢杆菌属和土壤杆菌属微生物的繁殖，使以上菌属微生物成为活性污泥中的优势菌种。

（2）除臭微生物强化罐的安装附件

生物强化罐可以靠填料的浮力和水面上的浮筒或池内的支架，安装在池底曝气设备上面 500 ~ 1000mm 的位置，通过与混合液的充分接触，强化培养芽孢杆菌属和土壤杆菌属微生物，将曝气池及以后流程的臭气去除，也可降低剩余污泥处置设施恶臭气体的浓度。

1）生物强化罐的配置

数量：14 台；

规格：$\phi = 1650mm \times 1800mm$；

材质：304 不锈钢；

安装方式：悬浮吊装或放置于支撑平台。

2）供氧环境

利用生物池内已有的曝气系统提供的溶氧环境，为微生物培养罐提供好氧环境。不需要单独提供供氧系统。

3）生物能量菌剂（液体）

调试期间一次性投加到预处理段，投加一次，长期有效，目的是强化预处理段及生物段微生物的活性，为后续除臭微生物培养及长久保持效果奠定基础，同时可促进剩余污泥量的消减。

3. 通风及防烟排烟设计

（1）通风设计

洪湖水质净化厂平时通风换气次数如表 15-2 所示。

表 15-2　洪湖水质净化厂平时通风换气次数（次 /h）

高压配电房	低压配电房	变压器室	生化池	膜池	鼓风机房	污泥脱水机房	加药间	预处理
8	12	15	3	8	8	8	8	8

按防火分区设置机械排风系统。

尽可能利用汽车坡道或直通室外的通风井自然进风。无自然进风条件的位置，设置机械送风系统。

（2）防烟排烟设计

在疏散走道设置机械排烟系统。条件允许时利用直通室外的车道或通风井自然补风。

（3）通风及排烟系统的防火技术措施

按每个防火分区横向设置通风系统。

通风系统风管穿越防火分区处、通风机房及重要的或火灾危险性大的房间隔墙和楼板处、垂直风管与每层水平风管交接处的水平管段上均设 70℃防火阀。

发生火灾时，由消防控制中心关闭与着火区域无关的通风系统。确认相应的补风机、排烟风机及其系统上的 280℃排烟防火阀与排烟口开启并运行，同时关闭相应排风系统中的所有排风支管上 70℃防烟、防火阀。当温度超过 280℃时，排烟风机入口处的 280℃排烟防火阀自动熔断，同时反馈电信号，关闭相应的排烟风机。

本工程普通机械通风系统采用的风机的总效率（含风机、电机及传动效率）＞52%。

所有通风设备均选用高效节能产品。风机总效率（含风机、电机及传动效率）＞52%，机械通风系统风机的单位风量耗功率 ≤ 0.32W/（$m^3 \cdot h$）。

15.4.9　消防设计

1. 消防车道

厂区道路布置成环状，厂区内大部分道路的设计宽度为 6.0m，转弯半径不小于 9.0m，满足厂区运输及消防要求。通过厂区道路使各功能区更加明确，减少相互干扰和污染。

2. 建筑防火

（1）本工程为地下二层戊类建筑。地下一层主要为污水处理厂的操作平台和设备平台，地下二层主要是水工池体和少量为了检修和走管线而存在的管廊通道，故防火分区设计上考虑把负一层分为九个防火分区。整个负二层管廊部分为一个防火分区，并按照《城市综合管廊工程技术标准》GB/T 50838—2015执行设计。负二层的中水泵房和负一层合为第九防火分区。每个防火分区自成系统。一般情况下，每个防火分区面积控制在1000m²以下，设置自动喷水灭火系统的防火分区面积控制在2000m²以下。

（2）每个防火分区至少有一个直出室外的安全出口，相邻防火分区之间可以借用疏散，南北侧的坡道为设备运输通道。

（3）疏散距离

根据《建筑设计防火规范（2018年版）》GB 50016—2014的规定，本工程为地下戊类厂房，疏散距离按照60m执行。

（4）疏散宽度

本工程为自控程度较高的净水厂，平时只有少数工人在场区内维修、运泥，最小的防火门按照1m设计足够满足疏散要求。

（5）防火构造

本工程建筑耐火等级为一级。一级耐火等级要求：柱、承重墙的耐火极限不小于3.0h；梁的耐火极限不小于2.0h；楼板、疏散楼梯、屋顶承重构件的耐火极限不小于1.5h。屋顶所有钢结构柱、梁部分涂刷厚型防火涂料，厚度为20mm，钢结构防火构造及防火涂料应满足《建筑钢结构防火技术规范》GB 51249—2017的相关要求，对钢结构防火涂料的选用应以该产品相应耐火极限的型式检验报告中的厚度为准。

屋面保温系统采用燃烧性能为B1级的挤塑聚苯板。

3. 电气、自控消防设计

（1）电气消防设计

本工程消防电源用电负荷等级为二级。本工程电气消防设计的原则为：贯彻以预防为主的方针，保障人身和财产的安全，因地制宜地采取防范措施，适当提高电气设备、元件、线缆、管材等的防护级别、防腐性能、耐压等级，选用先进的电气设备和电气元件，做到技术先进、经济合理、安全适用，确保污水处理厂的安全运行。

（2）提高监控水平，做到巡检值守

对地下变配电站的运行工况实行较为全面地监控。进线开关与母联开关的运行状态、电流、电压、电能、谐波等电力参数通过网络传送至地面中央控制室，同时将大型以及重要用电设备的运行状态纳入到PLC自控系统。通过电站综合自动化系统能遥控变配电站进线开关、母联开关的分合闸。通过PLC自控系统能遥控关键用电设备的投入和切除。通过自动化的监控和管理，使变配电站在正常工作情况下做到少人巡检值守。

（3）地下变配电站的土建要求

地下变配电室隔墙应是密实的非燃烧体的实体墙，建筑物耐火等级为二级。门采用非燃烧体材料。

地下变配电室设置独立的机械通风系统，使地面清洁的新风能良好地置换变配电室原有的空气。通风系统采用非燃性材料制作。

（4）变压器的设置原则

变压器油属于在火灾危险环境中能引起火灾危险的可燃物质，本次设计选择干式变压器使变压器做到无油化。同时干式变压器选用防护等级不低于 IP21 的不锈钢外罩，以加强防护，更具安全性。另外在选择干式变压器的绝缘材料方面使变压器具有防潮、抗湿热、阻燃和自熄特性。干式变压器绝缘系统的耐热等级不低于 F 级。

除了选择具有高品质、高性能的干式变压器外，同时对变压器绕组过热采取完善的保护措施，在变压器上装置一套温度检测、显示及报警控制装置。该温控器具有自动启动与停止冷却风机、故障报警、超温声光报警、超高温跳闸报警等保护功能。

（5）电气设备防护结构的选择

变配电站内高压配电柜、低压配电柜、成套电控柜、照明配电箱等电气设备，其外壳防护等级不低于 IP31。

10kV 开关柜采用金属铠装移开式开关设备，断路器选用无电晕真空断路器，可靠性高，使用寿命长，断路器操作方便并且免维修。手车自动对位装置，使手车推进极为方便，具有高性能的机械联锁和电气联锁，安全可靠。操作电源 DC110V，具有性能优良、安全可靠、美观大方、占地面积小等特点。

低压配电柜采用固定分隔柜，使配电系统结构更简洁、更安全、更可靠。开关柜由母线室、电缆室、元件室等组成，标准化程度高。完全的隔离功能保证了运行及检修的安全，既可用作配电，又可用作电机控制中心。

（6）选用先进的电气元件

选用的无电晕真空断路器，可靠性高，使用寿命长，断路器操作方便并且免维修。

选用的低压断路器具有零飞弧、短路分断能力高、分断速度快、不需降容使用等性能。

（7）导线选择及线路敷设

采用阻燃型可挠金属电线保护套管，该管材适用于潮湿、防火要求高的场所，具有高机械强度、防液浸入、防腐蚀等优良特性。

（8）防雷接地

本工程按三类防雷建筑物进行设计。低压配电系统为 TN-S 系统。采用共用接地装置，接地电阻 ≤ 1Ω。

对电气设备进行防雷接地保护，防止过大的电压对人身安全和电气设备造成危害，导致引发电气火灾。

（9）消防报警系统

全厂的消防报警系统按集中报警系统进行设计。系统包括：火灾探测器、手动火灾报警按钮、火灾声光报警器、消防应急广播、消防专用电话、火灾报警控制器、消防联动控制器及消防控制室图形显示装置等。主要系统设备：火灾报警主机、感烟探测器、感温探测器、火灾显示盘、报警按钮、警报器、消防电话及消防广播等。

4. 消防给水工程设计

（1）消防水源

室内消火栓系统采用市政给水管网供水作为消防水源。

（2）消防水量

根据《建筑设计防火规范（2018年版）》GB 50016—2014，室内消防水量10L/s，室外消防水量15L/s。

（3）自动喷淋系统

①在超过1000m^{2}的防火分区设置自动喷水灭火系统。另在负二层管廊设置自动喷水灭火系统。

②厂房和综合楼共用消防水池（480m^3）及消防泵房，消防水池及泵房设在综合楼地下室。

③自喷系统共设置5组湿式报警阀，每组控制的喷头不超过800个。

④喷淋系统按轻危险级设计，喷水强度4L/min·m^2，设计流量20L/s。

⑤回用水：绿化和格栅冲洗水采用中水，减少资源消耗。

15.4.10 防洪及防涝设计

布吉河的防洪标准为100年一遇，笋岗滞洪区按照100年一遇防洪标准设计，校核洪水标准为200年一遇，洪湖水质净化厂建设项目防洪标准为200年一遇，与滞洪区和布吉河防洪标准相适应。

15.5 主要经济指标

工程概算总投资为62488.13万元，其中第一部分工程费用56636.45万元，建筑工程费40123.28万元、设备购置费12022.52万元、安装工程费4490.65万元。

本工程年生产总成本为4968.62万元，单位成本为2.72元/m^3，单位经营成本为1.54元/m^3。

15.6 运行效果

15.6.1 实际运行数据

2021年洪湖水质净化厂实际进出水水质及处理水量如表15-3所示。

表15-3 2021年进出水水质均值及处理水量

月份	处理水量（万 m³/d）	CODₑᵣ（mg/L）		BOD₅（mg/L）		SS（mg/L）		TN（mg/L）		NH₃-N（mg/L）		TP（mg/L）	
		进水	出水	进水	出水	进水	出水	进水	出水	进水	出水	进水	出水
1	3.50	310	11	134.0	0.9	251	5	40.7	8.54	28.62	0.07	3.93	0.14
2	3.70	252	12	109.0	0.7	203	5	35.3	7.47	24.41	0.06	3.30	0.12
3	3.34	238	13	109.0	0.7	154	5	37.5	6.63	26.46	0.06	3.53	0.14
4	2.74	236	13	117.0	1.0	161	5	38.6	8.91	26.91	0.09	3.52	0.15
5	2.98	233	13	112.0	0.8	173	5	36.9	9.74	25.57	0.08	3.44	0.16
6	3.46	204	11	95.5	0.7	171	5	31.6	9.93	21.55	0.05	2.98	0.17
7	2.91	173	12	72.0	0.8	105	5	30.9	10.70	20.07	0.06	2.80	0.18
8	3.78	125	11	56.9	0.6	81	5	24.6	9.58	16.13	0.05	2.08	0.18
9	3.59	173	12	85.1	0.5	100	5	32.3	7.82	20.84	0.06	2.85	0.18
10	3.57	189	12	88.9	0.6	85	5	29.8	9.25	20.29	0.06	2.61	0.18
11	3.20	270	13	126.0	0.7	220	5	51.8	9.64	36.36	0.06	4.12	0.18
12	3.12	335	14	135.0	0.7	229	5	46.3	9.52	31.44	0.06	4.66	0.19
最高值	3.78	335	14	135.0	1.0	251	5	51.8	10.70	36.36	0.09	4.66	0.19
最低值	2.74	125	11	56.9	0.5	81	5	24.6	6.63	16.13	0.05	2.08	0.12
平均值	3.32	228	12.25	103.4	0.73	161.08	5	36.36	8.98	24.89	0.06	3.32	0.16

15.6.2 运行数据分析

1. 处理水量

洪湖水质净化厂的设计规模为 5 万 m³/d。2021 年全年污水量最高值为 3.78 万 m³/d，最低值为 2.74m³/d，平均值为 3.32m³/d，平均处理水量约占设计规模的 66%。

2. 水质

2021 年全年逐日进出水水质分析如表 15-4 所示。

表15-4 2021年全年逐日进出水水质分析

污染物项目		CODₑᵣ	BOD₅	SS	TN	NH₃-N	TP
单位		mg/L	mg/L	mg/L	mg/L	mg/L	mg/L
进水	设计值	500	284	364	49	39	6.5
	实测最大值	335	135	229	51.8	36.36	4.66
	实测最小值	125	57	81	24.6	16.13	2.08
	实测平均值	226	103	160	36.1	24.67	3.29
出水	设计值	30	6	10	15	1.5	0.3
	实测最大值	14	0.9	5	9.74	0.09	0.19
	实测最小值	11	0.5	5	6.63	0.05	0.12
	实测平均值	12	0.7	5	8.95	0.06	0.16

进水水质平均值低于设计值，最大值除 TN 外，均低于设计值。雨季进水浓度偏低，旱季偏高。全年出水指标未出现超标现象。

第16章　北京通州碧水再生水厂设计

北京市通州区碧水再生水厂是全国首座原址不停产、提标扩能的地下污水处理厂。该项目是地面景观、周边道路、科普教育与地下污水处理厂功能融为一体的游憩服务型地下污水处理厂综合体。

16.1　项目概况

本项目设计规模 18 万 m^3/d，$K_z = 1.3$，为改扩建工程。污水处理采用以多级 AO 反应池为主体的工艺，消毒采用紫外线消毒工艺（ClO_2 补氯）。污泥处理采用一体式离心浓缩脱水工艺，脱水泥饼经污泥料仓周转外运。处理后出水中的一部分用于三河发电厂作冷却水原水，以及用于城市绿色和浇洒道路用水，其余排入现状玉带河作为景观用水。出水水质稳定达到北京市地方标准《城镇污水处理厂水污染物排放标准》DB11/890—2012 的 B 标准。大气污染物排放执行国家《城镇污水处理厂污染物排放标准》GB 18918—2002 中大气污染物排放一级标准，含水率 < 80% 的污泥纳入通州污泥处置中心统一处置。

项目厂址位于北京市通州区梨园镇砖厂村北现状碧水污水处理厂厂址内，碧水污水处理厂升级改造工程总用地面积约 133 亩。

工程概算总投资 11.696975 亿元，竣工决算价为 11.65 亿元。

16.2　项目设计特点

16.2.1　设计标准创新

通州碧水污水处理厂作为北京市首座地下污水处理厂项目，其出水高标准采用"京标"，周边环保要求高，其出水标准、考核要求等均与国内其他项目存在差别，且无先例可循。

污泥干化、水源热泵、太阳能利用、光导纤维采光等绿色技术均是当时的行业热点，国内当时类似案例较少，这些技术具有一定的创新和超前性。

16.2.2　国际技术交流模式创新

通州碧水再生水厂肩负着开展技术交流、融合国际先进技术的重任。项目启动之初，公司将设计理念与初步方案以 3D 动漫的形式向政府汇报。项目实施过程中，技术团队还就设计方案同日本东京设计事务所、北京市政院等开展了多次技术交流。

16.2.3 地下污水处理厂设计创新

1. 全地下建设形式创新

工程采用全地下建造方式,将其污水处理池体及设备层全部布置于地下,各构筑物之间共壁合建,箱体之上覆土建设为景观公园,分别构建"地下污水处理再生系统"和"地上生态景观公园"两大系统。

碧水再生水厂建设前后对比图如图 16-1 所示。

(a)建成前　　　　　　　　　　　　　(b)建成后

图 16-1　碧水再生水厂建设前后对比图

2. 总图布置创新

本工程总体布局的创新之处在于:不仅需考虑二维平面布置,还需在三维立体方面考虑布局的合理性,综合考虑地上与地下协调、生产功能与景观功能协调、生产运营安全与公园游览人群安全协调等因素。地下箱体通道及各类出入口如图 16-2 所示。

(a)地下箱体通道　　　　　　　　　　(b)各类出入口

图 16-2　地下箱体通道及各类出入口

3. 工艺流程创新

项目出水执行北京市地方标准,主体工艺采用多级 AO 活性污泥法工艺,通过对进水点和回流点进行工艺流态模拟,实现不同工况下的灵活运营。该工艺解决了地下污水处理厂难以提标的困难,预留了今后可升级改造为活性污泥与生物膜共池工艺的空间。项目设置一套以多介质过滤器（MMF）＋超滤（UF）系统为主要处理工艺的尾水回用系统，对污水处理后的尾水进一步深度净化，污水处理厂处理后的尾水作为上部公园景观用水。创新单体设计时的流态模拟如图16-3所示。

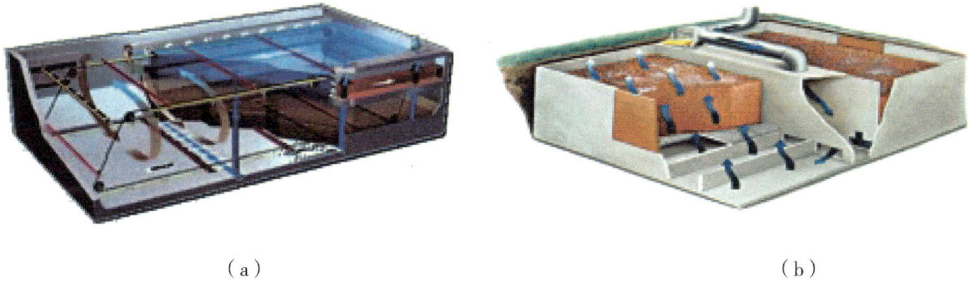

（a）　　　　　　　　　　　　　　　　　　　（b）

图16-3　创新单体设计时的流态模拟

4. 地下箱体设计创新

地下箱体是地下污水处理厂的核心，也是创新的核心部分。通州碧水污水处理厂地下污水处理系统分为地下两层布置。

地下污水处理厂对水力高程设计的要求比常规污水处理厂更为精细，水力高程直接影响箱体埋深、建设投资以及运营成本。

对于项目开挖土方量、深基坑防护、地基处理、抗浮处理等经过反复核算、综合比较确定最终设计的箱体构筑物底标高，确保效果最好，综合费用最省。

16.2.4　绿色节能技术应用创新

项目将建设"世界一流的绿色工程"的理念贯穿于工程设计、采购、建造、运行的全过程。应用最优污水处理技术和方案、选用环保建材、采用高效节能设备、降低能源损耗作为设计的基本原则，运用了太阳能光伏电站、天河水景自然采光带、建筑雨水回用、水源热泵系统（空调供冷）等一系列创新理念，落实生态绿色和环境友好技术与节能降耗措施，成功打造生态型水厂，取得了良好的节能减排效果。

地下生产区的照明电耗是水厂运营成本的重要组成部分，项目通过在箱体顶部设计水景天河，将自然光线引入地下负一层空间，采光带下为箱体负一层的行车通道，形成明亮宽敞的视觉效果，既节约了运行电耗，又能有效避免压抑感，改善了人员进入地下空间后的直观感受。清洁再生水缓缓流淌在透明天河中，也为地面生态公园营造了更优的景观效果。天河水景自然采光带如图16-4所示。

图16-4　天河水景自然采光带

16.3 总体设计

16.3.1 设计规模

通州碧水再生水厂改扩建工程项目的工程设计规模为 18 万 m^3/d。日变化系数为 1.3，根据规划，结合实际需求确定再生水设计规模为 8 万 m^3/d，建设主要内容主要包括：多级 AO 反应池、二沉池、中间提升泵房、机械混合池、深床砂滤池。

16.3.2 设计进出水水质

碧水污水处理厂升级改造工程进出水水质如表 16-1 所示。

表 16-1　碧水污水处理厂升级改造工程进出水水质

项目	CODcr（mg/L）	BOD₅（mg/L）	SS（mg/L）	NH₃-N（mg/L）	TN（mg/L）	TP（mg/L）	pH 值	水温（℃）
设计进水	400	200	200	60	70	6.0	6 ~ 9	12 ~ 25
设计出水	30	6	5	1.5	15	0.3	6 ~ 9	12 ~ 25

16.3.3 处理工艺流程

碧水再生水厂改扩建工艺流程图如图 16-5 所示。

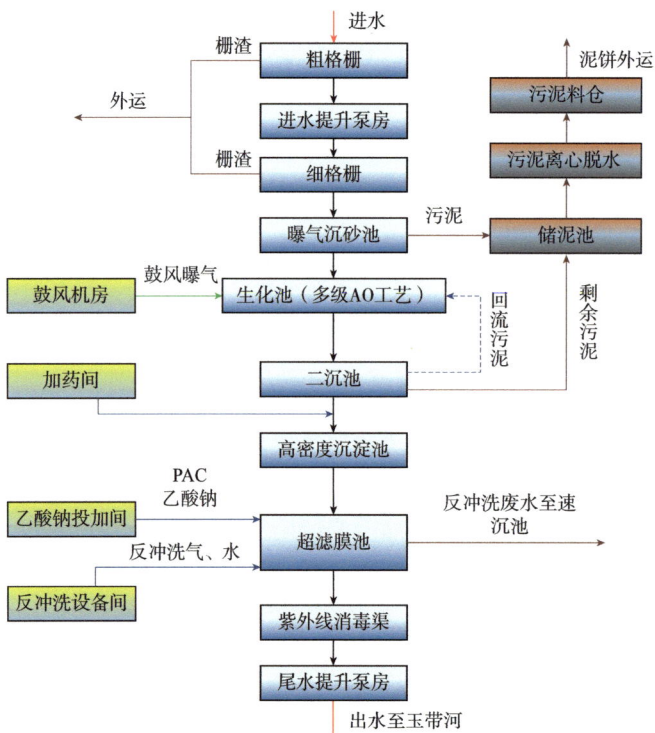

图 16-5　碧水再生水厂改扩建工艺流程图

16.3.4 建设形式

本项目厂址位于北京市通州区梨园镇砖厂村北现状碧水污水处理厂厂址内，为保护环境和有效利用污水处理厂上部空间，本工程采用地下污水处理厂建设方案，并在上部建设休憩公园，提供市民科普教育、休闲、体育等功能公园面积近 7.0 万 m^2。考虑公园种植需要，地下构筑物顶层覆土厚 1.2m。

16.3.5 总体布局

污水处理厂采用全地下封闭式建设模式，将工艺处理建（构）筑物均设置在地下，地上为休憩公园，厂区仅有控制中心、环保科普楼等建筑，风格及色调采用现代风格，与公园及周围环境相协调，使得污水处理厂与周围环境相融。碧水再生水厂平面布置图如图16-6所示。

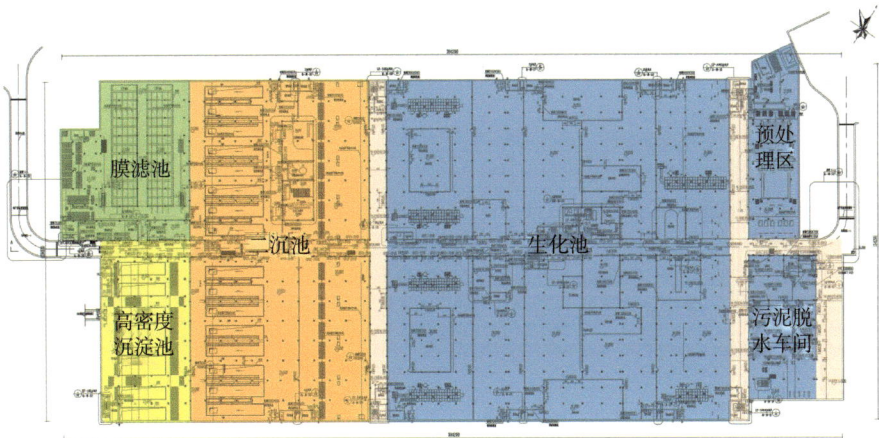

图 16-6 碧水再生水厂平面布置图

16.4 主要工程设计

16.4.1 竖向设计

1. 设计地面高程

厂区原自然地形高差较小，为 19.70 ~ 20.50m，因此采用平坡式竖向布置形式。考虑到防洪要求及填至厂外道路的标高，厂区的场地上部体育休闲公园地面设计标高定为 21.5 ~ 22.0m。

2. 地下主体构筑物竖向设计

在充分考虑到近期及今后数年相当长一段时间内大部分处理水均来自通州新城的情况下，进厂污水主干管管底标高 6.20m 左右。在尽量减少挖土方的基础上，尽可能减少建（构）筑物的基础处理、挖填方量和土方外运。主要建（构）筑物的基础放在基岩上，尽量避免回填土层，减少人工基础，保证安全，节约投资。

经计算，考虑全地下土建工程的经济性，生化池平均水深取 8.1m。

厂内预处理、生化部分水头损失为 3.0m。

深度处理混合膜过滤、紫外线消毒部分水头损失为 1.64m。

地下设计顶层覆土标高 21.5 ~ 22.0m 作为体育休闲公园地坪设计标高，设备检修层标高 14.30 ~ 16.90m，生化池底标高 6.35m。

16.4.2　红线范围及排放水体

现状碧水污水处理厂原总占地 345 亩，改扩建工程厂址选择在其用地红线范围内，靠近出水区域。改扩建工程占地面积为 133 亩，可节约土地面积约 212 亩。

处理后出水一部分用于三河发电厂作冷却水原水，以及城市绿色和浇洒道路用水，其余排入现状玉带河作为景观用水。

16.4.3　工艺设计

1. 竖向设计

见 16.4.1。

2. 污水处理生产建（构）筑物设计

（1）配水井

自重紧急截止阀（手电两用），尺寸为 DN1800，共计两台。

（2）粗格栅及进水泵房

设计规模：18 万 m³/d；

峰值变化系数：1.30；

动轨式格栅除污机：2 台；

渠宽：1800mm；

栅隙：15mm；

过栅流速：0.8m/s。

（3）污水提升泵房

设计参数如下：

设计规模：18 万 m³/d；

峰值变化系数：1.30；

分格：1 座分 2 格；

主要设备如下：

采用潜水排污泵。

设置数量：6 台（4 用 2 备）；

设置参数：$Q = 2438 \text{m}^3/\text{h}$，$H = 13.80 \text{m}$，$N = 132 \text{kW}$。

（4）阶梯网板式细格栅

选用4套阶梯网板式细格栅机；

渠宽：1500mm；

栅隙：3mm。

（5）曝气沉砂池

主要参数如下：

设计规模：18万 m^3/d；

峰值变化系数：1.15；

数量：2组，每组分2格；

总停留时间：峰值流量 $\geqslant$ 4.0min，平均流量 $\geqslant$ 4.65min；

水平流速：0.1m/s；

供气量：0.20m^3 空气 $/\text{m}^3$ 污水。

主要设备如下：

选用桥式吸砂机，采用气提方式。

螺旋砂水分离器，2套，$Q = 43 \sim 72 \text{L/s}$，$N = 0.75 \text{kW}$。配套变频调节三叶罗茨鼓风机，共计3台（2用1备），$Q = 16.5 \text{m}^3/\text{min}$，$P = 4.0 \text{mH}_2\text{O}$，$N = 18.5 \text{kW}$。

孔板式膜格栅。

选用5套微孔细格栅机。

渠宽：1600mm；

栅隙：1mm。

（6）生化池

设计参数如下：

设计规模：18万 m^3/d。

池型按三级 AO 工艺布置。

第1段：第2段：第3段容积比控制：1 ： 1.3 ： 1.6；

缺氧区、好氧区容积比控制：1 ： 1；

BOD 平均负荷：$0.08 \text{kgBOD}_5/\text{kgMLSS} \cdot \text{d}$；

总氮平均负荷：$0.03 \text{kgTN/kgMLSS} \cdot \text{d}$；

平均污泥泥龄：12.4d；

脱氮速度：$0.04 \text{ kgNO}_3\text{-N/kgMLSS} \cdot \text{d}$；

总水力停留时间：14.8h；

内回流比：0 ～ 100%；

外回流比：75%；

气水比：8.6 : 1；

设计水温：15℃。

主要设备如下：

①充氧设备

设备类型：刚玉球形微孔曝气器；

设备数量：20692 套。

②潜水搅拌器

设备类型：潜水搅拌器；

设备数量：43 台。

③内回流泵

设备类型：潜水导流泵；

设备参数：共设置 14 台（12 用 2 备），变频。$Q = 1875\mathrm{m}^3/\mathrm{h}$，$H = 1.2\mathrm{m}$，$N = 18.5\mathrm{kW}$。

生化池平面布置图如图 16-7 所示。

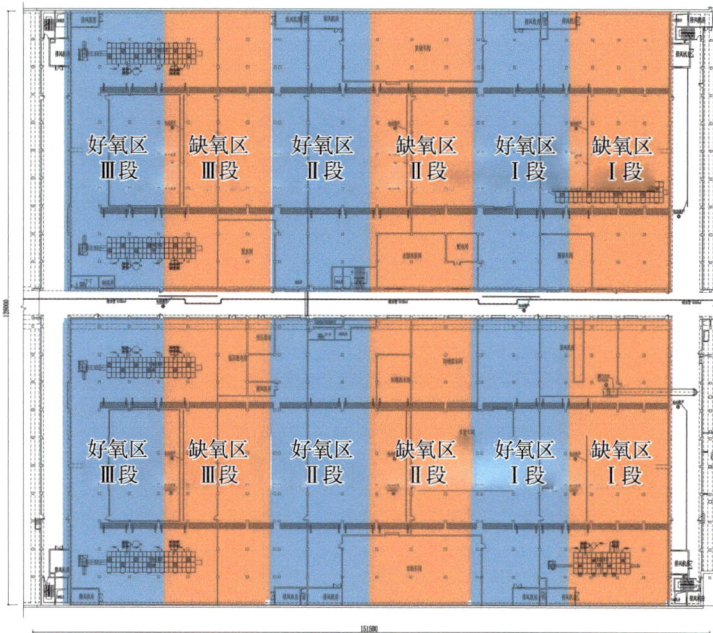

图 16-7　生化池平面布置图

（7）二沉池

设计参数如下：

土建设计总规模：18 万 m^3/d。

采用双层平流式沉淀池，进水和出水均在沿池长方向推流运行，能够较好地解决矩形沉淀池的出水堰上负荷较大的问题。

土建尺寸如下：

矩形式沉淀池 2 座，每座分 8 格，单格宽 7.5m，沉淀池总长 67.70m，共 2 层，上层有效水深 3.70 ~ 4.34m，下层有效水深 3.90m，采用钢筋混凝土结构。

主要设备如下：

①刮泥机

设备类型：链式刮泥机 $B = 5.05$m，$L = 56$m，$V = 1.0$ ~ 1.2m/min；

设备套数：16 套（每格 1 套）。

②回流污泥泵 18 台（16 用 2 备），$Q = 470$m³/h，$H = 6.0$m，$N = 22.0$kW。

③剩余污泥泵 3 台（2 用 1 备），$Q = 100$m³/h，$H = 18$m，$N = 11.5$kW。

（8）高效沉淀池

主要设计参数如下：

设计水量：180000m³/d；

峰值水量：234000m³/d。

设计 4 座 HRC 高密度澄清池，单座设计参数如下：

①混合池

混合池尺寸：$L \times W \times H = 4.5$m $\times 4.5$m $\times 6$m（有效水深 4.76m）。

混合池停留时间：2.4min。

②反应池

反应池尺寸：$L \times W \times H =$（8m $\times 5.9$m ＋ 12.5m $\times 1.9$m）$\times 7.5$m（有效水深 5.8m）。

反应池停留时间：10.1min。

③沉淀池

沉淀池尺寸：$L \times W = 12.5$m $\times 12.5$m。

单池斜管区面积：12.5m $\times 9.7$m $= 121.25$m²。

斜管区表面负荷：16.3m³/m² · h。

主要设备如下：

混合池搅拌机 2 台，$\phi = 1800$mm，$N = 11$kW。

絮凝池反应搅拌机 2 台，$\phi = 2500$mm，$N = 15$kW。

浓缩刮泥机 2 台，$\phi = 125000$mm，$N = 0.37$kW。

（9）膜滤池

膜滤池主要设备及参数如表 16-2 所示。

表 16-2　膜滤池主要设备及参数

名称	参数	单位	数量
冷干机	$N = 1$kW	台	1
次氯酸钠卸药泵	$Q = 50$m³/h，$h = 0.2$MPa，$N = 5.5$kW	台	2
真空泵	$Q = 86$m³/h，最大真空度 -75kPa	台	26

名称	参数	单位	数量
碱加药装置	两箱两泵	套	1
计量箱	$V=1m^3$，配套搅拌器	台	2
气动隔膜泵[①]	$Q=1200L/h$，$H=30m$	台	2
柠檬酸加药装置	两箱两泵	套	1
计量箱	$V=2m^3$，配套搅拌器	台	2
气动隔膜泵[②]	$Q=1200L/h$，$H=30m$	台	2
次氯酸钠加药装置	两罐六泵	套	1
卧式储罐	$V=20m^3$，碳钢衬胶	台	2
气动隔膜泵[③]	$Q=2500L/h$，$H=30m$	台	4
机械隔膜泵	$Q=50L/h$，$H=50m$	台	2
膜组件箱	54片/箱，PVDF，$45m^2$	套	104
加药间安全淋浴器	成品	台	1
管道混合器[①]	DN200，PN1.0	台	2
管道混合器[②]	DN250，PN1.0	台	2
超滤产水抽吸泵	$Q=350m^3/h$，$h=0.2MPa$，$N=15kW$	套	26
超滤反洗泵	$Q=350m^3/h$，$h=0.3MPa$，$N=22kW$	套	5
EFM水泵	$Q=180m^3/h$，$h=0.3MPa$，$N=11kW$	套	3
CIP水泵	$Q=180m^3/h$，$h=0.2MPa$，$N=11kW$	套	2
中和水池排水泵	$Q=350m^3/h$，$h=0.3MPa$，$N=37kW$	台	3

（10）紫外线消毒池

紫外线消毒渠2条（渠长8.80m，渠宽2.04m，渠深1.85m）。

（11）出水、再生水提升泵房

设计参数如下：

再生水输送规模：8万m^3/d。

尾水排放规模：18万m^3/d，尾水经提升或经出水井就近排入玉带河及向碧水预留水景处补水。

①再生水输送泵

$Q=1667m^3/h$，$H=35.5m$，$N=250kW$，共计3台（2用1备）。

②尾水提升泵

共计5台（3用、1备、1冷备）。

$Q=2500m^3/h$，$H=12.5m$，$N=132kW$。

（12）污泥脱水系统

①贮泥池

土建设计总规模：18万m^3/d。

主要参数如下：

剩余泥量：$Q = 40t\ DS/d$；

含水率：剩余污泥 99.2%；

贮泥时间：> 30min。

②污泥浓缩脱水间

设计总规模：18 万 m^3/d。

主要参数如下：

污泥量：40t DS/d；

出泥含水率：75%；

絮凝剂：聚丙烯酰胺；

絮凝剂投加量：4 ~ 5 kg/t DS。

主要设备如下：

a. 一体化离心浓缩脱水机。

$Q = 53m^3/h$，数量：5 套，4 用 1 备，主机功率 $N = 75kW$。

b. 全自动絮凝剂制备系统 1 套，干粉投加量 $Q \geqslant 6kg/h$。

c. 注泥泵：5 台（4 用 1 备），$Q = 53m^3/h$，$H = 0.20MPa$，$N = 30kW$。

d. 泥饼输送泵：泥饼输送量 2 ~ 3m^3/h，5 台（4 用 1 备），$N = 15kW$，$H = 0.24MPa$。

e. 增加一套 18t/d 湿污泥干化系统（含水率 ≤ 80%）：进料螺旋 1 套：$Q = 0.5m^3/h$，$N = 1.1kW$；污泥低温干化机 1 套；破碎机 1 套；倾斜无轴螺旋输送机 1 套：$Q = 0.5m^3/h$，$N = 1.1kW$。

f. 采用 2 座大直径料仓，减少高度便于美观：$\phi = 5.0m$、$H = 4m$、$V = 75m^3/$ 座。配套液压系统、出料螺旋、闸门等。

（13）鼓风机房

设计参数如下：

规模：18 万 m^3/d。

生化池最大供气气水比为 8.6 ： 1。

鼓风机房提供 2 座生化池用气，压力为：0.90 ~ 0.92bar。

主要设备如下：

生化池鼓风机形式：采用空悬浮鼓风机，变频自动调节供风量。

本期鼓风机数量：8 台，6 用 2 备。

每台鼓风机的风量：180m^3/min。

每台鼓风机的风压：$\Delta P = 0.9bar$，$N = 327kW$。

每台鼓风机的效率：≥ 82%。

（14）水源热泵间

本期工程采用两台内切换型污水源热泵机组，单台制冷量 390kW，制热量 450kW。

本期工程供水系统静水压力设定为 0.2MPa，安全阀启动压力为 0.25MPa。

本工程的冷、热源由污水源热泵机组提供，冬季供暖供水温度 50℃，回水温度 45℃；夏季空调供水温度 7℃，回水温度 12℃，系统末端设备采用风机盘管。

热源从污水处理厂紫外线消毒渠中污水取热，污水温度冬季按 10℃设计，夏季污水温度按 22℃设计，污水用量为 230m³/h。

3. 除臭设计

本工程中除臭系统分为 6 套：在预处理系统和污泥脱水间各设置 1 套，在生化池共设置 4 套。

16.4.4　建筑设计

1. 建筑防水及防腐

（1）墙体：地面建筑物采用蒸压加气混凝土砌块外贴挤塑聚苯板，地下池体部分采用钢筋混凝土墙，SBS 外防水。

（2）门窗：采用断热桥铝合金节能门窗，内门采用木门，进出设备大门、隔声门及防火门采用钢制防火门。

（3）楼地面：根据建筑功能而定，综合楼主要使用防滑地砖地面，地下操作层采用细石混凝土地面。

（4）外墙：采用环保型水性涂料。

（5）内墙：地面建筑物采用乳胶漆，地下池体内采用防腐胶。

（6）屋面：地面建筑物采用 Ⅱ 级防水屋面，两道设防，设置防水聚苯板保温层。地下池体采用种植屋面做法，设置防水聚苯板保温层。

（7）栏杆：不锈钢栏杆。

2. 建筑节能

北京地区，地处北方，围护结构的建筑节能处理非常重要，在设计中对建筑节能部分进行了优化。

控制中心、环保科普楼的主要功能房间采用南北朝向布局，尽量利用太阳日照。平面设计时，在满足使用功能、美观大方的条件下，控制建筑的外部形状，使其体形系数控制在 0.4 之内。建筑围护结构采用热工性能良好的建筑材料，室内全天然通风采光。

建筑外围护墙采用热工性能良好的 300mm 厚蒸压加气混凝土砌块。

建筑屋面采用钢筋混凝土板，沥青膨胀珍珠岩找坡，保温材料采用挤塑聚苯板。

建筑底面接触室外空气的架空或外挑楼板的底部保温材料采用挤塑聚苯板。

建筑地面采用保温地面。

每个朝向的窗墙比控制在 0.7 以内，室外门窗采用断热桥铝合金门窗，中空镀膜玻璃，使其传热系数 $K \leqslant 1.8W/(m^2 \cdot K)$，遮阳系数小于等于 0.5。外门窗及玻璃幕墙可开启面积大于30%，外门窗气密性等级不低于4级，玻璃幕墙气密性等级不低于3级。

16.4.5　景观设计

景观设计遵循以下设计原则：

（1）生态低碳景观原则：污水处理工艺结合生态湿地布局，"以蓝绿为主"，最大限度提高绿化率，设计所选材料符合生态环保要求，充分体现现代的生态、环保、低碳的设计原则。

（2）以人为本原则：创造适合人活动的人性空间，兼顾休闲、运动和科普教育的需求。

（3）主次分明原则：加强景点之间的有机联系，以南北入口为主要景观轴线，每个景点相互呼应、相互衬托，同时又各具特色、相辅相成、相得益彰。

（4）超前原则：体现地区的文明与进步发展程度，充满现代气息和时代精神。

（5）整体性和可操作性原则：通过生态绿化的自净能力来改善环境，起到减少后期维护目的。污水处理厂既是一个完整的统一体，又能分区单独运营管理。

16.4.6　消防设计

1. 消防车道

道路运输分为地上及地下两部分。厂区地上部分的路网主要通向综合楼及与地下通道，并保证地上路网满足消防的要求。主干道宽8.0m，次干道宽5.5m，人行道宽1.5m，主干道转弯内半径为9.0m。

2. 厂区消防

厂区给水由市自来水公司提供，给水干管管径DN150，厂区内呈环网状，利于消防和安全供水。

3. 防火分区设置

通风系统风管穿越防火分区处、通风机房及重要的或火灾危险性大的房间隔墙和楼板处、垂直风管与每层水平风管交接处的水平管段上均设70℃防火阀。根据对地下污水处理厂设计经验以及通过对该项工程防火分析，结合国外相关工程案例及规范，在我国《建筑设计防火规范（2018年版）》GB 50016—2014的基础上适当放大，针对地下污水处理厂适度、恰当划分建（构）筑物防火分区，项目中共划分21个防火分区，10个逃生出口，单个防火分区最大控制面积为2500m²。

4. 火灾自动报警系统

本工程按集中报警系统进行设计。系统包括：火灾自动报警、消防联动控制、消防应急广播及消防电话等。

16.4.7　结构设计

地下箱体平面尺寸305.55m×129.20m，埋深7.20～19.90m。箱体结构分上下两层，顶板覆土 1.2m。上层为钢筋混凝土地下室框架,下层为钢筋混凝土水池,采用筏板基础。箱体外壁厚度为 1.0m,底板厚度 1.1 ~ 1.3m,顶板厚度 0.3m,典型柱距为 6.60m×6.00m。

地下箱体结构沿构筑物纵、横向分别设置变形缝,变形缝设置在连接每个污水处理单元的管廊位置。对于超长的箱体结构,提高池壁水平配筋率,掺加复合防水剂,设置膨胀加强带,解决温度裂缝问题。

变形缝采用不完全收缩缝(引发缝),保证结构的整体性,能有效地传递地下室外侧土压力产生的水平轴向力,改善了框架的受力状态。

地下箱体采用自身压重与锚杆相结合的方式保持抗浮稳定。

16.4.8　基坑支护设计

本项目基坑整体位于水池里,基坑开挖最深达池底以下 6.8m,平面尺寸东西向约290m,南北向宽约 130m。基坑支护方案采用地下连续墙+预应力锚索体系进行设计。

16.4.9　电气与自控设计

1. 电源

基于通州污水处理厂的规模,借鉴北京地区已建设项目的负荷等级,电力负荷等级定为二级负荷,采用两路 10kV 电源供电,两路电源同时工作、互为备用。每路电源均能满足全负荷的用电需求。地下污水处理厂消防负荷等级确定为二级。

2. 配电间布置

根据用电设备的性质、特点以及分布情况,全厂设有三座变配电站,即 1 号变配电站、2 号变配电站、3 号变配电站。每座变配电站皆深入负荷中心,供电半径小、输配电系统能耗低、供电质量及可靠性高。10kV 配电中心与 1 号变配电站合建,位于地下空间东部预处理区域。1 号变配电站与鼓风机房和污泥脱水机房相邻而建。

3. 防腐防潮防淹要求

10kV 电力电缆采用密封皱纹铝套电力电缆,该电缆具有防水、防腐蚀、防蚁鼠、抗干扰及抗机械冲击等优良性能,为供电系统的安全提供可靠保障。

低压电力电缆采用交联聚乙烯绝缘无卤低烟阻燃电力电缆,具有无卤、低烟、无毒、无腐蚀等特性。

采用钢制热浸塑电缆保护管和电缆支架,热浸塑法是采用纳米防腐材料利用热浸塑工艺,实现钢质管材的内外防腐,具有良好的机械性能和良好的电气绝缘性能。耐气候、耐老化、吸水率低、内外表面光滑、摩擦系数小,有利于电缆敷设。热浸塑钢质电缆保护管和电缆支架同时具有钢材和塑料的双重优越性。

采用阻燃型可挠金属电线保护套管,该管材适用于潮湿、防火要求高的场所,具有高机械强度、防液浸入、防腐蚀等优良特性。

地下污水处理厂的防淹用电设备配置了应急电源。

4. 照明

地面厂前区照明采用装饰性的庭院灯，与建筑风格相协调，与地面生态休闲公园照明相辉映，衬托出舒适、优美的气氛，满足人们对环境的美好愿望。

地下空间变配电用房、控制室用房，其工作照度为 200lx 左右；普通工区工作照度约为 100lx；通道、走廊照度约为 50lx；当照明电源发生故障或火灾发生市电断电的情况下，应急照明的照度为 15lx 左右。变配电站站内采用双管 LED 照明，在火灾断电时，保持一管常亮。地下构筑物出入口处和疏散通道均设置疏散指示标志灯，走道上的疏散标志灯间距不超过 20m。

5. 线缆敷设

本工程电缆主通道采用电缆桥架，电气电缆、自控电缆、10kV 电缆、消防负荷电缆各自敷设于专用桥架内；桥架至就地控制箱、按钮箱电缆采用低压流体输送热镀锌钢管保护，钢管沿梁下吊装，沿柱、墙、池壁明敷引下至设备附近，沿地板明敷至设备电控箱底部，管口高出地面 0.3m。然后电缆改穿可挠金属软管至就地控制箱进线口。

6. 接地与防雷

本工程的低压配电系统采用 TN-S 接地系统。整个系统的中性线（N）与保护线（PE）分开设置，电力系统有一点直接接地，受电设备的外露可导电部分通过保护线与接地点连接。

本工程主体位于地面以下，无直击雷风险，均按三类建筑物设防。地面门卫等建筑物须防直击雷，沿建筑物屋角、屋脊、屋檐和檐角等易受雷击的部位敷设热镀锌避雷网带进行保护。

7. 自控设计

综合自动化系统包括生产管理系统、生产过程自动化系统、安防及视频监控系统、检测仪表、门禁系统、巡更系统等几部分。采用以太光纤环网构成"集散型"控制系统，集中监控管理、分散控制、数据共享。现场控制站以相对独立、就近控制的原则来设置。现场控制站采用以太光纤环网与中央监控计算机实现数据交换，采用环网结构、以光纤作为传输介质，保证网络的可靠性、安全性。设备控制单元由设备厂家配套提供，具备以太网通信接口，通过工业网络交换机与中央监控系统实现数据交换。

根据本工程污水处理工艺流程和综合自动化系统的要求配置检测仪表。

16.5　主要经济指标

本工程的工程概算总投资为：116969.75 万元，其中工程费用 107517.77 万元，其他工程建设费用 6176.39 万元，预备费 3275.59 万元。

16.6 运行效果

16.6.1 实际运行数据

碧水再生水厂近期进出水水质如表 16-3 所示。

表 16-3 碧水再生水厂近期进出水水质

序号	COD$_{cr}$（mg/L）		BOD$_5$（mg/L）		SS（mg/L）		TN（mg/L）		NH$_3$-N（mg/L）		TP（mg/L）	
	进水	出水	进水	出水	进水	出水	进水	出水	进水	出水	进水	出水
1	370.7	24.9	131.7	4.8	388	4	58.4	8.5	47.5	0.21	6.2	0.2
2	367.2	28.0	—	—	122	4	50.7	9.8	50.4	0.45	5.7	0.1
3	372.0	30.0	128.2	4.2	318	3.5	55.4	9.4	52.1	0.10	6.0	0.3
4	568.6	30.0	—	—	462	4	65.2	11.1	55.4	0.25	6.7	0.2
5	362.9	18.1	128.2	3.9	142	3.8	77.9	8.7	52.9	0.60	6.9	0.2
6	362.7	21.3	—	—	118	5	61.3	9.1	52.1	0.10	6.0	0.2
7	653.4	25.9	310.2	2.1	332	4.8	70.7	7.4	54.0	0.10	7.0	0.3
8	655.0	26.5	—	—	244	5	67.0	9.5	58.0	0.30	6.4	0.2
9	516.3	25.5	225.6	3.0	198	4.5	73.3	7.2	59.0	0.10	6.4	0.2
10	471.3	22.3	173.6	2.6	276	3.8	63.8	9.4	55.6	0.10	6.1	0.3
11	571.0	30.0	162.4	2.8	270	4.5	61.9	9.5	49.2	0.10	6.3	0.3
12	353.4	23.1	—	—	280	5.0	65.5	8.7	48.0	0.10	5.9	0.3
13	393.6	20.1	—	—	360	3.8	55.3	7.2	45.8	0.10	5.8	0.3
14	382.3	24.2	185.6	5.5	202	4	65.9	9.3	48.8	0.10	6.5	0.2
15	414.1	28.4	207.4	6.0	240	4.5	59.5	10.0	47.1	0.80	5.8	0.3
16	384.0	22.0	185.2	4.6	161	4.8	70.7	6.8	41.6	1.10	5.5	0.2
17	325.9	24.3	145.6	5.1	154	4	58.4	7.9	46.6	1.40	5.5	0.2
18	595.9	17.8	—	—	244	3.9	58.7	6.8	45.4	1.50	5.6	0.2
19	495.9	16.2	—	—	280	4.5	54.8	9.5	47.2	1.00	5.9	0.1
20	351.8	28.7	—	5.6	334	5	61.2	8.1	56.6	1.20	5.7	0.2
21	402.4	19.4	80.7	2.1	258	4	54.2	9.2	40.0	1.50	5.3	0.3
22	463.8	18.1	142.6	5.5	286	4.8	60.0	10.6	47.9	0.60	5.8	0.3
23	496.3	25.6	169.5	—	230	4.7	46.3	11.4	41.7	0.40	4.7	0.3
24	251.7	23.2	—	5.9	136	—	37.7	9.0	45.2	0.90	4.6	0.2
25	299.2	25.7	174.5	1.5	220	4	54.1	7.6	52.5	0.60	5.1	0.2
26	263.7	24.7	95.3	—	254	4.4	65.1	9.9	56.4	0.50	5.4	0.3
27	604.9	24.6	—	—	742	3.9	47.3	7.2	43.1	0.70	6.4	0.2

续表

序号	COD_{cr}（mg/L）		BOD_5（mg/L）		SS（mg/L）		TN（mg/L）		NH_3-N（mg/L）		TP（mg/L）	
	进水	出水	进水	出水	进水	出水	进水	出水	进水	出水	进水	出水
28	290.1	20.5	137.6	1.9	256	4.2	47.6	8.2	38.9	0.50	4.3	0.1
29	299.5	18.1	188.2	0.7	168	3.8	61.9	7.9	54.7	0.50	5.3	0.2
30	275.8	18.6	102.0	0.4	178	5.0	58.5	10.0	50.8	0.60	5.2	0.2
31	539.1	17.1	201.5	5.5	378	4.7	43.1	9.8	41.3	0.50	4.1	0.3
32	391.7	22.6	124.5	—	234	3.9	56.2	8.3	45.3	1.00	4.9	0.2
33	197.9	21.8	195.1	—	246	5.0	57.1	7.6	55.0	0.50	5.9	0.2
34	362.5	20.6	204.0	1.4	228	3.9	55.5	9.7	54.1	1.10	5.5	0.3
35	339.5	22.6	137.0	0.3	568	4.2	56.1	9.1	51.1	0.20	5.2	0.3
36	—	19.9	148.9	0.3	244	4.6	59.4	8.1	56.8	0.30	5.4	0.2
37	278.4	21.8	153.7	0.9	208	4.1	54.6	9.6	52.2	0.60	4.8	0.3
38	348.5	24.1	168.6	6.0	276	—	62.1	9.2	57.4	0.50	5.7	0.3
最高值	655.0	30.0	310.2	6.0	742	5.0	77.9	11.4	59.0	1.50	7.0	0.3
最低值	197.9	16.2	80.7	0.3	118	3.5	37.7	6.8	38.9	0.10	4.1	0.1
平均值	407.38	23.1	163.24	3.30	269.34	4.32	58.75	8.85	49.94	0.56	5.67	0.23

16.6.2　运行数据分析

对碧水再生水厂近年逐日进出水水质分析统计如表 16-4 所示：

表 16-4　碧水再生水厂近年来实际进出水水质与设计值对比

污染物项目		COD_{cr}	BOD_5	SS	TN	NH_3-N	TP
单位		mg/L	mg/L	mg/L	mg/L	mg/L	mg/L
进水	设计值	400	200	200	70	60	6.0
	实测最大值	655.00	310.20	742.00	77.90	59.00	7.00
	实测最小值	197.90	80.70	118.00	37.70	38.90	4.10
	实测平均值	407.35	163.24	269.34	58.75	49.94	5.67
出水	设计值	30	6	5	15	1.5	0.3
	实测最大值	30.00	6.00	5.00	11.40	1.50	0.30
	实测最小值	16.20	0.30	3.50	6.80	0.10	0.10
	实测平均值	23.32	3.34	4.38	8.85	0.57	0.23

进水水质中 COD_{cr}、SS 平均值略高于设计值，其余均低于设计值。出水水质均能达到设计出水水质。

16.7 设计建议

（1）地下污水处理厂的布局需结合周边及厂区地形、处理工艺设施以及进水与出水位置等条件，将所有处理建（构）筑物合理、有机地联系起来，在降低能耗、尽量减少挖填方量的前提下，保证污水处理工艺布局合理、对外交通顺畅、生产管理方便、连接管线简洁，同时应充分考虑防洪措施，不被倒灌淹没。

（2）地下污水处理厂多为政府投资的大型民生工程，设计、施工周期均较为紧张；地下污水处理厂多为箱体结构，混凝土厚度大、强度高，对预埋位置要求精确，且处理层有多处水渠，浇筑难度大；室外管网较为复杂，预埋件、预埋套管、预留洞口数量较多；坡屋面较多，钢筋下料尺寸难以确定，质量要求高，部分单体建筑构造比较复杂，施工组织和管理能力要求高，建议在设计中采用 BIM 技术，通过信息整合、数据共享，提高设计效率、保障工程质量。

第17章　珠海市北区水质净化厂二期设计

珠海市北区水质净化厂二期工程是粤港澳大湾区首个将企业服务中心、体育馆、游泳馆、公共交通设施、园区景观与地下污水处理厂功能融为一体的商业服务型地下污水处理厂综合体。

17.1　项目概况

珠海市北区水质净化厂二期工程，土建规模15万 m^3/d，设备安装规模10万 m^3/d，地下水质净化厂地下主要构筑物包括粗格栅、提升泵站、细格栅、沉砂池、消毒渠、生化池、二沉池、磁混凝高效沉淀池、反硝化深床滤池、污泥脱水系统、鼓风曝气系统等，主体工艺为改良AAO生化池＋沉淀池＋磁混凝高效沉淀池＋反硝化深床滤池。污泥处理采用一体式离心浓缩脱水工艺，脱水至80%后经污泥料仓周转外运。排放水体为金凤排洪渠。尾水水质标准执行《城镇污水处理厂污染物排放标准》GB 18918—2002一级A标及广东省《水污染物排放限值》DB44/ 26—2001第二时段一级标准较严值标准。

项目厂址位于珠海市高新区南围片区，北区水质净化厂预留用地，规划用地面积约为18.53公顷，二期总用地面积约7.18公顷。

项目采用全地下建设方式，上部修建体育场馆及办公楼，包含水质净化厂综合办公楼1座，面积为3700 m^2；企业服务中心1座，面积为3300 m^2；体育馆1座，面积为12710 m^2；游泳馆1座，面积为13000 m^2；公共交通设施（公交场站占地约5000 m^2）、园区景观，并预留一座面积为16700 m^2、高度为39.6m的高新区综合产业办公楼的建设条件。项目总建筑面积153143.86 m^2。

本工程的工程概算投资为15.25亿元。

17.2　项目设计难点及创新要点

1.本项目设计的难点

本项目最大的特点和技术难度在于将体育场馆与地下污水处理厂合建设计，建设理念在国内市政污水处理行业属于首例，地下污水处理厂上盖体育场馆目前国内尚无已建成的同类型项目案例，处理多元功能垂直叠加的结构是一项巨大挑战，设计整体把控，协调地上和地下的支撑结构，使之相互对应，从而实现高效的成本控制。体育馆和游泳馆分别对应地下两套柱网体系，两馆之间的公共通廊作为过渡空间，巧妙地化解地下结构对地上建筑的影响，实现结构设计兼容性、经济性及规整性的三位一体。

2. 本项目创新要点

项目采用全地下建设方式，处理构筑物及设备全部置于地下箱体内，各构筑物之间共壁合建，充分利用北区水质净化厂地上、地下空间，利用北区水质净化厂二期上部空间，新建区级体育场馆、休闲广场等公共服务设施以及园区综合服务设施，弥补区级体育设施、交通设施等公共服务设施的缺口，提高周边居民的幸福感，提高土地利用效率。

（1）打造智慧、高效、空间多元的建筑景观综合体

建筑景观设计理念——碧海方舟。园区整体以泛舟海上的形象呼应珠海风貌与地下水厂模式，并以百舸争流的态势激发全民运动的热潮。将污水处理基础设施与多元功能有机复合，形成"水之引擎"，成为城市发展源源不断的驱动力。

项目高标准、高质量打造"国际一流""国内领先"的复合型、多生态共生的产业文旅新生态，是地下水质净化厂现代化转型的示范项目，也是生态文明建设强 IP 的典范项目，项目影响力深远。

（2）总体布局集约，地面、地下空间利用多元化，最终实现了城市与市政的协同、生态与生活的协同。作为空间土地复合利用、地上地下立体开发的典型项目，在设计上满足地下污水处理厂需求的情况下，充分考虑了城市发展和社区需求。

本期工程红线范围内布局集约，地面设置有体育馆、游泳馆、企业服务中心、水质净化厂办公楼、公交首末站、架空停车场以及社会车辆停车场等。空间利用多元化。释放土地面积约 63875.82m²。

设计从园区整体布局入手，巧妙地结合地下水厂，合理规划了地上建筑与场地。内部服务道路将场地分隔成不同区域，北侧为办公区，南侧则为体育活动区。同时为有效遮蔽地下污水处理厂地面部分的管井与疏散楼梯，将整体建筑抬高至二层，并在首层规划了架空停车场，减少地下挖掘深度。二层则形成一个天然的公共平台，提供宽敞而宜人的城市公共空间。

（3）不同于传统的水质净化厂，本水质净化厂处理后的再生水可回用于地上公共设施，供给园区工艺系统用水、杂用水、灌溉园区景观等，不仅节约了水资源，还降低了运行成本。此外还利用设置在建筑物上方的光伏系统储能并为照明系统提供电能。通过废弃物资源化利用、绿地碳汇系统等技术，建设低碳水厂。其中光伏 8000m²；绿地 8761.58m²；绿色建筑达到国标二星标准。

17.3 总体设计

17.3.1 设计规模

珠海市北区水质净化厂二期设计规模 15 万 m³/d，$K_z = 1.5$，设备近期安装规模 10 万 m³/d。

17.3.2 设计进出水水质

本工程处理后的尾水用于厂区用水、地上景观用水、城市杂用水等再生用水，其余尾水就近通过暗渠排入金凤排洪渠下游段，最终汇入金星门水道。珠海市北区水质净化厂二期设计进出水水质如表 17-1 所示。

表 17-1　珠海市北区水质净化厂二期设计进出水水质

项目	COD$_{cr}$（mg/L）	BOD$_5$（mg/L）	SS（mg/L）	TP（mg/L）	NH$_3$-N（mg/L）	TN（mg/L）	pH 值	氯化物
设计进水	350	150	250	5	26	35	6 ~ 9	< 800
设计出水	≤ 40	≤ 10	≤ 10	≤ 0.5	≤ 5	≤ 15	6 ~ 9	—
远期出水（准Ⅳ类）	≤ 30	≤ 6	≤ 10	≤ 0.3	≤ 1.5	≤ 12	6 ~ 9	—

17.3.3 处理工艺流程

珠海市北区水质净化厂工艺流程框图如图 17-1 所示。

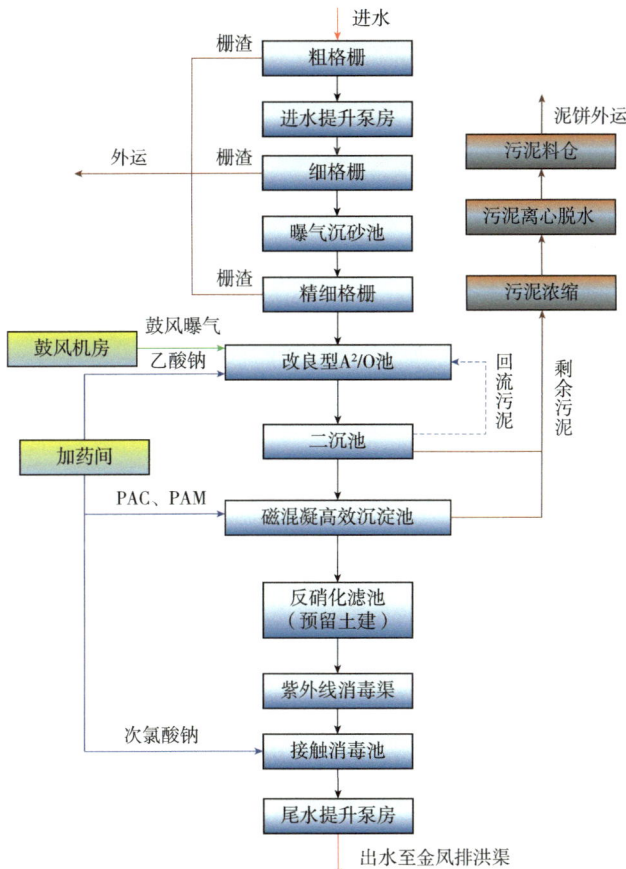

图 17-1　珠海市北区水质净化厂工艺流程框图

17.3.4 总体布局

本工程为位于珠海市高新区南围园区。厂区现状地势较为平缓，地形标高在 1.4 ~ 3.5m 左右。污水处理远期规模为 15 万 m³/d 一次建成。根据水量核算，本次先配置设备满足 10 万 m³/d 的要求。二期总占地面积 7.18 公顷。

1. 流程简捷、顺畅

由于进水管在水质净化厂二期的西北侧进厂，尾水走向厂东侧金凤排洪渠补水，整体工艺流程顺畅，管道迂回少，水头损失小。同时，结合地上综合办公楼、景观绿化等，尾水回用方便顺畅。

2. 各处理单元功能分区明确

厂区二期土建规模 15 万 m³/d，设备安装按照 10 万 m³/d 进行配套。主要工艺流程分为 3 组，近期运行 2 组，单组处理规模均为 5 万 m³/d。

珠海市北区水质净化厂二期平面布置效果图如图 17-2 所示。

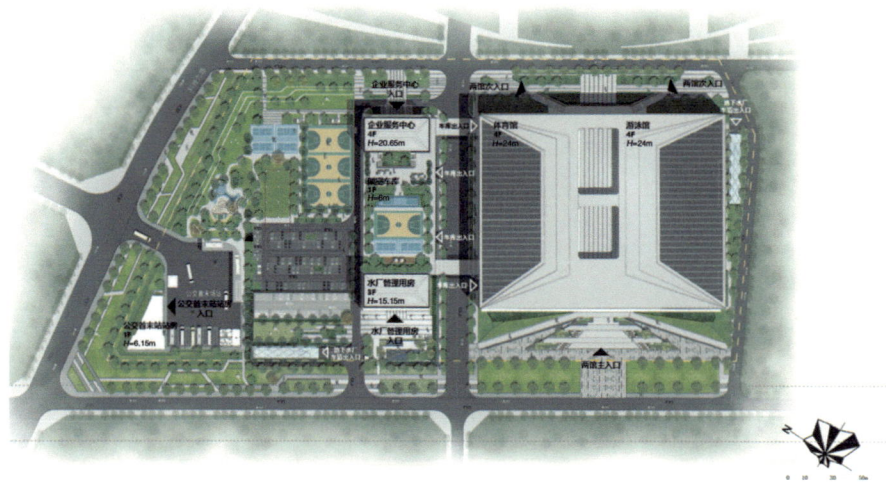

图 17-2　珠海市北区水质净化厂二期平面布置效果图

一体化箱体平面设计根据周边环境、进水总管方向、尾水排放位置综合确定。本工程主要进水来自地块北侧，尾水通过暗渠排入金凤排洪渠最终进入金星门水道，因此一体化箱体预处理区位于箱体北侧，深度处理区位于箱体南侧。预处理区、污泥区、调蓄池和除臭设备区位于北侧，全过程除臭、臭气集中生物处理相结合，力求将水质净化厂对周边影响降至最低。根据构筑物的功能，对一体化构筑物进行功能分区，分别为：污泥处理区、预处理区、生化池、二沉池、深度处理区和出水区等，如图 17-3 所示。

二期厂区占地面积 7.18 公顷，水厂部分除配套综合楼外，其余均为全地下双层加盖。珠海市北区水质净化厂二期效果图如图 17-4 所示。

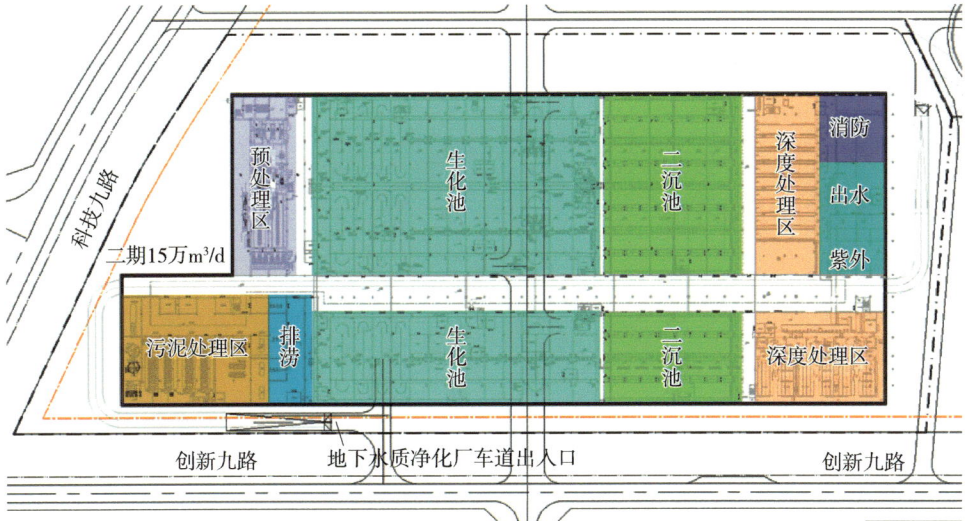

图 17-3　珠海市北区水质净化厂二期箱体平面布局图

图 17-4　珠海市北区水质净化厂二期效果图

17.3.5　竖向布置

1. 箱体外设计地面高程

本工程厂址现状地形整体较平坦，现状地面标高约 1.4 ~ 3.5m（黄海高程，下同），通过洪潮组合，金凤排洪渠 100 年一遇的洪水位为 3.595m。因此采用平坡式竖向布置形式，考虑到防洪要求及填至厂外道路的标高，厂区的场地设计标高定为 4.65m，建筑首层室内标高 4.80m。

2. 地下箱体竖向设计

箱体结构层数为两层，最大埋深 18.30m，覆土 1.30m，操作层顶标高 3.35m，层高 6.35m；底板标高最低 –13.65m。

17.4 主要工程设计

17.4.1 工艺设计

1. 进水部分

进水阀门井。进水管为单根 DN2000 钢管，进水管进箱体后设置阀门井，装有自重紧急截止阀。渠道内设有速闭闸，与进水管道上的自重紧急截止阀形成双保险机制。

2. 格栅及污水提升泵房

①粗格栅

土建规模 15 万 m³/d，设备按照 10 万 m³/d 配置。

类型：钢筋混凝土平行渠道。

数量：1 座，渠道数 3 条。

②污水提升泵站

土建规模 15 万 m³/d，设备按照 10 万 m³/d 配置。

功能：被泵房提升后的污水靠重力依次流过生物池等后续构筑物。

类型：钢筋混凝土地下构筑物。

数量：1 座，2 格，中间隔墙设置闸门方便检修。

③应急排涝泵池（缓冲调蓄池）

数量：1 座。

类型：钢筋混凝土结构。

④细格栅

土建规模 15 万 m³/d，设备按照 10 万 m³/d 配置。

数量：1 座，每座道数 4 条。

3. 曝气沉砂池

土建规模 15 万 m³/d，设备按照 10 万 m³/d 配置。

类型：矩形钢筋混凝土构筑物。

池数：3 组（远期增加 1 组）。

停留时间：10min。

鼓风量：0.2m³ 空气 /m³ 水。

水平流速：0.08m/s。

4. 精细格栅

土建规模 15 万 m³/d，设备按照 10 万 m³/d 配置。

类型：钢筋混凝土直壁渠道。

数量：1 座，每座道数 6 条。

5. 生化池

土建规模 15 万 m³/d，设备按照 10 万 m³/d 配置。

池型：按改良 AAO 工艺布置。

第 1 段、第 2 段容积比控制：2.2 ： 1。

缺氧区、好氧区容积比控制：0.6 ： 1。

BOD 平均负荷：$0.088kgBOD_5/kgMLSS \cdot d$。

总氮平均负荷：$0.035kgTN/kgMLSS \cdot d$。

平均污泥龄：10.28d。

脱氮速度：$0.04kgNO_3-N/kgMLSS \cdot d$。

总水力停留时间 14.69h。

内回流比：200%。

外回流比：100%。

气水比：5.5 ： 1。

设计水温：12℃。

6. 二沉池

（1）设计参数

土建规模 15 万 m³/d，设备按照 10 万 m³/d 配置。

采用矩形周进周出沉淀池，进水和出水均在沿池长方向推流运行，刮泥采用不锈钢金属链式刮泥机。

（2）土建尺寸

矩形式沉淀池 3 座，近期 2 座，远期 1 座，每座分 4 格，单格宽 9.65m，沉淀池总长 60m，共 2 层，钢筋混凝土结构。

7. 磁混凝高效沉淀池

土建规模 15 万 m³/d，设备按照 10 万 m³/d 配置。

共计分为 3 组，近期 2 组，远期 1 组。

本单体分为快速混合区、磁介质混合区、絮凝反应区和沉淀区。

8. 中间提升泵房（预留）

土建规模 15 万 m³/d，本次仅考虑土建工程，近期不安装主要设备，后期结合进一步提标改造完善相关设备配套。

类型：钢筋混凝土地下构筑物。

尺寸：$B \times L \times H = 8.70\mathrm{m} \times 9.05\mathrm{m} \times 10.00\mathrm{m}$。

数量：1座。

9. 反硝化滤池（预留）

土建规模 15 万 $\mathrm{m^3/d}$，本次仅考虑土建工程，近期不安装主要设备，后期结合进一步提标改造完善相关设备配套。

10. 紫外线消毒间

土建规模 15 万 $\mathrm{m^3/d}$，设备按照 10 万 $\mathrm{m^3/d}$ 配置。

功能：上接反硝化滤池，将处理后的尾水通过紫外线消毒，杀灭出水中的大肠杆菌、致病菌和病毒。

平面尺寸：$L \times B \times H = 21.40\mathrm{m} \times 15.60\mathrm{m} \times 9.15\mathrm{m}$。

设计参数：辐射时间 30s。

运行方式：整套系统由 PLC 控制，联锁运行。

11. 出水及回用泵房

土建规模 15 万 $\mathrm{m^3/d}$，设备按照 10 万 $\mathrm{m^3/d}$ 配置。

尾水集水池尺寸：$L \times B \times H = 24.00\mathrm{m} \times 12.30\mathrm{m} \times 8.65\mathrm{m}$。

回用水泵房尺寸：$L \times B \times H = 30.90\mathrm{m} \times 21.40\mathrm{m} \times 8.65\mathrm{m}$。

12. 污泥脱水系统

根据污泥处理工艺，本工程污泥处理采用污泥浓缩脱水一体方式，处理构筑物包括贮泥池、离心脱水间和污泥料仓。

土建规模 15 万 $\mathrm{m^3/d}$，设备按照 10 万 $\mathrm{m^3/d}$ 配置。近期理论计算绝干污泥量 14.96t DS/d，远期绝干污泥量 22.43t DS/d。

（1）贮泥池

土建设计总规模：15 万 $\mathrm{m^3/d}$。

贮泥池可暂存污泥，是剩余污泥进浓缩脱水机前的缓冲池。贮泥池为全封闭形式，避免臭气外溢，池内设搅拌器，避免污泥沉积。

（2）离心脱水机间及料仓

土建设计总规模：15 万 $\mathrm{m^3/d}$。

离心脱水机间可对含水率较高的剩余污泥和初沉池污泥进行浓缩脱水，可得含水率80%的可外运泥饼进污泥料仓。

（3）污泥料仓

污泥料仓采用钢制料仓，总有效容积 150$\mathrm{m^3}$，单个容积 75$\mathrm{m^3}$。

13. 鼓风机房

规模：近期 10 万 $\mathrm{m^3/d}$，远期 15 万 $\mathrm{m^3/d}$。

生化池最大供气气水比为 5 ： 1。

近期鼓风机房向 2 座生化池提供气体，压力为 0.85 ～ 0.90bar。

17.4.2　建筑设计

1. 总平面图布置

项目建设所在用地平面呈较为规则的矩形，南北向长约 415m，东西向宽约 183m，用地面积 71874.12m²。建设用地从北向南依次为企业综合服务中心、公交首末站、水质净化厂管理用房、体育馆、游泳馆，用地西侧为集散广场。水质净化厂生产管理区域位于场地西侧，紧临园区内部道路北侧，相对独立，也紧临地下水质净化厂出入通道，便于日常管理，同时可以实现同公共开发区域的物理分隔。

2. 建（构）筑物外装修

考虑到经济性，重点区域的地上建筑装修材料主要以幕墙体系、铝板为主，其他非重点区域以仿真石漆为主，颜色搭配注重与四周绿化环境相协调的天然外观类饰面材料，结合园林景观进行综合设计，出风塔疏散楼梯（构筑物）与主体结构风格一致，设计上尽量弱化其体量或消化在建筑物架空层内。

3. 建（构）筑物内装修

装饰材料的燃烧性能应针对材料使用的位置，选择符合《建筑内部装修设计防火规范》GB 50222—2017 的要求的产品，同时应符合《建筑材料及制品燃烧性能分级》GB 8624—2012 的要求并有相应的检测报告。水质净化厂车间主要采用环氧自流平地面，噪声较大的房间需做吸引内墙处理。

4. 地下建筑防水构造

（1）外围护结构及屋面防水等级

种植屋面：一级。

外围护结构：一级。

（2）本工程防水工程的设计、施工、验收及运行维护均应严格执行《建筑与市政工程防水通用规范》GB 55030—2022 的规定。

5. 防腐防锈

水质净化厂的盖板在一般情况下用镀锌钢板，在有强腐蚀性的房间使用玻璃钢盖板。

17.4.3　结构设计

水质净化厂地下箱体平面尺寸为 298 ～ 336m×143.0m，埋深 16.05 ～ 21.35m。箱体结构分上下两层，顶板覆土 1.3m。上层为钢筋混凝土地下室框架，下层为钢筋混凝土水池。地面荷载较大部分采用桩筏基础，其他部分采用筏板基础。上部箱体外壁厚度为 0.5m，下部箱体外壁厚度为 1.0m，底板厚度为 1.2 ～ 1.5m，顶板厚度为 0.3m，典型柱距为 8.4m×10.25m。

地下箱体为超长结构，为保证其整体性，不设变形缝，通过设置后浇带、提高池壁水平配筋率、掺加抗裂剂解决温度裂缝问题。

地下箱体采用自身压重与锚杆相结合的方式保持抗浮稳定。

17.4.4　基坑支护设计

本项目基坑深度约 16.15 ~ 21.45m，东西向平面尺寸约 301 ~ 339m，南北向平面尺寸约 146m。基坑采用放坡＋灌注桩＋内支撑或锚索（部分为可回收锚索）的支护形式。

17.4.5　电气和自控设计

1. 电气设计

（1）电源

本地下污水处理厂近期设备设计规模为 10 万 m^3/d，总体负荷等级为二级，其中消防负荷等级也为二级。供电电源采用 10kV 电压等级，双电源供电，按一用一备的工作方式，互为备用。设置 1 台柴油发电机为消防设备及防淹设备作为应急或备用电源。发电机容量为 800kW，0.4kV。

地上公共建筑负荷分级如下：

一级负荷（应急电源）：公共建筑的全部消防用电。

一级负荷（备用电源）：客梯，排污水泵，生活泵，架空车库照明，值班警卫照明，智能化系统（安防、BA、信息网络、通信机房等）。

二级负荷（备用电源）：主要通道及楼梯间照明，体育场馆场地照明，游泳场馆场地照明，舞台照明，观众席照明，AV 系统，记分系统，售检票系统，升旗系统，经营管理系统等体育建筑智能化系统。

三级负荷：空调，配套设施用电，充电桩等，除一、二级负荷外的其他用电。

地上公共建筑引供电电源由 1 路 10kV 专用电源进入本期自用开关房，中压系统采用 1 路 10kV 放射式供电。设置于首层的 1 台常载 600kW，备载 660kW 柴油发电机组作为本工程地上部分应急电源兼作备用电源。当市电停电无消防要求时，作为保障负荷备用电源使用；当市电停电有消防要求时，由火警信号自动切断所有非消防保障负荷的柴油发电机电源，保证消防用电。

（2）变配电系统

根据全厂负荷分布情况，本工程设 10/0.4/0.23kV 变配电站 3 座，设 SCB14–2000–10/0.4kV 干式变压器 4 套、SCB14–1250–10/0.4kV 干式变压器 2 套、SCB14–400–10/0.4kV 充电桩变压器 1 套。根据珠海供电局要求，变配电站须设置于地上，1、3 号变配电站在综合楼处合建，2 号变配电站位于地上一层体育馆处，为全厂用电设备供电。变配电站靠近负荷中心，进出线方便，有利于管理。

消防控制室、消防水泵房、防烟和排烟风机房的消防用电设备及消防电梯等的供电，在其配电线路的最末一级配电箱处设置自动切换装置。

消防用电设备应采用专用的供电回路，当建筑内的生产、生活用电被切断时，应仍能保证消防用电。

备用消防电源的供电时间和容量，应满足该建筑火灾延续时间内各消防用电设备的要求。

（3）防腐、防潮、防淹措施

进行地下厂区潮湿场所的线缆敷设时，采用不锈钢电缆桥架或线槽，且金属导管壁厚不小于 2.0mm，敞开的操作层和设施管廊层内的电气设备外壳柜体的防腐等级为 WF1 级。

地下厂区的防淹设备主要有进水闸门、出水泵等，其电源除来自市政电源之外，还有作为备用电源的柴油发电机。

（4）照明设计

本工程采用智能直流照明系统，分区域设置终端控制设备，通过数据总线传输至中央照明智能管理系统统一管理，可根据时间及照度要求智能控制照明的投切和照度，达到节能目的以及方便日常管理。

在消防控制室、消防水泵房、自备发电机房、配电室、防烟排烟机房以及发生火灾时仍需正常工作的消防设备房应设置备用照明，其作业面的最低照度不应低于正常的照度。

（5）接地防雷

地上体育馆和服务中心属于二类防雷等级，水厂管理用房和公交场站属于三类防雷等级。

沿屋顶周边敷设 $\phi = 12mm$ 热浸镀锌圆钢作接闪器，接闪器应设在外墙外表面或屋檐边垂直面上。利用敷设在钢筋混凝土屋面板中的单根不小于 $\phi = 10mm$ 的钢筋作接闪装置，组成不大于 $10m \times 10m$ 或 $12m \times 8m$ 的接闪网格。

建筑物利用钢筋混凝土屋顶、梁、（所有的）柱、基础内的钢筋作为引下线。对于建筑物四周和内庭院四周的钢筋混凝土柱，柱内主筋（至少 1 根 $\geq \phi = 10mm$ 的钢筋）上与屋顶接闪带、下与接地基础相焊接。

利用基础内钢筋作接地装置：引下线与底板基础梁及基础内主筋焊接成可靠的电气通路。如四周无基础梁，用热浸镀锌扁钢将四周各独立基础内主筋焊连起来。对于敷设在混凝土中作为防雷装置的钢筋或圆钢，当其仅为一根时，其直径不应小于 $\phi = 10mm$。

当接地电阻不能满足设计要求时，增设围绕建筑物四周敷设的人工接地装置：水平接地体采用热浸镀锌扁钢，垂直接地体采用∟ $50mm \times 50mm \times 5mm$、$L = 2.5m$ 热浸镀锌角钢，垂直接地体间距 5m，接地装置距建筑物外墙入口处及人行道的距离不小于 3m，埋深不小于 0.7m。

地下空间箱体为一级防水，底板内钢筋是与大地隔绝绝缘的，无法作为接地体，需在箱体外部做接地体，具体做法参见国家建筑标准设计图集 15D503《利用建筑物金属体做防雷及接地装置安装》第 40 ~ 42 页，接地体连接线穿过防水层处应采取加强防水措施。

2. 自控及智能化设计

自控及智能化包括生产过程自动化系统、信息安全防护系统、检测仪表、智慧运营平台、信息设施系统、公共安全系统等几部分。采用 100M 以太光纤双星型网络构成 "集散型" 控制系统，集中监控管理、分散控制、数据共享。现场控制站的设置采用相对独立、就近控制的原则。在水厂管理用房中央控制室设控制中心，实现整个污水处理厂的 "集中管理"。设有 4 个现场控制主站、15 个主要设备控制单元。现场控制站采用 1000M 以太光纤环网与中央监控计算机实现数据交换，采用双星型结构，以光纤作为传输介质，保证网络的可靠性、安全性。设备控制单元由设备厂家配套提供，具备以太网通信接口，通过工业网络交换机与中央监控系统实现数据交换。

检测仪表根据本工程污水处理工艺流程和综合自动化系统的要求配置。仪表信号采用 4 ~ 20mA 信号接入 PLC 控制器，预留仪表通信接口。流量、总磷、总氮、COD、氨氮等检测仪通过工业现场总线与自动化系统相连。

地下污水处理厂的网络和信息系统的等级保护定级为二级等保 2.0。

智慧水厂的数字化管理和运行依托于智慧运营管控平台，智慧运营管控平台包含以下内容：基础数据云平台、全厂三维建模展示、管理驾驶舱、生产运行监控管理、设备运维管理、生产管理、化验室管理、数据质量管理、移动应用等。

17.4.6　除臭和通风设计

1. 除臭设计

水质净化厂箱体内产生臭气浓度较大的地方主要是粗格栅及提升泵房、细格栅及曝气沉砂池、生化池、储泥池和污泥浓缩脱水机房等。臭气处理排放标准采用《恶臭污染物排放标准》GB 14554—1993 中国家恶臭污染物厂界标准值中的一级排放标准、《城镇污水处理厂污染物排放标准》GB 18918—2002 中的一级标准及广东省标准《城镇地下污水处理设施通风与臭气处理技术标准》DBJ/T 15-202-2020 中的较严标准。

本工程规模较大，尤其是恶臭污染源较严重的粗格栅、细格栅、生物反应池、污泥脱水干化机房等处，在运行过程中臭气浓度较高。综合考虑本项目周边环境敏感，地面为地上公共服务设施建筑，周边有居民建筑的基础上，综合工程投资、用地面积、处理效果、建设运行成本等因素后，本工程推荐以全过程除臭为基础，生物滤池法（一段生物滴滤＋二段生物过滤）＋活性炭（可超越）为保障的除臭工艺。通过全过程除臭源头减量，降低臭气浓度，加上生物除臭工艺强化，进一步提高厂区的臭气处理控制标准。

全过程除臭工艺由两部分组成，包括微生物培养系统和除臭污泥投加系统。微生物培养系统为在水质净化厂生物池内安装一定数量的微生物培养箱，每台培养箱提供微量空气。除臭污泥投加系统为在污泥回流泵房安装污泥泵并铺设管道输送污泥至水质净化厂进水端。本除臭工艺在除臭污泥投加量为 2% ~ 10% 进水量的条件下，水质净化厂污染源恶臭得到大幅消减，对水质净化厂出水水质无负面影响。本工程共投放生物培养箱 30 台，每台由主箱体和封盖拼装而成，箱体带支腿，箱体直径约为 1650mm，有效高度约为 1800mm。内箱体安装于外箱体内，用于装填复合微生物催化填料。

负压除臭系统：设成套除臭设备5套，总处理规模为225000m³/h。

预处理区：处理规模30000m³/h，设1套除臭设备，处理工艺为喷淋洗涤＋生物除臭＋活性炭（可超越）。

生化区和二沉池出泥通道（近期）：处理规模9.0万m³/h，设2套除臭设备，单套4.5万m³/h（由3个生物滤池组成），处理工艺为生物除臭。

生化区和二沉池出泥通道（远期）：处理规模13.5万m³/h（由9个生物滤池组成），设3套除臭设备，处理工艺为生物除臭。

污泥处理区：处理规模6.0万m³/h（由2个生物滤池＋2个活性炭组成），设1套除臭设备，处理工艺为喷淋洗涤＋生物除臭＋活性炭（可超越）。

由封闭工程、收集系统、臭气源、吸风口、管道、生物除臭一体化装置和负压牵引风机组成了相对封闭的除臭系统。由于系统封闭，在风机形成的负压作用下，臭气就通过收集系统输送到生物除臭一体化装置中，在微生物生化分解作用下，臭气组分最终被降解成无害、无臭气体或被微生物吸收利用。

处理达标后的尾气通过设于园区综合办公楼高度15m的排气筒进行高空排放。

2. 通风设计

本工程采用全面排风与局部排风相结合的送风排风方式。在箱体地下一层操作间、地下二层管廊以及各处理工段车间，送风采用自然补风和机械送风相结合的方式，排风采用机械排风系统。

防烟楼梯间及其前室设置机械加压送风设施，确保防烟楼梯间内机械加压送风防烟系统的余压值为40～50Pa；前室、合用前室的余压值为25～30Pa。

17.4.7　消防设计

1. 建筑概况

本工程主要包括地上和地下两部分，地上建筑主要有体育馆、游泳馆、企业服务中心、地上污水处理厂管理用房及公交场站等公共服务设施，均为多层公共建筑，建筑面积为62125.80m²；地下为珠海市北区水质净化厂，建筑定性为地下戊类厂房，水质净化厂土建按15万m³/d规模设计，设备按照10万m³/d配置，地下工艺段包括污泥处理区、预处理区、生物处理区、沉淀池区、深度处理区等，总建筑面积为92722m²。

地上体育馆、游泳馆为1幢4层公共建筑，建筑高度不超过24m，首层为架空车库和设备用房，二至四层为体育馆、游泳馆。其中二层体育馆观众厅防火分区面积为5986m²，游泳馆观众厅防火分区面积为8788m²。二层体育馆与游泳馆之间设置室外连廊相连，消防车可到达室外连廊平台进行消防救援。

2. 总平面设计

本污水处理厂为全地下建筑，地上行车道及楼梯出入口位置和距离均满足消防要求。地下室顶板行车区域可满足消防车荷载需求。

3. 防火分区

地上部分按照各自规范设计实施，地下部分根据《建筑设计防火规范（2018年版）》GB 50016—2014 中的地下污水处理厂单个防火分区最大允许建筑面积为 1000m² 设计实施；当建筑内设置自动灭火系统时，防火分区最大允许建筑面积可增加 1 倍；每个防火分区必须至少有 1 个直通室外的独立安全出口；本工程地下一层主要为水厂的操作检修平台和操作平台，设计上打造成无人值守的地下污水处理厂，且极不容易发生火灾，故设计上扣除了很多水面水工构筑物和设备检修平台、操作平台的面积不计入防火分区范围内，地下二层主要是水工池体、检修平台和为走管线而存在的综合管廊。故防火分区设计上考虑把负一层分为二十一个防火分区。整个负二层分为四个防火分区（中心管廊当作综合管廊设计视为一个防火分区、脱水车间负二层为一个防火分区），负二层管廊按照《城市综合管廊工程技术标准》GB/T 50838—2015 执行设计。每个防火分区自成系统。每个防火分区面积控制在 1000m² 以下，设置自动喷水灭火系统的防火分区面积控制在 2000m² 以下。

4. 安全疏散

每个防火分区至少有一个直出室外的安全出口，相邻防火分区之间可以借用疏散通道，各分区疏散路径详见防火分区示意图。

5. 安全疏散距离

根据《建筑设计防火规范（2018年版）》GB 50016—2014 的规定，本工程为地下戊类厂房，疏散距离按照 60m 执行。局部防火分区采用自动喷水灭火系统及火灾自动报警系统，配电间采用气体灭火系统，防火分区之间采用防火墙及甲级防火门分隔。

6. 疏散宽度

本工程为无人看守自控程度较高的污水处理厂，平时只有少数工人在厂区维修、运泥，最小的防火门都是按照宽度 1.05m 进行设计以满足疏散要求。

7. 防火构造

本工程建筑耐火等级为一级，一级耐火等级要求：柱、承重墙的耐火极限不小于 3.0h；梁的耐火极限不小于 2.0h；楼板、疏散楼梯、屋顶承重构件的耐火极限不小于 1.5h。屋顶所有钢结构柱、梁部分涂刷厚型防火涂料，厚度为 20mm。钢结构防火构造及防火涂料应满足《建筑钢结构防火技术规范》GB 51249—2017 的相关要求，对钢结构防火涂料的选用应以该产品相应耐火极限的型式检验报告中的厚度为准。

屋面保温系统采用燃烧性能为 B1 级的挤塑聚苯板。

8. 灭火器布置

厂区内除高、低压配电室按照中危险级设置气体灭火器，其他区域内都按照轻危险级设置磷酸铵盐手提式灭火器。

9. 火灾探测与应急报警设计

本工程厂区设置消防控制室一间，其中设置火灾自动报警系统工作站一套。工作站含火灾自动报警系统主机、消防电话主机、应急广播系统主机以及消防电源柜等子系统，构成完整的消防火灾报警控制系统主站。在地下箱体设置的每个防火分区均设置火灾区域报警控制器一套，负责本防火分区的火灾报警。在每个防火分区内，均设置烟感探头、消防电话以及应急广播。整个火灾自动报警系统的数据可由通信模块上传至上级消防指挥控制中心。

火灾自动报警系统与通风系统联动，当接到火灾自动报警信号后，开启电动排烟口阀门，关闭70℃电动防火阀，同时将消防风机启动至高速状态补风。当火灾温度超过280℃时，排烟口阀门熔断，联动关闭消防风机。

火灾自动报警系统接收消防泵系统的信号，当发生火灾时，现场按下消火栓箱内的按钮向消防中心报警，消火栓箱内的指示灯亮。当系统启用后，消火栓泵后的压力开关和消防水箱出水管上的流量开关自动启动，并向消防中心报警。消防结束后手动停泵。

消防控制室中还设置缆式感温探测系统工作站一套，缆式感温探测器敷设于全厂电缆托盘内，作为电缆故障过热的消防报警装置。工作站含缆式感温自动报警系统主机、消防电源柜等子系统，构成完整的缆式火灾报警控制系统主站。在地下箱体内每个防火分区设置区域报警控制器一套，设置 8 个缆式感温探测器，负责本防火分区的电缆火灾报警。

本工程变配电间位于地下，根据相关规范要求，在各变配电间设置七氟丙烷气体灭火系统进行保护，各保护区设泄压口。

10. 电气防火

本工程消防设施采用单回路电源供电，其配电线采用非延燃铠装电缆，明敷时置于桥架内或埋地敷设，以保证消防用电的可靠性。

厂内设置火灾自动报警系统，使消防人员可及时了解火灾情况并采取措施。

消防水可在泵房及各车间内任意一个流水作业消防箱处控制，给及时扑救火灾创造良好条件。

根据不同的防雷级别按防雷规范给各建（构）筑物设置相应的避雷装置，防止雷击引起的火灾。

在爆炸和火灾危险场所严格按照环境的危险类别或区域配置相应的防爆型电器设备和灯具，避免电气火花引起的火灾。

电气系统具备短路、过负荷、接地漏电等完备保护系统，防止电气火灾的发生。

11. 消防给水工程设计

（1）消防水源

室内消火栓系统采用市政给水管网供水作为消防水源。

（2）消防水量

本工程同一时间内的火灾次数按一次考虑，室内消火栓系统用水量为40L/s，室外消火栓系统用水量为30L/s，火灾延续时间2.0h。消防水池内贮存2h的室内外消火栓水量及1h的喷淋水量，一次灭火用水量为396m³。

（3）室内消火栓系统

针对地上建筑权属单位的不同，本工程设置两套临时高压消火栓给水系统。体育馆、游泳馆、企业服务中心设置一套泵组，污水处理厂及污水处理厂管理用房设置一套泵组。消火栓加压给水泵与消防水池一起设在污水处理厂操作层内，每组设2台消火栓给水加压泵，1用1备。

本工程各部位均设置室内消火栓给水系统进行保护，其布置保证室内任何一处均可有2股水柱同时到达，消火栓的布置间距不大于30m。

（4）系统控制

发生火灾时，按下消火栓箱内的按钮向消防中心报警，消火栓箱内的指示灯亮。当系统启用后，消火栓泵后的压力开关和消防水箱出水管上的流量开关自动启动，并向消防中心报警。消防结束后手动停泵。消火栓加压泵1用1备，并具有低速自动巡检功能，消防加压供水时工频运行，自动巡检时变频运行。

（5）管材及型号

室内消火栓给水管道采用内外热浸镀锌无缝钢管，采用丝扣或沟槽式卡箍连接。

（6）自动喷水灭火系统

本工程为戊类厂房，戊类厂房的每个防火分区的最大允许建筑面积为1000m²，厂房内局部设置自动灭火系统时，其防火分区的增加面积可按局部面积的1.0倍计算。本工程设置了自动喷水灭火系统，使防火分区的最大允许面积达到2000m²。

（7）建筑灭火器和气体灭火系统设计

本工程各部位均设置磷酸铵盐干粉灭火器进行保护，在地下水厂的配电间、电气控制室及地上建筑配电室、开关站、发电机房储油间、信息机房设置七氟丙烷无管网自动灭火装置。

12. 防烟排烟设计

（1）本工程消防设计：负一层按地下戊类厂房建筑设计，负二层按综合管廊设计，整体不设排烟系统；所有通风系统的消防联动控制由消防控制中心负担。

（2）配电房设置事后通风设施，确保气体灭火系统工作结束后废气可及时、有效地排除。

（3）防烟楼梯间及消防前室设置机械加压送风设施，确保防烟楼梯间内机械加压送风防烟系统的余压值为40～50Pa，前室的余压值为25～30Pa。

17.4.8 防洪及防涝设计

本工程防洪按金凤排洪渠百年一遇洪水位设防。金凤排洪渠100年一遇的洪水位为3.595m。为防止洪水倒灌，本方案采取了以下工程措施：

（1）地下箱体外地坪设计标高 4.65m。

（2）所有进入地下箱体的通道均设有不低于 4.65m 的防洪措施。

（3）地下通道入口均设有截水沟，并设置了驼峰，防止雨水进入地下箱体。

（4）厂区内负二层设置了排涝池，用于抵御极端情况。

（5）净水厂进水管设有速闭闸，当进水超过警戒水位时，可关闭速闭闸，净水厂停止生产。

17.5　主要经济指标

17.5.1　概算投资

工程概算总投资为 152536.8 万元，其中第一部分工程费用 130895.5 万元，工程建设其他费 14377.6 万元，基本预备费 7263.7 万元。

17.5.2　年耗电量

本工程污水处理系统的年耗电量约 2028.57 万 kW·h，污泥处理系统的年耗电量为 298.44 万 kW·h，除臭系统的年耗电量为 304.41 万 kW·h，通风系统的年耗电量为 228.9 万 kW·h，照明系统的年耗电量为 68.30 万 kW·h。

17.6　设计建议

作为 15 万 m³/d 的大型地下污水处理厂，地上空间建设体育馆、游泳馆等建筑，目前国内尚未有已建成案例，是一次创新尝试，对粤港澳大湾区的综合性开发建设具有重要的探索意义。

1. 消防问题

项目地上为人员密集场所，地下属于工业厂房，在项目推进前期就要与当地的消防主管部门沟通消防方案，地面建筑消防设计和地下建筑消防设计为独立系统，设计时应充分考虑将来不同单位的管理需求等。

2. 重视多专业之间的协调、配合

项目地上建筑与地下水厂共用一套柱网体系，柱网的设计既要保证地下部分单体柱距的合理性，又要兼顾地面大型体育设施的柱距要求，任何一个环节的调整都会影响到整个项目的设计。多专业地协调、配合，充分利用有限空间，通过多方案技术经济比较，从兼容、经济、运维等多方面进行决策，才能取得较为满意的结果。

3. 注重细节，利于工程的建设和运维

受建设条件限制，本项目地上功能复杂，地下污水处理厂在设备材料就位、人员交通安排等细节方面需要在设计过程中要充分考虑。比如本项目不具备条件设置地面设备吊装孔，所以须设置具备较大空间的操作层以确保设备可以正常安装、检修以及满足后续的起吊要求。

4. 交通组织规划

将污水处理厂、水厂管理用房和公共建筑等单独划分为生产管控区、共享区。合理利用绿色屏障隔断确保地面的人员及车辆流线不发生交叉，保证水厂的安全生产等。

第18章　合肥市清溪净水厂设计

合肥市清溪净水厂是国内第一座大型极限脱氮地下污水处理厂，也是长三角第一座地上以水文化为主题建成的地面景观、周边道路、科普教育与地下污水处理厂功能融为一体的游憩服务型地下污水处理厂综合体。

18.1　项目概况

本项目设计规模 20 万 m^3/d，$K_z = 1.3$，一次建成。污水处理采用以速沉池＋多模式 AAO ＋深床滤池为主体的工艺，消毒采用紫外线消毒工艺。污泥处理采用一体式离心浓缩脱水工艺，脱水泥饼经污泥料仓周转外运。排放水体为南淝河。要求出水水质在稳定达到安徽省《巢湖流域城镇污水处理厂和工业行业主要水污染物排放限值》DB34/ 2710—2016 的基础上，COD、BOD、总磷、氨氮达到地表水Ⅳ类标准，其中 TN ≤ 5mg/L。

项目厂址位于合肥市蜀山区清溪路北侧、清二冲东侧、南淝河上游右岸。项目征地面积 60019.47m² （合 90.03 亩），净水厂占地面积 47846m² （合 71.77 亩）。其中地下箱体占地面积 37807m² （合 56.71 亩）。项目采用全地下建设方式，上部修建市民休憩公园。总建筑面积 78762.42m²。

工程决算投资 5.371 亿元。项目于 2018 年 6 月 27 日通过竣工验收。

18.2　项目设计难点及创新要点

1. 本项目设计的难点

本项目最大的特点和技术难度在于出水主要指标达到《地表水环境质量标准》GB 3838—2002 中Ⅳ类标准，其中 TN ≤ 5mg/L，在国内市政污水处理行业属首例，在处理工艺、设计参数等选择上没有参考案例，难度极大。设计中针对 TN 高去除率的要求，对污水特性进行全面分析，以绿色低碳为出发点，进行了多方案比较和专门针对 TN 高去除率的工艺创新。5 年多的运行，证明出水水质完全达到了设计目标。此外，项目采用全地下设计，布置高度集约化，设计难度和复杂程度极高。

2. 本项目创新要点

（1）采用独创的速沉池工艺

速沉池借鉴平流沉淀池形式，水力停留时间控制在 15 ～ 20min。相比初沉池，缩短水力停留时间，减少污水内碳源损失，降低运行成本；相比沉砂池，提高无机固体和颗粒性COD 的去除率，降低生化处理能耗；提高生物池内 VSS/SS 值，增大生物系统内活性污泥量，起到降低污泥负荷、强化除磷效果的作用。

（2）优化曝气池设计，强化 TN 去除效果，实现极限脱氮

仅提高内回流率并不是满足 TN 高去除率的好办法。本项目设计通过对 AAO 生化池的改进，采用设置 2 段缺氧区的方式，将内回流率控制在 400% 以下，节省动力费用，后段缺氧区通过投加少量外碳源进一步去除 TN，后置深床滤池作为最终把关环节，确保 TN 稳定达标。从几年的运行情况看，出水 TN 均在 5mg/L 以下，达到设计要求。

（3）"绿色低碳"创新

1）以改良 AAO 工艺为基础，将好氧区分为串联的两个独立区域，每个区域通过推流器实现污水完全混合，提高处理效率，也易于控制各分区的曝气量，达到节能的目的；分两段布置缺氧区，降低混合液回流比，节省能耗。

2）地下箱体顶层设有 6 个采光天窗。自然光的引入，大大降低箱体内空间压抑的感官反应，还节约照明能耗。

3）采用智能照明系统，达到节能目的同时方便日常管理。

（4）臭气分质处理

与污水、污泥直接接触的空间和设备产生的臭气为高浓度臭气；其他空间通风换气收集的臭气为低浓度臭气。针对不同的臭气，采用不同的设计参数，设置不同的收集、处理系统，在达到除臭效果的同时，降低运行费用。

（5）环境卫生设计标准创新

除执行厂界标准外，还执行《工业企业设计卫生标准》GBZ 1—2010 等标准，有效提高了厂内环境卫生条件，保护了操作工人的身心健康，深得运行单位好评。

18.3 总体设计

18.3.1 设计规模

清溪净水厂设计规模为 20 万 m³/d，$K_z = 1.3$，一次建成。

18.3.2 设计进出水水质

本工程部分尾水用于污水处理厂生产回用及作为地上景观公园用水，剩余部分作为南淝河生态补水。清溪净水厂设计进出水水质如表 18-1 所示。

表 18-1　清溪净水厂设计进出水水质

项目	COD_{cr}（mg/L）	BOD_5（mg/L）	SS（mg/L）	TP（mg/L）	NH_3-N（mg/L）	TN（mg/L）	pH 值	粪大肠杆菌
设计进水	350	180	310	5.5	32	50	6 ~ 9	$10^4 \sim 10^7$
设计出水	≤ 30	≤ 6	≤ 10	≤ 0.3	≤ 1.5	≤ 5	6 ~ 9	≤ 1000 个 /L

进水中溶解性不可降解 COD 值小于 20mg/L 时的条件下保证该出水指标；不可降解 COD 值大于 20mg/L 时，出水 COD 值按照 ≤ 40mg/L 考核。

出水 TN 按月平均值 TN ≤ 5mgL 考核；当进水水温小于 12℃时出水指标的 TN 数值不按 TN ≤ 5 的考核。

18.3.3　处理工艺流程

清溪地下污水处理厂工艺流程框图如图 18-1 所示。

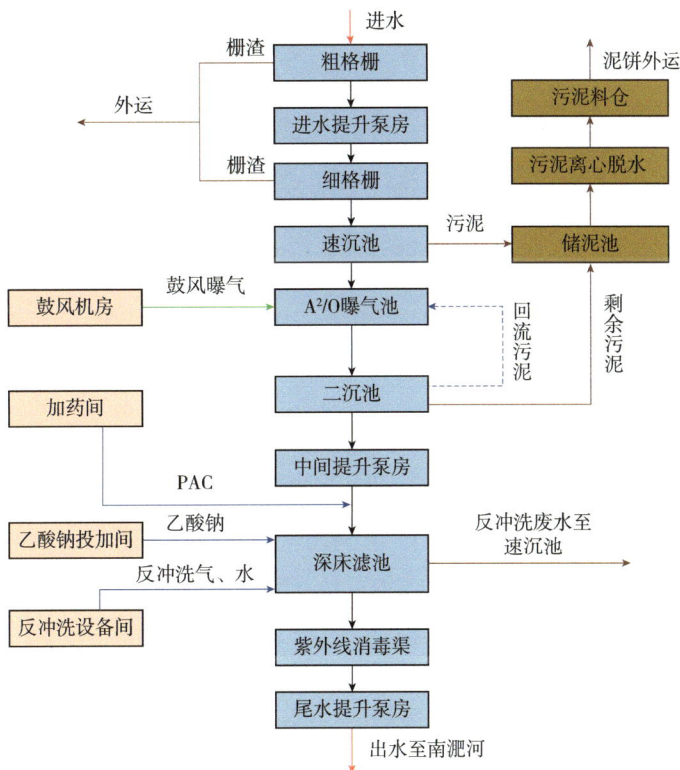

图 18-1　清溪地下污水处理厂工艺流程框图

18.3.4　建设形式

本工程厂址位于清溪路北侧、南淝河南侧，距已建望塘污水处理厂约 1km，规划用地性质为城市绿地。该厂址目前无居民集中居住区，地块内主要建筑物有花卉市场的温室 1 座、交易厅 1 座、加油站 1 座、进水泵站 1 座、合肥市三水厂沉泥池 1 座，均可拆除。随着合肥市城市建设的快速发展，南侧的合肥市三水厂将搬迁，腾退土地用于合肥高铁西站的建设，选址处后期面临被居民区、商业区包围的尴尬境地。

该厂址可用地块南北长约 250m、东西宽约 110 ～ 160m，可用面积约 75 亩，不能满足地面式污水处理厂的建设需求。在生态文明城市建设的时代背景下，地下污水处理厂以协调周边环境、节约土地资源等特有的优势，成为解决本项目建设难题的出路。

清溪净水厂构造图如图 18-2 所示。

图 18-2　清溪净水厂构造图

18.3.5　总体布局

项目主要由两部分构成：地下净水厂（地下箱体）及地上管理用房。地下箱体尺寸为 239.1m × 171.4m × 16.8m。地下箱体分两层，负一层为操作层，主要为设备操作空间，为充分利用地下空间，还布置有除臭设备、脱水间、变配电间、加药间、消防控制中心等；负二层主要为污水处理设施及管廊。地下箱体顶部为公园、疏散楼梯间、通风井及尾气排放塔等。

项目总建筑面积 78762.42m^2。受用地限制，管理用房占地面积不超过 300m^2，分两层，建筑面积 694m^2。内设净水厂中控室、休息间、管理办公用房、化验室及机修仓库。屋顶采用覆土绿化，高度与南侧清溪路齐平。其余地面建筑包括疏散楼梯、尾气排放塔及公园。清溪净水厂建成实景图如图 18-3 所示。

由于地下污水处理厂的总平面布置不受风向的影响，因此平面布置时主要根据净水厂进水和出水方向以及用地情况进行。清溪净水厂工程南侧进水管道（DN1000）位于清溪路、北侧进水管道（DN1600）位于沿河西路，主要来水方向为厂区西侧。为便于进水管的接入，在净水厂总平面布置时，将粗格栅、提升泵房、预处理和一级处理区布置在厂区西北侧。泥处理区位于预处理区西南侧。厂区东南侧为污水二级处理区，东北侧为深度处理区。由

图18-3　清溪净水厂建成实景图

于出水受纳水体为南淝河，位于厂区北侧，故将紫外消毒渠及出水提升泵房布置在厂区西北侧，缩短尾水排放管道长度。清溪净水厂地下箱体平面布置图如图18-4所示。

18.3.6　竖向布置

1. 箱体外设计地面高程

清溪净水厂工程厂址现状地形为南高北低，由南向北，现状地面标高约15.0 ~ 20.0m（吴淞高程），南淝河百年一遇洪水位为16.2m，将场地标高不足部分填高至16.5m，以满足防洪要求。

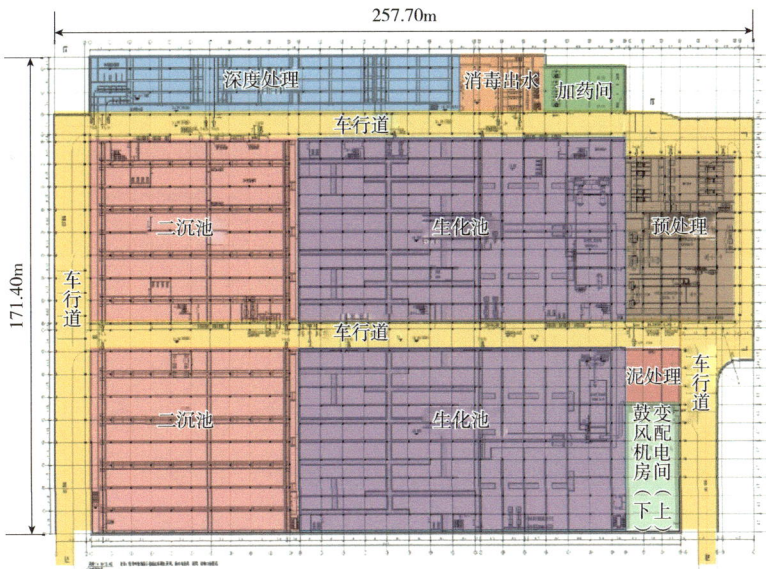

图18-4　清溪净水厂地下箱体平面布置图

2. 地下箱体竖向设计

箱体结构层数为 2 层，最大埋深 15.7m，操作层顶标高 20.0m，层高 5.7m，底板标高最低 4.3m。

3. 上部广场高程

厂外清溪路东高西低，路面标高由约 20.0m 降至约 18.0m。地下箱体顶层结构标高为 20.0m（吴淞高程），操作层上部覆土 0.6（西）~ 2.0m（东），使上部公园整体东高西低，和清溪路坡度方向一致，使景观效果更佳。根据规划要求，北侧箱体外露部分，采用堆坡的方式与沿河西路连接，避免混凝土外露。

18.4 主要工程设计

18.4.1 工艺设计

1. 粗格栅及进水泵房

设置电动速闭闸 1 套，DN1600，$N = 1.5$kW；设置齿型回转式粗格栅 3 套，$B = 1200$mm，$e = 15$mm；设置潜污泵 5 套（4 用 1 备），$Q = 2710$m³/h，$H = 10.0$m，$N = 110$kW。

2. 细格栅及速沉池

设置二维过滤网孔板细格栅 4 套，$B = 1400$mm，$e = 3.5$mm；速沉池借鉴平流沉淀池形式，水力停留时间控制在 15 ~ 20min。设置速沉池 1 座，分 6 格，单格平面尺寸 34.0m×6.7m，池深 5.55m，有效水深 2.90m。设置往复式刮泥机 6 台，$B = 6.3$m，$N = 2.75$kW。清溪净水厂速沉池设计如图 18-5 所示。

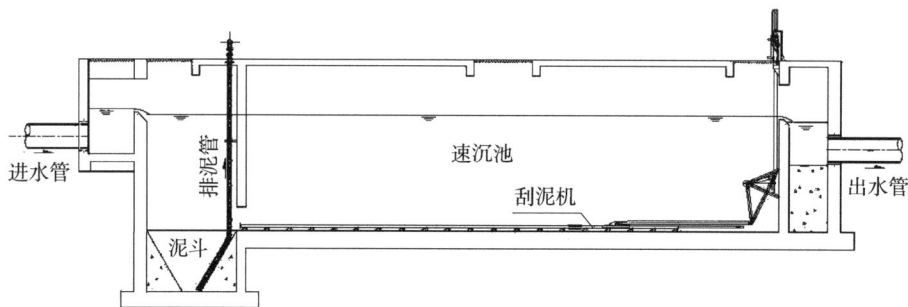

图 18-5 清溪净水厂速沉池设计

3. 多模式 AAO 生化池

本工程设计 2 座生化池，每座规模 10 万 m³/d。每座分 2 组，每组规模 5 万 m³/d。单座平面尺寸 114.0m×64.3m，有效水深 8.5m。总水力停留时间 15.92h，其中预缺氧区 1.39h，厌氧区 1.8h，缺氧区 4.0h，好氧区 7.0h，多功能区 1.73h。根据进水 TN，多功能区可按照缺氧区或者好氧区运行。MLSS = 3500 ~ 4000mg/L。管式微孔曝气器长 4366m，$\phi = 90$mm；设置内回流水泵 7 台，$Q = 0.77$m³/s，$H = 1.2$m，$N = 25$kW。

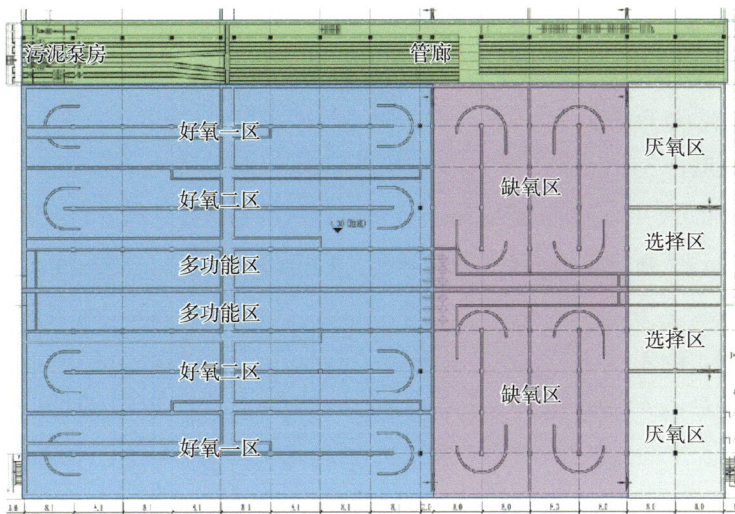

图 18-6　清溪净水厂多功能生化池设计

清溪净水厂多功能生化池设计如图 18-6 所示。

4. 矩形周进周出二沉池

本工程设计 2 座二沉池，每座规模 10 万 m^3/d。每座分 8 格，单格平面尺寸 69.4m × 7.525m，池深 6.90m，有效水深 4.50m，每格可独立运行。峰值表面负荷为 1.3$m^3/$（$m^2 \cdot h$）。沉淀设备为成套设备，设置非金属链条式刮泥机 16 台，行走速度 0.3m/min；设置排泥系统 16 套，包括液压穿孔排泥管、电动套筒阀等设施；设置配水系统 16 套，包括进水渠配水孔管、反射挡板、导水裙板等设施；设置浮渣收集设备 16 套，撇渣管规格为 $\phi = 219$mm。

5. 中间提升泵房

设置提升水泵 5 台，4 用 1 备，$Q = 2710m^3/h$，$H = 4.5m$，$N = 90kW$。

6. 反硝化深床滤池

设置深床滤池 1 座，分 16 格，单格过滤面积 86.4m^2，滤速 6.0m/h。设置布水布气装置（滤砖）16 套，HDPE 材质；运用石英砂约 2530m^3，粒径 1.70 ~ 3.35mm，滤床深度 1.83m；设置反冲洗水泵 3 台，2 用 1 备，$Q = 648m^3/h$，$H = 10m$，$N = 30kW$；设置罗茨鼓风机 3 台，2 用 1 备，$Q = 66m^3/min$，$P = 68.6kPa$，$N = 132kW$。

7. 紫外线消毒渠

设置紫外线消毒渠 2 条，每条渠道安装紫外线消毒模块组 1 个，每个模块组包含 8 个模块，每个模块包含 30 根灯管，共 240 根灯管。紫外线透光率 65%，平均有效紫外线剂量 ≥ 20mJ/cm^2。

8. 尾水提升泵房

经紫外线消毒后的污水，通过尾水提升泵房排入南淝河。设置潜水轴流泵 5 台（4 用 1 备），$Q = 2740m^3/h$，$H = 5.5m$，$N = 75kW$；设置电动速闭闸 1 套，DN1800，$N = 1.5kW$。

9. 中水回用泵房

经紫外线消毒后的出水兼做中水回用，主要用于粗格栅与细格栅冲洗、加药间配药、各单体冲洗及地面景观用水。

10. 鼓风机房

鼓风机房平面尺寸为 45.5m×20.7m。鼓风机进风系统包括进风塔和进风风道，进风塔截面尺寸为 4.3m×2.4m。单级离心鼓风机 4 台（3 用 1 备），$Q=15000\text{m}^3/\text{h}$，$\triangle P=0.95\text{bar}$，$N=530\text{kW}$。

11. 脱水间、料仓

设计总污泥量：42t DS/d，进泥含水率 98.8%，出泥含水率 ≤ 80%。设置污泥进料泵 4 台，$Q=40\sim60\text{m}^3/\text{h}$，$N=15\text{kW}$；设置离心脱水机 4 台，$Q=40\sim60\text{m}^3/\text{h}$，$N=86\text{kW}$；设置泥饼泵 4 台，$Q=24\text{m}^3/\text{h}$，$H=140\text{m}$，$N=22\text{kW}$；设置 PAM 投加系统 1 套。

设置料仓 2 座，为钢筋混凝土结构，单座容积 200m³。料仓设置 DN800 电动刀闸阀 2 台。

12. 加药间

设置 PAC 配置系统、乙酸钠投加系统各 1 套。

18.4.2 建筑设计

1. 建筑安全等级

（1）管理用房的耐火等级为Ⅱ级；箱体部分的耐火等级为Ⅰ级。

（2）火灾危险性类别：配电间为丁级；其余箱体建筑为戊级。

2. 建（构）筑物外装修

地上建（构）筑物外露部分的装修主要采用与四周绿化环境相协调的天然外观类饰面材料，结合园林景观进行综合设置，出风塔（构筑物）采用防腐木外墙挂板饰面，楼梯间出屋面采用浅色仿石涂料饰面。

3. 建（构）筑物内装修

门窗主要采用塑钢门窗。内门采用塑钢门；进出设备大门、隔声门及防火门均采用彩钢门，其中防火门按安装部位不同分别采用甲级、乙级钢防火门。

内墙：鼓风机房等有噪声污染的房间内墙面采用复合铝合金穿孔板，门窗采用中空玻璃隔声窗等隔声措施进行处理。加药间等需要防腐的房间采用耐酸砖地面、墙裙进行防腐构造处理。建（构）筑物墙面、顶棚等采用水泥砂浆、水溶性无机内墙涂料等浅白色材料进行饰面。

地面：疏散通道等主要交通通廊地面采用绿色反光漆面层，除有利于室内反光外，还有良好的标识性，有利于疏散，同时易于清洁。

栏杆：室内均采用不锈钢防腐栏杆。

4. 地下建筑防水构造

（1）外围护结构及种植屋面防水等级

种植屋面：一级；

外围护结构：除配电间为一级外；其余为二级。

（2）主要防水构造及材料

外围护结构及其底板除防水混凝土自防水外，另附加采用防水卷材及防水涂料进行综合设置；

种植屋面采用防水卷材及防穿刺防水层联合组成，满足国家相关规范要求；

屋面诱导缝由防水混凝土、防渗混凝土、中埋式止水带、外贴式止水带构成。

18.4.3　结构设计

净水厂地下箱体平面尺寸 239.1m×177.0m，埋深 12.0～16.8m。箱体结构为地下两层，顶层覆土 0.6～2.0m。地下负一层为钢筋混凝土地下室外墙＋框架结构，柱距为 8.1m×8.125m，地下负二层为钢筋混凝土水池类薄壁结构，基础采用钢筋混凝土筏板基础。考虑到地下箱体埋深和顶部覆土厚度，箱体外壁厚度为 1.0m，底板厚度 0.8～1.1m，顶板厚度 0.3m。

本工程构筑物平面尺寸远远超过了《给水排水工程构筑物结构设计规范》GB 50069—2002 对温度伸缩缝长度限制的规定，为了满足大型水处理构筑物的工艺要求，提高混凝土的防渗抗裂性能，本工程沿构筑物纵、横向设置变形缝，将变形缝的位置尽量设置在连接每个污水处理单元的管廊位置，既保证结构设计的合理性又减少污水渗漏的可能性，设置变形缝后每个污水处理单元的长度仍然超过了《给水排水工程构筑物结构设计规范》GB 50069—2002 的规定，当温度伸缩缝长度限制超过规范的规定时，设计采取以下工程措施进行处理：

（1）按混凝土热工计算并适当加强池壁水平温度应力筋的配筋率。

（2）在混凝土中掺加复合防水剂提高混凝土的抗渗能力和减少混凝土早期收缩应力，改善混凝土抗渗、抗裂性能，提高混凝土适应温度变化的能力。

（3）在每个结构单元之间的适当位置设置 1～2 道膨胀加强带或后浇带，带宽 1000～2000mm，采用微膨胀混凝土浇筑，以减小温度应力和施工中混凝土收缩的影响。

（4）在临空的外墙外表面设置保温墙。

变形缝形式的选择：由于本工程为全地下污水处理厂，主要污水处理构筑物全埋藏于地下，污水处理构筑物多为叠合式，埋深较大，地下室外侧土压力非常大。在不影响工艺流程的前提下，将变形缝设置为不完全收缩缝（引发缝）的形式，既保证结构的整体性，又能有效地传递地下室外侧土压力产生的水平轴向力，使地下室外墙两端对称受力，改善了框架的受力状态。

地下箱体抗浮采用自重抗浮结合锚杆抗浮的方式。

本工程管理用房共 2 层，地面一层＋地下一层，总建筑面积 659.94m²，其中地面层 291.46m²，地下层 368.48m²，建筑高度 5.4m（地面）＋3.9m（地下）。结构形式采用框架结构，抗震设防类别为乙类，框架抗震等级为二级。

18.4.4　基坑支护设计

本项目基坑深度约 11.30 ~ 16.80m，东西向平面尺寸约 240.00m，南北向平面尺寸约 177.00m。

由于基坑周边较空旷，存在部分放坡空间，基坑开挖支护推荐采用放坡＋（冲）钻孔灌注咬合桩＋锚杆（索）支护。

18.4.5　电气和自控设计

1. 电气设计

本工程设计规模为 20 万 m³/d，属城市大型污水处理工程，负荷等级为二级，供电电源采用 10kV 电压等级，双电源供电，按一用一备的工作方式，互为备用。主电源要求满足全厂 100% 的负荷，备用电源要求满足所有二级以上负荷的需求。

根据全厂负荷分布情况，本工程设置 10/0.4/0.23kV 变配电站 1 座，设置 SC10–2500–10/6kV 干式变压器、SC10–1600–10/0.4kV 干式变压器、SC10–1250–10/0.4kV 干式变压器各 2 套。变配电站在鼓风机房处合建，为全厂所有 6kV 和 1 号 0.4kV 系统用电设备供电。由于厂区面积较大，部分负荷远离配电中心，故还在二沉池处设置 10/0.4/0.23kV 变配电站 1 座，设置 SC10–1000–10/0.4kV 干式变压器、SC10–800–10/0.4kV 干式变压器各 2 套，负责为 2 号 0.4kV 系统用电设备供电。变配电站靠近负荷中心，交通便利，进出线方便，有利于管理。

本工程采用智能照明系统，分区域就地设置终端控制设备，通过数据总线传输至中央照明智能管理系统统一管理，可根据时间及照度要求智能控制照明的投切和照度，达到节能目的以及方便日常管理。

2. 自控、仪表设计

综合自动化系统包括生产管理系统、生产过程自动化系统、安防及视频监控系统、检测仪表、门禁系统、巡更系统等几部分。采用 100M 以太光纤环网构成"集散型"控制系统，集中监控管理、分散控制、数据共享。现场控制站的设置以相对独立、就近控制的原则进行。在净水厂管理用房中央控制室设控制中心，实现整个污水处理厂的"集中管理"。设有 8 个现场控制主站、14 个主要设备控制单元。现场控制站采用 100M 以太光纤环网与中央监控计算机实现数据交换，采用环网结构、以光纤作为传输介质，保证网络的可靠性、安全性。设备控制单元由设备厂家配套提供，具备以太网通信接口，通过工业网络交换机与中央监控系统实现数据交换。

根据本工程污水处理工艺流程和综合自动化系统的要求配置检测仪表。仪表信号采用

4 ～ 20mA 信号接入 PLC 控制器，预留仪表通信接口。流量、总磷、总氮、COD、氨氮等检测仪通过工业现场总线与自动化系统相连。

18.4.6　除臭和通风设计

1. 除臭设计

箱体内产生臭气浓度较大的地方主要是污水预处理部分（粗格栅间、细格栅间、速沉池）、曝气池和污泥处理单元。臭气处理排放标准应执行《恶臭污染物排放标准》GB 14554—1993 中的二级标准。臭气采用分质处理：

（1）对臭气发生源直接产生的臭气进行收集、处理的是高浓度臭气处理系统。高浓度除臭装置包括两座除臭生物滤池，臭气处理量分别为 80000m³/h 和 30000m³/h，配置除臭风机 4 台，$Q = 80000$m³/h，$P = 3000$Pa，$N = 110$kW 的风机 2 台，$Q = 30000$m³/h，$P = 3000$Pa，$N = 45$kW 的风机 2 台。

（2）在净水厂预处理及污泥处理区域空间换气收集臭气的系统为低浓度臭气处理系统，收气量按照空间换气次数 ≥ 2 次 /h 计算。低浓度除臭装置包括两座除臭生物滤池，臭气处理量分别为 80000m³/h 和 30000m³/h，配置除臭风机 4 台，$Q = 80000$m³/h，$P = 3000$Pa，$N = 110$kW 的风机 2 台，$Q = 30000$m³/h，$P = 3000$Pa，$N = 45$kW 的风机 2 台。

处理达标后尾气通过高度 15m 的排放塔高空排放。

2. 通风设计

本工程采用全面排风与局部排风相结合的送风排风方式。箱体地下一层操作间、地下二层处理池以及各处理工段车间，采用自然补风、机械排风相结合的方式；排风采用机械排风系统；排风系统与排烟系统共用风道及风口。平时的排风及消防排烟合设 1 套系统。

防烟楼梯间及其前室设置机械加压送风设施，确保防烟楼梯间内机械加压送风防烟系统的余压值为 40 ～ 50Pa；前室、合用前室的余压值为 25 ～ 30Pa。

18.4.7　消防设计

1. 消防车道

厂内道路呈环形布置，保证消防通道畅通，厂内主干道宽 7.0m，次干道宽 4.0m。

场地设 2 个出入口与厂外道路相连，满足消防车对道路的要求。设置 2 个应急通道满足人员疏散要求。

在火灾危险性较大的场所设置安全标志及信号装置，在污水处理厂内各类介质管道刷上相应的识别色。

2. 建筑防火

（1）防火分区

本项目主要建（构）筑物为地上管理用房和地下箱体。地上管理用房为地上一层、地下一层的办公建筑，耐火等级为地上二级、地下一级，一层为一个防火分区，单个防火分区面积不超过 2500m²，负一层为一个防火分区，单个防火分区面积不超过 500m²，每个防火分区不少于两个安全疏散出口。

地下箱体为地下二层工业建筑，耐火等级为一级，生产火灾危险性类别为戊类。如根据《建筑设计防火规范（2018 年版）》GB 50016—2014 的相关条例，地下戊类厂房单个防火分区面积不超过 1000m²，本项目地下箱体将划分过多的防火分区无法满足水厂正常运转的基本要求，故经合肥消防部门组织的消防专题会议审批通过，本项目以地下箱体单个防火分区面积不超过 5000m² 作为防火分区面积的设计依据。本项目地下箱体负一层操作层被划分为 10 个防火分区，负二层污水处理区被划分为 2 个防火分区，其余区域为水池区域不计入防火分区面积，单个防火分区面积不超过 5000m²，每个防火分区不少于两个安全疏散出口。

（2）消防系统

沿厂区道路设置室外消火栓系统，地下箱体设置室内消火栓灭火系统，所有建筑物均按《建筑灭火器配置设计规范》GB 50140—2005 的相关规范要求配备手提灭火器。

（3）疏散距离

管理用房满足两个安全出口之间的公共走道疏散距离不超过 40m 的要求，袋形走道不超过 22m 的要求；地下箱体满足任一点至最近安全出口的直线距离不超过 60m 的要求。

（4）疏散宽度

管理用房的疏散门和安全出口净宽度不小于 0.9m，疏散走道和疏散楼梯的净宽度不小于 1.1m。建筑疏散总净宽度满足地下 0.75m/ 百人，地上 0.65m/ 百人的疏散总净宽度要求。

地下箱体疏散楼梯最小净宽度不小于 1.1m，疏散走道最小净宽度不小于 1.4m，疏散门最小净宽度不小于 0.9m，疏散外门最小净宽度不小于 1.2m。箱体内平常仅有少量检查人员，满足 0.6m/ 百人的疏散总净宽度要求。

（5）安全出口及防火构造

管理用房负一层为封闭楼梯间，楼梯间采用自然采光，在首层直通室外。地下箱体为防烟楼梯间，所有楼梯间均在首层直通室外。防火构造方面，在电缆井、管道井每层楼板处采用相当于楼板耐火极限的防火材料封堵。电缆井、管道井与房间、走道等相连通的孔隙用不燃材料严密填实。

（6）采用消防控制中心报警系统，消防控制中心设置在设备用房内，对火灾自动报警系统、火灾事故广播、消防通信系统、防烟排烟系统、消防水泵等进行集中管理、监测和控制。

（7）该工程所用的防火门均是按照国家或安徽省消防总队批准的合格产品，防火墙和公共走廊上疏散用的平开防火门均设有闭门器，双扇平开防火门安装有闭门器和顺序器，常开防火门须安装信号控制关闭和反馈装置。

3. 火灾探测与应急报警设计

本工程厂区设置消防控制室一间，其中设置火灾自动报警系统工作站一套。工作站含火灾自动报警系统主机、消防电话主机、应急广播系统主机、消防电源柜等子系统，构成完整的消防火灾报警控制系统主站。在地下箱体设置12个防火分区，管理用房内设置2个防火分区，每个防火分区设置火灾区域报警控制器一套，负责本防火分区的火灾报警。在每个防火分区内，设置烟感探头、消防电话、应急广播。整个火灾自动报警系统的数据可由通信模块上传至上级消防指挥控制中心。

火灾自动报警系统与通风系统、消火栓系统联动，当接到火灾自动报警信号后，启动排烟系统和消火栓系统。

本工程变配电间位于地下，根据相关规范要求，在各变配电间设置七氟丙烷气体灭火系统进行保护，各保护区设泄压口。

4. 电气防火

本工程消防设施采用单回路电源供电，其配电线采用非延燃铠装电缆，明敷时置于桥架内或埋地敷设，以保证消防用电的可靠性。

厂内设置火灾自动报警系统，使消防人员及时了解火灾情况并采取措施。

消防水可在泵房及各车间内任意一个流水作业消防箱处控制，从而及时扑救火灾。

建（构）筑物的设计均根据其不同的防雷级别按防雷规范设置相应的避雷装置，防止雷击引起的火灾。

在爆炸和火灾危险场所严格按照环境的危险类别或区域配置相应的防爆型电器设备和灯具，避免电气火花引起的火灾。

电气系统具备短路、过负荷、接地漏电等完备保护系统，防止电气火灾的发生。

5. 消防给水工程设计

（1）消防水源

室内消火栓系统采用市政给水管网供水作为消防水源。

（2）消防水量

本工程同一时间内的火灾次数按一次考虑，室内消火栓系统用水量为40L/s，室外消火栓系统用水量为15L/s。火灾延续时间2.0h，一次灭火用水量396m³。

（3）室内消火栓系统

本工程设置一套临时高压消火栓给水系统。消火栓加压给水泵与消防水池一起设在底层设备用房内，共设2台消火栓给水加压泵，1用1备。消火栓泵选型：$Q = 40$L/s，$H = 40$m，$N = 30$kW。

本工程各部位均设置有室内消火栓给水系统进行保护，其布置保证室内任何一处均可有2股水柱同时到达，灭火水枪的充实水柱为13m。

（4）系统控制

发生火灾时，按下消火栓箱内的按钮向消防中心报警，消火栓箱内的指示灯亮。当系统启用后，消火栓泵后的压力开关或消防水箱出水管上的流量开关自动启动消火栓泵，并向消防中心报警，消防结束后手动停泵。消火栓加压泵一用一备，并具有低速自动巡检功能，消防加压供水时工频运行，自动巡检时变频运行。

（5）管材及型号

室内消火栓给水管道采用内外热浸镀锌无缝钢管，以丝扣或沟槽式卡箍连接。

本工程中的单栓室内消防箱采用 SG24A65-J 型消防箱，箱内设 SN65 消火栓 1 个、DN65 衬胶水带 1 条、直径 19mm 水枪 1 支和消防按钮一个。

（6）自动喷水灭火系统

本工程为戊类厂房，所储存物品为不燃烧物品，所使用电力电缆一般不易发生火灾，地下箱体为钢筋混凝土结构，耐火等级为一级，根据《建筑设计防火规范（2018 年版）》GB 50016—2014，不必设置自动喷水灭火系统。

（7）建筑灭火器和气体灭火系统设计

本工程各部位均设置磷酸铵盐干粉灭火器进行保护，配电间设置气体灭火系统进行保护。

本工程变配电间设置柜式无管网七氟丙烷气体灭火系统，每个房间按一个防护单元设计。设计参数：保护区设计灭火浓度均为 9%，喷射时间 10s，浸渍时间 10min；同一防护区内的各台装置必须能同时启动，其动作响应时间差不得大于 2s；采用气体灭火的系统均设置泄压口，泄压口设在设置场所 2/3 净高以上。

6. 防烟排烟设计

（1）本工程消防设计：按地下室建筑设计，本区所有通风系统的消防联动控制由消防控制中心负担；

（2）配电房设置事后通风设施，确保气体灭火系统工作结束后废气可及时、有效地排除；

（3）防烟楼梯间及消防前室设置机械加压送风设施，确保防烟楼梯间内机械加压送风防烟系统的余压值为 40 ～ 50Pa，前室的余压值为 25Pa ～ 30Pa；

（4）在内走道设置机械排烟系统，排烟量按每平方米不小于 60m³/h 计；

（5）在面积较大、经常有人停留的地下室房间设置机械排烟系统，排烟量按每平方米不小于 60m³/h 计，担负 2 个或以上防烟分区时，排烟量按最大防烟分区每平方米不小于 120m³/h 计。

18.4.8　防淹设计

本工程按南淝河百年一遇洪水位设防。南淝河百年一遇洪水位为 16.2m。为防止洪水倒灌，采取了以下工程措施：

（1）地下箱体外地坪设计标高最低为 16.50m。

（2）所有进入地下箱体的通道均设有不低于 16.50m 的防洪措施。

（3）地下通道入口均设有截洪沟，防止雨水进入地下箱体。

（4）所有重力排放至南淝河或清二冲的雨水管道管内底标高均不低于 16.50m（厂前区除外）。

（5）净水厂进水管和尾水排放管设有速闭闸。

18.5 主要经济指标

18.5.1 概算投资

工程概算总投资为：73416.01万元，其中第一部分工程费用58688.74万元，建筑工程费37678.17万元、设备购置费16215.70万元、安装工程费4794.87万元。

18.5.2 成本分析

本工程年生产总成本为14164.98万元，单位成本为1.70元/m^3，单位经营成本为1.19元/m^3。

18.6 运行效果

18.6.1 实际运行数据

2018年至2019年，合肥市望塘污水处理厂进行提标扩能改造（由18万m^3/d扩能至20万m^3/d），该厂与清溪净水厂同处于望塘排水分区，相距约1km，在清溪净水厂建设时，为便于两个厂的水量调度，建有1根DN1500的进水联通管，在望塘厂改造时，将部分污水（5～8万m^3/d）调入清溪净水厂进行处理。因此，在2018年至2019年之间，清溪净水厂处理水量达到甚至超过了20万m^3/d，基本实现满负荷运行，出水水质达到或优于设计水质。2019年1月至2020年9月进出水水质月均值及处理水量如表18-2、表18-3所示。

表18-2   2019年进出水水质月均值及处理水量

月份	处理水量（万 m^3/d）	COD_{cr}（mg/L）		BOD_5（mg/L）		SS（mg/L）		TN（mg/L）		NH_3-N（mg/L）		TP（mg/L）	
		进水	出水	进水	出水	进水	出水	进水	出水	进水	出水	进水	出水
1	16.81	238	15.4	107.0	3.67	122	5	45.4	4.46	36.8	0.231	2.83	0.080
2	18.35	166	13.6	76.3	3.30	79.1	5	38.5	4.62	28.0	0.179	2.02	0.068
3	15.86	270	16.7	124.0	3.65	119	5	47.8	4.63	38.1	0.148	3.23	0.089
4	14.02	297	14.4	135.0	3.46	148	5	47.2	4.55	38.2	0.113	3.55	0.095
5	13.65	270	11.8	109.0	3.31	175	5	44.6	4.71	34.4	0.088	3.54	0.079
6	15.21	261	11.6	117.0	3.43	199	5	43.1	4.18	29.7	0.071	2.98	0.081
7	13.73	281	12.2	125.0	3.18	149	5	39.5	4.20	32.0	0.085	2.91	0.062
8	14.33	250	12.8	113.0	3.19	105	5	37.6	3.97	28.0	0.078	2.87	0.068
9	13.22	248	11.9	112.0	2.94	95.8	5	37.7	4.32	29.3	0.105	2.71	0.086

月份	处理水量 (万 m³/d)	COD$_{cr}$ (mg/L)		BOD$_5$ (mg/L)		SS (mg/L)		TN (mg/L)		NH$_3$-N (mg/L)		TP (mg/L)	
		进水	出水	进水	出水	进水	出水	进水	出水	进水	出水	进水	出水
10	12.90	246	12.1	111.0	3.03	109	5	40	4.40	31.6	0.143	3.06	0.086
11	12.78	252	12.5	111.0	3.08	101	5	39.9	4.78	33.9	0.125	2.75	0.077
12	13.51	220	18.8	96.7	4.51	118	5	40.4	4.33	33.2	0.162	2.77	0.080
最高值	18.35	297	18.8	135.0	4.51	199	5.00	47.8	4.78	38.2	0.231	3.55	0.095
最低值	12.78	166	11.6	76.3	2.94	79.1	5.00	37.6	3.97	28.0	0.071	2.02	0.062
平均值	14.53	249.9	13.7	111.4	3.40	126.7	5.00	41.81	4.43	32.77	0.127	2.94	0.079

表 18-3 2020 年 1 ~ 9 月进出水水质月均值及处理水量

月份	处理水量 (万 m³/d)	COD$_{cr}$ (mg/L)		BOD$_5$ (mg/L)		SS (mg/L)		TN (mg/L)		NH$_3$-N (mg/L)		TP (mg/L)	
		进水	出水	进水	出水	进水	出水	进水	出水	进水	出水	进水	出水
1	15.04	169	16.9	76.3	4.23	119	5	33.3	4.09	26.2	0.140	2.21	0.074
2	12.63	153	16.3	66.6	3.89	104	5	35.0	4.56	27.0	0.117	2.06	0.099
3	14.02	163	18.9	71.6	4.50	90.5	5	34.1	4.34	27.3	0.199	2.20	0.082
4	13.71	218	19.0	96.6	4.55	121.1	5	35.1	4.59	25.9	0.173	2.71	0.079
5	13.23	283	18.0	112.7	4.40	128	5	38.4	4.29	31.3	0.141	3.28	0.080
6	16.56	188	16.0	84.0	4.10	108	5	26.4	3.53	21.1	0.161	2.06	0.100
7	17.04	135	15.0	62.0	3.80	100	5	20.9	3.01	17.1	0.129	1.61	0.070
8	15.41	206	16.0	91.8	3.70	114	5	29.8	3.60	25.3	0.111	2.33	0.060
9	14.29	234	16.0	104.0	3.80	230	6	35.2	3.99	27.4	0.118	2.94	0.080
最高值	17.04	283	19.0	112.7	4.55	230	6.00	38.4	4.59	31.3	0.199	3.28	0.100
最低值	12.63	135	15.0	62.0	3.70	90.5	5.00	20.9	3.01	17.1	0.111	1.61	0.060
平均值	14.66	194.3	16.9	85.1	4.11	123.84	5.11	32.02	4.00	25.40	0.143	2.38	0.080

18.6.2 运行数据分析

1. 处理水量

2018 年至 2019 年，合肥市望塘污水处理厂进行提标扩能改造（由 18 万 m³/d 扩能至 20 万 m³/d），由于该厂与清溪净水厂同处于望塘排水分区，相距约 1km，在清溪净水厂建设时，为便于两个厂的水量调度，建有 1 根 DN1500 的进水联通管，在望塘厂改造时，将部分污水（5 ~ 8 万 m³/d）调入清溪净水厂进行处理。因此，2018 年，清溪净水厂处理水量最高值为 21 万 m³/d，最低值为 13.13 万 m³/d，平均值为 17.16 万 m³/d。2019 年处理水量最高值为 18.35 万 m³/d，最低值为 12.78 万 m³/d，平均值为 14.53 万 m³/d。2020 年，望塘厂改造完成，清溪净水厂 1 ~ 9 月处理水量最高值为 17.04 万 m³/d，最低值为 12.63 万 m³/d，平均值为 14.66 万 m³/d，平均负荷率达到 70%。

2. 水质

对 2019 年全年实际进出水水质与设计值对比如表 18-4 所示：

表 18-4   2019 年实际进出水水质与设计值对比

污染物项目		COD_{cr}	BOD_5	SS	TN	$NH_3\text{-}N$	TP
单位		mg/L	mg/L	mg/L	mg/L	mg/L	mg/L
进水	设计值	350	180	310	50	32	5.5
	实测日最大值	443	162	410	58.9	46.20	6.44
	实测日最小值	108	50.3	56	18.2	11.80	0.95
	实测月平均值	250	111	126.7	41.8	31.8	2.94
出水	设计值	30	6	10	5	1.5	0.3
	实测日最大值	24.0	5.7	8	5.64	0.783	0.150
	实测日最小值	8.0	2.2	< 4	1.97	0.042	0.036
	实测月平均值	11.34	3.4	< 5	4.43	0.127	0.079

进水水质平均值低于设计值，最大值除 BOD_5 外，均超过设计值。主要污染物出水指标均优于设计标准（出水 TN ≤ 5mg/L 按照月平均值考核）。

18.7   设计建议

（1）前期的深入研究是十分必要的。对于本工程而言，设计中最为关心的是 COD 和 TN 的去除，也是工艺选择的重点和难点，但国内并没有可以借鉴的成熟经验。为此，合肥市相关部门非常重视，在 2011 年 3 月至 9 月，在王小郢污水处理厂分别用 BAF、活性砂滤池和深床滤池进行了深度脱氮的对比试验，获得了非常翔实的实验数据，为后续的设计提供了重要依据。2014 年 4 月，对望塘污水处理厂的进水 COD 组分进行了多次分析，COD 组分中主要以颗粒惰性物质为主，比例约占到 60%，为此，在设计中采用强化预处理的工艺，对这部分 COD 进行有针对性地削减。

（2）重视多专业之间的协调、配合是设计成败的关键。不同于常规的地面式污水处理厂，地下污水处理厂的建（构）筑物组合、叠放非常普遍。工艺构筑物选型、柱网布置、交通组织、各种管线平面及竖向空间利用，都影响到整个箱体的设计。多专业的协调、配合，充分利用有限空间，通过多方案技术经济比较，才能取得较为满意的结果。同时建议在设计中采用 BIM 技术。

（3）及早和相关部门协调、沟通，避免重新设计。目前国内尚无专门针对地下污水处理厂的消防设计的规范、条文，及早和消防部门沟通，明确消防设计方案，可以有效避免重新设计并降低验收不过的风险。

（4）注重细节，利于工程的建设和运维。受空间限制，地下污水处理厂在设备材料就位、人员交通安排等细节方面需要在设计过程中充分考虑。

第19章　合肥市胡大郢污水处理厂设计

合肥市胡大郢污水处理厂是国内第一座近邻高铁、基坑横向位移按高铁项目标准控制、基坑采用三层内支撑的地下污水处理厂。该项目是地面景观、周边道路、科普教育与地下污水处理厂功能融为一体的游憩服务型地下污水处理厂综合体。

19.1　项目概况

合肥市胡大郢污水处理厂设计规模 10.0 万 m^3/d，$K_z = 1.3$，一次建成。污水处理采用以速沉池＋多模式 AAO＋深床滤池为主体的工艺，消毒采用紫外线消毒工艺。污泥处理采用一体式离心浓缩脱水工艺，脱水泥饼经污泥料仓周转外运。排放水体为十五里河，要求出水水质在稳定达到安徽省《巢湖流域城镇污水处理厂和工业行业主要水污染物排放限值》DB34/ 2710—2016 的基础上，COD、BOD、总磷、氨氮达到地表水Ⅳ类标准。

厂址位于合肥市十五里河北侧、宿松路东侧，其北侧为龙川路、高铁路，南侧为高铁铁路及铁路交通枢纽用地。污水处理厂于 2019 年 6 月建成，污水处理厂总建筑面积 37962.90m²。污水处理厂采用全地下建设，利用污水处理厂顶部地面空间修建市政休憩公园。

工程决算投资 3.68 亿元。

19.2　项目设计难点及创新要点

1. 本项目设计的难点

（1）受用地限制影响，支护及开挖方式严重受限。

胡大郢污水处理厂拟建厂址位于城市主干道及高铁线之间的三角地带，地势狭窄，选址为原高铁建设堆土场。该污水处理厂的形式为全地下，结构工程复杂，存在大面积架空、错层、竖向构件转折托换、楼板不连续等多重复杂情况，受工艺布置影响，结构平面刚度连续性欠缺与使用荷载过大也对结构设计提出了较大挑战。

污水处理厂拟建厂址北侧紧邻已建高铁路，南侧紧邻已建高速铁路，50m 防护带必须保持原状，由于本工程基坑开挖深度达到 15.30 ~ 28.90m，南北两侧距离用地红线较近，基坑支护难度大，同时要求土钉、锚索等支护结构不得超越用地红线都对施工便利性与经济性提出了很高的要求。

（2）污水处理厂出水水质严格，主要指标须达到《地表水环境质量标准》GB 3838—2002 中的Ⅳ类标准，其中 TN ≤ 5mg/L，在国内市政污水处理行业实属罕见，难度较大。

2. 本项目创新要点

（1）多组合类型的支护结构：由于南北向采用对撑，东西向采用桩锚支护，这两种结构的刚度不同，但在具体工程实施中大胆运用了这种组合支护类型，在目前国内面积较大的基坑中少见，为以后类似工程提供了借鉴意义。

（2）以基坑协调变形为主：传统的基坑平衡理论受限于计算模型是否合理，在本工程应用中，为找到最优的设计方案，采用空间有限元分析软件建立整个场地土体及支护结构模型，计算分析时考虑基坑整体协调变形，不对局部平衡作刻板要求，以"放"代"抗"保证基坑整体稳定性。该方法对经济性及实施性的提升尤其显著。

（3）采用独创的速沉池工艺

速沉池借鉴平流沉淀池形式，水力停留时间控制在 15 ~ 20min。相比初沉池，缩短水力停留时间，减少污水内碳源损失，降低运行成本；相比沉砂池，提高无机固体和颗粒性COD 的去除率，降低生化处理能耗；提高生物池内 VSS/SS 值，增大生物系统内活性污泥量，起到降低污泥负荷、强化除磷效果的作用。

（4）优化曝气池设计，强化 TN 去除效果，实现了极限脱氮

以改良 AAO 工艺为基础，将好氧区分为串联的两个独立区域，每个区域通过推流器实现污水完全混合，提高处理效率，也易于控制各分区的曝气量，达到节能的目的；分两段布置缺氧区，强化 TN 去除手段，降低混合液回流比、节省能耗。

（5）在地下箱体总平面布置中，将用电负荷大的进水泵房、鼓风机房、臭气处理系统等集中布置在主变配电间附近，有效减少供电半径；将产生恶臭气体的预处理系统、污泥处理系统集中布置于生化池前端，防止恶臭气体在箱体内蔓延。同时，通过完善的臭气收集、处理系统，有效去除恶臭的影响，厂内环境良好。

19.3　总体设计

19.3.1　设计规模

胡大郢污水处理厂设计规模 10 万 m³/d，$K_z = 1.3$，再生水回用规模 3 万 m³/d，一次性建设完成。

19.3.2　设计进出水水质

本工程部分尾水可用于污水处理厂生产回用及成为地上景观公园用水，剩余部分作为十五里河生态补水。本工程要求出水水质在稳定达到安徽省《巢湖流域城镇污水处理厂和工业行业主要水污染物排放限值》DB34/ 2710—2016 的基础上，COD、BOD、总磷、氨氮达

到地表水Ⅳ类标准。胡大郢污水处理厂设计进出水水质如表 19-1 所示。

表 19-1 胡大郢污水处理厂设计进出水水质

项目	COD$_{cr}$（mg/L）	BOD$_5$（mg/L）	SS（mg/L）	TP（mg/L）	NH$_3$-N（mg/L）	TN（mg/L）	pH 值	粪大肠杆菌
设计进水	350	180	240	5	40	49	6 ~ 9	10^4 ~ 10^7
设计出水	≤ 30	≤ 6	≤ 10	≤ 0.3	≤ 1.5	≤ 5	6 ~ 9	≤ 1000 个 /L

19.3.3 处理工艺流程

胡大郢污水处理厂工艺流程框图如图 19-1 所示。

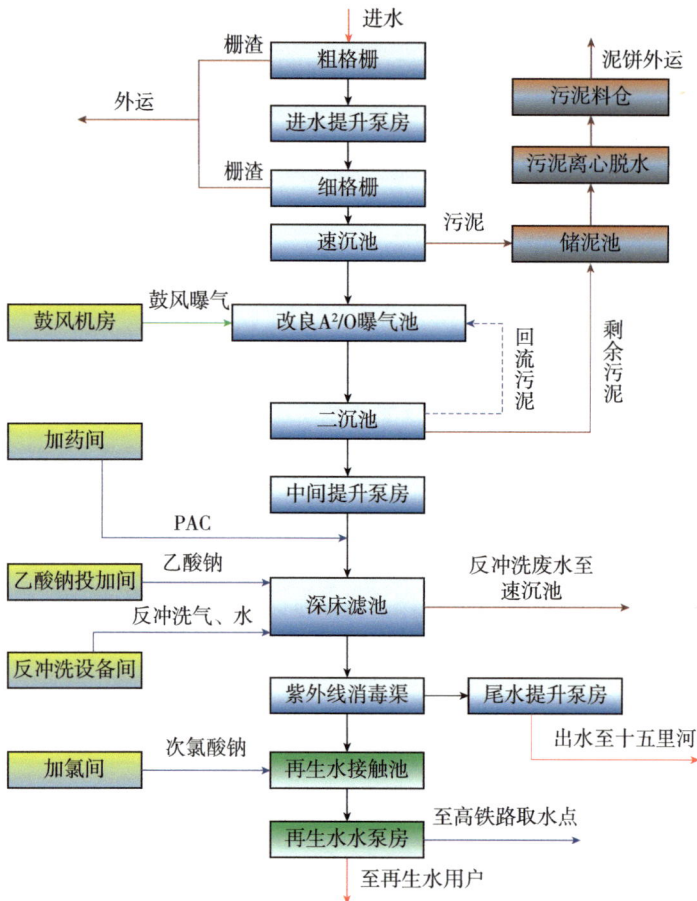

图 19-1 胡大郢污水处理厂工艺流程框图

19.3.4 建设形式

胡大郢污水处理厂采用全地下设计，污水与污泥处理建（构）筑物、附属生产建筑物要求在地下箱体内，箱体顶部为景观绿化、必要的人员疏散出口及气体排放设施。箱体顶部景观绿化覆土厚度不得小于1.5m，局部种植乔木处的覆土厚度应不小于3m，地下箱体设计时应考虑上部绿化景观设施产生的荷载。污水处理厂设备用房紧邻地下箱体设置，顶部进行覆土绿化，通过缓坡与箱顶衔接。

19.3.5　总体布局

本项目为整体地下布置方式，在地下箱体东西两侧各设1个主出入口，西侧出入口通过新建厂内道路与龙川路相连；东侧出入口通过新建厂内道路与高铁路相连。以满足污水处理厂设备、药剂及污泥的运输要求。

污水处理厂内操作层设有1条贯通东西的主道路，作为厂内主运输通道，厂内其他位置的运输通过吊车或叉车的方式进行。

操作层和下部管廊通过多处楼梯连接，作为污水处理厂巡视、维护的通道，同时还设有8部直通顶层环保广场的楼梯，满足人员疏散要求。

园区出入口分为厂区出入口及二层景观区出入口两个部分，其中厂区入口东、西侧各一个，西侧为进入水厂以及设备用房的出入口。在二层景观区设置两个出入口，道路交叉口为主要出入口。东侧为快速疏散出入口。主要道路为环形。胡大郢污水处理厂实景图如图19-2所示。

图19-2　胡大郢污水处理厂实景图

本工程进水管道位于厂区西南侧十五里河北岸，为便于进水管的接入，在污水处理厂总平面布置时，将粗格栅、细格栅、预处理和一级处理区布置在厂区西侧。泥处理区布置于预处理区北侧。厂区中部为污水二级处理区，东侧为深度处理区。由于出水受纳水体为十五里河，为避免穿越高铁铁路，故将紫外线消毒渠及出水提升泵房布置在厂区东南侧，缩短尾水排放管道长度。为防止在十五里河高水位时倒灌，再生水系统布置在厂区东侧，靠近紫外线消毒渠。在厂区西侧，还设有综合用房 1 栋，通过景观绿化和地下箱体连为一体，内设污水处理厂管理办公用房、中控室、化验室、仓库等，综合设备用房与箱体合建。胡大郢污水处理厂地下箱体平面布置图如图 19-3 所示。

19.3.6 竖向布置

1. 设计地面高程

十五里河百年一遇洪水位为 21.53m，本工程场地标高设为 22.0 ~ 29.0m，满足场地防洪要求，也便于与周边道路连接。

2. 地下箱体竖向设计

地下箱体共两层，下部为水处理水池，上部为操作层。操作层标高为 20.8m，通过坡道与厂外连接。操作层顶标高 26.5m。操作层上部覆土 1.5 ~ 2.0m，做成对公众开放的公园。

胡大郢污水处理厂选址范围现状为堆土区，地形东高西低，现状地面标高为 28.00 ~ 40.00m。厂址处的龙川路路面标高由西向东为 23.60 ~ 24.70m、高铁路路面标高由西向东为 24.70 ~ 28.00m。要求污水处理厂应结合工艺、周边环境和现状地形等进行竖向布置，不得有裸露挡墙出现，地下箱体结构顶板标高不高于 26.5m，操作层层高不小于 5.7m。

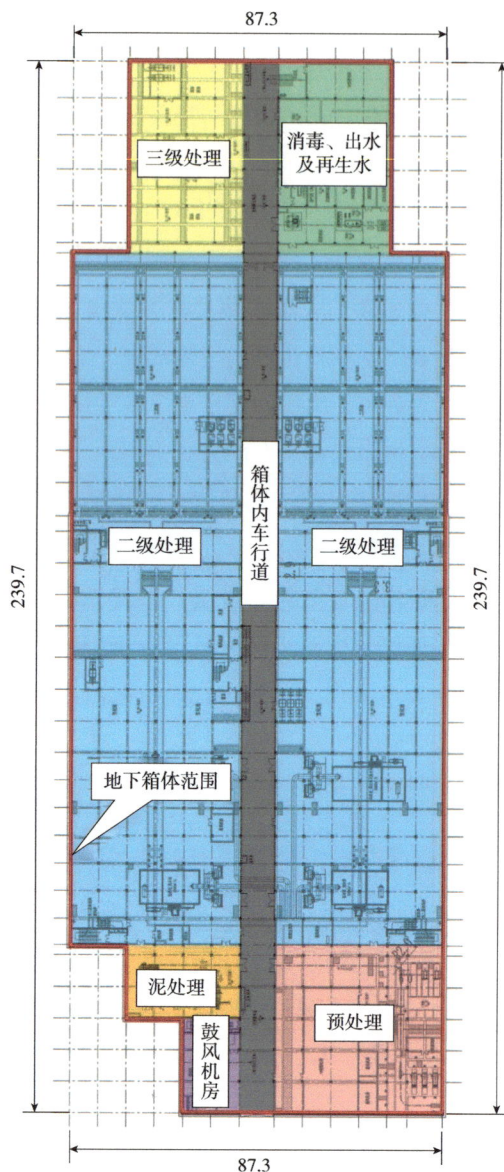

图 19-3 胡大郢污水处理厂地下箱体平面布置图
（图中尺寸单位：m）

19.4 主要工程设计

19.4.1 工艺设计

1. 粗格栅及进水泵房

设置电动速闭闸 1 套，DN1500，$N = 1.5kW$；设置齿型回转式粗格栅 3 套，$B = 1200mm$，$e = 15mm$；设置潜污泵 4 套（3 用 1 备），$Q = 1810m^3/h$，$H = 10.0m$，$N = 75kW$。

2. 细格栅及速沉池

设置二维过滤网孔板细格栅 2 套，$B = 2200mm$，$e = 3mm$。

速沉池借鉴平流沉淀池形式，分 4 格，有效水深 2.7m，每格设两个进水闸门，水力停留时间控制在 15 ~ 20min，采用泥斗排泥；设置往复式刮泥机 4 台，$B = 6.6m$，$N = 2.75kW$。

3. 多模式 AAO 生化池

本工程设置 2 座生化池，每座规模 5.0 万 m^3/d。每座分 2 组，每组规模 2.5 万 m^3/d。单座平面尺寸 87.6m × 38.95m，有效水深 8.5m。总水力停留时间 14.12h，其中预缺氧区 0.68h，厌氧区 1.36h，缺氧区 4.10h，好氧区 5.80h，多功能区 1.78h，复氧区 0.4h。$MLSS = 3500 ~ 4000mg/L$。管式微孔曝气器长 4336m，$\phi = 90mm$；设置内回流水泵 9 台，$Q = 2250m^3/h$，$H = 1.0m$，$N = 15kW$。

胡大郢污水处理厂生化池区域划分如图 19-4 所示。

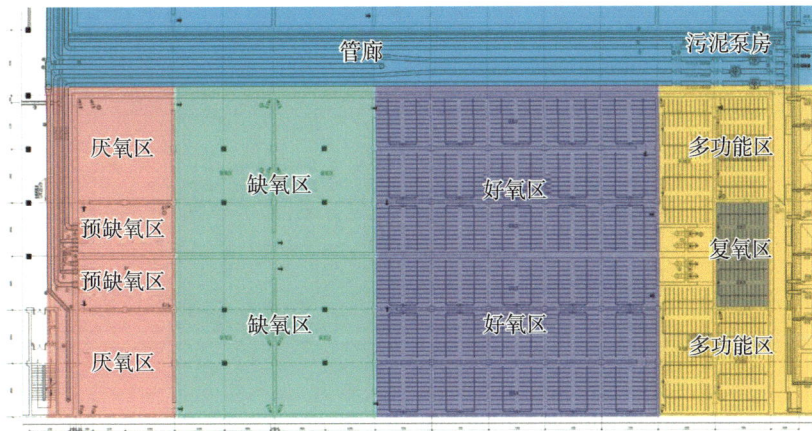

图 19-4　胡大郢污水处理厂生化池区域划分

4. 矩形周进周出二沉池

本工程设计两座二沉池，每座规模 5.0 万 m^3/d。每座分 5 格，每格可独立运行。峰值表面负荷为 1.2m^3/（$m^2 \cdot h$）。沉淀设备为成套设备，设置非金属链条式刮泥机 10 台，行走速度 0.3m/min；设置排泥系统 10 套，包括液压穿孔排泥管、电动套筒阀等设施；设置配水系统 10 套，包括进水渠配水孔管、反射挡板、导水裙板等设施；设置浮渣收集设备 10 套，撇渣管规格为 $\phi = 219mm$。

5. 中间提升泵房

设置提升水泵 5 台，4 用 1 备，$Q = 1360m^3/h$，$H = 4.5m$，$N = 30kW$。

6. 反硝化深床滤池

设置深床滤池 1 座，分 8 格，单格过滤面积 81.9m^2，滤速 6.36m/h。设置布水布气装置（滤砖）8 套，HDPE 材质（石英砂约 2530m^3，粒径 1.7 ~ 3.35mm，滤床深度 2.0m）；设置反冲洗水泵 3 台，2 用 1 备，$Q = 648m^3/h$，$H = 10m$，$N = 30kW$；设置罗茨鼓风机 3 台，2

用 1 备，$Q = 66m^3/min$，$P = 68.6kPa$，$N = 132kW$。

7. 紫外线消毒渠

设置紫外线消毒渠 2 条，每条渠道安装紫外线消毒模块组 1 个，每个模块组包含 4 个模块，每个模块包含 30 根灯管，共 120 根灯管。平均有效紫外线剂量 $\geq 20mJ/cm^2$。

8. 尾水提升泵房

经紫外线消毒后的污水，通过尾水提升泵房排入十五里河。设置潜水轴流泵 5 台（4 用 1 备），$Q = 1400m^3/h$，$H = 4.6m$，$N = 40kW$；设置电动速闭闸 1 套，DN1200，$N = 1.5kW$。

9. 中水回用泵房

经紫外线消毒后的出水兼做中水回用，主要用于粗格栅与细格栅冲洗、加药间配药、各单体冲洗及地面景观用水。回用水泵形式选用离心清水泵。

10. 鼓风机房

鼓风机房平面尺寸为 $21.0m \times 17.8m$。鼓风机进风系统包括进风塔和进风风道，进风塔截面尺寸为 $4.3m \times 2.4m$。设置单级离心鼓风机 4 台（3 用 1 备），$Q = 125m^3/min$，$P = 95kPa$，$N = 250kW$。

11. 脱水间、料仓

设计总污泥量为 22t DS/d，进泥含水率 98.65%，出泥含水率 $\leq 80\%$。设置污泥进料泵 3 台，$Q = 25 \sim 45m^3/h$，$N = 11kW$；设置离心脱水机 3 台，$Q = 25 \sim 45m^3/h$，$N = 48kW$；设置泥饼泵 2 台，$Q = 10m^3/h$，$H = 160m$，$N = 18.5kW$；设置 PAM 投加系统 1 套。污泥料仓总容积为 $200m^3$，设置 2 座。

19.4.2　结构设计

1. 工程概况

（1）抗震设防烈度为 7 度，设计基本地震动峰值加速度值为 0.10g，设计地震分组为第一组。拟建建（构）筑物的抗震设防类别为乙类。

（2）抗浮设计水位 22.64m（吴淞高程）。构筑物均按此水位进行抗浮稳定性验算，抗浮稳定性抗力系数 ≥ 1.05。主要生产性建（构）筑物即地下箱体采用 $\phi = 18mm$ 锚杆进行抗浮处理。

（3）结构计算：构筑物分别按池内有水、池外无土和池内无水、池外有土工况进行结构内力计算。结构按承载力极限状态验算强度及稳定性和按正常使用极限状态验算的变形和裂缝宽度。

（4）抗震设计及抗震构造措施

本工程按抗震设防烈度为 7 度进行抗震设计。构筑物抗震类别为乙类。根据《建筑工程抗震设防分类标准》GB 50223—2008 的规定，对乙类建筑应按 7 度进行抗震设计，按 8 度采取抗震构造措施。厂区内建（构）筑物抗震类别及抗震构造措施如表 19-2 所示。

表 19-2　厂区内建（构）筑物抗震类别及抗震构造措施

序号	建（构）筑物名称	建（构）筑物结构形式	建（构）筑物抗震类别	抗震构造措施	框架抗震等级
1	主要生产性建（构）筑物	下部为钢筋混凝土水池类薄壁结构、上部为钢筋混凝土框架结构	乙类	8度抗震构造措施	三级
2	生产设备用房	钢筋混凝土框架结构	乙类	8度抗震构造措施	二级

（5）主要建（构）筑物结构方案及基础形式

厂区主要建（构）筑物结构形式一览表如表 19-3 所示。

表 19-3　厂区主要建（构）筑物结构形式一览表

序号	子项名称	建（构）筑物主要尺寸	结构形式	地基基础形式	基础设计等级
1	主要生产性建（构）构筑物	239.70m × 87.60m ×（10.00m ＋ 5.7m）	下部为钢筋混凝土水池类薄壁结构、上部为钢筋混凝土框架结构	钢筋混凝土筏板基础	甲级
2	生产设备用房	约 600m²	钢筋混凝土框架结构	独立柱下基础	丙级

2. 结构设计特点

本项目结构工程存在大面积架空、错层、竖向构件转折托换、楼板不连续等多重复杂情况，受工艺布置影响，结构平面刚度连续性欠缺与使用荷载过大也对结构设计提出了较大挑战。

（1）地下箱体内存在大面积架空水池，而架空区域下部空间需满足其他相应使用功能，不能设置竖向结构构件，尤其以负二层预处理单元为例，其架空面积达 26.5m × 28.8m，该类情况在本工程中较多。在结构设计中充分利用结构性能，发挥材料强度，做到每一类构件在空间维度承担结构功能，以满足结构需求。

（2）总体结构刚度因工艺布置导致不均匀的问题，不均匀的类型又分为多种，有的纵横墙布置不均匀，有的墙身在平面上不连续。该类问题通过建立空间整体计算模型，采用有限单元分析法对箱体结构整体分析，充分利用先进的计算方法，克服简化计算模型的分析误差，在此基础上，满足承载力极限状态和正常使用极限状态的前提下进行包络设计，力求做到完美而准确的模拟，消除各类结构隐患，满足结构安全储备。

19.4.3　基坑设计

1. 设计条件

胡大郢污水处理厂拟建厂址位于城市主干道及高铁线之间的三角地带，地势狭窄，选址为原高铁建设堆土场，且堆土场作为高铁保护带有极严格的管理规定，任何建设活动均不得扰动高铁保护带，受用地限制的影响，支护及开挖方式严重受限。

2. 基坑支护设计

本工程基坑子项开挖深度 15 ～ 24m，基坑北面为龙川路和高铁路交叉口，南侧为合肥铁路南环线堆土保护区，东南角为高铁动走线，平面位置相对狭窄且不规则，开挖可利用空间较小。根据国内目前现行工程的支护形式，结合本项目特点，考虑到基坑支护的安全性与可实施性，方案设计阶段选型思路确定为：基坑支护施工顺序的确定→竖向围护结构的选择→水平支撑体系的选择→止水帷幕的确定→相关施工功能设计。

本项目基坑支护设计存在以下难题：①用地范围极不规则，基坑深度太大，支护形式应首先从施工全过程出发，保证基坑安全，施工流程顺畅；②在南侧部分区域，支锚结构不能贯入堆土场及主干道下（以红线为界），北侧城市主干道下有大量管线，设计方案应对现状不造成影响；③合肥地区位于江淮平原，土质为膨胀土，在开挖扰动过程中应力释放降低，且遇水崩解，选用支护结构时应采用刚度大、整体性好、对基坑变形要求严格的支护结构；④基坑长宽过大，总体尺寸 239.70m×87.3m，水平向支撑刚度必须能够保证，以达到坑外应力的有效传导，因此南北两侧采用水平对撑支护，竖向布置共 3 层，东西两侧采用桩锚支护；⑤考虑施工阶段的出土需要，结合东西两侧采用桩锚支护的思路，桩顶标高逐级削减，可形成出土通道，以达到基坑的功能要求。

设计阶段充分考虑各项工程重难点因素，方案须兼具安全性与功能性，同时为避免重复工程，最终确定的设计方案为：基坑支护顺做法→钻孔灌注桩支护→南北两侧水平对撑支护、东西两侧桩锚支护→桩间悬挂式高压旋喷桩止水帷幕→东西两侧预留 1：5 坡道出土。

3. 案例特点分析

鉴于本案例在技术选型及费用控制方面的成功经验，现对其案例特点及工程应用方面的相关优势作如下分析：

多组合类型的支护结构：由于南北向采用对向支撑，东西向采用桩锚支护，该组合类型中两类结构刚度不同，在具体工程实施中大胆运用了该支护类型，在目前国内面积较大的基坑应用得较少，为以后类似工程提供了相关借鉴意义。

以基坑协调变形为主：传统的基坑平衡理论受限于计算模型是否合理，在本工程应用中，为找到最优的设计方案，采用空间有限元分析软件建立整个场地土体及支护结构模型，计算分析时考虑基坑整体协调变形，不对局部平衡作刻板要求，以"放"代"抗"保证基坑整体稳定性。该特点对提升经济性及实施性尤其显著。

截至目前，该项目基坑支护子项工程是合肥市工程中最大的水平内撑支护结构。本设计将刚、柔两种性能的支护结构并行实施，总体布置对称，支护刚度均匀，基坑总体控制各项指标均满足要求，施工期间效果良好，投资也远低于同类工程。

19.4.4 电气和自控设计

1. 电气设计

本工程设计规模为 10 万 m³/d，属城市大型污水处理工程，负荷等级为二级，供电电源采用 10kV 电压等级，双电源供电，按一用一备的工作方式，互为备用。主电源要求满足全厂 100% 的负荷，备用电源满足所有二级以上负荷的需求。

根据全厂负荷分布情况，在尾水泵房旁设置 10/0.4/0.23kV 总变配电站（2 号配电站）1 座，布置 10kV 高压配电、低压配电系统。为全厂所有变压器提供 10kV 电源并为 2 号 0.4kV 系统用电设备供电。由于厂区面积较大，部分负荷远离配电中心，在二沉池处设置 10/0.4/0.23kV 变配电站（1 号配电站）1 座，负责为 1 号 0.4kV 系统用电设备供电。变配电站靠近负荷中心，交通便利，进出线方便，有利于管理。

2. 自控、仪表设计

综合自动化系统包括生产管理系统、生产过程自动化系统、安防及视频监控系统、检测仪表、门禁系统、巡更系统等几部分。采用 100M 以太光纤环网构成"集散型"控制系统，集中监控管理、分散控制、数据共享。现场控制站的设置以相对独立、就近控制为原则。在污水处理厂管理用房中央控制室设控制中心，实现整个污水处理厂的"集中管理"。设有 4 个现场控制主站、16 个主要设备控制单元。现场控制站采用 100M 以太光纤环网与中央监控计算机实现数据交换，采用环网结构、以光纤作为传输介质，保证网络的可靠性、安全性。设备控制单元由设备厂家配套提供，具备以太网通信接口，通过工业网络交换机与中央监控系统实现数据交换。

检测仪表根据本工程污水处理工艺流程和综合自动化系统的要求配置。仪表信号采用 4 ~ 20mA 信号接入 PLC 控制器，预留仪表通信接口。流量、总磷、总氮、COD、氨氮等检测仪通过工业现场总线与自动化系统相连。

19.4.5　除臭和通风设计

1. 除臭设计

箱体内产生臭气的地方主要有污水预处理部分（粗格栅间、细格栅间、速沉池）、曝气池和污泥处理单元。臭气处理排放标准应执行《恶臭污染物排放标准》GB 14554—1993 中的二级标准。臭气采用分质处理：

对臭气发生源直接产生的臭气进行收集、处理的是高浓度臭气处理系统。高浓度除臭装置包括 2 座除臭生物滤池，臭气处理量均为 30000m³/h，配置除臭风机 4 台，$Q = 30000$m³/h，$P = 3000$Pa，$N = 45$kW。

在预处理及污泥处理区域进行换气收集臭气的是低浓度臭气处理系统。低浓度除臭装置包括 2 座除臭生物滤池，臭气处理量均为 30000m³/h，配置除臭风机 4 台，$Q = 80000$m³/h，$P = 3000$Pa，$N = 110$kW 的风机 2 台；$Q = 30000$m³/h，$P = 3000$Pa，$N = 45$kW 的风机 2 台。

处理达标后尾气通过高度 15m 的排放塔从高空排放。

2. 通风设计

本工程采用全面排风与局部排风相结合的送风排风方式。箱体地下一层操作间、地下二层处理池以及各处理工段车间，采用自然补风、机械排风的方式；排风采用机械排风系统；排风系统与排烟系统共用风道及风口。平时的排风及消防排烟合设 1 套系统。

防烟楼梯间及其前室设置机械加压送风设施，确保防烟楼梯间内机械加压送风防烟系统的余压值为 40 ~ 50Pa；前室、合用前室的余压值为 25 ~ 30Pa。

19.4.6 消防设计

1. 总图运输

在厂区内部总平面布置上，按生产性质、工艺要求及火灾危险性的大小等划分出各个相对独立的小区，并在各小区之间采用道路相隔。

厂内道路呈环形布置，保证消防通道畅通，厂内主干道宽 7.0m，次干道宽 4.0m，地下构筑物道路净空高度大于 3.5m，

地下主体构筑物设置 2 个出入口与厂外道路相连，满足消防车对道路的要求。设置 2 个应急通道满足人员疏散的要求。

在火灾危险性较大的场所设置安全标志及信号装置，在污水处理厂内各类介质管道刷上相应的识别色。

2. 建筑防火

对于生产火灾危险性分类，本工程按戊类标准建设，地面建筑的耐火等级为二级，地下空间的建筑的耐火等级为一级。综合设备用房为 1 个防火分区，地下污水处理区负二层为 1 个防火分区，操作层有 5 个防火分区。单个防火分区的最大面积不超过 5000.0m²。

整个厂区按同一时间发生一处火灾考虑，电缆井、管道井每层楼板处采用相当于楼板耐火极限的防火材料封堵。电缆井、管道井与房间、走道等相连通的孔隙用非燃烧体材料严密填实。沿厂区道路设有室外消火栓系统，设备用房和地下空间设置室内消火栓灭火系统，所有建筑物均配备手提灭火器。

楼梯均采用防烟楼梯，疏散距离满足厂房内任意一点至最近安全出口直线距离不大于 60m 的要求。疏散宽度满足每 100 人最小疏散净宽度 0.6m 的要求。本工程安全出口为防烟楼梯，7 个防烟楼梯直通室外（屋顶）。

变配电间设置七氟丙烷气体灭火系统进行保护，各保护区设泄压口。

3. 火灾探测与应急报警设计

本工程厂区内设置消防控制室 1 间，其中设置火灾自动报警系统工作站 1 套。工作站含火灾自动报警系统主机、消防电话主机、应急广播系统主机以及消防电源柜等子系统，构成完整的消防火灾报警控制系统主站。在厂区内设置 8 个防火分区，其中厂区内 6 个，生产设备用房内 2 个，每个防火分区设置火灾区域报警控制器一套，负责本防火分区的火灾报警。在每个防火分区内，均设置烟感探头、消防电话与应急广播。整个火灾自动报警系统的数据可由通信模块上传至上级消防指挥控制中心。消防控制室设置缆式感温探测系统工作站一套，作为电缆故障过热的消防报警。火灾自动报警系统与消防泵系统、通风系统联动控制。

4. 消防给水工程设计

室内消火栓系统以市政给水管网供水作为消防水源。本工程同一时间内的火灾次数按 1 次考虑，室内消火栓系统用水量为 40L/s，室外消火栓系统用水量为 15L/s，火灾延续时间 2.0h，一次灭火用水量 396m³。

设置 1 套临时高压消火栓给水系统，消火栓加压水泵与消防水池设置于底层设备用房内，设置 2 台消火栓加压泵，1 用 1 备，$Q = 40L/s$，$H = 40m$，$N = 30kW$。

室内设有消火栓给水系统。

5. 防烟排烟设计

厂区所有通风系统的消防联动控制由消防控制中心负担。配电房设置事后通风设施。防烟楼梯间及消防前室设置机械加压送风设施。内走道及地下室面积较大、经常有人停留的房间均设置机械排烟系统。

19.4.7　防淹设计

本工程防洪按十五里河百年一遇洪水位设防。十五里河百年一遇洪水位为 21.53m。为防止洪水倒灌，本方案采取了以下工程措施：

（1）地下箱体外地坪设计标高 22.50m。

（2）地下通道入口均设有截洪沟，防止雨水进入地下箱体。

19.4.8　景观设计

1. 现状分析

工程基地除沿龙川路一侧已种植绿化，其他部位基本为裸露的黄土，地形起伏有致，两侧坡势较陡，坡顶多为平地。总体地势东高西低，高差约 4 ～ 5m，景观完成面与道路的高差逐步减小，污水处理厂顶板覆土平均深度 1.5m 左右，靠近铁路的部分红线以外堆坡高程与顶板完成面高程差较大。

2. 功能分区

总体空间设计分区根据景观主要功能划分为：密林防护区、林荫草坪区、边缘坡地区、代征绿地区。

3. 总体景观分析

本项目景观总体设计思路是打造整洁大气的功能性景观。屋顶景观结构由主要由道路以及或疏朗或密实的绿化空间组成。设有两个出入口，一个主出入口位于正北道路交叉口处，形成台地展示景观，另一个位于东侧，由于道路与顶板高程差的逐步减小，东侧次出入口较为平缓；靠近铁路的土地设计为密林区，主要起到防护作用，临街的边缘坡地起到城市景观过渡、展示坡地景观的作用，中央景观区域为林荫草坪景观；设备用房位于污水处理厂建筑西侧，考虑其功能性质以及周边地形情况，景观绿化以围合绿地的形式为主，并设置机动车停车位，裸露的挡墙部分，采用垂吊植物进行垂直绿化美化。

19.5　主要经济指标

19.5.1　概算投资

工程概算总投资为 42262.89 万元。其中第一部分工程费用 32565.57 万元，建筑工程费 19980.31 万元、设备购置费 10022.55 万元、安装工程费 2562.71 万元。

19.5.2　成本分析

本工程年生产总成本为 7474.21 万元，单位成本为 2.02 元 $/m^3$，单位经营成本为 1.54 元 $/m^3$。

19.6　运行效果

19.6.1　实际运行数据

胡大郢污水处理厂于 2019 年 6 月通过环保验收，逐步达到设计水量，2020 年雨季已实现满负荷运行，出水水质均优于设计水质。胡大郢污水处理厂 2020 年实际进出水水质月均值及处理水量如表 19-4 所示。

表 19-4　胡大郢污水处理厂 2020 年实际进出水水质月均值及处理水量

月份	处理水量（万 m^3/d）	COD_{cr}（mg/L）		BOD_5（mg/L）		SS（mg/L）		TN（mg/L）		NH_3-N（mg/L）		TP（mg/L）	
		进水	出水	进水	出水	进水	出水	进水	出水	进水	出水	进水	出水
1	7.51	164.00	11.30	76.80	3.02	111.0	5.00	32.3	4.49	27.30	0.18	2.61	0.10
2	7.12	148.00	11.20	67.40	2.69	90.00	5.00	33.5	4.89	28.60	0.17	2.79	0.17
3	8.15	160.00	13.00	69.90	2.61	113.0	5.00	33.8	4.22	28.10	0.20	2.88	0.14
4	7.97	225.00	13.00	95.80	2.70	165.0	5.00	41.9	4.84	36.60	0.23	3.77	0.14
5	8.00	283.00	15.00	118.0	3.00	217.0	5.00	41.9	4.84	38.10	0.25	3.87	0.14
6	10.29	196.00	13.00	85.00	2.50	133.0	4.00	28.4	4.53	24.90	0.22	2.57	0.16
7	10.36	144.00	10.00	61.60	2.10	96.00	4.00	24.0	4.21	20.70	0.04	2.02	0.14
8	8.39	189.00	12.00	79.30	2.60	136.0	4.00	34.5	4.58	28.20	0.18	2.84	0.14
9	8.37	190.00	13.00	81.00	2.80	137.0	4.00	35.2	4.64	30.90	0.15	3.19	0.15
10	8.71	203.00	13.00	86.30	2.80	158.0	5.00	38.2	4.70	31.80	0.18	3.31	0.14
11	8.19	201.00	12.00	85.60	2.50	153.0	4.00	38.2	4.94	30.90	0.13	3.18	0.17
12	7.33	213.00	11.00	90.50	2.40	148.0	4.00	40.4	4.74	33.40	0.17	3.28	0.14
最高值	10.36	283.00	15.00	118.0	3.02	217.0	5.00	41.9	4.94	38.10	0.25	3.87	0.17
最低值	7.12	144.00	10.00	61.60	2.10	90.00	4.00	24.0	4.21	20.70	0.04	2.02	0.10
平均值	8.37	193.00	12.29	83.10	2.64	138.1	4.58	35.2	4.64	29.96	0.17	3.03	0.14

19.6.2   运行数据分析

1. 处理水量

2020 年，胡大郢污水处理厂的最高处理水量为 10.36 万 m^3/d，最低处理水量为 7.12 万 m^3/d，平均处理水量为 8.37m^3/d，平均负荷率超过 80%。

2. 进出水水质

2020 年胡大郢污水处理厂进出水水质指标如表 19-5 所示。

表 19-5   2020 年胡大郢污水处理厂进出水水质指标

污染物项目		COD_{cr}	BOD_5	SS	TN	NH_3-N	TP
单位		mg/L	mg/L	mg/L	mg/L	mg/L	mg/L
进水	设计值	350	180	240	49	40	5
	实测最大值	356	162	278	50.0	44.0	5.00
	实测最小值	71	30	42	12.2	9.8	0.61
	实测平均值	193.0	83.0	138.6	35.2	29.9	3.03
出水	设计值	30	6	10	5	1.5	0.3
	实测最大值	22.0	4.1	5	7.0	0.82	0.22
	实测最小值	1.0	1.5	4	1.8	0.02	0.06
	实测平均值	12.4	2.7	4.5	4.7	0.18	0.15

进水水质中，COD_{cr}、SS、TN、NH_3-N 指标有个别天数超出了设计水质，其余均低于设计值。平均进水指标达到设计进水水质的 46.1% ~ 74.8% 不等。

出水方面，除 TN 指标外，全部指标的出水浓度最大值均满足出水标准。因 TN 指标是按月平均值 ≤ 5mg/L 考核，也满足出水指标的考核要求。COD_{cr}、BOD_5、NH_3-N 指标出水水质均远低于出水水质要求，处理效果良好。

19.7   设计建议

地下空间结构受力依赖于力学上的合理形态，一方面，结构设计需结合地下空间结构的受力特点采取对应的设计策略，设计中应避免或降低纯"梁式受力"体系，减小弯曲受力；另一方面，应将各种对结构影响明显的因素综合考虑，如温度、支座位移、施工方式等；最后，高度重视节点构造与计算模型的吻合程度，结构中的杆件应力比应根据重要程度进行分类控制，要有一定的内力重分布机制，不搞满应力设计。

第20章　武汉市谌家矶再生水厂设计

武汉市谌家矶再生水厂是湖北省第一座地下污水处理厂。该项目是地面景观、周边道路、科普教育与地下污水处理厂功能融为一体的游憩服务型地下污水处理厂综合体。

20.1　项目概况

本项目设计规模 15 万 m^3/d，$K_z = 1.3$，土建一次建成，设备分期安装。污水处理采用常规预处理＋AAO＋MBR的处理工艺，消毒采用紫外线消毒工艺。污泥处理采用深度脱水工艺，含水率≤60% 后外运进行进一步资源化处置。排放水体为朱家河。

本项目出水水质标准要求优于《城镇污水处理厂污染物排放标准》GB 18918—2002 的一级 A 标准，达到《地表水环境质量标准》GB 3838—2002 的 Ⅳ 类（TN 除外）。

谌家矶再生水厂位于京广铁路、沪汉蓉铁路、规划 23 号地铁线、21 号地铁线合围区域，占地约 6.75 公顷。谌家矶再生水厂为全地下建设模式，地面以上为城市中心公园。

本项目总建筑占地面积约 3.5 万 m^2，建成时间为 2023 年 12 月 31 日。

工程投资（近期）为 169658.26 万元。

20.2　项目设计创新要点

项目创新性地采用"地下再生水厂＋地上公园"的建设模式。地下污水处理厂将污水净化为可直接利用的再生水，厂区上部为融入海绵元素的开放式公园，蓄滞、净化雨水，让再生水厂作为绿色基础设施提供生态服务功能，将公园打造为一个以水净化为主题的多功能生态科普教育公园。

项目以"鱼梦公园"为主题，采用低影响开发理念，设置透水铺装、绿色屋顶、雨水花园、湿地净化水体等海绵设施，年径流总量控制率高于 90%，面源污染去除率 72%，各项指标均高于海绵工程建设目标。

20.3　总体设计

20.3.1　设计规模

谌家矶再生水厂设计规模 15 万 m^3/d，$K_z = 1.3$，土建一次建成，设备分期安装。

20.3.2　设计进出水水质

谌家矶再生水厂处理后尾水部分作为地上景观公园用水，剩余部分排入朱家河。谌家矶再生水厂设计进出水水质如表 20-1 所示。

表 20-1　谌家矶再生水厂设计进出水水质

项目	COD_{cr}（mg/L）	BOD_5（mg/L）	SS（mg/L）	TP（mg/L）	$NH_3\text{-}N$（mg/L）	TN（mg/L）	pH 值	粪大肠杆菌
设计进水	260	140	200	4	25	35	6 ~ 9	$10^4 \sim 10^7$
设计出水	≤ 30	≤ 6	≤ 6	≤ 0.3	≤ 1.5	≤ 15	6 ~ 9	≤ 1000 个 /L

20.3.3　处理工艺流程图

谌家矶再生水厂工艺流程框图如图 20-1 所示。

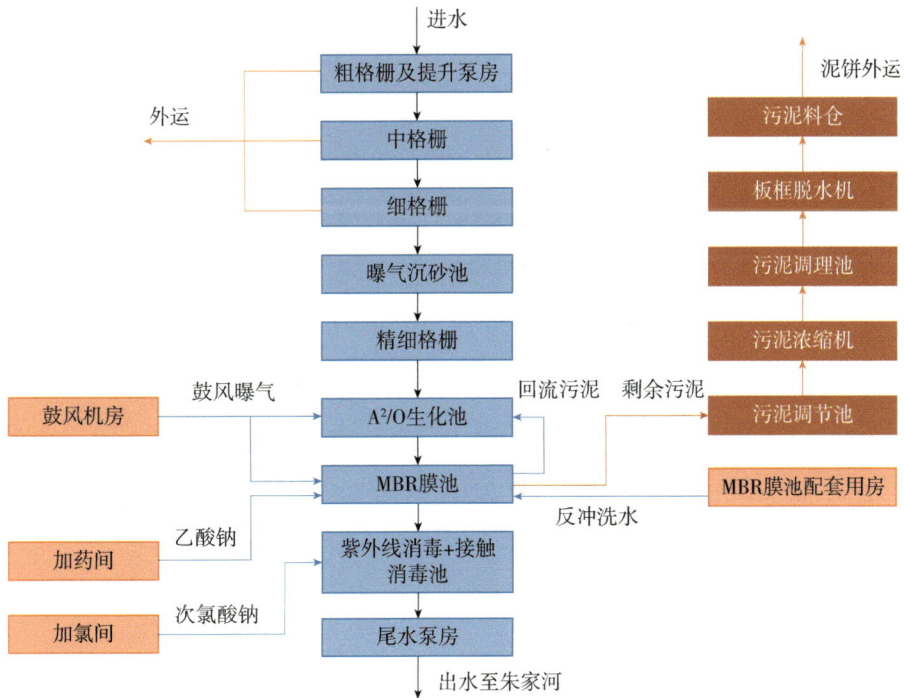

图 20-1　谌家矶再生水厂工艺流程框图

20.3.4　建设形式

结合项目规划定位、周边用地规划情况、生态环保新技术运用和示范等多种因素，谌家矶再生水厂采用地下布置形式，地上建设成为对居民开放的公园。

20.3.5　总体布局

本项目主要由两部分构成：地下净水厂（地下箱体）及地上综合楼。地下箱体尺寸为 196.2m×153.3m×16.8m。地下箱体分两层，负一层为操作层，主要为设备操作空间，为充分利用地下空间，还布置有除臭设备、脱水间、变配电间、加药间、消防控制中心、鼓风机房等；负二层主要为污水处理设施及管廊。地下箱体顶部为公园及疏散楼梯间、通风井、尾气排放塔等。地上建筑主要是综合楼，为地上 3 层框架结构，总高度为 12.9m，综合楼总面积 3537.58m²。

谌家矶再生水厂实景图如图 20-2 所示。

再生水厂进水总管自南向北接入箱体，管径为 DN1500，箱体内污水处理总体流向为自南向北，处理后的出水近期向北排入朱家河，远期向南接入规划尾水管道，经合理利用后排至朱家河，尾水管管径为 DN900。谌家矶再生水厂地下箱体平面布置图如图 20-3 所示。

图 20-2　谌家矶再生水厂实景图

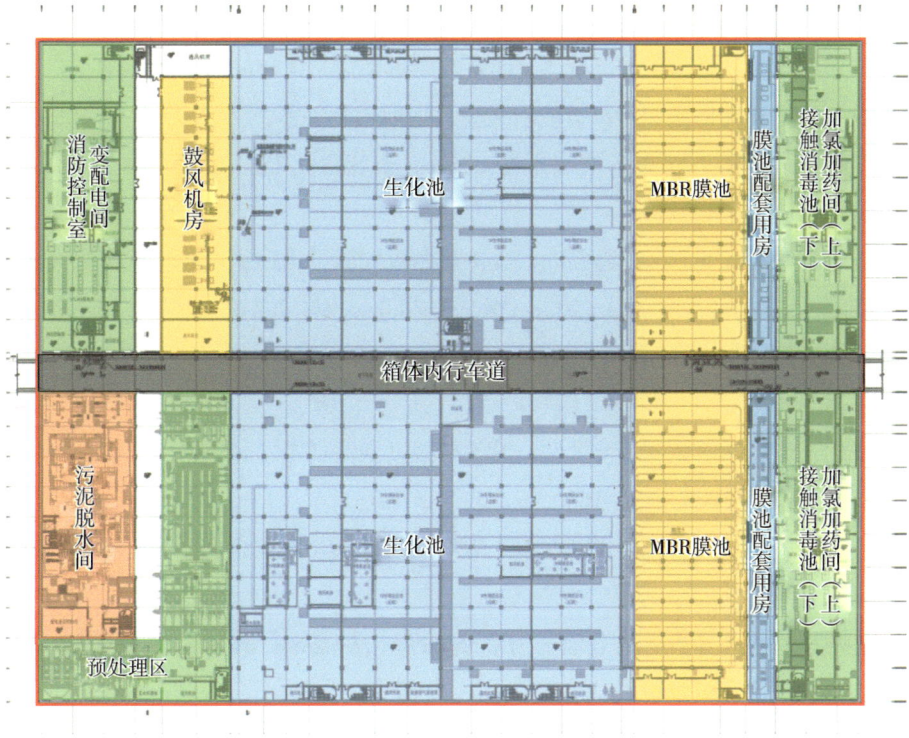

图 20-3　谌家矶再生水厂地下箱体平面布置图

20.3.6　竖向布置

在污水处理厂厂址范围内，地势比较平缓。结合污水处理厂道路的控制高程，确定污水处理厂设计地面高程为 24.00m 左右。

为保证尾水能顺利排放，同时降低污水处理厂大型构筑物的抗浮难度，结合污水处理厂的工艺流程，拟定污水处理厂最后一个处理构筑物——巴氏计量槽的设计水面高程为 13.85m。通过尾水泵房加压排放至朱家河，朱家河 50 年一遇洪水位为 17.80m，规划常水位为 16.00m。

20.4　主要工程设计

20.4.1　工艺设计

谌家矶再生水厂的污水污泥处理构筑物均布置在地下箱体内，地下处理综合构筑物按照污水、污泥处理功能分为：预处理区、生物处理区、深度处理区、出水区、污泥处理区和辅助管理区等；地下处理综合构筑物框体总尺寸为 $B \times L = 204.8\text{m} \times 170.2\text{m}$。

1. 预处理区

预处理区包括含粗格栅间、进水泵房、中格栅间、细格栅间、曝气沉砂池、精细格栅间等。

（1）粗格栅间

土建按远期流量 2.26m³/s 进行设计，设备按照近期流量 1.15m³/s 进行安装。

主要设备：钢丝绳格栅除污机，数量 2 套，远期加装 1 套。

设备参数：设备宽 1100mm，栅条间距 20mm，安装角度 75°。

（2）进水泵房

土建按远期流量 2.26m³/s 进行设计，设备按照近期流量 1.15m³/s 进行安装。

主要设备：潜水排污泵，$Q = 2031$m³/h，$H = 8.0$m，$N = 75$kW，近期 2 用 1 备，其中 1 台为变频泵；远期增加 3 套。

（3）中格栅间

土建按远期流量 2.26m³/s 进行设计，设备按照近期流量 1.15m³/s 进行安装。

渠道宽：栅前 800mm，栅后 1600mm，共 5 条渠道。

主要设备：内进流式网板格栅除污机，近期使用 3 套（远期增加 2 套），配套冲洗系统、出渣压榨系统。

设备参数：网板孔径 6mm，过流能力 0.556m³/s，$H = 2.5$m，$N = （1.5 + 1.5）$kW。

（4）细格栅间

土建按远期流量 2.26m³/s 进行设计，设备按照近期流量 1.15m³/s 进行安装。

渠道宽：栅前 800mm，栅后 1600mm，共 5 条渠道。

主要设备：内进流式网板格栅除污机，近期使用 3 套（远期增加 2 套），配套冲洗系统、出渣压榨系统。

设备参数：网板孔径 3mm，过流能力 0.556m³/s，$H = 2.5$m，$N = （1.5 + 1.5）$kW。

（5）曝气沉砂池

土建及设备按远期流量 2.26m³/s 进行设计及安装。

数量：1 座，分两格。

主要设备：水平排砂螺杆，设备数量 2 套。

设备参数：排砂螺杆：槽宽 800mm，槽长 19.3m。螺杆 $L = 21.65$m，$N = 4.0$kW。

（6）精细格栅间

土建按远期流量 2.26m³/s 进行设计，设备按近期流量 1.15m³/s 进行安装。

渠道宽：栅前 800mm，栅后 1600mm，共 5 条渠道。

主要设备：内进流式网板格栅除污机，近期使用 3 套（远期增加 2 套），配套冲洗系统、出渣压榨系统。

设备参数：网板孔径 1mm，过流能力 0.556m³/s，$H = 2.5$m，$N = （1.5 + 1.5）$kW。

2. MBR 生物反应池

MBR 生物反应池的土建按照 6250m³/h 进行设计，设备按 3125m³/h 进行安装，共 2 座 4 格。MBR 生物反应池是污水处理的关键构筑物，由选择池、厌氧池、缺氧池、好氧池和后缺氧区组成。利用微生物菌群的不同功能，进行生物脱氮除磷，同时去除有机物。

停留时间：选择区为 0.5h，厌氧区为 1.0h，缺氧区为 4.5h，好氧区为 7.0h，总停留时间 13h。设计参数：污泥浓度 6gMLSS/L，有效水深 7m，单格剩余污泥干重 6000kg/d，单格总需氧量 7813m³/h，膜池至好氧池回流比 500%，好氧池至缺氧池回流比 300%，缺氧池至选择池回流比 100%。主要设备：微孔曝气器、潜水搅拌器、潜水推流器、潜水轴流泵（外回流用）、穿墙循环泵（内回流用）等。

3. MBR 膜池及膜设备间

MBR 膜池及设备间的土建按照 6250m³/h 进行设计，设备按 3125m³/h 进行安装。

设计参数：MBR 膜池池深 5.55m，有效水深 3.6m，停留时间 1.25h，污泥浓度 10.0g/L，膜池污泥回流比 500%，膜廊道数 28 条，膜吹扫风量 153000Nm³/h，气水比 9.8∶1，平均膜通量 13.63L/（m²·h）。

主要设备：膜组器及其配套设备、产水泵抽吸系统及其配套设备、产水泵出水系统及其配套设备、膜吹扫系统及其配套设备、CIP 泵吸水系统及其配套设备、CIP 泵出水系统及其配套设备、抽真空系统及其配套设备、剩余污泥系统及其配套设备、压缩空气系统及其配套设备、加药系统及其配套设备等。

4. 消毒池及出水泵房

消毒池及出水泵房包括紫外线消毒池、接触消毒池、巴氏计量槽和出水泵房等。消毒池及出水泵房土建按远期流量 2.26m³/s 进行设计，设备按照近期流量 1.15m³/s 进行安装。

（1）紫外线消毒池

停留时间：大于 5s。

主要设备：紫外线模块组，数量 2 组，功率 $N = 28.16$kW。

（2）接触消毒池及巴氏计量槽

功能：对污水处理厂的出水进行消毒，保持尾水余氯，并通过巴氏计量槽对出水量进行准确计量。

1）接触消毒池：

设计参数：有效停留时间 0.63h，有效水深 $H = 4.15$m。

2）巴氏计量槽：

设计参数：有效喉宽 $b = 1$m。数量：1 套。

（3）出水泵房

主要设备：

潜水排污泵（出水），数量 3 套（2 用 1 备），其中 2 台为变频泵。

设计参数：$Q = 2072$m³/h，$H = 19.3$m，$N = 175$kW，$\eta \geqslant 80\%$。

潜水排污泵（回用），数量：3 套（2 用 1 备），其中 2 台为变频泵。

设计参数：$Q = 100$m³/h，$H = 40$m，$N = 45$kW。

5. 鼓风机房

土建按照 6250m³/h 进行设计，设备按照 3125m³/h 进行安装。

主要设备：磁悬浮风机。

设备参数：

①曝气风机 $Q = 130m³/min$，$P = 0.081MPa$，$N = 250kW$，共 3 台（平均时 2 用 1 备，最大时不备）。

②吹扫风机 $Q = 255m³/min$，$P = 0.048MPa$，$N = 300kW$，共 3 台（2 用 1 备）。

所有风机均配套设置空气过滤器、进口空气锥形接头、进口空气消音器、碎片收集器、进口接头法兰、出口柔性接头、止回阀、出口锥形扩压消音器以及 MCU 模块控制单元。

6. 污泥板框压滤机房

谌家矶再生水厂的污泥处理采用机械浓缩＋污泥调理＋机械脱水工艺，污泥脱水设备采用板框压滤机，脱水后污泥含水率约为 60%。

设计泥量：近期 1715m³/d（99.3% 含水率），远期 3430m³/d（99.3% 含水率）。

（1）污泥调节池

数量：1 座，分 2 格。

主要设备：立式搅拌机。

设备参数：$N = 3kW$，$\phi = 2000mm$，$n = 20RPM$，2 台。

（2）污泥浓缩

浓缩系统包括进料泵系统、浓缩系统、清洗系统、出料泵系统、PAC 投加系统。

设备参数：机械浓缩进泥含水率为 99.3%，出泥含水率为 97%；浓缩污泥量为 110m³/h（含水率 99.3%）。

设备类型：转鼓式污泥浓缩机。

数量：近期一用一备，远期增设一台，两用一备，单套功率为 3.41kW。

配套系统包括：清洗系统。

（3）污泥调理池

数量：1 座，分 4 格。

主要设备：立式搅拌机。

设备参数：$N = 1.5kW$，$\phi = 1500mm$，$n = 20RPM$，4 台。

（4）污泥板框脱水及存储系统

污泥脱水机房包括进料泵系统、板框脱水系统、自动清洗系统、污泥存储系统、压缩空气系统以及 PAM 制备及投加系统。

设计参数：经隔膜板框压榨脱水机将污泥脱水至其含水率小于 60%。

设备参数：近期总剩余污泥量绝干泥量为 12t DS/d，远期剩余污泥绝干泥量为 24t DS/d，近期污泥压滤前含水率 97%，压滤前污泥体积 400m³/d，压滤后污泥含水率 ≤ 60%。

设备类型：隔膜板框压滤机。

数量：近期一用一备，远期增设一台，两用一备。单套功率：35kW。

配套系统包括：

①进料泵：$Q = 110 \sim 150 \mathrm{m^3/h}$，$P = 0.6 \mathrm{MPa}$，$N = 37 \mathrm{kW}$，数量2套。

②隔膜水挤压泵：$Q = 14 \sim 18 \mathrm{m^3/h}$，$H = 160 \mathrm{m}$，$N = 15 \mathrm{kW}$，数量2套。

③清洗泵：$Q = 65 \sim 80 \mathrm{m^3/h}$，$H = 60 \mathrm{m}$，$N = 30 \mathrm{kW}$，数量2套。

④真空泵：$Q = 2.5 \sim 3 \mathrm{m^3/min}$，$P = -93.3 \mathrm{kPa}$，$N = 4 \mathrm{kW}$，数量2套。

⑤空压机系统：$Q = 2.5 \sim 3 \mathrm{m^3/min}$，出口压力0.8MPa，$N = 22 \mathrm{kW}$，数量1套。

⑥PAM制备及投加系统：泡药能力4000L/h，溶解浓度0.2%，$N = 2.75 \mathrm{kW}$，数量2套。

⑦污泥柱塞泵：流量$8 \mathrm{m^3/h}$，输送压力80bar，数量2套。

⑧柱塞泵双螺旋进料机：流量$12 \mathrm{m^3/h}$，功率$N = 5 \mathrm{kW}$，数量1套。

⑨污泥料仓：$V = 42 \mathrm{m^3}$，数量2套。

20.4.2　结构设计

1. 结构概况

本工程为全地下污水处理厂，主要结构单元为污水处理地下箱体、综合楼、进厂地下通道等。

结构安全等级为二级，设计使用年限为50年。抗震设防烈度为6度，建（构）筑物抗震设防类别均为乙类，抗震措施应满足设防烈度为7度的要求。乙类建筑框架结构抗震等级为三级。

地基基础设计等级为甲级，均采用灌注桩基础。抗浮设计水位按绝对标高24.00m（1985国家高程基准）设计，抗浮稳定安全系数取1.05。

2. 设计原则

遵守国家现行规范，在满足工艺要求的前提下，力求做到安全可靠、技术先进、经济合理、环境保护。尽可能结合当地实际情况，采用地方标准、规范和习惯做法。

3. 主要建（构）筑物结构设计

谌家矶再生水厂拟采用全地下钢筋混凝土框架结构，相关结构单元见结构设计图纸，基础为灌注桩＋整体筏板，薄壁类构件裂缝宽度控制$\omega_{max} \leqslant 0.20 \mathrm{mm}$。

综合楼采用地上式钢筋混凝土框架结构，为三层现浇框架结构，拟采用桩基础，框架结构抗震等级为三级。

4. 基础设计及地基处理

本工程根据建（构）筑物的类型、受力特点，并结合地质条件等因素综合考虑，以尽量降低地基处理费用为原则，采用合适的基础形式和地基处理方式，以满足建（构）筑物承载力极限状态及正常使用极限状态的要求。

根据勘察资料，各子项基底置于淤泥质黏土层或粉质黏土夹粉土层，该类土层的承载力低、压缩性强，难以满足设计要求，故各子项基础均采用直径 0.8m 钢筋混凝土灌注桩，其中：地下箱体采用灌注桩＋整体筏板基础，桩间距约为 3.9m×3.5m，桩长约为 14 ～ 27m；综合楼基础落在场平后的回填土层，桩间距约为 7.5m×7.5m，桩长约为 28m；地下通道中的桩呈线性分布，结合地道走向，仅于墙下布桩。

对于再生水厂内自重抗浮不满足要求的结构单元，结合桩基布置，充分利用桩基抗拔来解决抗浮问题。

20.4.3 电气设计

1. 用电负荷等级

考虑到本工程的重要性，如果发生停电事故将造成较严重的环境污染，所以将本工程的生产用电负荷等级定为二级，要求 10kV 电源采用双回路供电，两回 10kV 电源应来自不同的 110kV 变电站或同一 110kV 变电站不同 110kV 母线段，并且每一回路均能独立承担全部负荷，具体电源路由以供电部门的供电答复函为准。

根据《重要电力用户供电电源及自备应急电源配置技术规范》GB/T 29328—2018 的要求，水厂内的应急照明、消防设施、中央监控站及 PLC 控制站属于保安负荷，设计采用柴油发电机和 UPS 来满足自备应急电源的要求。

2. 供电系统

本工程设计在污水处理厂内新建一座 10kV 总配电所，10kV 电源按一主一备运行。

污水处理厂内近期设置两座 10kV 变配电间及两台综合楼箱式变压器，变配电间均按两回 10kV 电源进行供电，每台箱式变压器采用一路 10kV 进线。

污水处理厂远期增设 1 座 10kV 变配电间，并在本期 1 号变配电间内增设两台变压器，按一主一备运行。

根据工程的建设时序，近期为远期变配电间的建设预留电缆通道及土建安装条件。

3. 用电负荷

此次建设内容为一期工程，并预留二期发展空间。

根据工艺专业提供的资料，一期工程的总计算负荷为 2889kW/3019kVA，一、二期工程的合计计算负荷为 4639kW/4760kVA。

4. 污水处理厂电压等级

本工程采用两级配电，共设有 10kV、380V/220V 两个电压等级。10kV 为厂内 10kV 变配电间高压电源的电压等级，380V/220V 为低压用电负荷的电压等级。

5. 供电系统结线

根据负荷计算的结果以及厂区内的构筑物分布情况，设计本次工程新建两处 10kV 变配电间，远期增加一处 10kV 变配电间。

6. 保安负荷

根据《重要电力用户供电电源及自备应急电源配置技术规范》GB/T 29328—2018 的要求，水厂内的应急照明、消防设施、中央监控站及 PLC 控制站属于保安负荷，设计采用柴油发电机和 UPS 来满足自备应急电源的要求。根据消防专业提供的资料，确定柴油发电机的容量为 500kVA，并分区设置 UPS 为应急照明、中央监控站和 PLC 控制站提供电源。

20.4.4　自控设计

遵循"分散控制、集中管理"：根据生产工艺的要求，按照工艺功能进行检测和控制站点设置，将工艺过程故障分散，工艺管理集中。保证系统各部分运行的稳定性和可靠性，在某一部分发生故障后，其他部分仍能正常工作，实现"集中监控和管理，分散控制"以保证整个污水处理厂的运行效能保持在较高水平。

满足污水处理厂生产管理、污水处理工艺对自动化控制的要求，保证自动化控制系统在配置上的完整性和适应性。以集成化为原则，选择高效集成的设备，便于控制、管理和维护。以模块化为原则，在软、硬件上都采用商业化、通用化、模块化结构的设备，使系统具有较强的扩展能力。

根据工艺过程的要求和设备的特点设置控制站点并组成控制网络。控制过程实现三级控制：第一，现场机房手动控制；第二，就地控制站单元集中自动控制；第三，中央控制室全厂集中控制。硬件配置应符合国际工业标准，可靠性高、适应能力强、扩展灵活、操作维护简便。配置具有开放性结构、良好的人机界面、完整的系统平台软件。管理软件、监控软件、现场控制软件的编制从方便管理、控制最优的角度进行，同时考虑用户再次开发的潜力。设备的供应商能够长期提供技术支持和服务，备品备件有保障。

20.4.5　通风、防烟排烟设计

污水处理厂的地下各构筑物为一个相对封闭的空间，自然通风难以满足设计要求，因此应设置机械的通风换气系统，以满足各工艺要求以及保证室内空气质量满足国家标准要求，确保在污水处理厂工作的员工身心健康。

污水处理厂地下各构筑物除臭系统与通风系统宜分开设置，以减少设备容量以及便于运营管理。各臭气源构筑物进行加盖密封并设置除臭抽吸系统（详见除臭工艺系统），而对于污水处理厂地下其他大空间、设备房均考虑设置普通的机械通风系统。

对于在污水处理厂地上的综合楼，根据各类房间的性质以及使用要求，设置分体空调系统、多联机空调系统或预留相应的通风空调设施接口。

污水处理厂地下空间、综合楼按《建筑设计防火规范（2018 版）》GB 50016—2014 及《建筑防烟排烟系统技术标准》GB 51251—2017 的要求设置相应的防烟排烟措施。

1. 污水处理厂综合楼通风、空调系统设计

综合楼为地面3层建筑。根据武汉地区的气候特点，综合楼主要采用自然通风系统以节约能耗，但在重要管理设备房设置分体式空调器，如中控室兼消防控制室等，而其他的管理办公用房采用多联机式空调系统等。

综合楼的卫生间采用机械排风、自然进风的通风方式，排风机采用卫生间专用的排气扇。而对于综合楼的厨房，预留相应的风管安装空洞、风机以及除油烟设备安装位置空间，由厨房二次装修时完成厨房通风设计安装。

2. 污水处理厂防烟排烟系统设计

（1）污水处理厂按同一时间只有一处发生火灾设计。

（2）污水处理厂负二层管廊区域，按照《建筑设计防火规范（2018年版）》GB 50016—2014的规定"经常有人停留或可燃物较多时，应设置排烟措施"。负二层管廊区域无可燃物且无人员经常停留所以不设置排烟系统，仅设置相应的机械排风及补风系统。

（3）按照《建筑设计防火规范（2018年版）》GB 50016—2014的规定"经常有人停留或可燃物较多时，应设置排烟措施"。本项目属于高度自动化的工业厂房，区域内均无较多可燃物，无人员停留，故可不做排烟系统。污水处理厂负一层按防火分区布置，设置机械排风系统及补风系统。

（4）负一层车道区域为一个防火分区和一个防烟分区，设置有机械排烟系统，该防火分区为车行通道区域，排烟量按照《汽车库、修车库、停车场设计防火规范》GB 50067—2014计算。负一层第一与第二防火分区的疏散走道，设置有机械排烟系统，排烟量按照《建筑防烟排烟系统技术标准》GB 51251—2017计算。

（5）对于无法自然排烟的封闭楼梯间、防烟楼梯间与前室设置机械加压送风系统，楼梯间与前室间设置余压阀，以保证楼梯间、前室的余压值满足规范要求。

（6）采用自然通风方式的封闭楼梯间、防烟楼梯间，应在最高部位设置面积不小于$1.0m^2$的可开启外窗或开口。

（7）综合楼的房间、疏散楼梯采用自然通风方式的防烟排烟系统。自然通风方式的设置满足规范要求。

20.4.6　消防设计

1. 厂区消防设计

在厂区上部总平面布置上，按生产性质、工艺要求及火灾危险性的大小等级划分出各个相对独立的区域，并在各区域之间采用道路相隔。综合楼周边厂内道路有两个出口与市政道路连接；地下箱体设2个出入口，均与厂外道路相连，满足消防车对道路的要求。厂内主干道宽不小于6.0m，次干道宽不小于4.0m，道路净空高度不小于4.5m。

2. 建筑消防设计

本工程为城市污水处理项目，为全地下污水处理厂。由于国家目前对水处理地下建（构）筑物没有针对性的规范作为设计依据，国内相似工程执行《建筑防火设计规范（2018 年版）》GB 50016—2014 的力度有高有低，本着高质量、严要求、安全第一的设计原则，本工程建筑消防设计严格执行《建筑防火设计规范（2018 年版）》GB 50016—2014 的各项要求，主要思路如下：

（1）工程主体的耐火等级为一级。

（2）由于项目的主要生产媒介为水，同时无其他易燃易爆气体、液体产生，其火灾生产危险性较低，因此项目的生产火灾危险性等级定为戊类。

（3）每个防火分区划分原则严格执行《建筑防火设计规范（2018 年版）》GB 50016—2014 的相关规定，即：设置自动灭火系统时，地下厂房每个防火分区面积 $\leqslant 2000m^2$。

（4）本工程为地下 2 层，地下一层主要为设备检修和巡视功能，地下二层为污水处理工艺功能；地下二层埋深 17.1m，地下一层埋深 8.5m；其中埋深大于 10m 的防火分区均至少设置 1 台消防电梯，满足《建筑设计防火规范（2018 年版）》GB 50016—2014 的要求。并对无法自然通风采光的封闭式楼梯间设置机械加压送风系统。

（5）每个防火分区至少有 2 个安全出口，其中 1 个直通室外，另外 1 个借助相邻防火分区防火墙上开设的防火门作为第 2 安全出口；离最近安全出口的疏散距离均小于 60m；相邻防火分区用防火墙或耐火时间不小于 3h 的甲级防火卷帘分隔，通道上的防火卷帘旁设置甲级防火门用来供滞留人员紧急疏散使用。

（6）该工程的疏散楼梯，均为防烟楼梯或者封闭楼梯。

（7）消防车道直达地下一层。

（8）本工程设自动喷水灭火系统。

（9）地下一层及地下二层共计设置 18 个防火分区。

3. 防火建筑的构造

建筑的墙、柱、梁、板等各类建筑单元均为不燃烧体，相邻防火分区门为甲级防火门，局部采用甲级防火窗。

防火门应为向疏散方向开启的平开门，并在关闭后能从任何一侧手动开启。用于疏散的走道、楼梯间和前室的防火门，应具有自行关闭的功能。双扇和多扇防火门还应具有按顺序关闭的功能。当发生火灾时，常开的防火门应具有自行关闭和信号反馈的功能。

对于防烟、排烟、供暖通风和空气调节系统中的管道，在穿越隔墙楼板及防火分区处的缝隙应采用防火封堵材料封堵。

室内暗装消火栓必须配套安装背衬双面内衬岩棉特级防火石膏板（安装于普通墙体上的耐火极限 $\geqslant 2.0h$，安装于防火墙上的耐火极限 $\geqslant 3.0h$）。

电缆井、管道井每层楼板处按结构设计满铺钢筋，待管道安装后用与楼板同样标号的混凝土或防火封堵材料封堵。

防火卷帘应安装在钢筋混凝土楼板或梁上，卷帘侧导轨安装在两侧防火墙内，防火卷帘上部有管道穿过时，防火卷帘上部应用防火材料封堵，并满足防火墙的要求。设在疏散走道上的防火卷帘应在卷帘的两侧设置启闭装置，并应具有自动和手动机械控制的功能。双轨双帘防火卷帘耐火时限 ≥ 3.0h，以背火面温升为标准。

按规范要求，地下装修材料的燃烧性能均应为 A 级或 B1 级。

4. 消防救援路线

地下室车行出入口分别设在地块南北两侧，出入口宽 8.4m，通道净高 4.5m，且与城市道路连接。本工程地下一层层高约 7m，设备安装及污泥运输通道均设在地下一层，因此该通道可兼做消防通道。

20.4.7　海绵城市设计

1. 年径流总量控制目标

根据《武汉市海绵城市规划技术导则》的规定，以所在排水分区的年径流总量控制率管控基准值为基础（详见该导则的图 7.2.1，不在图范围内的建筑与小区建设工程的年径流总量控制率按 70% 取值），并结合项目用地性质和建设特点予以调整，具体调整幅度按该导则的表 4.2.3 执行。调整后取值不足 60% 的按 60% 取值，调整后取值大于 85% 的按 85% 取值。

本项目位于谌家矶地区，属于新建项目，建设特点为市政公用设施。年径流总量基准值 ≥ 70%，调整值为 0。根据长江新城总体规划及长江新城起步区控制性详细规划要求，起步区内新建项目的年径流总量控制率不低于 80%，因此，本工程年径流总量控制目标为 ≥ 80%。

2. 径流组织设计

公园南侧为公园主入口及鱼跃广场，铺装均为新型透水铺装，透水铺装下设渗排管，下渗的雨水经渗排管收集后排至市政雨水管道。由于广场面积较大，沿 4m 宽的公园主干路设置线性排水沟，收集场地内多余的雨水，转输至广场内设计的雨水花园和右侧湿地水体滞蓄后排放。

公园内部设置多处雨水花园，通过地表排水收集绿地内的雨水滞蓄后由南向北排入公园内部的雨水管，最终排入市政雨水管网。

利用高差在公园南侧形成面积较大的湿地水体景观，沿线收集场地内雨水最终由南侧湿地水体滞蓄后排放。

公园东北侧为运动场地，为不透水地面，球场外侧设置雨水花园收集雨水，滞蓄后排放。

20.4.8　防淹设计

本项目为地下污水处理厂，在暴雨情况下，存在雨水顺着进箱体的道路流入箱体内部的风险，为防止雨水灌入箱体后对污水处理厂的运行造成影响，采取了以下的防淹措施：

（1）在进厂道路下坡处设置反坡，尽可能拦截部分雨水。

（2）在进厂道路坡道上设置截水沟，将截水沟接入顶层的雨水系统中。

（3）在箱体入口处设置截水沟，并且在箱体内部设置 3 处雨水泵站，保证雨水进入箱体后能及时排出。

20.5　主要经济指标

20.5.1　概算投资

谌家矶再生水厂近期规模为 7.5 万 m^3/d，远期规模为 15 万 m^3/d，再生水厂采用全地下形式，污水处理厂地上为地面公园，本次建设污水处理厂土建部分和地面公园按照远期规模建设，设备按照近期规模安装。

工程总投资（近期）为 169658.26 万元，其中工程费用 117555.65 万元，工程建设其他费用 27746.19 万元，基本预备费 14530.18 万元。

20.5.2　成本分析

本工程年生产总成本为 12281.76 万元，单位成本为 4.58 元 $/m^3$，单位经营成本为 1.63 元 $/m^3$。

20.6　设计建议

（1）重视多专业之间的协调、配合是设计成败的关键。不同于常规的地面式污水处理厂，地下污水处理厂的建（构）筑物组合、叠放非常普遍。工艺构筑物选型、柱网布置、交通组织、各种管线平面及竖向空间利用，都影响到整个箱体的设计。多专业的协调、配合，充分利用有限空间，通过多方案技术经济比较，才能取得较为满意的结果，建议在设计中采用 BIM 技术。本项目的 BIM 设计与图纸设计未同步进行，BIM 模型在图纸完成施工图审查后才开始进行建模，时间周期较长，发现碰撞问题较晚，建议 BIM 建模与图纸设计尽量同步进行。

（2）及早和相关部门协调、沟通，避免重复设计。以消防为例，目前国内尚无专门针对地下污水处理厂的相关规范、条文，及早和消防部门沟通，明确消防设计方案，可以有效避免重复设计和验收困难的问题。

（3）需要考虑在暴雨情况下，雨水进入箱体影响污水处理厂正常运行的情况，可考虑在进入箱体的道路上设置反坡，阻挡部分雨水，在箱体入口处设置截水沟，在箱体内考虑设置雨水泵房等措施。

第 21 章　成都天府国际机场配套污水处理厂设计

成都天府国际机场配套污水处理厂是全国首座服务民用机场的全地下污水处理厂。该项目是地面景观、周边道路、科普教育与地下污水处理厂功能融为一体的游憩服务型地下污水处理厂综合体。

21.1　项目概况

本项目近期设计规模 1.4 万 m³/d，$K_z = 1.6$，建筑总面积 18569.17m²，一次建成。污水处理采用以倒置 AAO ＋深床反硝化滤池为主体的工艺，消毒采用现场制备 NaClO 的方法。污泥处理采用一体式离心浓缩脱水工艺，并预留增加干化设备的场地，脱水泥饼经污泥料仓周转外运。排放水体为绛溪河。出水执行《四川省岷江、沱江流域水污染物排放标准》DB51/ 2311—2016 和《城市污水再生利用　城市杂用水水质》GB/T 18920—2002 的相关要求。

项目厂址位于简阳市芦葭镇。污水处理厂红线面积 29068.61m²（合 43.6 亩），其中地下箱体占地面积 13145.71m²（合 19.72 亩）。项目采用全地下建设方式，除综合用房和消毒间，其余所有处理构筑物和辅助建筑物均紧密布置于地下空间，上部修建景观公园。

工程建筑安装费用约 2.2 亿元。

21.2　项目设计难点及创新要点

1. 本项目设计的难点

本项目从 2016 年开始设计，由于缺乏国内民航系统中可参考的地下污水处理厂的案例导致设计难度大。机场污水属于生活污水，但是跟一般城市生活污水相比又多了航空污水（飞机上的污水），航空污水收集方式不一以及是否需要预处理等都是需要考虑的问题。

2. 本项目创新要点

（1）在民航机场旁首次建造全地下建设形式的污水处理厂

项目采用全地下建设方式，箱体之上覆土建设休憩公园，最大限度地减少了污水处理厂对周边的影响；同时能提升空中俯视效果，给即将降落的空中旅客赏心悦目的视觉印象。

（2）利用空气管道进行吸声处理

本项目的鼓风机设置在生化池顶，没有设置单独的鼓风机房，本项目除采用低噪声的空气悬浮鼓风机外，对空气管路也进行了吸声处理，效果非常好。

（3）优化曝气池设计，强化脱氮除磷效果

本工程采用倒置 AAO 工艺，回流活性污泥首先进入缺氧区进行反硝化反应，去除其中的溶解氧及硝酸盐氮，然后再进入厌氧区。这样可以保证厌氧区的厌氧效果，提高系统的除磷能力。回流活性污泥中硝酸盐氮的反硝化是靠进水中的碳源来进行的，其反硝化速率远远高于依靠内源呼吸作用进行的反硝化，因此需要的反硝化停留时间短、池体容积小。

（4）超长大体积混凝土结构，未设一处伸缩缝

本工程长度达到 174.3m，属于超长大体积混凝土结构，但本工程未设一处伸缩缝，通过设置后浇带与膨胀加强带组合，以及在混凝土中掺入粉煤灰、优质纤维素纤维等材料，以减少混凝土浇筑及使用过程中的收缩变形。

（5）"绿色低碳"创新

1）采用倒置 AAO 工艺，回流活性污泥首先进入缺氧区进行反硝化反应，去除其中的溶解氧及硝酸盐氮，然后再进入厌氧区。强化了除磷脱氮，减少了碳源的投加量，从而节省了运行费用。

2）全地下污水处理厂不能通过窗户自然采光，本工程采用导光管（太阳能光纤折射照明）采光系统将自然光引入地下空间，能节约大量的照明费用。

3）采用智能照明系统，达到节能目的同时方便日常管理。

4）处理水可以 100% 回用，实现了水资源的循环利用，节约了自来水的消耗。

21.3　总体设计

21.3.1　设计规模

天府机场污水处理厂近期设计规模 1.4 万 m^3/d，$K_z = 1.6$，一次建成。

21.3.2　设计进出水水质

本工程的尾水可以全部排放，也可以全部回用于航空枢纽城。天府机场污水处理厂设计进出水水质如表 21-1 所示：

表 21-1　天府机场污水处理厂设计进出水水质

项目	CODcr（mg/L）	BOD$_5$（mg/L）	SS（mg/L）	TP（mg/L）	NH$_3$-N（mg/L）	TN（mg/L）	pH 值	粪大肠杆菌
设计进水	400	200	220	4.5	50	55	6 ~ 9	—
设计出水	≤ 30	≤ 6	≤ 10	≤ 0.3	≤ 1.5	≤ 10	6 ~ 9	≤ 3 个 /L

21.3.3　处理工艺流程

天府机场污水处理厂工艺流程框图如图 21-1 所示。

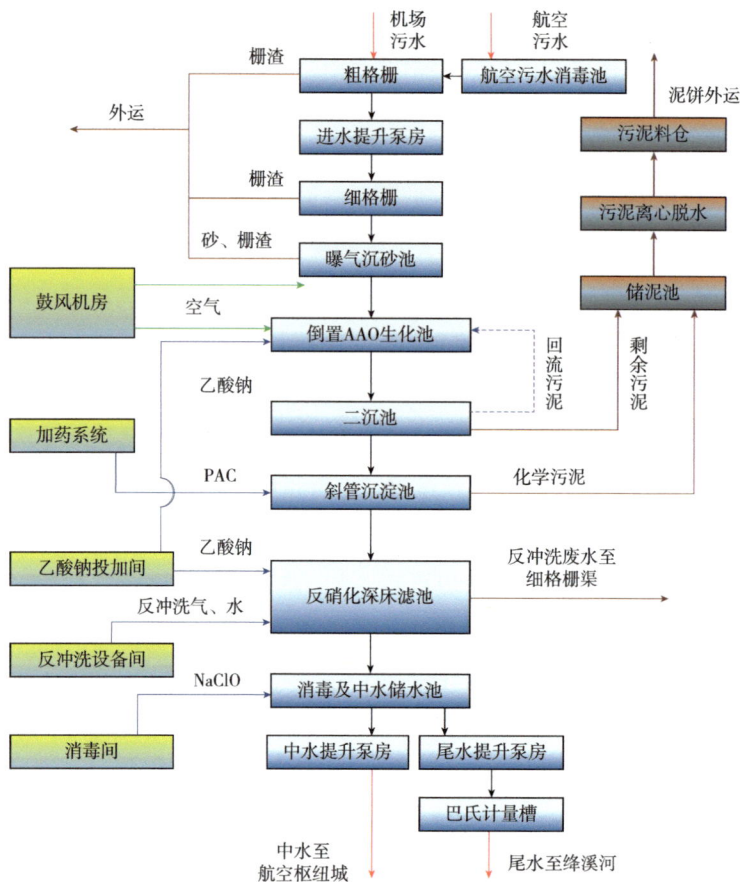

图 21-1　天府机场污水处理厂工艺流程框图

21.3.4　建设形式

根据机场的定位以及地块的规划性质，同时为了节约占地，并达到较好的空中俯视效果以及海绵机场的要求，将污水处理厂设置为民航首个"土地集约型，环境友好型、资源利用型"的全地下污水处理厂。除了综合用房和消毒间，其余所有处理构筑物和辅助建筑物均紧密地布置于地下空间内。天府机场污水处理厂区域鸟瞰图如图 21-2 所示。

图 21-2　天府机场污水处理厂区域鸟瞰图

21.3.5　总体布局

项目主要由两部分构成：地下污水处理厂（地下箱体）及地上管理用房。地下箱体尺寸为173.13m×52.8m×14.9m～16.8m。地下箱体分两层，负一层为操作层，主要为设备操作空间。为充分利用地下空间，负一层还布置有除臭设备、鼓风机系统、脱水间、变配电间、加药间、消防水池及泵房等；负二层主要为污水处理设施及管廊。地下箱体顶部为景观公园及疏散楼梯间、通风井、尾气排放塔、消毒间等。

管理用房2层，占地面积1200m²，总建筑面积2129.52m²。内设净水厂中控室和休息间、管理办公用房、化验室等。

天府机场污水处理厂实景图如图21-3所示。

图21-3　天府机场污水处理厂实景图

天府机场地下污水处理厂的总平面布置主要根据用地情况、水流方向、功能分区等进行，其地下箱体平面布置图如图21-4所示。污水处理厂进水管道（DN800）从南侧进入箱体。地下空间内按水力流程依次布置预处理单元（粗格栅及污水提升泵房、细格栅及曝气沉砂池）、倒置AAO生化池、同边进出水矩形二沉池、机械混合絮凝斜管沉淀池、深床反硝化滤池以及消毒与中水储水池等。

鼓风机系统、加药系统及碳源投加系统等跟水力无关的建筑物放在构筑物顶上以节约地下空间，尽可能地降低投资。污泥处理构筑物靠近预处理单元布置，便于臭气的统一收集和处理。

出厂处理水可以100%回用，节约自来水资源，实现水资源的循环利用，也可排放进入绛溪河。

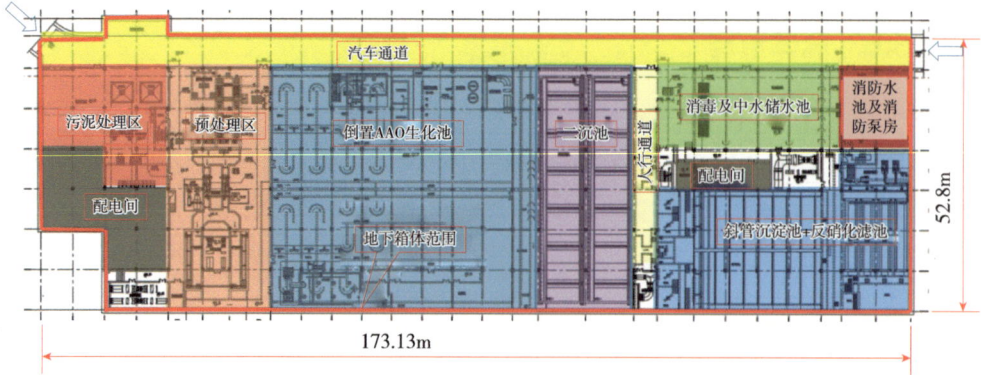

图 21-4 天府机场污水处理厂地下箱体平面布置图

21.3.6 竖向布置

1. 箱体外设计地面高程

天府机场污水处理厂周边道路设计标高为 431.50 ～ 431.90m，根据厂区周边道路设计标高及考虑到厂区排水方便，尽量减少挖填土方量，与周围道路相对衔接顺畅且依地势而建，确定厂区设计地面标高比周边道路高约 0.3m，为 431.8 ～ 432.2m。箱体顶部覆土约 1.5m。

2. 地下箱体竖向设计

箱体结构的层数为 2 层，最大埋深 16.8m，操作层顶标高 430.5m，层高 6m；底板标高最低 415.20m。天府机场污水处理厂地下箱体剖面图如图 21-5 所示。

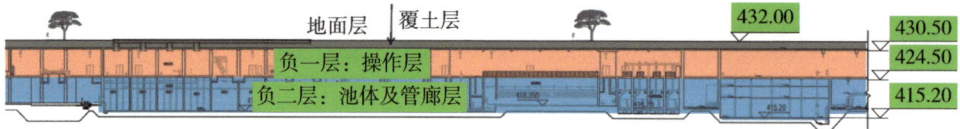

图 21-5 天府机场污水处理厂地下箱体剖面图（标准尺寸单位：m）

21.4 主要工程设计

21.4.1 工艺设计

1. 粗格栅、污水提升泵井及航空污水消毒池

土建按远期设计规模 3.15 万 m^3/d 设计，$K_z = 1.45$，设备按近期安装。

进水管上设电动速闭闸 1 套，DN800；粗格栅渠设钢绳牵引式格栅 2 套，$B = 1000mm$，$e = 20mm$；提升泵房设潜污泵 3 套（2 用 1 备），$Q = 480m^3/h$，$H = 9m$，$N = 22kW$。

按照国际惯例，飞机上的污水（航空污水）须经消毒后才能进入污水处理厂，在粗格栅旁设置航空污水消毒池，总容积 45m³，容积跟每天产生的航空污水量匹配，池内设搅拌机 2 台，$N = 0.9$kW。

2. 细格栅及曝气沉砂池

按近期规模 1.4 万 m³/d 设计，$K_z = 1.6$。

设细格栅渠 1 座，分 2 格，每格设转鼓式细格栅 1 台，栅条间隙：$b = 3$mm。

设曝气沉砂池一座，分 2 格，停留时间 5min，供气量 0.20m³ 空气 /m³ 污水。

每格池内设链板式刮泥机 1 台。

3. 倒置 AAO 生化池

生化池按照倒置 AAO 形式工作。通过闸门的切换，也可以按照常规 AAO 模式运行。

生化池设计水量按照远期平均流量的一半考虑，即 15750m³/d。

本工程设 1 座生化池，分 2 格，总有效池容为 13150m³，单格平面尺寸 52.6m×26m，有效水深 6.45m。

生化池总停留时间 20.52h。其中缺氧区水力停留时间 7.25h，厌氧区水力停留时间 2.42h，好氧区水力停留时间 10.85h。缺氧区和厌氧区均设置潜水推流器。

混合液浓度（MLSS）4000mg/L。总污泥负荷 0.0598kgBOD$_5$/kgMLSS。

混合液回流率 350%，污泥回流率 100%。

采用鼓风曝气充氧，气水比 6.4：1。空气主干管上安装空气流量计和电动活塞式调流阀。曝气采用橡胶膜盘式微孔曝气器。

生化池连续运行。好氧区溶解氧控制在 0.5 ~ 2.0mg/L 左右，通过调节鼓风机的频率来实现。生化池顶设置空气悬浮鼓风机 3 台，$Q = 1152 \sim 2133$m³/h，$P = 0.74$bar，2 用 1 备。

4. 二沉池

二沉池为矩形周边进水、出水池型，设计流量 1.4 万 m³/d，$K_z = 1.6$。二沉池共 1 座，分 2 格，单格尺寸 43m×8.8m，有效水深 4.35m。平均流量时表面负荷 0.77m³/（m²·h），最大流量时表面负荷 1.23m³/（m²·h）。

沉淀设备为成套设备，采用非金属链式刮泥机 2 台；采用排泥系统 2 套，包括液压穿孔排泥管、电动套筒阀等设施；采用配水系统 2 套，包括进水渠配水孔管、反射挡板、导水裙板等设施；采用浮渣收集设备 2 套，撇渣管规格为 $\phi = 250$mm。

5. 机械混合絮凝斜管沉淀池

设计流量 1.4 万 m³/d，$K_z = 1.6$。

设混合池 1 座，混合时间 90s，池内设快速混合搅拌器 1 台，$N = 2.2$kW。设絮凝池 2 座，反应时间 17.28min，每座池内设 2 台慢速搅拌机，$N = 1.5$kW，变频。设斜管沉淀池 1 座，分 2 格，斜管沉淀区上升流速 0.58mm/s。每格池内设液压往复式池底部刮泥机 1 套。

6. 反硝化深床滤池

设计流量：1.4 万 m³/d，$K_z = 1.6$。

设深床滤池 1 座，分 4 格，单格过滤面积 38.28m²，最大流量时滤速 6.1m/h。设布水布气装置（滤砖）4 套，HDPE 材质；石英砂约 280.21m³，粒径 2 ~ 3mm，滤床深度 1.83m；设反冲洗水泵 1 台，1 用 1 备，$Q = 599.6$m³/h，$H = 10.26$m，$N = 22$kW；设罗茨鼓风机 1 台，1 用 1 备，$Q = 61$m³/min，$P = 0.07$MPa，$N = 93$kW。

7. 消毒及中水储水池

设计流量：1.4 万 m³/d，$K_z = 1.6$。

设消毒及中水储水池 1 座，分 2 格。来自滤池的水经管道进入消毒及中水储水池的前端消毒区，经过 30min 的消毒后溢流进入后端的储水区。消毒后的水全部或部分回用，多余的提升进入巴氏计量槽计量后排放，最终进入绛溪河。消毒区有效容积约 620m³，储水区容积约 1500m³。

中水回用于整个航空枢纽城，主要用于绿化、浇洒和道路冲洗。设气压给水装置 1 套，配 5 台泵，4 用 1 备，$Q = 195$m³/h，$H = 64$m，$N = 75$kW，均为变频。

因为中水回用不是全天进行的，因此处理水外排部分按可以全部排放考虑。根据设计流程尾水需要提升排放。设潜水污水泵 4 台，3 用 1 备，$Q = 320$m³/h，$H = 12$m。

8. 加药间

设计流量：1.4 万 m³/d，$K_z = 1.6$。

为了保证出水水质稳定达标，污水处理厂还设置了碳源投加系统和 PAC 化学除磷系统，位于生化池池顶。PAC 最大投加量 40mg/L（10% 商品液），投加在斜管沉淀池前混合池。碳源采用 20% 乙酸钠，最大投加量 57mg/L（干固体计），投加在生化池进水渠和反硝化滤池混合井。

9. 污泥脱水间

近期每天产生干污泥量 2.83t DS/d，脱水前污泥含水率 99.4%，脱水后污泥含水率 80%。脱水间内设储泥池、脱水机及配套设备，并预留污泥干化用地。

设储泥池 1 座，分 2 格，停留时间 6h，它是剩余污泥和化学污泥进浓缩脱水机前的缓冲池。池内设自吸式曝气机 2 台，起搅拌混合作用，同时避免污泥沉淀和磷的二次污染。

设一体化离心式浓缩脱水机 2 台，1 用 1 备，单台最大处理能力约为 30m³/h，配套有进泥泵、泥饼泵和加药设备。

设 2 个有效容积为 24m³ 的泥饼柜，钢筋混凝土结构，贮存时间约 3d。

10. 消毒间

消毒采用现场制备次氯酸钠，对航空污水和污水处理厂尾水进行消毒。最大加氯量按 10 ~ 15mg/L 有效氯计。

消毒间设置在地面上。设置次氯酸钠发生器 3 套，8.5kg/h，2 用 1 备，制备浓度 0.8%。设置投加计量泵 2 台，1 用 1 备，$Q = 2600$L/h，$H = 4$bar，投加到消毒池进口。设置投加计量泵 2 台，1 用 1 备，$Q = 150$L/h，$H = 4$bar，投加到航空污水池。

21.4.2　建筑设计

1. 建筑安全等级

（1）本工程地下建筑物耐火等级为一级，地上建筑物耐火等级为二级。

（2）工业建筑物火灾危险性类别：配电间（包括其附属建筑）为丁级，消毒间为甲级，其余箱体建筑为戊级。

2. 建（构）筑物外装修

地上外露部分主要采用与四周绿化环境相协调的天然外观类饰面材料装修，结合园林景观进行综合设置，综合楼外墙主体为 25mm 厚白色石材干挂复合幕墙（内：深灰色铝单板，外：铜灰色铝格栅），局部为深灰色铝单板。

消毒间外墙的主体以干挂白色石材饰面，局部以灰色合成树脂乳液砂壁状建筑涂料饰面。

出风塔采用铝合金板饰面，楼梯间出屋面采用灰色合成树脂乳液砂壁状建筑涂料饰面。

门卫外墙的主体以镶挂芝麻白花岗石饰面，局部以木塑条饰面。

3. 建（构）筑物内装修

外门窗：综合楼采用深灰色断桥隔热铝合金低辐射中空玻璃门窗，内门采用实木门及钢制防火门。其余建筑物采用咖啡色彩铝门窗（单面，外墙侧烤漆）。外门采用普通铝合金门；进出设备大门、隔声门及防火门采用彩钢门。

内墙及顶棚：鼓风机房等有噪声污染的房间内墙面及顶棚采用穿孔彩铝板超细玻璃棉内衬吸声墙；加药间等需要防腐的房间采用耐酸砖地面，墙裙进行防腐构造处理；建（构）筑物墙面、顶棚等采用水泥砂浆喷白色无机涂料。

地面：疏散通道等主要交通通廊地面采用绿色反光漆面层，除有利于室内反光外，还有良好的标识性，有利于疏散，同时易于清洁。

栏杆：室内均采用不锈钢防腐栏杆。

4. 地下建筑防水构造

（1）外围护结构及屋面防水等级

种植屋面：一级；

其余结构：二级。

（2）主要防水构造及材料

外围护结构及其底板除防水混凝土自防水外，另附加采用防水卷材及防水涂料进行综合设置；

种植屋面采用防水卷材及防穿刺防水层联合组成，满足国家相关规范要求。

21.4.3　结构设计

污水处理厂地下箱体平面尺寸 174.3m×54m，埋深 12.0～16.8m。箱体结构为地下两层，顶层覆土约 1.5m。地下负一层为钢筋混凝土地下室外墙＋框架结构，柱距为 4.00 ~ 9.45m，地下负二层为钢筋混凝土水池类薄壁结构，采用筏板基础。持力层为强风化基岩或中风化基岩。箱体外壁厚度为 0.6 ~ 1.0m，底板厚度 1.2m，顶板厚度 0.3m。

本工程长度达到 174.3m，属于超长大体积混凝土结构。本工程未设一处伸缩缝，设计通过设置后浇带与膨胀加强带组合，以及在混凝土中掺入粉煤灰、优质纤维素纤维等材料，以减少混凝土浇筑及使用过程中的收缩变形。

地下箱体抗浮采用自重抗浮结合锚杆抗浮方式，其余单体采用自重抗浮。

21.4.4　基坑支护设计

本项目基坑深度约 14.8 ~ 17.0m，平面尺寸东西向约 177m，南北向约 57m。

基坑开挖支护采用分级放坡＋网喷支护＋排桩（锚拉桩）支护。

21.4.5　电气和自控设计

1. 电气设计

本工程近期设计规模为 1.4 万 m^3/d，负荷等级为二级，供电电源采用 10kV 电压等级，双电源供电，两路电源为同时使用，且互为备用，每路电源均应能承担全部负荷的 100% 运行。

根据全厂用电负荷及其分布情况，本工程设 10kV 配电中心一个，10/0.4kV 变配电中心站一个，0.4kV 一级配电中心一个，0.4kV 二级配电中心三个。

（1）在 1 号变配电间设 10kV 配电系统一个，主要设备有：10kV 中置式开关柜，向全厂两台 1000/10/0.4kV 变压器供电。

（2）在 1 号变配电间设 10/0.4kV 变配电站一座。主要设备有：1000/10/0.4kV 变压器两台、组合式低压柜、电能质量综合优化装置等。主要负责向第二防火分区全部用电设备和第三防火分区的部分用电设备配电，另外提供给消防用电设备及负责对厂前区建筑物内的用电设备配电。

（3）在 2 号配电间设 0.4kV 二级配电站一座。主要设备有：组合式低压柜。主要负责向第一防火分区和第四防火分区的用电设备配电。

（4）在 3 号配电间设 0.4kV 二级配电站一座。主要设备有：组合式低压柜。主要负责向第三防火分区和第五防火分区的用电设备配电。

（5）在消毒间及机修仓库设 0.4kV 二级配电站一座。主要设备有：组合式低压柜。主要负责向消毒间及机修仓库的用电设备配电。

变配电站靠近负荷中心，进、出线方便，线路损耗小，系统功能明确，靠近用电设备，便于维护管理。

本工程采用智能照明系统，分区域设置终端控制设备，通过数据总线传输至中央照明智能管理系统统一管理，可根据时间及照度要求智能控制照明的投切和照度，达到节能目的以及方便日常管理。

2. 自控、仪表设计

综合自动化系统包括厂内生产管理系统、生产过程自动化系统、视频监控及安防系统、检测仪表及火灾自动报警系统等五部分。

采用以太光纤环网构成"集散型"控制系统，集中监控管理、分散控制、数据共享。现场控制站的设置以相对独立、就近控制为原则。

在污水处理厂综合楼中央控制室设控制中心，实现整个污水处理厂的"集中管理"。设有 4 个现场控制主站、8 个主要设备控制单元。现场控制站采用以太光纤环网与中央监控计算机实现数据交换，采用环网结构、以光纤作为传输介质，保证网络的可靠性、安全性。成套设备控制单元由设备厂家配套提供，具备以太网通信接口，通过工业网络交换机与中央监控系统实现数据交换。

根据本工程污水处理工艺流程和综合自动化系统的要求配置检测仪表。仪表信号采用 4 ~ 20mA 信号接入 PLC 控制器，预留仪表通信接口。流量、总磷、总氮、COD、氨氮等检测仪通过工业现场总线与自动化系统相连。

21.4.6　除臭和通风设计

1. 除臭设计

全厂纳入臭气处理的构筑物为设于地下综合厂房内的粗格栅、污水提升泵房、航空污水处理池、细格栅、曝气沉砂池、污泥脱水间及生化池。

设置生物滤池除臭。

除臭分两个系统，生化池单独采用一套除臭设备，处理风量 25000m^3/h，配置除臭风机 2 台，$Q = 26000m^3$/h，$P = 2200$Pa，$N = 30$kW。另一套除臭设备处理其他构筑物放出的臭气，总处理风量为 10000m^3/h，配置除臭风机 2 台，$Q = 11000m^3$/h，$P = 2200$Pa，$N = 11$kW。

经处理后的尾气满足《恶臭污染物排放标准》GB 14554—1993 中恶臭污染物在 15m 高空有组织排放标准值的要求。经处理后的尾气在厂界达到《城镇污水处理厂污染物排放标准》GB 18918—2002 中厂界排放二级标准。

2. 通风及防烟排烟设计

根据建筑划分的防火分区对地下厂房进行通风设计。计算排风量时采用换气次数法，送风量取排风量的 80%，附加除臭排风量的 80%。风机选型时附加 5% 的漏风量。

按防烟分区设机械排烟、补风系统，防烟分区不跨越防火分区。排烟风道、补风风道与平时通风系统合用。

每个防烟楼梯间前室设置机械正压送风系统，楼梯间采用自然通风排烟的方式。风机设置于正压送风室内，火灾时由电信号控制开启正压送风机。

21.4.7　消防设计

1. 消防车道

在总平面设计中，厂内道路呈环形布置，充分考虑了消防通道的顺畅、便捷，并按规范要求布置室外消火栓。地面上消防通道的宽度不小于 4m，且转弯半径不小于 9m。

（1）防火分区的划分

综合楼为地上两层，建筑面积为 2129.52m²，耐火等级为二级。每层的建筑面积均小于 2500m²，故综合楼为一个防火分区。设 2 部疏散楼梯，房间或走道最远点至疏散楼梯的最远距离均小于 60m。

消毒间及机修仓库为单层建筑，建筑面积为 958.74m²，耐火等级为二级，火灾危险分类为甲类，与其他公共建筑的防火间距均大于 25m，超过 100m² 的房间均设有 2 个出入口。门卫及公厕均为小型公共建筑，与其他建筑物的防火间距均满足规范规定的要求。

本污水处理厂的主体车间为地下建筑，层数为地下负二层。各类生产水池统一作为工艺构筑物考虑，在适当位置设置楼梯以便检修与维护，各生产性建筑物均分别独立作为一个防火分区按戊类防火分区进行考虑。

负一层操作层按面积划分为 3 个防火分区，负二层池体管廊层按面积划分为 1 个防火分区，每个防火分区面积为 2000m² 左右。

每个防火分区除设置一部直通室外的疏散楼梯外，利用防火墙上一个通向安全通道或相邻防火分区的甲级防火门作为第二安全出口。

（2）整个厂区按同一时间发生一处火灾考虑，电缆井、管道井每层楼板处采用相当于楼板耐火极限的防火材料封堵。电缆井、管道井与房间、走道等相连通的孔隙用非燃烧体材料严密填实。

（3）疏散距离

楼梯均采用防烟楼梯，疏散距离满足厂房内任意一点至最近安全出口直线距离不大于 60m 的要求。

（4）疏散宽度

疏散宽度满足每 100 人最小疏散净宽度 0.60m 的要求。

（5）安全出口及防火构造

本工程安全出口为防烟楼梯，5 个防烟楼梯直通室外。

（6）采用消防控制中心报警系统

消防控制中心设置在综合楼首层内，对火灾自动报警系统、火灾事故广播、消防通信系统、防烟排烟系统、消防水泵等进行集中管理、监测和控制。

（7）防火墙与防火门

防火墙和公共走廊上疏散用的平开防火门都设有闭门器，双扇平开防火门安装闭门器和顺序器，常开防火门须安装信号控制关闭和反馈装置。

2. 火灾探测与应急报警设计

（1）本工程综合楼为二类多层建筑，属于火灾自动报警系统二级保护对象。生产区为地下一类工业建筑，属于火灾自动报警系统一级保护对象。

消防控制室位于综合楼首层，并设有直接通往室外的出口。内设火灾自动报警系统（多总线制）、火灾应急广播系统、应急照明控制系统，控制室内有专职人员。

（2）本工程火灾自动报警系统采用控制中心报警，由火灾探测系统、消防联动控制系统等构成，火灾自动报警系统采用集中报警的形式。

（3）在地下污水处理厂弱电设备间设置区域火警报警控制器，与消防控制室采用CAN总线通信。在消防控制室可以全面监控全厂火警，并可对全厂风机、防火门及消防泵进行手动控制。

（4）火灾报警探测器设置为全面保护方式。

（5）消防控制中心接到火灾报警信号后，消防控制设备按程序连锁控制消防泵、喷淋泵、防烟风机、排烟风机、空调机组、新风机组、非消防电源与事故电源。消防泵、喷淋泵、防烟风机、排烟风机在消防控制室可手动直接控制。通过消火栓信号即可自动启动消火栓泵，也可通过继电器实现直启消火栓泵。火灾时，非消防电源的切除按分区（相邻）进行。

3. 电气防火

（1）本工程对消防水泵、消防控制室、消防风机及防火卷帘等均采用双回路专用电缆供电，在最末一级配电箱处设双电源自动切换。

（2）消防水泵采用星三角启动方式，消防水泵控制柜设置机械应急启动功能，并应保证在控制柜内的控制线路发生故障时可由有管理权限的人员在紧急时启动消防水泵。

（3）设置电气火灾监控系统，电气火灾监控主机安装在位于综合楼内的消防控制室。监控系统具备实时监控报警和系统故障报警功能，实时显示监控参数和报警部位。

（4）设置消防设备电源监控系统。消防设备电源监控系统安装在位于综合楼内的消防控制室。监控系统能够显示消防用电设备的主、备电源的工作状态及故障报警信息，实时显示所监测供电电源的电压、电流、频率等参数。

4. 消防给水工程设计

厂区设置消防给水系统，由室内、室外消火栓和自喷系统组成，消防按同一时间内发生火灾1次考虑。

（1）消防水源

地上层室内、室外消火栓用水和地下空间的室外消防用水直接由市政管网提供。市政管网消防水设计流量55L/s。地下空间内设消防水池和消防泵房，为地下空间室内消火栓和自喷系统提供水源。

（2）消防水量

地上层室外消火栓系统用水量为15L/s，室内消防用水量为15L/s。

地下层室外消火栓系统用水量为30L/s，室内消火栓系统最大用水量为40L/s，火灾延续时间2.0h。

地下自动喷水灭火系统用水量为30L/s，火灾延续时间1.0h。

（3）消防水池及泵房

地下空间室内设置临时高压消防给水系统。消防水池和泵房设置在操作层内。消防水池有效容积415m³，满足地下空间一次消防用水量。

消防泵房内设立式消火栓泵2台，1用1备，$Q = 144$m³/h，$H = 40$m。

设消火栓系统稳压设备1套，$Q = 1$L/s，$H = 43$m，2台，1用1备；气压罐有效容积0.3m³，总容积1.2m³。

设立式自动喷水泵2台，1用1备，$Q = 108$m³/h，$H = 55$m。

设自动喷水系统稳压设备1套，$Q = 1$L/s，$H = 55$m，2台，1用1备；气压罐有效容积1.7m³，总容积5.5m³。

（4）管材及型号

室内消防给水管道采用内外热浸镀锌无缝钢管，以丝扣或沟槽式卡箍连接。

（5）建筑灭火器和气体灭火系统设计

本工程各部位均设置磷酸铵盐干粉灭火器进行保护，地下厂房变配电间设置柜式无管网七氟丙烷气体灭火系统，每个房间按一个防护单元设计。

设计参数：保护区设计灭火浓度均为9%，喷射时间10s，浸渍时间10min；同一防护区内的各台装置必须能同时启动，其动作响应时间差不得大于2s；采用气体灭火的系统均设置泄压口，泄压口设在设置场所三分之二净高以上。

5. 防烟排烟设计

（1）消防设计：按地下室建筑设计，每个防烟分区通风系统的消防联动控制由消防控制中心负担；

（2）配电房设置事后通风设施，确保气体灭火系统工作结束后废气能及时、有效地排除；

（3）防烟楼梯间及消防前室设置机械加压送风设施，确保防烟楼梯间内机械加压送风防烟系统的余压值为40～50Pa，前室的余压值为25～30Pa；

（4）在内走道设置机械排烟系统，排烟量按每平方米不小于60m³/h计；

（5）在地下室面积较大、经常有人停留的房间设置机械排烟系统，排烟量按每平方米不小于60m³/h计，担负2个或以上防烟分区时，排烟量按最大防烟分区每平方米不小于120m³/h计。

21.4.8 防洪及防涝设计

污水处理厂位于机场内部，离最终接纳水体绛溪河还有一定距离，机场设计高程高于周边所有的水系高程（水系高程最高424.70m），污水处理厂设计地面高程432.00m，尾水提升排放，所以河水倒灌的情况不会发生，但采取了以下防止地下空间被淹的工程措施：

（1）地下箱体外地坪设计标高比周边规划道路高 0.5m，为 432m。

（2）地下通道入口均设驼峰和排水沟，防止雨水进入地下箱体。

（3）地下厂房第一个构筑物进水管上设有电动调流阀、电磁流量计和停电紧急切断阀，当发生突然停电事故时，停电紧急切断阀关闭，让厂外的污水不能进入。正常情况下，当进水流量大于污水处理厂自身处理能力而导致格栅渠水位上升时，可以调节进厂调流阀，只让污水处理厂能够处理的水量进入。当格栅渠水位上升到设定的最高位置时，可以完全关闭进厂电动调流阀。

（4）在地下空间废水池内设置有事故排放泵，即使出现火灾启动了消防系统，消防用水也可以及时排出。

21.4.9　景观设计

地面景观建设是以"一池三山曲径通幽，疏林花境阳光草坪"的设计理念，在地面上设置了综合办公区、秋林溪谷区、康健游乐区、科普会客区和形象展示区。天府机场污水处理厂景观总平面图如图 21-6 所示。

图 21-6　天府机场污水处理厂景观总平面图

景观空间兼顾现代园林与古典园林的开合功能，通过古典园林框景的设计手法，运用耐候钢板、铝板等现代材料，设计山水奇石的入口标识性景墙。呼应天府机场大山大水的设计理念，同时又展现古典园林含蓄内敛的景观意境。

21.5　主要经济指标

天府机场污水处理厂第一部分工程费用 21168.84 万元，其中建筑工程费 13675.31 万元、设备购置费 5177.52 万元、安装工程费 2272.97 万元。

21.6 运行效果

21.6.1 实际运行数据

天府机场污水处理厂于 2021 年 4 月 28 日完成竣工验收，机场污水处理厂水量受旅客吞吐量和起降航班的影响非常大。由于受客观情况的影响，2022 年 12 月之前飞往天府机场的航班非常少，因此配套污水处理厂的水量非常小，直到 2022 年 12 月后，天府机场的航班逐渐增多，各种配套设施投入运行，水量才逐渐增加，目前单日污水量在 6000 ~ 8000m³ 左右。收集 2023 年 2 月至 6 月的进出水水质进行分析，出水水质均达到或优于设计水质。2023 年 3 月 22 日至 2023 年 6 月 22 日的实际进出水水质日均值如表 21-2~ 表 21-4 所示。

表 21-2 2023 年 3 月 22 日至 4 月 22 日进出水水质日均值

日期	COD（mg/L）		NH₃-N（mg/L）		TN（mg/L）		TP（mg/L）		SS（mg/L）	
	进水	出水	进水	出水	进水	出水	进水	出水	进水	出水
3/22	305	9	28.74	0.07	33.5	8.1	2.61	0.13	128	6
3/23	279	11	30.13	0.14	32.7	7.94	2.44	0.06	133	6
3/24	244	14	30.04	0.11	31.9	8.17	2.62	0.09	109	7
3/25	231	9	29.77	0.09	30.4	7.74	2.13	0.11	122	6
3/26	219	11	28.53	0.03	32.1	8.02	2.26	0.08	109	6
3/27	298	7	32.58	0.04	36.2	9.09	3.08	0.15	128	8
3/28	277	10	28.75	0.05	32.6	7.04	2.89	0.11	113	7
3/29	301	24	28.41	0.13	30.3	7.63	2.4	0.10	134	7
3/30	279	21	30.17	0.18	32.9	8.97	2.64	0.16	121	8
3/31	243	18	29.21	0.14	32.4	7.73	2.18	0.09	143	7
4/1	209	13	33.14	0.21	36.7	8.03	2.32	0.11	129	8
4/2	197	12	31.28	0.08	32.1	6.72	3.02	0.05	136	6
4/3	218	7	28.65	0.08	31.7	8.87	2.78	0.04	128	8
4/4	265	11	31.25	0.07	35.6	8.18	3.14	0.06	145	7
4/5	228	11	28.65	0.07	35.6	9.28	3.14	0.09	145	7
4/6	282	6	30.85	0.04	35.2	5.83	2.78	0.05	120	6
4/7	245	8	27.58	0.06	32.2	7.28	2.65	0.08	116	7
4/8	305	12	32.58	0.05	36.9	8.24	3.18	0.10	138	7
4/9	283	6	30.46	0.05	32.5	6.18	4.24	0.03	163	6
4/10	276	9	28.26	0.03	33.9	7.29	3.84	0.07	168	6
4/11	244	23	28.73	0.08	31.5	7.19	3.15	0.11	142	7
4/12	227	4	27.89	0.13	29.7	5.51	2.88	0.03	113	7
4/13	193	11	29.44	0.11	31.6	6.21	2.17	0.05	97	7
4/14	206	12	30.25	0.09	34.7	7.25	2.26	0.09	102	7
4/15	275	17	27.68	0.1	33.5	8.36	2.76	0.11	136	7
4/16	318	8	32.65	0.11	37.2	7.61	3.25	0.03	144	9

续表

日期	COD（mg/L）		NH₃-N（mg/L）		TN（mg/L）		TP（mg/L）		SS（mg/L）	
	进水	出水	进水	出水	进水	出水	进水	出水	进水	出水
4/17	302	9	32.13	0.20	35.6	8.35	3.41	0.05	169	8
4/18	266	23	30.21	0.15	35.1	8.22	3.28	0.09	134	8
4/19	229	9	26.58	0.04	30.2	4.95	2.75	0.06	112	6
4/20	245	6	28.25	0.04	32.9	5.40	3.16	0.03	128	7
4/21	231	8	29.37	0.09	30.7	7.13	3.02	0.09	119	7
4/22	209	15	30.21	0.05	32.9	6.86	2.77	0.05	133	7
最高值	318	24	33.14	0.21	37.2	9.28	4.24	0.16	169	9
最低值	193	4	26.58	0.03	29.7	4.95	2.13	0.03	97	6
平均值	254.03	11.69	29.76	0.09	33.22	7.48	2.85	0.08	129.91	6.97
标准值	—	30	—	1.5	—	10	—	0.3	—	10

表21-3 2023年4月23日至5月22日进出水水质日均值

日期	COD（mg/L）		NH₃-N（mg/L）		TN（mg/L）		TP（mg/L）		SS（mg/L）	
	进水	出水	进水	出水	进水	出水	进水	出水	进水	出水
4/23	288	7	34.58	0.04	37.5	8.34	3.25	0.03	148	7
4/24	208	7	32.5	0.04	38.8	8.15	3.85	0.03	133	7
4/25	193	18	31.79	0.06	36.4	8.31	4.01	0.03	122	7
4/26	202	12	28.65	0.04	34.2	7.65	3.88	0.04	112	7
4/27	213	7	34.17	0.27	36.8	9.09	3.47	0.04	109	7
4/28	234	17	32.09	0.14	34.1	9.11	3.19	0.05	98	7
4/29	217	13	33.16	0.22	35.7	8.71	2.88	0.05	103	7
4/30	203	10	32.77	0.15	34.6	9.03	3.02	0.05	117	7
5/1	219	15	30.18	0.21	35.1	8.11	3.11	0.07	103	7
5/2	224	11	30.79	0.17	33.8	9.24	3.19	0.07	117	7
5/3	209	7	30.12	0.07	31.4	9.96	3.44	0.08	129	7
5/4	258	10	28.62	0.31	30.6	9.86	3.13	0.08	114	7
5/5	200	6	28.65	0.17	31.7	9.82	3.29	0.08	125	8
5/6	218	8	27.55	0.11	30.2	8.85	3.11	0.09	116	6
5/7	244	9	29.13	0.06	30.7	8.42	3.03	0.09	127	6
5/8	221	15	27.73	0.12	29.4	8.03	3.10	0.11	109	6
5/9	205	4	26.25	0.10	30.5	8.25	3.22	0.12	115	7
5/10	182	8	25.25	0.12	28.9	7.05	2.88	0.12	125	6
5/11	180	10	34.25	0.12	36.3	7.72	3.93	0.13	95	7
5/12	214	17	23.37	0.14	30.3	7.7	3.11	0.14	101	7
5/13	235	12	25.85	0.18	31.4	7.28	2.98	0.14	115	7
5/14	162	10	32.5	0.04	38.6	5.91	3.5	0.16	208	8

续表

日期	COD（mg/L）		NH₃-N（mg/L）		TN（mg/L）		TP（mg/L）		SS（mg/L）	
	进水	出水	进水	出水	进水	出水	进水	出水	进水	出水
5/15	137	14	32.13	0.05	36.9	6.15	2.62	0.17	213	6
5/16	162	9	28.17	0.11	31.5	6.03	2.10	0.18	177	6
5/17	143	13	24.33	0.09	28.4	6.09	2.55	0.18	126	7
5/18	182	10	25.69	0.12	29.2	9.52	2.78	0.2	136	7
5/19	168	12	24.75	0.09	30.2	8.85	3.15	0.22	144	8
5/20	177	13	26.29	0.08	31.8	7.85	3.09	0.22	146	8
5/21	204	10	28.65	0.13	33.5	9.88	3.55	0.23	122	7
5/22	280	6	31.58	0.09	37.4	8.60	3.88	0.25	148	6
最高值	288	18	34.58	0.31	38.8	9.96	4.01	0.25	213	8
最低值	137	4	23.37	0.04	28.4	5.91	2.10	0.03	95	6
平均值	206.1	10.67	29.38	0.12	33.20	8.25	3.21	0.12	128.43	6.90
标准值	—	30	—	1.5	—	10	—	0.3	—	10

表 21-4　2023 年 5 月 23 日至 6 月 22 日进出水水质日均值

日期	COD（mg/L）		NH₃-N（mg/L）		TN（mg/L）		TP（mg/L）		SS（mg/L）	
	进水	出水	进水	出水	进水	出水	进水	出水	进水	出水
5/23	218	11	24.26	0.10	28.6	5.09	2.89	0.04	120	8
5/24	264	14	27.25	0.13	32.6	6.28	3.25	0.06	142	7
5/25	236	11	28.03	0.11	34.9	5.68	3.29	0.05	140	7
5/26	207	9	27.54	0.09	32.6	5.95	3.08	0.06	138	7
5/27	241	10	30.47	0.28	35.1	7.66	3.26	0.02	157	6
5/28	216	9	27.33	0.08	31.6	4.93	3.75	0.03	162	7
5/29	207	14	27.55	0.09	31.8	7.46	3.13	0.02	118	7
5/30	213	11	27.73	0.17	29.6	6.54	3.25	0.03	143	7
6/1	197	17	27.85	0.11	28.4	6.34	3.39	0.07	118	7
6/2	184	15	29.06	0.13	33.2	5.89	3.41	0.09	126	7
6/3	211	11	25.28	0.10	30.1	5.22	3.82	0.07	142	7
6/4	182	9	22.58	0.08	28.9	4.41	3.18	0.06	135	8
6/5	194	14	24.71	0.17	28.3	9.67	2.89	0.08	130	7
6/6	191	17	25.33	0.20	28.9	7.19	3.03	0.04	144	7
6/7	191	17	25.33	0.20	28.9	7.19	3.03	0.04	144	7
6/8	184	15	27.99	0.14	32.6	6.02	3.26	0.03	141	6
6/9	265	18	27.45	1.00	33.9	4.55	3.82	0.11	152	9
6/10	216	13	24.29	0.75	29.6	8.19	3.25	0.12	133	7

续表

日期	COD（mg/L）		NH₃-N（mg/L）		TN（mg/L）		TP（mg/L）		SS（mg/L）	
	进水	出水	进水	出水	进水	出水	进水	出水	进水	出水
6/11	203	10	29.55	0.62	33.8	4.78	3.47	0.08	148	7
6/12	208	5	24.72	0.87	31.6	6.68	3.44	0.06	142	8
6/13	188	11	20.03	0.24	24.4	7.41	2.17	0.05	117	7
6/14	190	14	27.31	0.35	31.8	6.17	2.85	0.04	134	7
6/15	202	9	24.58	0.07	28.9	7.54	2.47	0.05	125	7
6/16	245	11	26.89	0.09	30.8	5.28	3.08	0.06	132	8
6/17	268	13	27.11	0.05	32.4	6.13	3.87	0.04	158	7
6/18	312	10	28.55	0.09	35.2	4.96	3.45	0.04	144	8
6/19	287	7	27.75	0.11	34.6	5.29	3.25	0.03	139	7
6/20	375	9	31.55	0.07	37.5	5.78	3.90	0.03	148	5
6/21	343	7	30.12	0.16	37.9	9.62	3.64	0.03	155	7
6/22	375	9	31.55	0.07	37.5	5.78	3.90	0.03	148	5
最高值	375	18	31.55	1.00	37.9	9.67	3.90	0.12	162	9
最低值	182	5	20.03	0.05	24.4	4.41	2.17	0.02	117	5
平均值	233.77	11.67	27.00	0.224	31.87	6.32	3.28	0.052	139.17	7.03
标准值	—	30	—	1.5	—	10	—	0.3	—	10

21.6.2　运行数据分析

2023 年进出水水质与设计值对比如表 21-5 所示：

表 21-5　2023 年实际进出水水质与设计值对比

污染物项目		COD_cr	BOD₅	SS	TN	NH₃-N	TP
单位		mg/L	mg/L	mg/L	mg/L	mg/L	mg/L
进水	设计值	400	200	220	55	50	4.5
	实测最大值	375	—	213	39.5	34.58	4.24
	实测最小值	119	—	95	24.4	20.03	2.05
	实测平均值	228.71	—	127.97	33.0	28.79	2.98
出水	设计值	30	6	10	10	1.5	0.3
	实测最大值	24	—	9	9.96	1.00	0.25
	实测最小值	4	—	5	4.41	0.03	0.02
	实测平均值	11.37	—	7	7.46	0.13	0.08

从表 21-5 可以看出，实际进水水质平均值均低于设计值，出水水质均优于设计标准，特别是 NH₃-N 和 TP 远低于设计标准。

21.7 设计经验

（1）机场污水虽然属于市政污水，但是设计水量不能像一般的市政污水处理厂通过单位人口用水定额或者单位用地指标来折算，要细化到各功能分区各单元的用水量。

（2）处理工艺除了考虑常规市政污水处理厂考虑的问题，还需要考虑航空污水的特殊性。航空污水处理池的大小要跟每天产生的航空污水量匹配。

（3）机场污水处理厂的设计水量受航班量的影响比较大，运行初期污水量偏少，水质偏低，设计中要考虑设备设施分组等措施确保出水水质稳定达标。

（4）对于地下污水处理厂，敞开的水面可不算防火分区面积，可以减少防火分区的数量，但敞开的水面会增加地下空间的湿度，对设备防腐不利，要综合考虑。

（5）对地下污水处理厂操作层的通风一般都比较重视，但在负二层的管廊层容易忽视该因素，通风量不够容易造成墙壁、管道上产生结露现象，应重视负二层的通风。

（6）全地下污水处理厂不能通过窗户自然采光，采用导光管（太阳能光纤折射照明）采光系统将自然光引入地下空间，能节约大量的照明费用。

（7）采用现场制次氯酸钠消毒，能够减少液体药剂运输的麻烦，货源受制于供货商的情况也比较少，但是现场制备次氯酸钠会产生氢气，对防火有更高的要求，故不能将现场制备的地点放在地下空间内，必须建设在地面上。

（8）污水处理厂准Ⅳ类出水已经达到了中水回用标准，能回用应尽量回用，实现水资源的循环利用，以节约自来水的消耗。

第22章　贵阳市南明区贵钢再生水厂设计

贵钢再生水厂位于贵钢 BRT 枢纽站，是将市政 BRT 交通枢纽、社会车辆停车场、过街地下通道与地下污水处理厂功能融为一体的市政交通型地下污水处理厂综合体。

22.1　项目概况

本项目位于 BRT 枢纽站下方，设计规模 3 万 m^3/d，$K_z = 1.42$。污水处理采用以倒置 AAO 生化池+砂滤池为主体的工艺，消毒采用成品 NaClO，污泥处理采用全封闭的带式脱水机和低温冷凝干化机。排放水体为南明河。出水执行《城镇污水处理厂污染物排放标准》GB 18918—2002 中的一级标准的 A 标准，主要指标（BOD_5、COD、氨氮、总磷等）达到Ⅳ类水体标准。

再生水厂红线面积（含外部通道）18300m^2（合 27.45 亩），其中再生水厂部分红线面积 15236m^2（合 22.85 亩），地下框体占地面积 11327m^2（合 16.99 亩）。

项目建设总投资 48976.63 万元。

22.2　项目设计难点及创新要点

1. 本项目设计的难点

本项目设计的最大难点是污水处理厂位于 BRT 枢纽站下方，且 BRT 枢纽站已经完成设计，污水处理厂的所有设计必须兼顾上部 BRT 枢纽的布置。

本工程疏散楼梯及通风井、除臭通风塔等若干功能附属均需通过上部 BRT 枢纽站内部专门通道直通室外，BRT 枢纽站为人员密集型场所，设计时，除要考虑本工程平面布置及防火分区划分外，要尽量满足上部建筑的要求，尽量减小对上部 BRT 枢纽站的影响。结构设计时对上部荷载和平面位置等进行对接，下部污水处理厂要能承受上部 BRT 枢纽站的荷载。

2. 本项目创新要点

集交通枢纽、污水处理厂及地铁通道于一体的市政交通型地下污水处理厂综合体。

本项目为地下钢筋混凝土结构，地下共三层，为再生水厂生产、办公及停车场层；地上三层为市政 BRT 车站交通枢纽，负一层西侧局部为 BRT 车站社会车辆停车场，负一层东侧为独立的再生水厂办公用房及卸荷架空层，且在局部预留地铁 2 号线过街地下通道，地面以上为贵钢 BRT 车站站房。负二层为再生水厂操作层、负三层为再生水厂生产层。

本项目将污水处理厂设置在BRT枢纽站下面解决了贵阳市区污水处理厂选址难的问题，也为其他山地城市或用地紧张的城市提供了借鉴。

（1）优化曝气池设计，强化脱氮除磷效果。

本工程采用倒置AAO工艺，回流活性污泥首先进入缺氧区进行反硝化反应，去除其中的溶解氧及硝酸盐氮，然后再进入厌氧区。这样可以保证厌氧区的厌氧效果，提高系统的除磷能力。回流活性污泥中硝酸盐氮的反硝化是靠进水中的碳源进行的，其反硝化速率远远高于依靠内源呼吸作用进行的反硝化，因此需要的反硝化停留时间短，池体容积小。

（2）超长超宽大体积混凝土结构，未设一处伸缩缝。

本工程长度达到142.3m，宽度达到82.7m，属于超长超宽大体积混凝土结构。本工程未设一处伸缩缝，设计通过设置后浇带与膨胀加强带组合，以及在混凝土中掺入粉煤灰、优质纤维素纤维等材料，以减少混凝土浇筑及使用过程中的收缩变形。

（3）"绿色低碳"创新

1）采用倒置AAO工艺，回流活性污泥首先进入缺氧区进行反硝化反应，去除其中的溶解氧及硝酸盐氮，然后再进入厌氧区。强化了除磷脱氮，减少了碳源的投加量，从而节省了运行费用。

2）采用智能照明系统，达到节能目的的同时方便日常管理。

3）将城镇污水作为稳定的城市水资源来进行科学地收集处理和资源化利用，本工程将污水处理厂出水回用于厂区的设备、池子冲洗，其余全部用作南明河的生态补水，实现了水资源的循环利用。

22.3 总体设计

22.3.1 设计规模

贵钢再生水厂设计规模3万m^3/d，$K_z = 1.42$。

22.3.2 设计进出水水质

本工程尾水的50%用于河道补水，50%用于中水回用，在中水管网建成前，全部用于南明河的生态补水。贵钢再生水厂设计进出水水质如表22-1所示。

表22-1 贵钢再生水厂设计进出水水质

项目	COD_{cr}（mg/L）	BOD_5（mg/L）	SS（mg/L）	TP（mg/L）	NH_3-N（mg/L）	TN（mg/L）	pH值	粪大肠杆菌
设计进水	300	130	200	4	30	40	6～9	$10^4 \sim 10^7$
设计出水	≤30	≤6	≤10	≤0.3	≤1.5	≤15	6～9	≤1000个/L

22.3.3　处理工艺流程

贵钢再生水厂工艺流程框图如图22-1所示。

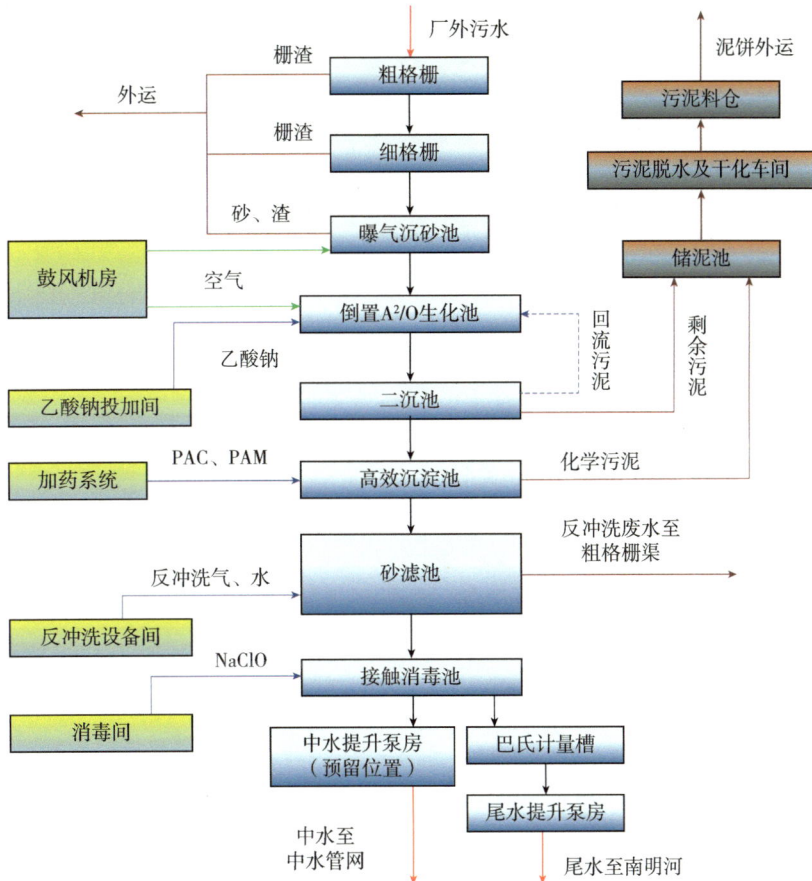

图22-1　贵钢再生水厂工艺流程框图

22.3.4　建设形式

贵阳市属典型的山地城市，拥有典型的喀斯特地貌特征，项目建设用地周边很难找到一块可以单独用于建设污水处理厂的场地，满足150m的卫生防护距离的要求也相当困难，结合贵钢BRT枢纽项目和总规把厂址选在贵钢BRT枢纽站，污水处理厂位于BRT枢纽站下方，采用全地下方式建设。贵钢再生水厂鸟瞰图如图22-2所示。

22.3.5　总体布局

贵钢再生水厂位于BRT交通枢纽下方，西侧是花冠路和虹桥大沟，东侧为贵惠大道，建成后交通非常方便。再生水厂设一条双向5m宽的单车道出入口，供生产人员进出和设备、

图 22-2　贵钢再生水厂鸟瞰图

药剂、材料及污泥运输，出入口向西通向花冠路。

BRT 交通枢纽地上三层，负一层西侧局部为 BRT 车站社会车辆停车场。污水处理单元全部布置在地下负三层，负二层为操作层。综合用房、配电、消防水池及消防水泵房等布置在操作层上部。

地下箱体尺寸为 142.3m×82.7m×21.8～24.65m（含壁厚和底板厚）。负二层为操作层，主要为设备操作空间，为充分利用地下空间，还布置有除臭设备、脱水间、变配电间、加药间等；负三层主要为污水处理设施及管廊。

地下箱体顶部东侧为办公及设备用房，其余部分为 BRT 枢纽站及疏散楼梯间、通风井、尾气排放塔等。负一层办公及设备用房建筑面积 2788.63m²。

贵钢再生水厂负一层总平面布置图如图 22-3 所示。

进水主干管从西侧虹桥大沟进入地下空间。地下空间内按水力流程从北向南依次布置预处理单元（粗格栅、细格栅及曝气沉砂池）、生化池、二沉池、高效沉淀池、砂滤池及反冲洗房等，鼓风机系统、加药系统及碳源投加系统等跟水力无关的建筑物放在构筑物顶上以节约地下空间，尽可能地降低投资。污泥处理构筑物靠近预处理单元布置，便于臭气的统一收集和处理。贵钢再生水厂负二层总平面布置图如图 22-4 所示。

22.3.6　竖向布置

场地设计标高一般根据防洪水位和与之衔接的规划道路标高确定。本工程所在处场地防洪标准按 200 年一遇洪水位设计（1052.19m）。因为本工程不是单纯的地下污水处理厂，上部有 BRT 枢纽站（当时已设计完成），地面标高由上部功能区决定。根据 BRT 设计单位提供的函件，贵钢 BRT 室外地坪高 1072.20m，地上一层室内地坪标高为 1070.80m，负一层高 5.8m，据此确定再生水厂操作层顶标高为 1065.00m。

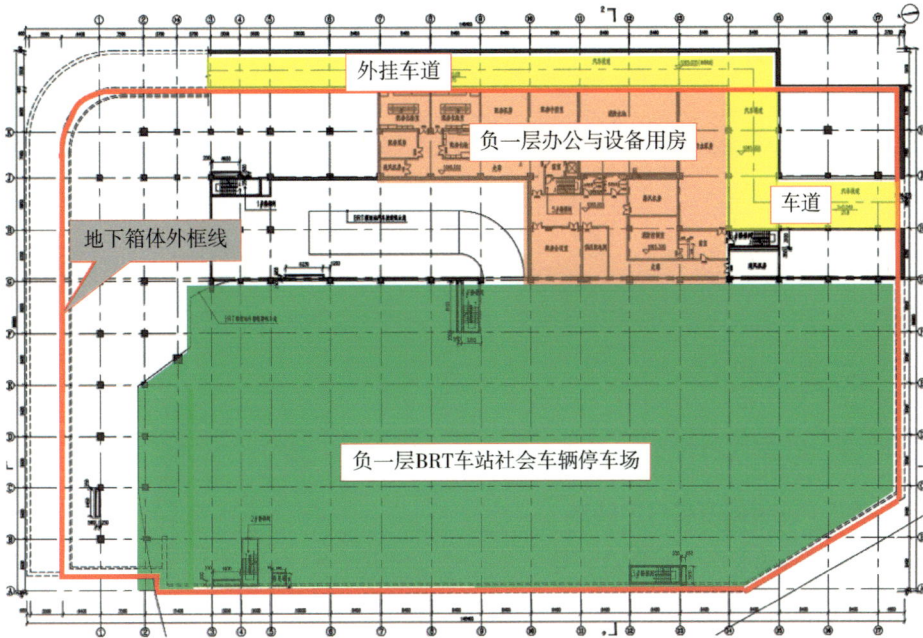

图22-3　贵钢再生水厂负一层总平面布置图

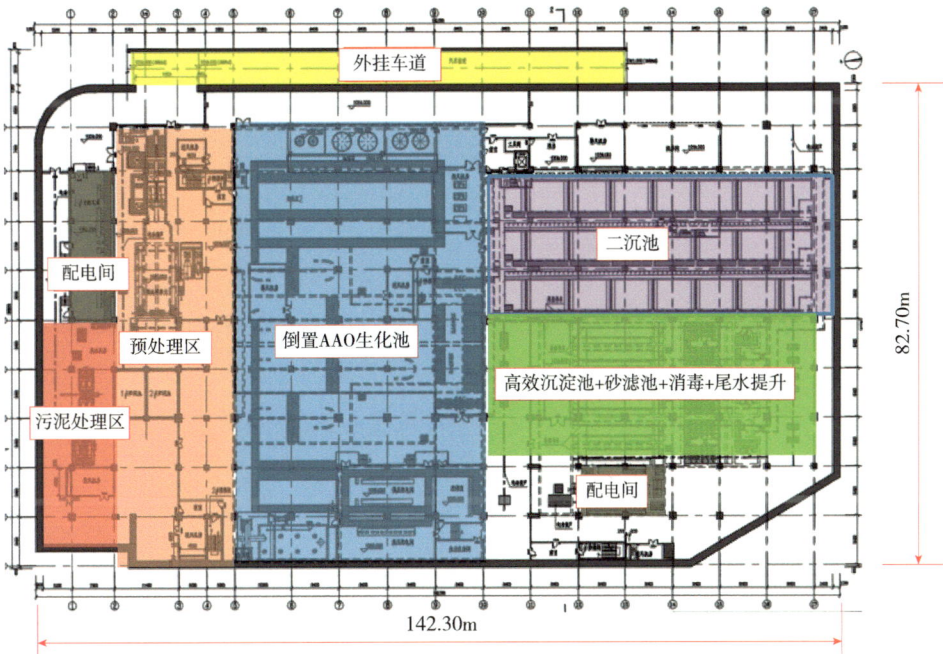

图22-4　贵钢再生水厂负二层总平面布置图

　　箱体结构层数2层，底板最大埋深22.85m，操作层顶标高1065m，层高6m；底板标高最低1049.35m。贵钢再生水厂箱体剖面图如图22-5所示。

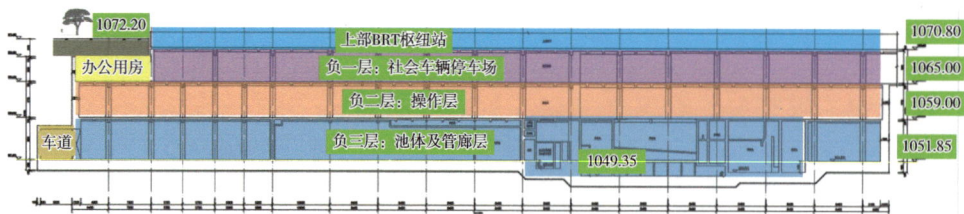

图 22-5　贵钢再生水厂箱体剖面图（图中尺寸单位：m）

22.4　主要工程设计

22.4.1　工艺设计

1. 粗格栅、细格栅及曝气沉砂池

粗格栅、细格栅和曝气沉砂池合建。

设计规模 3 万 m^3/d，$K_z = 1.42$。

格栅前进水井上设电动速闭闸 1 套，DN1000，$N = 0.75kW$；格栅渠设反捞式粗格栅 2 套，$B = 1200mm$，$e = 15mm$；设阶梯式网板细格栅 2 台，$B = 1200mm$，$e = 5mm$。

设曝气沉砂池一座，分 2 格，停留时间 6.5min，供气量 0.20m^3 空气 /m^3 污水。每格池内设链板式刮砂刮渣机 1 台，配套有排砂泵，2 台 2 用，$Q = 10L/s$，$H = 15m$，$N = 5kW$，设罗茨鼓风机，3 台，2 用 1 备，$Q_{max} = 3.46m^3/min$，风压 $\Delta P = 0.30bar$，轴功率 $N = 3.32kW$，配套提供进风消声过滤器、安全阀以及止回阀等。

2. 倒置 AAO 生化池

生化池按照倒置 AAO 形式工作。通过闸门的切换，也可以按照常规 AAO 模式运行。

生化池按平均流量设计，设计规模 3 万 m^3/d。

本工程设 1 座生化池，分 2 格，总有效池容 16412m^3，单格平面尺寸 73.5m× 43.0m，有效水深 6.0m。

生化池总停留时间 13.12h。其中缺氧区水力停留时间 3.7h，厌氧区水力停留时间 1.5h，好氧区水力停留时间 7.92h。在缺氧区和厌氧区均设置潜水推流器。

混合液浓度（MLSS）4000mg/L。总污泥负荷 0.0594kg BOD$_5$/kg MLSS。

混合液回流率 200%，污泥回流率 100%。

采用鼓风曝气充氧，气水比 5.7：1。空气主干管上安装空气流量计和电动活塞式调流阀。曝气采用橡胶膜盘式微孔曝气器。

生化池连续运行。好氧区溶解氧控制在 0.5 ～ 2.0mg/L 左右，可通过调节鼓风机的频率来实现。生化池顶设置鼓风机房，内设空气悬浮鼓风机 3 台，并预留 1 台机位，风机单台性能 $Q = 39.8m^3/min$，$P = 0.07MPa$，$N = 70.5kW$；风机进、出口管道及基座配有必要的消声、减震设施。

3. 二沉池

二沉池为矩形周边进水、出水池型，设计流量 3.0 万 m^3/d，$K_z = 1.42$。

二沉池共 1 座，分 3 格，土建总尺寸：$L \times B \times H = 54.5m \times 24.55m \times 7.1m$，有效水深 4m。平均流量时表面负荷 $1.01m^3/(m^2 \cdot h)$，最大流量时表面负荷 $1.43m^3/(m^2 \cdot h)$。

沉淀设备为成套设备，采用非金属链式刮砂刮渣机 3 台；排泥系统 3 套，包括液压穿孔排泥管、手动套筒阀等设施；配水系统 3 套，包括进水渠配水孔管、反射挡板、导水裙板等设施；浮渣收集设备 3 套，撇渣管规格为 $\phi = 250mm$。

4. 高效沉淀池

设计流量 3.0 万 m^3/d，$K_z = 1.42$。

设高效沉淀池 1 座，分三组。每组设混合池 1 座，混合时间 1.83min，池内设快速混合搅拌器 1 台，$N = 3kW$。每组设絮凝池 1 座，反应时间 10min，池内设慢速搅拌机，$N = 5.5kW$，变频。每组设沉淀池 1 座，斜管沉淀区上升流速 $22m^3/(m^2 \cdot h)$，池内设液压往复式池底部刮泥机 1 套，中心传动刮泥机 1 台，$\phi = 7.4m$，$N = 1.1kW$。

5. 砂滤池及接触消毒池

设砂滤池 1 座，池型为 V 型，单侧配水，分 6 格，单格过滤面积 $37.089m^2$，滤速 7.98m/h。

设布水布气装置（整体浇筑滤板，长柄滤头）6 套；石英砂 $d_{10} = 1.2mm$，$K_{80} < 1.4$，约 $350m^3$，滤床深度 1.5m；设反冲洗水泵（潜污泵）3 台，2 用 1 备，单泵流量 $750m^3/h$，扬程 13.0m，电机功率 45kW；设三叶罗茨风机 3 台，2 用 1 备，单机流量 $18.75m^3/min$，升压 60kPa，轴功率 28.2kW。

接触消毒池与砂滤池合建，位于砂滤池下方，最大流量时停留时间 30min，消毒区有效容积约 $924m^3$。

6. 尾水提升泵房

经消毒后的尾水，通过尾水提升泵房排入南明河。设潜水污水泵 4 台，3 用 1 备，$Q = 592m^3/h$，$H = 22m$，$N = 55kW$。

本次设计仅考虑厂内自身的中水回用，用于上部绿化浇洒和厂内池子、设备冲洗用水。设气压给水装置 1 套，配 3 台泵，2 用 1 备，$Q = 70m^3/h$，$H = 45m$，$N = 7.5kW$，均为变频设备。

电气设备预留将来 50% 处理水回用的负荷。

7. 污泥脱水及污泥低温干化系统

设计总污泥量：5.1t DS/d，含水率 99.4%，出泥含水率 ≤ 30%。

脱水间内设储泥池、带式脱水机、低温干化机及配套设备。

设储泥池 1 座，分 2 格，停留时间 7.32h，是剩余污泥和化学污泥进入浓缩脱水机前的缓冲池。池内设自吸式曝气机 2 台，起搅拌混合作用，同时可避免污泥沉淀和磷的二次污染。

设带式浓缩脱水一体机 2 套，1 用 1 备，$B = 1500mm$，$DS = 152 \sim 300kg/h$，脱水量 824.5m^3/d，$N = 1.7kW$，进泥含固率 0.6 %，出泥含固率 ≥ 20%；设污泥低温干化机 1 套。单套处理泥量 1.07m^3/h，进泥含水率 80%，出泥含水率 ≤ 30%，含 5 个模块，$N = 265kW$。配套污泥进料泵、加药装置、螺旋输送机、刮板机等。

设 1 个有效容积 15m^3 的污泥料仓（设备），贮存时间约 1d。

8. 加药消毒系统

设计流量 3 万 m^3/d，$K_z = 1.42$。

为了保证出水水质稳定达标，污水处理厂还设置了碳源投加系统和 PAC 化学除磷系统，位于生化池池顶。PAC 最大投加量 23mg/L（10% 商品液），投加于高效沉淀池前混合池。碳源采用 20% 乙酸钠，最大投加量 57mg/L（干固体计），投加在生化池进水渠。

消毒采用次氯酸钠（10% 商品液），加氯量按 6 ~ 15mg/L 有效氯计。消毒系统设置于生化池池顶，投加到位于砂滤池下的接触消毒池。

22.4.2 建筑设计

1. 建筑安全等级

（1）本工程属地下建筑物，耐火等级为一级。

（2）火灾危险性级别：戊级。

2. 建（构）筑物外装修

本工程的建（构）筑物全部位于地下，箱体外车道采用白色外墙乳胶漆。

3. 建（构）筑物内装修

门：普通门采用成品木质夹板门，防火门采用成品钢质甲级防火门，防火卷帘采用成品钢质特级防火卷帘门。

内墙及顶棚：鼓风机房等有噪声污染的房间内墙面及顶棚采用穿孔彩铝板超细玻璃棉内衬吸声墙；加药间等需要防腐的房间采用耐酸砖地面、墙裙进行防腐构造处理；建（构）筑物墙面、顶棚等采用水泥砂浆喷白色无机涂料。

地面：疏散通道等主要交通通廊地面采用绿色环氧反光漆面层，除有利于室内反光外，还有良好的标识性，有利于疏散，同时易于清洁。

4. 地下建筑防水构造

（1）外围护结构及屋面防水等级

全部为 I 级。

（2）主要防水构造及材料

外围护结构及其底板除使用防水混凝土自防水外，另附加采用防水卷材或防水涂料进行综合设置。

22.4.3　结构设计

净水厂地下箱体平面尺寸为 142.3m×82.7m，底板埋深 20～22.85m。箱体结构为地下三层，地下负一层、负二层为钢筋混凝土地下室外墙＋框架结构，柱距为 4.9～10m，地下负三层为钢筋混凝土水池类薄壁结构，基础采用钢筋混凝土筏板基础。箱体外壁厚度为 1.2～1.5m，底板厚度 1.8m，顶板厚度 0.3m。

本工程长度达到 142.3m，宽度达到 82.7m，属于超长超宽大体积混凝土结构。本工程未设一处伸缩缝，设计通过设置后浇带与膨胀加强带组合，以及在混凝土中掺入粉煤灰、优质纤维素纤维等材料，以减少混凝土浇筑及使用过程中的收缩变形。沿长度方向设 3 道 0.8m 后浇带，将纵向分为 4 块，每块各设 1 道 2.0m 宽的膨胀加强带；沿宽度方向设 1 道 0.8m 后浇带，将横向分为 2 块，每块各设 1 道 2.0m 宽的膨胀加强带。

本项目建成并经 3 年的运行实践，通过以上措施的实施完美地达到了预期目的。

地下箱体抗浮采用抗浮锚杆。

22.4.4　基坑支护设计

本项目基坑深度约 21.80～24.65m，平面尺寸南北向约 142.3m，东西向约 82.7m。

基坑开挖支护采用咬合桩＋锚杆（索）支护。

22.4.5　电气和自控设计

1. 电气设计

本工程设计规模为 3 万 m³/d，负荷等级为二级，供电电源采用 10kV 电压等级，双电源供电，两路电源为同时使用，且互为备用，每路电源均应能承担全部负荷的 100% 运行。

根据全厂用电负荷及其分布情况，本工程设一个 10kV 配电中心，两个 10/0.4kV 变配电中心，一个 0.38kV 二级配电中心。

（1）在负二层生化池区域设 10kV 配电间（1 号变配电间），主要设备有 10kV 中置式开关柜、两台 800kVA/10/0.4kV 变压器和两台 315kVA/10/0.4kV 变压器。

（2）在负二层生化池区域设 10/0.4kV 变配电间（1 号变配电间）。主要设备有 800kVA/10/0.4kV 变压器两台、组合式低压柜、全效电能质量柜等。负责向办公室、生化池、生化池鼓风机系统、生化池加药系统、除臭装置、消防泵房、部分排风机房及送风机房、二沉池、部分公共空间的用电设备供电以及向 3 号低压配电间供电。

（3）在负二层脱水系统和污泥干化系统旁设 10/0.4kV 变配电间（2 号变配电间）。主要设备有：315kVA/10/0.4kV 变压器两台、组合式低压柜、全效电能质量柜等。负责向粗格栅、细格栅、曝气沉砂池、污泥干化系统、脱水系统、絮凝剂（PAM）投配系统、贮泥池、部分排风机房及送风机房、部分公共空间的用电设备供电。

（4）在负二层 V 型滤池旁设 0.38kV 配电间（3 号配电间）。主要设备有组合式低压柜等。负责向 V 型滤池及反冲洗泵房、高效沉淀池、巴氏计量槽、废水池、部分排风机房及送风机房、部分公共空间的用电设备供电。

变配电站靠近负荷中心，交通便利，进出线方便，有利于管理。

本工程采用智能照明系统，分区域设置终端控制设备，通过数据总线传输至中央照明智能管理系统统一管理，可根据时间及照度要求智能控制照明的投切和照度，达到节能目的以及方便日常管理。

2. 自控、仪表设计

自控、仪表设计在厂内生产管理系统、生产过程自动化系统、视频监控与安防系统、检测仪表及火灾自动报警系统等五部分均有涉及。

采用以太光纤环网构成"集散型"控制系统，集中监控管理、分散控制、数据共享。现场控制站的设置以相对独立、就近控制为原则。

在负一层综合用房设控制中心，实现整个污水处理厂的"集中管理"。设有 3 个现场控制主站、10 个主要设备控制单元。现场控制站采用以太光纤环网与中央监控计算机实现数据交换，采用环网结构，以光纤作为传输介质，保证网络的可靠性、安全性。成套设备控制单元由设备厂家配套提供，具备以太网通信接口，通过工业网络交换机与中央监控系统实现数据交换。

检测仪表根据本工程污水处理工艺流程和综合自动化系统的要求配置。仪表信号采用 4 ~ 20mA 信号接入 PLC 控制器，预留仪表通信接口。流量、总磷、总氮、COD、氨氮等检测仪通过工业现场总线与自动化系统相连。

22.4.6 除臭和通风设计

1. 除臭设计

全厂纳入臭气处理的构筑物为设于地下综合厂房内的粗格栅、细格栅，曝气沉砂池、污泥脱水间及生化池。

设置生物滤池除臭。除臭采用一套除臭设备，处理风量 25000m³/h，配置除臭风机 2 台，$Q = 26000\text{m}^3/\text{h}$，$P = 2200\text{Pa}$，$N = 30\text{kW}$。

经处理后的尾气满足《恶臭污染物排放标准》GB 14554—1993 中恶臭污染物 15m 高空有组织排放标准值的要求。经处理后的尾气在厂界达到《城镇污水处理厂污染物排放标准》GB 18918—2002 中厂界排放二级标准。

2. 通风设计

本工程采用全面排风与局部排风相结合的送风排风方式。箱体地下一层办公及设备房、地下二层操作间、地下三层水处理池以及各处理工段车间，采用自然补风、机械排风兼排烟系统；排风采用机械排风系统；排风系统与排烟系统共用风道及风口。平时的排风及消防排烟合设 1 套系统。

防烟楼梯间及其前室设置机械加压送风设施，确保防烟楼梯间内机械加压送风防烟系统的余压值为 40 ~ 50Pa；前室、合用前室的余压值为 25 ~ 30Pa。

22.4.7　消防设计

1. 消防通道

再生水厂西侧是花冠路，北侧是贵钢三路，东侧为规划贵惠大道，再生水厂建成后周边被道路围绕，消防通道十分畅通。

2. 建筑防火

（1）防火分区的划分

贵钢再生水厂为地下三层的全地下污水处理厂，所有建（构）筑物均埋在地下。火灾危险性等级为戊类。全厂共划分为 7 个防火分区，每个防火分区的面积原则上不超过 2000m²。

地下一层为办公区域及设备用房，共分为两个防火分区。包括消防水泵房、消防控制室、通风机房、配套用房及低压配电间等房间。

地下二层为再生水厂的生产操作层。含污泥脱水机房、预处理间、加药间、生化池、二沉池、砂滤池、鼓风机房、除臭装置及配电间等，共分为 4 个防火分区。

地下三层为再生水厂的生产管廊层，除污泥处理车间外为管廊层，没有生产活动进行，故污泥处理车间包括负三层坡道作为一个独立的防火分区。

因为污水处理厂位于 BRT 枢纽站下方，除考虑防火分区外，本工程疏散楼梯及通风井、除臭通风塔等若干功能附属构筑物均需通过上部 BRT 枢纽站内部专门通道直通室外，与 BRT 枢纽站完全分隔，独立疏散。

（2）防火设备

整个厂区按同一时间发生一处火灾考虑，电缆井、管道井每层楼板处采用相当于楼板耐火极限的防火材料封堵。电缆井、管道井与房间、走道等相连通的孔隙用非燃烧体材料严密填实。沿厂区道路设有室外消火栓系统，设备用房和地下空间设置室内消火栓灭火系统，所有建筑物均配备手提灭火器。

（3）疏散距离

楼梯均采用防烟楼梯，疏散距离满足厂房内任意一点至最近安全出口直线距离不大于 60m 的要求。

（4）疏散宽度

疏散宽度满足每 100 人最小疏散净宽度 0.6m 的要求。

（5）安全出口及防火构造

本工程安全出口为防烟楼梯，7 个防烟楼梯直通室外。

（6）报警系统

采用消防控制中心报警系统，消防控制中心设置在负一层设备用房内。对火灾自动报警系统、火灾事故广播、消防通信系统、防烟排烟系统、消防水泵等进行集中管理、监测和控制。

3. 火灾探测与应急报警设计

本工程的火灾自动报警系统按一级保护对象设计，采用消防控制中心报警系统，消防控制中心设置在负一层设备房内。对火灾自动报警系统、火灾事故广播、消防通信系统、防烟排烟系统、消防水泵等进行集中管理、监测和控制。

（1）总线制火灾自动报警

地下层部分根据功能及环境要求分别设置感温探测器、感烟探测器及气体探测器；在电缆竖井、电缆桥架等场所设置缆式线型定温探测器。另外，根据规范要求，每个防火分区设置水流指示器报警信号、消防警铃、消防广播、手动报警按钮、消火栓报警按钮、消防专用电话及电话插孔。

（2）消防控制系统

在负一层消防控制中心设置消防联动控制系统。通过模块对消防设备，如防火卷帘、非消防电源、水流指示器及其闸阀、正压送风阀、排烟阀等实施选择性控制及工作状态监视。对重要的消防设备，如消火栓泵、喷淋水泵、防烟排烟风机等除可通过现场模块自动控制外，在消防中心还可实现一对一手动紧急控制。所有受控设备均有信号返回消防中心。

（3）消防控制室内设置向当地公安消防部门报警的电话总机，在水泵房、变配电间等处设置消防专用电话分机，在手动报警按钮处设置电话插孔。

4. 电气防火

（1）本工程所有变配电设备均选用无油式设备。所有电线、线管采用经公安消防部门认可的阻燃产品，所有一般配电电缆采用阻燃电缆。

（2）消防配电线缆采用耐火电缆，水平及垂直部分均采用电缆梯架敷设。消防联动控制线路采用耐火电缆。

（3）对于消防控制中心、消防水泵、防烟排烟风机等的供电，采用两路电源进行供电（两路电源取自不同变压器低压侧母线段），两路电源平时均带电，并在最末一级配电箱处自动切换。

火灾自动报警系统设置主电源和直流备用电源，主电源按一级负荷要求设计。

所有用电设备均采用保护接地。火灾自动报警系统设置专用接地干线，引至控制中心接地体，接地干线采用铜芯绝缘导线，其截面积不小于 $25mm^2$。

本工程按防雷规范设置相应的避雷装置，防止雷击引起的火灾。

在爆炸和火灾危险场所严格按照环境的危险类别或区域配置相应的防爆型电器设备和

灯具，避免电气火花引起的火灾。

电气系统具备短路、过负荷、接地漏电等完备保护系统，防止电气火灾发生。

5. 消防给水工程设计

厂区设置消防给水系统，由室内、室外消火栓和自动喷淋系统组成，消防按同一时间内发生火灾1次考虑。

（1）消防水源

消防水源来自于市政给水管网。

室外消火栓用水直接由市政管网提供。

地下空间内设消防水池和消防泵房，为地下空间室内消火栓和自动喷淋系统提供水源。

（2）消防水量

地下层室外消火栓系统用水量为30L/s，室内消火栓系统最大用水量为40L/s，火灾延续时间2.0h。

地下自动喷水灭火系统用水量40L/s，火灾延续时间1.0h。

（3）消防水池及泵房

地下空间室内设置临时高压消防给水系统。消防水池和泵房设置在负一层内。消防水池有效容积445m^3，满足地下空间一次消防用水量。

设立式消火栓泵2台，1用1备，$Q = 144m^3/h$，$H = 35m$，$N = 22kW$。

设消火栓系统稳压设备1套，立式隔膜式气压罐调节容积$V = 300L$，$Q = 1.2L/s$，功率$N = 1.5kW$（1用1备）。

设立式自动喷水泵2台，1用1备，$Q = 144m^3/h$，$H = 56m$，$N = 37kW$。

设自动喷水系统稳压设备1套，立式隔膜式气压罐调节容积$V = 1600L$；$Q = 1.2L/s$；功率$N = 1.5kW$（1用1备）。

（4）建筑灭火器和气体灭火系统设计

本工程各部位均设置磷酸铵盐干粉灭火器进行保护，共设置手提式磷酸铵盐灭火器41具，配电间设置气体灭火系统进行保护。

本工程变配电间设置柜式无管网七氟丙烷气体灭火系统，每个房间按一个防护单元设计。设计参数：保护区设计灭火浓度均为9%，喷射时间10s，浸渍时间10min；同一防护区内的各台装置必须能同时启动，其动作响应时间差不得大于2s；采用气体灭火的系统均设置泄压口，泄压口设在设置场所三分之二净高以上。

6. 防烟排烟设计

（1）本工程消防设计：按地下室建筑设计，本区所有通风系统的消防联动控制由消防控制中心负担；

（2）配电房设置事后通风设施，确保气体灭火系统工作结束后废气能及时、有效地排除；

（3）防烟楼梯间及消防前室设置机械加压送风设施，确保防烟楼梯间内机械加压送风防烟系统的余压值为 40 ~ 50Pa，前室的余压值为 25 ~ 30Pa；

（4）内走道设置机械排烟系统，排烟量按每平方米不小于 60m³/h 计；

（5）在地下室面积较大、经常有人停留的房间设置机械排烟系统，排烟量按每平方米不小于 60m³/h 计，担负 2 个或以上防烟分区时，排烟量按最大防烟分区每平方米不小于 120m³/h 计。

22.4.8　防洪及防涝设计

本工程场地防洪标准按 200 年一遇洪水位设计，洪水位为 1052.19m。

场地自然地面标高 1072.20m，高于洪水位，尾水提升排放，所以河水倒灌的情况不会发生，但采取了以下防止地下空间被淹的工程措施：

（1）地下通道入口均设驼峰和排水沟，防止雨水进入地下箱体。

（2）地下厂房第一个构筑物进水管上设有电动调流阀、电磁流量计和停电紧急切断阀，当发生突然停电事故时，停电紧急切断阀关闭，让厂外的污水不能进入。正常情况下，当进水流量大于污水处理厂自身处理能力而导致格栅渠水位上升时，可以调节进厂调流阀，只让污水处理厂能够处理的水量进入。当格栅渠水位上升到设定的最高位置时，可以完全关闭进厂电动调流阀。

（3）在地下空间废水池内设置有事故排放泵，即使出现火灾启动了消防系统，消防用水也可以及时排出。

22.5　主要经济指标

22.5.1　概算投资

工程概算总投资为 48976.63 万元，其中第一部分工程费用 40652.01 万元，建筑工程费 31369.24 万元、设备购置费 5534.85 万元、安装工程费 3692.58 万元。

22.5.2　成本分析

本工程年生产总成本为 4146.90 万元，单位成本为 3.79 元 /m³，年经营成本为 2288.5 万元，单位经营成本为 2.09 元 /m³。

22.6　运行效果

22.6.1　实际运行数据

贵钢再生水厂 2021 年进出水月均值及处理水量如表 22-2 所示。

表22-2　贵钢再生水厂2021年进出水月均值及处理水量

月份	处理水量（万 m³/d）	COD$_{cr}$（mg/L）		BOD$_5$（mg/L）		SS（mg/L）		TN（mg/L）		NH$_3$-N（mg/L）		TP（mg/L）	
		进水	出水	进水	出水	进水	出水	进水	出水	进水	出水	进水	出水
1	2.40	365.58	7.16	133.23	2.73	160.29	4.00	20.77	10.92	13.69	0.28	4.98	0.16
2	2.47	551.86	7.64	207.61	2.36	146.21	3.64	34.60	9.71	10.79	0.18	12.71	0.12
3	2.45	360.10	8.52	130.06	2.32	144.00	4.13	28.91	6.03	15.48	0.10	6.38	0.09
4	2.42	264.73	8.03	100.89	2.22	159.63	4.17	25.09	5.28	14.49	0.05	2.94	0.08
5	1.90	152.55	6.71	58.45	2.04	64.65	4.29	19.28	7.75	9.33	0.06	2.01	0.07
6	2.38	100.97	7.73	38.12	1.90	77.83	4.17	13.39	8.41	7.09	0.04	1.27	0.06
7	2.97	88.65	6.23	33.07	1.69	65.32	4.45	16.15	6.17	10.29	0.05	1.73	0.07
8	2.28	109.32	5.90	40.70	1.65	77.06	4.32	16.89	4.43	12.38	0.07	1.71	0.07
9	2.74	114.90	7.10	41.06	1.70	109.50	4.27	18.06	4.30	12.60	0.06	2.36	0.07
10	2.64	113.10	7.71	40.51	1.75	111.71	4.45	20.90	5.98	15.62	0.04	1.51	0.10
11	2.49	86.73	7.50	34.81	1.67	117.93	4.73	17.75	8.27	13.18	0.11	1.26	0.10
12	2.45	107.26	6.52	39.89	1.64	141.29	4.32	24.05	7.89	16.67	0.09	1.34	0.15
最高值	2.97	551.86	8.52	207.61	2.73	160.29	4.73	34.60	10.92	16.67	0.28	12.71	0.16
最低值	1.90	86.73	5.90	33.07	1.64	64.65	3.64	13.39	4.30	7.09	0.04	1.26	0.06
平均值	2.47	201.31	7.23	74.87	1.97	114.62	4.25	21.32	7.10	12.63	0.094	3.35	0.095

22.6.2　运行数据分析

1. 处理水量

从收集到的2021年运行数据可看出处理水量最高值为2.97万 m³/d，已经达到设计负荷。最低值为1.90万 m³/d，平均值为2.47万 m³/d，平均负荷率达到80%以上。

2. 水质

对贵钢再生水厂2021年全年实际进出水水质与设计值对比如表22-3所示：

表22-3　贵钢再生水厂2021年实际进出水水质与设计值对比

污染物项目		COD$_{cr}$	BOD$_5$	SS	TN	NH$_3$-N	TP
单位		mg/L	mg/L	mg/L	mg/L	mg/L	mg/L
进水	设计值	300	130	200	40	30	4
	实测最大值	551.86	207.65	207.61	34.60	16.67	12.71
	实测最小值	86.73	33.17	33.07	13.39	7.09	1.26
	实测平均值	201.31	74.87	114.62	21.32	12.63	3.35
出水	设计值	30	6	10	15	1.5	0.3
	实测最大值	8.52	2.73	4.73	10.92	0.28	0.16
	实测最小值	5.90	1.64	3.64	4.3	0.04	0.06
	实测平均值	7.23	1.97	4.24	7.10	0.094	0.095

各进水水质平均值低于设计值，这跟贵阳的污水收集形式有关，贵阳目前的污水收集形式大部分为雨污合流，部分排水通过大沟排水，清污分流、雨污分流都还没有完全实现。前几个月水质偏高，是因为外单位在对厂外截污沟进行清淤而造成的。设计参数是按雨污完全分流考虑。出水水质均优于设计标准。

22.7　设计经验

（1）为了便于污泥和药剂的计量，污水处理厂均设有地磅。对于有条件的地下污水处理厂，尽量将地磅设置在箱体外平直段。

（2）地下操作层柱网密布，在进行交通组织时一定要考虑到运泥车的转弯半径，最好在设计时就跟使用单位确定好运泥车的吨位和车型。

（3）应重视多专业之间的协调、配合。本项目设计时，上部 BRT 枢纽站已经完成，设计沟通尤其重要。

（4）地下污水处理厂的运行环境受运行单位的运营水平和经济实力影响较大，地下空间因为不能自然通风，完全靠机械通风耗电量大，一般都不会完全按照设计运行，地下空间相对地面式污水处理厂，运行环境相对潮湿，设施设备选用时应考虑到潮湿的因素。

第 23 章　天府新区第一污水处理厂设计

　　天府新区第一污水处理厂贯彻现代世界田园城市理念，承载建设低碳化城市污水处理厂的使命，是四川省最大、成都市首座地下污水处理厂，同时也是成都市政基础设施工程中首次采用 BIM 技术管理的全国"PPP"示范工程，被财政部、四川省列为"政府与社会资本合作双示范项目"。该项目是集地面景观、周边道路、科普教育与地下污水处理厂功能融为一体的游憩服务型地下污水处理厂综合体。

23.1　项目概况

　　天府新区第一污水处理厂远期总规模 26 万 m^3/d，其中近期规模 10 万 m^3/d，一阶段土建按照 10 万 m^3/d 一次完成，设备按照 5 万 m^3/d 安装。污水处理采用以 AAO 生化池＋MBR 膜池为主体的工艺，消毒采用紫外线消毒工艺，出水标准按优于《城镇污水处理厂污染物排放标准》GB 18918—2002 一级 A 标的类Ⅳ类水（总氮除外）水质指标执行。污泥处理工艺采用离心浓缩脱水一体机脱水。污水处理厂臭气排放执行《城镇污水处理厂污染物排放标准》GB 18918—2002 中大气污染物排放一级排放标准，采用生物除臭工艺。

　　本工程以厂区西面的鹿溪河作为污水处理厂尾水排放受纳水体。设计 9 万 m^3/d 尾水采用重力输送至鹿溪河左岸排放，1 万 m^3/d 尾水经厂外中水提升泵站输送至用户再生利用。

　　本工程厂址位于鹿溪河东岸，煎茶立交西北侧，兴隆 86 号路以南，天府大道南延线以西，深圳路以北，五里村二组，污水处理厂征地线占地规模为 5.72 公顷。污水处理厂地下箱体占地面积 25869.24m^2，每立方水处理占地面积仅为 0.26m^2。

　　天府新区第一污水处理厂服务范围为中央商务区污水处理厂污水分区及创新研发产业功能区污水处理一厂污水分区，面积共计 31.1km^2。

　　天府新区第一污水处理厂一期工程于 2016 年底开工建设，2019 年 1 月 29 日竣工验收。本工程第一部分工程费用投资为 6.4 亿元，总投资为 8.55 亿元。

23.2　项目设计难点及创新要点

23.2.1　设计难点

　　本项目主要的设计难点为在贯彻落实建造公园城市理念下全地下污水处理厂的设计

创新，建设要求高，结构设计复杂、难度大，BIM 技术的全覆盖应用更提高了对设计的要求。同时天府新区第一污水处理厂出水主要指标按《城镇污水处理厂污染物排放标准》GB 18918—2002 一级 A 标的类Ⅳ类水（总氮除外）水质指标执行，出水指标要求严格，在设计中需要充分考察调研，进行多方案比较和工艺选择创新。

23.2.2 创新要点

1. 四川省最大、成都市首座地下污水处理厂

厂区建设形式为"全地下污水处理厂"，地面为全开放式活水公园，并配套建设有 475 个车位的地下停车场。地面活水公园融入"海绵城市"理念打造生态景观，阳光草坪约 1.5 万 m^2，湿地净化展示区约 1.8 万 m^2。综合楼建筑面积 4272m^2（含科普馆），采用预制拼装技术进行建设，达到绿色建筑二星标准，综合楼中设置近千平方米的科普教育中心，为永久性中小学生环保教育基地。本项目尾气排放达到国家一级排放标准，优于国内同类型污水处理厂。

2. 采用 CFD 流态分析模拟和 BIM 技术

采用 CFD 流态分析模拟和 BIM 技术，对地下箱体内部结构、工艺管道进行了模拟分析，优化了构筑物内部的水力流态，提高了空间利用率。特别是 BIM 技术的全覆盖应用，对工艺管线提前规划，保证了安装工程的质量和进度，取得了良好的经济效果。

3. 打造公园城市污水处理厂 2.0 版本

项目的建设不仅为天府新区提供一座功能完善、技术先进的市政项目，还以"地下活力泉，美丽新景观"为设计主题，以水为核心，强调中水景观化再利用。园区以生态水溪为循环纽带，串联起生态展示区、多功能活动区、生态谧林区、街心花园区等景观功能区。将突出地面的疏散楼梯间表面用山石覆盖，对突出地面的排气塔也加以景观化处理，形成公园的视觉焦点。整个园区的建设较好地体现了"山水相依""寓教于乐""生态体验"式的设计构思。

4. 土建结构复杂施工要求高

本项目为全地下污水处理厂，处理构筑物及其辅助用房均设置在地下箱体内部，结构设计复杂、难度大。地下箱体尺寸为 246.00m × 106.60m，基坑最深处 16m，为超大、超深基坑设计。结构及基坑处理措施有别于常规污水处理厂，要保证安全和经济，有极大的难度。因此在设计过程中采用了较多的新型结构处理技术。

5. 采用了大量新技术

（1）本工程采用预处理（活性炭吸附）＋生物除臭技术，排放标准优于传统污水处理厂执行的《城镇污水处理厂污染物排放标准》GB 18918—2002 中大气污染物一级排放标准。

（2）本工程采用了精确曝气系统，可根据不同季节、不同时段水质与水量的变化自动进行曝气调节，实现"无人值守"的全厂运行模式。

（3）本工程设置了高品质再生水系统，可实现污水的再生利用，节约水资源。地下污

水处理厂采用机械换气，箱体形成微负压，室外空气自然补气，臭气不外溢。

（4）本工程在常规设计的基础上，还采用了 BIM 设计，为项目的土建施工、设备安装、工程计量等方面提供了强有力的指导。

（5）本工程地下箱体采用光导照明系统节约用电，同时改善了地下箱体工作环境。

（6）采用了精确曝气控制等智慧水务技术。

23.3　总体设计

23.3.1　设计规模

天府新区第一污水处理厂远期总规模 26 万 m^3/d，其中近期一阶段土建按照 10 万 m^3/d 的规模一次建设完成，设备按照 5 万 m^3/d 的规模分期安装。

23.3.2　设计进出水水质

本项目设计出水水质为优于一级 A 标的类Ⅳ类水（总氮除外）指标，即在执行《城镇污水处理厂污染物排放标准》GB 18918—2002 一级 A 标的基础上，主要指标中 COD_{cr}、BOD_5、氨氮、总磷等达到《地表水环境质量标准》GB 3838—2002 中Ⅳ类标准，具体如表 23-1 所示：

表 23-1　天府新区第一污水处理厂设计进出水水质

项目	COD_{cr} （mg/L）	BOD_5 （mg/L）	SS （mg/L）	TN （mg/L）	NH_3-N （mg/L）	TP （mg/L）	粪大肠菌群数 （个 /L）
设计进水	400	200	240	40	30	4	—
设计出水	≤ 30	≤ 6	≤ 5	≤ 15	≤ 1.5	≤ 0.3	≤ 1000

23.3.3　处理工艺流程

天府新区第一污水处理厂工艺流程框图如图 23-1 所示。

23.3.4　建设形式

天府新区第一污水处理厂拟建厂址为绿地及建设用地，建设地块西侧靠近鹿溪河，东侧紧靠天府大道南延线。考虑到道路、河道等相关退让线，同时尽可能地减少拟建污水处理厂对周边的环境影响，可供用于污水处理厂建设的用地相对较小。

结合拟建厂址的现状地面高程，本工程建设最终采用全地下建设形式，地下构筑物的上部建设成为生态公园，最大限度地实现该地块的原规划功能要求，最大限度地减少了对地面空间的使用，同时降低了对周边环境的影响。

天府新区第一污水处理厂构造图如图 23-2 所示。

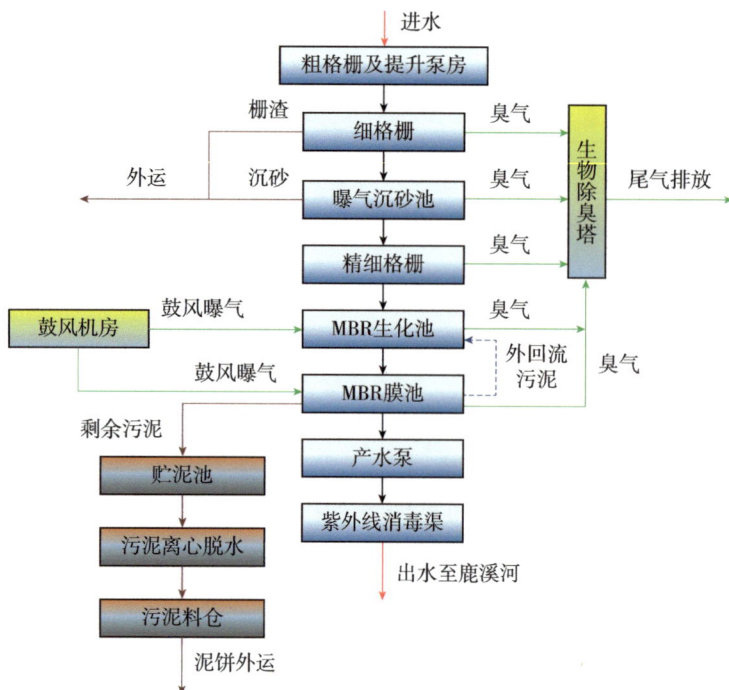

图 23-1　天府新区第一污水处理厂工艺流程框图

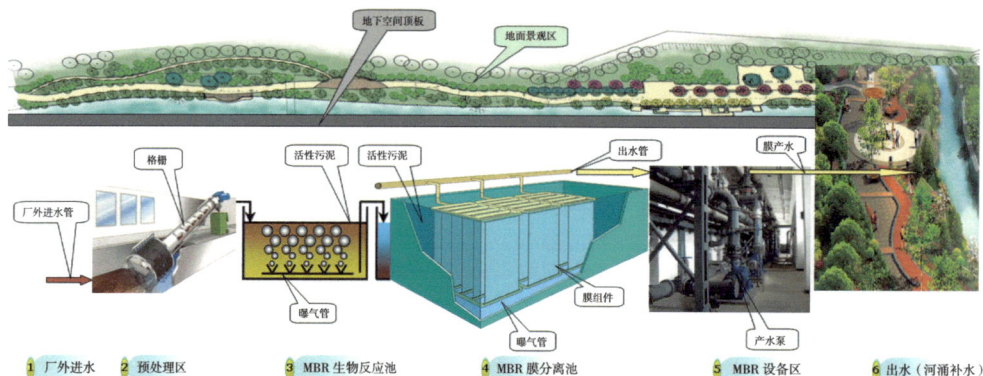

图 23-2　天府新区第一污水处理厂构造图

23.3.5　总体布局

污水处理厂总体由两部分组成：地下污水处理生产区（地下箱体）及地上景观绿化区。

地下箱体平面尺寸为 246.00m×106.60m，地下箱体结构分为两层，根据引发缝位置划分为预处理区域、鼓风机房及泥区、生化处理区域和膜处理区域。其中负一层为操作层，负二层主要为厂区污水处理设施及综合管线廊道等。污水处理厂所有建（构）筑物除综合楼单独布置于地面上外，其余建（构）筑物均布置在地下空间内。为减少地下空间工程量，地下空间内的所有构筑物均是紧邻布置或者仅以管廊相隔。因此，总体而言，在地下空间内是一个整体的钢筋混凝土建（构）筑物混合体。

地面为全开放式城市公园，并配套建设有近500个车位的地下停车场和地面公共汽车场站，建成后向天府新区提供高品质再生水和河道补水，同时也为周边社区提供了开放式休闲公园，成为成都科学城重要的生态景观节点。天府新区第一污水处理厂实景图如图23-3所示。

天府新区第一污水处理厂地下箱体平面布置图如图23-4所示。

图23-3　天府新区第一污水处理厂实景图

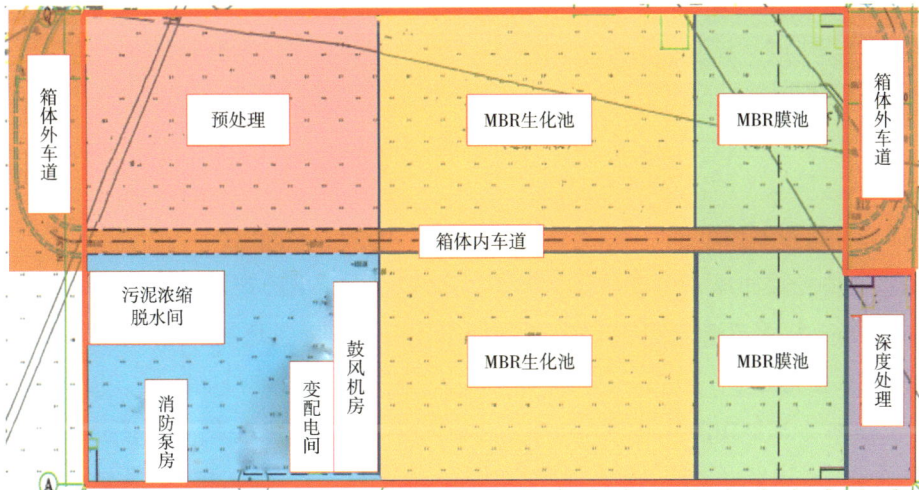

图23-4　天府新区第一污水处理厂地下箱体平面布置图

23.3.6　竖向布置

根据来水管道管底高程444.80m，厂区上部为景观绿化区，经综合整治工程后鹿溪河50年一遇洪水位为458.86m，100年一遇洪水位为459.49m，周边规划道路高程为462.00m等各种条件，确定厂区内地面高程462.00m，地下箱体外表面高程460.00m，覆土厚度2.0m，箱体内负一层层高 7m，负二层层高 8.75m。

23.4 主要工程设计

23.4.1 工艺设计

污水处理厂所有建（构）筑物除综合楼单独布置在地面上外，其余建（构）筑物均布置在地下空间内，土建尺寸按近期 10 万 m³/d 的规模设计，设备按近期一阶段 5 万 m³/d 的规模安装。

1. 粗格栅井及提升泵房

设粗格栅井、污水提升泵房 1 座，合建。其中粗格栅井土建尺寸为 $L \times B \times H = 15.8\text{m} \times 4.7\text{m} \times 8.5\text{m}$，内分 2 格，总高 $H = 8.75\text{m}$，钢筋混凝土结构；污水提升泵房土建尺寸为 $L \times B \times H = 15.2\text{m} \times 12.0\text{m} \times 10.4\text{m}$，内分 2 格，钢筋混凝土结构。

粗格栅采用钢丝绳牵引式格栅除污机 2 台。近期设潜污泵 4 台，2 台大泵，2 台小泵；远期增加 2 台大泵。

2. 细格栅渠、曝气沉砂池及超精细格栅渠

设细格栅渠、曝气沉砂池及超细格栅渠 1 座，细格栅渠、曝气沉砂池及超细格栅渠合建。

（1）细格栅渠

设细格栅渠 1 座，分 2 格，钢筋混凝土结构，平面尺寸为 $A \times B \times H = 15.5\text{m} \times 20.2\text{m} \times 1.8\text{m}$。近期细格栅渠采用 $\phi = 1400\text{mm}$ 转鼓式细格栅 3 台，2 用 1 备，栅条间隙 4mm。

（2）曝气沉砂池

设曝气沉砂池 1 座，内分 2 格，钢筋混凝土结构，平面尺寸为 $A \times B \times H = 29.0\text{m} \times 12.0\text{m} \times 6.05\text{m}$。

（3）超细格栅渠

设超细格栅渠 1 座，内分 4 格，钢筋混凝土结构，平面尺寸为 $B \times L \times H = 20.0\text{m} \times 15.0\text{m} \times 3.45\text{m}$。板式超细格栅机，近期设 3 台，2 用 1 备；远期增加 3 台，4 用 2 备。

3. MBR 生化池

本工程共设 2 座 MBR 生化池，每座生化池内分 2 格。MBR 生化池为钢筋混凝土结构，分为预脱硝区、厌氧区、缺氧区和好氧区 4 段。一阶段运行一座 MBR 生化池，单座 MBR 生化池的平面尺寸为 $L \times B \times H = 83.6\text{m} \times 47.1\text{m} \times 8.75\text{m}$。

4. MBR 膜池及膜设备间

MBR 膜池及膜设备间合建。

（1）MBR 膜池

膜生物反应器工艺（MBR）采用超、微滤膜分离过程取代传统活性污泥处理过程中的泥水重力沉降分离过程，由于膜可全面截留细菌，大大提高了生物反应器中的生物浓度和

种群数量，使得生物降解效率明显提高。

膜分离池为钢筋混凝土结构，单池净尺寸为 26.4m×47.15m×（6.1～8.75）m，单池共 10个廊道，每个廊道共9个膜位，安装9组膜。

（2）膜设备综合用房

膜设备综合用房与 MBR 膜池配套配置产水泵、污泥回流泵、反洗泵、空气吹扫风机、废水排放泵、空压机系统、真空系统、膜清洗系统、废液中和药剂投加系统、辅助化学除磷药剂投加系统、消毒系统。设1座膜设备综合用房，土建规模为5万 m^3/d，设备按5万 m^3/d 配置。土建尺寸为 19.85m×47.15m×14.3m（双层）。天府新区第一污水处理厂生化池平面图如图 23-5 所示，其 MBR 膜设备用房如图 23-6 所示。

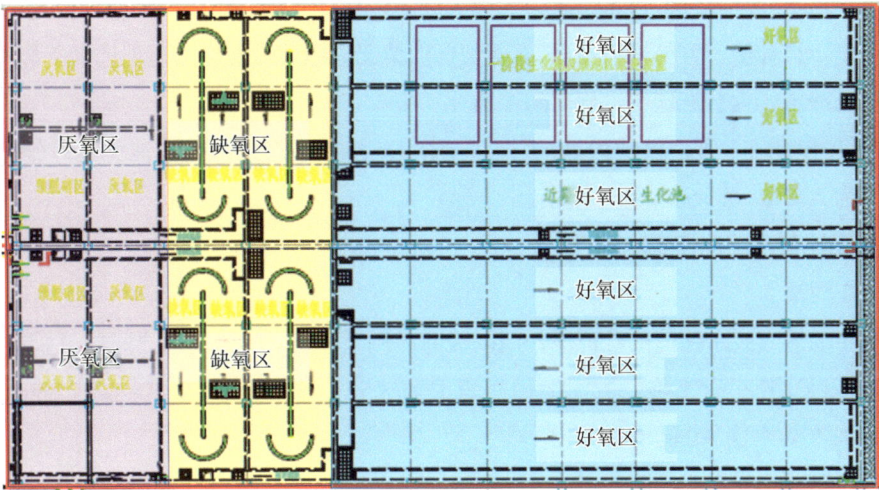

图 23-5　天府新区第一污水处理厂生化池平面图

图 23-6　天府新区第一污水处理厂 MBR 膜设备用房

5. 紫外线消毒设备

污水流过紫外线消毒设备，紫外线通过改变细菌病毒和其他微生物细胞的遗传物质（DNA），使其不再繁殖而达到消毒的效果。

设备按近期一阶段 5 万 m^3/d 的规模安装，预留近期二阶段设备安装位置。设管式紫外线消毒器 2 套，远期增加 2 套。设备设置于膜设备间。

6. 鼓风机房

鼓风机房主要有两大功能，功能一为输送空气至 MBR 生化池好氧区，提供微生物降解有机物所需的氧气。功能二为为 MBR 膜分离区提供表面扫洗所需的空气。

鼓风机房共 1 座，尺寸为 $B \times L = 18.9m \times 45.5m$，层高 6.0m。

7. 碳源投加间

考虑到污水处理厂进厂污水水质可能存在波动，其 BOD_5/COD_{cr}、BOD_5/TN 以及 BOD_5/TP 的值可能小于设计值，容易造成出水 TN 不达标的情况，因此需考虑在出现进水碳源不足时，适当投加乙酸钠作为补充碳源，确保出水达标。

设碳源投加间 1 座，尺寸为 $B \times L = 13m \times 8.1m$。内设乙酸钠贮液池 1 座，分为两格，每格尺寸为 $B \times L \times H = 5m \times 3.5m \times 4m$。

8. 贮泥池与污泥浓缩脱水间

（1）贮泥池

剩余污泥进入脱水间前的贮泥池，用以缓冲污泥泵和脱水机进料泵之间的流量差。

设贮泥池 1 座，分 2 格。贮泥池的体积 $V = 73.5m^3$，平面尺寸为 $B \times L = 7.25m \times 3.5m$，$H = 4.60m$。有效水深 3.0m。

（2）污泥浓缩脱水间

污泥浓缩脱水间由配电间、污泥浓缩机、絮凝剂投加系统、污泥进料泵、污泥脱水机、干泥饼输送泵等组成。混合污泥经过浓缩机后，含水率由 99.2% 降至 97%。再将 4‰ 聚丙烯酰胺高分子絮凝剂溶液经稀释至 1‰ 后投加至注泥泵的出泥管，与污泥混合后进入污泥脱水机。

其土建平面尺寸为 $B \times L = 15.9m \times 24.3m$，$H = 8.5m$，框架结构。

配备污泥浓缩脱水一体机 3 台，2 用 1 备，配备污泥破碎机 3 台，2 用 1 备。

9. 臭氧发生间

设臭氧发生间 1 间，平面尺寸 $L \times B = 15.6m \times 8.0m$，总高 6.2m，框架结构。主要设计参数：臭氧投加量：5.0mg/L，设计规模 1 万 m^3/d。

设置臭氧发生器 2 台，1 用 1 备。

10. 臭氧接触池

设臭氧接触池 1 座，设计规模为 1 万 m^3/d。平面尺寸 $L \times B = 19.7m \times 2.0m$，总高 8.7m，钢筋混凝土结构。

臭氧接触池由三段接触室串联而成，由竖向隔板分开，隔板顶及底部设有平衡孔。

11. 活性炭压力过滤器

活性炭压力过滤器主要的作用是去除水中小分子有机物，对色度及嗅味物质进行去除。消毒接触池内设置压力过滤罐反洗设备，保障活性炭压力过滤的正常运行。

其设计规模为 1 万 m³/d，活性炭过滤器设置于消毒接触池上部，共设 6 套，过滤后水直接进入下部消毒接触池。

12. 消毒接触池

为满足中水余氯的要求，进行次氯酸钠消毒，同时设置潜水泵加压，为中水用户提供中水。设消毒接触池 1 座，设计规模为 1 万 m³/d，钢筋混凝土结构，尺寸为 $L \times B \times H = 31.4\text{m} \times 19.8\text{m} \times 6.3\text{m}$。

23.4.2　建筑设计

本工程建筑设计在用地十分紧张的情况下，将厂区地面做成休闲绿地，使生产区空间与休闲绿地立体布置，同时在管理上又能截然分开。在"海绵城市"建设理念的指导下，打造该地成为兼顾科普教育的建筑和生态公园。

综合楼建筑结构形式为钢筋混凝土框架结构，地上三层，包括办公、中控、化验等用房，既在功能上满足需要，又凸显美观、大方的现代建筑特点。高低起伏的屋面轮廓，勾勒出优美的建筑形象，再配合整个厂区的布置和景观配备而形成"诗意对话"。综合楼在满足使用功能，获取较好的朝向、日照、景观环境的同时，也使自身成为污水处理厂入口处的重点、企业形象的代表。

综合楼内的科普教育中心通过互动性、趣味性、知识性、实用性、智能化和信息化、安全性等多个方面的设计特色与周围的环境相协调，同时融入污水处理厂的特色文化元素，使其成为展示企业形象和环保理念的重要窗口。通过艺术化的设计手法，将污水处理的知识和环保理念融入展示空间中，彰显教育示范作用。

厂区内的集中绿地是职工和参观人员就近休息、散步、观赏的小公园，作自然式布置。在设计中，考虑种植景观应有一定的层次，采用复合层次的绿化，增加绿化覆盖面积，采用常绿、落叶、色叶、香花乔灌木搭配，景观层次分明，色彩丰富；用植物造景和造型，构图新颖，绿化与美化相结合。色彩上强调整体感，大色块对比。以植物造景为手段，以清新、高雅、优美为目的，强调视觉上的效果，并利用小品建筑丰富坡地景观层次。

虽然本厂建筑总体性质属工业建筑，但对有公共建筑功能的综合楼，设计中尽量采用节能技术及新型节能材料，对其他建筑，能够使用的地方也尽量按此设计。

23.4.3　结构设计

本项目为全地下污水处理厂，处理构筑物及其辅助用房均设置在地下箱体内部，结构设计复杂、难度大。地下箱体尺寸为 246.00m×106.60m，基坑最深处 16m，为超大、超深基坑设计。

地下箱体操作层顶为市政公园，覆土厚度 2.0m，地下负一层为操作层，地面标高 456.00m，除膜区域外，层高为 7.75m，其余区域为 7.00m。地下负二层为水处理池和管廊，池内底标高为 444.50 ~ 450.85m，因膜处理区域有工艺要求，中板为轻质盖板，为减小箱体外壁内力，在膜池标高 454.65m 处设置对顶支撑梁，使池壁板、底板受力尽量减小，在每个变形缝区段使壁顶部和中部接近于铰支座，从而减少了壁板竖向内力，因而减小了壁板和底板厚度，节省了投资。

本项目按抗震设防烈度 7 度设防，但根据《室外给水排水和燃气热力工程抗震设计规范》GB 50032—2003，主要水处理建（构）筑物、泵站、变配电间、加药间、中控楼等为乙类，抗震措施须满足抗震设防烈度 8 度的要求。

场地自然地坪标高 455.83 ~ 458.05m。污泥浓缩脱水间、鼓风机房及变配电站区域为地下一层，底板顶标高为 453.00m，坑底标高为 451.90m。基坑深度为 4.0 ~ 5.0m，采用土钉喷锚支护，坡比为 1：1。地下负二层底板顶标高为 444.25 ~ 445.70m。基坑坑底标高为 442.15 ~ 443.60m。基坑最大深度为 15.90m。场地原为农田，四周较为空旷，上部土层为填土层和卵石层，为减小工程费用，上部采用土钉喷锚支护，坡比为 1：1，坡高为 4.0 ~ 6.0m。下部土层为全风化至中风化泥质砂岩，采用桩锚支护，护壁桩为直径 1200mm 的钻孔灌注桩，设置 2 ~ 3 道预应力锚杆，锚杆直径 150mm，锚索采用 1×7（7 股）钢绞线。桩间设置 80mm 厚 C20 喷射混凝土支护。桩顶设置 1.2m×0.8m 钢筋混凝土冠梁。

基坑开挖时，基坑内地下水位应降至坑底以下不小于 1m。降水井应沿基坑周围均匀设置，间距 20 ~ 25m，深度不小于 25m。降水井与支护桩的安全距离不小于 1.5m。

在基坑顶部和底部设置截水沟，地表采取临时措施拦截地表水，以防地表水下渗或直接流入基坑内。在基坑底部，用污水泵抽水，并做好坑底排水设施，使基坑底部尽量保持干爽，以防基坑底部土体泡水软化。

23.4.4 电气和自控设计

1. 电气设计

本工程电气设备供电负荷等级属于二级，供电采用双电源一用一备的运行方式，正常供电时主供电源承担全厂 100% 负荷，当主供电源中断供电时，由备用电源承担全厂 100% 负荷。供电电源电压等级为 10kV，每路电源均能承担污水处理厂全部负荷。全厂消防负荷等级为二级。

全厂设地下 10kV 配电室及 10/0.4kV 变配电站一座，负责全厂各建（构）筑物内所有用电设备的供电。

高、低压均采用单母线分段中间设母联开关的接线方式，采用放射状配电，两进线断路器与联络断路器设电气联锁，任何情况下只能合其中的两个断路器。低压配电系统为污水提升泵、磁悬浮鼓风机及离心脱水机组配电；对膜池、膜设备间、再生水处理区采用密集型母线槽树干式配电；对其他建（构）筑物进行放射式配电。各建（构）筑物内的用电设备由设在该建（构）筑物内的二级配电系统进行供电。

2. 自控、智能化系统设计

本工程设计的计算机测控管理系统分为三层，即现场测控层、生产管理层和办公自动化层。现场测控层与生产管理层、办公自动化层之间通过100M工业以太网进行数据通信和信息交换，本系统为分布式集散型（即集中管理，分散控制）计算机测控管理系统。

本工程网络体系采用多模光纤以太网。厂内的各种控制设备通过工业级以太网进行无缝连接，实现数据的高速传输和实时控制。

中央控制室设置两套中央监控服务器及液晶拼接屏，它主要实现对污水处理厂的管理、调度、集中操作、监视、系统功能组态、控制参数在线修改和设置、记录、报表生成及打印、故障报警及打印等功能。

该现场测控层包括五个现场控制站即预处理系统控制站（1号PLC）、脱水间控制站（2号PLC）、鼓风机房及变配电间控制站（3号PLC）、膜设备间控制站①（4号PLC）、膜设备间控制站②（5号PLC），分别位于厂内各配电间。

智能化系统包括信息网络系统、综合布线系统、消防广播系统、安全技术防范系统等。

23.4.5　除臭和通风设计

1. 除臭设计

本项目对预处理区、生化区及膜池区的所有水处理构筑物以及污泥池进行加盖并收集臭气，并对参与各环节的排渣、排砂、泥斗等区域进行封闭及收集臭气。同时为保持封闭式污水处理厂处于一个舒适的工作环境，除对臭气源或部分区域封闭收集臭气处理外，对车间内各处理区也同时进行通风换气。

除臭工艺采用生物脱臭法——生物滤池法，其工艺流程为臭气收集→臭气输送风管→生物滤池→风机→除臭风井→排放大气。

本项目根据污水及污泥处理过程中的实际情况，对各区产生的恶臭气体统一收集，通过管道输送到相应的生物过滤除臭系统进行集中处理。除臭后气体排放指标遵循《恶臭污染物排放标准》GB 14554—1993中厂界（防护带边缘）臭气排放二级标准。

结合臭气源或区域分布及总平面布置，本工程近期一阶段共设置2个臭气处理站：

（1）1号生物除臭站：服务于预处理及污泥脱水区的臭气处理系统，选择1套生物除臭装置，除臭风量为32000m³/h。

（2）2号生物除臭站：服务于近期一阶段的生化池及膜池的臭气处理系统，选择1套生物除臭装置，位于生化池顶。除臭总风量为66000m³/h。

2. 通风设计

本工程采用多种通风方式相结合的方式，对厂区内的主要建（构）筑物进行通风。一次性上齐近期一阶段、二阶段所有通风设备，各通风设备采用风管吊装或风机房单独安装的方式进行布置。

防火分区1、3、4、6、7采用机械式进风换气，分别设置有独立新风系统。防火分区2、5、8、9及疏散通道由自然进风井及通道出入口自然补风，补风量不少于排烟量的50%。

23.4.6 消防设计

本工程综合楼建筑耐火等级为二级；地下箱体（厂区）建筑耐火等级为一级。污水处理厂设于地下，在进行地下空间消防设计中，根据国家标准《建筑设计防火规范（2018年版）》GB 50016—2014以及管理组的意见，污水处理车间的火灾危险性按戊类确定。

根据厂区的火灾特点及可燃物性质，整个厂区不同部位采取不同的消防系统，形成安全可靠、经济合理的消防方案。

整个厂区按同一时间发生一起火灾考虑。沿厂区道路设室外消火栓系统；地下箱体（厂区）和综合楼设置室内消火栓灭火系统；由于综合楼设有送回风道（管）的集中空气调节系统且总建筑面积大于3000m²，设置自动喷水灭火系统。

本污水处理厂主体车间为地下建筑，各类生产水池统一作为工艺构筑物考虑，在适当位置设置楼梯以便检修与维护。各生产性建筑物均分别独立作为一个防火分区按戊类防火分区进行考虑，划分为多个防火分区，除水池分区 ≤ 5000m² 外，其他每个防火分区面积均 ≤ 3000m²，合理划分了九个防火分区，并设置室内消火栓系统，同时变配电站和1号、2号配电室设置柜式无管网七氟丙烷气体灭火系统，地下箱体（厂区）各部位均配备手提式磷酸铵盐干粉灭火器。

本工程电气消防系统由火灾自动报警及联动系统、电气火灾监控系统、消防专用通信系统、消防电源监控系统、消防应急照明和疏散指示系统、消防设备配电系统等组成。

（1）火灾自动报警系统采用集中报警系统，采用报警二总线制编码系统，总线环形连接。消防控制室设置在地面综合楼一层，内设火灾报警控制器、消防联动控制器、消防控制室图形显示装置、消防专用电话总机、消防应急广播控制装置、消防电源监控器等设备。

（2）根据功能及环境要求在地下箱体内分别设置感温探测器、感烟探测器及气体探测器。在操作层等场所设置感烟探测器，不适合设置感烟探测器的场所设置感温探测器。

（3）地下箱体内设置有毒有害气体（硫化氢、甲烷等）监测报警装置、氧气测量仪和温度湿度测量仪，保证有毒有害气体超过设计标准时报警装置能及时发出警报，并自动启动排风机将气体排出。

（4）消防用电负荷等级不低于二级。消防用电设备采用专用的供电回路，本工程在0.4kV侧设置两段低压应急母线对消防用电设备供电，对消防控制室（设于综合楼内）、消防水泵房、消防风机房的消防用电设备的供电，应在其配电线路的最末一级配电箱处设置自动切换装置。

23.4.7　防洪及防涝设计

1. 防洪水位

根据来水管道管底高程 444.80m，厂区上部为景观绿化区，经综合整治工程后鹿溪河在污水处理厂旁位置的 50 年一遇洪水位为 458.86m，100 年一遇洪水位为 459.49m 等各种条件，确定处理厂粗格栅渠水面高程为 446.50m，其余构筑物水力高程根据水头损失依次由上游向下游确定，处理后的污水加压排放至鹿溪河。

2. 周边市政道路标高

因周边规划道路标高为 462.00m，确定厂区内地面高程 462.00m，地下箱体外表面高程 460.00m，箱体内负一层底高程 453.00m。负二层底高程 444.25m 和 445.70m。

综合考虑土方平衡、防汛排涝、城市规划路网以及城市规划竖向高程等诸多因素，厂区设计地面标高与道路标高平齐，避免出现厂区被水浸的风险。

23.5　主要经济指标

23.5.1　概算投资

天府新区第一污水处理厂项目第一部分工程费用为 6.4 亿元，总投资 8.55 亿元。

23.5.2　成本分析

本工程单位总成本 3.784 元 /m³，单位经营成本 1.947 元 /m³，单方水总耗能 0.478kW·h/m³·d。

23.6　运行效果

23.6.1　实际运行数据

天府新区第一污水处理厂两阶段建设于 2019 年全面竣工。选取 2018 年 5 月至 12 月一期工程进水水质、2019 年 11 月至 2020 年 4 月进水水质进行统计分析（如表 23-2 ~ 表 23-4 所示）并根据 2019 年 11 月至 2020 年 4 月的水质数据与设计值进行对比，如表 23-5 所示，统计值与设计值基本吻合。

表 23-2　2018 年 5 月至 7 月进出水水质资料

日期	进水（单位：mg/L）						出水（单位：mg/L）					
	COD	NH₃-N	TP	TN	BOD₅	SS	COD	NH₃-N	TP	TN	BOD₅	SS
5 月	50.3	11.8	1.3	—	—	55.6	5.8	0.2	0.2	—	—	3.0
6 月	46.9	10.8	1.1	15.8	16.4	74.1	5.8	0.1	0.2	8.9	1.9	2.8
7 月	20.4	2.2	0.5	5.5	8.0	107.9	5.2	0.2	0.2	4.4	2.1	2.8

日期	进水（单位：mg/L）						出水（单位：mg/L）					
	COD	NH₃-N	TP	TN	BOD₅	SS	COD	NH₃-N	TP	TN	BOD₅	SS
最高	50.3	11.8	1.3	15.8	16.4	107.9	5.8	0.2	0.2	8.9	2.1	3.0
最低	20.4	2.2	0.5	5.5	8.0	55.6	5.2	0.1	0.2	4.4	1.9	2.8
平均	39.2	8.3	1.0	10.7	12.2	79.2	5.6	0.17	0.2	6.7	2.0	2.8

表 23-3　2018 年 8 月至 12 月进出水水质资料

日期	进水（单位：mg/L）						出水（单位：mg/L）					
	COD	NH₃-N	TP	TN	BOD₅	SS	COD	NH₃-N	TP	TN	BOD₅	SS
8 月	9.6	4.1	0.5	5.7	8.0	48.2	5.8	0.2	0.2	4.4	2.3	3.0
9 月	22.2	5.8	0.8	7.5	9.7	26.1	5.9	0.7	0.3	5.1	2.6	2.7
10 月	33.5	8.8	0.8	10.6	7.9	33.2	5.4	0.3	0.2	6.1	1.6	3.2
11 月	48.0	10.4	1.0	15.2	9.2	54.8	4.9	0.1	0.2	10.9	1.0	2.5
12 月	53.6	13.8	1.4	16.1	9.9	66.0	4.7	0.1	0.2	12.5	0.9	2.8
最高	53.6	13.8	1.4	16.1	9.9	66.0	5.9	0.7	0.3	12.5	2.6	3.2
最低	9.6	4.1	0.5	5.7	7.9	26.1	4.7	0.1	0.2	4.4	0.9	2.5
平均	33.38	8.6	0.9	11.0	8.9	45.7	5.3	0.28	0.22	7.8	1.7	2.9

表 23-4　2019 年 11 月至 12 月及 2020 年 1 月至 4 月进出水水质资料

日期	进水（单位：mg/L）						出水（单位：mg/L）					
	COD	NH₃-N	TP	TN	BOD₅	SS	COD	NH₃-N	TP	TN	BOD₅	SS
11 月	45.8	9.43	0.9	12.4	9.4	50	4.4	0.1	0.2	8.80	0.6	1.7
12 月	55.8	12.1	1.1	14.6	11.9	48	7.0	0.1	0.2	6.80	0.9	2.0
1 月	62.9	11.4	1.2	14.0	13.4	57	5.5	0.1	0.2	6.23	0.7	2.0
2 月	50.5	10.4	1.0	12.5	10.7	53	4.5	0.1	0.2	7.04	0.6	2.0
3 月	192.0	13.9	2.8	18.2	57.7	164	5.4	0.1	0.2	12.90	1.6	3.0
4 月	79.1	13.6	1.7	20.3	21.9	80	8.8	0.1	0.3	8.05	1.5	2.0
最高	192.0	13.9	2.8	20.3	57.7	164	8.8	0.1	0.3	12.90	1.6	3.0
最低	45.8	9.4	0.9	12.4	9.4	48	4.4	0.1	0.2	6.23	0.6	1.7
平均	81.0	11.8	1.4	15.3	20.8	75.3	5.9	0.1	0.22	8.30	0.98	2.1

23.6.2　运行数据分析

表 23-5　2019 年 11 月至 2020 年 4 月的实际进出水水质与设计值对比

污染物项目		CODcr	BOD₅	SS	TN	NH₃-N	TP
单位		mg/L	mg/L	mg/L	mg/L	mg/L	mg/L
进水	设计值	400	200	240	40	30	4
	实测最大值	192.0	57.7	164	20.3	13.9	2.8
	实测最小值	45.8	9.4	48	12.4	9.4	0.9
	实测平均值	81.0	20.8	75.3	15.3	11.8	1.4

续表

污染物项目		COD_{cr}	BOD_5	SS	TN	NH_3-N	TP
单位		mg/L	mg/L	mg/L	mg/L	mg/L	mg/L
出水	设计值	30	6	5	15	1.5	0.3
	实测最大值	8.8	1.6	3.0	12.90	0.1	0.3
	实测最小值	4.4	0.6	1.7	6.23	0.1	0.2
	实测平均值	5.9	0.98	2.1	8.30	0.1	0.22

根据实测进出水水量，在 2020 年水量已达到 4 万 m^3/d，接近设计水量。在运行初期由于收集管网渗水和雨污分流不彻底，进水浓度偏低，目前污水处理厂运行正常，各项出水指标均达标。

在此背景下，一期工程的出水比较稳定，各指标均能满足优于一级 A 标准的要求。

23.7　设计建议

全地下污水处理厂在具有环境友好等优点的同时，存在投资高、建设周期长、运行成本高、运行维护不便等缺点。在"碳中和""碳达峰"的背景下，处理工艺需要进行重新梳理、评估和变革，高效低碳工艺的研发将成为重点。针对建设周期长的问题，可在全地下污水处理厂的建设中大规模引入预制装配技术，在实现快速化、标准化施工的同时还可提高施工质量。针对运行维护不便的问题，可引入"智慧"概念，大量布置高度自动化的检测控制设备，实时动态监视全厂运行数据。同时加强信息化平台建设，实现污水处理厂正常运行时现场无人值守，操作人员定时巡检。针对全地下污水处理厂管线众多、易碰撞的问题，可通过 BIM 正向设计避免碰撞，节约设计周期，也为后续施工和运行带来极大的便利。

第 24 章　天府新区华阳净水厂设计

四川天府新区华阳净水厂是在公园城市理念指导下建设的首座地下污水处理厂，按"看不到、听不到、闻不到"的目标建设。在地下箱体内采用分区域多级组合除臭技术，华阳净水厂是除臭技术应用最全面的污水处理厂，也是国内第一座全部空间排气（地下空间换气排放）采用有组织集中排放的地下污水处理厂。该项目是地面景观、周边道路、科普教育与地下污水处理厂功能融为一体的游憩服务型地下污水处理厂综合体。

24.1　项目概况

本项目设计规模 18 万 m^3/d，$K_z = 1.5$，一次建成。污水处理采用以预处理＋多模式 AAO＋高密度沉淀池＋深床滤池为主体的工艺，消毒采用紫外线＋次氯酸钠消毒工艺。污泥处理采用叠螺浓缩＋板框脱水工艺，脱水泥饼经污泥料仓周转外运。排放水体为锦江，其属岷江、沱江流域，执行《四川省岷江、沱江流域水污染物排放标准》DB51/ 2311—2016。华阳净水厂地面鸟瞰效果图如图 24-1 所示。

项目厂址位于四川天府新区华阳街道广福社区，西临锦江、南临沈阳路。净水厂占地面积 64352.81m²（约 96.5 亩），其中地下箱体占地面积 51627.56m²（约 77.4 亩），建筑总面积约 72630m²（不含地下水池区 31527m²）。项目采用全地下建设方式，上部修建全开放式景观绿地。

工程投资约 19.8 亿元。

图 24-1　华阳净水厂地面鸟瞰效果图

24.2　项目设计难点及创新要点

24.2.1　本项目设计的难点

1. 邻避效应突出，环保要求极高

项目周边有居民区，邻避效应突出，最大的特点和技术难度在于环保要求极高。为避免净水厂对周边居民区和地上景观绿地的环境造成影响，需加强除臭及空间换气系统的配置。项目采用分区域多级组合的除臭技术，对不同臭气浓度的生产区进行针对性除臭。

2. 尾气及空间排气有组织排放

项目除臭尾气排气及空间换气均采用有组织排放的方式，需将这些气体全部集中在一个排气塔进行排放，在国内市政污水处理行业属首例。除臭尾气和空间换气汇总后风量巨大（约 150 万 m^3/h），风廊和除臭塔设计的难度和复杂程度极高。

3. 用地紧张，地下净水厂需集约化布置

项目周边环境均为已建成区，交通便利，但建设用地仅约 96.5 亩，且为异形场地，用地非常紧张。通过采用加大生化池水深以及集约化整合构筑物等方式对净水厂进行布置。

24.2.2　本项目创新要点

1. 分区域多级组合除臭技术

结合项目较高的除臭要求，采用分区域多级组合的除臭技术，分别对臭气直接产生区和其他空间操作区进行除臭。

（1）臭气直接产生区

对粗格栅及污水提升泵房、中细格栅、曝气沉砂池、生化池、脱水间的密闭罩（盖）内直接产生的臭气，通过减、闭、抽、消四个关键环节进行除臭控制。采用"生物原位减量＋生物滤池处理＋活性炭吸附"三级串联技术，确保处理效果。臭气直接产生区域除臭措施示意图如图 24-2 所示。

（2）其他空间操作区域

对密闭罩（盖）外不直接产生臭气的区域，按臭气泄漏的可能性，分区域设置空间臭气处理系统，针对性地进行臭气处理。

1）对预处理区、污泥脱水区的密闭罩（盖）外空间，将空间换气收集后，采用离子除臭系统处理。

2）对其他地下空间操作区，采用离子新风技术，改善地下空间空气质量。

其他空间操作区域除臭措施示意图如图 24-3 所示。

（3）污泥装卸区

设置速闭门、风幕系统以及植物液喷淋系统。

（4）地下进出通道区域

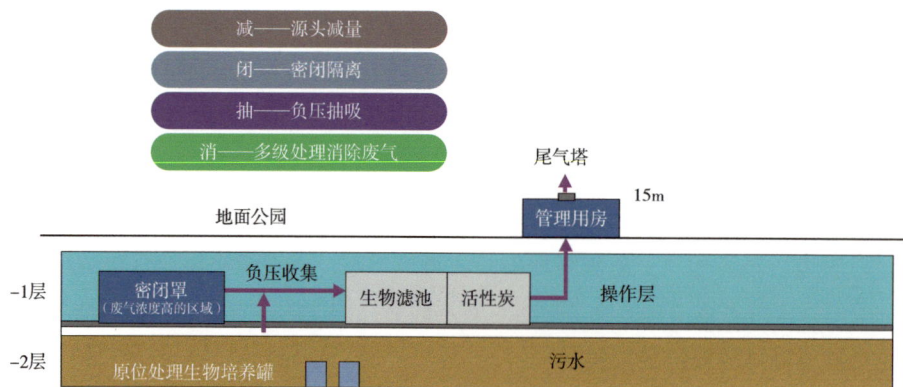

图 24-2　臭气直接产生区域除臭措施示意图

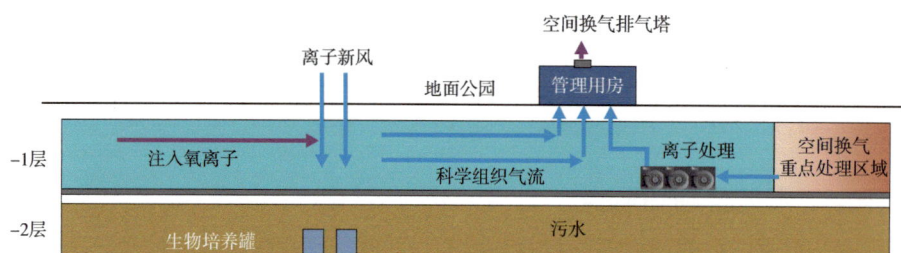

图 24-3　其他空间操作区域除臭措施示意图

设置 AB 门及配套的负压抽吸系统。

2. 尾气及空间换气有组织地排放

项目地上为开放式景观绿地，根据环评要求，全厂除臭尾气及空间换气需全部集中进行有组织地排放，由于风量超大，在箱体内、外侧设置独立的风廊，将全部排气集中至排气塔进行排放。

3. 智慧低碳创新

（1）采用智能配电管理系统及智能照明系统，智能化管理全厂设备的电力使用情况。

（2）采用光导照明系统及水源热泵系统，低碳节能。

（3）采用包含 5G 手机信号覆盖、人员定位、曝气精确控制、药剂精准投加、工艺建模与仿真、智能工艺控制等功能的智慧水务系统。

24.3　总体设计

24.3.1　设计规模

天府新区华阳净水厂设计规模 18 万 m^3/d，$K_z = 1.5$，一次建成。

24.3.2　设计进出水水质

本工程的尾水主要排入锦江，也有一部分尾水作为再生水回用。华阳净水厂设计进出水水质如表24-1所示。

表24-1　华阳净水厂设计进出水水质

项目	COD_{cr} （mg/L）	BOD_5 （mg/L）	SS （mg/L）	TP （mg/L）	NH_3-N （mg/L）	TN （mg/L）	pH 值	粪大肠 杆菌
设计进水	450	200	240	7	35	45	6 ~ 9	$10 \sim 10^7$
设计出水	≤ 30	≤ 6	≤ 10	≤ 0.3	≤ 1.5	≤ 10	6 ~ 9	≤ 1000 个 /L

24.3.3　处理工艺流程

华阳净水厂工艺流程框图如图24-4所示。

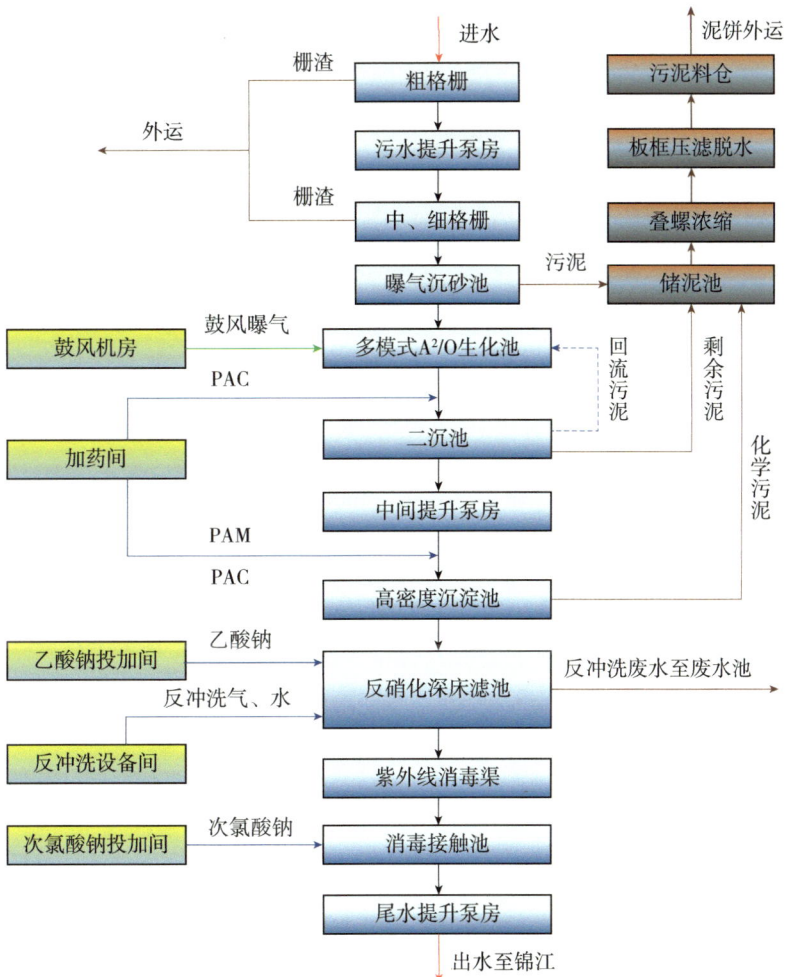

图 24-4　华阳净水厂工艺流程框图

24.3.4 建设形式

结合天府新区建设美丽宜居公园城市的理念,华阳净水厂按全地下模式建设,包括地上层(景观绿地)、地下负一层(运行维护操作层)、地下负二层(水处理池体层)。华阳净水厂构造图如图24-5所示。

图24-5 华阳净水厂构造图

24.3.5 总体布局

本项目主要由两部分构成:地下净水厂(地下箱体)及地上配套景观绿地。

地下箱体尺寸为376.2m×237.3m×17.0m。地下箱体分二层,负一层为操作层,主要为设备操作空间,为充分利用地下空间,还布置有除臭设备、脱水间、变配电间、加药间、鼓风机房等;负二层主要为污水处理池体及管廊。华阳净水厂地下箱体布局图如图24-6所示。

净水厂地上部分为全开放式景观绿地、疏散楼梯间、进风井、附属用房等。

24.3.6 竖向布置

1.箱体外设计地面高程

净水厂现状地坪标高范围大致在466～470m之间,平均标高约467m。周边场地总体呈东、北高,西、南低的情况。兼顾考虑工艺需求、基坑可实施性、排水防洪等多方面因

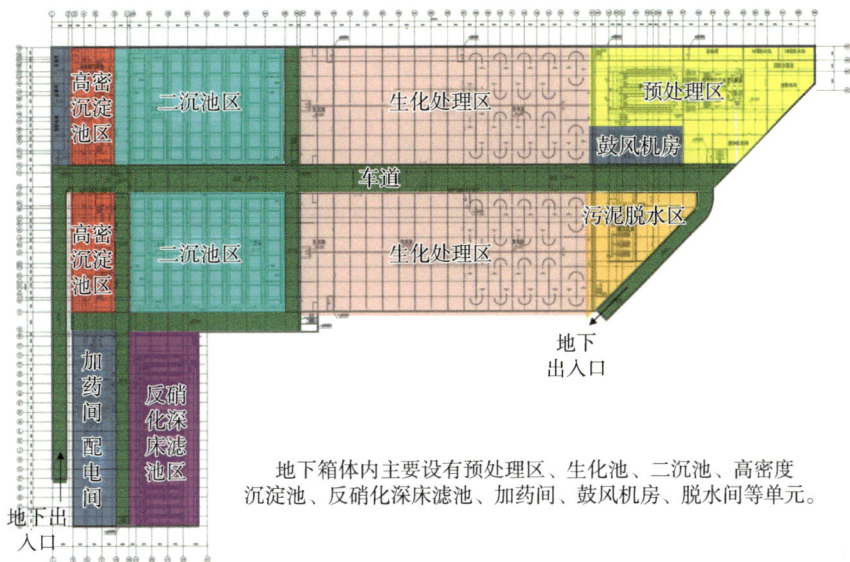

地下箱体内主要设有预处理区、生化池、二沉池、高密度
沉淀池、反硝化深床滤池、加药间、鼓风机房、脱水间等单元。

图 24-6　华阳净水厂地下箱体布局图

素，最终确定净水厂上部地面标高范围在 467.5 ~ 469.0m 之间，通过缓坡实现与周边的过渡衔接。平均覆土高度 1.5m。

2. 地下箱体竖向设计

箱体结构层数为两层，最大埋深 18.5m，操作层顶标高 459.5m，层高 7.0m；底板标高最低 449.5m。

24.4　主要工程设计

24.4.1　工艺设计

1. 粗格栅及进水泵房

设置 1 座，$B \times L = 18.7m \times 17.6m$，$H = 9.40m$。内设电动速闭闸 2 套，DN1600，用于事故时紧急停止进水，要求反应时间 < 30s；设钢丝绳粗格栅 2 套，$B = 2000mm$，$e = 20mm$；设潜污泵 8 套（6 用 2 备），$Q = 1875m^3/h$，$H = 9.0m$，$N = 75kW$，变频控制。

2. 中格栅、细格栅及曝气沉砂池

中格栅：1 座，$B \times L \times H = 8.35m \times 21.05m \times 3.95m$。内分 2 格，采用内进流格栅，共 6 套（4 用 2 备），$B = 1800mm$，$e = 6mm$。

细格栅：1 座，$B \times L \times H = 8.35m \times 16.15m \times 3.45m$。内分 2 格，采用内进流格栅，共 6 套（4 用 2 备），$B = 1800mm$，$e = 3mm$。

曝气沉砂池：1 座，$L \times B \times H = 36.15m \times（19.3 ~ 18.7）m \times 6.2m$。内分 4 格，峰值停留时间 8.14min，曝气量为 5.48L/（m·s），内设底部排砂螺杆 4 套，$L = 24.9m$，$N = 4kW$。

3. 多模式 A^2/O 生化池

设置 2 座，每座设计规模为 9 万 m³/d，$L \times B \times H = 133.0\text{m} \times 61.50\text{m} \times 10.25\text{m}$。每座分 2 组，每组设计规模 4.5 万 m³/d。总水力停留时间 18.3h，有效水深 9.0m。其中预脱硝区 0.5h，厌氧区 1.8h，缺氧区 5.8h，好氧区 9.7h，脱氧区 0.5h。MLSS = 3500 ~ 4000mg/L。曝气气水比 7∶1；内回流比为 100% ~ 300%，外回流比为 100%。曝气采用微孔盘式曝气器，共 13650 个。

华阳净水厂生化处理区布置图如图 24-7 所示。

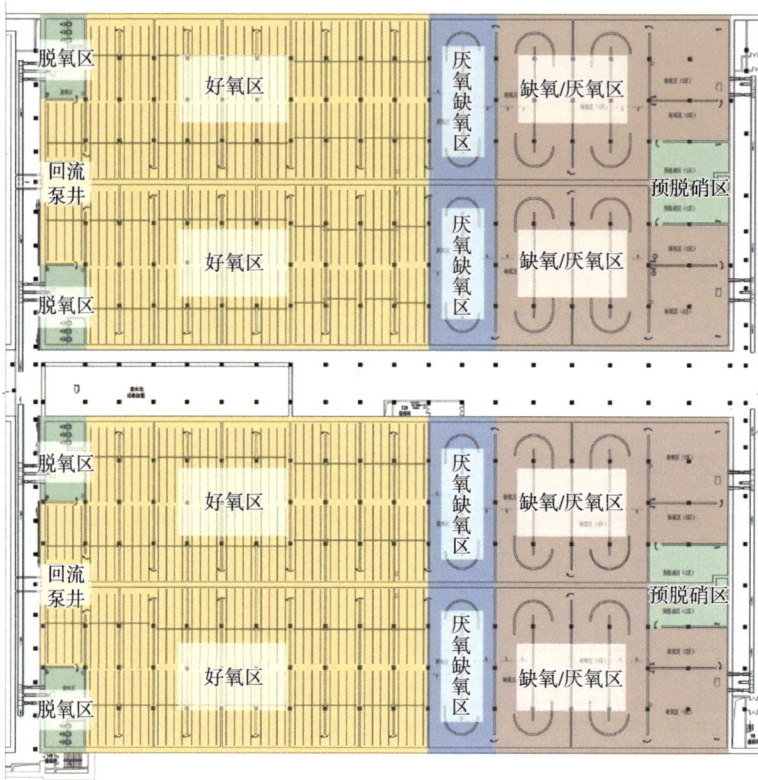

图 24-7　华阳净水厂生化处理区布置图

4. 矩形周进周出二沉池

设置 2 座，每座设计规模为 9 万 m³/d，$L \times B \times H = 75.3\text{m} \times 61.5\text{m} \times 6.7\text{m}$。每座分 8 格，单格池宽 8.8m，单格长度 56.6m，水深 4.8m，每格可独立运行。峰值表面负荷为 1.41m³/（m²·h）。沉淀设备为成套设备，采用非金属链条式刮泥机 16 台，行走速度 0.3m/min；排泥系统 16 套，包括液压穿孔排泥管、套筒排泥阀等设施；配水系统 16 套，包括进水渠配水孔管、反射挡板、导水裙板等设施；浮渣收集设备 16 套，撇渣管规格为 $\phi = 219\text{mm}$。

5. 中间提升泵井

设置 2 座，$B \times L \times H = 11.1\text{m} \times 8.6\text{m} \times （6.95 ~ 9.65）\text{m}$。共设中间提升水泵 8 台，6 用 2 备，$Q = 1875\text{m}^3/\text{h}$，$H = 6.6\text{m}$，$N = 55\text{kW}$。

6. 高密度沉淀池

设置 1 座，分 2 组，每组设计规模为 9 万 m³/d，$B \times L \times H = 61.5m \times 21.3m \times 9.65m$。每组内分 4 格，共 8 格。混合时间 1.6min，絮凝时间 10.2min，沉淀池表面负荷（峰值）$q = 14.2m³/(m² \cdot h)$，回流污泥比 3% ~ 5%。每格高密度沉淀池配置 1 台混合池搅拌机（$\phi = 1.2m$）、1 台絮凝池搅拌机（$\phi = 3.0m$）、1 台浓缩刮泥机（$\phi = 12m$）、3 台剩余污泥泵和回流污泥泵（$Q = 70m³/h$，$H = 20m$，$N = 11kW$）。

7. 反硝化深床滤池

设置 1 座，$B \times L \times H = 30.75m \times 92.5m \times（13.1 ~ 15.35）m$，内分 18 格，单格过滤面积 77.08m²，滤速 5.4m/h。设布水布气装置（滤砖）18 套，HDPE 材质；滤料粒径 1.70 ~ 3.35mm，滤床深度 1.83m；设反冲洗水泵 3 台，2 用 1 备，$Q = 580m³/h$，$H = 12m$，$N = 30kW$；设反洗螺杆风机 3 台，2 用 1 备，$Q = 60m³/min$，$P = 68.6kPa$，$N = 110kW$。

8. 紫外线消毒渠

设置 1 座，$B \times L \times H = 6.2m \times 22.0m \times 1.8m$，设紫外线消毒系统 2 套，单套处理能力 9.0 万 m³/d，水量变化系数 1.5。杀菌指标：总大肠杆菌群数低于 1000 个 /L。紫外线最小穿透率 ≥ 65%，照射剂量 ≥ 25mJ/cm²。紫外线消毒渠进口与出口端预留后续进一步提标改造的预留接口。

9. 消毒接触池

设置 1 座，$L \times B \times H = 82.7m \times（6.95 ~ 22.0）m \times 9.7m$。结合天府新区再生水的利用率要求，消毒接触规模按 70% 的再生水利用容积考虑，消毒接触时间 30min。

10. 尾水及再生水泵井

设置 1 座，$L \times B \times H = 41.1m \times 8.75m \times 10.5m$。设尾水提升泵 6 台，4 用 2 备，单台 $Q = 2813m³/h$，$H = 15m$，$N = 185kW$；设再生水泵（供厂外）5 台，4 用 1 冷备，单台 $Q = 850m³/h$，$H = 45m$，$N = 160kW$；设中水回用泵组（厂内自用）1 套，含潜水泵 4 台，3 用 1 备，单台 $Q = 130m³/h$，$H = 52m$，$N = 37kW$；设气压罐 1 套，$\phi = 1600mm$，总容积 4000L，调节容积 1200L，$PN = 1.0MPa$。

11. 鼓风机房

设置 1 座，$B \times L \times H = 36.85m \times 16.55m \times 7.0m$。设曝气单级离心鼓风机 6 台（4 用 2 备），$Q = 13125m³/h$，$\Delta P = 1.05bar$，$N = 450kW$，电压 10kV。设曝气沉砂池螺杆风机 5 台（4 用 1 备），$Q = 480m³/h$，$\Delta P = 0.3bar$，$N = 11kW$。

12. 加药间

设置 1 座，$L \times B \times H = 38.5m \times 22.0m \times 7.0m$。包括碳源投加系统、PAC 投加系统、PAM 投加系统、次氯酸钠投加系统。药剂稀释用水考虑自来水和中水两种方式。

13. 污泥浓缩脱水间

项目污泥量为 36t DS/d，污泥含水率 99.2% ~ 99.4%，湿污泥体积 6000m³/d。采用叠螺浓缩机加板框脱水机的处理方式，浓缩后污泥含水率 95%，污泥体积约 720m³/d，脱水

后污泥含水率 ≤ 65%，污泥体积约 103m³/d。絮凝剂采用 PAM，投加量 0.003 ~ 0.005t/t DS；调理剂采用 PAC，投加量 0.05 ~ 0.15t/t DS。浓缩机按 24h 连续运行设计，板框脱水机按照 20h 分批次运行设计，均为 3 用 1 备，应急工况下可 4 用。

（1）污泥浓缩脱水系统位于地下箱体内同一区域，总尺寸 $B \times L \times H = 38.9\text{m} \times$（27.6 ~ 56.6）m×（17.25 ~ 19.75）m。含污泥缓冲池 1 座，$L \times B \times H = 7.6\text{m} \times 5.6\text{m} \times 7.0\text{m}$，有效水深 4.8m；调理池 4 座，$L \times B \times H =$（6.5 ~ 7.1）m × 7.5m × 7.0m；PAC 储液池 1 座，分 2 格，$L \times B \times H = 12.0\text{m} \times 5.2\text{m} \times 7.0\text{m}$，PAC 最大储存时间 5 ~ 7d。

（2）污泥浓缩脱水间的主要设备包括叠螺浓缩机 4 台（3 用 1 备），$Q = 80$ ~ $120\text{m}^3/\text{h}$，固体负荷 0.7t/h，$N = 12\text{kW}$；隔膜板块压滤机 4 台（3 用 1 备），单台过滤面积 700m^2，处理能力 700kg DS/h，$N = 20\text{kW}$；钢制污泥料仓 2 套，有效容积 60m^3，$N = 22\text{kW}$。

24.4.2 建筑设计

1. 建筑安全等级

（1）本工程属地下建筑物，耐火等级为一级。

（2）工业建筑物火灾危险性类别：配电间（包括其附属建筑）为丁级，其余箱体建筑为戊级。

2. 主要地上建筑物

地上建筑主要包括地面 1 号附属用房、2 号附属用房等。建筑在设计手法上利用点、线、面对立面进行分割，强调比例与韵律，采用天然材质和色彩，将功能建筑、景观小品、服务融入自然，提供丰富的社交场景，使之成为有公信力的社交目的地。

（1）1 号附属用房

1 号附属用房位于场地西南角，地下箱体滤池区域上部，与排气塔合建。采用框架结构，共三层，主要包括水厂办公用房、会议室、中控室、厨房、餐厅、化验室、消防控制室、值班休息室、展厅等。

（2）2 号附属用房

2 号附属用房位于场地西北侧，地下箱体二沉池区域上部。采用钢结构，共三层，以开发的公共空间为主，包括共享厅、多功能厅、图书阅览厅、创意工坊等。

24.4.3 结构设计

1. 地下箱体

结构形式：地下负二层为现浇钢筋混凝土地下水池类结构，负一层为钢筋混凝土框架结构。平面呈 L 形，根据工艺单元划分为 5 个区域，分别为预处理区、生化处理区、沉淀区与高密度沉淀区、深度处理区及污泥处理区。

地下箱体长度较长，在长度方向设置两道引发缝，在引发缝区段内设置后浇带和膨胀加强带。在宽度方向设置两道引发缝，在引发缝区段内设置后浇带和膨胀加强带。箱体顶部部分区域为1号、2号附属用房，箱体其余区域盖板顶覆土厚度1.0～2.0m，为景观绿化场地。负一层结构基础为桩筏基础，箱体负二层结构基础为筏板基础，大部分区域持力层为中风化泥质砂岩层，采用天然地基，局部位于软弱土层上，该层厚度较小区域采用换填处理。

2. 箱体上部建筑

1号附属用房位于地下箱体加药及滤池区域顶部，为1～3层钢筋混凝土框架结构，2号附属用房位于二沉池和高密度沉淀池区域顶板，为1～3层钢框架结构，上部结构柱与下部箱体结构墙体、柱对齐。

1号附属用房位于滤池及加药消毒区域顶板上部，平面尺寸42.50m×50.60m，一层层高5.40m，二层及三层层高4.20m，为三层框架结构。1号附属用房楼、屋面板采用装配整体式混凝土楼盖，楼面板为桁架钢筋混凝土叠合板。隔墙采用轻型预制墙板。

2号附属用房位于地下箱体二沉池顶板上部，柱距为10.0～11.5m，层高5.00m，为1～3层钢框架结构。钢柱尽量与下部柱、墙对齐，局部钢柱未落在下部柱、墙处，在顶板设置转换梁，上部钢柱位于转换梁上；楼屋面采用压型钢板组合楼板。

24.4.4　基坑支护设计

本项目基坑开挖面积约6.3万 m^2，基坑周长1238m。基坑安全等级为一级、二级，基坑使用年限少于2年。

基坑北侧：无放坡条件，采用单排桩、桩+锚索支护结构。

基坑东侧：具备局部放坡条件，采用单排桩+放坡、单排桩+放坡+锚索支护结构。

基坑南侧：不具备放坡条件，采用2排桩支护结构。

基坑西侧：不具备放坡条件，采用2排桩+锚索支护结构。

24.4.5　电气和自控设计

1. 电气设计

本工程设计规模为18万 m^3/d，属城市大型污水处理工程，负荷等级为二级，供电电源采用10kV电压等级，双电源供电，两路电源同时使用，互为备用，每路电源均能承担污水处理厂全部负荷的供电需求。

全厂设有一座10kV配电站及三座变配电站（1号～3号），10kV配电站与1号变配电站合建。10kV配电站位于10kV用电设备中心，且便于外电电源进入；其余每座变配电站基本都靠近负荷中心，且交通便利。在地上景观绿地另行设置户外箱式变电站。

全厂设置智能配电管理系统，实现供配电系统的统一监控和集中管理，并且具备辅助运维的功能，提高供电系统的安全性、稳定性和故障的处理能力。智能配电管理系统作为集电力监控、能耗管理、电力设备资产管理于一体的综合智能管理系统，采用专用的计算机监控系统（SCADA 系统），同时系统可开放接口用于接入中控室上位机系统。该系统主要功能：完成供配电系统运行和故障状态监视，完成设备的运行分析与电力设备资产管理，提供电能耗分析管理功能，统计各设备电能消耗等。

2. 自控、智能化系统设计

自控系统包括生产管理系统、生产过程自动化系统、智慧水务系统等。采用 100M 以太光纤环网构成"集散型"控制系统，集中监控管理、分散控制、数据共享；现场控制站的设置以相对独立、就近控制为原则；在净水厂管理用房中央控制室设控制中心，实现整个污水处理厂的"集中管理"。现场控制站采用 100M 以太光纤环网与中央监控计算机实现数据交换，采用环网结构，以光纤作为传输介质，保证网络的可靠性、安全性。设备控制单元由设备厂家配套提供，具备以太网通信接口，通过工业网络交换机与中央监控系统实现数据交换。

根据本工程污水处理工艺流程和综合自动化系统的要求配置检测仪表，仪表信号采用 4 ~ 20mA 信号接入 PLC 控制器，预留仪表通信接口。流量、总磷、总氮、COD、氨氮等检测仪通过工业现场总线与自动化系统相连。

智能化系统包括信息网络系统、综合布线系统、消防广播系统、安全技术防范系统等。

24.4.6 除臭和通风设计

1. 除臭设计

（1）生物原位减量系统（全过程除臭系统）

生物原位减量系统（全过程除臭系统）包括微生物培养箱、除臭污泥回流泵等，安装于生化池内。本项目共 2 座生化池，每座生化池内设置全过程生物除臭反应器 36 套，安装于生化池好氧区；每座回流泵井内设置全过程除臭回流泵 2 台，1 用 1 备，单台 $Q = 187.5\text{m}^3/\text{h}$，$H = 20\text{m}$，$N = 30\text{kW}$。

（2）生物滤池除臭＋活性炭吸附系统 [服务除臭盖（罩）内臭气产生区]

臭气直接产生区主要分为预处理区、生化池区和污泥脱水区三个部分，各区臭气处理系统设置如下：

1）预处理区臭气处理

主要收集粗格栅及污水提升泵房、中细格栅、曝气沉砂池池体内及除臭罩内臭气，设生物滤池除臭装置（停留时间 20s）及活性炭吸附装置（停留时间 3s）各 1 套，除臭风量 39000m³/h。

2）生化池区臭气处理

主要收集生化池内臭气，设生物滤池除臭装置（停留时间 15s）及活性炭吸附装置（停留时间 3s）各 2 套，每座生化池 1 套，除臭风量 78000m³/h。

3）污泥脱水区臭气处理

主要收集污泥脱水机区域除臭罩内臭气，设生物滤池除臭装置（停留时间20s）及活性炭吸附装置（停留时间3s）各1套，除臭风量25000m³/h。

（3）离子除臭系统[服务预处理区和脱水区除臭盖（罩）外的空间换气]

采用离子除臭系统，总风量350000m³/h。其中预处理区空间除臭风量210000m³/h，设离子除臭装置3套，单套除臭风量70000m³/h；污泥脱水区空间除臭风量140000m³/h，设离子除臭装置2套，单套除臭风量70000m³/h。

（4）植物液喷淋系统

污泥装卸区设植物液喷淋系统，包括喷淋泵、配比泵、稀释液箱、过滤器、液位感应器、溢流调压阀、自动控制系统等。设喷淋泵2套（1用1备），压力5～7MPa，流量15L/min，$N=1.5$kW。喷头采用304不锈钢材质，每个喷头的喷淋量150mL/min，形成的雾滴范围为30μm±15μm。

2. 通风设计

地下箱体内设计通风换气次数如表24-2所示。

表24-2　地下箱体内设计通风换气次数

序号	区域名称	换气次数	备注
1	配电室	12次/h	兼火灾后灭火气体排除
2	加药间	12次/h	—
3	二沉池	3次/h	—
4	消防泵房	3次/h	—
5	生化池	3次/h	—
6	鼓风机房	—	按排除余热计算通风量
7	地下管廊	3次/h	—
8	预处理区域	6次/h	—
9	反冲洗用房	3次/h	—
10	车道	3次/h	—
11	反硝化深床滤池	3次/h	—
12	设备间	4次/h	—
13	脱水间	6次/h	—

项目各区域设置独立的机械送风、排风系统，其中送风系统加入离子新风强化，改善地下空间环境，预处理系统和脱水间的机械排风经离子除臭装置处理后有组织排放。

24.4.7　消防设计

1. 防火分隔

净水厂安全疏散及防火分区满足《建筑设计防火规范（2018年版）》GB 50016—2014

及《城镇地下式污水处理厂技术规程》T/CECS 729—2020 的要求。操作层的生化池、二沉池、高密度沉淀池、反硝化深床滤池等池顶操作层处理区的防火分区面积根据工艺要求确定，其余设备用房按每个防火分区面积 ≤ 2000m² （设置喷淋系统）控制。

每个独立的防火分区均设有至少两个安全出口，其中一个为直通室外的独立安全出口，另一个为借用相邻防火分区的甲级防火门作为第二安全出口。上下层连通的防火分区在本层借用相邻防火分区的直通室外的独立安全出口及甲级防火门作为第二安全出口。

2. 疏散设计

（1）负一层（操作层）的疏散距离按照不大于 60m 进行控制；负二层（管廊层）设检修平台，平台上任一点至最近直通室外的独立安全出口的距离按照不大于 100m 进行控制。

（2）消防应急照明的应急工作时间应满足《消防应急照明和疏散指示系统》GB 17945—2010 的规定，不应小于 1.5h，应急照明应保证地面水平照度不应低于 5.0lx，应设置为连续可视的疏散指示标志，采用大尺寸疏散指示标志。

3. 电气消防设计

本工程电气消防系统包括火灾自动报警及联动系统、电气火灾监控系统、消防专用通信系统、消防电源监控系统、防火门监控系统、消防应急照明和疏散指示系统、消防设备配电系统等。

（1）火灾自动报警系统采用集中报警系统，采用报警二总线制编码系统，总线环形连接。消防控制室设置在地面管理用房一层，内设火灾报警控制器、消防联动控制器、消防控制室图形显示装置、消防专用电话总机、消防应急广播控制装置、消防应急照明和疏散指示系统控制装置、消防电源监控器、防火门监控器等设备。

（2）地下箱体内根据功能及环境要求分别设置感温探测器、感烟探测器及气体探测器。操作层等场所设置感烟探测器，不适合设置感烟探测器的场所设置感温探测器。

（3）地下箱体内设置有毒有害气体（硫化氢、甲烷等）监测报警装置、氧气测量仪和温度湿度测量仪，中央控制室或消防控制室也应有相应的可进行警示、报警、报警确认、报警记录等的设施，以保证有毒有害气体超过设计标准时能及时发出警报，并自动启动排风机将气体排除。

（4）消防用电负荷等级不低于二级。消防设备配电干线采用矿物绝缘电缆，支线采用耐火型电缆。

4. 灭火系统设计

（1）净水厂设置室内消火栓，室内消火栓用水量 40.0L/s，火灾延续时间 2h，消防水池容积 200m³。

（2）各防火分区内设置自动喷淋系统、灭火器系统；变配电室内设置气体灭火系统。

5. 防烟排烟系统设计

（1）防烟设计

满足自然排烟条件的封闭楼梯间、防烟楼梯间、前室采用自然排烟，其余房间设机械加压送风系统。

（2）排烟设计

无防火隔墙时，只划一个防烟分区；有防火隔墙时，按防烟分区划分，利用直通室外的车道、管井自然补风，自然补风无法满足的地方的设置机械补风系统。机械排烟、补风系统与平时通风系统合用。长度大于 20m 的内走道、地下面积大于 $50m^2$ 的房间、地上面积大于 $50m^2$ 且不满足自然排烟条件的房间均设机械排烟系统，其中在地下的系统均设置机械补风系统。

24.4.8　防洪及防涝设计

本工程防洪按锦江两百年一遇洪水位设防。锦江两百年一遇洪水位为 462.27m。为防止洪水倒灌，本方案采取了以下工程措施：

（1）地下箱体外地坪设计标高高于洪水位，所有进入地下箱体的通道均设有不低于洪水位的防洪措施，出口处设驼峰，驼峰高出周边地面 0.5m。

（2）地下通道入口均设有截洪沟，防止雨水进入地下箱体。

（3）净水厂进水管设两道速闭闸，在紧急情况时可自动关闭，保障净水厂安全。

（4）尾水排放管设置拍门，尾水泵出口设置止回阀，防止发生倒灌。

（5）厂内负二层最低处设置事故排放泵，若发生事故，可及时将洪水排至厂外。

24.4.9　地上景观设计

1. 设计愿景

（1）自然、建筑、生活的无界交融

创建由建筑、景观、生活场景所组成的"融合场所"，打破建筑与自然之间的边界，使人在自然与建筑之间漫游。

（2）丰富繁荣的社区文化生活

创造丰富的户外活动场景，提升区域品质的商业形态，满足成长型家庭的社会需求。在场地中创建开放、紧密联系、多元化的城市空间，提供 $7 \times 24h$ 的活力空间，成为吸引年轻人、年轻家庭的活力目的地。

2. 设计理念

整体景观设计从城市空间区块的共生、建筑与自然环境的共融、居民城市生活场景的共享三个设计构想出发，打造新型温暖宜人的城市活力空间。

3. 景观分区

结合整个场地的空间规划控制网络，整体景观涵盖四个分区功能组团，包括社区共享区、多元运动区、林下休闲区以及管理区。

24.5　主要经济指标

24.5.1　概算投资

工程概算总投资为：197218.79 万元，其中第一部分工程费用 161279.16 万元，其中建筑工程费 104209.25 万元、设备购置费 41512.33 万元、安装工程费 15142.46 万元。

24.5.2　成本分析

本工程预计年生产总成本为 24353.61 万元，预计单位成本为 3.71 元 /m³，预计单位经营成本为 2.17 元 /m³。

24.6　运行效果

由于目前该项目正在进行施工，暂缺乏相关的运行资料。

24.7　设计建议

（1）提前与业主单位沟通，明确厂区定位、档次，对有参观需求的厂站应充分考虑展厅、参观通道的布置。

（2）充分利用 BIM 技术。华阳净水厂通过 BIM 技术应用，解决了管线碰撞、净高核查、孔洞预留等传统设计的常见问题，大幅提高图纸质量，也更加便于后续施工实施。

第 25 章　泸州市城东污水处理厂二期工程设计

　　泸州市城东污水处理厂二期工程是泸州市第一座以湿地公园为主题的地下污水处理厂，该项目是地面景观、周边道路、科普教育与地下污水处理厂功能融为一体的游憩服务型地下污水处理厂综合体。

25.1　项目概况

　　泸州市城东污水处理厂二期工程处理规模为 10 万 m^3/d，土建一次建成，设备分组分期投运，对一期处理规模 5 万 m^3/d 已建污水处理厂同步进行改造。污水处理采用以预处理 + 多模式 AAO + D 型滤池为主体的工艺，消毒采用紫外线消毒工艺。污泥处理采用一体式离心浓缩脱水工艺，脱水泥饼经污泥料仓周转外运。排放水体为跃水溪，最终流入长江。城东污水处理厂按《城镇污水处理厂污染物排放标准》GB 18918—2002 一级 A 排放标准执行。

　　项目厂址位于泸州市龙马潭区罗汉街道临港社区，紧邻长江。二期工程征地面积约 4.88 公顷（约 73.2 亩），其中地下箱体占地面积 $29441.5m^2$（约 44.16 亩），建筑总面积 $57414.92m^2$（含地上、地下建筑物面积）。项目采用全地下建设方式，上部修建人工湿地公园。

　　工程概算总投资约 9.25 亿元。

25.2　项目设计难点及创新要点

25.2.1　本项目设计的难点

　　项目最大的特点和技术难度在于进厂管线布置和周边复杂环境下土建设计和施工难度极大。本工程涉及的进厂管道有厂外截污干管（南线与北线），由于厂区南侧靠近长江北岸，没有管线的管位，因此进厂的南、北管线需要在厂内有限的空间范围内进行一、二期流量分配布置。

　　场地北侧为进港铁路，地下箱体边线距离进港铁路距离约 35m。场地西、南侧紧邻有机硅管道（位于地面上），地下箱体和已建管线冲突，需要进行迁改。场地东侧为一期已建污水处理厂，地下箱体边线距离最近的综合楼约 20m。同时项目场地位于长江北岸，距长江约 200m，需要在距离长江很近的高填方场地范围内完成土建施工，会面临地下水位高、换填工程量大、施工工期较长以及地基变形也较大的困难。

25.2.2　本项目创新要点

1. 采用全地下建设形式，在箱体上建设人工湿地公园

项目采用全地下建设方式，处理构筑物及设备全部置于地下箱体内，各构筑物之间共壁合建，箱体之上覆土建设为人工湿地公园，分别构建"地下污水处理"和"地上生态湿地公园"两大系统。湿地公园以独特的湿地生态系统类型、多样的自然景观等成为湿地生态系统及生物多样性的重要研究基地及科普教育、教学实习的理想场所。开放的湿地公园，将成为所在地大、中、小学生的特殊"课堂"、公众的"博物馆"，成为泸州市第一座以湿地公园为主题的地下污水处理厂环境治理科普教育基地。

2. 采用智能工艺控制系统

通过设置相应控制模块、仪表、阀门等，根据进水水质和出水水质要求实现对鼓风机、加药泵、污泥回流泵等设备的自动控制，除实现精确曝气外，加药、污泥回流等可实现自动、精确控制。可以更可靠地保证出水水质，减少能耗和药耗，减轻工作人员负担，减少操作失误的可能性。

3. 优化预处理设计，强化拦渣去除效果，最大限度防止了格栅堵塞的风险

根据其他污水处理厂的经验，在粗格栅（20mm）后直接设置栅隙过小的细格栅可能导致细格栅负荷较大，容易堵塞；加之本工程为地下污水处理厂，细格栅机检修、外运条件不如地上式污水处理厂，因此在粗、细格栅之间增加了一处中格栅，形成粗（20mm）、中（5mm）、细（3mm）三道格栅。

4. "绿色低碳"创新

（1）生化池鼓风机数量与生化池分格数为 2 : 1，便于在使用中根据单格运行情况调整风量。以改良 A^2/O 工艺为基础，将好氧区分为串联的三个独立区域，每格风管也各自独立，并设置相应空气流量计，易于控制各分区的曝气量，达到节能的目的。

（2）地下箱体内的通道区域设有 4 个采光窗，自然光的引入，大大降低箱体内空间压抑的感官效果，还节约照明能耗。

（3）同时全厂采用智能照明系统，达到节能目的的同时方便日常管理。

（4）水环境科普展示厅内设置与地下箱体直通的参观电梯，优化了参观线路，便于后期运行维护，参观科普与运行维护互不干扰。

5. 环境卫生设计标准创新

除执行厂界标准外，还执行《工业企业设计卫生标准》GBZ 1—2010 以及《工作场所有害因素职业接触限值 第 1 部分：化学有害因素》GBZ 2.1—2019 等标准，有效提高了厂内环境卫生条件，保护操作工人的身心健康，深得运行单位好评。

25.3　总体设计

25.3.1　设计规模

城东污水处理厂二期工程处理规模为 10 万 m^3/d，土建一次建成，设备分组分期投运，一期已建污水处理厂同步进行改造。

25.3.2　设计进出水水质

本项目执行《城镇污水处理厂污染物排放标准》GB 18918—2002 一级 A 标准，部分尾水作为污水处理厂生产回用及地上人工湿地公园用水，剩余部分排放至污水处理厂东南侧的跃水溪，最终排放至长江。城东污水处理厂设计进出水水质如表 25-1 所示。

表 25-1　城东污水处理厂设计进出水水质

项目	COD_{cr}（mg/L）	BOD_5（mg/L）	SS（mg/L）	TP（mg/L）	NH_3-N（mg/L）	TN（mg/L）	pH 值	粪大肠杆菌
设计进水	300 ~ 450	100 ~ 220	200 ~ 300	5 ~ 7	35 ~ 40	45 ~ 55	6.5 ~ 9.5	—
设计出水	≤ 50	≤ 10	≤ 10	≤ 0.5	≤ 5	≤ 15	6 ~ 9	≤ 1000 个 /L

25.3.3　处理工艺流程

城东污水处理厂工艺流程框图如图 25-1 所示。

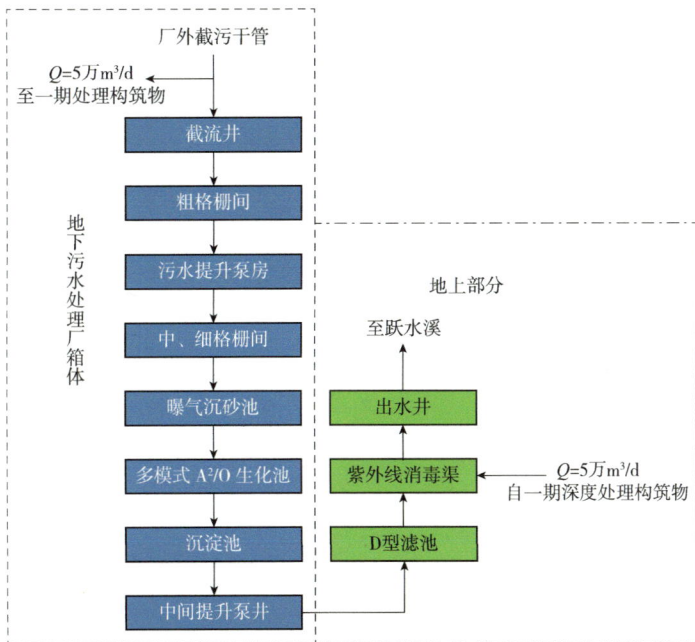

图 25-1　城东污水处理厂工艺流程框图

25.3.4　建设形式

泸州市城东污水处理厂二期工程厂址位于龙马潭区罗汉街道临港社区，距泰安长江大桥约650m，距东侧的龙溪河约3000m，厂址北邻进港铁路，南为长江，东为泰安长江大桥，西临泸州北方化学工业有限公司的污水处理厂。根据总规及控制性详细规划资料，该规划拟建厂址为市政用地。考虑到道路、河道和北方化工工业有限公司污水处理厂的管道等有退让距离的要求，同时尽可能地减少拟建污水处理厂对周边的环境影响，可供用于污水处理厂建设的用地相对较小。

根据项目实际情况本项目采用全地下建设形式，地下构筑物的顶板上部设置功能性湿地，最大限度实现该地块的原规划功能要求。

25.3.5　总体布局

城东污水处理厂二期为全地下设计，二期红线总占地面积48806m^2。地下箱体的面积约29881.88m^2，上部为跃水溪人工湿地，日处理污水处理厂尾水约12000m^3。项目建设用地面积约50000m^2，新建尾水处理设施1处。其中：增效塘约2000m^2，多级潜流湿地系统约28000m^2，表流湿地约为20000m^2。

污水处理厂分为生产区和管理办公区，其中管理办公区利用一期已建的综合楼。生产区包括集约化布置的地下污水处理厂和地面深度处理区。

城东污水处理厂二期工程效果图如图25-2所示。

图25-2　城东污水处理厂二期工程效果图

地下污水处理厂的总平面布置不受风向的影响，因此平面布置主要根据污水处理厂进、出水方向，周边环境和用地情况进行。地下污水处理厂内包括粗格栅、污水提升泵房、中格栅、细格栅、沉砂池、生化池、二沉池、中间提升泵井、加药间、鼓风机房、废水池等构筑物。深度处理区位于原污水处理厂一期西南侧，包括 D 型滤池、紫外线消毒渠、出水井、2 号变配电站、仪表间及消防控制室。

25.3.6　竖向布置

二期场地地势开阔，总体地形有起伏，场地北侧地势较高。

结合周边道路规划标高、现状场地标高及城市防洪标准（50 年洪水位 241.86m），污水处理厂二期的室外地坪标高为 242.50 ~ 244.50m，高于 50 年一遇的洪水位。其中二期地下污水处理厂箱体顶部为人工湿地，设计标高 244.20m；箱体周边设计地面标高 242.50m，与污水处理厂一期设计厂平面标高一致。箱体结构层为 2 层，上部覆土深度 1.2m，最大埋深 15.4m，其中操作层顶标高 243.00m，层高 6.0m；底板标高最低 228.80m。

25.4　主要工程设计

25.4.1　工艺设计

1. 截流井

设置 1 座，土建尺寸为 $B \times L = 11.05\text{m} \times 4.00\text{m}$，$H_{地下} = 6.55\text{m}$，钢筋混凝土结构。

其配置了手电两用铸铁镶铜闸门 2 套、电动速闭闸 2 套，直径 $\phi = 1400\text{mm}$。

2. 粗格栅及进水泵房

设置粗格栅井、污水提升泵 1 座，合建。其中粗格栅井土建尺寸为 $B \times L = 5.07\text{m} \times 8.20\text{m}$，$H_{地下} = 8.90\text{m}$，内分 2 格；污水提升泵房土建尺寸为 $L \times B \times H = 8.0\text{m} \times 17.2\text{m} \times 8.9\text{m}$，内分 2 格，钢筋混凝土结构。

粗格栅采用钢丝绳牵引式格栅除污机 2 台、带式输送机 1 台。一阶段设变频潜污泵大泵 2 台，1 用 1 备，小泵 2 台，2 用；二阶段增加大泵 2 台，3 用 1 备，小泵沿用一阶段 2 用。

3. 中格栅、细格栅及曝气沉砂池

设中格栅、细格栅渠一座，分 4 格，钢筋混凝土结构，平面尺寸为 $L \times B \times H = 24.05\text{m} \times 17.10\text{m} \times (2.85 ~ 3.15)\text{m}$。

一阶段中格栅渠采用内进流格栅 2 台，$B = 1600\text{mm}$，$e = 5\text{mm}$，1 用 1 备，二阶段增加 1 台，2 用 1 备。一阶段细格栅渠采用内进流格栅 2 台，$B = 1600\text{mm}$，$e = 3\text{mm}$，1 用 1 备，二阶段增加 2 台，2 用 2 备，极端情况下 3 用 1 备。设 4 套栅渣压榨机，一阶段 2 用 2 备，二阶段 4 用。

设曝气沉砂池 1 座，平面尺寸为 $L \times B \times H = 24.13\text{m} \times (4.2 ~ 9.32)\text{m} \times (1.75 ~ 7.45)\text{m}$，内分两格，钢筋混凝土结构，峰值停留时间 5min，内有除油除砂桥及撇渣装置 2 套，一阶

段 1 用 1 备，二阶段 2 用；一体化浮渣分离机 2 台，1 用 1 备。

4. AAO 生化池及剩余回流污泥泵井

单座生化池（含剩余回流污泥泵井）的平面尺寸为 $L \times B \times H = 93.8\text{m} \times 72.0\text{m} \times 8.2\text{m}$，钢筋混凝土结构。$MLSS = 4.0$ g/L，设计泥龄 20d，有效水深 7.0m，设计气水比（生化）6.8 : 1，内回流比为 250% ~ 300%，外回流比为 100% ~ 150%，水力停留时间 $HRT = 20.6$h。

采用微孔盘式曝气器，共 7400 套。

5. 矩形二沉池

设置矩形沉淀池 2 座，单座尺寸为 $L \times B \times H = 40.0\text{m} \times 61.5\text{m} \times 6.4\text{m}$；每座分 6 格，单格宽 9.75m，有效水深 4.5m，钢筋混凝土结构，本阶段安装 1 座 6 格设备，二阶段安装另 1 座设备。峰值流量时表面负荷为 1.16m^3/（$\text{m}^2 \cdot \text{h}$），停留时间 3.02h。

一阶段安装设备：非金属链条刮泥机，共 6 套。刮泥机厂家配套提供排渣堰门、排泥堰门、排泥系统、配水系统、出水堰板、浮渣挡板及支撑架等。

6. 中间提升泵井

设置中间提升泵井 1 座，平面尺寸为 $L \times B \times H = 11.95\text{m} \times 14.8\text{m} \times 6.7\text{m}$，钢筋混凝土结构。

一阶段主要设备及仪表：中间提升泵，4 台，$Q = 1360\text{m}^3$/h，$H = 15.5$m，$N = 90$kW，2 用 2 备（2 台变频）。

7. 鼓风机房

设置鼓风机房 1 座，平面尺寸为 $B \times L = 14.0\text{m} \times 65.4\text{m}$。

一阶段设空气悬浮鼓风机 5 台，$Q = 3542\text{m}^3$/h，$\Delta P = 0.85$bar，风量调节范围为 70% ~ 100%，配套电机功率 $N = 131.3$kW，4 用 1 备（变频）；二阶段增设 5 台，8 用 2 备。

在一阶段，曝气沉砂池设罗茨鼓风机 2 台，$Q = 420\text{m}^3$/h，$\Delta P = 0.35$bar，$N = 11$kW，1 用 1 备；二阶段增设 1 台，2 用 1 备。

8. 加药间

设置加药间 1 座，包括复合碳源投加系统、葡萄糖投加系统、FPS 除磷剂投加系统，其平面尺寸为 $L \times B \times H = 46.5\text{m} \times 44.65\text{m} \times 6.0\text{m}$。

9. 废水池

设置废水池 1 座，平面尺寸为 $L \times B \times H = 32.75\text{m} \times 8.4\text{m} \times 5.5\text{m}$，有效水深 3.2m，钢筋混凝土结构。土建、设备安装一次完成。

共有潜污泵 6 台，放空时 3 用，事故时 5 用 1 备，有特殊情况时 6 用。

10. D 型滤池（地面）

一期工程已建 D 型滤池及反冲洗泵房一座，设计规模 5 万 m^3/d，继续利用。二期新建一座 D 型滤池，用于二期扩建工程的深度处理，设计规模 10 万 m^3/d，反冲洗系统利用一期的反冲洗泵房。

最大设计流量为 5416m^3/h，正常滤速为 16.97m/h，强制滤速为 18.5m/h，进水 SS ≤

20mg/L，出水 SS ≤ 10mg/L，最大过滤水头为 1.6m。

D 型滤池分为 12 格，单排布置，一侧为进水配水槽及滤池过滤单元，另一侧为管廊。其平面尺寸为 $L \times B \times H = 52.38m \times 18.59m \times （4.25 ～ 8.7）m$，钢筋混凝土结构。单格有效过滤面积 27.48$m^2$。

11. 紫外线消毒渠（地面）

由于改造后深度处理区位置有调整，新建一座紫外线消毒渠，接纳一期、二期（预留三期接口）深度处理后的污水并消毒。

新建紫外线消毒渠一座，平面尺寸为 $L \times B \times H = 16.8m \times 10.9m \times （1.6 ～ 5.9）m$，钢筋混凝土结构。

12. 贮泥池与污泥浓缩脱水间

污泥处理系统利用一期已建污泥脱水间，本次对脱水间内部做土建改造，并新增脱水设备。

25.4.2　建筑设计

1. 建筑安全等级

本工程属地下建筑物，耐火等级应为一级。工业建筑物火灾危险性类别：配电间（包括其附属建筑）为丁级；其余箱体建筑为戊级。

2. 建（构）筑物外装修

地上外露部分主要装修采用与四周绿化环境相协调的天然外观类饰面材料，结合园林景观进行综合设置，出风塔采用防腐木外墙挂板饰面，楼梯间出屋面采用浅色仿石涂料饰面。

3. 建（构）筑物内装修

采用铝合金门窗，进出设备大门、隔声门及防火门采用彩钢门。有防火要求的房间采用成品防火门。加药间等有腐蚀性材料的房间采用耐酸砖墙裙饰面，卫生间、进水仪表间采用瓷砖饰面，鼓风机房等噪声较大的车间采用穿孔金属板吸声墙面，其余墙面均为水泥砂浆抹面后刷防火等级为 A 级的无机涂料。加药间内药池池内壁面（含内底面和内顶面）及所有沟槽各面防腐采用玻璃钢内衬防腐涂料。加药间采用耐酸地砖地面，卫生间、进水仪表间采用防滑地砖地面，其余地面均采用环氧砂浆地面。采用成品不锈钢栏杆。与污水接触的铁件，采用耐酸型的防腐油漆。

4. 地下建筑防水构造

（1）外围护结构及屋面防水等级

除配电间的防水等级为一级外，其余外围护结构的防水等级为二级；种植屋面的防水等级按一级设计。

（2）主要防水构造及材料

外围护结构及其底板除防水混凝土自防水外，另附加采用防水卷材及防水涂料进行综合设置；种植屋面采用防水卷材及防穿刺防水层联合组成，满足国家相关规范要求；屋面诱导缝由防水混凝土、防渗混凝土、中埋式止水带、外贴式止水带构成。

25.4.3 结构设计

地下综合箱体平面尺寸为 206.90m×157.20m。地下二层（负二层）主要为现浇钢筋混凝土墙板结构的水处理构筑物，各区域的底标高略有不同，主要池底标高为 228.80m～230.30m；地下一层（负一层）主要为现浇框架结构体系的构筑物操作层及建筑物，地下一层标高为 237.00m；箱体结构板顶标高为 243.00m，主要为功能湿地和水环境科普展厅。地下综合箱体采用全现浇钢筋混凝土结构，主要由预处理、鼓风机房和配电间、AAO 生化池和污泥泵井及二沉池区域组成。

地下综合箱体埋置深度较深，地下二层标高为 228.10～230.30m，地下一层标高为 237.00m。整个地下综合箱体尺寸为 $L×B=206.9m×157.2m$；地基地质条件变化较大，结合箱体的抗浮要求，在地质条件较好区域采用筏板基础＋$\phi=18mm$ 锚杆的形式；在地质条件较差区域采用 $\phi=600mm$ 旋挖灌注桩桩筏基础，既可作为竖向承载桩解决地基承载力及变形问题，又可作为竖向抗拔桩解决构筑物的抗浮问题。

地下通道分为箱涵段及船槽段，由直线和圆曲线组成；按单向车道设计，横向净宽为 6.0m，箱涵段结构箱室内部净高为 4.5～5.5m。箱涵结构和船槽结构交接处设置沉降缝，缝内设置止水带。

通道内路面结构采用沥青路面结构，设有厚 10～20cm 的 C35 混凝土调平层，上设两层沥青面层（4cm 改性细粒式沥青混凝土 AC-13C、6cm 中粒式沥青混凝土 AC-20C）。调平层与沥青层间设置防水黏结层（由 $0.2～0.3L/m^2$ 的黏接剂＋$0.2～0.4L/m^2$ 的改性乳化沥青组成），沥青之间设置黏层（$0.2～0.4L/m^2$ 的改性乳化沥青）。

地下通道基础置于岩石层时，采用筏板基础＋锚杆的形式；基础置于可塑黏土层时，采用 $\phi600mm$ 旋挖灌注桩基础，作为竖向抗拔桩。

25.4.4 基坑支护设计

地下综合箱体长约 207m，宽约 162m，基坑周长约 760m，施工开挖将形成约 8.2～16.8m 的深基坑，须对该基坑进行支护。

根据基坑开挖深度、场地地层特征并结合周边环境情况，基坑开挖支护方式采用网喷、悬臂桩、锚拉桩的综合支护形式。

25.4.5 电气和自控设计

1. 电气设计

（1）工程现状

本工程设计一期规模为 5.0 万 m³/d，全厂设总变配电间一座，负责全厂各建（构）筑物内所有用电设备的供电。污水处理厂全部为低压（380V/220V）用电设备，设置两台1000kVA 变压器，两台变压器同时工作、互为备用，变压器负荷率为 63%。

一期工程供电采用两路 10kV 电源供电，每路电源均能承担本工程的全部负荷，两路10kV 电源以一用一备的方式运行。

（2）本工程设计

二期工程属于二级负荷，其中消防负荷等级也为二级，根据负荷分布情况，本次二期工程新增 10/0.4kV 变配电站两座（2 号、3 号变配电站），经复核，一期两路 10kV 进线电源满足二期用电负荷供电要求，但需向当地供电部门申请用电增容。

二期工程增设低压柴油发电机组一台，以保障本污水处理厂的消防设施和为避免地下污水处理厂被水淹而设置的排水泵的可靠用电需求。

2 号变配电站位于地面上，负责一期改造地面新建各建（构）筑物内所有用电设备以及现状一期污泥浓缩脱水间内新增的二期设备的供电和二期工程地下箱体内除预处理区、鼓风机房、生化池外其他所有建（构）筑物内用电设备的供电；3 号变配电站位于地下箱体内，负责二期工程地下箱体内预处理区、鼓风机房及生化池内所有用电设备的供电；同时，全厂消防设施供电均由 3 号变配电站负责。污水处理厂现状 10kV 系统不能满足本次二期工程需要，故对现状 10kV 系统进行改造（10kV 配电室继续利用，10kV 开关柜重新配置）。

本工程一期现状变配电站（1 号变配电站）继续为一期工程服务。

2. 自控系统设计

自控系统包括生产管理系统、生产过程自动化系统等，将二期工程与一期工程共同纳入自控系统。采用 100M 以太光纤环网构成"集散型"控制系统，集中监控管理、分散控制、数据共享；现场控制站的设置以相对独立、就近控制为原则；在中央控制室设控制中心，实现整个污水处理厂的"集中管理"。现场控制站采用 100M 以太光纤环网与中央监控计算机实现数据交换，采用环网结构、以光纤作为传输介质，保证网络的可靠性、安全性。设备控制单元由设备厂家配套提供，具备以太网通信接口，通过工业网络交换机与中央监控系统实现数据交换。

根据本工程污水处理工艺流程和综合自动化系统的要求配置检测仪表，仪表信号采用 4 ~ 20mA 信号接入 PLC 控制器，预留仪表通信接口。流量、总磷、总氮、COD、氨氮等检测仪通过工业现场总线与自动化系统相连。

25.4.6　除臭和通风设计

1. 除臭设计

箱体内产生臭气浓度较大的地方主要是污水预处理部分（粗格栅及进水泵房、中格栅间、细格栅间、曝气沉砂池）、生化池和污泥处理单元。臭气处理排放标准应执行《恶臭污染物排放标准》GB 14554—1993 中的二级标准。

采用生物滤池法除臭，其工艺流程为臭气收集→臭气输送风管→风机→生物滤池→除臭风井→排放大气。

结合臭气源分布及总平面布置，本工程总除臭量为85000m³/d，共设置2个臭气处理站。

（1）1号生物除臭站（除臭量为50000m³/d）：服务于一阶段生化池及预处理臭气处理系统。

（2）2号生物除臭站（除臭量为35000m³/d）：服务于二阶段生化池臭气处理系统。

处理达标后尾气通过高度15m的排放塔高空排放。

2. 通风设计

由于除臭系统对臭气源进行的局部排风抽吸，因此对于污水处理厂地下负一层无污染源的操作空间的通风换气的次数不应小于每小时1次。配电间设置独立的机械送风、排风系统，兼作气体灭火后的通风。配电间发生火灾时自动关闭送风、排风机；气体灭火后手动开启送风、排风机，进行气体灭火后通风。配电间的通风气流组织尽可能有利于排除室内余热，排风口尽量设置在变压器上方，至少有一个排风口设在离地高度0.4m处。

其余区域设置独立的机械送风、排风系统。

25.4.7　消防设计

1. 消防车道

城东污水处理厂北邻进港铁路，南为长江，东为泰安长江大桥，西邻泸州北方化学工业有限公司的污水处理厂，根据厂区地形、风向、道路进出条件、工艺流程、安全防火环境要求，车行道为4m宽单车道，道路转弯半径为9m，厂内建（构）筑物间距，满足《建筑设计防火规范（2018年版）》GB 50016—2014的有关规定。

在火灾危险性较大的场所设置安全标志及信号装置，在污水处理厂内的各类介质管道应刷相应的识别色。

2. 建筑防火

（1）本项目厂房地下箱体总建筑面积55068.51m²，地下箱体中部为安全疏散通道，通道总宽6.0m，净高5m，可供消防救援车及救护车进入。安全通道设有进、出口与地面直接连通，安全通道与两侧生产处理区用防火墙分隔，人员及物料出入口设甲级防火门和特级防火卷帘。

负一层建筑面积29881.88m²，地下一层为设备用房、加药间以及操作平台、通道。负一层共分为5个防火分区，其中设备房有4个防火分区，每个防火分区面积不大于2000m²。其余安全通道及操作平台为一个防火分区，防火分区面积2178.21m²，其余部分为操作平台、通道，不计入防火面积，面积约为21441.28m²。每个防火分区都有两个直通室外的独立安全出口，或借用相邻防火分区作为第二个安全出口，共有10部疏散楼梯直通室外。负二层建筑面积25186.63m²，主要为水池、管廊和检修区域，共有7部疏散楼梯，同时还设有一部通向负一层的消防电梯。

（2）整个厂区按同一时间发生一处火灾考虑。沿厂区道路设室外消火栓系统；地下箱体（厂区）内设置室内消火栓灭火系统；地下变配电站和配电室内暂考虑设置柜式无管网七氟丙烷气体灭火系统；所有建筑物均配备手提式磷酸铵盐干粉灭火器。

（3）疏散距离

疏散距离不超过 60m，通向负二层的疏散楼梯均为防烟楼梯间，楼梯间设前室，楼梯及楼梯前室均设机械送风设施；到达负一层的楼梯为封闭楼梯间；设有一部消防电梯。疏散出口数量、通道宽度、疏散距离等方面均符合消防要求。

（4）安全出口及防火构造

本工程安全出口为防烟楼梯，10 个防烟楼梯直通室外（屋顶）。

（5）采用消防控制中心报警系统

消防控制中心设置在设备用房内。对火灾自动报警系统、火灾事故广播、消防通信系统、防烟排烟系统、消防水泵等进行集中管理、监测和控制。

（6）防火门

该工程所用的防火门都是按照国家或四川省消防总队批准的合格产品，防火墙和公共走廊上疏散用的平开防火门都设有闭门器，双扇平开防火门安装有闭门器和顺序器，常开防火门须安装信号控制关闭和反馈装置。

3. 电气消防设计

本工程电气消防系统由火灾自动报警及联动系统、电气火灾监控系统、消防专用通信系统、消防电源监控系统、消防应急照明和疏散指示系统、消防设备配电系统等组成。

（1）火灾自动报警系统采用集中报警系统，采用报警二总线制编码系统，总线连接。消防控制室设置在地面，内设火灾报警控制器、消防联动控制器、消防控制室图形显示装置、消防专用电话总机、消防应急广播控制装置、消防应急照明和疏散指示系统控制装置、消防电源监控器等设备。

（2）根据功能及环境要求在地下箱体内分别设置感温探测器、感烟探测器及气体探测器。在操作层等场所设置感烟探测器，不适合设置感烟探测器的场所设置感温探测器。

（3）地下箱体内设置有毒有害气体（硫化氢、甲烷等）监测报警装置、氧气测量仪和温度湿度测量仪，中央控制室或消防控制室也应有相应的能够进行警示、报警、报警确认、报警记录等的设施，以保证有毒有害气体超过设计标准时及时发出警报，并自动启动排风机将气体排除。

（4）消防用电负荷等级不低于二级。消防用电设备采用专用的供电回路，在 3 号变配电站 0.4kV 侧设置两段低压应急母线对消防用电设备供电。对于消防控制室、消防水泵房、消防电梯、消防风机房的消防用电设备的供电，应在其配电线路的最末一级配电箱处设置自动切换装置，各防火分区内的消防排水泵、防火卷帘、消防应急照明及备用照明等由各防火分区末端消防双电源切换箱放射式或树干式供电。

4. 消防给水工程设计

（1）消防水源

室内消火栓系统采用市政给水管网供水作为消防水源。

（2）消防水量

本工程同一时间内的火灾次数按一次考虑，室内消火栓系统用水量为 40L/s，室外消火栓系统用水量为 30L/s。火灾延续时间 2.0h，一次灭火用水量 504m³。

（3）室内消火栓系统

本工程设置一套临时高压消火栓给水系统。消火栓加压给水泵与消防水池一起设在设备用房内，共设 2 台消火栓给水加压泵，1 用 1 备。消火栓泵选型：$Q = 40$L/s，$H = 54$m，$N = 37$kW。

本工程中各部位均设置室内消火栓给水系统进行保护，其布置保证室内任何一处均可有 2 股水柱同时到达，灭火水枪的充实水柱为 13m。

（4）系统控制

发生火灾时，按下消火栓箱内的按钮向消防中心报警，消火栓箱内的指示灯亮。当系统启用后，消火栓泵后的压力开关或消防水箱出水管上的流量开关可自动启动消火栓泵，并向消防中心报警。消防结束后手动停泵。消火栓给水加压泵一用一备，具有低速自动巡检功能，消防加压供水时工频运行，自动巡检时变频运行。

（5）管材及型号

室内消火栓给水管道采用内外热浸镀锌无缝钢管，以丝扣或沟槽式卡箍连接。

本工程单栓室内消防箱采用 SG24A65-J 型消防箱，箱内设 SN65 消火栓 1 个，DN65 衬胶水带 1 条，直径 19mm 水枪 1 支和消防按钮一个。

（6）自动喷水灭火系统

本工程在地下箱体 1 ~ 4 号防火分区和 5 号防火分区的安全通道（车道）内设置自动喷水灭火系统，自动喷淋用水量 15L/s，火灾延续时间 1.0h。

（7）建筑灭火器和气体灭火系统设计

本工程各部位均设置磷酸铵盐干粉灭火器进行保护，配电间设置气体灭火系统进行保护。

本工程地下变配电站和配电室考虑设置气体灭火系统，采用柜式无管网七氟丙烷气体灭火系统。每个房间按一个防护单元设计，设计参数：保护区设计灭火浓度均为 9%，喷射时间 10s，浸渍时间 10min；同一防护区内的各台装置必须能同时启动，其动作响应时间差不得大于 2s；采用气体灭火的系统均设置泄压口，泄压口设在设置场所三分之二净高以上。

5. 防烟排烟设计

（1）本工程消防设计：按地下箱体建筑设计，本区所有通风系统的消防联动控制由消防控制中心负担；

（2）配电房设置事后通风设施，确保气体灭火系统工作结束后废气可及时、有效地排除；

（3）不满足自然排烟条件的防烟楼梯间及消防前室设置机械加压送风设施，确保防烟楼梯间内机械加压送风防烟系统的余压值为 40 ～ 50Pa，前室的余压值为 25 ～ 30Pa；

（4）本工程中采用自然排烟的房间和内走道的可开启外窗面积须大于地面面积的 2%。自然排烟口距该防烟分区最远点的水平距离不大于 30m。

（5）长度大于 20m 的内走道、地下面积大于 50m² 的房间、地上面积大于 50m² 且不满足自然排烟条件的房间均设机械排烟系统，其中地下的系统均设置机械补风系统。

25.4.8　防洪及防涝设计

本工程按长江 50 年一遇洪水位设防。长江 50 年一遇洪水位为 241.86m。为防止洪水倒灌，本方案采取了以下工程措施：

（1）地下箱体上部空间地坪设计标高 244.50 ～ 242.50m。

（2）所有进入地下箱体的通道均设有不低于 242.50m 的防洪措施。

（3）在地下通道入口均设有入口驼峰（驼峰处的标高比路面高 0.25m）和截洪沟，防止雨水进入地下箱体。

（4）污水处理厂进水管和尾水排放管设有速闭闸，当长江水位超过出水井警戒水位时，关闭速闭闸，污水处理厂停止生产。

（5）污水处理厂尾水排放管和所有重力排放至跃水溪或长江的雨水管道管内底标高均不低于 241.86m。

25.5　主要经济指标

25.5.1　概算投资

本项目工程建设概算总投资 92495.41 万元，主要建设内容：包括一期部分改造和二期工程扩建的污水处理、污泥处理、辅助生产建（构）筑物及配套设施设备等。其中一阶段工程总投资为 85045.25 万元，二阶段工程总投资为 7450.16 万元（按近期价格计算），其中一阶段第一部分工程费用 65936.64 万元。

25.5.2　成本分析

本工程预计年生产总成本为 4836.25 万元，预计单位成本为 2.65 元 /m³，预计年经营成本为 2244.75 万元，预计单位经营成本为 1.23 元 /m³。

25.6　运行效果

由于目前该项目完成施工不久，暂缺乏相关的运行资料。

25.7 设计建议

（1）本项目前期涉及的多部门协调、配合、沟通工作是项目成败的关键。不同于常规的地面式污水处理厂，地下箱体基坑较深，场地填土层厚度过大，基坑工程会导致周边环境产生位移变形。项目立项前专门进行了铁路、化工及燃气等部门的专项评估，进一步落实铁路路基动土距离要求、有机硅管道及天然气管道允许的最大位移变形量和保护范围。

（2）前期的深入研究是十分必要的，本工程进水中工业废水比例较高，应加强工业废水排入口的监测，防止工业废水超量、超标排放。使之满足"生化处理有害物质的允许浓度"及"排入城市下水道的允许浓度"的要求，以保证处理效果，并降低运行费用。

（3）由于本项目地下箱体基坑紧邻长江，施工过程中需进一步分析、研究汛期长江水位变化对基坑的影响及对策。

（4）地下污水处理厂空间受限，其内部柱网布置、交通组织、各种管线平面及竖向空间利用都较复杂。需多专业的协调、配合，通过多方案技术经济比较，并建议在设计中采用 BIM 技术，可以起到事半功倍的效果。

（5）应尽早和相关部门协调、沟通，避免重复设计。以消防为例，目前国内尚无专门针对地下污水处理厂的相关规范、条文，须事先和消防部门沟通，明确消防设计方案。

（6）受投资和空间限制，地下污水处理厂层高有限，在设备吊装孔位置预留、设备材料就位、人员交通组织和设备的后期运维等细节方面需要在设计过程中充分考虑。

第 26 章　成都生物城污水处理厂设计

成都生物城污水处理厂是西南地区规模最大的处理医药废水的全地下污水处理厂，同时也是国内出水水质标准最高的全地下污水处理厂。该项目是地面景观、周边道路、科普教育与地下污水处理厂功能融为一体的游憩服务型地下污水处理厂综合体。

26.1　项目概况

本项目设计规模 5.0 万 m^3/d，$K_z = 1.38$，建筑总面积 42582m^2，一次建成。污水处理采用以水解酸化池＋改良式 A^2/O ＋ MBR 膜池＋臭氧催化氧化池＋人工湿地为主体的工艺，消毒采用紫外线消毒工艺。污泥处理采用带式浓缩＋板框脱水工艺，脱水泥饼经污泥料仓周转外运。出水排放于锦江，出水水质主要指标稳定达到《地表水环境质量标准》GB 3838—2002 中的Ⅲ类标准，TN 执行《四川省岷江、沱江流域水污染物排放标准》DB51/ 2311—2016。

项目厂址位于成都市双流区永安镇白果村。生物城污水处理厂工程征地面积 80000m^2（合 120 亩），其中地下箱体占地面积 21953m^2（合 32.93 亩）。项目采用全地下建设方式，上部修建景观湿地公园。

工程决算投资约 4.72 亿元。

26.2　项目设计难点及创新要点

1. 本项目设计的难点

（1）项目进水以生物医药废水为主，水质复杂，难降解物质较多，进水水质指标不易确定。

（2）项目出水水质要求高，出水水质主要指标须达到《地表水环境质量标准》GB 3838—2002 中的Ⅲ类标准。常规污水处理厂处理工艺及构筑物设计参数无法满足项目处理水质要求，可供参考的实例较少。在设计阶段经多次方案比选论证，提出了一套适用于生物医药废水的污水处理工艺，经实践证明处理效果稳定。

（3）项目厂址毗邻锦江，地下水位高，同时地下综合厂房深度大，项目地下综合厂房基坑支护和结构抗浮设计难度非常大。

2. 本项目创新要点

（1）污水处理厂总平面布局采用了集约化地下综合厂房设计，污水处理建（构）筑物集中在地下箱体里建设,实现污水净化过程全部在地下综合厂房内完成,同时地面设置湿地景观公园,建设形成地下污水处理厂、地上景观花园的环境友好型现代化花园式污水处理厂。

(2)污水处理厂地下综合厂房全部埋设于地下,最大深度18m,体积近30万m³,抗浮设计采用先进的扩大头抗浮锚杆,锚杆数量较传统锚杆数量节约三分之一,大大节约了工程造价和施工周期。

(3)本项目进厂污水为生物医药废水,经多次方案比选论证,提出了一套适用于处理生物医药废水的高出水标准的污水处理工艺,且经实践证明处理效果可靠,出水稳定。

(4)项目首次将功能性人工湿地用于污水处理厂尾水的深度处理,针对医药废水特点,创新性在人工湿地中采用了碎石、陶粒、沸笆岩等多层填料,并在填料中投放生根菌、巨大芽孢杆菌、侧芽孢杆菌、胶质芽孢杆菌、固体硝化菌以及果壳型柱状活性炭等微生物辅助物质,强化传统人工湿地净化效果,确保将地下厂房出水净化提升至地表水Ⅲ类标准,达到了国内污水处理厂最高出水水质标准。

(5)针对地下污水处理厂的消防设计,国家尚无与之相对应的专业设计规范及防火规范,经过多次比选及召开消防专家咨询会等方式,最终确定了"人员密集场所按《建筑设计防火规范(2018年版)》GB 50016—2014执行"以及"重点部位重点设防"等设计思路,为地下污水处理厂的消防设计提供了思路。

26.3　总体设计

26.3.1　设计规模

生物城污水处理厂设计规模5.0万m³/d,$K_z = 1.38$,土建按5.0万m³/d一次建成,设备分期安装。

26.3.2　设计进出水水质

本工程尾水部分用于片区中水回用,剩余部分作为锦江生态补水。生物城污水处理厂设计进出水水质如表26-1所示。

表26-1　生物城污水处理厂设计进出水水质

项目	COD_{cr} (mg/L)	BOD_5 (mg/L)	SS (mg/L)	TP (mg/L)	NH_3-N (mg/L)	TN (mg/L)	pH值	粪大肠杆菌 (个/L)
设计进水	400	200	250	5.0	30	40	6～9	$10^4 \sim 10^7$
设计出水	≤20	≤4	≤10	≤0.2	≤1.0	≤10	6～9	≤1000

26.3.3　处理工艺流程

生物城污水处理厂工艺流程框图如图26-1所示。

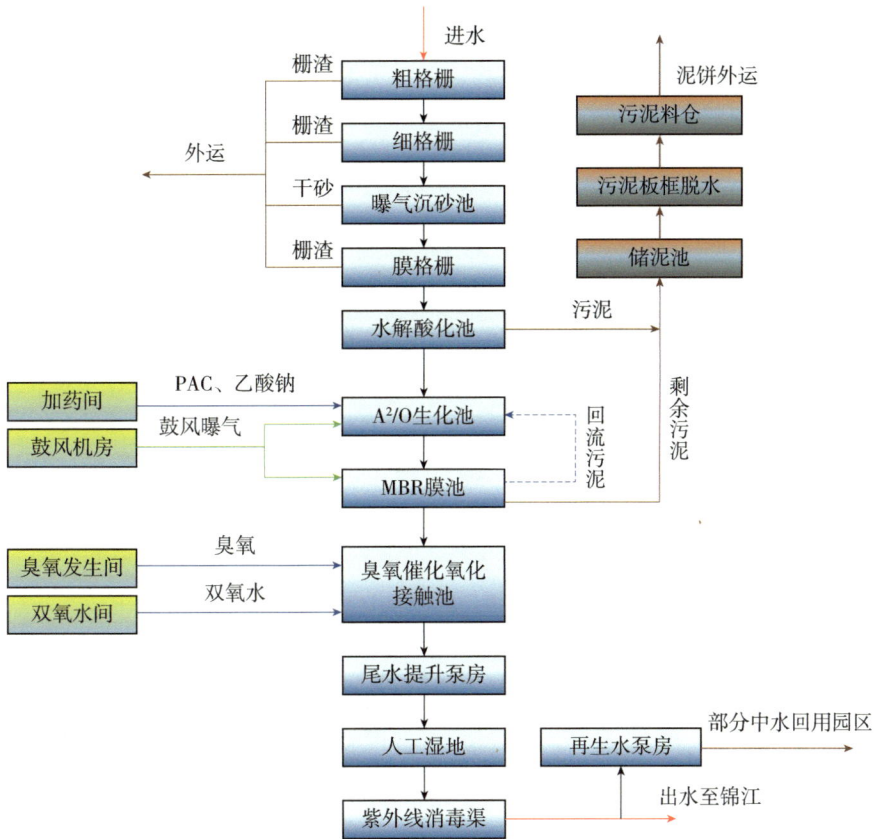

图 26-1　生物城污水处理厂工艺流程框图

26.3.4　建设形式

生物城污水处理厂位于生物城东南侧，生物城区界南路以南、第二绕城高速以北、剑南大道以东、锦江以西围合的区域。污水处理厂下风向有大量居住用地，如华侨城、金碧天下、黄龙溪谷等；黄龙溪风景区也位于污水处理厂以南、锦江下游。

综合考虑生物城定位、生物城所处区位因素，推荐污水处理厂采用地下污水处理厂模式建设，地上建设成为对外开放的湿地公园。

26.3.5　总体布局

污水处理厂主要由两部分构成：地下综合厂房（地下箱体）及地上管理与生产辅助建（构）筑物。地下箱体尺寸为253.3m×86.6m×15.9m。地下综合厂房分两层，负一层为操作层，主要为设备操作空间，为充分利用地下空间，还布置有除臭设备、脱水浓缩间、变配电间、加药间、鼓风机房、消防水池及消防控制中心等。负二层主要为污水处理设施及检修巡视管廊。地下箱体顶部为景观湿地公园、疏散楼梯间、通风井以及尾气排放塔等。

地上管理及生产辅助建（构）筑物主要包括人工湿地、紫外线消毒渠、再生水泵房、液氧站及臭氧发生间、综合楼等。综合楼占地面积1046m²，分三层，建筑面积约2800m²，内设净水厂中控室、休息间、管理办公用房、化验室及展厅等。

生物城污水处理厂实景图如图26-2所示。

图26-2　生物城污水处理厂实景图

由于地下污水处理厂的总平面布置不受风向的影响，因此平面布置时主要根据污水处理厂进水和出水方向和用地情况进行设计。生物城污水处理厂工程进水管道（DN1600）位于厂区西北侧。为便于进水管的接入，在污水处理厂总平面布置时，将粗格栅、中格栅、沉砂池、细格栅等预处理设施布置在地下厂房的西北侧，泥处理区位于预处理区东侧。厂区中部区域为污水二级处理区，南侧为深度处理区。污水经深度处理后提升至地面人工湿地进行进一步处理，由于出水受纳水体锦江位于厂区东侧，故将出水井布置在厂区东侧，就近排入锦江。生物城污水处理厂地下箱体平面布置图如图26-3所示。

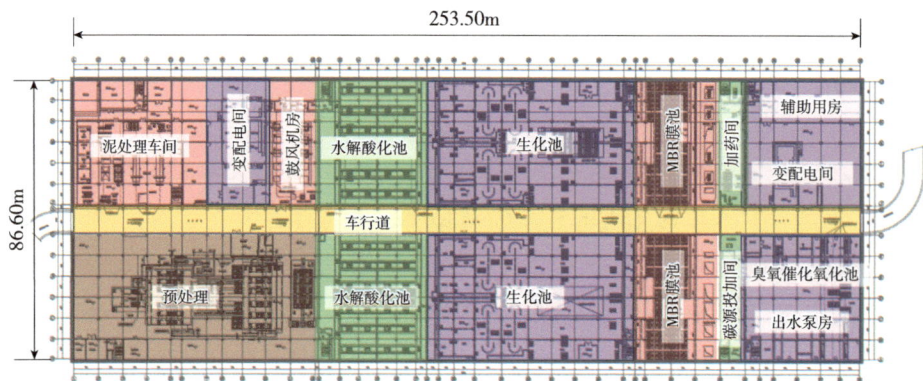

图26-3　生物城污水处理厂地下箱体平面布置图

26.3.6 竖向布置

1. 厂区原地面高程

生物城污水处理厂工程厂址现状地形南低北高，由北向南，现状地面标高由 449.7（1985 国家高程基准，下同）~ 446.0m，锦江两百年一遇洪水位为 450.2m，将场地标高统一填高至 451.7m，满足防洪要求。

2. 地下厂房竖向设计

箱体结构层数为 2 层，最大埋深 17.9m，操作层顶绝对标高 441.3m，层高 8.4m；底板绝对标高最低 433.8m。

3. 上部景观湿地公园高程

本工程考虑充分利用进厂水头，避免增加尾水的提升高程，又要保证地下构筑物上部必需的设备吊装高度，同时考虑地下空间顶部覆土栽种植物的需要（保证乔木正常生长的基本土层深度为 1.5 ~ 2.0m），按上述数据推得污水处理厂地面公园场地高程为 451.7m。

26.4 主要工程设计

26.4.1 工艺设计

1. 粗格栅渠

设回转式粗格栅机 2 套，每台渠宽 1.6m，配用电机功率 0.75kW，栅后设无轴螺旋输送机一台，$L = 8m$，$\phi = 260mm$，$N = 1.5kW$。

2. 中格栅渠

采用回转网孔板式细格栅除污机共 3 台，2 用 1 备，配用电机功率 $N = 0.75kW$。细格栅配套无轴螺旋输渣机 1 台，$L = 8.0m$，$\phi = 260mm$，$N = 1.5kW$。细格栅配套冲洗水增压泵 2 台，库房冷备 1 台，$Q = 15m^3/h$，$H = 50m$，$N = 7.5kW$。

3. 曝气沉砂池

设桥式刮砂机 2 套，单台设备池宽 3.6m，池深 5.1m，行走速度 1 ~ 2m/min，驱动功率 0.37kW，潜污泵 $N = 1.5kW$，并配套有提砂装置。砂水混合物输送至砂水分离器，分离后的干砂被外运。

4. 超细格栅渠

一期设转鼓式超细格栅机 3 台，2 用 1 备，格栅机 $B = 1650mm$，$e = 1mm$，配用电机功率（2.5 + 0.37）kW。

转鼓细格栅配套中、高压冲洗水增压泵各 2 台，均为 1 用 1 备。中压冲洗水增压泵 $Q = 15m^3/h$，$H = 50m$，$N = 7.5kW$；高压冲洗水增压泵 $Q = 0.9m^3/h$，$H = 120m$，$N = 4kW$。

配套栅渣清洗压榨系统，$Q = 1.5 ~ 2.5m^3/h$，穿孔净间距 1mm，螺旋压榨，$N = 2.2kW$。

5. 水解池

设 2 座水解池，单座土建按 2.5 万 m³/d 建成，设备按 2.5 万 m³/d 规模安装。

其包含的主要设备有：

多点布水器 24 套，$Q = 30 \sim 50\text{m}^3/\text{h}$，含配套布水帽、布水管；4m×2m×1.5m 酶浮填料 96 套，2.8m×2m×1.5m 酶浮填料 24 套，$D = 0.3\text{m}$，倾角 60°。

6. 生化池

本工程共设 2 座生化池，每座生化池内分 2 格；一期只运行一座生化池。

每座内分预缺氧区、厌氧区、缺氧区及好氧区。单座平面尺寸：$B \times L \times H = 38.65\text{m} \times 58.8\text{m} \times 7.5\text{m}$，钢筋混凝土结构，有效水深 6.0m。总水力停留时间 12.0h，其中预缺氧区 0.5h，厌氧区 2h，缺氧区 3.5h，好氧区 6.0h。MLSS = 8.0g/L。管式微孔曝气器 426m，$\phi = 90\text{mm}$；缺氧区内设置内回流泵，5 台，4 用 1 备，单台 $Q = 785\text{m}^3/\text{h}$，$H = 1.5\text{m}$，$N = 9.0\text{kW}$；好氧区内设置内回流泵，5 台，4 用 1 备，单台 $Q = 1050\text{m}^3/\text{h}$，$H = 1.8\text{m}$，$N = 12.0\text{kW}$。

7. MBR 膜池及膜设备间

MBR 膜池及膜设备间合建，共 2 座，单座土建规模 2.5 万 m³/d，一期只安装 2.5 万 m³/d 规模的设备。

（1）MBR 膜池

1）主要设计参数

膜分离池至生化池回流比约为 400%；

过滤孔径：< 0.4μm；

设计平均净产水通量 ≥ 18L/（m²·h）。

2）工程内容

膜分离池为钢筋混凝土结构，单池净尺寸为 22.7m×38.65m×4.9m，单池共 10 个廊道，每个廊道共 4 个膜位，近期在 8 个廊道安装膜组件。

（2）膜设备综合用房

膜设备综合用房与 MBR 膜池配套配置产水泵（兼反洗泵）、污泥回流泵、废水排放泵、空压机系统、真空系统、膜清洗系统、废液中和药剂投加系统、辅助化学除磷药剂投加系统、消毒系统。

1）工程内容

膜设备综合用房，共 2 座（对应膜池），单座土建规模为 2.5 万 m³/d。土建尺寸为 19.6m×41.5m×15.70m（双层）。

2）主要设计参数

膜组件：32 套，材料为聚偏氟乙烯（PVDF），带支撑中空纤维膜，每套膜组件过滤面积 ≥ 1400m²；

产水泵（兼反洗泵）：4 台，$Q = 315 \sim 411\text{m}^3/\text{h}$，反洗流量 $Q = 484\text{m}^3/\text{h}$，$H = 0.10\text{MPa}$，$N = 30\text{kW}$；

混合液回流泵：3 台，2 用 1 备，$Q = 2083 \text{m}^3/\text{h}$，$H = 2.5\text{m}$，$N = 35\text{kW}$；

膜池排空泵：1 台，$Q = 750 \text{m}^3/\text{h}$，$H = 0.10\text{MPa}$，$N = 7.5\text{kW}$；

膜池剩余污泥泵：1 台，$Q = 50 \text{m}^3/\text{h}$，$H = 0.10\text{MPa}$，$N = 2.5\text{kW}$。

8. 臭氧催化氧化池（高级氧化池）

设计规模：土建按 5.0 万 m^3/d 一次建成，设备按 2.5 万 m^3/d 规模安装。

设臭氧接触池 1 座，平面尺寸为 $L \times B = 27.45\text{m} \times 38.3\text{m}$，总高 7.5m，钢筋混凝土结构。共分 2 组 4 格，每组分三段，每组可以单独运行。

臭氧最大投加量：36mg/L；双氧水投加量：0 ～ 20mg/L；UV 催化模块：紫外线透过率 65%，UV 强度在 50% ～ 100% 区间内可调。

9. 出水泵房

一期设单级单吸卧式离心泵 3 台，2 台 1 备，$Q = 750 \text{m}^3/\text{h}$，$H = 25\text{m}$，$N = 90\text{kW}$。

10. 人工湿地

人工湿地采用垂直流湿地形式，湿地占地面积 38000m^2，共分为 10 个处理单元。

设计进水 BOD_5：10mg/L，设计出水 BOD_5：4mg/L；

BOD 表面负荷：0.003kgBOD_5/（$\text{m}^2 \cdot \text{d}$），布水负荷：0.63$\text{m}^3$/（$\text{m}^2 \cdot \text{d}$）。

11. 紫外线消毒渠

设计规模：土建按 5.0 万 m^3/d 一次建成，设备按 2.5 万 m^3/d 规模安装。

采用紫外线消毒系统 1 套，共 56 根紫外线灯管。该设施还包括配电中心、系统控制中心、水位控制器、低水位传感器、在线自动清洗系统等配套系统。

12. 鼓风机房

功能一为输送空气至 MBR 生化池好氧区；功能二为为 MBR 膜分离区提供表面扫洗所需的空气。

1）土建尺寸

鼓风机房尺寸为 $B \times L = 32.5\text{m} \times 17.2\text{m}$。

2）主要设备

①螺杆式鼓风机在一阶段设 3 台（2 大 1 小），用于生化池鼓风。

大风机单台风量：$Q = 73 \text{m}^3/\text{min}$，风压：$\Delta P = 0.7\text{bar}$，$N = 110\text{kW}$；

小风机单台风量：$Q = 42 \text{m}^3/\text{min}$，风压：$\Delta P = 0.7\text{bar}$，$N = 75\text{kW}$。

②螺杆式鼓风机在一阶段设 3 台，2 用 1 备。用于膜池吹扫。

风机单台风量：$Q = 98 \text{m}^3/\text{min}$，风压：$\Delta P = 0.465\text{bar}$，$N = 110\text{kW}$。

13. 污泥浓缩脱水间

本工程处理干污泥量为 7.5t DS/d，带式浓缩机进泥含水率 99.5%，隔膜压滤机进泥含水率 97.5% ～ 98%，出泥含水率 ≤ 60%。

设 1 座污泥浓缩脱水间，土建平面尺寸为 $B \times L = 27.2\text{m} \times 43.9\text{m}$，$H = 13\text{m}$。

带式浓缩机：1 台，滤带宽度 2200mm，$Q = 45 \sim 75m^3/h$，$N = 2.2kW$。

隔膜板框压滤机：滤板尺寸为 1500mm × 1500mm，过滤面积 350m²，压力 1.2MPa，压榨压力 1.6MPa，$N = 18kW$，共 2 台。

14. 臭氧发生间

设计规模 25000m³/d，平面尺寸 $L \times B = 32.5m \times 13.0m$，总高 6.5m。

设置臭氧发生器 2 台，单台设计臭氧产量 25.0kg/h，质量浓度 10%，$N = 290kW$。

15. 双氧水间

设双氧水间 1 座，框架结构，平面尺寸 $L \times B = 11.0m \times 7.5m$，总高 5.7m。

设置双氧水储罐 3 台，单台 $V = 8m^3$。

设双氧水卸料泵（防爆型）2 台，单台参数：$Q = 10m^3/h$，$H = 15m$，$N = 1.5kW$。

设双氧水投加泵（防爆型）2 台，单台参数：$Q = 50m^3/h$，$H = 70m$，$N = 0.25kW$。

26.4.2　建筑设计

1. 建筑防水

地下净水综合厂房（地下箱体）为地下两层，建筑埋深 15.9m，防水等级 I 级，各部分防水具体做法如下：

（1）底板防水：自下而上各层依次为原基土、100mm 厚 C15 混凝土垫层、20mm 厚 1：3 水泥砂浆找平层、2.0mm 厚聚合物水泥防水涂料、50mm 厚 C20 细石混凝土保护层、钢筋混凝土结构底板。

（2）外墙防水：自外而内各层依次为素土回填、3：7 灰土回填、120mm 厚实心砖、40mm 厚挤塑聚苯板、2.0mm 厚聚合物水泥防水涂料、20mm 厚 1：3 水泥砂浆找平层、钢筋混凝土结构层。

（3）顶板防水：自上而下各层依次为：素土回填夯实、0.2mm 厚聚酯纤维或玻璃纤维无纺布土壤隔离层、20mm 厚成品塑料滤水板、70mm 厚 C20 细石混凝土加 4% 防水剂，内配单层双向钢筋、干铺无纺聚氨酯纤维布一层、4mm 厚 SBS 改性沥青耐根穿刺防水卷材、1.5mm 厚特种非固化橡胶沥青防水涂料、20mm 厚 1：3 水泥砂浆找平层、1：6 水泥炉渣找坡层。

2. 建筑装修及材料

（1）室外装修

建筑物外墙一般采用白色外墙涂料，辅以灰色涂料涂刷成线条做点缀；构筑物外表面不做装修处理，池壁外露混凝土要求平整光洁；构筑物上做不锈钢栏杆，钢格板（钢盖板）及钢梯等均做热浸镀锌处理，有防腐要求的特殊功能盖板采用玻璃钢盖板。

（2）室内装修

所有建筑均按中级标准做室内装修。一般值班管理用房采用铺地砖楼地面，控制室内做防静电架空地板，其他生产建（构）筑物的地面做法应满足功能要求；一般建筑内墙刷白色乳胶漆，浴、厕等房间墙面满贴瓷砖；楼梯栏杆扶手采用不锈钢扶手。

（3）屋面

在本工程混凝土建筑屋面中，配电控制室屋面防水等级为Ⅰ级，防水层做法为两道3mm厚SBS改性沥青防水卷材，其余单体屋面防水等级为Ⅱ级，防水层做法为一道3mm厚SBS改性沥青防水卷材。屋面采用架空隔热屋面。

（4）门窗

人员常驻的房间外窗采用节能型塑钢中空玻璃窗。其他建筑门窗采用普通塑钢窗。所有可开启窗均选用镀锌铁丝隐形窗纱。内门采用浅灰色木门及中灰色氟碳漆钢框玻璃门，外门采用中灰色氟碳漆铝合金门，有特殊功能要求的门窗除外，如鼓风机房采用隔声密闭门窗，配电室做外开防火门等。

26.4.3　结构设计

地下厂房为大型地下建（构）筑物综合体，其平面尺寸：253.50m×86.60m，根据工艺流程及功能需要，部分为地下一层，部分为地下两层。该地下综合体长、宽均超出规范规定的设缝长度，采取设不完全变形缝（引发缝）的措施。结合平面布置及地下分层情况，地下综合体沿纵向设置4道引发缝，沿横向设置1道引发缝。

地下厂房埋置深度较深，地下一层及地下二层建（构）筑物的基础均落在泥岩及泥质砂岩层上，故地下净水综合厂房采用天然地基基础，以泥岩及泥质砂岩层为基础持力层；地下净水综合厂房的抗浮措施为利用自重、配重（顶板覆土、底板吊重）和锚杆抗浮。

地面上综合楼为三层框架结构，建筑约为2366m²，其基础采用独立柱基，以砂卵石作为持力层。结构形式采用框架结构，抗震设防类别为乙类，框架抗震等级为二级。

26.4.4　基坑支护设计

整个地下箱体开挖深度约为10.5～18m，基坑尺寸333.0m×262.0m。场地原为农田，四周较为空旷，上部土层为填土层和卵石层，采用二阶或三阶放坡，土钉喷锚支护，局部放坡空间受限处采用土钉墙支护或者钻孔灌注桩＋锚索支护。

26.4.5　电气和自控设计

1. 电气设计

本工程为地下污水处理厂，其设计总规模为5.0万m³/d，一期设计规模为2.5万m³/d，属于二类城市中小型污水处理项目，本项目电源负荷等级应为二级。

本工程要求由城市电网上级变配电站供给两回路10kV电源市电，两回路电源要求一用一备，当一路电源发生故障时，由另一路电源承担全部负荷运行，两回路电源负荷保证率均要求100%。

根据全厂用电负荷容量、用电负荷分布情况，污水处理厂设变配电站三座，各变配电站均由 10kV 高压配电室、0.4kV 低压配电室、变压器室以及辅房组成。

全厂最高用电负荷集中在鼓风机房、MBR 膜池与设备间、臭氧发生间及中间提升泵房，其他用电负荷较为集中的建（构）筑物为生化池、污泥浓缩脱水机间、中水回用泵房、消防泵房、通风与排烟机房及综合楼等。

1 号变配电站为全厂 10kV 电源的配电中心，该变配电站负责为预处理系统，水解池，生化池，鼓风机房，贮泥池及污泥浓缩脱水间，消防泵房，部分通风及防烟排烟系统以及地面上的再生水泵房、紫外线消毒渠、综合楼及地面湿地公园等低压用电设备供电。设计 1 号变配电站一阶段采用两台 1000kVA 变压器，两台变压器同时工作，分列运行。

2 号变配电站主要负责为 MBR 膜池及设备间、中间提升泵房、碳源投加间、臭氧催化氧化接触池、部分通风及防烟排烟系统、废水系统等低压用电设备供电。2 号变配电站一阶段采用两台 400kVA 变压器，两台变压器同时工作，分列运行。

3 号变配电站主要负责为臭氧发生间、液氧站、石灰投加间、双氧水投加间、紫外线消毒渠等低压用电设备供电，3 号变配电站一阶段采用两台 630kVA 变压器，两台变压器一用一备。

2. 自控、仪表设计

综合自动化系统包括过程监控自动化、在线仪表、视频监控、门禁系统等几部分。采用 100M 以太光纤环网构成"集散型"控制系统，集中监控管理、分散控制、数据共享。现场控制站的设置以相对独立、就近控制为原则。在净水厂管理用房中央控制室设控制中心，实现整个污水处理厂的"集中管理"。设有 7 个现场控制主站、1 个远程 I/O 站。现场控制站采用 100M 以太光纤环网与中央监控计算机实现数据交换，采用环网结构，以光纤作为传输介质，保证网络的可靠性、安全性。设备控制单元由设备厂家配套提供，具备以太网通信接口，通过工业网络交换机与中央监控系统实现数据交换。

根据本工程污水处理工艺流程和综合自动化系统的要求配置检测仪表。仪表信号采用 4 ~ 20mA 信号接入 PLC 控制器，预留仪表通信接口，流量、总磷、总氮、COD、氨氮等检测仪通过工业现场总线与自动化系统相连。

26.4.6 除臭和通风设计

1. 除臭设计

箱体内产生臭气浓度较大的地方主要是污水预处理部分（粗格栅间、细格栅间、曝气沉砂池、膜格栅间）、水解池、曝气池和污泥处理单元。臭气处理排放标准应执行《恶臭污染物排放标准》GB 14554—1993 中的二级标准。

以臭气就近收集处理，相对集中除臭为原则以及总体布置情况，将臭气处理划分为 3 个大区域，即预处理及污泥脱水区、一期生化池及膜池区、二期生化池及膜池区。一期共设 2 个生物除臭站，1 号除臭装置位于预处理区域附近，单套除臭风量为 36000m³/h，主要处理预处理及泥处理系统臭气；2 号除臭装置位于生化池顶部，单套除臭风量为 33000m³/h，主要处理生化池及膜池产生的臭气。二期增加一套除臭装置。

处理达标后尾气通过高度 15m 的排放塔高空排放。

2. 通风设计

本工程采用全面排风与局部排风相结合的送风排风方式。箱体地下一层操作间、地下二层处理池以及各处理工段车间，采用自然补风、机械排风（兼排烟）系统；排风采用机械排风系统；排风系统与排烟系统共用风道及风口。平时的排风及消防排烟合设 1 套系统。

防烟楼梯间及其前室设置机械加压送风设施，确保防烟楼梯间内机械加压送风防烟系统的余压值为 40 ~ 50Pa。

26.4.7　消防设计

1. 消防车道

厂内道路呈环形布置，保证消防通道畅通，厂内主干道宽 6.0m，次干道宽 4.0m。

场地设 2 个出入口与厂外道路相连，满足消防车对道路的要求。设 2 个应急通道满足人员疏散要求。

在火灾危险性较大的场所设置安全标志及信号装置，在污水处理厂内各类介质管道上刷相应的识别色。

2. 建筑防火

（1）按生产火灾危险性戊类标准建设，地面建筑的耐火等级为二级，地下空间建筑的耐火等级为一级。地下污水处理区负二层设 2 个防火分区和 1 个无人值守区，操作层设 4 个防火分区和 4 个无人值守区。单个防火分区最大面积不超过 2000m²，单个无人值守区最大面积不超过 5000m²，该设计通过了主管部门组织的消防专项专家论证。

（2）整个厂区按同一时间发生一处火灾考虑，电缆井、管道井每层楼板处采用相当于楼板耐火极限的防火材料封堵。电缆井、管道井与房间、走道等相连通的孔隙用非燃烧体材料严密填实。沿厂区道路设有室外消火栓灭火系统，设备用房和地下空间设置室内消火栓灭火系统，所有建筑物均配备手提灭火器。

（3）疏散距离

楼梯均采用防烟楼梯，疏散距离满足厂房内任意一点至最近安全出口直线距离不大于 60m 的要求。

（4）疏散宽度

疏散宽度满足每 100 人最小疏散净宽度 0.6m 的要求。

（5）安全出口及防火构造

本工程的安全出口为防烟楼梯，12 个防烟楼梯直通室外（屋顶）。

（6）采用消防控制中心报警系统，消防控制中心设置在设备用房内。对火灾自动报警系统、火灾事故广播、消防通信系统、防烟排烟系统、消防水泵等进行集中管理、监测和控制。

（7）该工程所用的防火门都是国家或四川省消防总队批准的合格产品，防火墙和公共走廊上疏散用的平开防火门都设有闭门器，双扇平开防火门安装有闭门器和顺序器，常开防火门须安装信号控制关闭和反馈装置。

3. 火灾探测与应急报警设计

本工程厂区设置消防控制室一间，其中设置火灾自动报警系统工作站一套。工作站含火灾自动报警系统主机、消防电话主机、应急广播系统主机以及消防电源柜等子系统，构成完整的消防火灾报警控制系统主站。在地下箱体设置6个防火分区和4个无人值守区，每个防火分区设置火灾区域报警控制器一套，负责本防火分区的火灾报警。在每个防火分区内，均设置烟感探头、消防电话与应急广播。整个火灾自动报警系统的数据可由通信模块上传至上级消防指挥控制中心。

4. 电气防火

本工程消防设施采用单回路电源供电，其配电线采用非延燃铠装电缆，明敷时置于桥架内或埋地敷设，以保证消防用电的可靠性。

厂内设置火灾自动报警系统，使消防人员可及时了解火灾情况并采取措施。

消防水可在泵房及各车间内任意一个流水作业消防箱处控制，为及时扑救火灾打下基础。

根据建（构）筑物的不同的防雷级别按防雷规范设置相应的避雷装置，防止雷击引起的火灾。

在爆炸和火灾危险场所严格按照环境的危险类别或区域配置相应的防爆型电器设备和灯具，避免电气火花引起的火灾。

电气系统具备短路、过负荷、接地漏电等完备保护系统，防止电气火灾的发生。

5. 消防给水工程设计

（1）消防水源

采用市政给水管网供水作为消防水源。

（2）消防水量

本工程同一时间内的火灾次数按一次考虑，室内消火栓系统用水量为40L/s，室外消火栓系统用水量为30L/s。火灾延续时间2.0h，自喷系统用水量为50L/s，火灾延续时间1.0h；一次灭火用水量684m^3。

（3）室内消火栓系统

工程设置一套临时高压消火栓给水系统。消火栓加压给水泵与消防水池一起设在底层设备用房内，共设2台消火栓给水加压泵，1用1备。消火栓泵选型：$Q = 40L/s$，$H = 68m$，$N = 45kW$。

本工程各部位均设置室内消火栓给水系统进行保护，其布置保证室内任何一处均可有2

股水柱同时到达，灭火水枪的充实水柱为 13m。

（4）系统控制

发生火灾时，按下消火栓箱内的按钮向消防中心报警，消火栓箱内的指示灯亮。当系统启用后，消火栓泵后的压力开关或消防水箱出水管上的流量开关自动启动消火栓泵，并向消防中心报警。消防结束后手动停泵。消火栓加压泵一用一备，具有低速自动巡检功能，消防加压供水时工频运行，自动巡检时变频运行。

（5）自动喷水灭火系统

本工程综合厂房采用湿式自动喷水灭火系统，湿式报警阀设在消防泵房内。地下厂房火灾危险等级按中危险 I 级设计，净高 < 8m 的区域喷水强度为 6L/（min·m²），作用面积为 160m²，持续喷水时间 1h。净高 12 ~ 18m 区域，局部喷水强度为 15L/（min·m²），作用面积为 160m²，持续喷水时间 1h。

（6）建筑灭火器和气体灭火系统设计

本工程各部位均设置磷酸铵盐干粉灭火器进行保护，配电间设置气体灭火系统进行保护。

本工程变配电间设置柜式无管网七氟丙烷气体灭火系统，每个房间按一个防护单元设计。设计参数：保护区设计灭火浓度均为 9%；喷射时间不大于 10s；同一防护区内的各台装置必须能同时启动，其动作响应时间差不得大于 2s。

6. 防烟排烟设计

（1）本工程消防设计：按地下建筑设计，本区所有通风系统的消防联动控制由消防控制中心负担；

（2）配电房设置事后通风设施，确保气体灭火系统工作结束后废气可及时、有效地排除；

（3）防烟楼梯间及消防前室设置机械加压送风设施，确保防烟楼梯间内机械加压送风防烟系统的余压值为 40 ~ 50Pa；

（4）在内走道设置机械排烟系统，排烟量按每平方米不小于 60m³/h 计；

（5）在地下室中面积较大、经常有人停留的房间设置机械排烟系统，排烟量按每平方米不小于 60m³/h 计，担负 2 个或以上防烟分区时，排烟量按每平方米不小于 120m³/h 计。

26.4.8　防洪及防涝设计

本工程按锦江两百年一遇洪水位设防。锦江两百年一遇洪水位为 450.20m。为防止洪水倒灌，本项目采取了以下工程措施：

（1）地下综合厂房外地坪设计标高 451.70m。

（2）所有进入地下箱体的通道入口均设有不低于 451.70m 的防洪措施。

（3）地下通道入口均设有截洪沟，防止雨水进入地下箱体。

（4）净水厂进水管和尾水排放管分别设有速闭闸和拍门，当锦江水位超过出水井警戒水位时，污水处理厂停止生产。

26.5 主要经济指标

26.5.1 概算投资

工程概算总投资为 82991.11 万元，其中第一部分工程费用 53644.04 万元，其中建筑工程费 31643.50 万元、设备购置费 12121.22 万元、安装工程费 6682.44 万元，其他费用 3196.88 万元。

26.5.2 成本分析

本工程年生产总成本为 7253.01 万元，单位成本为 7.95 元 /m³，单位经营成本为 3.78 元 /m³。

26.6 运行效果

26.6.1 实际运行数据

成都生物城污水处理厂自 2021 年 6 月开始试运行，由于生物城园区招商引资工作在不断完善中，污水处理厂还未达到满负荷，进水水质与设计值也有一定差距，目前进水水量为 1.7 ～ 1.9 万 m³/d，2022 年实际进出水水质月均值及处理水量如表 26-2 所示。

表 26-2　2022 年实际进出水水质月均值及处理水量

月份	处理水量（万 m³/d）	COD$_{cr}$（mg/L）		BOD$_5$（mg/L）		SS（mg/L）		TN（mg/L）		NH$_3$-N（mg/L）		TP（mg/L）	
		进水	出水	进水	出水	进水	出水	进水	出水	进水	出水	进水	出水
1	1.70	218	10.27	87	2.67	117.0	6.0	41.4	3.7	32.8	0.27	3.23	0.11
2	1.72	146	4.87	56	2.30	74.1	5.0	34.5	2.53	24.0	0.10	2.42	0.10
3	1.82	250	5.78	104	2.65	114.0	5.0	43.8	2.35	34.1	0.27	3.63	0.11
4	1.85	277	7.45	115	2.46	143.0	6.0	43.2	3.09	34.2	0.15	3.95	0.10
5	1.80	250	6.00	89	2.31	170.0	6.0	40.6	5.00	30.4	0.09	3.94	0.10
6	1.90	241	6.30	97	2.43	194.0	6.0	39.1	4.53	25.7	0.14	3.38	0.10
7	1.87	261	5.62	105	2.18	144.0	7.0	35.5	3.96	28.0	0.14	3.31	0.09
8	1.83	230	5.06	93	2.19	100.0	6.0	33.6	5.24	24.0	0.25	3.27	0.10
9	1.85	228	3.16	92	1.94	90.8	5.0	33.7	5.12	25.3	0.10	3.11	0.04
10	1.79	226	4.28	91	2.03	104.0	6.0	36.0	4.31	27.6	0.20	3.46	0.10
11	1.75	232	5.52	91	2.08	96.0	5.0	35.9	3.52	29.9	0.26	3.15	0.11
12	1.73	200	5.85	77	3.01	113.0	6.0	36.4	4.95	29.2	0.30	3.17	0.12
最高值	1.90	277	10.27	115	3.01	194.0	7.0	43.8	5.24	34.2	0.30	3.95	0.12
最低值	1.70	146	3.16	56	1.94	74.1	5.0	33.6	2.35	24.0	0.09	2.42	0.04
平均值	1.80	230	5.85	91.42	2.35	121.6	5.75	37.81	4.03	28.77	0.19	3.34	0.10

26.6.2　运行数据分析

1. 处理水量

生物城污水处理厂自 2021 年 6 月开始试运行，由于生物城园区招商引资工作在不断完善中，污水处理厂还未达到满负荷，2021 年，处理水量最高值为 1.77 万 m^3/d，最低值为 1.61m^3/d，平均值为 1.68m^3/d；2022 年，处理水量最高值为 1.90 万 m^3/d，最低值为 1.70m^3/d，平均值为 1.80m^3/d；负荷率达 72%。

2. 水质

对 2022 年全年实际进出水水质的分析统计如表 26-3 所示。

表 26-3　2022 年实际进出水水质与设计值对比

污染物项目		COD_{cr}	BOD_5	SS	TN	NH_3-N	TP
单位		mg/L	mg/L	mg/L	mg/L	mg/L	mg/L
进水	设计值	400	200	250	40	30	5.0
	实测最大值	298	120	205	43.8	34.2	3.95
	实测最小值	123	61	85	33.6	24.0	2.42
	实测平均值	230	91.4	121	37.8	28.8	3.34
出水	设计值	20	4	10	10	1.0	0.2
	实测最大值	10.57	3.10	8	5.54	0.35	0.15
	实测最小值	3.10	1.90	< 5	2.05	0.08	0.04
	实测平均值	5.85	2.35	< 5	4.03	0.19	0.10

进水水质平均值低于设计值，最大值除 TN、NH_3-N 外，均未超过设计值。2022 年全年出水均稳定达标，冬季水温低时部分指标略高，但与其他季节整体差异不大。

26.7　设计建议

本项目为处理生物医药园区废水的全地下污水处理厂，且出水标准为国内最高，国内没有类似案例。污水处理厂建成投运后出水稳定达标，表明项目设计方案是合理有效的。

（1）建议设计阶段采用 BIM 技术解决各种管道交叉问题。地下污水处理厂构筑物布置紧凑，在有限的空间里分布有工艺管线、电气桥架及线缆、通风除臭管道、消防管线等，各种管线错综复杂，极易发生管道交叉，甚至会发生管线与设备冲突的情况、管道影响交通的情况等。本项目在设计阶段建立了 BIM 模型，对地下综合厂房内各种管线、远期预留管线进行了合理布置，减少了碰撞、交叉，大大节约了管线安装工作量及施工工期，取得了良好的效果。

（2）由于地下污水处理厂的特殊性，目前在《建筑设计防火规范（2018 年版）》GB 50016—2014 等专业设计规范中没有相对应的规定，且消防方案对土建平面布置及投资均有较大影响，建议在地下污水处理厂消防设计方案阶段积极主动与消防主管部门沟通，可通过主管部门组织的专家咨询会确定消防设计方案后再进行下一步的土建设计工作，避免项目设计出现返工影响工期。

第 27 章　云南昆明普照水质净化厂设计

昆明市普照水质净化厂是国内第一座大型极限脱氮除磷地下污水处理厂，是国内出水水质标准要求最高的地下污水处理厂之一。该项目是地面景观、周边道路、科普教育、综合调蓄功能与地下污水处理厂功能融为一体的游憩服务型地下污水处理厂综合体。

27.1　项目概况

本项目设计规模 10 万 m^3/d，$K_z = 1.3$，地下水处理构筑物分期建成。污水处理采用预处理＋改良式 MSBR ＋气浮除磷＋滤布滤池为主体的工艺，消毒采用紫外线消毒工艺，出水排入宝象河。污泥处理采用一体式离心浓缩脱水工艺，脱水泥饼经污泥料仓周转外运。设计出水水质能达到昆明市《城镇污水处理厂主要水污染物排放限值》DB5301/T 43—2020 的 A 级标准，COD、BOD、总磷（湖、库）、氨氮出水指标能达到地表水Ⅲ类标准指标。

项目厂址位于昆明普照村，石安公路、小普公路和宝象河之间，地块属性为公园绿地。普照水质净化厂工程征地面积 $75094m^2$（合 112.64 亩），地上建筑总面积 $3801.85m^2$，地下箱体投影面积 $21447m^2$，地面建设水生态科普公园。

一期工程概算投资为 4.05 亿元，二期工程概算投资为 4.718 亿元。

27.2　项目设计难点及创新要点

1. 本项目设计的难点

项目最大的特点和技术难度在于出水主要指标要能达到昆明《城镇污水处理厂主要水污染物排放限值》DB5301/T 43—2020 的 A 级标准，其中 TN ≤ 5mg/L、TP ≤ 0.05mg/L，在国内市政污水处理行业较为少见。当时在处理工艺、设计参数等选择上没有参考先例，难度极大。设计中需要达到对 TP 有很高去除率的要求，通过对污水特性进行全面分析，以绿色低碳为基本原则，进行了多方案比较并专门为了达成 TN 高去除率进行了深入研究。通过实际的运行，出水水质完全达到设计目标。此外，项目净用地面积小，只能采用全地下设计，地面和地下布置均高度集约化，设计难度和复杂程度很大。

2. 本项目创新要点

（1）采用高效的 AAO ＋ SBR（MSBR）工艺

受制于用地限制和高标准排放要求,设计采用流程短、结构紧凑、可模块化布置、抗冲击负荷强的 MSBR 工艺。通过强化生物好氧池构造,强化提高氨氮硝化率。通过补充碳源实现高效反硝化脱氮,系统出水 TN 稳定达到 5mg/L 以下的控制标准。与其他采用膜生物反应器的处理系统相比,更为节约能耗和运营维护费用。

(2)结合调蓄池建设

考虑收集范围内雨污分流尚未彻底,雨季混合污水对河道水质影响较大,在主要的支流沟渠、处理厂进水端设置规模为 1.5 万 m³ 的调蓄池 1 座,对厂外来的混合污水进行流量和水质调节。

(3)生产区采用全地下建设形式,在箱体上建设具有科普功能的休憩公园

项目采用全地下建设方式,处理构筑物及设备全部置于地下箱体内,各构筑物之间共壁合建,箱体之上覆土建设为景观公园,分别构建"地下污水处理"和"地上科普公园"两大系统。在达到污水处理的目的的同时,最大限度地减少了污水处理厂对周边的视觉、噪声、臭味影响;地面建设休闲科普公园,创造城市休憩活动空间和环保宣传场所,满足公众对优美环境与文娱设施的需求,同时提升周边土地的价值。

(4)采用高效气浮除磷技术,强化 TP 去除效果,实现了极限除磷

在改良 AAO 工艺生物除磷的基础上,在生化池后端设置高效气浮除磷单元,通过前期试验研究,除磷 TP 指标可控制在 0.05mg/L 以下。

(5)采用了竖向功能强化设计技术,节约用地

本项目为国家水专项的节地型污水处理厂竖向功能强化设计技术研究子课题示范项目,采用了竖向功能强化技术,处理段占地指标仅为 0.33m²/(m³·d)。

27.3 总体设计

27.3.1 设计规模

普照水质净化厂设计总规模 10 万 m³/d,$K_z = 1.3$,分期建成。

27.3.2 设计进出水水质

本工程部分尾水作为污水处理厂生产回用及地上景观公园用水,剩余部分作为宝象河生态补水。普照水质净化厂设计进出水水质如表 27-1 所示。

表 27-1 普照水质净化厂设计进出水水质

项目	COD_{cr}（mg/L）	BOD_5（mg/L）	SS（mg/L）	TP（mg/L）	NH_3-N（mg/L）	TN（mg/L）	pH 值	粪大肠菌（个 /L）
设计进水	420	200	250	5.0	30	45	6 ~ 9	$10^4 \sim 10^7$
设计出水	20 ~ 30	4 ~ 6	≤ 10	≤ 0.05	1 ~ 1.5	5 ~ 8	6 ~ 9	≤ 1000

27.3.3　处理工艺流程

普照水质净化厂工艺流程框图如图 27-1 所示。

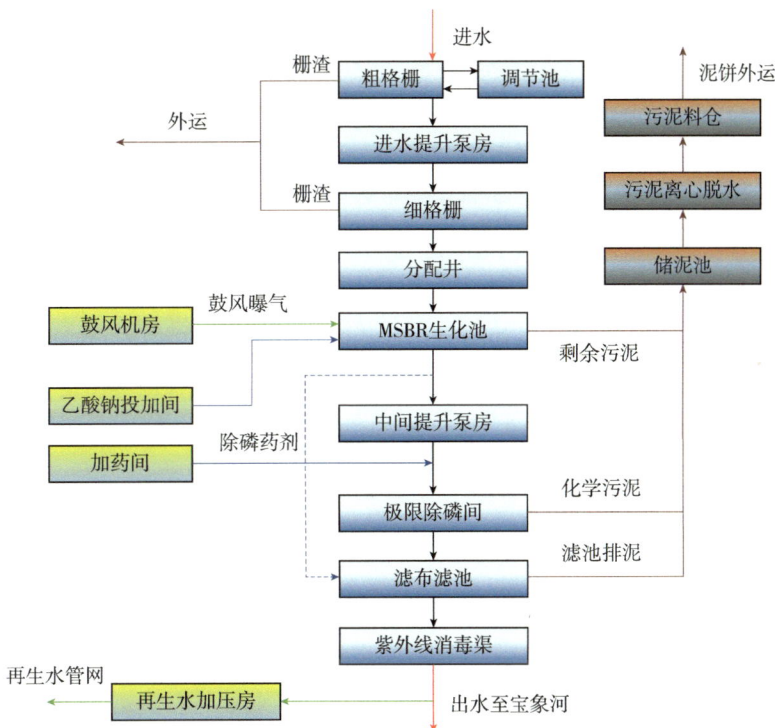

图 27-1　普照水质净化厂工艺流程框图

27.3.4　建设形式

普照水质净化厂的处理设施顶部空间地面层为城市绿地，位于地块中间部位的下部地下空间为一个整体的钢筋混凝土结构主体，采用开挖方式建设，平面主要尺寸 $L \times B = 209.4\text{m} \times 72\text{m}$，设计采用了竖向功能强化技术，按使用功能分两层布置。

（1）水池及管廊层

该层主要位于地下空间的最下面，均为水池或管廊，水池深 7.2～9m 不等，管廊高 7.2m，该层是工程的主体构筑物设施，水处理设备均安装在水池内。该层空间平时无人到达，只有在设施检修期间有人员进入。

（2）地下负一层（生化处理区）

在水池和管廊层顶部通过加盖后形成地下负一层地面，层高 8m，为充分利用该层面积，在该层布置了车道、配电室、鼓风机房、脱水机房和加氯加药间等。

本工程一期生化处理区构造形成的地下空间投影面积约 20933m^2。

（3）地下负一层（调蓄池及极限除磷区）

本工程二期调蓄池及极限除磷区构造形成的地下空间投影面积约 $5546m^2$，调蓄池上方设置极限除磷单元及配套设施，竖向构造参数与一期建成的生化处理区一致。

27.3.5 总体布局

项目主要由两部分构成：地下污水处理厂（地下箱体）及地上管理用房与科普公园。一期形成的生化处理及配套设施的地下箱体尺寸为 $L \times B \times H = 209.40m \times 87.10m \times 15.20m$，二期形成的极限除磷单元区域的尺寸为 $L \times B \times H = 123.10m \times 71.80m \times 15.20m$。地下箱体分两层，负一层为操作层，主要为设备操作空间，为充分利用地下空间，还布置有除臭设备、脱水间、变配电间、加药间、消防控制中心等；负二层主要为污水处理设施及管廊。地下箱体顶部为公园、疏散楼梯间、通风井及尾气排放塔等。

地面区域主要包括厂前区和科普公园两部分，受用地限制，地面建筑占地面积不超过总用地面积的 3%。厂前区内设污水处理厂中控室、休息间、管理办公用房、化验室及机修仓库。科普公园采用 2m 厚覆土绿化，地面高程与小普公路进行衔接。

普照水质净化厂（一期和二期）地下箱体平面布置图如图 27-2 所示。

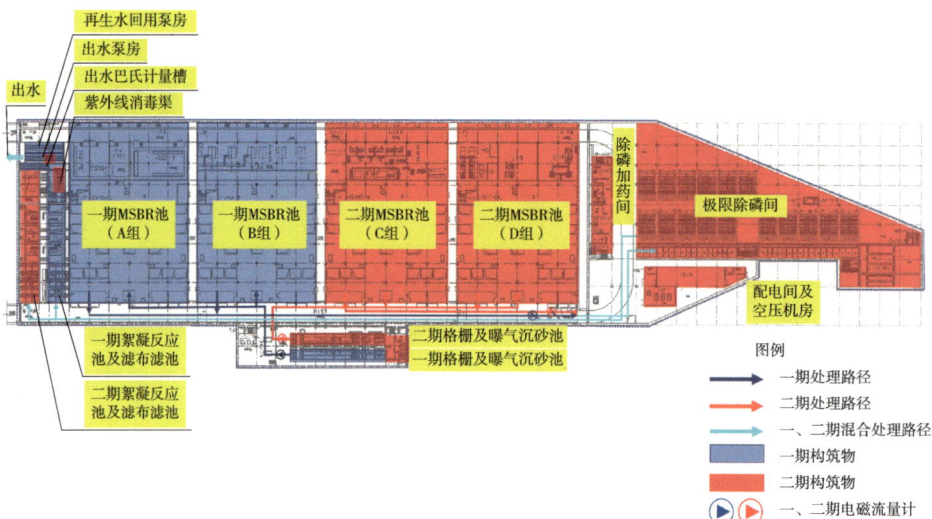

图 27-2 普照水质净化厂（一期和二期）地下箱体平面布置图

普照水质净化厂（地面）实景图如图 27-3 所示。

27.3.6 竖向布置

1. 箱体外设计地面高程

普照水质净化厂工程厂址现状地形北高南低，原始地面标高差约为 8m，宝象河五十年一遇洪水位为 1899.22m，将场地设计最低点标高定为 1901.00m，满足防洪要求。

图 27-3　普照水质净化厂（地面）实景图

2. 地下箱体竖向设计

地下箱体结构的层数为两层，一期最大埋深 17.20m，操作层顶标高 1903.20m，层高 8.0m；底板标高最低 1886.00m。

3. 上部科普公园高程

厂外北侧小普公路东高西低，厂区大门附近路面标高约 1906.00m。地下箱体顶层结构标高为 1905.80m，操作层上部覆土 2.0m，上部公园整体北高西低，和地块坡度方向一致，景观效果更佳。

27.4　主要工程设计

27.4.1　工艺设计

1. 进水切换井

总变化系数 $K_z = 1.3$。

设气动闸板 1 台，平面尺寸 $L \times B = 1.0\text{m} \times 1.0\text{m}$，$P_n = 0.06\text{MPa}$，双向受压，材质为铸铁，配空压机。

设手动闸板 1 台，平面尺寸 $L \times B = 1.0\text{m} \times 1.0\text{m}$，$P_n = 0.06\text{MPa}$。

2. 调蓄池、粗格栅及提升泵房

（1）总进水渠

粗格栅中设置循环式齿耙清污机 4 台，每台格栅的宽度 $B = 1.0\text{m}$，格栅间隙 $e = 20\text{mm}$，安装角度 $\alpha = 75°$，渠道高度 $H = 2.45\text{m}$，配用电机功率 $N = 2.20\text{kW}$。

（2）调蓄池粗格栅及提升泵房

1）主要参数

有效容积 1.5 万 m^3，排空时间按 3d 设计。

2）主要设备

设有移动式钢丝绳牵引式格栅，$B = 2m$，栅隙 $e = 20mm$，栅条高度 3m，$N = 5kW$，1 组 2 台。

设有螺旋输送压榨机 2 台，处理量 $1.5m^3/h$，$L = 7.8m$，$N = 2.2kW$。

进水闸门：格栅渠设置手电两用镶铜铸铁闸门 4 套，平面尺寸 $L \times B = 1200mm \times 1200mm$，$H_{中心} = 7.70m$，$N = 2.2kW$。

3. 细格栅槽

设有内进流孔板格栅 4 套，栅板间隙 $e = 2mm$，最大过流量 $Q = 1500 \sim 1600m^3/h$，安装角度 $\alpha = 90°$，功率 $N = 1.10kW$。

4. 曝气沉砂池

设一套除砂机，砂水混合物输送至砂水分离器，分离后的干砂外运。排砂量按 $1.2 \sim 1.7m^3/d$ 计。

5. MSBR 生化池

（1）主要设计参数

设计规模：土建工程按二期 5.0 万 m^3/d 的规模，已由一期一次建成，二期主要安装设备、管道系统及强化脱氮改造。

设计水温：$t = 15℃$。

污泥龄：$\theta = 10.32d$。

水力停留时间：17.28h。

池容积：两座池子有效容积共 $36000m^3$。

混合液悬浮物浓度：$3200 \sim 4000mg/L$（平均值 3600mg/L），MLVSS/MLSS $= 0.65$。

污泥负荷：LS $= 0.087kgBOD_5/kgMLSS \cdot d$。

TN 负荷：$0.016kgTN/kgMLSS \cdot d$。

TP 负荷：$0.0021kgTP/kgMLSS \cdot d$。

最大气水比：8.16：1。

污泥回流比：$R = 100\%$。

混合液回流比：$R' = 100\% \sim 200\%$。

（2）主要设备

设带撇渣浮筒搅拌器，$N = 5.5kW$，1 套，安装于 3 号池。

设带撇渣浮筒搅拌器，$N = 11.0kW$，6 套，安装于 1 号、4 号、5 号、7 号池。

设潜水回流泵，$Q = 2213m^3/h$，$N = 10kW$，$H = 0.80m$，1 套，安装于 6 号池。

设潜水回流泵，$Q = 2213m^3/h$，$N = 10kW$，$H = 0.70m$，2 套，安装于 1 号、7 号池。

设浓缩污泥回流泵，$Q=556m^3/h$，$N=2.5kW$，$H=0.70m$，2 套，安装于 3 号池。

设剩余污泥泵，$Q=102m^3/h$，$N=3.1kW$，$H=6.70m$，4 套，安装于 1 号、7 号池。

设可提升曝气器，12 套，氧利用率 22% ～ 30%，水深 6.0m，曝气器阻力 150 ～ 300mmH₂O，安装于 1 号、7 号池。

设微孔曝气管，440 根，$Q=15m^3/h$，$L=1.8m$，氧利用率 22% ～ 30%，曝气器阻力 150 ～ 300mmH₂O，安装于 6 号池。

设空气控制出水堰，2 套，每套两组堰，$Q_{max}=1450m^3/h$（组合流量），安装于 1 号、7 号池。

6. 生化池强化脱氮措施

设 LEVAPOR 悬浮填料 2 套，每套填料的填充量约为 250 ～ 280m³，吸附面积约 20000m²/m³。

设不锈钢筛网 2 套，304 不锈钢材质，筛网孔径边长不超过 7mm，与悬浮填料配套提供，以适应生化池混合液特点和流态特性。

设穿孔曝气管 2 套，304 不锈钢材质，用于筛网的清洗。

设潜水搅拌器 8 套，$P\leqslant13.0kW$，水下安装，带提升导杆、链条、就地箱等。

设曝气池导流墙组件 2 套，玻璃钢材质（FRP），具有适应生化池流态的能力。

设硝化液回流渠 2 套，玻璃钢材质（FRP）。

对 2 套一期 MSBR 控制系统进行改造。

7. 中间提升泵房

设潜水轴流泵（提升泵），$Q=1300m^3/h$，$N=37.0kW$，$H=6m$，共 5 台，4 用 1 备。

8. 极限除磷间

设孢子转移一体机，32 台（分 16 组，一组 2 台）。单组运行功率 $N=37.5kW$，配套设备：溶气系统、刮渣机、孢子释放器。

9. 混凝反应池

设快速混合搅拌机 1 台，$N=3kW$。

10. 滤布滤池

设滤布滤池一套，滤池共有 4 单元，每单元滤盘数量为 12 个，总滤盘数量为 48 个，总过滤面积约 240m²，单台功率 $N=0.55kW$。

11. 紫外线消毒渠

设紫外线消毒装置 1 套，功率 $N=51.2kW$。紫外线模块组由 8 个紫外线模块组成，每个紫外线模块由 20 根低压高强紫外线灯管组成，共 160 根灯管，每根灯管的功率 $N=320W$。

12. 尾水提升泵井

设置 4 台潜水泵，单台设计流量 $Q=1400m^3/h$，$H=19m$，$N=100kW$。

13. 鼓风机房

鼓风机房内新设置离心风机 6 台（4 用 2 备）。

14. 脱水间

设污泥浓缩离心脱水一体机 1 台，与一期已建的 1 用 1 备组成 2 用 1 备，单机 $Q = 35 \sim 65\text{m}^3/\text{h}$，主电机 $N = 56\text{kW}$，辅助电机 $N = 11\text{kW}$。

设污泥切割机 1 台，$Q = 20 \sim 50\text{m}^3/\text{h}$，$N = 3.0\text{kW}$。

设一体化加药装置 1 套（利用一期工程），PAM 干粉制备量 8.0kg/h，$N = 4.0\text{kW}$，溶液浓度 $3\text{‰} \sim 5\text{‰}$，投加浓度 1‰。

设污泥螺杆泵 1 台，$Q = 20 \sim 60\text{m}^3/\text{h}$，$P = 0.2\text{MPa}$，$N = 11\text{kW}$。

设加药螺杆泵 1 台，$Q = 500 \sim 2000\text{L/h}$，$P = 2\text{bar}$，$N = 1.5\text{kW}$。

设反冲洗水泵 1 台，$Q = 23\text{m}^3/\text{h}$，$H = 40\text{m}$，$N = 5.5\text{kW}$。

设泥饼输送泵 1 台，$Q = 4\text{m}^3/\text{h}$，$P = 24\text{bar}$，$N = 11\text{kW}$。

15. 加药间

设 PAC 配置系统、乙酸钠投加系统各 1 套。

27.4.2 建筑设计

1. 建筑安全等级

（1）本工程所属地下建筑物的耐火等级为一级，地面建筑的耐火等级为二级。

（2）工业建筑物火灾危险性类别：戊类。

2. 建筑装修

（1）地面建筑

1）外墙面：建筑物主要采用外墙涂料。

2）门、窗：采用铝合金门窗，对有特别要求的地方采用隔声门、防火门、钢门等。

3）内装修：根据建筑功能而定，内墙、顶棚一般采用混合砂浆抹灰，白色乳胶漆罩面。

4）地面：采用防滑地砖及环氧胶泥地面。

5）屋面：采用 I 级防水屋面（防水卷材、防水涂料、防水砂浆）。

6）栏杆及油漆：采用不锈钢栏杆；与污水接触的铁件，采用耐酸型的防腐油漆。

（2）地下建筑

地下建筑墙面、柱子及顶棚均采用本色混凝土，要求表面光洁平整。车间地面用环氧胶泥地面，门采用钢防火门。

3. 防水、防潮设计

地下空间防潮主要通过地下空间墙体、地板和顶板的结构，建筑防水和室内通风等措施解决。

（1）地下室防水

1）结构防水：构筑物主要采用 C40 防水混凝土，抗渗强度等级为 P8，控制钢筋混凝土构筑物表面渗水量，渗水量按池壁和底板面积计算，不得超过 $2\text{L}/（\text{m}^2 \cdot \text{d}）$；

2）建筑防水：顶板、侧壁及底板采用Ⅰ级防水，分别采用防水卷材、防水涂料、防水砂浆三道防水层。

（2）地下室防潮

为保证地下操作人员的安全和舒适度，加快室内空气流动，在地下空间设置通风设备（系统），通过通风可以带走室内潮气。局部需要特别干燥的地方，在室内悬挂干燥剂补充防潮。

27.4.3　结构设计

1. 设计使用年限和等级

工程结构设计使用年限为50年，构筑物结构的安全等级为二级，结构重要性系数 $\gamma_0 = 1.0$。

2. 抗震设防烈度

抗震设防烈度为8度，设计基本地震加速度值为0.20g，设计地震分组属第三组，建筑场地类别为Ⅱ类，特征周期取0.45s。

3. 抗震设计

附属建（构）筑物抗震设防类别为丙类，主要建（构）筑物抗震设防类别为乙类。建筑按8度进行抗震设计，按9度采取抗震构造措施。

4. 地基处理

采用钢筋混凝土桩进行抗浮处理并兼顾抗压桩处理，采用钻孔灌注桩。

5. 抗浮设计

主要采用自重＋抗拔桩的方式进行抗浮。

6. 抗渗设计

地下箱体采用C40防水混凝土，抗渗等级P8，控制钢筋混凝土构筑物表面渗水量，渗水量按池壁和底板面积计算，不得超过2L/（$m^2 \cdot d$）。

27.4.4　基坑支护设计

本项目基坑深度约18.30～20.10m，生化池处理区域渠东西向约209.40m、南北向约87.10m，极限除磷单元区域总体呈梯形，东西向约123.10m，西侧南北向宽边71.80m，东侧南北向窄边20.37m。

由于基坑周边为河道、公路和市政道路等公共设施，具有较宽的建筑退让空间，相对较空旷，且存在部分放坡条件，基坑开挖支护推荐采用放坡＋全套管钻孔灌注咬合桩＋锚杆（索）支护。

基坑深约18.30～20.10m，采用全套管咬合桩结合预应力锚索进行基坑支护，具体参数如下：

1. 全套管钻孔灌注咬合桩

（1）全套管钻孔灌注咬合桩桩身直径 1200mm，桩中心距 1800mm，桩顶设一道 1200mm×800mm 的冠梁。

（2）全套管钻孔灌注咬合桩桩身和冠梁采用 C30 混凝土。

2. 预应力锚索基本设计参数

（1）预应力锚索采用 4 ~ 5 束 7 根直径 5mm 的高强度钢绞线（$f_{ptk} = 1860MPa$），长 25 ~ 30m，锚索水平间距为 2.4m，竖向间距为 2.5 ~ 2.8m，设计张拉力为 400 ~ 500kN，锁定荷载为 320 ~ 400kN。

（2）水泥浆为新鲜的 32.5R 普通硅酸盐水泥，水灰比为 0.45 ~ 0.55；注浆为两次注浆，第一次为常压注浆，第二次为高压注浆，第二次注浆压力不小于 2.0MPa。

（3）锚固体强度达到 15MPa 以上后逐根进行张拉锁定。每根锚索均应按设计拉力的 1.1 倍进行预张拉，并应在稳定 5 ~ 10min 后，退至锁定荷载锁定，锚杆锁定拉力可取锚杆最大轴向拉力值的 0.8 倍。

27.4.5　电气和自控设计

1. 电气设计

本工程设计规模为 10 万 m^3/d，属城市中型污水处理工程，负荷等级为二级，采用两路 10kV 市电供电，正常运行时，分列运行。当一路市电故障时，另外一路市电可满足全厂 100% 负荷。重要的负荷设置柴油发电机作为备用电源。

为保证污水处理厂电气供电的可靠性、安全性，10kV 配电装置采用单母线分段的接线方式，两段母线中间设母线联络器，装有设备自投装置。一期工程设置两台 SCB11-1600kVA 变压器，负载率为 72.8%；二期属于改扩建工程，在一期预留的配电间安装两台 SCB13-1000kVA 变压器，负载率为 51.8%，另在极限除磷间的中心配电室安装两台 SCB13-1000kVA 变压器给极限除磷设备供电，变压器的负载率为 59.1%。全厂总安装容量为 7200kVA，每座变配电站基本都靠近负荷中心，且交通便利，进出线方便，有利于管理。

2. 自控、仪表设计

综合自动化系统包括生产管理系统、生产过程自动化系统、安防及视频监控系统、检测仪表、门禁系统、巡更系统等几部分。

现场控制站的设置以相对独立、就近控制为原则，设置多个现场控制主站及相关 I/O 站。现场控制站采用 100M 以太光纤环网构成"集散型"控制系统，集中监控管理、分散控制、数据共享。在净水厂管理用房设置中央控制室，实现整个污水处理厂的"集中管理"。整个监控系统采用 C/S 结构，采用三维画面实时监控每个设备，集管理、运营、数据分析、历史查询、异常报警多种功能于一体。现场控制站采用 100M 以太光纤环网与中央监控计算机实现数据交换，采用环网结构，以光纤作为传输介质，保证网络的可靠性、安全性。

根据本工程水质净化处理工艺流程和综合自动化系统的要求配置检测仪表。仪表信号采用 4 ~ 20mA 信号接入 PLC 控制器，预留仪表通信接口。流量、总磷、总氮、COD、氨氮等检测仪通过工业现场总线与自动化系统相连并接入当地环保管理部门。

27.4.6　除臭和通风设计

1. 除臭设计

箱体内产生臭气浓度较大的地方主要是污水预处理部分（粗格栅间、细格栅间、速沉池、曝气池）。采用密闭罩＋植物液洗涤塔的方式除臭。臭气处理排放标准执行《恶臭污染物排放标准》GB 14554—1993 中的二级标准。生化池及污泥处理系统除臭采用 16 台除臭土壤细菌培养罐，$\phi \times H = 1140mm \times 2390mm$。

2. 通风设计

本工程采用全面排风与局部排风相结合的送风排风方式。箱体地下一层操作间、地下二层处理池以及各处理工段车间，采用自然补风、机械排风系统；排风采用机械排风系统；根据地下空间生产属性，不设置消防排烟系统。

（1）高低压配电间、二期预留低压配电间、再生水配电间及控制室设置平时通风兼气体灭火后的机械通风系统，系统通风量按换气次数计：5 ~ 8 次/h。

（2）鼓风机房设置机械通风系统，系统排风量按采用全面排风方式消除鼓风机房余热时的条件进行计算，送风量大于排风量，且排风量为送风量的 80% ~ 90%。

（3）在脱水室设置机械通风系统，系统通风量按房间换气次数不小于 10 次/h 设计，且排风量不小于送风量的 80% ~ 90%。在除臭间设置机械通风系统，系统通风量按房间换气次数不小于 10 次/h 设计，且排风量不小于送风量的 80% ~ 90%。

（4）在砂水分离器间设置机械通风系统，系统通风量按房间换气次数不小于 15 次/h设计，且排风量不小于送风量的 80% ~ 90%。在加氯间设置机械通风系统，系统通风量按房间换气次数不小于 10 次/h 设计，且排风量不小于送风量的 80% ~ 90%。

（5）在加药间、生化池设置机械事故通风系统，系统通风量按房间换气次数不小于 12次/h 设计，且排风量不小于送风量的 80% ~ 90%。

（6）在转盘滤池、絮凝反应池设置机械事故排风系统，系统排风量按房间换气次数不小于 12 次/h 设计，采用平时常开卷帘门进行自然补风。在地下一层曝气区设置机械排风系统，系统排风量按房间换气次数不小于 3 次/h 设计，采用平时常开卷帘门进行自然补风。

（7）在地下 2 层管廊设置机械通风系统，系统通风量按房间换气次数不小于 3 次/h 设计。在公共卫生间设置机械排风系统，系统排风量按换气次数不小于 10 次/h 设计，采用换气扇排风，换气扇自带止回装置。

（8）生化池水池内曝气产生的废气通过接入排风系统进行外排，排气量按曝气风机的容量确定。

27.4.7　消防设计

1. 消防车道

根据现有道路交通情况，地坪平均高程确定为 1905.80m。厂前区小普公路入口高程 1905.80m，宝象河一侧道路高程 1900.30m。

地下箱体设置南北两条消防车道，设置出、入口各一个，与地面厂前区内道路形成环形布置，保证消防通道畅通，厂内主干道宽 6.0m，次干道宽 4.0m。

厂区设 3 个出入口与厂外道路相连，其中地面科普公园单独设置一个出入口。

厂区现状主入口设置在小普公路一侧，辅料和泥饼等运输车辆从设置于厂前区南侧的次入口进出，地下空间车道的两个出入口布置在厂前区内，二期改扩建极限除磷间车道出入口沿用一期两个车道出入口。

（1）地面车行通道

主要车行道路沿用现状厂区道路，现状厂区道路宽度 6 ~ 7m，以直线为主，平曲线转弯半径确定为 9m。二期改扩建工程临宝象河一侧设有广场与道路衔接。

（2）地下出入口

地下部分中的极限除磷间操作层与一期现状地下污水处理厂相连，用防火卷帘隔断，车行出入口沿用一期北、南两个出入口，地下部分设有 10 个直通的逃生出口。

2. 建筑防火设计

（1）防火分区

一期工程地下安装设备的房间的建筑面积为 2915m²，地下水池及水池盖板、检修平台和车道等的面积为 19250m²。二期改扩建新增的极限除磷间及调蓄池同样为地下设施，地下建筑面积为 992m²，地下水池及水池盖板、检修平台等的面积为 10689m²。

全厂竖向分三层，地上一层、地下两层。地面一层为 10 个安全出口楼梯间，共 87m²，负一层为极限除磷间操作层，共设有 10 个防火分区，每个防火分区面积均小于 5000m² 且设有两个直通室外的安全出口，防火分区内包含工艺处理设备间、加药间、配电间、空压机房、仪表间、楼梯间以及前室，除此之外区域均为水池盖板、检修平台、车道等构筑物，不作他用。负二层为污水处理池、调蓄池、管廊等，根据检修需要设有多部检修楼梯。防火分区面积的确定主要通过结合相关规范及地下空间功能区域使用性质划定。

普照污水处理厂的地下除磷间及调蓄池内并无可燃材料，建筑耐火等级为二级，火灾危险等级为戊类，所有疏散楼梯及检修楼梯均满足相关规范要求。

（2）建筑构造

本工程所有隔墙均采用 200mm 厚加气混凝土砌块，耐火极限大于 3h。防火分区中对外开门的门均为甲级防火门，开启方向均为朝外开启。楼梯间、前室中的门均为乙级防火门。

整个厂区按同一时间发生一处火灾考虑，电缆井、管道井每层楼板处采用相当于楼板耐火极限的防火材料封堵。电缆井、管道井与房间、走道等相连通的孔隙用非燃烧体材料严密填实。沿厂区道路设有室外消火栓系统，设备用房和地下空间设置室内消火栓灭火系统，所有建筑物均配备手提灭火器。

（3）疏散距离

楼梯均采用疏散楼梯，疏散距离满足厂房内任意一点至最近安全出口直线距离不大于60m 的要求。

（4）安全出口

本工程安全出口为防烟楼梯，7 个疏散楼梯直通室外（地下箱体上方地面）。

（5）采用消防控制中心报警系统，消防控制中心设置在设备用房内，对火灾自动报警系统、火灾事故广播、消防通信系统等进行集中管理、监测和控制。

（6）该工程所用的防火门是国家或当地消防总队批准的合格产品，防火墙和公共走廊上疏散用的平开防火门都设有闭门器，双扇平开防火门安装有闭门器和顺序器，常开防火门须安装信号控制关闭和反馈装置。

3. 火灾探测与应急报警设计

本工程厂区设置消防控制室一间，其中设置火灾自动报警系统工作站一套。工作站含火灾自动报警系统主机，消防电话主机，应急广播系统主机，消防电源柜等子系统，构成完整的消防火灾报警控制系统主站。在地下箱体设置 12 个防火分区，每个防火分区设置火灾区域报警控制器一套，负责本防火分区的火灾报警。在每个防火分区内，均设置烟感探头、消防电话与应急广播。整个火灾自动报警系统的数据可由通信模块上传至上级消防指挥控制中心。

本工程变配电间位于地下，根据相关规范要求，在各变配电间设置七氟丙烷气体灭火系统进行保护。

4. 电气防火

本工程消防设施采用单回路电源供电，其配电线采用非延燃铠装电缆，明敷时置于桥架内或埋地敷设，以保证消防用电的可靠性。

厂内设置火灾自动报警系统，使消防人员及时了解火灾情况并采取措施。

消防水可在泵房及各车间内任意一个流水作业消防箱处控制，从而可及时扑救火灾。

各建（构）筑物均根据其不同的防雷级别按防雷规范设置相应的避雷装置，防止雷击引起的火灾。

在爆炸和火灾危险场所严格按照环境的危险类别或区域配置相应的防爆型电器设备和灯具，避免电气火花引起的火灾。

5. 消防给水工程设计

（1）消防水源

室内消火栓系统采用市政给水管网供水作为消防水源。

（2）消防水量

本工程火灾次数按一次考虑，室内消火栓系统用水量为10L/s，室外消火栓系统用水量为20L/s。

（3）室内消火栓系统

本工程采用自来水管网并网的消火栓给水系统。

本工程各部位均设置有室内消火栓给水系统进行保护，其布置保证室内任何一处均可有2股水柱同时到达，灭火水枪的充实水柱为13m。

（4）系统控制

发生火灾时，按下消火栓箱内的按钮向消防中心报警，消火栓箱内的指示灯亮。当系统启用后，消火栓泵后的压力开关或消防水箱出水管上的流量开关自动启动消火栓泵，并向消防中心报警。消防结束后手动停泵。消火栓加压泵一用一备，并具有低速自动巡检功能，消防加压供水时工频运行，自动巡检时变频运行。

（5）管材及型号

室内消火栓给水管道采用内外热浸镀锌无缝钢管，以丝扣或沟槽式卡箍连接。

本工程单栓室内消防箱采用SG24A65-J型消防箱，箱内设SN65消火栓1个、DN65衬胶水带1条、直径19mm水枪1支和消防按钮一个。

（6）建筑灭火器和气体灭火系统设计

本工程各部位均设置磷酸铵盐干粉灭火器进行保护，配电间设置气体灭火系统进行保护。

本工程中变配电间设置柜式七氟丙烷气体灭火系统。

27.4.8　防洪及防涝设计

本工程防洪按宝象河五十年一遇洪水位设防。宝象河五十年一遇洪水位为1899.20m。为防止洪水倒灌，本方案采取了以下工程措施：

（1）地下箱体最低入口地坪设计标高1901.20m。

（2）在所有进入地下箱体的通道前设置截留雨水盖板沟，防止厂区雨水汇入。

（3）进水口采用手动闸板＋常闭气动闸板＋自控关闭液压阀的形式，厂区断电后可自动关闭进水口。

（4）进水控制井设置自动溢流堰，堰顶标高一定低于地下箱体预处理区0.3m。

（5）排放口采用提升方式，排放口标高参考河道下游桥面进行设计，可防止超标洪水倒灌进入地下室。

27.5　主要经济指标

27.5.1　概算投资

本工程分两期建设。

一期主要建成以一级 A 标为出水目标的 10 万 m^3/d 土建工程，5 万 m^3/d 安装工程。一期工程概算总投资 40543.38 万元，其中工程费用 32366.14 万元，工程建设其他费用 5380.15 万元，基本预备费 1887.31 万元。

二期工程以昆明市《城镇污水处理厂主要水污染物排放限值》DB5301/T 43—2020 A 级标准为设计水质目标，安装一期预留的 5 万 m^3/d 设备及配套工程，同时对 10 万 m^3/d 的出水进行提标改造。概算总投资 47177.87 万元。其中工程费用 33913.84 万元，工程建设其他费用 7777.09 万元，工程预备费 2084.55 万元。

27.5.2　成本分析

一期工程平均运行成本为 0.59 元 /m^3；二期工程采用 BOT 模式建设，经营周期为 28 年，单位总成本为 3.91 元 /m^3，单位经营成本为 1.61 元 /m^3。

27.6　运行效果

27.6.1　实际运行数据

二期改扩建工程于 2021 年 12 月竣工验收，通过 3 个月的试运行后，从 2022 年 4 月开始正式运行。在 2022 年 4 月至 2023 年 5 月之间，普照水质净化厂平均处理水量为 6.68 万 m^3/d，生化池开启 3 组运行，出水水质达到或略优于设计水质，2022 年 4 月至 2023 年 5 月实际进出水水质及处理水量如表 27-2 所示。

表 27-2　2022 年 4 月至 2023 年 5 月实际进出水水质及处理水量

月份	处理水量（万 m^3/d）	COD_{cr}（mg/L）		BOD_5（mg/L）		SS（mg/L）		TN（mg/L）		NH_3-N（mg/L）		TP（mg/L）	
		进水	出水	进水	出水	进水	出水	进水	出水	进水	出水	进水	出水
2022 年 4 月	6.15	171.82	8.88	72.60	1.20	160.30	5.50	26.03	3.70	19.00	0.09	2.60	0.04
2022 年 5 月	6.49	150.09	7.00	64.00	1.20	140.00	5.50	21.55	3.89	17.57	0.06	2.15	0.04
2022 年 6 月	6.66	168.69	9.74	65.00	1.40	160.00	5.70	20.63	4.26	16.61	0.08	2.04	0.04
2022 年 7 月	6.73	152.10	10.34	60.30	1.16	147.90	5.40	18.38	4.16	16.03	0.08	2.00	0.04
2022 年 8 月	7.62	117.09	13.40	46.50	1.35	158.10	5.50	17.11	4.26	14.57	0.13	1.52	0.04
2022 年 9 月	7.77	150.05	8.38	56.20	1.24	149.00	5.70	21.00	4.22	11.16	0.20	1.86	0.04
2022 年 10 月	6.79	163.83	9.46	68.00	1.33	144.00	6.00	25.58	4.33	20.59	0.18	2.13	0.04

月份	处理水量（万 m³/d）	COD_er（mg/L）		BOD_5（mg/L）		SS（mg/L）		TN（mg/L）		NH_3-N（mg/L）		TP（mg/L）	
		进水	出水	进水	出水	进水	出水	进水	出水	进水	出水	进水	出水
2022 年 11 月	6.50	196.29	9.56	81.40	1.32	144.00	5.00	24.74	4.61	21.23	0.23	2.44	0.04
2022 年 12 月	6.55	201.89	8.80	90.20	1.41	142.00	6.00	25.60	4.73	26.60	0.16	2.65	0.05
2023 年 1 月	6.18	194.98	9.59	79.00	1.50	168.70	6.03	25.54	3.85	15.46	0.27	2.46	0.04
2023 年 2 月	6.55	188.34	11.74	62.00	1.19	166.40	5.50	16.02	3.88	17.78	0.19	2.10	0.03
2023 年 3 月	6.46	199.40	7.05	91.00	1.20	161.10	6.00	26.48	3.61	18.79	0.10	3.00	0.03
2023 年 4 月	6.55	174.05	8.42	72.60	1.20	160.30	5.50	26.03	3.70	21.04	0.13	2.60	0.04
2023 年 5 月	6.56	178.85	9.44	64.00	1.20	140.00	5.50	21.55	3.89	22.14	0.14	2.15	0.04
最高值	7.77	201.89	13.40	91.00	1.50	168.70	6.03	26.48	4.61	26.60	0.27	3.00	0.04
最低值	6.15	117.09	7.00	46.50	1.16	140.00	5.00	16.02	3.61	11.16	0.06	1.52	0.03
平均值	6.68	171.96	9.41	69.49	1.28	152.99	5.63	22.59	4.08	18.47	0.15	2.26	0.04

27.6.2 运行数据分析

1. 处理水量

2019 年 4 月至 2022 年 12 月，普照水质净化厂进行二期改扩建改造（规模由 5 万 m³/d 扩建至 10 万 m³/d），由于该厂服务的昆明经济技术开发区宝象河流域尚处于开发过程中，现有城中村和企业较多，雨污分流欠完善，雨季和旱季水量差异较大，建成运行一年多后，处理水量最高值为 7.77 万 m³/d，最低值为 6.15 万 m³/d，平均值为 6.68 万 m³/d，平均负荷率 66.80%。

2. 水质

2019 年进出水水质分析统计如表 27-3 所示：

表 27-3 2019 年实际进出水水质与设计值对比

污染物项目		COD_er	BOD_5	SS	TN	NH_3-N	TP
单位		mg/L	mg/L	mg/L	mg/L	mg/L	mg/L
进水	设计值	420	200	250	45	30	5
	实测最大值	201.89	91.00	168.70	26.48	26.60	3.00
	实测最小值	117.09	46.50	140.00	16.02	11.16	1.52
	实测平均值	171.96	67.89	153.83	22.36	18.47	2.23
出水	设计值（低值）	20	4	10	5	1	0.05
	实测最大值	13.40	1.50	6.03	4.61	0.27	0.04
	实测最小值	7.00	1.16	5.00	3.61	0.06	0.03
	实测平均值	9.41	1.27	5.60	4.03	0.15	0.04

进水水质平均值明显小于设计值，且变化较大，旱季进水浓度偏高，雨季进水浓度偏低，主要原因与片区尚未充分开发有关，随着片区发展，水质浓度将逐年升高。

27.7　设计建议

作为地下污水处理厂，且出水标准极为严苛，尤其是 TN ≤ 5mg/L 且 TP ≤ 0.05mg/L 为国内首例。其成功建成和达标运行，说明设计是成功的。

（1）前期的深入研究是十分必要的。对于本工程而言，考虑宝象河交界断面水质考核要求，建设方最为关心的是 COD、TN 和 TP 的排放浓度，也是工艺选择的重点和难点，但国内并没有可以借鉴的成熟经验。为此，昆明市相关部门非常重视，在项目前期对市区主要污水处理厂进行了极限除磷工艺相关试验和应用。针对总氮指标提升，本工程通过一期工程进行了相关试验研究，二期改造利用试验研究成果进行设计。

（2）设计时重视多专业之间的协调、配合是设计成败的关键。不同于常规的地面式污水处理厂，地下污水处理厂的建（构）筑物平面组合紧凑，竖向叠放非常普遍。工艺构筑物选型、柱网布置、交通组织、通风采光、各种管线平面及竖向空间利用，都影响到整个箱体的设计。多专业的协调、配合，通过多方案技术经济比较，才能取得较为满意的结果。本工程在设计中采用了 BIM 建模技术，设计阶段充分掌握各种设施之间的协调关系。

（3）由于地下污水处理厂空间相对密闭，空间体积大，如果采用传统的生物除臭技术，风量将会很大，除臭设备占用地下空间面积大。本工程在生化段和污泥处理系统采用土壤活性污泥除臭技术，仅在预处理区采用臭气收集、除臭的形式，除臭系统的运行较为经济。

（4）污水处理厂极限除磷降氮需要投加碳源和除磷剂，增加运行成本。对于总氮而言，本工程采用加强硝化＋两级缺氧脱氮区的降氮工艺布局，增加了脱氮除磷操作的灵活性。对于除磷工艺段而言，本工程采用并联的方式，在实际运行过程中可灵活控制实际除磷的效果。

（5）由于本工程在一期已经建成生化工艺部分的一、二期土建工程，二期改扩建工程进行提标改造时新增极限除磷地下设施，地面规划的技术经济指标要符合一期时确定的规划技术条件难度极大，应提前与规划部门进行充分沟通协调。

（6）注重细节，利于工程的建设和运维。受地下空间限制，地下污水处理厂在建设期间的设备及管道材料就位、人员交通安排等细节方面需要在设计过程中充分考虑。本工程设备、材料吊装孔按6m长钢管进入管廊进行设计，并在吊装孔上方预埋吊装需要的预埋件，施工期间证明此项考虑是合适的。

第28章　成都公兴（中电子）再生水厂一期设计

成都公兴（中电子）再生水厂一期工程位于怡心湖片区，是全国唯一一座采用生活污水处理与工业污水处理"双厂并建"模式建设运营的地下再生水厂。该项目是地面景观、周边道路、科普教育与地下污水处理厂功能融为一体的游憩服务型地下污水处理厂综合体。

28.1　项目概况

项目厂址位于成都市双流区怡心街道，位于剑南大道东侧，毗邻青栏沟。新建公兴（中电子）再生水厂采用全地下的建设形式，设计总规模为 10.0 万 m^3/d。其中，中电子再生水厂为 4.0 万 m^3/d，公兴再生水厂为 6.0 万 m^3/d，近期设备按 3.0 万 m^3/d 安装。

污水处理主体工艺流程为"SSgo 装置 + AAOA + MBR"，消毒采用紫外线消毒工艺。污泥处理采用一体式离心浓缩脱水工艺，脱水泥饼经污泥料仓周转外运。排放水体为青栏沟。公兴生活污水处理线及中电子工业污水处理线的厂内处理后出水排放水质标准均按照《四川省岷江、沱江流域水污染物排放标准》DB51/ 2311—2016 执行，中电子再生水厂处理后出厂水经后续活性炭工艺深度处理（中电子出厂水深度处理未在本项目设计范围内），将 COD 等主要指标处理达到地表水 III 类标准。污泥经本项目离心机脱水至约 80% 后送至配套双流公兴污泥处置中心进行能源化利用。

公兴（中电子）再生水厂工程征地面积 36320.18m^2（合 54.48 亩），厂区工艺采用集约化布局，吨水占地指标仅约 0.36m^2/（$m^3 \cdot d$）。其中地下箱体占地面积 15713.41m^2（合 23.57 亩），箱体最大长度 188.0m，宽度 94.8m。项目采用全地下建设方式，地下箱体西侧设置综合楼，上部修建市民休闲广场。

设计概算投资 5.96 亿元。

28.2　项目设计难点及创新要点

28.2.1　本项目设计的难点

1. 中电子再生水厂进水水质预测与处理工艺选择

根据水质分析和调研，认为电子废水中可生化性有机物低，采用传统的水解酸化效率低，且占地和费用增加较多。

确定设计进水浓度和水质特性后，结合国内类似项目工艺考察结果，经多方案经济技术比较，确定主体生化处理工艺为 AAOA ＋ MBR 工艺。同时应对进水存在无机颗粒物等特点，预处理工艺段选用了 SSgo 固液秒分离设备，在有效缩减预处理段占地面积的情况下，极大提升了对悬浮物、颗粒物的拦截效率。该工艺流程较国内工业废水处理中前端设置水解酸化，后端设置高级氧化相比较，流程短、占地和费用低且运行可靠、运管方便。

2. 用地面积紧张

本项目虽然规划红线面积为 54.48 亩，但是场地西侧有两路 220kV 高压线经过，实际可用地面积仅 30 亩左右。而本项目"双厂并建"，且处理工业污水要求配备事故池和调节池，因此处理构筑物、设备及管线对箱体空间的需求较大，用地面积紧张的矛盾尤为突出。

3. 生活、工业污水处理双厂共建需求下进水多模式调配

本项目采用生活、工业污水处理双厂共建的创新模式，需要在工艺流程、设备选型、设施布置等问题上做到两厂协调，同时还要考虑两厂进水流量的合理化临时性调配。本项目进水条件和功能需求较为复杂，针对该项目需求，研发了进水流量调控装置，并以此为基础成功设计了进水水量多功能调节井，该项流量调控装置已获得实用新型专利。

4. 项目工期紧

本项目工程建设工期要求十分紧迫，特别是中电子再生水厂部分从开工至通水只有十个月工期。而地下污水处理厂建设需要完成工艺、电气、自控、消防、通风、除臭、防烟排烟等多种设施与管线的安装，各项设施的空间关系及施工工序极其复杂。为统筹兼顾工期与工程质量，本项目开展了涵盖设计、施工至运营的全过程 BIM 设计。通过 BIM 碰撞模拟分析，及时发现了原设计中各类碰撞 3000 余处，在安装前及时规避了工程返工，有效提升了安装工程效率。

28.2.2 本项目创新要点

1. 泥渣砂三相分离技术在预处理中的创新应用

传统的污水预处理设施对污水中细砂、细微颗粒物的去除效果欠佳。SSgo 泥渣砂三相分离装置采用由新型高分子复合材料做成的高精度、高透水性滤带，有效过滤孔径小于 0.2mm，可同时去除污水中泥渣砂，可同时替代中格栅、细格栅、沉砂池、初沉池。根据水厂原有初步设计，原污水预处理系统包括细格栅、曝气沉砂池、速沉池及精细格栅，以上总占地面积为 $745m^2$。采用 SSgo 固液秒分离技术替代后，预处理总占地面积为 $340m^2$，节省占地约 54%。

本项目采用了 9 套该设备，多台分离装备并列运行，那么均匀配水成为新的技术难题。项目组在总结类似配水系统设计运行经验的基础上，发明了重力式均匀配水装置，已获得专利授权。SSgo 泥渣砂三相分离设备现场安装情况如图 28-1 所示。

在设备调试期间对 SSgo 装置与精细格栅的运行效果做了对比分析。分析发现，SSgo 装置的拦渣量是精细格栅的 20 余倍，200μm 及以下的粒径体积占到了 77.93%，200 ～ 300μm

（a）　　　　　　　　　　　　　　（b）

图 28-1　SSgo 泥渣砂三相分离设备现场安装情况

之间的粒径体积占 13.6%，300μm 及以上的粒径体积占 8.47%，说明 SSgo 装置可有效拦截无机细颗粒物，更为有效地保护了后续 MBR 膜系统的安全。调试期间的具体数据如表 28-1、图 28-2 所示。

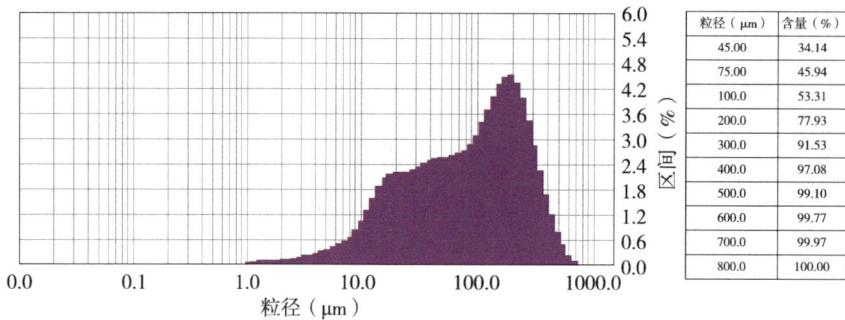

粒径（μm）	含量（%）
45.00	34.14
75.00	45.94
100.0	53.31
200.0	77.93
300.0	91.53
400.0	97.08
500.0	99.10
600.0	99.77
700.0	99.97
800.0	100.00

图 28-2　SSgo 装置出渣粒径分布

表 28-1　调试期间 SSgo 装置和精细格栅的对比

名称	调试期累积处理量（万 m³）	称重渣砂样本含水率（%）	总湿渣量（kg）	总干渣量（kg）	万吨产干渣砂量（kg/ 万 m³）
精细格栅	72.23	73.3	98.3	26.30	0.4
SSgo 装置	93.00	87.5	58.0	7.25	7.8

2. 基于 AAOA ＋ MBR 膜生物反应器的高效生化处理工艺

因项目排放标准较高，进水碳氮比偏低，为了保证总氮的去除效率，生化系统采用了 AAOA ＋ MBR 的强化生物脱氮设计思路。在第一级 AO 工艺中，回流混合液中的硝酸盐氮在反硝化菌的作用下在第一缺氧池中进行反硝化反应。在第二级 AO（MBR 可看作第二个 O 池）工艺段，由好氧池而来的混合液进入第二缺氧池，反硝化菌利用外加碳源及混合液中的内源代谢物质进一步反硝化。相比较传统工艺，两级 AO 具有两次反硝化过程，脱氮效率高达80%以上。

　　本项目MBR膜系统采用膜孔径≤0.04μm的PVDF-NIPS中空纤维超滤膜，设计膜通量分别为19L/（m²·h）（中电子再生水系列）、21L/（m²·h）（公兴再生水系列）。较小的膜孔径使膜组器在获取更优异的出水水质的同时，有助于提升抗膜污染性能，延长膜使用寿命。

　　对公兴（中电子）再生水厂运行数据进行分析，进水水质有一定波动，但与设计水质预测较符，各项指标均稳定达标。公兴（中电子）再生水厂实际运行进出水水质情况如表28-2所示。

表28-2　公兴（中电子）再生水厂实际运行进出水水质情况一览表

项目		COD$_{cr}$（mg/L）	BOD$_5$（mg/L）	SS（mg/L）	NH$_3$-N（mg/L）	TN（mg/L）	TP（mg/L）
公兴再生水系列	平均进水浓度	232.00	96.07	207.75	33.91	38.42	3.52
	平均出水浓度	16.18	2.14	2.61	0.26	5.84	0.20
	平均去除率	91.80%	96.84%	97.58%	98.85%	68.30%	86.84%
中电子再生水系列	平均进水浓度	137.64	46.10	133.67	16.12	28.00	1.85
	平均出水浓度	18.10	2.48	2.79	0.21	5.55	0.16
	平均去除率	86.85%	94.62%	97.91%	98.70%	80.18%	91.35%

3. MBR膜池及膜设备间的系统集成优化

　　MBR膜池及膜设备间是整个项目工艺运行的关键，也是整个项目中设备系统集成度最高的区域。为保证MBR系统运行正常、维修便捷，项目组对膜池管廊等多处关键部位进行了设计优化。

　　一是为便于膜组器检修，将膜池管廊以明管的形式放置在膜池上部，同时为节省空间，将空气管、产水管上下叠合。二是为避免膜化学清洗时腐蚀性气体对工人健康造成影响，将膜池上部密封，实现气体有组织收集排放。三是充分利用走道、框架柱的空间关系，合理设置起重机的位置，方便膜组器吊装。四是将膜设备间、加药间、碳源投加间集约化设置，进一步提升系统集成度和空间利用率。MBR膜池及膜设备间实景如图28-3所示。

4. 节能降耗综合技术的运用

　　一是在主体工艺选择时，采用SSgo + MBR超短流程，缩减了箱体体积，减少了臭气处理量和通风换气量。二是主要设备均为高效能产品，如生化池曝气风机和膜池吹扫风机均采用空气悬浮鼓风机，运行效率高达95%。三是水泵均为变频泵，力争水泵一直在高效率运行。四是采用管式紫外线消毒设备与产水泵结合，有效地利用了产水泵的富余压力。五是选择高通量中空纤维膜，填装密度较常规膜产品提升30%，在膜吹扫风量相同的情况下，其能耗相应降低30%。六是曝气器选用聚乙烯管式曝气器，氧利用率≥30%，较常规产品节省曝气风量20%。

（a）　　　　　　　　　　　　　　　（b）

图 28-3　MBR 膜池及膜设备间实景

28.3　总体设计

28.3.1　设计规模

公兴（中电子）再生水厂设计规模 10 万 m^3/d，$K_z = 1.3$。

本项目分为生活污水处理厂与工业污水处理厂，采用双厂共建模式，土建一次建成，污水由各自生产线负责处理。其中公兴处理线设计规模 6 万 m^3/d，设备分两阶段各 3 万 m^3/d 规模安装，中电子处理线设计规模 4 万 m^3/d，设备一次建成。

28.3.2　设计进出水水质

本工程为双厂共建模式，针对不同类型污水进行进厂水及出厂水的水质分析，确保厂区运行稳定，排放水质达标。公兴再生水厂与中电子再生水厂设计进出水水质如表 28-3、表 28-4 所示。

表 28-3　公兴再生水厂设计进出水水质

项目	COD_{cr}（mg/L）	BOD_5（mg/L）	SS（mg/L）	TP（mg/L）	NH_3-N（mg/L）	TN（mg/L）	pH 值	粪大肠杆菌（个 /L）
设计进水	350	180	300	4.5	40	45	6 ~ 9	$10^4 \sim 10^7$
设计出水	≤ 30	≤ 6	≤ 10	≤ 0.3	≤ 1.5	≤ 10	6 ~ 9	≤ 1000

表 28-4　中电子再生水厂设计进出水水质

项目	COD_{cr}（mg/L）	BOD_5（mg/L）	SS（mg/L）	TP（mg/L）	NH_3-N（mg/L）	TN（mg/L）	pH 值	粪大肠杆菌（个 /L）
设计进水（峰值）	500	350	400	6	45	50	6 ~ 9	$10^4 \sim 10^7$
设计进水（均值）	350	180	300	6	40	45	6 ~ 9	$10^4 \sim 10^7$
设计出水	≤ 30	≤ 6	≤ 10	≤ 0.3	≤ 1.5	≤ 15	6 ~ 9	≤ 1000

28.3.3　处理工艺流程

公兴再生水厂与中电子再生水厂工艺流程图如图 28-4、图 28-5 所示。

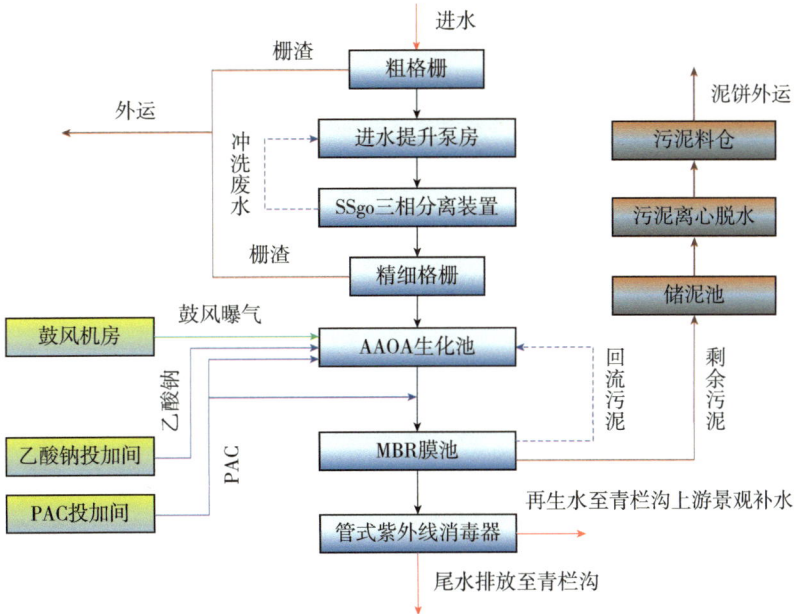

图 28-4　公兴再生水厂工艺流程图

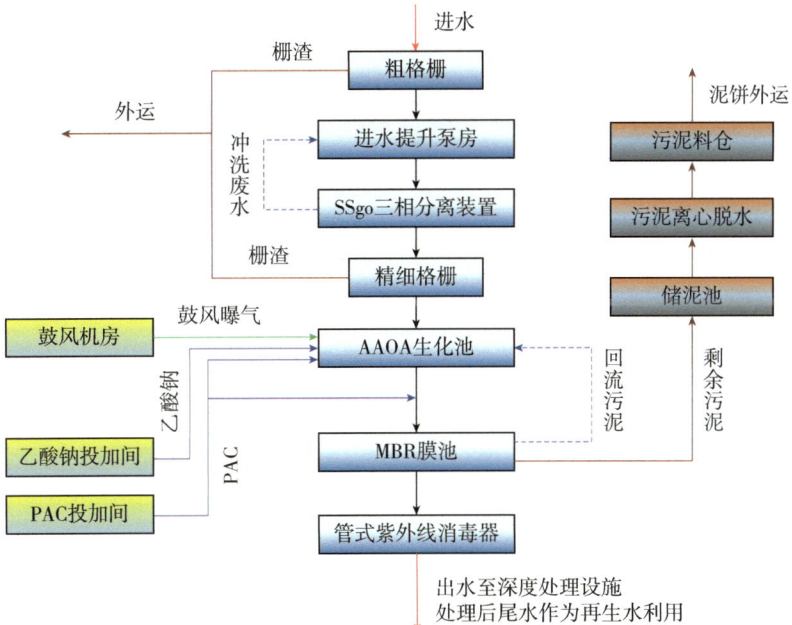

图 28-5　中电子再生水厂工艺流程图

28.3.4　建设形式

公兴（中电子）再生水厂一期工程厂址位于成都市双流区怡心街道兰家沟社区，紧邻剑南大道及青栏沟。本项目作为怡心湖片区重要的市政基础设施，肩负成都市双流区第四排水分区的生活污水处理及部分重要企业的工业废水处理使命，规划用地性质为市政设施用地。

虽然本项目的规划红线面积为 54.48 亩，但是由于场地内有 220kV 高压线限制，实际可用面积仅 30 亩左右，在此用地面积上需要满足处理规模 10 万 m^3/d 双厂共建的建设需求。

根据项目所处位置及规划红线面积，为与怡心湖片区规划定位保持一致，提升周边环境景观及土地价值，降低邻避效应并体现集约化节地理念，本项目建设模式采用地下建设模式。公兴（中电子）再生水厂一期实景鸟瞰图如图 28-6 所示。

图 28-6　公兴（中电子）再生水厂一期实景鸟瞰图

28.3.5　总体布局

本项目主要由地下箱体及地上综合楼组成。地下箱体尺寸为 170 ～ 188m × 94.8m × 16.0 ～ 17.7m。地下箱体分两层，地下一层为操作层，主要为设备操作空间，设置箱体中央及南侧的进出环形通道；负二层主要为污水处理设施、管廊及废水排放设备；地下箱体顶部为景观公园、疏散楼梯间、通风井、尾气排放塔等。

为节约用地，预处理间、脱水机房、鼓风机房、变配电间等设施为集中设置，其余生产流程构筑物以中央通道分隔，两条生产线独立运行。

受用地限制，厂前区综合楼占地面积不超过 750m²，分两层，建筑面积 1420m²，内设再生水厂中控室、管理办公室、会议室、化验室、消控室及值班宿舍等。屋顶开有天窗增加会议室采光面积，用以节约照明能耗，建筑顶部高程与箱体顶部景观公园高程齐平。

为便于进水管的接入，在净水厂总平面布置时，将粗格栅、提升泵房、预处理和一级处理区布置在厂区西北侧，泥处理区位于东南侧。厂区中部为污水二级处理区及深度处理区。

地下箱体内部按照功能分区，工作环境较差的预处理单元集中布置在箱体西侧，污泥处理单元布置于箱体的东南角，便于直接将污泥管道输送至地面的污泥处置厂进行集中处理。箱体内横向设有两条宽 8m 的主巡检通道，纵向设有宽 7m 的次巡检通道，并利用池顶层空间形成环状路网，有效解决箱体内设备运输难、人员检修绕的问题。地下箱体平面布置图如图 28-7 所示。

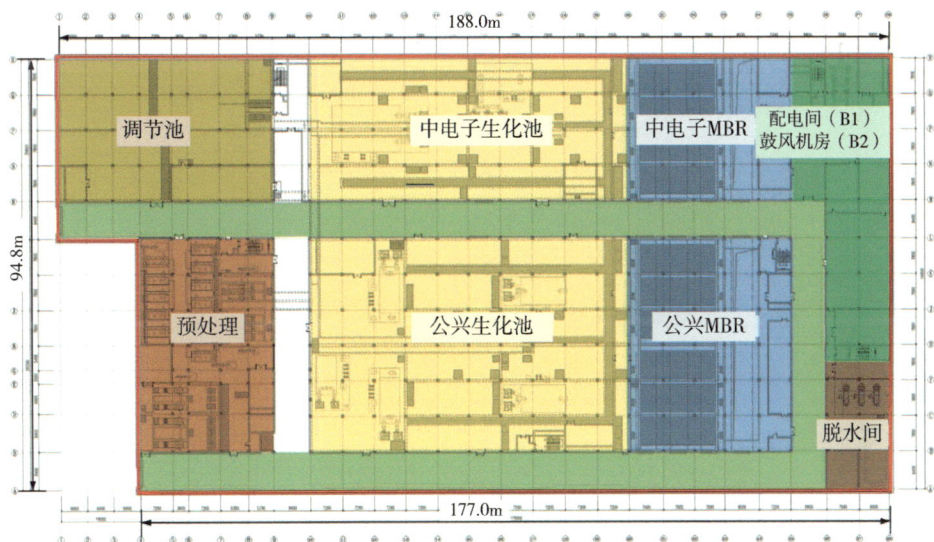

图 28-7　地下箱体平面布置图

28.3.6　竖向布置

为方便道路衔接，同时考虑到设备运输和安装，厂前区标高定为 461.00m，高于 50 年一遇规划防洪水位。

公兴再生水厂进厂管道进水水面标高 455.35m，中电子再生水厂进厂管道进水水面标高 454.15m，污水经提升后，进入后续处理构筑物。后续构筑物以操作层为界，下部为水处理水池及管廊，上部为操作层、部分生产建筑。为便于设备吊装及物资运输，操作层顶标高 469.50m。操作层上部覆土 1.5m，并进行景观处理，作为对公众开放的市政景观公园。

地下箱体公兴生产线与中电子生产线流程剖面图如图 28-8、图 28-9 所示。

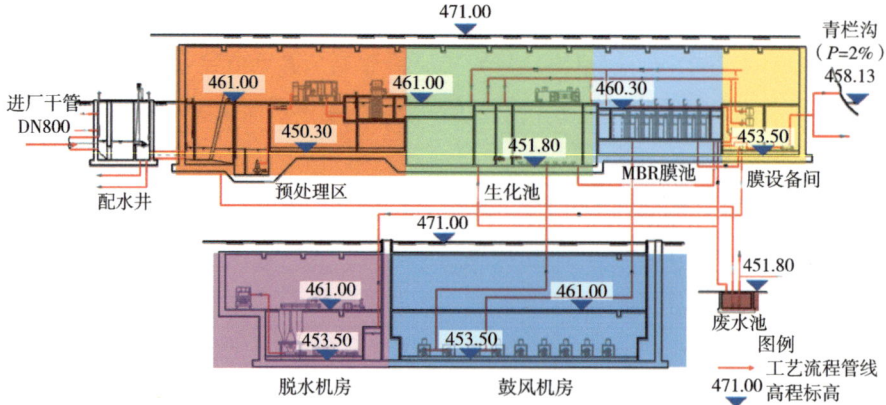

图 28-8　地下箱体公兴生产线流程剖面图（尺寸单位：m）

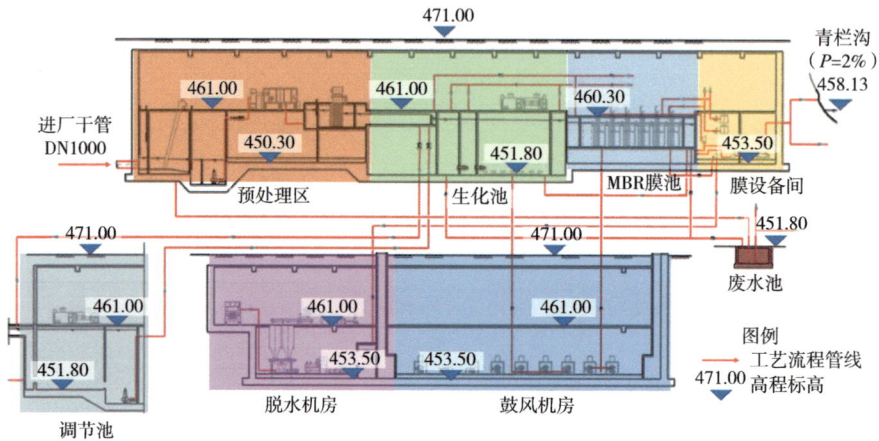

图 28-9　地下箱体中电子生产线流程剖面图（尺寸单位：m）

28.4　主要工程设计

28.4.1　工艺设计

1. 粗格栅井

（1）公兴粗格栅间

设 1 座粗格栅井，内分 2 格。粗格栅井处设节流室，装有电动速闭闸门，可控制进水流量。平面尺寸 $L \times B = 7.5\text{m} \times 6.6\text{m}$，操作层以下总高 $H = 8.5\text{m}$。钢筋混凝土结构。设 2 台钢丝绳抓斗式粗格栅，栅渠宽 $B = 1500\text{mm}$，栅条净间隙 $e = 15\text{mm}$，$H = 8.5\text{m}$，$\alpha = 75°$，$N = 1.5\text{kW}$。

（2）中电子粗格栅间

设 1 座粗格栅井，内分 2 格。粗格栅井处设节流室，装有电动速闭闸门，可控制进水流量。平面尺寸 $L \times B = 7.5\text{m} \times 4.8\text{m}$，操作层以下总高 $H = 8.5\text{m}$。钢筋混凝土结构。设 2 台钢丝绳抓斗式粗格栅，栅渠宽 $B = 1200\text{mm}$，栅条净间隙 $e = 15\text{mm}$，$H = 8.5\text{m}$，$\alpha = 75°$，$N = 1.5\text{kW}$。

2. 提升泵房

（1）公兴提升泵房平面尺寸 $L \times B = 7.7m \times 6.85m$，污水提升泵房总深 $H = 10.7m$，钢筋混凝土结构。采用潜水泵，湿式安装，一期共计有 3 台水泵，$Q = 910.0m^3/h$，$H = 17m$，$N = 68kW$，2 用 1 备。

（2）中电子提升泵房平面尺寸 $L \times B = 5.9m \times 6.85m$，污水提升泵房总深 $H = 10.7m$，钢筋混凝土结构。采用潜水泵，湿式安装，共计有 3 台水泵，$Q = 1000.0m^3/h$，$H = 17m$，$N = 80kW$，2 用 1 备。

3. SSgo 一体化泥渣砂分离装置

SSgo 固液秒分离系统共设置 2 个工作组，其中公兴再生水厂一期规模为 3 万 m^3/d，尺寸为 $28.8m \times 9.0m$，共配置 4 台 SSgo 设备（3 用 1 备）；中电子再生水厂规模为 4 万 m^3/d，尺寸为 $23.4m \times 9.0m$，共配置 5 台 SSgo 设备（4 用 1 备）。SSgo 设备运行水力负荷 $\leqslant 150m^3/(m^2 \cdot h)$，泥渣去除率 $\geqslant 90\%$，悬浮颗粒物去除率 $\geqslant 60\%$，处理流量 15000$m^3/$（台·d），电机功率 5.6kW。

4. 精细格栅间

（1）公兴精细格栅间共设精细格栅间 1 座，钢筋混凝土结构，平面尺寸 $L \times B = 11.3m \times 5.7m$，格栅渠深 3.65m，共 3 道栅渠，每道栅渠 $B = 1.6m$。一期使用两道渠道。共设 2 台板式格栅，$B = 1600mm$，$b = 1.0mm$，$N = 1.5kW$，1 用 1 备，远期增加 1 台。

（2）中电子精细格栅间共设精细格栅间 1 座，钢筋混凝土结构，平面尺寸 $L \times B = 11.3m \times 3.6m$，格栅渠深 3.65m，共 2 道栅渠，每道栅渠 $B = 1.6m$。共设 2 台板式格栅，$B = 1600mm$，$b = 1.0mm$，$N = 1.5kW$，1 用 1 备。

5. 调节池

调节池平面尺寸 $B \times L = 30.85m \times 47.65m$，有效水深 8.6m。为了防止污泥沉降，池内安装有潜水搅拌器。经调节后的污水进入泵房集水池，泵房内设置潜污泵提升污水至生化池。共设 9 台搅拌器，$\phi = 300mm$，$n = 450RPM$，$N = 3.1kW$，8 用 1 备；共设 4 台潜污泵，$Q = 850m^3/h$，$H = 13m$，$N = 48kW$，3 用 1 备。

6. AAOA 生化池 + MBR 膜池

本工程中的生化池通过采用多模式可调 AO 工艺和多点进水相结合的方式来强化原水碳源利用以及脱氮除磷效能，同时，池体均采用加盖封闭的方式来减弱恶臭影响。公兴再生水厂一期规模为 3 万 m^3/d，中电子再生水厂规模为 4 万 m^3/d，各设 2 组钢筋混凝土结构生化池，由厌氧区、缺氧区、好氧区以及后置缺氧区组成，尺寸分别为 $69.1m \times 46.1m \times 9.2m$ 以及 $69.1m \times 30.85m \times 9.2m$。其中，公兴再生水厂总停留时间为 9.0h，其中厌氧区 1.0h、缺氧区 2.1h、好氧区 4.0h、后置缺氧区 1.9h，最大气水比 6.5：1；中电子再生水厂总停留时间为 8.4h，其中厌氧区 1.0h、缺氧区 1.8h、好氧区 4.0h、后置缺氧区 1.6h，最大气水比 7.5：1。膜池至好氧区的污泥回流比为 600%，好氧区至缺氧区的混合液回流比为 400%，缺氧区至厌氧区的混合液回流比为 300%，厌氧区、缺氧区、好氧区以及后置缺氧区 MLSS 分别为 3.65g/L、5.5g/L、6.85g/L 和 6.85g/L，设计泥龄 13.4d，污泥负荷 0.06kgBOD5/（MLSS·d）。

本工程膜系统采用加强支撑型 PVDF 膜材料，膜丝强度大于 350N，共设置 2 座膜池，其中公兴再生水厂膜池的总规模为 6 万 m^3/d，共分为 6 列，每列共 14 个膜箱空位，一期规模为 3 万 m^3/d，使用其中 4 列，每列安装 9 个膜箱，共设置产水泵 5 台（4 用 1 备），$Q = 347 \sim 684 m^3/h$，$H = 15m$，$N = 37kW$；中电子再生水厂膜池规模为 4 万 m^3/d，共设置 4 列，每个膜列安装 13 个膜箱，并保留 1 个膜箱空位，共设置产水泵 5 台（4 用 1 备）。过滤孔径为 0.04μm，设计通量分别为 21.04L/（$m^2 \cdot h$）和 19.40L/（$m^2 \cdot h$），膜池至好氧区回流比为 600%。另设剩余污泥泵、反洗泵、清洗排空泵、尾水提升泵、膜池吹扫离心风机、空压机等。

7. 紫外线消毒

（1）公兴再生水厂紫外线消毒

消毒处理设计规模为 6.0 万 m^3/d，土建一次建成，设备分阶段安装，总变化系数 1.45。设置紫外线消毒设备 2 套，单套设备 $Q = 3.0$ 万 m^3/d，紫外线透光率 65%，平均有效紫外线剂量 $\geq 20mJ/cm^2$。

（2）中电子再生水厂紫外线消毒

消毒处理设计规模 4.0 万 m^3/d。设置紫外线消毒设备 2 套，单套设备 $Q = 2.0$ 万 m^3/d，紫外线透光率 65%，平均有效紫外线剂量：$\geq 20mJ/cm^2$。

8. 鼓风机房

鼓风机房平面尺寸 $L \times B = 55.2m \times 14.4m$，层高 7.50m。鼓风机房采用叉车进行风机安装、检修。

公兴再生水厂生化池供气风机为空气悬浮鼓风机，所需最大供风量为 16200m^3/h，所需风压 $\Delta H = 95kPa$。中电子再生水厂生化池供气风机为空气悬浮鼓风机，所需最大供风量为 12480m^3/h。所需风压 $\Delta H = 95kPa$。

公兴再生水厂膜池吹扫风机选用空气悬浮鼓风机。所需最大供风量 36884m^3/h，所需风压 $\Delta H = 45kPa$。单台风机风量调节范围为 45% ~ 100%。中电子再生水厂膜池吹扫风机选用空气悬浮鼓风机。所需最大供风量为 25168m^3/h。所需风压 $\Delta H = 45kPa$，单台风机风量调节范围为 49% ~ 100%。

9. 脱水机房

本工程脱水机房总尺寸为 $L \times B \times H = 31.8m \times 14.4m \times 16.0m$，共设置 3 台离心脱水机（2 用 1 备），单台处理能力约为 9t DS/d，絮凝剂采用聚丙烯酰胺（PAM），并设有 2 座污泥料仓，单座料仓有效容积约 70m^3；同时，本工程储泥池总尺寸为 $L \times B \times H = 5.0m \times 7.0m \times 4.0m$，分两格，最大停留时间约 45min，池内设水下搅拌器 2 台，电机功率 3.0kW。

28.4.2 建筑设计

1. 建筑概况

（1）本工程地上综合楼为两层建筑，结构形式为框架架构，耐火等级为二级。

（2）地下箱体为两层建筑，结构形式为钢筋混凝土框架＋剪力墙结构，耐火等级为一级。

（3）工业建筑物火灾危险性类别：在污水处理厂实际生产运行中，其处理生产物料为生活污水，不具有可燃性，内部处理设备多为非可燃物制造，工艺流程中无可燃明火，再生水厂的火灾危险性级别为戊类。

2. 建（构）筑物外装修

箱体外露部分主要采用花岗石背面刷环氧树脂粘粗砂饰面材料，综合楼外墙采用合成树脂乳液砂壁状建筑涂料为外墙饰面及干挂铝单板饰面。

3. 建（构）筑物内装修

门、窗：综合楼及门卫采用铝合金门窗，其余建筑采用塑钢门窗。进出大门采用电动折叠门，对有特别要求的地方采用隔声门、防火门、钢门等。

内墙：根据建筑功能而定，各建筑物内墙、顶棚一般采用混合砂浆抹灰，白色乳胶漆罩面。疏散走道、楼梯间、配电室等特殊场所采用 A 级材料饰面。对有防腐、防爆要求的加氯加药间、有防噪要求的鼓风机房等分别按其要求做饰面。

地面：按建筑功能而定，综合楼一般采用地砖面层，自控室为防静电地板，车库、仓库等为混凝土面层，其余生产车间地面多用地砖面层。

地下建筑：无论墙面、柱子及顶棚均采用本色混凝土，要求表面光洁平整。地面亦为混凝土面。

4. 地下建筑防水构造

（1）外围护结构及屋面防水等级

种植屋面：一级；

外围护结构：除配电间为一级外，其余为二级。

（2）主要防水构造及材料

外围护结构及其底板除防水混凝土自防水外，另附加采用防水卷材及防水涂料进行综合设置。

种植屋面采用防水卷材及防穿刺防水层联合组成，满足国家相关规范要求。

屋面诱导缝由防水混凝土、防渗混凝土、中埋式止水带、外贴式止水带构成。

28.4.3　景观设计

1. 景观概况

本项目设计一期工程红线面积 36320.18m² （合 54.48 亩），其中绿化面积 25166.49m²，水体面积 1960.76m²，一座综合楼和一座卫生间建筑面积合计 869.55m²，楼梯间和通风采光井面积合计 1047.85m²，12 个停车位合计 216.00m²，硬质铺装面积 7059.53m²。

2. 设计思路

（1）互动教育

结合水处理科普教育与景观的呈现形式，辅以文字图像，推广水生态知识，凸显公园特质。

结合地块性质，在重视环境与生态的同时，推动科普教育，运用雨水花园、植草沟、透水铺装等海绵城市措施推广科普水处理教育。

（2）社区交流

设置运动、活动场地，为市民提供绿色的邻里交流空间。

（3）生态触感

以生态设计感触心灵，让人放松身心的阳光草坪、林荫阅读、康体活动，将生态影响转换成为积极的社会影响。

28.4.4　结构设计

地下箱体为两层半地下结构，平面尺寸 $L \times B = 188.0\text{m} \times 94.8\text{m}$，高度 $16.0 \sim 19.2\text{m}$，箱体顶部覆土厚度约 1.5m。地下箱体由钢筋混凝土外墙＋内部水池及框架结构组成，基础采用筏板基础。综合考虑地下箱体的使用功能、内力分布、抗浮安全以及经济性等要求，最终箱体外壁厚度为 $0.7 \sim 1.0\text{m}$，底板厚度 1.2m，顶板及操作层楼板厚度 0.25m。

按照《给水排水工程构筑物结构设计规范》GB 50069—2002 的规定，为避免池体在温度应力作用下开裂形成渗漏，地下水池中每间隔 30m 应设置一道伸缩缝。但在工程实践中，由于伸缩缝处钢筋较密，加之橡胶止水带、填缝板的存在，容易导致此处的混凝土振捣不充分，反而成为容易漏水的薄弱环节。在设有渠道之处设置伸缩缝则导致施工更加复杂，施工难度更大。另外，伸缩缝的设置也会降低结构的整体刚度和抗震性能。

本工程地下箱体平面尺寸远远超过了相关规范对温度伸缩缝长度限制的规定，但考虑到地下箱体全部埋于地下，温度变化很小，对温度应力采取"抗放结合"的处理方式，采用后浇式膨胀加强带和连续式膨胀加强带相结合的布置方式。在施工阶段，后浇式膨胀加强带作为温度应力释放点，而补偿收缩混凝土及连续式膨胀加强带则用来抵抗温度应力；在正常使用阶段，后浇式膨胀加强带已经封闭，补偿收缩混凝土、后浇式膨胀加强带、连续式膨胀加强带共同来抵抗温度应力。这种处理方式也是目前地下污水处理厂的常用做法，并在多个工程实践中得到了证明。

由于地下箱体埋深较大，在计入箱体顶部覆土和内部结构自重的情况下仍存在一定的抗浮缺口。根据拟建场地的地质情况，地下箱体抗浮采用自重、配重结合锚杆的抗浮方式。

28.4.5　基坑支护设计

本项目基坑深度约 $14.5 \sim 20.5\text{m}$，平面尺寸约 $L \times B = 195\text{m} \times 104\text{m}$。

场地上层有平均约 3m 厚的填土及黏土覆盖，下部为强风化泥岩或中风化泥岩，结合本地的工程建设经验，最终确定采用排桩＋预应力锚索的支护形式。根据本工程的基坑深度，一般设置两至三道预应力锚索即可满足要求。

28.4.6　电气和自控设计

1. 电气设计

本工程供电负荷等级为二级，由供电部门引来两回路 10kV 电源，一用一备。每路电源均能承担本工程全部负荷。

根据全厂负荷分布情况，在地下箱体布置 1 座 10kV 配电室和 2 座 10kV/0.4kV 变配电站。变配电站分别位于鼓风机房旁和预处理区，10kV 配电室与鼓风机房变配电站合建。

10kV 配电系统和 0.4kV 一级配电系统均采用单母线分段运行方式。鼓风机房变配电站设 2 台 2500kVA 变压器，预处理变配电站设 2 台 1250kVA 变压器，均为同时工作，采用分列运行的方式，一台变压器故障时，断开部分非重要负荷，重要负荷由另一台变压器负担。低压配电系统采用 220V/380V 放射式供电。对单台容量较大的负荷或重要负荷采用直配供电，同时设二级配电中心，以放射式供电的形式为相关区域设备供电。

地下箱体采用智能照明控制系统，在综合楼的中控室设置照明系统可集中控制，根据运营需求设置多种模式控制照明灯具的开启和关闭，达到节能降耗目的。同时在大空间厂房的出入口设置智能照明控制面板，工作人员在巡视时可就地控制区域内的灯具，方便运维管理。

2. 自控、仪表设计

本工程自动化系统包含生产过程自动化系统、视频监控及安防系统等。

生产过程自动化系统分为三级：中央监控系统、现场控制站、远程 I/O 采集站。中央监控系统通过光纤工业以太环网与现场控制站通信系统、远程 I/O 采集站实现数据交换。中央监控主站（MOP）位于综合楼一层的中央控制室，由中央监控服务器（双机热备）、数据服务器、工程师站计算机、工业网络交换机、报表及报警打印机、液晶拼接屏等组成，完成全厂工艺设备的运行状态、工艺过程参数的采集和监视，远程控制相关设备、设定运行参数，实现污水处理流程的全自动化运行。遵循相对独立、就近控制的原则，全厂共设 4 个现场控制站和 8 个远程 I/O 采集站。为保证系统的可靠性，现场控制站采用热备冗余系统。

视频监控及安防系统包含视频监控、门禁、电子围栏等子系统，全厂监控中心设在中控室。视频监控系统采用数字传输和存储，门禁系统采用 C/S 架构，系统信息通信采用标准以太网通信协议，通过视频交换机和专用安防网络传输至监控中心。

28.4.7　除臭和通风设计

1. 除臭设计

除臭系统的臭气源为粗格栅及污水提升泵房、SSgo 设备、精细格栅、调节池、生化池、膜池、污泥浓缩脱水机、污泥输送机、泥棚、贮泥池、污泥料仓,通过对上述臭气源进行分区,即分为预处理区、调节池及中电子生化池区、中电子膜池区、公兴生化池(一阶段)区、公兴膜池(一阶段)区、污泥处理区6个相对独立的除臭系统,每个系统对臭气单独收集处理。

除臭系统由处理构筑物臭气风管收集系统、除臭风机(EF)、生物除臭塔(BDT)、喷淋散水供给系统等构成。处理达标后的尾气通过高度15m的排放塔高空排放。

地下箱体中共设置6套除臭装置,预处理区除臭气量约$10000m^3/h$,调节池及中电子生化池区除臭气量约$45000m^3/h$,中电子膜池区除臭气量约$31000m^3/h$,公兴生化池(一阶段)区除臭气量约$17000m^3/h$,公兴膜池(一阶段)区除臭气量约$35000m^3/h$,污泥处理区除臭气量约$23000m^3/h$。

2. 通风设计

(1)通风系统设计

地下室高低压配电室、消防控制室、弱电机房等设备用房设机械排风、机械或自然补风系统,其中配电房的送风、排风系统在失火时可及时关闭及切断,保证气体灭火房间的密闭性,气体灭火后,相应送风、排风系统开启排除有害气体。

在地下室各构筑物操作区设机械排风、机械或自然补风系统,换气次数2~4次/h,平时开启,确保室内空气品质满足室内空气质量卫生标准。

在某些防火分区适当位置设置自然采光通风天井,既利于节能,又作为自然补风的主要措施。

(2)空调系统设计

本次公兴(中电子)再生水厂内鼓风机房及电气设备用房内均设置有分体式空调器。空调器室外机均置于地面层,方便热量更有效地消散。

28.4.8 消防设计

1. 消防车道

厂内道路呈环形布置,保证消防通道畅通,厂内主要道路宽6.0m,次干道宽4.0m。

厂前区为半地埋方式,两个出入口与厂前区道路直接相连。

2. 建筑防火

本工程按生产火灾危险性分类的戊类标准建设,地面建筑的耐火等级为二级,地下建筑的耐火等级为一级。

根据国内已建成的地下污水处理厂的经验和与消防部门探讨的结果,结合地下污水处理厂人员少、设备相对较少、火灾危险等级低的特点,对其防火分区面积的要求可适当放宽。在本次设计中,防火分区的面积原则上不超过$4000m^2$。每个防火分区均设有至少两个安全出口,其中一个安全出口必须通过防烟楼梯间直通室外,另一个安全出口可通过甲级防火门与安全通道连接或者通过甲级防火门通向相邻的防火分区。在任意防火分区中任意一点到达安全出口的距离均小于 60m。

本工程按照以上原则共设置七个防火分区，每个防火分区均设置不少于两个安全出口。管理用房为 1 个防火分区。公兴（中电子）再生水厂一期防火分区分布图如图 28-10 所示。

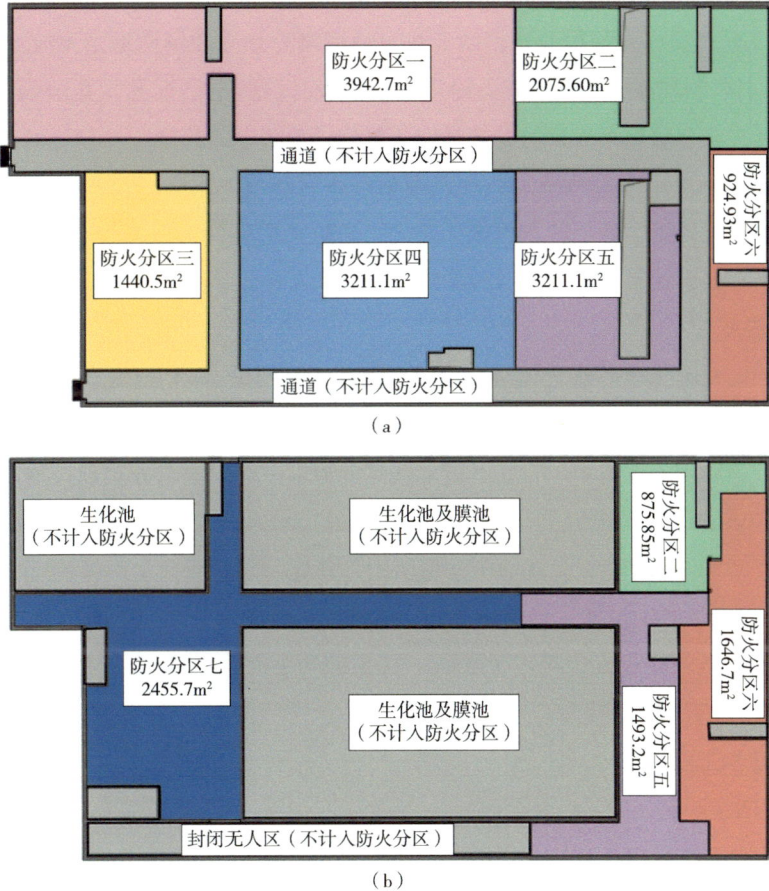

图 28-10　公兴（中电子）再生水厂一期防火分区分布图
（a）箱体负一层；（b）箱体负二层

（1）防烟楼梯间及前室设乙级防火门，设备用房门采用甲级防火门，防火分区间采用甲级防火门或者耐火极限大于 3h 的特级防火卷帘隔开，开向负一层安全通道上的门均为甲级防火门，开向负一层安全通道上的窗均为钢质甲级防火窗。

（2）楼梯间设常闭防火门，单扇平开防火门设闭门器，双扇平开防火门安装闭门器和顺序器。

（3）本工程防火墙采用钢筋混凝土墙或 240mm 厚实心页岩砖砌体墙，耐火极限大于 3h，管井隔墙耐火极限大于 2h。设备管井（风井除外）每层采用与楼板相同耐火极限的材料封堵。

3. 火灾探测与应急报警设计

本工程火灾报警采用集中报警系统。在综合楼一层设消防控制室。在疏散走道、楼梯间、配电间、处理车间、送风机房、排风（烟）机房等处设置感烟探测器或感温探测器。在各防火分区主要出入口及通道处设置手动报警按钮。消防紧急广播采用功能分区模式，火灾时根据预定程序播送疏散通知。在每个报警区域的楼梯口、消防电梯前室、建筑内部拐角等部位设置火灾声光警报器。消防专用电话网络为独立的消防通信系统。手动报警按钮自带消防对讲电话插孔，在各消火栓按钮箱旁设有消防电话插孔，在防烟排烟风机房、空调机房、变配电室房、灭火控制系统操作装置处设消防电话分机。

火灾确认后，火灾报警系统可按规定逻辑程序启动箱体内所有声光报警器，并对消火栓系统、气体灭火系统、防烟排烟系统、防火门和防火卷帘系统等实现联动控制。

同时本工程还设置了消防电源监控系统及电气火灾监控系统。

4. 电气防火

本工程消防负荷供电等级为二级，由供电部门引来两路 10kV 电源，一用一备，每路电源均能承担全部负荷。消防配电系统主接线采用不分组方案，对于消防控制室、防烟和排烟风机房等处消防用电设备供电，在其配电线路的最末一级配电箱处实现自动切换。

在地下箱体和综合楼设置消防应急照明和疏散指示系统，消防控制室、配电室、防烟排烟机房按正常照明的 100% 设置消防备用照明，其他公共场所及生产区域应急照明一般按正常照明的 10% ～ 15% 设置。出口标志灯、疏散指示灯、应急照明灯采用 EPS 供电应急照明系统，持续供电时间应大于等于 180min。应急照明平时采用就地控制，火灾时由消防控制室自动控制点亮应急照明灯。

5. 消防给水工程设计

（1）消防水源

室内消火栓系统采用市政给水管网供水作为消防水源。

（2）消防水量

本工程同一时间内的火灾次数按一次考虑，室内消火栓系统用水量为 40L/s，室外消火栓系统用水量为 20L/s。火灾延续时间 2.0h，一次灭火用水量 432m³。

（3）消火栓系统

统一的室内消火栓系统环管敷设于地面层梁底，本工程室内消火栓立管从系统环管上引水。室外设 3 套消防水泵接合器，与室内消火栓横管相连。本工程室内单栓消防箱采用 SG24B65Z–J 型消防箱，箱内设 SN65 消火栓 1 个，DN65 衬胶水带 1 条，直径 19mm 水枪 1 支，消防软管卷盘一套（软管长度 30m）和消防按钮一个。

（4）气体灭火系统

本工程变配电间设置柜式无管网七氟丙烷气体灭火系统，每个房间按一个防护单元设计，设有气体灭火系统的场所配置空气呼吸器。

（5）建筑灭火器和气体灭火系统设计

本工程变配电间按中危险级设置推车式磷酸铵盐干粉灭火器，其他部分按轻危险级设置手提式磷酸铵盐干粉灭火器。

6. 防烟排烟设计

防烟楼梯间及消防前室设置机械加压送风设施，确保防烟楼梯间内机械加压送风防烟系统的余压值为 40 ～ 50Pa，前室的余压值为 25 ～ 30Pa。

在地下室面积较大、经常有人停留的房间设置机械排烟系统，担负单个防烟分区时，排烟量按每平方米不小于 60m³/h 计，担负 2 个或以上防烟分区时，排烟量按每平方米不小于 120m³/h 计。

28.4.9　防洪及防涝设计

本工程防洪按青栏沟五十年一遇洪水位设防。青栏沟五十年一遇洪水位为 458.13m。为防止洪水倒灌，本项目采取了以下工程措施：

（1）箱体入口采用半地埋开放式进出通道，同时地下箱体外通道地坪设计标高 461.00m 超过洪水位设防标高 458.13m。

（2）地下通道入口均设有截洪沟，防止雨水进入地下箱体。

（3）进水管和尾水排放管设有速闭闸，当箱体内水位超过出水井警戒水位时，关闭速闭闸，再生水厂停止生产。

28.5　主要经济指标

28.5.1　概算投资

工程概算总投资为 59663.38 万元，其中第一部分工程费用 48227.23 万元，建筑工程费 24933.56 万元、设备购置费 16879.28 万元、安装工程费 6245.77 万元。

28.5.2　成本分析

本工程年生产总成本为 8172.35 万元，单位成本为 3.20 元 /m³，单位经营成本为 2.30 元 /m³。

28.6　运行效果

2021 年，公兴（中电子）再生水厂进行二阶段扩建（由一阶段 7 万 m³/d 扩能至总规模 10 万 m³/d）。运行出水水质达到或优于设计水质，公兴（中电子）再生水厂 2022 年实际进出水水质及处理水量如表 28-5、表 28-6 所示。

表 28-5　公兴再生水厂 2022 年进出水水质月均值及处理水量

类别	日处理水量（万 m³/d）	COD（mg/L）		BOD₅（mg/L）		SS（mg/L）		TN（mg/L）		NH₃-N（mg/L）		TP（mg/L）	
		进水	出水	进水	出水	进水	出水	进水	出水	进水	出水	进水	出水
1	3.71	160.81	7.97	53.69	1.13	133.06	2.81	27.71	5.48	21.81	0.16	2.32	0.10
2	4.00	193.86	6.71	56.52	0.92	155.04	3.04	23.23	5.78	18.94	0.23	1.73	0.15
3	4.53	168.13	7.65	54.85	1.06	167.77	3.03	29.17	6.21	22.39	0.31	1.86	0.14
4	5.36	120.37	7.07	69.11	1.01	115.33	2.50	32.16	6.59	24.92	0.23	2.02	0.16
5	5.48	163.29	9.90	—	—	143.94	2.90	27.00	5.26	19.84	0.22	1.32	0.12
6	4.47	133.47	6.80	—	—	179.00	3.30	23.71	5.48	17.83	0.20	2.20	0.17
7	4.55	130.06	7.35	—	—	178.16	3.29	23.84	5.69	19.88	0.18	1.98	0.14
8	4.51	131.10	10.19	—	—	162.81	3.10	20.85	6.26	16.43	0.10	1.98	0.15
9	4.20	112.30	8.13	—	—	171.70	3.07	14.85	5.79	12.02	0.13	1.63	0.17
10	3.68	153.90	9.93	—	—	194.07	3.50	23.22	4.03	15.35	0.18	1.44	0.11
11	4.06	146.77	10.83	—	—	216.17	3.67	26.07	6.16	16.93	0.26	1.65	0.15
12	3.90	143.83	10.33	—	—	199.80	3.57	25.53	5.60	18.66	0.20	1.44	0.16
最低	3.68	112.30	6.71	53.69	0.92	115.33	2.50	14.85	4.03	12.02	0.10	1.32	0.10
最高	5.48	193.86	10.83	69.11	1.13	216.17	3.67	32.16	6.59	24.92	0.31	2.32	0.17
平均	4.37	146.49	8.57	58.54	1.03	168.07	3.15	24.78	5.69	18.75	0.20	1.80	0.14

表 28-6　中电子再生水厂 2022 年进出水水质月均值及处理水量

类别	日处理水量（万 m³/d）	COD（mg/L）		SS（mg/L）		TN（mg/L）		NH₃-N（mg/L）		TP（mg/L）	
		进水	出水	进水	出水	进水	出水	进水	出水	进水	出水
1	2.33	257.71	12.81	199.52	3.35	34.64	4.90	17.79	0.17	2.14	0.06
2	2.23	188.50	14.82	200.61	3.57	31.92	3.34	15.36	0.18	1.93	0.06
3	2.36	200.13	15.48	168.74	3.13	33.85	3.23	11.15	0.23	1.33	0.03
4	2.19	211.20	16.10	154.87	3.00	32.77	3.30	12.48	0.25	1.10	0.04
5	2.13	227.55	15.03	148.39	3.06	32.53	4.89	13.60	0.14	1.22	0.05
6	2.28	166.07	14.27	155.60	3.07	30.66	5.99	22.77	0.21	1.47	0.14
7	2.44	166.61	15.03	162.77	3.13	25.50	5.07	20.94	0.22	1.26	0.07
8	1.64	169.71	13.43	152.38	2.95	19.31	5.96	11.61	0.35	1.31	0.06
9	2.48	167.73	17.00	181.07	3.20	25.67	6.00	16.62	0.18	1.02	0.08
10	2.16	156.81	18.65	208.42	3.68	24.21	5.62	9.55	0.16	0.95	0.04
11	2.16	171.73	21.60	223.60	3.70	27.29	7.27	8.12	0.32	1.17	0.10
12	2.20	184.71	19.26	194.13	3.58	28.09	5.47	16.59	0.21	0.70	0.07
最低	1.64	157.00	13.00	148.00	3.00	19.31	3.23	8.12	0.14	0.70	0.03
最高	2.48	258.00	22.00	224	4.00	34.64	7.27	22.77	0.35	2.14	0.14
平均	2.22	189.04	16.12	179.17	3.29	28.87	5.09	14.71	0.22	1.30	0.07

28.7　设计建议

　　地下污水处理厂虽然环境整体美观整洁，但其能耗比同等规模地面厂高出很多，选用节能的工艺设备及工艺流程是降低能耗的关键。

第29章　成都空港新城6号、9号、15号再生水厂设计

成都空港新城6号、9号、15号再生水厂是成渝经济圈内率先按照分布式地下污水处理厂群进行建设的再生水厂，也是按照世界一流标准打造的再生水厂。该项目是地面景观、周边道路、科普教育与地下污水处理厂功能融为一体的游憩服务型地下污水处理厂综合体群。

29.1　项目概况

成都东部新区空港新城属丘陵地带，根据总体规划及排水规划按照分布式污水处理厂（再生水厂）进行建设，片区共计规划建设21座污水处理厂（再生水厂）。其中6号、9号、15号再生水厂作为片区先行建设的污水处理厂（再生水厂）率先进行建设。

其中6号再生水厂主要服务3号排水分区（未来科技城、绛云大道以东、绛溪河以北），排水分区面积为1608公顷，以生活污水为主，设计规模为4.0万 m^3/d；9号再生水厂主要服务6号排水分区（奥体城片区、雷家堰、白石沟以西、毛家河以北），排水分区面积为1887公顷，以生活污水为主，总规模为6.0万 m^3/d，本次实施为一期工程，设计规模3.2万 m^3/d；15号再生水厂主要服务4号排水分区（机场北片区、简机路以西），排水分区面积为1359公顷，以生活污水为主，设计规模3.0万 m^3/d。

29.2　项目设计难点及创新要点

1. 本项目设计难点

（1）成都东部新区空港新城的缺水问题较为严重，本项目的尾水将是城市非饮用水的重要补充来源，对本项目水质及工艺选择提出了新的要求。

（2）本项目作为成都东部新区公园城市理念落实的示范项目，对项目建筑景观文化的传承及理念的塑造有较高的要求。

（3）本项目所产生的污泥在近期需要进行填埋，在远期按照规划需转输至相应污泥处置厂，故污泥脱水工艺需按照规划进行合理设计。

2. 项目的创新要点

（1）景观设计理念

本项目对标世界先进的再生水厂建设，设计中提出了"城市泉眼"的概念，希望通过

"泉眼"这个蕴含了美好寓意的名字向公众推送再生水厂的全新形象，传递"再生水是城市的第二水源"的价值，吸引大众主动前往参观体验水净化的流程和原理，提升对水资源的珍惜意识。

在城市规划理念的转变下，再生水厂的打造思路也应相应转变，不局限于用地红线，不局限于自给自足，不仅仅是要做一个孤立的花园，还要将自身纳入城市系统进行思考，真正做到融入生态景观的空间与功能中去。

箱体上部依然会有高出地面的构筑设施，比如排气塔、消防通道与采光通风井等，它们的数量和体量依然有碍地面景观视线。设计从两个方面共同解决地面设施的消隐问题：一方面，根据现有箱体施工情况，将地面构筑的地面层标高从原设计的 1.5m 覆土层降至箱体顶板层，使其整体下降 1.5m；另一方面，结合当地地形地貌特色，覆土堆坡营造浅丘地形，将地面构筑包围在地形之中，保证人视角上的视线消隐。而对于必须保留高度的排气塔，设计则采用精简体量、表皮包裹的方式使其融入环境。地面建筑消隐做法图如图 29-1 所示。

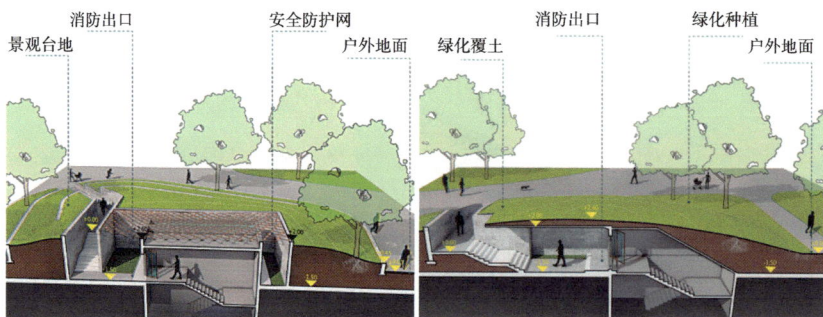

图 29-1 地面建筑消隐做法图

（2）生态价值转换理念与多种环境友好型设计手法的综合运用

一是采取全地下建设形式，可有效将臭气等环境污染物质与外部隔绝，并充分采取了密闭分隔恶臭源、负压抽气、生物除臭及全过程除臭等综合性臭气收集处理措施，有效控制了污水处理工程中的环境影响问题；同时，上部空间建设为市政公园，为周边居民填补了市政公园设施的空白，并有效提升了周边区域的城市景观品质。

二是高度重视水污染治理科普宣传展示，该项目设置一处展厅位于 9 号污水处理厂综合楼，公园内设置科普展示区域。

三是出水水质优异，充分满足景观生态补水的需要。

（3）基于 AAOA ＋ MBR 膜生物反应器的高效生化处理工艺

（4）MBR 膜池及膜设备间的系统集成优化

（5）节能降耗综合技术的运用

地下污水处理厂运行能耗普遍较高，本项目针对地下污水处理厂的固有弊端，通过综合措施控制能耗，取得了节能降耗的实际成效，比常规 MBR 预计节约 25% 的能耗。

（6）采用 WEST 仿真软件模拟处理效果

本次设计采用 WEST 仿真软件对设计进行优化，验证了本项目在不同的水质变化下均能保证再生水厂稳定达标。

（7）水源热泵系统

本项目污水处理后的尾水是一种优良的热泵低位热源，水量充足，温度适宜，供水稳定。再生水源热泵就其本质而言，其实是一种水源热泵，它既有水源热泵的优点，又有其自身特点。

29.3　总体设计

29.3.1　设计规模

6 号再生水厂设计规模 4.0 万 m^3/d；9 号再生水厂总规模 6.0 万 m^3/d，本次实施的为一期工程，设计规模 3.2 万 m^3/d；15 号再生水厂设计规模 3.0 万 m^3/d。

29.3.2　设计进出水水质

根据进水情况分析、项目进水水质并结合相关规划情况，并参照成都市类似污水处理厂进水水质确定 3 个再生水厂的设计进水水质，6 号、15 号再生水厂设计进水水质如表 29-1 所示，9 号再生水厂设计进水水质如表 29-2 所示。

表 29-1　6 号、15 号再生水厂设计进水水质

BOD_5（mg/L）	COD_{cr}（mg/L）	SS（mg/L）	TN（mg/L）	NH_3-N（mg/L）	TP（mg/L）
350	500	400	50	45	6

表 29-2　9 号再生水厂设计进水水质

BOD_5（mg/L）	COD_{cr}（mg/L）	SS（mg/L）	TN（mg/L）	NH_3-N（mg/L）	TP（mg/L）
200	400	240	45	35	4

按再生水规划，再生水厂处理后的尾水拟用于回用，用途为建筑中水（包括居住用地、商业用地、物流、仓库用地、公共设施用地）、工业用水、城市杂用水（绿地、道路和洗车）、景观水体补水等。

在回用目标未完全落实前及超出实际回用量的部分尾水考虑直接排入河道进行景观补水。再生水厂出水直接排放时满足《四川省岷江、沱江流域水污染物排放标准》DB51/2311—2016，再生水用于城市杂用时出水满足《城市污水再生利用　城市杂用水水质》GB 18920—2020，基本控制指标如表 29-3、表 29-4 所示。

表29-3　再生水厂出水水质表（回用时）

项目	BOD$_5$（mg/L）	COD$_{cr}$（mg/L）	SS（mg/L）	TN（mg/L）	NH$_3$-N（mg/L）	TP（mg/L）	总大肠菌群数（个/L）
排放标准值	10	50	5	5	15	0.5	3

表29-4　再生水厂出水水质表（直接排放时）

项目	BOD$_5$（mg/L）	COD$_{cr}$（mg/L）	SS（mg/L）	NH$_3$-N（mg/L）	TN（mg/L）	TP（mg/L）	粪大肠菌群数（个/L）
排放标准值	6	30	5	1.5	10	0.3	1000

29.3.3　处理工艺流程

根据项目特点，6号、9号、15号再生水厂采用预处理＋AAOA＋MBR为主体的处理工艺，具体如下：

（1）预处理采用粗格栅泵房＋中格栅＋细格栅＋曝气沉砂池＋膜格栅的工艺。

（2）生化处理采用AAOA＋MBR工艺。

（3）消毒采用紫外线消毒工艺。

（4）污泥处理采用储泥池＋离心脱水机＋污泥低温干化设备，脱水后的污泥含水率不大于30%。

（5）除臭采用分区生物除臭工艺＋全过程除臭。

6号再生水厂工艺流程图如图29-2所示，9号、15号再生水厂工艺流程图如图29-3所示。

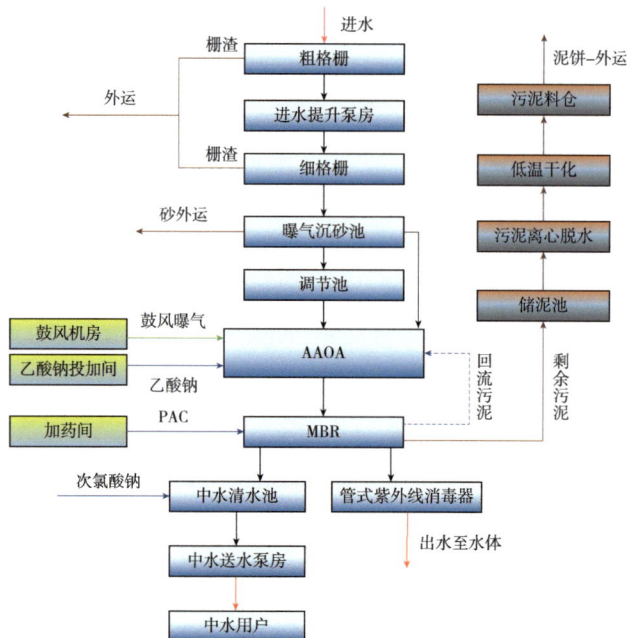

图29-2　6号再生水厂工艺流程图

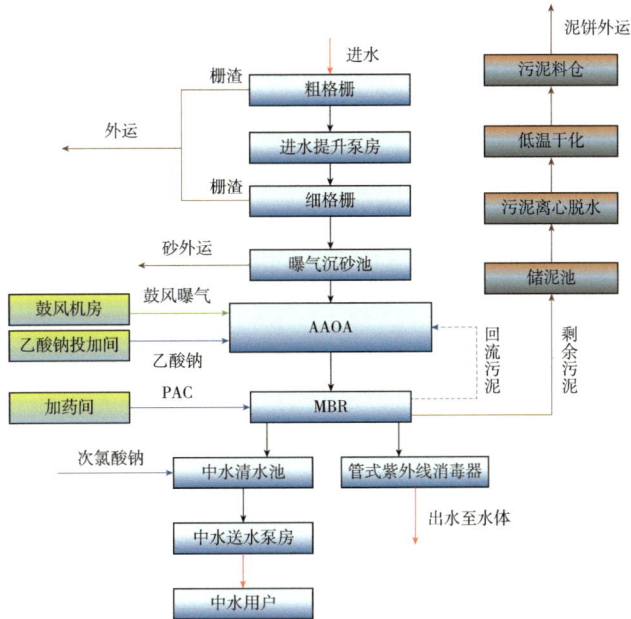

图 29-3　9 号再生水厂及 15 号再生水厂工艺流程图

29.3.4　建设形式

空港新城 6 号、9 号、15 号再生水厂为东部新区空港新城公园城市理念落实的示范项目，需从根本上改变污水处理厂不干净的、不美的、需要远离的传统观念，故按照全地下的污水处理厂形式进行建设。

9 号再生水厂结构示意图如图 29-4 所示，地面景观公园规划图如图 29-5 所示。

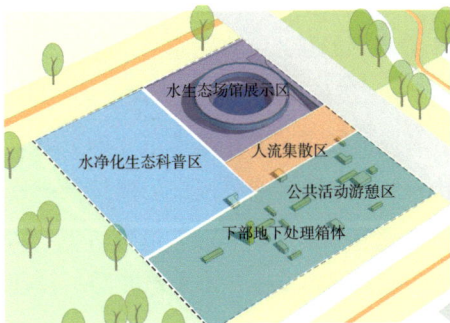

图 29-4　9 号再生水厂结构示意图

图 29-5　地面景观公园规划图

29.3.5　总体布局

空港新城 6 号、9 号、15 号再生水厂均由两部分组成：地下箱体（地下处理构筑物）及地面综合楼。其中 6 号再生水厂地下箱体尺寸为 $L \times B \times H = 171.0\text{m} \times 68.4 \sim 98.4\text{m} \times 8.5 \sim 19\text{m}$，

9 号再生水厂地下箱体尺寸为 $L \times B \times H = 153.6\mathrm{m} \times 68.4\mathrm{m} \times 8.5 \sim 19\mathrm{m}$，15 号再生水厂地下箱体尺寸为 $L \times B \times H = 153.6\mathrm{m} \times 68.4\mathrm{m} \times 8.5 \sim 19\mathrm{m}$。地下箱体分两层，负一层为操作层，主要为设备操作空间，为充分利用地下空间，还布置有除臭设备、脱水间、变配电间等；负二层主要为污水处理设施、加药间、鼓风机房、膜设备间及中水送水泵房。地下箱体顶部为公园、综合楼、地下厂房疏散楼梯间、通风井、尾气排放塔等。

由于地下污水处理厂的总平面布置不受风向的影响，因此平面布置主要根据污水处理厂进水和出水方向与用地情况进行。6 号再生水厂的进水管道位于厂区西北侧，为便于进水管的接入，在污水处理厂总平面布置时，将预处理区布置在厂区北侧。厂区中部为污水二级处理区，南侧为深度处理区。尾水通过排放管排至桂花堰。在厂区东北侧设有综合楼，其为一层建筑，建筑面积为 1686.74m²，功能用房包括：中控室、办公室、会议室、厨房、餐厅、值班宿舍、厂长办公室、小会议室与维修室等房间。6 号再生水厂地面效果图如图 29-6 所示，6 号再生水厂箱体布置图如图 29-7 所示。

图 29-6　6 号再生水厂地面效果图

9 号再生水厂的进水管道位于厂区西南侧，为便于进水管的接入，在污水处理厂总平面布置时，将预处理区布置在厂区西南侧。厂区中部为污水二级处理区，东侧为深度处理区。由于出水受纳水体为庙儿沟，故将紫外线消毒渠及出水提升泵房布置在箱体东北侧，缩短尾水排放管道的长度。在厂区东北侧设有综合楼，其为地下一层、地上两层的建筑，建筑面积为 4164.68m²，功能用房包括：中控室、办公室、会议室、厨房、餐厅、值班宿舍、档案室、调度中心、中心机房、多功能厅、展厅、消防水池、消防泵房、废水提升间与排烟机房。9 号再生水厂地面效果图如图 29-8 所示，9 号再生水厂地面景观布置图如图 29-9 所示，9 号再生水厂箱体布置图如图 29-10 所示。

15 号再生水厂的进水管道位于厂区东北侧，为便于进水管的接入，在污水处理厂总平面布置时，将预处理区布置在厂区东北侧。厂区中部为污水二级处理区，西侧为深度处理区。由于出水受纳水体为老河堰，故将紫外线消毒渠及出水提升泵房布置在厂区西北侧，缩短尾水排放管道长度。在厂区东侧设有综合楼，其为地上两层建筑，建筑面积为

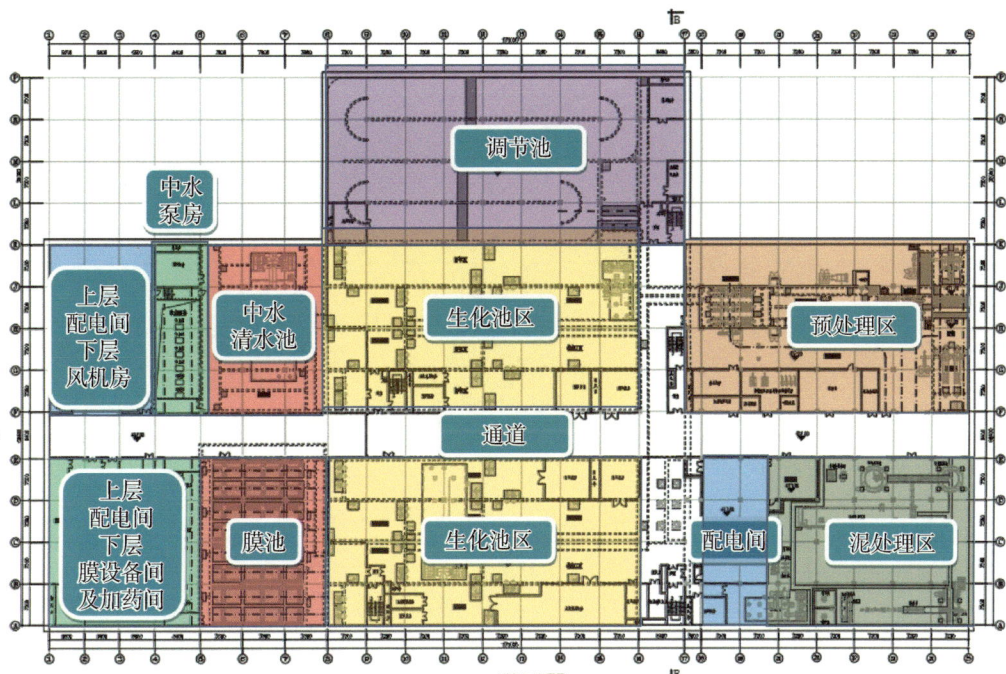

图 29-7　6 号再生水厂箱体布置图

图 29-8　9 号再生水厂地面效果图

2054.15m²，功能用房包括：中控室、办公室、会议室、厨房、餐厅、休息室与仓储用房。15 号再生水厂地面效果图如图 29-11 所示，15 号再生水厂箱体布置图如图 29-12 所示。

29.3.6　竖向布置

1. 6 号再生水厂

（1）设计地面高程

按照 100 年一遇防洪标准设防，地形除红线处存在少量浅丘外，大部分较为平坦。根据周边道路标高情况及洪水位（绛溪河百年一遇洪水位为 404.93m），为满足防洪要求，便于

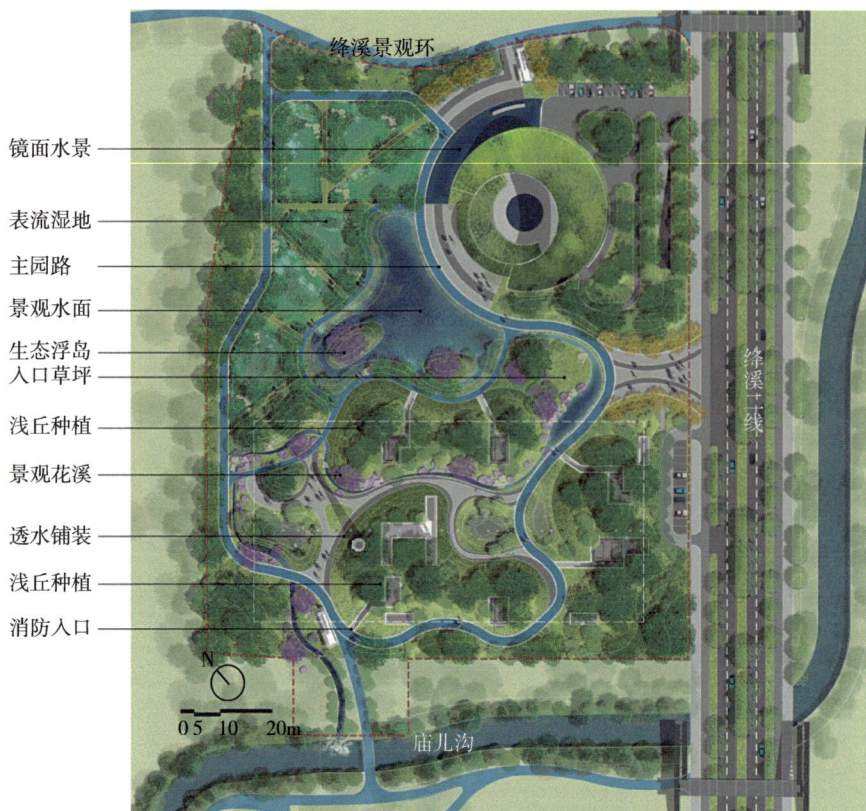

图 29-9　9 号再生水厂地面景观布置图

镜面水景
表流湿地
主园路
景观水面
生态浮岛
入口草坪
浅丘种植
景观花溪
透水铺装
浅丘种植
消防入口

绛溪景观环

绛溪十一线

庙儿沟

N
0 5 10 20m

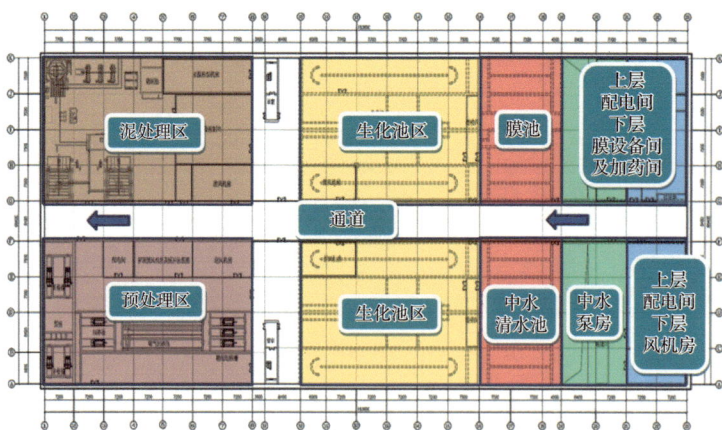

图 29-10　9 号再生水厂箱体布置图

泥处理区
生化池区
膜池
上层配电间下层膜设备间及加药间

通道

预处理区
生化池区
中水清水池
中水泵房
上层配电间下层风机房

与周边道路连接，场地标高设为 421.4 ~ 422.0m，北高南低。

（2）地下主体构筑物竖向设计

进水水面标高 402.00m，污水自流进入处理构筑物。后续构筑物布置以操作层为界，下部为水处理水池，上部为操作层、部分生产建筑及部分管道敷设空间。操作层标高为 412.00m，通过坡道与厂外连接。为便于设备吊装及物资运输，操作层顶标高 412.00m（层

图 29-11　15号再生水厂地面效果图

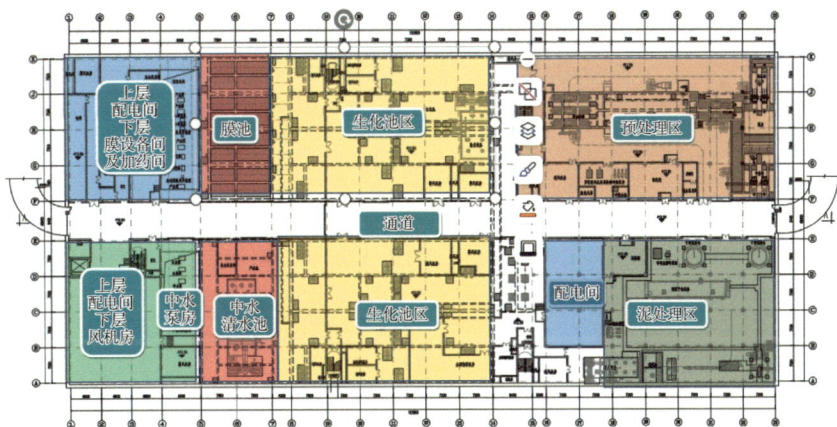

图 29-12　15号再生水厂箱体布置图

高 8.50m）。操作层上部覆土 1.5 ~ 2.0m，并进行景观处理，作为对公众开放的广场。

2. 9号再生水厂

（1）设计地面高程

按照 100 年一遇防洪标准设防，地形较为平坦，根据周边道路标高（431.00 ~ 432.00m）情况及洪水位（庙儿沟百年一遇洪水位为 424.50m）。为满足防洪要求，便于与周边道路连接，场地标高设为 431.50 ~ 433.00m。

（2）地下主体构筑物竖向设计

进水水面标高 419.60m，污水流经粗格栅后经提升泵房提升至中格栅。后续构筑物布置以操作层为界，下部为水处理水池，上部为操作层、部分生产建筑及部分管道敷设空间。操作层标高为 421.50m，通过箱涵段与厂外连接。为便于设备吊装及物资运输，操作层顶标高 430.00m（层高 7.60m）。操作层上部覆土 1.5 ~ 3.5m，并进行景观处理，作为对公众开放的广场。

3.15 号再生水厂

（1）设计地面高程

按照 100 年一遇防洪标准设防，两端高中间低，根据周边道路标高及洪水位（老河堰百年一遇洪水位为 403.12m）。为满足防洪要求，便于与周边道路连接，场地标高设为 422.50m。

（2）地下主体构筑物竖向设计

进水水面标高 402.55m，污水经提升后（水面标高 413.60m）进入后续处理构筑物。后续构筑物布置以操作层为界，下部为水处理水池，上部为操作层、部分生产建筑及部分管道敷设空间。操作层标高为 412.50m，通过坡道与厂外连接。为便于设备吊装及物资运输，操作层顶标高 421.00m（层高 8.50m）。操作层上部覆土 1.5 ~ 2.0m，并进行景观处理，作为对公众开放的广场。

29.4 主要工程设计

29.4.1 工艺设计

因 6 号、9 号、15 号再生水厂处理工艺类似，本文以 9 号再生水厂为例进行介绍。

1. 粗格栅及提升泵房

污水由 1 根 DN1200 干管接入粗格栅间前的进水井。粗格栅间设有 2 条独立的渠道，渠道内采用 $B = 1200mm$，$b = 20mm$ 的粗格栅。泵房内共设 4 台潜污泵，3 用 1 备。水泵单泵流量为 626m^3/h，扬程为 6m，电机功率为 15kW。

2. 中格栅

污水经潜污泵提升，直接进入中格栅前的流道，中格栅间的进水渠道共分 2 条，每条宽度为 1.2m，在每条进水渠道内各设有一台回转格栅，中格栅栅距为 6mm。

3. 细格栅

污水经中格栅后，直接进入细格栅前的流道，细格栅间的进水渠道共分 2 条，每条宽度为 1.6m，在每条进水渠道内各设有一台板式格栅，细格栅栅距为 3mm。

4. 曝气沉砂池

曝气沉砂池分 2 格，停留时间 7min，其作用是去除污水中粒径 ≥ 0.2mm 的砂粒，使无机砂粒与有机物分离开，便于后续生物处理。此外，在去除砂粒的同时，在除油、除渣区还可去除浮渣和油。

5. 精细格栅间

污水经曝气沉砂池后，直接进入精细格栅前的流道，精细格栅间的进水渠道共分 2 条，每条宽度为 1.6m，在每条进水渠道内各设有一台板式格栅，精细格栅栅距为 1mm。

6. AAOA 生化池＋ MBR 膜池

设置生化池 2 座，1 座分两格（合建），每格规模 0.8 万 m^3/d。曝气池沿水流方向分为厌氧区、缺氧区 1、好氧区、缺氧区 2，各区之间以隔墙分开，形成较好的独立环境。生化池有效水深 7.2m，停留时间 12.5h，其中厌氧区水力停留时间为 1.0h，缺氧区 1 水力停留时间为 3.0h，好氧区水力停留时间为 6.5h，缺氧区 2 水力停留时间为 2.0h。MBR 膜池接受来自缺氧区 2 的污水，在进入 MBR 膜池前投加 PAC，确保磷的去除。污水经由 MBR 膜的过滤进入管式紫外线消毒器。膜池 MLSS：10000mg/L；MBR 膜池至好氧区回流率为 400%；好氧区至缺氧区 1 回流率为 400%；缺氧区 2 至厌氧区回流率为 100%。

7. 鼓风机房

鼓风机房平面尺寸为 $L \times B = 22.5\text{m} \times 19.8\text{m}$，为膜设备吹扫、生化池曝气供风；膜设备吹扫用风风机采用磁悬浮鼓风机，共 4 台（3 用 1 备）。生化池曝气风机采用无油螺杆鼓风机，共 4 台（3 用 1 备）。

8. 脱水机房

设计剩余污泥量：4.8t DS/d，含水率 99.5%。出泥含固量 ≥ 70%，离心脱水机工作时间约为 20h/d，污泥低温干化系统工作时间约为 21h/d。

9. 加药间

设 PAC 配置系统、乙酸钠投加系统各 1 套。

10. 中水清水池

中水清水池尺寸 $L \times B \times H = 29.65\text{m} \times 15.3\text{m} \times 6\text{m}$，有效水深为 4.6m，中水清水池调节容积约占再生水厂规模的 40%。

29.4.2　建筑设计

1. 建筑概况

（1）6 号再生水厂地上综合楼为一层建筑，钢结构建筑，地下厂房为两层，钢筋混凝土结构，地上综合楼的耐火等级为二级，地下厂房的耐火等级为一级。9 号再生水厂地上综合楼为地下一层、地上两层建筑，钢结构建筑，地下厂房为两层，钢筋混凝土结构，地上综合楼的耐火等级为一级，地下厂房的耐火等级为一级。15 号再生水厂地上综合楼为地下一层、地上两层建筑，钢结构建筑，地下厂房为两层，钢筋混凝土结构，地上综合楼的耐火等级为一级，地下厂房的耐火等级为一级。

（2）工业建筑物火灾危险性类别：在污水处理厂实际生产运行中，其处理生产物料为生活污水，不具可燃性，内部处理设备多为非可燃物制造，工艺流程中无可燃明火，三个厂的火灾危险性级别均为戊类。

2. 总图布置与建筑风格

地面总图布置了一栋综合楼，供地下厂房工作人员使用，其余都为开放式休闲公园。综合楼的建筑风格按有关方面的要求采用现代风格。其中 6 号再生水厂的综合楼为一层建筑，屋顶为种植屋面。9 号再生水厂的综合楼为地下一层，地上两层，屋顶也为种植屋面。

15 号再生水厂的综合楼为地上两层，圆形。三栋综合楼均为钢结构，外墙均采用玻璃幕墙，屋顶均采用种植屋面，与景观相协调。9 号再生水厂综合楼透视图如图 29-13 所示，15 号再生水厂综合楼透视图如图 29-14 所示。

图 29-13　9 号再生水厂综合楼透视图

图 29-14　15 号再生水厂综合楼透视图

3. 建（构）筑物内装修

门、窗：综合楼及地下厂房楼梯间地面以上均采用铝合金门窗。对有特别要求的地方采用隔声门、防火门、钢门等。

内装修：根据建筑功能而定，各建筑物内墙、顶棚一般采用混合砂浆抹灰，无机涂料罩面。对有防腐、防爆要求的加药间，加药间内的溶液池与膜池进行防腐设计。对有防噪要求的鼓风机房进行降噪处理。

地面：按建筑功能而定，综合楼一般采用地砖面层，中控室为防静电地板，卫生间与楼梯间均采用地板砖地面。

地下建筑：包括细石混凝土地面、防滑地砖地面、耐酸石板地面、防滑环氧砂浆地面，操作层中大面积空间及车道位置均采用环氧漆地坪，配电房、脱水机房与鼓风机房等房间采用地砖地面，送风机房与排风机房等采用混凝土地面。

围墙：通透式不锈钢栏杆。

29.4.3　结构设计

三座再生水厂的地下箱体均为两层地下结构，其中 6 号再生水厂平面尺寸 $L \times B = 173.3m \times 98.4m$，高度 12.5 ～ 16.9m，箱体顶部覆土厚度约 1.5m；9 号再生水厂平面尺寸 $L \times B = 155.3m \times 68.4m$，高度 12.5 ～ 16.9m，箱体顶部覆土厚度约 1.5m；15 号再生水厂平面尺寸 $L \times B = 153.6m \times 68.4m$，高度 12.5 ～ 16.9m，箱体顶部覆土厚度约 1.5m。地下箱体由钢筋混凝土外墙＋内部水池及框架结构组成，基础采用筏板基础。综合考虑地下箱体的使用功能、内力分布、抗浮安全以及经济性等要求，最终箱体外壁厚度为 0.7 ～ 1.0m，底板厚度 1.3m，顶板及操作层楼板厚度 0.3m。

按照《给水排水工程构筑物结构设计规范》GB 50069—2002 的规定，为避免池体在温度应力作用下开裂形成渗漏，地下水池每间隔 30m 应设置一道伸缩缝。但在工程实践中，由于伸缩缝处钢筋较密，加之橡胶止水带、填缝板的存在，容易导致此处的混凝土振捣不充分，反而成为容易漏水的薄弱环节。在设有渠道之处设置伸缩缝则施工更加复杂，施工难度更大。另外，伸缩缝的设置也会降低结构的整体刚度和抗震性能。

三座再生水厂的地下箱体平面尺寸远远超过了规范对温度伸缩缝长度限制的规定，但考虑到地下箱体全部埋于地下，温度变化很小，对温度应力采取"抗放结合"的处理方式，仅在箱体高度变化较大处设置一道变形缝，其余部分采用了后浇式膨胀加强带和连续式膨胀加强带相结合的布置方式。在施工阶段，后浇式膨胀加强带作为温度应力释放点，而补偿收缩混凝土及连续式膨胀加强带则用来抵抗温度应力；在正常使用阶段，后浇式膨胀加强带已经封闭，补偿收缩混凝土、后浇式膨胀加强带、连续式膨胀加强带共同来抵抗温度应力。这种处理方式也是目前地下污水处理厂的常用做法，并在多个工程实践中得到了证明。

关于变形缝形式的选择，由于地下箱体埋深较大，地下室外侧水土压力非常大，将变形缝设置为不完全收缩缝（引发缝）的形式，既能保证结构的整体性，又能有效地传递地下室外侧土压力产生的水平轴向力，使地下室外墙两端对称受力，可改善框架的受力状态。

地下箱体埋深较大，在计入箱体顶部覆土和内部结构自重的情况下仍存在一定的抗浮缺口。根据拟建场地的地质情况，地下箱体抗浮采用自重、配重结合锚杆的抗浮方式。

29.4.4　基坑支护设计

本项目基坑深度约 15.30 ~ 28.90m。场地上层有平均约 3m 厚的软塑状粉质黏土覆盖，下部为强风化泥岩与中风化泥岩，结合本地的工程建设经验，最终确定采用排桩＋预应力锚索的支护形式。根据三座再生水厂的基坑深度，一般设置 2 ~ 3 道预应力锚索即可满足要求。

29.4.5　电气和自控设计

1. 电气设计

3 座再生水厂的负荷等级均为二级，供电电源采用 10kV 电压等级，双回路供电，一用一备，两路电源均能满足各厂全部负荷需求。

遵循变电站靠近负荷中心、交通便利、进出线方便的原则，6 号、9 号、15 号再生水厂的变电站均设在地下箱体内，布置方式一致。每厂设 10kV 配电室 1 座、10/0.4kV 变配电站 2 座，其 10kV 配电室与 1 号 10/0.4kV 变配电站合建。1 号变配电站布置在鼓风机房旁，6 号再生水厂设 2 台 1600kVA 变压器，9 号再生水厂和 15 号再生水厂设 2 台 1250kVA 变压器，均采用同时工作，分列运行的方式，变压器供电范围：鼓风机房、中水泵房、膜处理系统、消毒加药系统等。2 号变配电站设在脱水间旁，6 号再生水厂设 2 台 1600kVA 变压器，9 号再生水厂和 15 号再生水厂设 2 台 1000kVA 变压器，均采用同时工作，分列运行的方式，变压器供电范围：预处理、污泥脱水干化系统、生化池、调节池（6 号再生水厂）等。同时在预处理和膜处理区域分别设置 0.4kV 配电室，负责相应区域的用电设备供电。

在地下箱体设置智能照明系统，分区域对灯具进行分组，可根据时间及照度要求在中控室进行集中管理控制，实现无人值守、巡检检修、参观以及逃生等多种照明模式。也可通过智能面板就地操作，方便工作人员巡视维护。同时在负一层车行通道设置导光管照明系统，结合智能照明系统达到节能降耗的目的。

2. 自控、仪表设计

3 座再生水厂综合自动化系统包含信息安全系统、生产过程自动化系统、安全防范系统、通信系统等部分。

信息安全系统需要依据国家网络安全等级保护政策和标准，针对工业控制网络建设安全防护体系，达到信息系统安全等级第二级的安全标准要求。

生产过程自动化系统分为信息层、控制层和设备层三层结构。信息层系统部署在中央控制室，采用客户机 / 服务器（C/S）体系结构。控制层采用分布式结构，设有 4 个现场控制主站和 7 个远程 I/O 站。设备层由 12 个主要设备控制单元和若干现场控制设备组成。现场控制主站采用 100M 以太光纤环网与中央监控计算机实现数据交换，保证控制网络的可靠性、安全性。设备控制单元由设备厂家配套提供，具备以太网通信接口，通过现场控制主站的工业网络交换机与中央监控系统实现数据交换。为加强系统的可靠性，中央监控服务器采用 2 台设备构成双机热备系统，现场控制主站的 PLC 控制器的 CPU 模块采用冗余配置。

安全防范系统包含视频监控系统和门禁系统。在周界、各类通道、人员出入口等处设置安防视频摄像机，在主要工艺设备、变配电间和控制室等处设置生产管理视频摄像机，同时在人员出入口、逃生通道、变配电间和控制室等处设置门禁系统。门禁系统启动后，启动相关的视频摄像机。

为保证地下箱体通信畅通，保证无线通信信号覆盖箱体，设置移动通信室内信号覆盖系统，并为以后采用移动互联网技术的移动终端应用创造了条件。

29.4.6 除臭和通风设计

1. 除臭设计

箱体内产生臭气浓度较大的地方主要是污水预处理部分生化系统和污泥处理单元，项目采用双重除臭系统：全过程除臭＋生物除臭。臭气处理排放标准应执行《恶臭污染物排放标准》GB 14554—1993 中的二级标准。

将含有组合生物填料的培养箱放置于污水处理厂生化池底部，全过程除臭系统可从源头分解治理臭气使得污水处理厂各构筑物恶臭物质在水中得到去除，实现污水处理厂恶臭的全过程控制。

6 号再生水厂预处理区除臭气量约为 10000m³/h、调节池除臭气量约为 25000m³/h、预处理侧生化池除臭气量约为 15000m³/h、脱水间侧生化池除臭气量约为 15000m³/h、膜池除臭气量约为24000m³/h、乙酸钠原液池除臭气量约1000m³/h、污泥浓缩脱水间除臭气量约为12000m³/h。

9号再生水厂预处理区除臭气量约为8000m³/h、预处理侧生化池除臭气量约为10000m³/h、脱水间侧生化池除臭气量约为10000m³/h、膜池除臭气量约为19000m³/h、乙酸钠原液池除臭气量约为1000m³/h、污泥浓缩脱水间除臭气量约为12000m³/h。

15号再生水厂预处理区除臭气量约为10000m³/h、预处理侧生化池除臭气量约为10000m³/h、脱水间侧生化池除臭气量约为10000m³/h、膜池除臭气量约为19000m³/h、乙酸钠原液池除臭气量约为1000m³/h、污泥浓缩脱水间除臭气量约为12000m³/h。

2. 通风设计

（1）通风系统设计

1）地下污水处理厂工艺区均设置机械送风、排风系统。

2）地下负一层通道区域采用机械排风、机械进风的方式。

3）高、低压配电房设置机械排风系统及机械进风系统。该系统为平时通风系统兼气体灭火后排风系统，同时在各房间下部设置排风口。当夏季室内温度过高时，开启空调降温。

4）地下一层鼓风机房设置机械送风、排风系统。当室内温度过高时，开启空调降温。

（2）防烟排烟系统设计

1）各厂均有地下负一层、负二层两层，共设有1～9号楼梯间，均为防烟楼梯间。每个防烟楼梯间及其前室均设置机械正压送风系统。风机设置于正压送风机房内，火灾时由电信号控制开启正压送风机。加压送风系统采用旁通阀控制封闭楼梯间的加压送风正压值；防烟楼梯间正压值的控制范围为40～50Pa；加压风机出口的旁通管上设泄压用电动调节阀，每个防烟楼梯间设置一个压力传感器。当防烟楼梯间压力超过50Pa时，开启旁通管上的电动双位阀；当防烟楼梯间压力小于40Pa时，关闭旁通管上的电动调节阀。电梯前室为消防电梯前室。前室设置的加压送风口应设手动开启装置。

2）负一层通道采用自然排烟的方式，屋面设置自然排烟窗。

（3）空调系统设计

1）变配电间的空调系统采用水源热泵空调系统，空调机组设置在机房内。

2）风机房采用风机盘管空调系统，风机盘管吊装在房间内。

29.4.7　消防设计

1. 建筑防火设计

（1）建（构）筑物概况

本项目生产建（构）筑物采用全地下（地下箱体）布置，地下主要建（构）筑物有：加药间、脱水机房、鼓风机房、配电间、送风机房、排风机房、加压送风机房、脱水机房、膜池、产水池、生化池、中水清水池、粗格栅、细格栅与调节池等。

地下箱体中，各类生产水池统一作为工艺构筑物考虑。污水处理过程中，自动化程度很高，仅有少量工作人员进行生产巡视及设备检修维护。污水处理中产生的废弃物（栅渣、砂）及脱水污泥含水率很高且不具有可燃性，发生火灾的危险性极低。

（2）火灾危险性级别

在污水处理厂实际生产运行中，其处理生产物料为生活污水，不具可燃性，内部处理设备多为非可燃物制造，工艺流程中无可燃明火，三个污水处理厂的火灾危险性级别为戊类。

（3）耐火等级

污水处理厂地下建（构）筑物耐火等级为一级，地上综合楼及其他建（构）筑物耐火极限均为一级。

（4）安全疏散通道

地下箱体部分：地下箱体中部为安全疏散通道，通道总宽8.0m，净高5.0m。安全通道为环形通道，进口、出口与地面直接连通，安全通道与两侧生产处理区在防火分区分隔的地方用防火墙分隔，其余地方与生产处理区连通，在人员及物料出入口设甲级防火门和特级防火卷帘。每个防火分区均设两个疏散楼梯，其中一个为独立的疏散楼梯，另一个和相邻防火分区共用一个疏散楼梯，疏散距离不超过60m。疏散楼梯均为防烟楼梯间，楼梯间设前室，楼梯及楼梯前室均设机械送风装置。疏散出口数量、通道宽度、疏散距离等方面均符合消防要求。

地上综合楼部分：6号污水处理厂的综合楼只有一层，设有两个疏散口直通室外，9号污水处理厂的综合楼为地下一层、地上两层，设有四部疏散楼梯，其中地下室的疏散楼梯与地上的疏散楼梯用防火隔墙和防火门分隔，15号污水处理厂的综合楼为地上两层，设有两部疏散楼梯，疏散口及疏散距离均符合《建筑设计防火规范（2018年版）》GB 50016—2014的相关要求。

（5）防火分区

地下箱体部分：结合生产性构筑物布置，按戊类地下厂房防火分区进行考虑，每个防火分区面积均≤4000m²。6号污水处理厂总共分为6个防火分区，其中负一层为防火分区1到防火分区5，负二层为防火分区4到防火分区6，负二层的防火分区4和5与负一层防火分区4和5相连通。9号污水处理厂和15号污水处理厂均分为4个防火分区，其中负一层为防火分区1到防火分区4，负二层为防火分区3到防火分区4，负二层的防火分区3和4与负一层的防火分区3和4相连；防火分区的面积均控制在4000m²以内。各防火分区分隔墙均为防火墙，防火墙上门洞应设置甲级防火门、特级防火卷帘。

6号污水处理厂、15号污水处理厂地上综合楼的建筑面积均不超过2500m²，因此均设为一个防火分区，9号污水处理厂的总建筑面积为4164.68m²，面积超过了2500m²，因此该栋楼设两个防火分区。

2. 消防系统设计

厂区按同一时间发生一处火灾考虑。沿厂区道路设室外消火栓系统；地下箱体（厂区）

和综合楼设置室内消火栓灭火系统；地下变配电站、配电间设置柜式无管网七氟丙烷气体灭火系统；所有建筑物均配备手提式磷酸铵盐干粉灭火器。

（1）消防系统的选择

地下箱体设置火灾自动报警系统、消火栓系统、气体灭火系统（变配电站）、防烟排烟系统、磷酸铵盐干粉灭火器和火灾逃生指示标牌等，确保安全生产。

按照污水处理厂的可燃物性质及火灾特点，厂区消防以消火栓系统为主，并配置磷酸铵盐干粉灭火器。变电室、配电室、弱电机房等采用七氟丙烷气体灭火系统或其他气体灭火设施。

三座再生水厂的消火栓的设置按体积 > 50000m³ 的戊类厂房考虑。

室内消火栓用水量 10L/s，室外消火栓用水量 20L/s，火灾持续时间为 2h。

甲方提供的市政水压 > 0.35MPa，室内消火栓栓口标高低于室外地坪约 9m，最不利点消火栓栓口压力大于 0.35MPa，同时满足室外消火栓 0.14MPa 的运行工作压力要求，满足室内、室外消火栓使用要求，三厂采用常高压消防系统。

（2）消火栓给水系统

6 号再生水厂的消防水源引自两路市政给水管（北一线给水管 DN400 及十二乡镇给水管 DN400），引入管管径为 DN200，市政给水管网压力 0.40MPa。

9 号再生水厂的消防水源引自市政给水管（绛溪二线给水管 DN200），引入管管径为 DN150，市政给水管网压力约为 0.42MPa。

厂区消防水引自市政给水管，进入消防水池，通过消火栓泵加压至 0.6MPa，服务厂区消防管网系统。

15 号再生水厂的消防水源引自市政给水管（北一线给水管 DN400 及规划道路给水管 DN400），引入管管径均为 DN200，市政给水管网压力 0.45MPa。

三座再生水厂的室内消火栓箱均为单出口消火栓，箱内配有 $\phi = 19mm$ 水枪、$\phi = 65mm$ 麻织水龙带 25m，并设消火栓报警按钮，传输报警信号。

（3）灭火器消防设施

由于厂区建筑物火灾以 A 类、B 类火灾为主，灭火器配置的危险等级为中危险级，故灭火器选用手提式磷酸氨盐干粉灭火器。在每一处设置 MF/ABC3 干粉灭火器两具，在停车区域配置 MF/ABC4 干粉灭火器。

（4）气体消防设计

三座再生水厂中变配电间等不宜采用喷淋保护的区域设置七氟丙烷气体灭火系统，灭火设计浓度为 9%，设计喷放时间 $t \leqslant 10s$。七氟丙烷气体灭火系统的灭火设计浓度不应小于灭火浓度的 1.3 倍，惰化设计浓度不应小于惰化浓度的 1.1 倍。同一防护区内的预制灭火系统装置多于一台时，必须能同时启动，其动作响应时差不得大于 2s。

（5）通风与排烟系统

在各防火分区设置通风系统，平时用来机械通风换气，火灾时兼作排烟系统。各防火分区的风机分别设置在专用风机房内或采用悬挂吊装方式，风机采用双速消防高温排烟轴流风机，平时低速运行排风，火灾时高速运行排烟，经风井将废气、烟气排出地面。

变配电间设置事后通风设施，确保气体灭火系统工作结束后废气能及时、有效地排除。

防烟楼梯间设置机械加压送风设施，确保防烟楼梯间内机械加压送风防烟系统的余压值为 40 ~ 50Pa，前室的余压值为 25 ~ 30Pa。

3. 火灾自动报警

火灾自动报警控制系统采用集中报警形式，另设电气火灾监控系统和消防设备电源监控系统。消防控制室位于地面综合楼一层，内设火灾报警控制器、消防联动控制器、防火门监控器、电气火灾监控器、消防设备电源监控器、消防应急照明控制器和消防控制室图形显示装置。

火灾自动报警系统由火灾探测系统、消防联动控制系统、消防专用电话系统、火灾应急广播系统、防火门监控系统等构成。消防控制室接到火灾报警信号，消防联动系统按程序联动控制防烟风机、排烟风机、排风机、排烟阀、排烟口等，按实际情况切除非消防电源，启动消防广播。防烟风机、排烟风机和消防泵也可在消防控制室直接手动启动。

地下箱体内的高低压配电房设置七氟丙烷无管网气体灭火系统。该气体灭火系统具有自动控制、手动控制和应急操作三种控制方式。气体灭火控制盘位于保护房间入口外壁，能将一级报警、二级报警、手动或自动、故障、喷气五种信号传输至消防控制室。

4. 电气防火

三座再生水厂的消防负荷供电等级均为二级，采用两回路 10kV 市政电源。消防用电设备主要包括防烟风机、排烟风机、消防电梯、消防应急照明及疏散指示标志等。消防配电系统主接线为不分组方案，即消防负荷采用专用母线段，消防负荷与非消防负荷共用同一进线断路器。对于消防控制室、防烟风机房和排烟风机房、消防用电设备及消防电梯，在其配电线路的最末一级配电箱处设置自动切换装置。

地下箱体和综合楼设置有消防应急照明和疏散指示系统，应急照明控制器设在消防控制室。在地下箱体各防火分区和综合楼的配电间或电气竖井内设置 A 型应急照明集中电源。在疏散走道、封闭楼梯间、防烟楼梯间及其前室、消防电梯间的前室或合用前室，以及地下箱体内的各生产车间、面积较大的设备用房、变配电间设置疏散照明和灯光疏散标志。在消防控制室、地下箱体的变配电间设消防备用照明，采用 220V 的 LED 灯管，电源由市电和 EPS 回路互切后提供。

三座再生水厂的消防线缆选用 A 级阻燃耐火型线缆，分别为交联聚乙烯绝缘聚氯乙烯护套耐火电缆和辐照交联聚乙烯绝缘低烟无卤耐火电线。非消防电缆选用 C 级阻燃的交联聚乙烯绝缘聚氯乙烯护套电缆。

29.4.8　防洪及防涝设计

三座再生水厂按相应河道百年一遇洪水位设防。本方案采取了以下工程措施：

（1）地下箱体外地坪设计标高高于相应防洪水位。

（2）在地下通道入口处均设有截水沟，防止雨水进入地下箱体。

（3）所有重力排放至水体的雨水管道管内底标高均高于防洪水位。

（4）净水厂进水管和尾水排放管设有速闭闸，当出水水体水位超过出水井警戒水位时，关闭尾水管上速闭闸，净水厂停止生产。

29.5　主要经济指标

29.5.1　概算投资

6号再生水厂设计规模 4.0 万 m³/d，配套 2.0km 污水干管；9号再生水厂设计规模 3.2 万 m³/d，配套 6.0km 污水干管；15号再生水厂设计规模 3.0 万 m³/d，配套 1.0km 污水干管。本项目的工程投资为 159237.86 万元，总投资为 186496.21 万元。

29.5.2　成本分析

本工程的预计年处理总成本为 19243.85 万元，预计单位处理成本 5.17 元 /m³，预计单位经营成本 3.27 元 /m³。

29.6　运行效果

由于目前该项目正在进行施工，暂缺乏相关的运行资料。

29.7　设计建议

（1）进一步推进景观的融入，地下污水处理厂往往会作为城市景观的一部分，如何有效融入周边环境，削减邻避效应，增加科普宣传手段，应该是地下污水处理厂的一个重要课题。

（2）在双碳要求下的污水处理厂设计，应从工艺选择开始在各个环节综合考虑节能降碳的手段，体现新环境要求下的绿色污水处理厂的优势。

（3）应有效地采用包括智慧控制、软件模拟等手段对污水处理厂的运行进行模拟，通过智慧化的手段减少污水处理厂的运行风险，同时通过无人值守手段减少运行人员在封闭空间操作的不利风险。

第 30 章　新津红岩污水处理厂设计

新津红岩污水处理厂是长江中上游地区第一座大型高排放标准全地下污水处理厂。该项目是地面景观、周边道路与地下污水处理厂功能融为一体的游憩服务型地下污水处理厂综合体。

30.1　项目概况

本项目设计规模 8 万 m^3/d，$K_z = 1.31$，建筑总面积 48072m^2，一次建成。污水处理采用以曝气沉砂池＋AAOA 生化池＋MBR 为主体的工艺，消毒采用管式紫外线消毒器。污泥处理采用一体式离心浓缩脱水工艺，脱水泥饼经污泥料仓周转外运。尾水排入岷江。除 TN 外的主要污染因子按照《地表水环境质量标准》GB 3838—2002 Ⅲ类水要求进行限制，TN 标准执行四川省地方标准《四川省岷江、沱江流域水污染物排放标准》DB51/ 2311—2016。

项目厂址位于成都市新津区金华镇五星村 8 组、岷江左岸。红岩污水处理厂征地面积 40902m^2（合 61.35 亩），其中地下箱体占地面积 22110m^2（合 33.17 亩）。项目采用全地下建设方式，上部修建公园。

工程总投资 7.778 亿元。

30.2　项目设计难点及创新要点

1. 本项目设计的难点

项目最大的特点和技术难度在于出水主要指标达到《地表水环境质量标准》GB 3838—2002 中Ⅲ类标准（TN 除外），其中 $COD_{cr} \leqslant 20mg/L$、$BOD_5 \leqslant 4mg/L$、$NH_3\text{-}N \leqslant 1.0mg/L$、$TN \leqslant 10mg/L$、$TP \leqslant 0.2mg/L$，在处理工艺、设计参数等选择上没有参考先例，难度大。设计中针对 COD 等有高去除率的要求，对污水特性进行全面分析，进行了多方案比较和深度处理相关工艺的研究。

2. 本项目创新要点

（1）采用全地下建设形式，在箱体上建设综合楼、臭氧车间和市民休闲的景观公园

项目采用全地下建设方式，处理构筑物及设备全部置于地下箱体内，各构筑物之间共

壁合建，箱体之上覆土建设为景观公园，分别构建"地下污水处理"和"地上生态景观公园"两大系统。在达到净化污水的同时，最大限度地减少了污水处理厂对周边的视觉、噪声、臭味影响；在地面建设休闲景观公园，创造城市休憩活动空间；综合楼布置在箱体上方，通过电梯直达地下箱体内，方便运维。

（2）采用 AAOA 生化处理工艺，强化 TN 去除效果

在 AAO 工艺的基础上，增加后缺氧区，强化 TN 去除；内回流泵布置在后缺氧区末端，硝化液经水泵提升后直接回流至厌氧区，减少了硝化液中携带的溶解氧对厌氧功能的影响；生化池曝气在整个污水处理厂中的能耗占比达到三分之一以上，为降低能耗，设置精确曝气系统。

（3）设置臭氧催化氧化池，强化有机物去除

根据红岩污水处理厂服务区域规划情况，进厂污水存在一定比例的工业废水，考虑到工业废水中可能存在部分难降解的有机污染物，为保证出水达标，在紫外线消毒工艺后端设置臭氧催化氧化工艺，提高难降解的有机污染物的去除率。

（4）膜池反冲洗直接利用产水余压，减少设备数量及能耗

膜池产水泵的水压达到 15 ~ 20m，完全可以满足膜池反冲洗的需要，因此，取消反冲洗水泵，直接采用膜池产水反冲洗膜组件，达到降低设备费用和节能的目的。

（5）箱体引入自然光

在地下箱体中间车道上方设置采光天窗，其他区域设置光导照明系统。自然光的引入，大大减轻箱体内空间压抑的感官效果，同时节约照明能耗。

30.3　总体设计

30.3.1　设计规模

工程设计规模 8 万 m^3/d，$K_z = 1.31$，一次建成。

30.3.2　设计进出水水质

本工程部分尾水作为污水处理厂生产回用、地上景观公园用水及市政浇洒用水，剩余部分排入岷江。红岩污水处理厂设计进出水水质如表 30-1 所示。

表 30-1　红岩污水处理厂设计进出水水质

项目	COD_{cr}（mg/L）	BOD_5（mg/L）	SS（mg/L）	TP（mg/L）	$NH_3\text{-}N$（mg/L）	TN（mg/L）	pH 值
设计进水	350	150	240	5.5	40	50	6 ~ 9
设计出水	≤ 20	≤ 4	≤ 10	≤ 0.2	≤ 1.0	≤ 10	6 ~ 9

30.3.3 处理工艺流程

红岩污水处理厂工艺流程框图如图 30-1 所示。

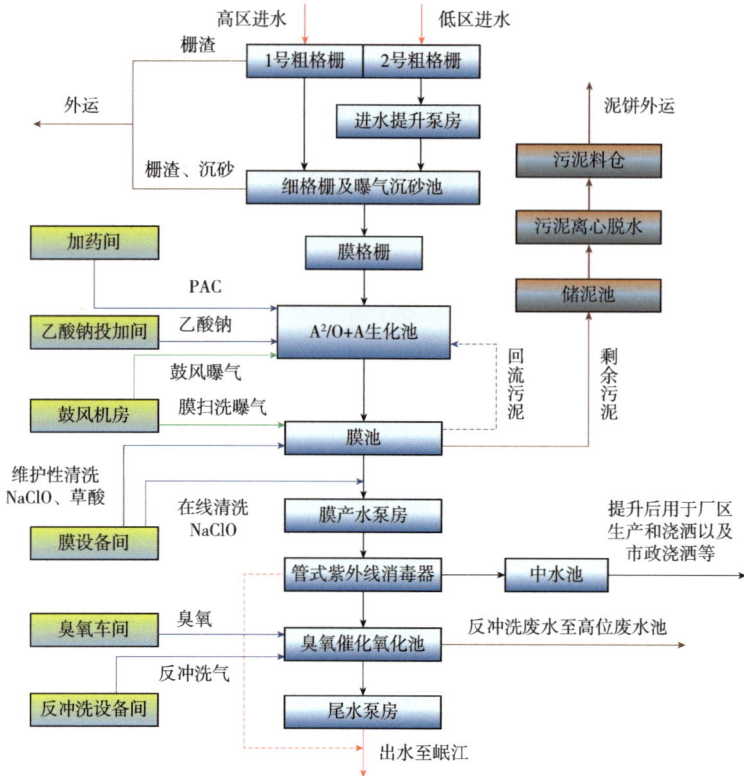

图 30-1 红岩污水处理厂工艺流程框图

30.3.4 建设形式

红岩污水处理厂厂址位于新津区金华镇五星村 8 组，岷江左岸，该地块属于市政用地。该地块现状为河滩地，无居民房屋。经新津区规划局确认，该厂址可用地块面积为 61.35 亩。

在生态文明城市建设日益重要以及节地等大时代背景下，地下污水处理厂以其特有的优势，无疑是协调污水处理厂与周边环境、减轻邻避效应、节约土地资源的重要出路。因此，本工程采用地下建设模式。

红岩污水处理厂地下箱体布置图如图 30-2 所示。

30.3.5 总体布局

本工程主要建（构）筑物由两部分构成：地下污水处理厂（地下箱体）及地上生产和管理用房。地下箱体尺寸分别为 159.7m×110.3m×15.4m、45.0m×60.7m×8.7m、

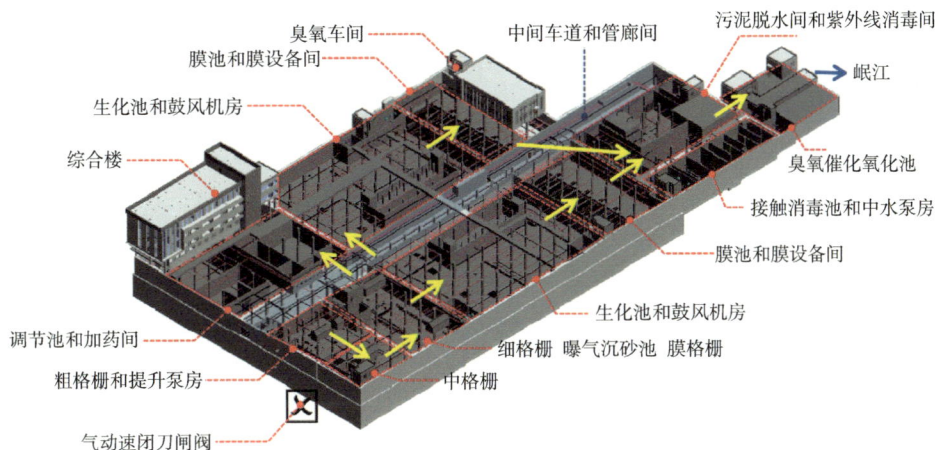

图 30-2　红岩污水处理厂地下箱体布置图

$32.35\text{m} \times 28.4\text{m} \times 9.9\text{m}$。地下箱体分两层，负一层为操作层，主要为设备操作空间，为充分利用地下空间，还布置有除臭设备、脱水间、变配电间、加药间等；负二层主要为污水处理设施及管廊。地下箱体顶部为综合楼（含消防控制中心、尾气排放塔）、臭氧车间、公园及疏散楼梯间、通风井等。

综合楼内设净水厂中控室、休息间、管理办公用房、化验室及机修仓库。红岩污水处理厂实景图如图 30-3 所示。

由于地下污水处理厂的总平面布置不受风向的影响，因此平面布置主要根据污水处理厂进水和出水方向与用地情况进行。红岩污水处理厂工程有进水管两根（DN1000 和 DN800），位于厂区西南侧。为便于进水管的接入，在净水厂总平面布置时，将粗格栅、提升泵房、预处理和一级处理区布置在地下箱体西侧。箱体中间为污水二级处理区，深度处理区、出水及污泥处理区布置在箱体东南角。红岩污水处理厂地下箱体平面布置图如图 30-4 所示。

图 30-3　红岩污水处理厂实景图

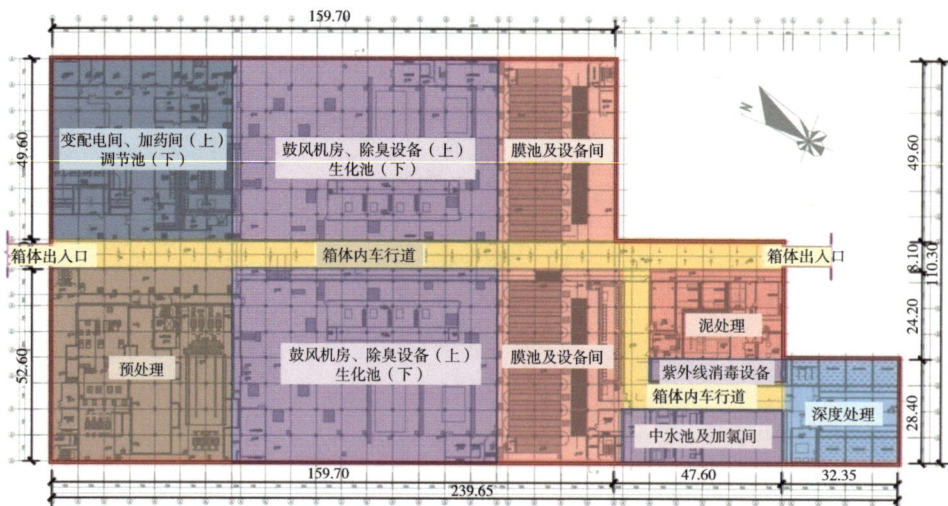

图 30-4　红岩污水处理厂地下箱体平面布置图（图中尺寸单位：m）

30.3.6　竖向布置

1. 箱体外设计地面高程

红岩污水处理厂厂址现状地形为南高北低，现状地面标高约 441.00～448.00m（黄海高程），岷江五十年一遇洪水位为 449.91m，将场地标高不足部分填高至 450.00m，以满足防洪要求，为减少洪水从箱体车辆出入口进入的可能性，出入车道最高点高程定为 450.20m。

2. 地下箱体竖向设计

地下箱体结构共两层，最大埋深 16.65m，操作层顶标高 448.40～449.70m，层高 7.40～8.70m；底板标高最低 429.00m。

3. 上部广场高程

地下箱体顶层结构标高为 448.40～449.70m（黄海高程），操作层上部覆土 0.80（东）～1.60m（西），上部公园整体东高西低。

30.4　主要工程设计

30.4.1　工艺设计

1. 粗格栅、提升泵房及中格栅

设有进厂污水管 2 根（管径分别为 DN1000 和 DN800），由于高程相差较大，为减少提升电耗，设 2 座粗格栅、1 座污水提升泵房，其中：3.2 万 m³/d 的污水重力流经粗格栅和中格栅后进入下一道工序；4.8 万 m³/d 的污水经粗格栅过滤后通过水泵提升后流入中格栅，然后再进入下一道工序。

为防止出现进厂污水溢流淹没箱体的风险，粗格栅前进水管上设置速闭闸和气动刀闸阀；1 号粗格栅设回转式格栅机 2 台，$B = 1.2\text{m}$，$e = 20\text{mm}$，$\alpha = 75°$，$N = 0.75\text{kW}$；2 号粗格栅设回转式格栅机 2 台，$B = 1.0\text{m}$，$e = 20\text{mm}$，$\alpha = 75°$，$N = 0.75\text{kW}$；设潜污泵 4 台，3 用 1 备，单台 $Q = 1525\text{m}^3/\text{h}$，$H = 13\text{m}$，$N = 90\text{kW}$，变频；设内径流孔板式中格栅 4 套，$B = 1.2\text{m}$，$d = 5\text{mm}$，$N = 1.5\text{kW}$。

2. 细格栅、曝气沉砂池及超细格栅

设曝气沉砂池 1 座，分 2 格，停留时间 6min，曝气量 6L/（m·s）。

设内径流孔板式细格栅 4 套，3 用 1 备，格栅进水渠宽 $B = 700\text{mm}$，$d = 3\text{mm}$，$N = 1.5\text{kW}$；设桥式吸砂机 2 台，轨道距 $B = 3.0\text{m}$，配套凸轮泵 $Q = 17.6\text{m}^3/\text{h}$，$H = 9\text{m}$，$N = （0.55 + 1.4）\text{kW}$；设三叶罗茨鼓风机 3 台，2 用 1 备，$G = 8.0\text{m}^3/\text{min}$，电机功率 11kW，$H = 0.4\text{bar}$，$n = 1850\text{RPM}$；设内径流孔板式超细格栅 4 套，3 用 1 备，格栅进水渠宽 $B = 800\text{mm}$，$d = 1\text{mm}$，$N = 1.5\text{kW}$。

3. 调节池

为提高污水处理厂的抗冲击能力，对水质和水量进行均化，并预留空间，调节池经过改造后可作为水解酸化池使用。

设调节池 1 座，分两格，设计规模 $Q = 8$ 万 m^3/d，平面尺寸 $L \times B = 64.45\text{m} \times 53.9\text{m}$，设计水深可达 7.2m，调节时间 7.4h。

4. AAOA 生化池

设 2 座生化池，每座设计规模 4 万 m^3/d。单座平面尺寸 $L \times B = 71.95\text{m} \times 49.35\text{m}$，有效水深 7.0m。总水力停留时间 14.28h，其中厌氧区 1.25h、缺氧区 4.17h、好氧区 6.10h、后缺氧区 2.76h。

污泥浓度：厌氧区 4800mg/L，缺氧区 6400mg/L，好氧区 8000mg/L。

回流比：膜池回流至好氧区 300% ~ 400%；好氧区回流至缺氧区 300% ~ 400%；后缺氧区回流至厌氧区 200% ~ 300%。

管式微孔曝气器 1420m，曝气量 14.2m³/（m·h）；设潜水搅拌器 4 台，推力 1950N，叶轮直径 580mm，转速 475RPM，功率 $N = 5.5\text{kW}$；设水下推流器 8 台，推力 3720N，叶轮直径 2500mm，功率 $N = 4.3\text{kW}$；设水下推进器 4 台，推力 4500N，叶轮直径 2500mm，功率 $N = 5.7\text{kW}$；在好氧区至缺氧区设回流泵 6 台，$Q = 2200\text{m}^3/\text{h}$，$H = 0.5\text{m}$，$N = 11\text{kW}$，变频；在后缺氧区至厌氧区设回流泵 4 台，$Q = 2500\text{m}^3/\text{h}$，$H = 0.5\text{m}$，$N = 11\text{kW}$，变频。

红岩污水处理厂 AAOA 生化池如图 30-5 所示。

5. MBR 膜池及设备间

设 2 座膜池及设备间，每座设计规模 4 万 m^3/d。功能如下：

（1）MBR 过滤系统：膜池分为 13 格（其中 1 格仅预留安装位置），并列运行，单格平面尺寸 $L \times B = 14.6\text{m} \times 3.05\text{m}$，水深 4.25m，每格安装 8 套超滤膜组件。采用中空纤维膜，膜材质为聚偏氟乙烯（PVDF），膜孔径 $\leq 0.4\mu\text{m}$，设计平均膜通量 13.2L/（m²·h）；$\text{MLSS} = 8000 \sim 10000\text{mg/L}$。

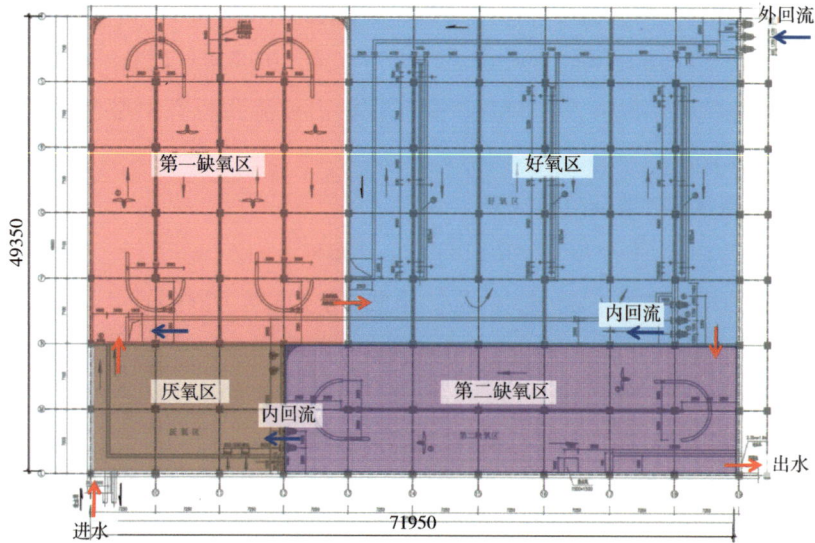

图 30-5　红岩污水处理厂 AAOA 生化池（图中尺寸单位：mm）

（2）混合液回流泵井：与膜池合建，每座膜池对应一口，采用穿墙泵，回流比为 400%。

（3）设备间：与膜池合建，内设产水泵、化学清洗系统、空压机系统、抽真空系统、剩余污泥泵等。

6. 紫外线消毒系统

设置管式紫外线消毒器 2 套，单套最大设计流量 2167m³/h，装机容量 162kVA，功率 $N = 145.6$kW，每套包含 8 支灯管。其紫外线透光率 70%，平均有效紫外线剂量 ≥ 20mJ/cm²。

7. 臭氧催化氧化池

设臭氧催化氧化池 1 座，平面尺寸 $L \times B = 29.5\text{m} \times 28.4\text{m}$，分为 6 格，每格平面尺寸 $L \times B = 7.0\text{m} \times 7.0\text{m}$，池深 6.75m。膜池产水从底部直接进入催化氧化池混合区，其中小部分（约 30%）膜池产水经加压至射流器与臭氧混合后再进入混合区。混合区原水经滤头配水后，依次经过承托层、催化滤料层、清水层，最后从出水堰出水。臭氧通过射流投加方式与原水混合，并在催化滤料层内催化剂的作用下与水中的 COD 发生氧化反应。设计 COD 去除量 10mg/L，每去除 1mgCOD 消耗的臭氧量不高于 1.5mg；设计滤速（平均时）11.3m/h；设计流量（平均时）下催化氧化反应时间 32min，催化剂接触时间（空床）10min，清水区停留时间 12.8min；气冲洗强度 28L/（m²·s），冲洗时间 20min，反冲洗周期 7 ~ 15d。

采用热触媒式臭氧尾气处理装置进行处理。收集逸出水面的臭氧后经风机加压送入通过热触媒式破坏装置，该装置将臭氧还原为氧气，保证尾气处理装置出口处臭氧浓度低于 0.1ppm。

催化剂滤层厚度 1.89m，承托层厚度 0.4m；设卧式离心泵 6 台，单泵 $Q = 190\text{m}^3/\text{h}$，$H = 23\text{m}$，$N = 18.5\text{kW}$；设螺杆鼓风机 3 台（2 用 1 备，其中 1 台变频），$Q = 41.2\text{m}^3/\text{h}$，$\Delta P = 90\text{kPa}$，$N = 75\text{kW}$。

8. 尾水提升泵房

经臭氧催化氧化的水通过尾水提升泵房排入岷江。设潜水轴流泵4台（3用1备），$Q = 1440\text{m}^3/\text{h}$，$H = 3.0\text{m}$，$N = 30\text{kW}$，材质为SS316不锈钢。

9. 接触池及中水提升泵房

经紫外线消毒后的出水兼做中水回用，主要用于粗格栅与细格栅冲洗、加药间配药、各单体冲洗、地面景观以及市政用水。

10. 鼓风机房

设鼓风机房2座，单座设计规模4万 m^3/d，内设有4台磁悬浮鼓风机，其中：生化池曝气风机2台，1用1备，$Q = 168\text{m}^3/\text{min}$，$\Delta P = 80\text{kPa}$，$N = 300\text{kW}$，风量调节范围 $45\% \sim 100\%$；膜池吹扫风机2台，1用1备，$Q = 168\text{m}^3/\text{min}$，$\Delta P = 58\text{kPa}$，$N = 300\text{kW}$，风量调节范围 $45\% \sim 100\%$。

11. 臭氧车间

设臭氧车间1座，设计规模8万 m^3/d。臭氧投加浓度 $12 \sim 24\text{mg/L}$，平均投加浓度 20mg/L。设臭氧发生器3台（软备用），以液氧为气源，单台处理能力 $35\text{kgO}_3/\text{h}$，臭氧浓度 $10\text{wt}\%$（$6\text{wt}\% \sim 13\text{wt}\%$ 可调），冷却水温 25℃；当1台臭氧发生器故障时，臭氧发生器冷却水为 30℃，臭氧发生浓度在 $8\text{wt}\%$ 条件下，臭氧发生器产量大于 $44\text{kgO}_3/\text{h}$；臭氧发生浓度在 $6\text{wt}\%$ 条件下，臭氧发生器产量大于 $50\text{kgO}_3/\text{h}$。设2套液氧罐，布置在室外，单套液氧罐有效容积 48m^3。设液氧蒸发器2套，1用1备，每套蒸发量为 $2500\text{Nm}^3/\text{h}$。

12. 脱水间、料仓

设计总污泥量 16t DS/d，进泥含水率 99.2%，出泥含水率 $\leqslant 80\%$。设污泥进料泵3台（2用1备），$Q = 40 \sim 45\text{m}^3/\text{h}$，$N = 11\text{kW}$；设离心脱水机3台（2用1备），$Q = 40 \sim 45\text{m}^3/\text{h}$，$N = （37 + 11）\text{kW}$；设泥饼泵（螺杆泵）2台，$Q = 2 \sim 6\text{m}^3/\text{h}$，$H = 2.5\text{MPa}$，$N = 11\text{kW}$；设PAM投加系统1套。设污泥料仓2个，钢筋混凝土结构，单个有效容积 100m^3，料仓出口设DN800电动刀型闸阀。

13. 加药间、加氯间

设PAC、乙酸钠和次氯酸钠投加系统各1套。

14. 废水池

废水池设置于地下负二层管廊区，分为高位废水池及低位废水池。高位废水池设潜污泵3台，2用1备，极端时3台同时开启，$Q = 650\text{m}^3/\text{h}$，$H = 23\text{m}$，$N = 90\text{kW}$，为减少对污水处理的冲击负荷，采用变频控制。低位废水池设5台潜污泵，其中：潜污泵（大泵）2台，同时开启，$Q = 650\text{m}^3/\text{h}$，$H = 23\text{m}$，$N = 90\text{kW}$；潜污泵（小泵）3台，2用1备，极端时3台同时开启，$Q = 20\text{m}^3/\text{h}$，$H = 23\text{m}$，$N = 3.0\text{kW}$。

30.4.2 建筑设计

（1）本工程设计包括办公部分及生产部分，办公部分为地面一栋综合楼，生产区含地下整体厂房及地面配套附属建（构）筑物；建筑物耐久年限 50 年，地上建筑耐火等级为二级，地下建筑耐火等级为一级。

（2）工业建筑物火灾危险性类别：配电间、加药间为丁类，其余箱体建筑为戊类，丁类建筑面积占比小于 5%，将地下箱体定义为戊类地下厂房。

（3）地下箱体建筑采用钢筋混凝土框架＋剪力墙结构，填充墙采用 200mm 厚实心砖砌筑，防火墙采用 200mm 厚页岩实心砖砌筑，耐火极限不低于 3.5h；地上建筑采用框架结构，墙体采用 200mm 厚页岩加气混凝土。

（4）地下箱体顶板采用高分子防水卷材防水，地下室的防水等级为一级，底板三道设防，其余结构两道设防；地上建筑物屋面均采用高分子防水卷材防水，屋面防水等级为二级，两道设防。

（5）在地下箱体设备房设置甲级防火门，在楼梯间、前室设置乙级防火门，在设备管井设置丙级防火门，防火分区之间按要求设置甲级防火门或特级防火卷帘。

30.4.3　结构设计

地下箱体平面尺寸 $L \times B$ = 237.05m×（28.4 ～ 110.3）m，埋深 10.7 ～ 18m。箱体结构分上下两层，局部仅一层，顶板覆土 0.8 ～ 1.6m。上层为钢筋混凝土地下室外墙＋框架结构，下层为钢筋混凝土水池结构，采用筏板基础，局部采用桩基础。箱体外壁厚度 0.7 ～ 1.1m，底板厚度 1.0 ～ 1.6m，顶板厚度 0.3m，操作层板厚度 0.25m，典型柱距为 7.1m×7.25m。

沿构筑物纵、横向分别设置变形缝，变形缝设置在连接每个污水处理单元的管廊处。对于超长的箱体结构，提高池壁水平配筋率，设置膨胀加强带，解决温度应力问题。

变形缝采用不完全收缩缝（引发缝），保证结构的整体性，有效地传递了地下室外侧土压力产生的水平轴向力，地下室外墙两端对称受力，改善了框架的受力状态。

地下箱体采用自身压重及抗拔桩相结合的方式保持抗浮稳定。

30.4.4　基坑支护设计

本项目基坑深度约 6.3 ～ 16m，南北向长度约 244.00m，东西向长度约 115.00m。基坑支护采用锚拉桩、悬臂桩等，局部采用喷锚放坡处理。支护桩外侧采用高压旋喷桩止水帷幕截水。

30.4.5　电气和自控设计

1. 电气设计

本工程设计规模为 8 万 m^3/d，属城市中大型污水处理工程，且为地下结构，供电负荷等级按较高标准定为一级，供电电源采用 10kV 电压等级，由附近不同变配电站引来双重电源供电，按一用一备的工作方式，互为备用。主备电源均要求满足全厂 100% 负荷。此外，为进一步保证地下污水处理厂的自身安全，提高极端情况下的抗风险能力，在室外设置 1 台 1200kW 柴油发电机作为紧急备用电源，可负载污水处理厂内部全部保安设备及基本工艺设备的正常运行，进一步提高污水处理厂整体抵御极端情况的能力。

根据全厂负荷分布情况，本工程设变配电站共 2 座，每座变配电站均设 2 台 SCB13-2000kVA-10kV 绝缘树脂干式节能型变压器，1 号变配电站内还设置高压配电间，内设 10kV 配电柜为 2 座配电站提供 10kV 电源；2 座变配电站均设置低压配电柜为全厂电气设备就近提供电源。其中 1 号变配电站位于预处理区段，靠近格栅机及鼓风机房，2 号变配电站位于膜设备间及脱水机房旁。2 座变配电站均靠近负荷中心，交通便利，进出线方便，有利于管理。

地下箱体内电气设备较为分散，本工程采用 MCC 电机控制中心的形式尽量将分散的电气设备进行集中控制，MCC 控制中心与 1 号及 2 号变配电间合建，减少了现场繁杂的电气设备数量，方便日常维护保养。

本工程为地下污水处理厂，除设置传统照明系统外还设置有光导照明系统，可以在白天将室外天然阳光引入地下污水处理厂内部，减少地下污水处理厂对人工照明的要求，达到节约电能的目的。

2. 自控、仪表设计

综合自动化系统包括生产过程自动化系统、安防及视频监控系统、检测仪表、门禁系统、巡更系统等几部分。采用 100M 以太光纤环网构成"集散型"控制系统，集中监控管理、分散控制、数据共享。现场控制站的设置以相对独立、就近控制为原则。在综合楼设控制中心，实现整个污水处理厂的"集中管理"。设有 6 个现场控制主站、10 个主要设备控制单元。现场控制站采用 100M 以太光纤环网与中央监控计算机实现数据交换，采用环网结构、以光纤作为传输介质，保证网络的可靠性、安全性。设备控制单元由设备厂家配套提供，具备以太网通信接口，通过工业网络交换机与中央监控系统实现数据交换。

根据污水处理工艺流程和综合自动化系统的要求配置检测仪表。仪表信号采用 4 ~ 20mA 信号接入 PLC 控制器，预留仪表通信接口。流量、总磷、总氮、COD、氨氮等检测仪通过工业现场总线与自动化系统相连。

30.4.6　除臭和通风设计

1. 除臭设计

箱体内产生臭气浓度较大的地方主要是污水预处理部分（粗格栅、提升泵房、细格栅、曝气沉砂池及膜格栅）、调节池、生化池和污泥处理单元。臭气处理排放标准应执行《恶臭污染物排放标准》GB 14554—1993 中的二级标准。臭气采用分质处理：

（1）在预处理及污泥处理区域收集臭气的是高浓度臭气处理系统（H_2S：1 ~ 25mg/m³；NH_3：1 ~ 10mg/m³；臭气浓度：1000 ~ 10000）。高浓度除臭装置包括 1 座除臭生物滤池，臭气处理量为25000m³/h，配置除臭风机2台（1用1备），$Q = 25000m^3/h$，$P = 2200Pa$，$N = 30kW$。

（2）在生化处理区及膜池空间换气收集臭气的是低浓度臭气处理系统（H_2S：0.5 ~ 5mg/m³；NH_3：0.2 ~ 5mg/m³；臭气浓度：100 ~ 3000）。低浓度除臭装置包括4座除臭生物滤池，其中：2座臭气处理量为25000m³/h的生物滤池服务于生化池；1座臭气处理量为6000m³/h的生物滤池服务于一座膜池；1座臭气处理量为10000m³/h的生物滤池服务于脱泥车间及另一座膜池。共配置除臭风机8台（4用4备）：$Q = 25000m^3/h$，$P = 2200Pa$，$N = 30kW$的风机4台；$Q = 6000m^3/h$，$P = 2200Pa$，$N = 11kW$的风机2台；$Q = 10000m^3/h$，$P = 2200Pa$，$N = 11kW$的风机2台。

处理达标后尾气通过高度不低于15m的排放塔高空排放，排放塔与综合楼合建。

2. 通风设计

地下箱体为一个相对封闭的空间，自然通风难以满足室内空气要求，因此应设置机械通风换气系统，以满足各工艺要求以及保证室内空气质量满足国家标准要求，确保在污水处理厂工作的员工身心健康。设计通过自然通风和机械通风相结合的方式，加大建筑物的通风换气能力。新风口与排风口保持一定的距离，使其不吸入建筑排风。通风系统的设置、室内气流组织均须避免空气在建筑物内反复循环，避免各房间空气相互掺混，减少污染物积累和交叉污染的概率。

地下箱体除臭系统与通风系统宜分开设置，以减少设备容量以及便于运营管理。各臭气源构筑物进行加盖密封并设置除臭抽吸系统，而污水处理厂地下其他大空间、设备房均考虑采用普通的机械通风系统。

污水处理厂室内工作环境应满足《工业企业设计卫生标准》GBZ 1—2010等相关的国家标准规定以保证企业员工的身心健康。污水处理厂散发的臭气经收集处理后应满足《恶臭污染物排放标准》GB 14554—1993、《大气污染物综合排放标准》GB 16297—1996等相关的国家标准规定以保证污水处理厂周围居民的身心健康，减少污水处理厂的排放气体对周围环境的影响。

根据《工业建筑供暖通风与空气调节设计规范》GB 50019—2015，"同时放散热、蒸汽和有害气体或仅放散密度比空气小的有害气体的工业建筑，除设局部排风外，宜从上部区域进行自然或机械的全面排风，其排风量不应小于每小时1次换气计算所得的风量；当房间高度大于6m时，排风量可按6m³/（m²·h）计算。"由于除臭系统对臭气源进行的局部排风抽吸，因此对于污水处理厂地下负一层无污染源的操作空间的通风换气的排风量不应小于每小时1次换气计算所得的风量。配电室设气体灭火系统和事故后机械排风系统。

30.4.7 消防设计

1. 消防车道

厂内道路呈环形布置，保证消防通道畅通，厂内主干道宽7.0m，次干道宽4.0m。

场地设 2 个出入口与厂外道路相连，满足消防车对道路的要求。2 个应急通道满足人员疏散要求。

在火灾危险性较大的场所设置安全标志及信号装置，在污水处理厂内各类介质管道上刷相应的识别色。

2. 建筑防火

（1）建（构）筑物按戊类标准建设，地面建筑的耐火等级为二级，地下建筑的耐火等级为一级。综合楼为多层公共建筑，建筑面积 3405.8m²，根据《建筑设计防火规范（2018年版）》GB 50016—2014 的规定，设置自动灭火系统时，防火分区最大面积 5000m²，将综合楼分为 1 个防火分区。地下污水处理区为地下两层建筑，负一层为设备、操作层，负二层主要为水池及管廊，整个地下箱体划分 9 个防火分区，根据《建筑设计防火规范（2018年版）》GB 50016—2014 的规定，厂房内设置自动灭火系统时，单个防火分区最大面积不超过 2000m²。根据《建筑设计防火规范（2018年版）》GB 50016—2014 的规定，厂房内操作平台、检修平台当使用人数少于 10 人时，不计入防火分区建筑面积，故无人值守管廊间、无人值守操作平台等未计入防火分区。

（2）整个厂区按同一时间发生一处火灾考虑，电缆井、管道井每层楼板处采用相当于楼板耐火极限的防火材料封堵。电缆井、管道井与房间、走道等相连通的孔隙用非燃烧体材料严密填实。沿厂区道路设有室外消火栓系统，在设备用房和地下空间设置室内消火栓灭火系统，所有建筑物均配备手提灭火器。

（3）疏散距离

楼梯均采用防烟楼梯，疏散距离满足厂房内任意一点至最近安全出口直线距离不大于 60m 的要求，满足《建筑设计防火规范（2018年版）》GB 50016—2014 的规定。

（4）疏散宽度

疏散宽度满足每 100 人最小疏散净宽度 0.6m 的要求；疏散楼梯净宽度不小于 1.1m；疏散走道净宽度不小于 1.4m；疏散门净宽度不小于 0.9m。满足《建筑设计防火规范（2018年版）》GB 50016—2014 的规定。

（5）安全出口及防火构造

本工程安全出口为防烟楼梯，共设 9 个防烟楼梯直通室外（屋顶）。

（6）设置消防控制中心报警系统，消防控制中心设置在综合楼内。对火灾自动报警系统、火灾事故广播、消防通信系统、防烟排烟系统、消防水泵等进行集中管理、监测和控制。

（7）防火墙和公共走廊上疏散用的平开防火门都设有闭门器，双扇平开防火门安装闭门器和顺序器，常开防火门须安装信号控制关闭和反馈装置。

3. 火灾探测与应急报警设计

厂区中设置消防控制室一间，其中设置火灾自动报警系统工作站一套。工作站含火灾自动报警系统主机、消防电话主机、应急广播系统主机以及消防电源柜等子系统，构成完整的消防火灾报警控制系统主站。在地下箱体设置 9 个防火分区，综合楼为 1 个防火分区，每个防火分区设置火灾区域报警控制器一套，负责本防火分区的火灾报警。在每个防火分区内，均设置烟感探头、消防电话与应急广播。整个火灾自动报警系统的数据可由通信模块上传至上级消防指挥控制中心。

本工程变配电间位于地下，根据相关规范要求，在各变配电间设置七氟丙烷气体灭火系统进行保护，各保护区设泄压口。

4. 电气防火

本工程消防设施采用单回路电源供电，其配电线采用非延燃铠装电缆，明敷时置于桥架内或埋地敷设，以保证消防用电的可靠性。

厂内设置火灾自动报警系统，便于消防人员及时了解火灾情况并采取措施。

可在泵房及各车间内任意一个流水作业消防箱处控制消防水泵，从而及时扑救火灾。

根据建（构）筑物不同的防雷级别按防雷规范设置相应的避雷装置，防止雷击引起的火灾。

在爆炸和火灾危险场所严格按照环境的危险类别或区域配置相应的防爆型电器设备和灯具，避免电气火花引起的火灾。

电气系统具备短路、过负荷、接地漏电等完备保护系统，防止电气火灾的发生。

5. 消防给水工程设计

（1）消防水源及水量

室内消火栓系统采用市政给水管网供水作为消防水源。

本工程同一时间内的火灾次数按一次考虑，室内消火栓系统用水量为 40L/s，室外消火栓系统用水量为 30L/s，自动喷水灭火系统用水量为 20L/s。对于室内外消火栓系统，火灾延续时间 2.0h；对于自动喷水灭火系统，火灾延续时间 1.0h。一次灭火用水量 684m³。

（2）室内消火栓系统

设置临时高压消火栓给水系统。消火栓加压给水泵与消防水池一起设在地下箱体负一层，共设 2 台消火栓给水加压泵，1 用 1 备。消火栓泵选型：$Q = 40L/s$，$H = 40m$，$N = 30kW$。

本工程各部位均设置室内消火栓给水系统进行保护，其布置保证室内任何一处均可有 2 股水柱同时到达，灭火水枪的充实水柱为 13m。

发生火灾时，按下消火栓箱内的按钮向消防中心报警，消火栓箱内的指示灯亮。当系统启用后，消火栓泵后的压力开关或消防水箱出水管上的流量开关自动启动消火栓泵，并向消防中心报警。消防结束后手动停泵。消火栓加压泵一用一备，并具有低速自动巡检功能，消防加压供水时工频运行，自动巡检时变频运行。

（3）自动喷水灭火系统

本工程为戊类厂房，所储存物品为不燃烧物品，所使用电力电缆一般不易发生火灾，地下箱体为钢筋混凝土结构，耐火等级为一级，根据《建筑设计防火规范（2018年版）》GB 50016—2014，不需设置自动喷水灭火系统。本工程设置自动喷水灭火系统主要是为了增加单个防火分区的最大允许建筑面积。

（4）建筑灭火器和气体灭火系统

建筑内均设置磷酸铵盐干粉灭火器，变配电间设置气体灭火系统。

本工程变配电间设置柜式无管网七氟丙烷气体灭火系统，每个房间按一个防护单元设计。保护区设计灭火浓度均为9%，喷射时间10s，浸渍时间10min；同一防护区内的各台装置必须能同时启动，其动作响应时间差不得大于2s；采用气体灭火的系统均设置泄压口，泄压口设在设置场所三分之二净高以上。

6.防烟排烟设计

（1）本工程有地下负一层、负二层两层，共设有9个楼梯间，均为防烟楼梯间。每个防烟楼梯间前室设置机械正压送风系统将风送于前室顶部，楼梯间采用自然通风排烟的方式。风机设置于正压送风室内，火灾时由电信号控制开启正压送风机。防烟楼梯间内机械加压送风防烟系统的余压值为40～50Pa；前室、合用前室的余压值为25～30Pa。

（2）本工程按防烟分区设机械排烟、补风系统，防烟分区面积≤500m²，防烟分区不跨越防火分区。排烟风道、补风风道与平时通风系统合用。

（3）排烟系统排烟量计算原则：担负两个以上防烟分区的排烟系统排烟量为最大防烟分区面积每平方米不小于120m³/h；担负一个防烟分区的排烟系统排烟量为防烟分区面积每平方米不小于60m³/h。车道的排烟系统排烟量按《汽车库、修车库、停车场设计防火规范》GB 50067—2014中选取。排烟口位置符合以下要求：距该防烟分区最不利点的距离小于30m，且与附近安全出口的最小距离大于2m。

（4）排烟口、风机与烟感器连锁开启，着火时关闭排风管上70℃电动防火阀，并开启着火区域的排烟口，同时双速风机调至高速挡进行排烟，与消防无关的新风风机关闭，与消防有关的新风风机继续补风。

（5）配电房设置事故后通风设施，确保气体灭火系统工作结束后废气可及时、有效地排除。

30.4.8　防洪及防涝设计

本工程防洪按岷江五十年一遇洪水位设防。岷江五十年一遇洪水位为449.91m。为防止洪水倒灌，本方案采取了以下工程措施：

（1）地下箱体外地坪设计标高500.00～500.50m。

（2）所有进入地下箱体的通道均设有不低于500.20m的"凸起"，通道最高点附近储备沙袋、挡水板等防洪物资。

（3）在地下通道进出坡道设轻质遮雨棚，入口及坡脚处均设有截洪沟，防止雨水进入地下箱体。

（4）污水处理厂进水管设有电动调流阀、速闭闸和气动关断阀，通过调流阀控制进水流量，当发生紧急事故时关闭速闭闸和气动关断阀。

（5）在地下箱体最低点设置强排潜水泵，发生突发性事故浸水或雨水侵入等紧急事件时，启动强排泵向箱体外排水。

30.5　主要经济指标

30.5.1　概算投资

工程总投资 77776.59 万元，其中第一部分工程费用 63840.91 万元，建筑工程费 32108.46 万元、设备购置费 25478.78 万元、安装工程费 6253.67 万元。

30.5.2　成本分析

本工程年生产总成本为 11061.09 万元，单位成本为 3.77 元 /m^3，单位经营成本为 2.35 元 /m^3。

30.6　运行效果

30.6.1　实际运行数据

2022 年 5 月至 2023 年 8 月红岩污水处理厂实际进出水水质及处理水量如表 30-2 所示。

表 30-2　2022 年 5 月至 2023 年 8 月红岩污水处理厂实际进出水水质及处理水量

年月	处理水量（m^3/d）	COD_{cr}（mg/L）		BOD_5（mg/L）		SS（mg/L）		TN（mg/L）		NH_3-N（mg/L）		TP（mg/L）	
		进水	出水	进水	出水	进水	出水	进水	出水	进水	出水	进水	出水
2022 年 5 月	8983	53.74	8.29	15.73	0.95	36.00	4.00	18.56	4.88	15.71	0.12	1.47	0.06
2022 年 6 月	16816	98.45	7.70	36.20	0.72	44.00	4.00	21.70	4.23	18.56	0.05	2.78	0.06
2022 年 7 月	20697	104.40	9.29	42.18	1.10	149.00	4.00	20.60	5.13	16.61	0.11	2.20	0.06
2022 年 8 月	21102	76.16	7.00	29.27	0.76	61.00	4.00	21.82	5.09	18.92	0.06	2.07	0.08
2022 年 9 月	21354	64.20	6.80	26.60	0.80	45.00	4.00	20.70	4.50	18.30	0.07	1.65	0.08
2022 年 10 月	20397	91.70	5.80	36.60	0.70	73.00	5.00	19.20	4.02	15.90	0.13	2.31	0.08
2022 年 11 月	21114	73.70	11.70	31.80	1.00	54.00	6.00	22.70	5.24	18.90	0.16	2.02	0.09
2022 年 12 月	31178	116.20	11.40	55.10	0.80	93.00	4.00	23.20	6.10	18.40	0.20	2.60	0.10
2023 年 1 月	33689	166.50	5.80	74.20	0.76	110.00	4.00	24.80	3.60	18.50	0.15	3.60	0.06
2023 年 2 月	37892	214.00	8.90	64.70	1.00	168.00	4.00	29.20	4.21	21.29	0.19	4.28	0.07
2023 年 3 月	36417	186.39	11.05	73.82	1.05	151.00	4.00	28.91	5.03	21.99	0.13	3.29	0.07
2023 年 4 月	37822	145.00	6.60	57.30	0.80	135.00	4.00	27.60	4.09	20.10	0.07	2.85	0.12
2023 年 5 月	40224	162.17	6.30	64.70	0.67	139.00	4.00	25.52	3.52	15.36	0.12	2.41	0.12
2023 年 6 月	36918	128.30	9.00	51.62	0.80	104.00	4.00	25.00	2.91	15.39	0.14	2.39	0.11
2023 年 7 月	39644	141.20	6.35	56.24	0.53	131.00	4.00	17.86	3.34	13.17	0.13	1.97	0.09

年月	处理水量（m³/d）	COD_cr（mg/L）		BOD₅（mg/L）		SS（mg/L）		TN（mg/L）		NH₃-N（mg/L）		TP（mg/L）	
		进水	出水	进水	出水	进水	出水	进水	出水	进水	出水	进水	出水
2023 年 8 月	40748	99.39	5.81	37.22	0.73	79.00	4.00	16.44	4.66	11.80	0.11	1.63	0.10
最高值	40748	214.00	11.70	64.70	1.10	168.00	6.00	29.20	6.10	21.99	0.20	4.28	0.12
最低值	8983	53.74	5.80	15.73	0.53	36.00	4.00	16.44	2.91	11.80	0.05	1.47	0.06
平均值	29062	120.09	7.99	47.08	0.82	98.25	4.19	22.74	4.41	17.43	0.12	2.47	0.08

30.6.2 运行数据分析

1. 处理水量

2022 年 5 月至 2022 年 12 月，红岩污水处理厂月均进水量由 8983m³/d 逐步增加到 31178m³/d，标志着红岩污水处理厂调试工作基本完成。2023 年 1 月至 2023 年 8 月，红岩污水处理厂月均进水量介于 33689 ~ 40748m³/d 之间，运行稳定，具备进一步提高处理水量的能力。

2. 水质

对 2022 年 9 月至 2023 年 8 月红岩污水处理厂进出水水质分析统计如表 30-3 所示。

表 30-3 2022 年 9 月至 2023 年 8 月红岩污水处理厂实际进出水水质与设计值对比

污染物项目		COD_cr	TN	NH₃-N	TP
单位		mg/L	mg/L	mg/L	mg/L
进水	设计值	350.00	50.00	40.00	5.50
	实测最大值	612.00	40.10	25.80	11.60
	实测最小值	15.00	8.10	6.50	0.35
	实测平均值	132.05	23.37	17.39	2.57
出水	设计值	20.00	10.00	1.00	0.20
	实测最大值	19.60	9.28	0.13	0.16
	实测最小值	2.64	2.19	0.02	0.04
	实测平均值	7.95	4.27	0.13	0.09

进水水质平均值低于设计值，COD_cr 和 TP 的最大值超过设计值。实际出水水质优于设计标准。

30.7 设计建议

全地下污水处理厂采用"MBR ＋管式紫外线消毒"工艺时，处理后的尾水通过膜池产水泵可直接提升至地面经巴氏计量渠计量后排入水体，产水泵后的水压完全能够满足膜组件反冲洗的压力需求，建议在有相似条件的污水处理厂取消膜组件反冲洗水泵，既可简化产水系统又可节约了投资。

参考文献

[1] 韩琦，余波平，王宏杰 . 城市地下污水处理综合体构建与工艺提标改造研究 [M]. 北京：中国建筑工业出版社，2021：16-17.

[2] 胡玉明，张泰，刘兆兵，等 . 地埋式再生水厂建设管理 [M]. 成都：四川大学出版社，2022：4-7.

[3] 龙莉波，周质炎 . 大型地下污水处理厂构筑物设计与施工 [M]. 上海：同济大学出版社，2020：2-11.

[4] 王凯军，官徽 . 在生态文明框架下推动污水处理行业高质量发展 [J]. 给水排水，2021，57（8）：2-5.

[5] 中华人民共和国住房和城乡建设部 . 室外排水设计标准：GB 50014—2021[S]. 北京：中国计划出版社，2021.

[6] 北京市市政工程设计研究总院有限公司 . 给水排水设计手册　第 5 册　城镇排水 [M]. 3 版 . 北京：中国建筑工业出版社，2017：252-292.

[7] 白冰，李现瑾，徐长思，等 . 剩余污泥机械脱水技术研究进展 [J]. 节能，2014，33（04）：5.

[8] 刘国彬，王卫东 . 基坑工程手册 [M]. 2 版 . 北京：中国建筑工业出版社，2009.

[9] 王帅 . 地下室防涝设计及防涝物业管理探讨 [J]. 给水排水，2023，59（07）：82-87.

[10] 郭海成 . 特大型全地下式取水泵站工艺设计及运行安全分析 [J]. 中国给水排水，2023，39（12）：62-67.

[11] 卫佳，方帅，许怀奥，等 . 江西省首座花园式全地下水质净化厂工程设计 [J]. 中国给水排水，2023，39（08）：68-72.

[12] 韩蒙 . 全地下式泰和污水处理厂建设 [J]. 净水技术，2018，37（5）：6-11.

[13] 黄晓家，刘书江，徐之光，等 . 地铁水淹致灾机理分析及水力特性研究进展 [J]. 给水排水，2024，50（1）：143-150.

[14] 付忠志，何孟狄，王雪原，等 . 居住小区二次供水设施内涝防治工程措施探讨 [J]. 中国给水排水，2022，38（24）：13-16.

[15] 中华人民共和国住房和城乡建设部 . 建筑防火通用规范：GB 55037—2022[S]. 北京：中国计划出版社，2022.

[16] 中华人民共和国住房和城乡建设部 . 消防设施通用规范：GB 55036—2022[S]. 北京：中国计划出版社，2022.

[17] 中华人民共和国住房和城乡建设部 . 火灾自动报警系统设计规范：GB 50116—2013[S]. 北京：中

国计划出版社，2013.

[18]　中国国家标准化管理委员会．重要电力用户供电电源及自备应急电源配置技术规范：GB/T 29328—2018[S]．北京：国家市场监督管理总局，2018.

[19]　配电室安全管理规范：DB11/ T 527—2021[S]．北京：北京市市场监督管理局，2021.

[20]　用户智能配电站系统建设规范：DB4403/ T 137—2021[S]．深圳：深圳市市场监督管理局，2021.

[21]　杜毅威．智能配电终端技术的发展和应用简析 [J]．建筑电气，2022，41（09）：3-8.

[22]　张吕伟，蒋力俭．中国市政设计行业 BIM 指南 [M]．北京：中国建筑工业出版社，2017.

[23]　黄顺建，黄冏．市政地埋污水厂房照明设计 [J]．建筑电气，2019，38（04）：47-52.

[24]　陈秀成．地下式污水处理厂用地指标分析及节地设计方向 [J]．中国给水排水，2023，39（04）：53-58.

[25]　李胜，何东岳．通风系统衔接鼓风曝气系统用于地下污水处理厂通风除臭 [J]．中国给水排水，2018，34（06）：53-56.

[26]　班春燕，张欣，桑建飞，等．地下污水处理厂扁平大空间通风技术研究与设计 [J]．暖通空调，2022，52（09）：36-43.

[27]　陈秀成．地下式污水处理厂能耗指标分析及节能方向 [J]．给水排水，2022，58（03）：35-39＋44.

[28]　张韵，冯硕，王洋，等．城市地下供排水厂现况与发展趋势探讨 [J]．给水排水，2023，59（03）：39-46＋59.

[29]　朱洁，胡维杰．污水处理厂全流程能耗识别及节能降耗建议 [J]．给水排水，2020，56（S1）：584-588.

[30]　中国工程建设标准化协会．城镇污水处理厂节地技术导则：T/CECS 511—2018[S]．北京：中国计划出版社，2018.

[31]　马刚，张琦，张飞．大型地埋式地表水类Ⅳ类出水标准污水处理厂工艺设计 [J]．中国给水排水，2018，34（08）：45-50.

[32]　王盈盈，张晶，潘立卫，等．臭氧催化氧化工艺处理工业废水的研究进展 [J]．应用化工，2019，48（08）：1914-1918.

[33]　王舜和，郭淑琴，李朦．降低负荷＋臭氧催化氧化用于张贵庄污水处理厂提标改造 [J]．中国给水排水，2017，33（06）：56-59.

图书在版编目（CIP）数据

地下污水处理厂设计技术及典型实例 / 中国市政工
程西南设计研究总院有限公司编著；赵忠富主编 .
北京：中国建筑工业出版社，2025. 4. — ISBN 978-7
–112–31112–5

Ⅰ . X505

中国国家版本馆 CIP 数据核字第 2025FW3330 号

责任编辑：田立平　王　毅　牛　松
责任校对：张惠雯

地下污水处理厂设计技术及典型实例
中国市政工程西南设计研究总院有限公司　编著
赵忠富　主编
*
中国建筑工业出版社出版、发行（北京海淀三里河路 9 号）
各地新华书店、建筑书店经销
北京海视强森图文设计有限公司制版
建工社（河北）印刷有限公司印刷
*
开本：787 毫米 × 1092 毫米　1/16　印张：28$\frac{1}{2}$　字数：620 千字
2025 年 5 月第一版　2025 年 5 月第一次印刷
定价：279.00 元
ISBN 978-7-112-31112-5
　　（44620）